石油化工设备维护检修规程

第五册

化 肥 设 备

中国石油化工集团公司
中国石油化工股份有限公司　修订

中国石化出版社

图书在版编目(CIP)数据

石油化工设备维护检修规程. 第 5 册, 化肥设备/中国石油化工集团公司, 中国石油化工股份有限公司修订. —2 版. —北京: 中国石化出版社, 2004 (2014.10 重印)
ISBN 978－7－80164－610－1

Ⅰ. 石… Ⅱ. ①中…②中… Ⅲ.①石油化工－化工设备－检修－规程 ②化学肥料－化工设备－检修－规程 Ⅳ. TQ050.7－65

中国版本图书馆 CIP 数据核字(2004)第 072645 号

中国石化出版社出版发行
地址:北京市东城区安定门外大街 58 号
邮编:100011 电话:(010)84271850
读者服务部电话:(010)84289974
http://www. sinopec-press. com
E-mail:press@ sinopec. com
北京艾普海德印刷有限公司印刷

*

787×1092 毫米 32 开本 37 印张 828 千字
2014 年 10 月第 2 版第 6 次印刷
定价:110. 00 元

中国石油化工集团公司文件

中国石化炼[2004]497 号

关于印发《石油化工设备 维护检修规程》的通知

各生产企业、股份公司各分(子)公司:

现将修订后的《石油化工设备维护检修规程》印发给你们,请认真遵照执行。该《规程》自发布之日起施行,原《石油化工设备维护检修规程》(中石化[1992]生字 69 号)同时废止。

该《规程》由中国石化出版社出版。各企业要认真做好征订工作。除具体负责设备维护检修及管理人员工作需要外,企业分管经理(厂长)、有关处室、车间、检维修单位负责人以及有关技术人员均应做到人手一套相关专业的规程,车间班组也应配备相关专业的单行本。

《规程》施行中遇到的具体问题,要及时按专业分别报股份公司炼油事业部(通用、炼油、电气、仪表)、化工事业部(化工、化纤、化肥)和集团公司炼化企业经营管理部(电站、供排水、空分)。

该《规程》未包括的设备,各企业可根据本单位实际自行制订相应规程。

中国石油化工集团公司
二〇〇四年六月二十一日

主题词:印发　设备　规程　通知

中国石油化工集团公司办公厅　　　　2004 年 6 月 22 日印发

《石油化工设备维护检修规程》修订编制说明

由原中国石油化工总公司生产部 1992 年组织编制完成、中国石化出版社 1993 年出版印发各石化企业试行的《石油化工设备维护检修规程》(以下简称《规程》),在加强石化企业设备管理、搞好维护和科学检修、提高设备的可靠度、延长装置运行周期、确保"安、稳、长、满、优"生产方面起到了一定的作用,深受石化企业的好评。

该《规程》出版试行以来,迄今已有十个年头。十年来,随着石油化工技术的进步,石油化工设备维护检修技术得到了较大的发展;随着新装置、新设备的不断增加,原《规程》需要扩大它的涵盖面;随着新工艺、新技术的应用、装置检修由原来的"一年一修"提高到目前的两年、三年甚至更长的检修周期,对设备的正常维护、科学检修提出了更高的要求;随着我国有关压力容器、计量管理、劳动安全等方面新法规和条例的颁布,原《规程》部分内容已不适应新的要求。因此,无论在涵盖面还是技术内容上,原《规程》已不能满足石化企业目前设备维护检修工作的需要。

为进一步完善《规程》,更科学地指导企业石油化工设备的维护检修工作、不断提高设备维护检修质量和设备管理水平、适应装置长周期运行的要求,以实现企业效益的最大化,中国石油化工集团公司和股份公司总部决定对原《规程》组织有关企业进行一次修订。

为了加强对《规程》修订工作的领导，石化集团公司及股份公司于2003年6月组成了以股份公司高级副总裁曹湘洪为主任、炼油事业部、化工事业部、炼化企业经营管理部和中国石化出版社有关领导为副主任、总部有关部门和石化企业有关同志参加的《规程》修订编制委员会，负责修订编制工作的领导。委员会下设炼油、化工、系统三个专业委员会，负责具体组织各专业规程的修订编制工作，并在石化出版社设立《规程》修订编辑部，负责具体的文字编辑和出版技术工作。

本次修订编制工作，按专业进行了分工，将原《规程》10个专业（408个单项规程）划分为三大部分，分别由炼油、化工、系统三个专业委员会负责组织修订、编制及审查工作。炼油专业委员会由炼油事业部牵头，负责通用设备、炼油设备、电气设备和仪表4个专业；化工专业委员会由化工事业部牵头，负责化工设备、化纤设备和化肥设备3个专业；系统专业委员会由炼化企业经营管理部牵头，负责电站设备、供排水设备和空分设备3个专业。每个专业成立修订编制专业组，分别由中国石油化工集团公司和股份公司下属有关企业担任专业组组长单位，石化企业上千人参与了修订编制工作。

本次修订编制工作，主要遵循了以下几个基本原则：

（1）应反映出石油化工设备维护检修技术的最新发展，以及对设备维护、检修在工艺、技术上的更高要求。

（2）根据目前新颁布的有关法规、条例，对原《规程》的相关内容进行更新。

（3）删减及修改原《规程》中涉及的已经淘汰的设备和技术陈旧或经过试行证明不切合实际甚至错误的内容。

（4）增补《规程》中未涉及的新装置、新设备，编制增加有关内容，扩大《规程》的涵盖面。

（5）修订和改进原《规程》中的排版、印刷方面的错误等。

本次修订编制工作的范围，主要针对中国石化系统涵盖面广、大多数企业共有的普遍性设备；对数量极少或某个企业独有的设备未列入本次修订的范围，可由设备所在企业根据情况，进行修订编制，作为本企业的规程。

由于中国石化集团公司和股份公司领导的重视，炼油事业部、化工事业部、炼化企业经营管理部、石化出版社和各有关企业的大力支持，以及全体参加修订编制人员的共同努力，整个修订编制工作进行得比较顺利。由 2003 年 6 月总部以中国石化社[2003]7 号文"关于组织修订《石油化工设备维护检修规程》的通知"下达，整个修订编制工作正式开始起，到 2004 年 6 月底全部修订编制工作完成，总共用了 1 年的时间。修订编制后的《规程》，经过删减和增补，最终共有 395 个单项规程，分为 159 个单行本，10 个合订本，由中国石化出版社出版发行。

本次修订编制，除了对原《规程》进行修订外，还增补制订了一些新的单项规程。新编的规程，还有一个试行的过程；即使修订的规程，由于修订人的水平不一，也难免会有一些不适应的内容，因而各企业在执行过程中，希望能积极反映宝贵意见。有问题和不足之处，请及时向总部有关部门提出，总部将汇总研究，于今后适当时刻给予进一步修订，使之更加完善。

本《规程》在修订编制过程中，各石化企业领导、有关设备管理、维护、检修的工程技术人员和广大职工给予了热情的帮助和大力支持，在此谨表衷心的感谢。

《石油化工设备维护检修规程》修订编制委员会

2004 年 6 月 1 日

《石油化工设备维护检修规程》编制说明

随着我国石油化学工业的迅速发展,近年来一大批新装置、新设备陆续投产,并由此推动了设备维护检修技术的不断发展。总公司成立以来,设备维修一直沿用及参照十几年前有关行业部门颁发的维护检修规程进行。这些规程无论在覆盖面上,还是在技术内容上已不能满足目前设备维护检修工作的需要,且部分内容已不符合我国新颁布的有关法规或规定的要求。因此,不少企业多次要求总公司发挥石化集团的整体优势,统一编制出一整套能满足我国现代石油化工生产、指导设备维护检修工作的《石油化工设备维护检修规程》(以下简称《规程》)。

为搞好设备的精心维护和科学检修,不断提高维护检修质量,向设备的可靠度深化,总公司生产部于 1990 年开始组织有关石化企业着手进行《规程》的编制筹备工作,并于 1991 年 4 月正式成立编委会,以大连石油化工公司、抚顺石油化工公司、北京燕山石油化工公司、辽阳石油化纤公司、大庆石油化工总厂、齐鲁石油化工公司、上海石油化工总厂、安庆石油化工总厂、金陵石油化工公司及扬子石油化工公司等 10 家直属石化企业为专业编制组组长单位,分别负责牵头,全面开展通用、炼油、化工、化纤、化肥、电气、仪表、电站、锅炉、供排水和空分等设备维护检修规程的编制工作。总公司系统有 35 家生产企业 1000 余人参加了《规程》的资料收集、调研、编写、修改和审查工作。由于总公司领导的重视,各有关企业的大力支持和全体参编人员的共同努力,整个编制工作进展顺利,至 1992 年 10 月全部编制完成。全套《规程》共有 500 个单项规程,约 600 万字,分 168 个单行本,9 个合订本,由中国石化出版社负责出版发行。

这套《规程》在参考原有有关规程、标准的基础上,总结并采用石化企业长期实践中积累的成熟经验,吸收国内外石化设备维护检修方面的先进技术,贯彻国家现行的有关法规,力图做到反映先进的维护检修技术,有利于加强设备管理,有利于搞好设备的精心维护和科学检修,对提高设备的维修质量,保证装置"安、稳、长、满、优"生产将起到积极作用。

总公司系统生产企业现有近千套装置、100 万台设备,门类品种繁多。由于受调研范围、时间和篇幅的限制,本《规程》只编制了主要的和量大面广的设备。由于水平有限,内容和深度也不尽完善,希望各单位在试行中不断总结、积累经验,提出修改意见,待意见汇总后,再行修订补充,使之更加完善。

在编制本《规程》过程中,得到了有关单位领导、工程技术人员和广大职工的大力支持,在此一并表示衷心感谢。

《石油化工设备维护检修规程》编制委员会

1992 年 10 月 20 日

关于《石油化工设备维护检修规程》
第五册《化肥设备》
修订编制说明

原化肥设备规程共有 32 个,经过充分讨论,对其中 2 个不合适的规程重新编写,增加了 4 个新规程,合计 36 个单项规程。

具体修编内容如下:

一、原煤气发生炉维护检修规程(SHS 05024—92)由兰化公司化肥厂起草,其结构与重油气化炉相近,只是工作压力小于 0.1MPa。这次由南化公司氮肥厂起草的煤气发生炉维护检修规程,其结构与兰化的截然不同,原料为无烟煤固定碳层常压间隙制气。所以这次由南化公司氮肥厂起草的煤气发生炉不是修订而是重新编制。

二、原硝酸吸收塔维护检修规程(SHS 0527—92)由兰化公司化肥厂起草,适用于综合法流程硝酸吸收塔检修与维护,其结构为带层间冷却的筛板塔,操作压力为 0.19~0.2MPa。这次由南化公司氮肥厂起草硝酸吸收塔维护检修规程,其结构与原兰化公司化肥厂塔结构有很大不同,南化的规程是用于常压法流程,其结构为普通填料塔,其操作压力为 0.09MPa。

三、炼厂干气压缩机组维护检修规程(SHS 05033—2004)、氨汽提法尿素高压设备维护检修规程(SHS 05034—

2004》、盘管式废热锅炉维护检修规程(SHS 05035—2004》和离心式高压氨泵及甲铵泵维护检修规程(SHS 05036—2004)均为原规程中未曾涉及的新设备,本次重新编写,扩大了规程的涵盖面。

四、关于检修周期和修理内容:

1. 在对压力容器规程修编过程中,我们根据石化企业运行的实际情况综合贯彻新版《压力容器安全监察规程》精神要求,检修周期适当延长,设备项修的内容和时间安排与压力容器定期外部检查内容综合执行。

2. 检修周期进行了变更,只提大修年限和大修内容,去掉了小修和中修,增加了项修要求。

3. 随着转动机械状态监测及故障诊断技术的成熟及推广应用,原规程中大机组两年一大修的周期,这次修编,改为原则上3~5年安排一次大修,增补了项修内容。项修是根据设备运行状况及状态监测、故障诊断的实际情况,在适当的时间进行,规程中称为"择机进行"。

五、根据最新颁布的有关法规、条例、标准、规范,对原规程内容进行了更新。按最新的规范要求,结合企业实际的运行和检修情况,对检修质量标准的部分技术数据进行了修改。

六、原来的"维护"修改为"维护与故障处理",增加的内容有故障现象、故障原因和处理方法。

七、本次修订编制的规程,在参考原有规程的基础上,总结并采用了各企业在长期实践中积累的成熟经验,并吸收了国内外化肥、甲醇设备在维护检修方面的先进技术。我们相信,它将对提高设备的管理和维修质量,保证装置"安、稳、长、满、优"生产起到积极作用。

《石油化工设备维护检修规程》
修订编制委员会成员

主　任：曹湘洪

副主任：朱理琛　　陆　东　　朱仁贵　　王子康

委　员：朱理琛　　李兆斌　　王　强　　师树才

　　　　陆　东　　许红星　　朱仁贵　　冯建平

　　　　张大福　　吴元春　　丁荣香　　王子康

化工专业委员会成员

主　任：陆　东

副主任：许红星　　冯建平　　沈希军　　郑滋松

委　员：何承厚　　郭　建　　杨　徐　　杜秋杰

　　　　张再明

《规程》修订编辑部

主　任：胡安定

副主任：王力健　　白　桦

编　辑：滕　云　　廖林林　　龚志民　　白素萍

　　　　李跃进　　王金祜

化肥设备专业组单位

组长单位：湖北化肥分公司

组员单位：巴陵分公司　　金陵分公司

　　　　　九江分公司　　南京化工公司

　　　　　齐鲁分公司　　四川维尼纶厂

　　　　　安庆分公司　　镇海炼化股份公司

化肥设备专业组终审人员

郑滋松	张再明	任名晨	李海根
李海英	李潮发	陈飞鹏	汪润生
余金风	侯书波	顾　迅	龚大华
杜永法	邵海波	戴洪波	陈明敏
张　菁	张志华	张　平	李　斌
丁　华	张传适	陈金林	周世俊

目　录

1. 一段转化炉维护检修规程

　（SHS 05001—2004）………………………………（ 1 ）

2. 美、日（Ⅰ）型辅助锅炉维护检修规程

　（SHS 05002—2004）………………………………（ 55 ）

3. 法型辅助锅炉维护检修规程

　（SHS 05003—2004）………………………………（ 71 ）

4. 二段转化炉维护检修规格

　（SHS 05004—2004）………………………………（ 85 ）

5. 刺刀式废热锅炉维护检修规程

　（SHS 05005—2004）………………………………（ 106 ）

6. 火管式废热锅炉维护检修规程

　（SHS 05006—2004）………………………………（ 126 ）

7. 凯洛格型氨合成塔维护检修规程

　（SHS 05007—2004）………………………………（ 136 ）

8. 托普索型氨合成塔维护检修规程

　（SHS 05008—2004）………………………………（ 178 ）

9. 渣油气化炉维护检修规程

　（SHS 05009—2004）………………………………（ 200 ）

10. 氮气压缩机组维护检修规程

　（SHS 05010—2004）………………………………（ 234 ）

11. 二氧化碳汽提法尿素高压设备维护检修规程

　（SHS 05011—2004）………………………………（ 271 ）

12. 全循环改良 C 法尿素装置高压设备维护检修规程
（SHS 05012—2004） ……………………………… （ 319 ）

13. 离心式空气压缩机组维护检修规程
（SHS 05013—2004） ……………………………… （ 349 ）

14. 轴流离心式空气压缩机组维护检修规程
（SHS 05014—2004） ……………………………… （ 411 ）

15. 原料气压缩机组维护检修规程
（SHS 05015—2004） ……………………………… （ 449 ）

16. 合成气压缩机组维护检修规程
（SHS 05016—2004） ……………………………… （ 501 ）

17. 氨压缩机组维护检修规程
（SHS 05017—2004） ……………………………… （ 568 ）

18. 汽提法二氧化碳压缩机组维护检修规程
（SHS 05018—2004） ……………………………… （ 622 ）

19. 刮料机维护检修规程
（SHS 05019—2004） ……………………………… （ 668 ）

20. 门式耙料机维护检修规程
（SHS 05020—2004） ……………………………… （ 687 ）

21. 斗轮式耙料机维护检修规程
（SHS 05021—2004） ……………………………… （ 713 ）

22. 高压氨泵及甲铵泵维护检修规程
（SHS 05022—2004） ……………………………… （ 740 ）

23. 全循环法二氧化碳压缩机组维护检修规程
（SHS 05023—2004） ……………………………… （ 772 ）

24. 煤气发生炉维护检修规程
（SHS 05024—2004） ……………………………… （ 822 ）

Ⅱ

25. 氨合成塔维护检修规程

    （SHS 05025—2004）……………………………（849）

26. 水溶液全循环法尿素合成塔维护检修规程

    （SHS 05026—2004）……………………………（859）

27. 硝酸吸收塔维护检修规程

    （SHS 05027—2004）……………………………（867）

28. 往复式合成气压缩机组维护检修规程

    （SHS 05028—2004）……………………………（875）

29. 甲醇装置合成反应器维护检修规程

    （SHS 05029—2004）……………………………（895）

30. 甲醇装置重油气化炉维护检修规程

    （SHS 05030—2004）……………………………（907）

31. 甲醇装置废热锅炉维护检修规程

    （SHS 05031—2004）……………………………（926）

32. 甲醇装置合成气压缩机组维护检修规程

    （SHS 05032—2004）……………………………（936）

33. 炼厂干气压缩机组维护检修规程

    （SHS 05033—2004）……………………………（965）

34. 氨汽提法尿素高压设备维护检修规程

    （SHS 05034—2004）……………………………（1009）

35. 盘管式废热锅炉维护检修规程

    （SHS 05035—2004）……………………………（1116）

36. 离心式高压氨泵及甲铵泵维护检修规程

    （SHS 05036—2004）……………………………（1139）

1. 一段转化炉维护检修规程

SHS 05001—2004

目　次

1　总则 ……………………………………………………………（ 3 ）

2　检修周期与内容 ………………………………………………（ 3 ）

3　检修与质量标准 ………………………………………………（ 4 ）

4　试验与验收 ……………………………………………………（ 17 ）

5　维护与故障处理 ………………………………………………（ 18 ）

附录 A　一段转化炉主要技术特性表(补充件)………（ 20 ）

附录 B　炉管结构示意图(补充件) ………………………（ 36 ）

附录 C　转化炉炉管材质、规格(补充件) ………………（ 39 ）

附录 D　炉管焊接工艺表(参考件) ………………………（ 44 ）

附录 E　常用的部分国外焊接材料的化学成分和
　　　　机械性能(参考件) ………………………………（ 50 ）

附录 F　三种类型一段转化炉的材料汇总表
　　　　(参考件) …………………………………………（ 52 ）

1 总则

1.1 主题内容与适用范围

1.1.1 主题内容

本规程规定了大化肥合成氨装置一段转化炉的检修周期与内容、检修与质量标准、试验与验收及维护。安全、环境和健康(HSE)一体化管理系统为本规程编制指南。

1.1.2 适用范围

本规程适用于 30 万 t/a 合成氨装置一段转化炉的检修与维护。

1.2 编写修订依据

质技监局锅发[1999]154 号 《压力容器安全技术监察规程》

GB 150—1998 钢制压力容器

JB 4730—1994 压力容器无损检测

SH 3534—2001 石油化工筑炉施工及验收规范

一段转化炉随机资料

2 检修周期与内容

2.1 检修周期

2.1.1 项修

根据对设备状态监测及设备及设备实际运行状况决定项修内容,项修时间视实际运行情况确定。

2.1.2 大修周期 3~12a。

2.2 检修内容

2.2.1 辐射段炉管系统的表面清理和理化检查,根据损坏

3

情况确定修复或更换。

2.2.2 对流段盘管、弯头、联箱和支撑管板托架等的检查清扫与修理。

2.2.3 耐火衬里和保温的检查与修理。

2.2.4 检查并调校炉管吊挂弹簧。

2.2.5 检查、清理烧嘴及其管路、阀门等。

2.2.6 检查炉体、烟囱基础有无下沉，钢结构有无变形、防腐层是否脱落等损坏。

2.2.7 炉子其他附件的检查(包括仪表、电气、消防及其他安全控制防护设施)。

2.2.8 检查炉顶防雨设施。

2.2.9 上升管炉套检查。

3 检修与质量标准

3.1 检修前的准备

3.1.1 检修前根据设备运行的情况，熟悉图纸、技术档案并按 HSE 危害识别、环境识别、风险评估的要求，编制检修方案。

3.1.2 备品备件及施工机具准备就绪，安全劳动保护措施到位。

3.2 检修与质量标准

3.2.1 辐射段炉管的检修

3.2.1.1 一段转化炉炉管系统每次大修都应进行表面清理，认真实施定期检验计划。

3.2.1.2 转化炉管的重点检验部位

a. 炉管高温区(容易产生蠕胀)。

4

　　b. 炉管中温区(650～900℃，尤以 750～850℃范围内最易析出 σ 相)。

　　c. 异种钢连接焊缝处。

　　d. 上、下猪尾管与炉管，炉管与集气管和上、下猪尾管与集气、下集气管间等的连接焊缝处。

　　e. 炉管在运行中曾出现过的花斑过热等有代表性的部位。

　　f. 历次检修中出现有缺陷或修理过的部位。

3.2.1.3　对炉管及其焊接接头的检验方法主要是宏观检查、渗透检测、金相检验、X 射线检验、超声波检测、蠕胀与弯曲变形测量等。发现有严重缺陷的炉管，可视情况将其割下更新，并进行全面剖析，以探明全炉炉管状况。

　　a. 宏观检查：用肉眼或放大镜、内孔窥视镜对炉管内、外壁(包括上升管上部内衬管)进行宏观检查，检查炉管表面有无氧化腐蚀、结垢、弯曲变形等状况，以及有无宏观裂纹等异常现象。

　　b. 渗透检验：用于检查焊接接头表面裂纹状况，一般可按 10% 进行抽查，重点是补焊、重新焊接的焊接接头怀疑有问题的部位。

　　c. 金相检验：对较长时间过热的炉管和上集气管，可进行跟踪点金相检验，照像放大倍数选用 125× 或 250× 为宜。

　　d. X 射线检测：对重新焊接的焊接接头应进行 100% 射线检测。对有疑问的部位可进行抽查，在正常使用条件下，射线检验的抽查率可参照表 1。

表 1 正常使用条件下射线检验抽查率表

运行时间/h	$(3 \sim 5) \times 10^4$	$(5 \sim 8) \times 10^4$	$(8 \sim 10) \times 10^4$
抽查率/%	1	2	3

e. 超声波检测：对炉管上部异种钢连接焊接接头可用超声波进行检测，1~3 年进行一次。

f. 蠕胀与弯曲变形测量：蠕胀测量应选取有代表性的炉管。检查数量为全炉炉管的 5%~10%。历次测量位置和方向应固定，以便逐年比较、分析。严重变形的炉管要测量轴向弯曲度。

3.2.1.4 炉管在检验时发现下列严重缺陷之一的应及时更换：

a. 超声波检测时判定为"C"级管。

b. 裂纹深度超过炉管安全强度核算要求。

c. 对侧烧炉炉管严重弯曲而影响转化炉安全和正常工艺操作时。

d. 根据炉管运行历史，结合蠕胀率检查，综合评价。若实际蠕胀率达到 2%~5%，或蠕胀速率较上一周期成倍增长时。

3.2.1.5 炉管更换

炉管更换可分为单根、一排、几排或全炉炉管的更换。竖琴管排结构的程序是以一排为基础，以 1/3 管排为吊装单元，旧管排拆除时先将管排在下集气管现场对接焊接接头处切开，分成 3 个单元吊装更换。炉管结构示意图参见附录 B（图 B1 单炉管结构示意图）。

上升管过渡段内衬管更换应根据损坏部位确定。结构示意图参见附录 B(图 B4 上升管结构示意图)。

炉管更换应注意下述事项。

a. 备用炉管(包括炉管或管排,上、下猪尾管,下集气管或分集气管,上升管等)必须有质量合格证书,其材料的化学成分和机械性能应符合图纸设计及有关技术标准要求,管排制造应有竣工图。安装时应按有关规范进行外观必要的理化检验(包括耐压试验)。

b. 抽出炉管内触媒,应敷盖好下集气管上 19 个通孔,以免炉管在切割过程中掉进脏物;对 Kellogg 型:在转化管焊接前,应疏通下集气管上 19 个 $\phi6.3$ 的小孔。

c. 炉管与其猪尾管、下集气管等的连接焊接接头的切割可用高速砂轮等专用工具。切割时应注意留有余量,以便修复时加工焊接坡口。

d. 炉管更换与上升管过渡段内衬检修更换时,要使输气总管(107D)保持冷态,吊挂弹簧(包括转化炉管吊挂弹簧)应卡住,下集气管按正常工作标高垫好。

e. 新炉管安装方位、尺寸应符合图纸要求,其中:

转化管与下集气管凸台对口同心度偏差小于 0.5mm,对凸台的角度偏差不大于 ±2°。

单管与管排中心线偏差不大于 ±1.5mm。

下集气管组装水平方向偏差应小于 ±12.5mm/3m。

上升管垂直度偏差最大不超过 ±12.7mm。

每对支耳在其全长上的水平度偏差不大于 3mm,支耳对下集气管中心线的相对位置偏差不大于 6mm。

所有其他线性尺寸偏差不大于 6mm。

f. 猪尾管与转化炉管(或下分集气管)承插焊凸台组装

时，应在承插口内加 $\delta = 2 \sim 3mm$ 环形纸板做热膨胀预留间隙。

g. 新管排安装后需进行弹簧调整，应在管排原始称重并经现复核的基础上，先对空管进行初调，再在装填触媒后的载荷下进行调整。

3.2.1.6 炉管焊接

现场炉管焊接可参照附录 D 炉管焊接工艺表（参考件），施工中应注意下述问题。

a. 炉管焊接施工前应由焊接技术人员编制焊接工艺规程，施焊焊工必须有相应项目资格证，在施工中不得任意改变焊接工艺，并有专人负责焊接过程中的质量检查工作。

b. 焊接材料应符合图纸设计要求。部分国外焊接材料的化学成分和机械性能见附录 E。

c. 焊接坡口除另有说明外，可参照附录 D 炉管焊接工艺表上的图例要求，坡口应采用机械方法加工。

d. 施焊前应在加工过的原焊接接头坡口上熔敷焊接以检验老化炉管的可焊性，在敷熔焊接接头附近做渗透检验，确定热影响区表面有无缺陷。

e. 焊接坡口应经渗透检验无缺陷，用丙酮清洗干净后，方可进行焊接。

f. 炉管组对时，应用适当的夹具，使之能有效的予以相对固定。

g. 第一层焊道应采用手工氩弧焊打底，经渗透检验无缺陷后再进行第二层焊道焊接。最后一层焊道施焊完毕后应进行 100% 射线检验，标准按 JB 4730—94 执行。

h. 氩弧焊使用的氩气纯度为 99.99% 以上。

i. 当环境温度低于 0℃时，需预热至 10℃以上再焊接。

3.2.1.7 焊接检验

a. 炉管焊接完毕后应将表面的焊波打磨光，清除表面所有焊渣。焊接接头及其热影响区表面不允许有裂纹、气孔、弧坑、夹渣和未熔合的地方。咬边缺陷的深度不大于 0.5mm，且每条焊接接头单个咬边长度不大于 5mm，焊接接头两侧咬边的总长不得大于该焊接接头长度的 3%，焊接接头凸起高度不大于 1.6mm，角向焊接接头应具有圆滑过渡至母材的几何外形。

b. 焊接接头打底焊道、焊接接头表面，缺陷补焊区的母材和补焊金属均应进行 100%的渗透检测。

离心铸管与铬钼钢的接管、凸台等相接的角焊接接头根层焊道和焊接接头表面，应进行 100%的渗透检测。

渗透检测按 JB 4730—94《压力容器无损检测》规定执行。

c. 炉管的每道对接焊接接头均应进行 100%的射线检测，检验结果应符合 JB 4730—94《压力容器无损检测》规定的 II 级标准。

d. 炉管上部异种钢连接焊接接头等若用超声波进行检测，检测结果应符合 JB 4730—94《压力容器无损检测》规定的 I 级标准。

3.2.1.8 水压试验

组焊并经检验合格的炉管应进行水压试验。试验压力参见附录 A。

3.2.1.9 检验中严禁用粉笔及含硫、铅、锌、铝等或其他低熔点化合物在转化炉管、上升管等表面上涂抹、标记，液体渗透检测用的着色显示剂等检查完毕后应清洗干净。

3.2.2 对流段盘管的检修

3.2.2.1 对流段盘管可通过对其盘管、弯头、联箱及其焊接接头进行宏观检查、蠕胀测量、测厚、硬度、渗透检测等,有条件的部位可进行金相检验,必要时可进行 X 射线或超声波检测。其中蠕胀测量、渗透检测不少于 10%,弯头测厚不少于 20%。

3.2.2.2 清理检查翅片管间污垢脏物堵塞及翅片等损坏情况。

3.2.2.3 检查各组盘管弯曲、变形等情况和在热态、冷态下的自由膨胀、收缩情况。

3.2.2.4 检查各组盘管支架、托架等有无倾斜、脱落等现象。

3.2.2.5 盘管在检验时发现下述严重缺陷之一者,应进行更换:

　　a. 有裂纹或网状龟裂。

　　b. 外径大于原来外径的 5%。

　　c. 严重腐蚀、爆皮,使管壁的厚度小于计算允许值。

3.2.2.6 弯头或短节、联箱与盘管连接焊接接头出现局部裂纹缺陷,应参照有关规程进行处理。

3.2.2.7 对流段盘管与弯头材质必须符合图纸设计要求,并有质量合格证。

3.2.2.8 焊接与焊接接头检验

　　a. 初次使用的钢种,以及改变原有焊接材料类型、焊接方法和焊接工艺,必须在施焊前进行焊接工艺评定,并根据工艺评定结果编制焊接规程。施工中应严格执行。

　　b. 焊接材料应符合图纸设计规定或根据母材的化学成

10

分、机械性能、焊接接头的抗裂性、焊前预热、焊后热处理以及使用条件等综合考虑选定。

c. 焊接接头坡口应采用机械方法加工。坡口型式和尺寸应符合 GB 985—80《手工电弧焊焊缝的基本型式和尺寸》的规定。

d. 焊件应放置稳固并避免强行组对。组对时，内壁应齐平，内壁错边量应不大于管壁厚度的 10%，且不大于 1mm。

e. 焊件组对后的点固焊及固定工卡具的焊接，所选用的焊接材料及工艺措施应与正式组焊时的要求相同。

f. 焊接宜采用手工氩弧焊打底，手工电弧焊填充、盖面。

g. 要求焊前预热的焊件，在焊接过程中的层间温度不应低于其预热温度，焊后热处理参照有关规范。焊接接头经热处理后，应测定硬度值：碳素钢不应超过母材的 120%，合金钢不应超过母材的 125%，检查数量为热处理焊口总量的 5% 以上，每个焊口一处，每处 3 点(焊接接头、热影响区和母材)，如硬度超过规定，应重新进行热处理，热处理后仍需按原规定方法检查硬度。

h. 焊接接头表面不允许有裂纹、气孔、夹渣、凹陷等缺陷，咬边深度不得大于 0.5mm，且焊接接头两侧咬边的总长不大于该焊接接头长度的 10%。

i. 对流段盘管所有对接焊接接头应进行 100% 射线检测。

j. 射线检测结果应符合 JB 4730—94《压力容器无损检测》规定的Ⅱ级标准。

k. 渗透检测和磁粉检测的数量按设计或有关技术文件规定。

渗透检验按 JB 4730—94《压力容器无损检测》标准执行。

磁粉检测按 JB 4730—94《压力容器无损检测》标准执行。

3.2.2.9 水压试验

盘管焊接经热处理和检验合格后应进行水压试验。试验压力参见附录 A。

3.2.3 耐火衬里和保温层的检修

炉体各部位衬里、保温层如被烧熔，发生倒塌、脱落、开裂、倾斜或局部鼓出，缺损深度超过原设计厚度三分之一，外壁温度超过设计温度(有热敏漆的颜色出现变白现象)等，应根据具体情况进行挖补或拆修。

3.2.3.1 耐火衬里各部位所用材料应符合图纸设计要求(参见附录 F)或根据 HGJ 40—90《化学工业炉耐火、隔热材料设计选用规定》选用。

3.2.3.2 耐火、隔热材料和制品应具有出厂合格证。其性能应符合有关标准的规定。

耐火材料及其制品不得受潮或雨淋，受潮和雨淋的耐火材料不得使用。

3.2.3.3 衬里的砌筑施工应符合 GBJ 211—87《工业炉砌筑工程施工及验收规范》中的有关规定。

3.2.3.4 辐射段衬里施工要求

a. 旧炉墙等衬里修复或更换时，若因局部过热而造成炉壁变形较大，在可能的条件下可以先进行矫正或砌保温块时用矿棉或岩棉等纤维填塞保温块与炉壁之间的间隙。

b. 保温块干砌体应紧贴炉壁铺砌，保温块之间应靠紧，

12

并以耐火纤维质材料填满锚钉槽。

c. 耐火砖砌体应错缝砌筑，砌筑轻质耐火砖时不应敲打，耐火砖、保温块与炉壁之间应贴紧，不能留有间隙。

d. 砌砖灰缝不大于 1.5～2.0mm，每 5m² 抽查 10 处，比规定砖缝厚度大 50% 以内的不得超出 4 条，灰缝饱满度不小于 95%，表面应勾缝。灰缝厚度和泥浆饱满度应及时检查，即用塞尺(塞尺厚度等于被检查砖规定的厚度)插入砖缝深度不超过 20mm 合格。

e. 轻质耐火砖砌体应按设计要求位置留设膨胀间隙。膨胀缝和膨胀间隙均要用高铝耐火纤维填满。

f. 炉顶吊砖梁应水平放置，确定位置，找正以后应予以临时固定，防止移动。吊挂砖应预砌编号，必须按转化管初调后的位置放线砌筑。

挂砖用耐火泥砌筑(也可用气凝灰浆砌筑)。直缝应打灰浆，灰缝 1.5mm。但 A、B、K、L 砖之间的搭接缝不打灰浆，另一端为膨胀缝，其余的搭接缝用薄的灰浆找平。对侧烧炉，异型砖用灰浆湿砌，其余为干砌，挂钩螺栓松紧应适宜。

砌筑转化炉管、上升管的穿管砖时，应严格保证炉管处于中心位置。烧嘴砖 A 间对缝无间隙，砌筑时应保证烧嘴砖垂直和同心。

炉顶砌体膨胀缝内垫以纸板。

g. 炉底和烟道底的保温块，轻质耐火砖和粘土耐火砖均应干砌靠紧。

炉底砖的上表面与下集气管保温层之间的距离不应小于设计尺寸，若炉底不平度大于 4～5mm，要找平。

h. 烟道墙砌筑时要横平竖直, 全高误差不超过 3mm, 水平误差不大于 6mm, 每 2m 留一道交错膨胀缝, 缝宽 12mm, 缝内无任何填充物。

按设计位置和数量留设排烟孔。由于在第一、二两区开排烟孔数量多, 使墙的整体性差, 原墙扶垛间距大, 易倒塌, 推荐每 1.5m 墙增加 230mm × 230mm 扶垛。

i. 烟道盖板砖推荐采用上拱型结构, 干砌, 每 3 块砖留 3mm 间隙。

j. 内衬管更换完毕后, 先按图纸要求, 在 FB 段下部捆扎高铝耐火纤维毡, 再将内衬管捆扎 3mm 厚纸板。耐火浇注料由在承压壳体上相应部位开设的两个 ϕ50mm 的浇注口浇注(旧耐火浇注料应作成锥形结构)。

k. 下集气管保温按图纸要求施工。

3.2.3.5 过渡段和对流段耐热衬里(轻质耐火浇注料)

对流段下部砌体与辐射段相同。上部轻质耐火浇注料衬里, 除两端墙盖板可以拆下检修外, 其他部位的检修都需在盘管部分或全部抽出后方能进行。其施工要求如下:

a. 混凝土浇注前, 炉壳内表面及抓钉要进行除锈, 并涂沥青漆防腐。抓钉如有损坏, 则必须更换。

b. 模板要坚固严密, 不变形, 不漏浆, 浇注前要涂油防粘, 浇水润湿。

c. 为了保证耐火浇注料质量, 配料用水必须达到饮用水标准。耐火浇注料必须搅拌均匀(宜采用强制式搅拌), 先干混 2min, 加水后再湿混 2~3min。每次搅拌好的料应在 30min 内用完。

d. 轻质耐火浇注料不宜采用高频振动或捣打成型。宜采用人工捣固施工，严格控制振动时间，防止颗粒离析和容重过大。以表面不产生蜂窝麻面为合格。

e. 现场立模浇注，要分层均匀下料，每次加料高度300～400mm,均需连续浇注，并按设计要求留膨胀缝和施工缝。

f. 矾土水泥耐火浇注料施工完后，约4～7h开始初凝(混凝土表面不沾手)即需要浇水养护(每半小时浇水1次)。养护时间不少于48h,养护温度控制在5～32℃之间为宜。

g. 局部修补时，需将原衬里铲除到与钢板的结合面并制成倒梯形坡口，修补面积至少应包括2个以上抓钉，且接缝剖面不应是一条直线。

h. 现场浇注的耐火浇注料，对单项工程的每一种配比，每20m³作一批留置试块进行检验，不足此数亦作一批检验试块；如每一单项工程采用同一配比多次施工时，每次施工均应留置试块以检验现场浇注的耐火浇注料质量。

3.2.3.6 输气总管耐热衬里若全部更换，可按专门的施工说明书进行，若局部修复，则应注意以下问题：

a. 耐火浇注料损坏部位拆除的面积要比外壁检查看见的适当放大。原则上已疏松、有孔洞的部位都应清除，且要拆除到与外壁钢板结合面。

b. 对内衬有耐热钢套结构的既要保证耐火浇注料浇注密实，避免空隙存在，又要保证耐热钢套有热膨胀间隙。

c. 内衬有刚玉砖的，砌筑时如遇有三通部位，原则上先砌三通。若尺寸发生矛盾，可加工直管段的砖以满足要求，三通的异型砖不允许加工，且三通部位的耐火浇注料层尤其需要浇注密实。

    d. 若内衬局部修复面积较大，必须按专门的烘炉制度执行。

3.2.3.7　炉墙、炉顶衬里施工时，为防止灰浆和粘结剂等粘附到炉管外壁，应将炉管用塑料布等物包好。

3.2.3.8　炉子衬里拆修后必须进行烘炉。烘炉曲线按开工时烘炉要求。局部修理烘炉时间可适时缩短。新的耐火衬里在烘炉以前应当在环境温度下养护 48~72h。

3.2.4　炉管吊挂弹簧的检查与调校

3.2.4.1　炉管吊挂弹簧应根据大修停车后冷态测得数据与其原始数据对比分析确定是否重新标定和调整。一般 2~4a 整定一次。

3.2.4.2　弹簧系数 K 值变化大于 20% 的，应更换弹簧。用于更换的新弹簧应在现场校验其 K 值，并标定"零点"位置。

3.2.4.3　单管吊挂弹簧和双管吊挂弹簧的 K 值调校都应测定三次，取其计算平均值。新 K 值的偏差均不应大于原 K 值 ±10%。

　　根据校验的新 K 值计算出每个弹簧最终工作荷载刻度值，并适当调整弹簧位置。

3.2.4.4　竖琴管排弹簧调整过程中，炉管应处于自由状态，不受任何阻碍。

3.2.4.5　吊挂弹簧吊杆在调整好后垂直度偏差应不大于 1.6mm。

3.2.4.6　侧烧炉炉管采用恒力弹簧吊挂，炉管上下位移应能自行调节，无松动或卡涩现象。

3.2.5　烧嘴等炉子附件的检修

3.2.5.1　烧嘴在每次大修时都要进行清理、检查、调整或更换损坏的零部件。

3.2.5.2 烧嘴的一次风门要灵活好用,可调度大。

3.2.5.3 烧嘴安装时应保证与烧嘴火盆同心。

3.2.5.4 烧嘴火管与燃料气管线相连接时,接头、阀门等应严密不泄漏。

3.2.5.5 炉子下列附件在每次检修时必须清理、检查校验,以确保投用后运行正常和灵活、准确:

    a. 测量仪表及自动控制调节装置。

    b. 电气系统。

    c. 烟道挡板及其自控装置。

    d. 紧急放空装置。

    e. 事故风门(防爆门)。

    f. 烟气分配板。

    g. 灭火蒸汽系统。

    h. 热膨胀检测系统。

3.2.6 保温

    各保温层用材料和保温层厚度应符合设计规范。保持保温材料干燥、隔热良好。外壳完整、搭接牢固,接缝密封良好,防止保温层出现脱落、掏空、漏风等现象。

4 试验与验收

4.1 试验

4.1.1 一段转化炉检修完毕,检修记录齐全。施工部门确认质量合格,并具备试验条件。

4.1.2 对流段各组盘管换热器应分别用水进行耐压试验。水压试验的压力参见附录 A 或按设计图纸规定。

4.1.3 水压试验应遵守《压力容器安全技术监察规程》和《在用压力容器检验规程》的有关规定。

4.1.4 辐射段炉管应进行气密性试验。试验压力为工作压力。

4.2 验收

4.2.1 试运转一周，满足生产要求，达到各项技术指标。

4.2.2 设备达到完好标准。

4.2.3 施工单位应提交下列技术资料：

4.2.3.1 炉管或管排等材料和零部件合格证、验收记录（包括复验报告）。

4.2.3.2 设计变更及材料代用通知单。

4.2.3.3 各项施工记录：

　　a. 焊接接头质量检验报告（包括外观检验和无损检验报告）。

　　b. 中间检验记录。

　　c. 检修记录。

　　d. 隐蔽工程记录。

　　e. 封闭记录。

4.2.3.4 试验记录和衬里烘干记录。

4.2.4 最终验收由机动部门组织，有施工、生产单位参加的三方联合验收合格后，履行交工签证，方可交付生产单位使用。

5 维护与故障处理

5.1 认真执行一段转化炉各项工艺指标，不允许在超温、超压、超负荷和过低负荷情况下运行，杜绝拼设备的现象。

5.2 严格执行巡回检查制度，应着重注意以下问题：

5.2.1 烧嘴在运行中要勤检查、勤调整、保持火焰稳定，使其不偏烧，不舔管。

5.2.2 定期测定炉管壁温度并作好记录，炉管最高操作温度不应超过它的设计温度。

5.2.3 定期测定触媒层的阻力，并分析变化的原因，作出处理措施，严禁触媒结碳，水合等事故的发生。

5.2.4 定期检查输气总管水夹套水位或外壁热敏漆的变化，严禁夹套水烧干或溢出。

5.2.5 定期检查炉管吊挂弹簧有无松动，卡住现象。

5.2.6 检查炉管弯曲变化情况；经常检查炉子衬里，保温情况，定期测定炉外壁各部分温度，作好记录。

5.3 开、停车应严格按工艺操作规程进行。升温速率不大于 25～30℃/h。正常运行后所有连锁控制装置应全部投用。

5.4 加强维护管理，保持设备完好，发现问题及时处理。

5.5 一段转化炉风机的维护与检修及故障处理应按相关规程进行。

附 录 A

一段转化炉主要技术特性表

(补充件)

表 A1 KELLOGG型一段转化炉主要技术特性表

项目		辐射段			混合原料加热段	蒸汽-空气加热段
		转化管	上升管	下集气管	光管	光管
介质		烃	烃	烃	烃	蒸汽+空气
流量/(kg/h)		104023	104023	104023	104023	51984
温度/℃	入口	510	—	—	330	204
	出口	823	856	—	510	482
压力/MPa	设计	3.37	3.09	—	3.75	3.45
	入口	3.56	—	—	3.62	3.14
	出口	3.03	—	—	3.57	3.10
	水压试验	9.99	9.99	9.99	6.92	6.2

续表

项　目		辐　射　段			混合原料加热段	蒸汽-空气加热段
		转化管	上升管	下集气管	光　管	光　管
热负荷/(10³kJ/h)		266.08	—	—	48.32	16.62
平均热强度/(10³kJ/(m²·h))		0.202	—	—	0.213	0.148
盘管排列/根×排×程		9×42	1×9	1×9	9×1×4	5×1×4
管子根数/根		378	9	9	36	20
直管长度/mm		9582	9536	—	14199	14199
外表面积/m²		1286.7	32.5	—	226.5	113.1
管间距(高/宽)/mm		260.4	—	—	222/254	419/264
管子材料		HP-Nb	HP-Nb	incoloy800	A335GrP11	A213GrT22
管子/mm	外径	φ114.3	φ124.1	φ141.3	φ141.3	φ127
	壁厚	12.5	16.08	18.54	10.30	8.7
	腐蚀裕度	2.38	—	—	3.175	3.175
平均内壁传热系数/(W/(m²·K))	设计	810.6	2566.7	—	1113.0	1034.0
	计算	932	949	—	610	621
管壁最高温度/℃		899	916	—	560	571

续表

项 目		蒸汽过热段			原料气加热段	锅炉给水加热段	燃料气加热段
		光管	翅片	翅片	翅片	翅片	翅片
介 质		蒸汽	蒸汽	蒸汽	烃	水	烃
流量/(kg/h)				262317	21150	224669	
温度/℃	入口			314	114	218	
	出口			441	427	275	
压力/MPa	设计			11.37	4.48	11.89	
	入口			10.34	4≒14	10.9	
	出口			10.02	4.00	10.68	
	水压试验			17.05	7.92	17.80	
热负荷/(10³kJ/h)				130.42	16.83	61.59	
平均热强度/((10³kJ/m²·h))				0.04	0.01	0.008	

项　目		蒸汽过热段			原料气加热段	锅炉给水加热段	燃料气加热段
		光管	翅片	翅片	翅片	翅片	翅片
盘管排列/根×排×程		16×3×1	16×3×2	16×2×3	8×1×8	16×1×14	8×1×2
管子根数/根		48	96	96	64	224	16
直管长度/mm		14173	14173	14173	14300	14351	
外表面积/m²		156.1	1398		1738	7550	
管间距(高/宽)/mm		127/152	127/152		152/203	152/203	152/203
管子材料		SA213GrT22		SA106GrB	A335GrP11	A106GrB	A106GrB
管子/mm	外径	φ73	φ74	φ75	φ141.3	φ60.3	φ60.3
	壁厚	9.52	9.52	9.52	3.9	5.54	3.9
	腐蚀裕度	—			1.58	—	1.58
平均内壁传热系数/(W/m²·K)		2285.3	2742.3	4905.5	1964.3	15898.2	749.0
管壁最高温度/℃	设计	538			538	371	316
	计算	499	510	393	463	324	260

表A2　TEC型一段转化炉主要技术特性表

项目	辐射段			混合原料加热段	蒸汽-空气加热段
	转化管 径	上升管 径	下集气管 径	光管 径	光管 蒸汽+空气
介质	流量/kg/h			烃	
温度/℃　入口	510	834	—	367	196
出口	834	868	—	510	428
压力/MPa　设计	3.22	3.07	3.10	3.63	3.29
入口	3.45	3.10	—	3.56	3.18
出口	3.10	—	—		
水压试验	9.99	9.99	9.99		
热负荷/(10³kJ/h)	274.54	—	—	37.10	18.6
平均热强度/(10³kJ/(m²·h))	0.194	—	—		
盘管排列/根×排×程	40×10	1×10	1×10	4×7	2×16
管子数/根	400	10	10	28	32

续表

| 项 目 | | 辐 射 段 | | | | 混合原料加热段 | 蒸汽-空气加热段 |
		转化管	上升管	下集气管		光 管	光 管
直管长度/mm		9456+6.4	9398+6.4	11722		15625	16240
外表面积/m²		1377	39	—		192.3	94.3
管间距/mm		260±1.6	—	—			
管子材料		ModHK40	Supertherm	incoloy800		A312GrTP321H A335GrP22	A335GrP11/P22
管子/mm	外径	φ114.3	φ134.18/130.08	φ141.3		φ141.3	φ80.3
	壁厚	18.57	21/18.25	18.54		9.50	5.54
	腐蚀裕度	0.4	0.1	0.34			
管壁设计温度/℃		912+28	951+28	837+28			
管壁计算最高温度/℃		912	951	837			

25

续表

项 目		蒸汽过热段		烟气废热锅炉	锅炉给水加热段	燃料气加热段
		高温段光翅	高温段翅翅			
介 质		蒸汽	蒸汽	翅 片	翅 片	翅 片
流量 /kg/h				水	水	烃
温度 /℃	入口	314	314	314	131	35
	出口	482		314	286	110
	设计					
压力 /MPa	入口	10.30		10.29	10.78	0.29
	出口	9.95		10.29	10.64	0.27
	水压试验					
热负荷 /(10³kJ/h)		177.19		21.10	60.5	2.18
平均热强度 /(10³kJ/m²·h)						

26

续表

项目		蒸汽过热段		烟气废热锅炉 翅片	锅炉给水加热段 翅片	燃料气加热段 翅片
		高温段光翅	高温段光翅			
盘管排列/根×排×程		4×48	4×48	1×76	28×7	16×1
管子数/根		192	192	76	196	16
直管长度/mm		16400	15675	16402		
外表面积/m²		4541.4	5195.7	2594		
管间距/mm						
管子材料		A335GrP22	A335GrP1	A106GrB	A106GrB	A106GrB
管子/mm	外径	ϕ73	ϕ73	ϕ48.3	ϕ73	ϕ60.3
	壁厚	9.5	7.0	5.04	7.0	2.91
	腐蚀裕度					
管壁设计温度/℃						
管壁计算最高温度/℃						

表 A3 TOPSφe 型一段转化炉主要技术特性表

项　目		上猪尾管	转化管	辐　射　段 下猪尾管	分集气管
介　质		转化气	转化气	转化气	转化气
流量/(kg/h)		131400	131400	131400	131400
温度/℃	入口		490	—	367
	出口		790	—	510
	设计	3.72	3.72	3.72	3.72
压力/MPa	入口	3.33	3.33		
	出口		—		
	水压试验	6.76	5.59		
热负荷/(10³kJ/h)			234/272		
平均热强度/(10³kJ/m²·h)			0.252/0.263		
盘管排列/根×排		2×145	2×145	2×145	2×5

续表

项目	辐射段			
	上猪尾管	转化管	下猪尾管	分集气管
管子根数/根	290	290	290	10
管子材质	A312TP321H	HK40/HP－Nb	B407	B407
外径/mm	φ33.4	φ140/φ140	φ42.16	φ165
平均厚度/mm	3.4	20.5/16.0	7.94	16.00
腐蚀裕度/mm	—	—	—	—
有效长度/mm	6150	11090±10	4700	4300
传热面积/m²	—	976/1033	—	—
管子中心距/mm	143	286	286	—
平均内壁传热系数/(W/m²·K)	—	—	—	—
管壁设计温度/℃	545	900/930	818	818
翅片材料				
翅片高度/mm				

29

续表

项　目		工艺气和蒸汽预热器 E1201	第二工艺空气预热器 E1202	高压蒸汽过热器 E1203
介　质		石脑油气＋蒸汽	空　气	蒸　汽
流量/(kg/h)		23720/107680	49020	17950
温度/℃	入口	385	287	314
	出口	490	550	455
压力/MPa	设计	3.72	3.72	11.17
	入口	3.43	3.12	10.19
	出口	3.33	3.08	10
	水压试验	5.59	5.59	16.76
热负荷/(10^3kJ/h)		33.58	13.98	95.63
平均热强度/(10^3kJ/(m²·h))		0.132	0.082	0.125
盘管排列/根×排		2×8　1×8	1×8　1×8	3×8　2×8　4×8

续表

项　目	工艺气和蒸汽预热器 E1201		第二工艺空气预热器 E1202		高压蒸汽过热器 E1203		
管子根数/根	16	8	8	8	24	16	32
管子材质	A312TP321	A335GrP11	A312TP304	A335GrP11	A312TP304	A335GrP11	A335GrP1
外径/mm	φ141.3	φ141.3	φ141.3	φ141.3	φ141.3	φ141.3	φ141.3
平均厚度/mm	12.7	6.55	5.73	6.55	10.16	14.51	12.7
腐蚀裕度/mm	1.31	1.31	0.794	1.588	0.794	1.588	1.588
有效长度/mm	23850		23850		23850		
传热面积/m²	光管 254.2		光管 169.5		(光)762.6/7963.9(翅片)		
管子中心距/mm	254		254		267		
平均内壁传热系数/(W/m²·K)	75.01		56.64		(光)60.24/253.5(翅片)		
管壁设计温度/℃	500/716		500/610		450/535		
翅片材料					12Gr	12Gr	C.S
翅片高度/mm					H=32	H=38	H=38

表 A4　TOPSφe型一段转化炉改造设备一览表

序号	位号	名　称	型式、型号	规格与工艺参数			
				介　质	正　常	额　定	
					空气	空气	
1	K1251	燃烧空气鼓风机	离心式	入口流量/(m³/min)	2581	3292	
				入口压力/(kg/cm²)	0.997	0.995	
				入口温度/℃	23.5	39	
				出口压力/(kg/m²)	1.035	1.053	
				效率/%	57.1	82	
				轴功率/kW	302	408	
				转速/(r/min)	1470	1470	
	MK1251	电　机		6000V、50Hz，额定功率450kW			
				介　质	正　常	额　定	
					烟气	烟气	
2	K1252	烟气风机	离心式	入口流量/(m³/min)	3.945	5.664	
				入口压力/(kg/m²)	0.973	0.958	
				入口温度/℃	139	200	
				出口压力/(kg/m²)	1.0	1.0	
				效率/%	53.2	73.15	
				轴功率/kW	331	541	
				转速/(r/min)	1480	1480	
	MK1252	电　机		6000V、50Hz，额定功率450kW			

32

续表

序号	位号	名 称	型式、型号	规 格	工 艺 参 数			
					介 质		管 内	管 外
3	E1253	高压蒸汽过热器	水平盘管（翅片管）	φ114.3mm×11.13mm L=10900mm 8排×16根 传热面积483m²（光管计） 热负荷 31.61×10³kJ/h 翅片高19.1mm 翅片厚1.25mm 翅片数217个/m 材料 A335P11 A335P1	介 质		高压蒸汽	烟气
					流量/(kg/h)		205000	202287
					温度/℃	进口	313	520
						出口	343	381
					压力/MPa	设计	11.6	微负压
						操作	10.4	微负压
4	E1254	工艺空气预热器器材	水平盘管（翅片管）	φ114.3mm×6.02mm L=10900mm 2排×16根 传热面积122.4m²（光管计） 热负荷 7.83×10³kJ/h 材料 A106GrB 翅片高22.2mm 翅片厚1.25mm 翅片数197个/m	介 质		工艺空气	烟气
					流量/(kg/h)		52896	202287
					温度/℃ 进口/出口		125/270	381/346
					压力/MPa 设计/操作		3.8/3.5	微负压

续表

序号	位号	名称	型式、型号	规 格	工艺参数		
					介 质	管 内	管 外
5	E1255	低压蒸汽过热器	水平盘管（翘片管）	φ114.3×6.02 L=10900 1排×16根 传热面积,60m²(光管计) 热负荷 2.30×10³kJ/h 材料 A106GrB 翘片高 22.2mm 翘片厚 1.25mm 翘片数 197个/m	流量/(kg/h)	低压蒸汽 12028	烟气 202287
					温度/℃ 进口/出口	153/240	346/336
					压力/MPa 设计/操作	1.0/0.43	微负压
6	E1256	热管空气预热器	立式、热管（翘片管）	φ48mm×3.0mm L=6000mm 2092根 传热面积7488m² 热负荷 11100kW	介 质	空气侧 空气	烟气侧 烟气
					流量/(Nm³/h)	137500	151800
					温度/℃ 进口/出口	50/260	336/160
		附属设备： 声波吹灰器	IKT230/220 2台	供气压力 0.4～0.5MPa;耗气量 20～40L/S;声波频率 220Hz;有效范围 0.6m×6.0m;声压(1m)143～145dB			

续表

序号	位号	名称	型式、型号	规格与工艺参数
1		一段转化炉烧嘴	FPMR	每个烧咀释放热（低热值） 正常值/(kcal/h) 233280 最大值/(kcal/h) 291600 最小值/(kcal/h) 97200 设计空气过剩量/% 18~22 炉膛通风压力降/mmH$_2$O −2.0~−10.00 烧嘴通风压力降/mmH$_2$O $\Delta P = -100$ 燃料气压力 0.0125~0.10MPa 燃烧空气温度 260℃
		新对流段	立式	$L=1090$mm $B=4101$mm $H=18900$mm
8	F1256	附属设备 1. 辅助烧咀 PVYD-12		每个烧嘴释放热（低热值） 正常值/(kcal/h) 680000 最大值/(kcal/h) 850000 最小值/(kcal/h) 430000 设计空气过剩量/% 18~22 炉膛通风压力降/mmH$_2$O −50 烧咀通风压力降/mmH$_2$O 33 燃料气压力/MPa 0.021~0.15 火焰尺寸/m 0.7×2.2(Max)
		2. 声波吹灰器 IKT230/220		供气压力 0.4~0.50MPa;耗气量 20~40L/S;声波频率 220Hz,有效范围 0.6m×6.0m;声压(1m)143~145dB
9	X1251	烟囱	立式	ϕ2800mm×12mm $H=45000$mm 其中 $h=30000$mm 内衬 $\delta=50$mm 保温层 工艺参数: 设计压力 0MPa;设计温度 200℃;操作温度 150℃

附　录　B
炉管结构示意图
（补充件）

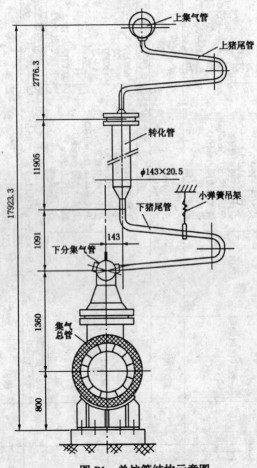

图 B1　单炉管结构示意图

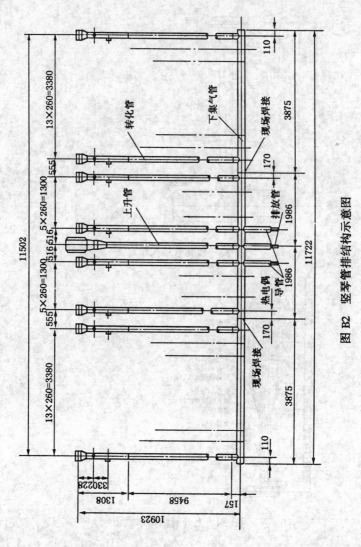

图 B2　竖琴管排结构示意图

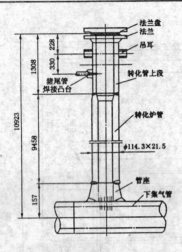

图 B3 转化管结构示意图

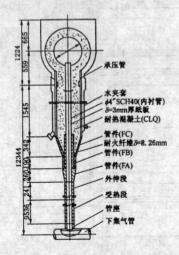

图 B4 上升管结构示意图

附 录 C
转化炉炉管材质、规格
（补充件）

表C1 KELLLGG型转化炉炉管材质、规格

部件及名称		代号	材料	数量	尺寸及型号
转化管	加热段	P1	A351 Gr HK-40	378	2.8″ I.D × 0.731″ M.W，长 31′~5¼ 离心浇铸
	外伸段	P5	A161Gr T1	378	4.125″O.D × 0.344″ M.W，长 3′~11″
	凸面高颈法兰	F4	A105 GrII	378	3½~400#
	凹面盲板	F5	A105 GrII	378	3½~400#
	猪尾管管座	F6	A105 GrII	378	3½″XXXS×~3/4″ SCH40
	吊耳		A106 GrB	378×2	2½″SCH40
上升管	加热段	P2	HP-Nb（超级耐热合金）	9	4.886″ O.D × 0.633″，长 32′~15/16″ 离心浇铸
	管座	F2	INCOLOY800	9	5″×5″XXXS，3.62″，±0.03″O.D
	外伸段	F10	INCOLOY800	9	
	过渡段	FA	INCOLOY800	9	
	过渡段	FB	INCOLOY800	9	
	过渡段	FC	INCOLOY800	9	
	承压管		A106 GrB	9	16″×0.5″
	内衬管		A312 TP310	9	4″SCH40
	水夹套		A283	9	20″×3/16″
	保温护套		A312 TP310	9	
	保温护套托板		A312 TP310	9	

部件及名称		代号	材料	数量	尺寸及型号
下集气管	下集气管 A、C 段	P3	INCOLOY800	18	5⁹/16″ O.D × 0.72″ M.W，长 13′~6″轧制
	下集气管 B 段	P4	INCOLOY800	9	5⁹/16″ O.D × 0.72″ M.W，长 13′~6″轧制
	转化管上升管炉管管座	F1 F2	INCOLOY800	378	5″ × 4″ XXS3.037″ ± 0.01″O.D
	盲 板	F3	INCOLOY800	18	+ 0.00″ + 0.01″ 4.17″ O.D × 1.536 − 0.01″ − 0.00″
	导淋管		INCOLOY800	9	1″XXS
	导淋管		A312 TP310	9	1″XXS
	导淋管护管		A312 TP310	9	4″XXS
	热偶套管		INCOLOY801	18	1.25″O.D × 0.35″M.W
	热偶套管		A312 TP310	18	1″XXS
	热偶套管护管		A312 TP310	18	4″XXS
上集气管	集合管	P6	A106 GrB	9	6″ SCH160 长 41′~2″ 轧制
	猪尾管	P8	A335 GrP11	378	3/4″SCH40 长 25′
	管座	F7	A105 Gr11	378	6″SCH160 × 4″SCH40
	凸面焊颈法兰	F8	A105 Gr11	9	6″ ~ 400 #
	凹面盲板	F9	A105 Gr11	9	6″ ~ 400 #
原料总气管	总 管	XP1 – XP4	A106 GrB		
	管件(弯头管接头等)	XP1 – XP9	A105 Gr11		

表 C2 TEC 型转化炉炉管主要部件材质、规格

部件及名称		材　质	数量	规格/mm
转化管	加热段	MOD HK40	400	$\phi 71.1/\phi 114.3 L = 9456$
	外伸段	ASTM A200GrT11	400	$\phi 107.95 \times 7.24 L = 1216$
	高颈法兰	ASTM A105 – 71	400	3½ B400 # ANSI RF WN
	盲板	ASTM A105 – 71	400	3½ B400 # ANSI RF WN
	猪尾管管座	ASTM A182GrF11	400	3½ B × 3/4B ANSI 3000 #
	吊耳	ASTM A106GrB	800	2½ B SCH40
上升管	加热段	Supertherm	10	$\phi 92.08/\phi 130.18$ $\phi 92.08/\phi 134$
	加热段上短接	INCOLOY800H	10	$\phi 92.08/\phi 134$
	过渡段锥形接	INCOLOY800H	10	
	承压管	ASTM A106GrB	10	16″SCH40
	内衬管	INCOLOY800H	10	4″SCH40
	水夹套	ASTM A283GrC	10	$t = 6mm$
	保温护套及托板	SUS310S	10	$t = 6mm$
下集气管	下集气管 A、C 段	INCOLOY800H	各 10	$\phi 141.3 \times 18.54, L = 3874$
	下集气管 B 段	INCOLOY800H	10	$\phi 141.3 \times 18.54, L = 3970$
	转化管管座	INCOLOY800H	400	
	上升管管座	INCOLOY800H	10	
	盲板	INCOLOY800H	20	$t = 53$

续表

部件及名称		材　质	数量	规格/mm
下集气管	导淋管上段	INCOLOY800H	10	1″($\phi 33.4 \times 9.1$)$L=109.4$
	导淋管下段	INCOLOY800H	10	1″($\phi 33.4 \times 9.1$)$L=586$
	导淋管护管	A312 TP304H	20	4″($\phi 114.3 \times 17.1$)
	热电偶套管的护管	A312 TP309	20	4″($\phi 114.3 \times 17.1$)$L=615$
	热电偶套管的上段	INCOLOY800H	20	½″SCH160($\phi 21.7$)$L=121$
	热电偶套管的下段	INCOLOY800H	20	½″SCH160($\phi 21.7$)$L=639$
入口集气管	入口集气管	ASTM A335GrP11	10	6″SCH80
	猪尾管	ASTM A335GrP11	400	3/4″SCH40
	管　座	ASTM A182GrF11	400	6B × 3/4B ANSI 3000#
	法　兰	ASTM A105	10	6B400# ANSI RF WN
	盲　板	ASTM A105	10	6B400# ANSI RF

表 C3　TOPSφe 型转化炉炉管材质、规格

名　称	规格/mm	数量	材　质
上集气总管	$\phi 219 \times 10$	2	ASTM A335GrP11
上猪尾管	$\phi 33.4 \times 3.4$	290	ASTM A312TP321H
进口猪尾管大小头		290	ASTM A182TP321H
炉管上法兰		290	ASTM A182GrF11
炉管上活套法兰		290	ASTM A182GrF11
炉　管	$\phi 102/143$	290	ASTM A351HK40
炉　管	$\phi 108/140$	290	HP – Nb

名　　称	规格/mm	数量	材　　质
炉管锥形底		290	ASTMB408(incoloy800H)
炉管尾部引出管	$\phi42.16 \times 7.94$	290	ASTMB407(incoloy800H)
触媒支承格栅		290	ASTM A351CF8
热电偶套管		10	ASTM B407
下猪尾管	$\phi42.16 \times 7.94$	290	ASTM B407
下分集气管	$\phi165/133$	10	ASTM B407
出口集气总管	$\phi1219/23$	2	ASTM A204GrB
E1201 盘管	$\phi141.3 \times 12.7$	16	ASTM A312TP321H
	$\phi141.3 \times 6.55$	8	ASTM A335GrP11
E1202 盘管	$\phi141.3 \times 6.55$	8	ASTM A312TP304
	$\phi141.3 \times 6.55$	8	ASTM A335GrP11
E1203 盘管	$\phi141.3 \times 10.16$	24	ASTM A312TP304
	$\phi141.3 \times 14.51$	16	ASTM A335GrP11
	$\phi141.3 \times 12.7$	32	ASTM A335GrP11
中间支承管板(自上而下)			
第一排(E1201,E1202)			ASTM A297GrHK
第二排(E1203)			ASTM A297GrHK
第三排(E1203)			ASTM A319
第四排(E1204,E1205)			ASTM A319
壳　体			ASTM C.S

附
炉管焊
（参

焊接母材	焊接方法	坡口型式	焊层	焊接方法
HK40 + HK40	①手工氩弧焊 + 手工电弧焊	V型 75°±5° 3.2 1.6　1.5−0.04 S=6～12	底层	手工氩弧焊(填丝) 手工电弧焊
			填充层 盖面层	手工氩弧焊(填丝)
	②手工氩弧焊 + 手工电弧焊	U型 40°±5° 3.2 r 1.6　1.6−0.04 S=6～25 r=5～8	底层	手工氩弧焊(填丝) 手工电弧焊
			填充层 盖面层	手工氩弧焊(填丝)
	③全部手工氩弧焊		底层	手工氩弧焊(填丝)
			填充层	手工电弧焊
			盖面层	手工氩弧焊(填丝)

录 D

接工艺表

考件)

焊 接 工 艺							
焊接材料 牌号	焊条(丝) 直径/mm	电流/A	氢气流量/(l/min)		焊速/ (m/h)	备注	
			焊枪	管内			
PK – HK40(焊丝)	φ1.6	80～85	9.5	3	～7.0	层间温	
PK – HK40(焊条)	φ3.2	90～100	—	—	～15	度低于	
PK – HK40	φ3.2	140～150	9.5	—	～7.0	93℃	
(焊丝)	φ1.6	90～100	9.5				
TIG HK40V	φ2.4	110～120	10～20	8～15	9～18		
TIG 310HC							
EACO 310HC	φ3.2	110～130	—	—	9～18		
EHK40 – KIA							
NC – 310HC							
TIG HK40V	φ2.4	110～120	10～20	—	9～18		
NIG 310HC							
PK – HK40	φ1.6	80～85	9.5	3	～7.0		
TIG HK40V							
TIG310HC	φ1.6	90～100	9.5	—	～7.0		
TIG310HC	φ3.2	140～150	9.5	—	～7.0		
	φ1.6	90～100					

焊接母材	焊接方法	坡口型式	焊层	焊接方法
HK40 + Incoloy 800	①全部手工氩弧焊	U型 40°±5° $S=6\sim25$ $r=5\sim8$ 1.6 $1.5^{\pm0.8}$ r S ▽3.2	底层 填充层 盖面层	手工氩弧焊（填丝）
	②手工氩弧焊＋手工电弧焊		底层	手工氩弧焊（填丝）
			其余各层	手工电弧焊
Incoloy800 + Super-therm	③全部手工氩弧焊	U型 30°±5° $r8$ 1.6 1.6 S ▽3.2	底层	手工氩弧焊（填丝）
			中间层 盖面层	
Super-therm + Super-therm	④全部手工氩弧焊		底层（三层）	手工氩弧焊（填丝）
			其余各层	

46

续表

焊接材料牌号	焊条(丝)直径/mm	电流/A	氢气流量/(l/min)		焊速/(m/h)	备注
			焊枪	管内		
TIGInconel82 (ERNiCr－3)	φ2.4	110～120	10～20	8～15	～7.0	层间温度不大于93℃
	φ3.2	120～150	10～20	—	～10	
	φ2.4	120～130	10～20	—	～10	
TIG Inconel 82 (ERNiCr－3) Inconel 82 (EniCrFe－3)	φ2.4	110～120	10～20	8～15	～7.0	
	φ3.2	100～120	10～20	—	～10	
	φ2.4	90～100	10～20	—	～10	
TIG Inconel 82 (ERNiCr－3)	φ2.4	110～120	10～20	8～15	～7.0	层间温度40～50℃
	φ3.2	150～160	10～20	—	～10	
	φ2.4	130～140	10～20	—	～10	
TIG Supertherm (焊丝)	φ2.4	80～100	10～20	8～10		层间温度不大于150℃
	□3.0	80～110	10～20	8～10		
	φ3.2	90～120	10～20	—		
	□3～4	100～130	10～20	—		

焊接母材	焊接方法	坡口型式	焊层	焊接方法
Incoloy800 + Incoloy 800	①手工氩弧焊 + 手工电弧焊	V型 30°±5° r 2±0.2 S=6～25 r=5～8	底层 / 其余各层	手工氩弧焊（填丝）/ 手工电弧焊
	②全部手工电弧焊		底层 / 其余各层	手工氩弧焊
HK40 + C-1/2Mo 或 1/4Cr -1/2Mo	手工氩弧焊 + 手工电弧焊	V型 75°±5° 1.6 1.5	底层 / 填充层 / 盖面层	手工氩弧焊（填丝）手工电弧焊 / 手工氩弧焊 / （填丝）
Incoloy -800 与 HP-Nb	手工氩弧焊 + 手工电弧焊		底层 / 填充层 / 盖面层	手工氩弧焊 / 手工电弧焊 / 手工氩弧焊

续表

焊 接 工 艺						
焊接材料牌号	焊条(丝)直径/mm	电流/A	氢气流量/(l/min)		焊速/(m/h)	备注
			焊枪	管内		
TIG Inconel 82（ERNiCr－3）	φ2.4	150	15~20	8~15	~7.0	层间温度40~50℃
Incoweld"A"（EniCrFe－2）	φ3.2	75~100				
TIG Inconel 82（ERNiCr－3）	φ2.4	150	15~20	8~15	~7.0	
TIG Inconel 82（EniCr－3）	φ2.4	180~210	15~20	—	15	
TIG Inconel 82（ERNiCr－3）	φ2.4	110~120	10~20	8~15	~9.0	预热150~300℃层间温度不大于93℃
TIG Inconel 82（ERNiCr－4）	φ3.2	120~150	—	—	~15	
	φ2.4	120~130	10~20	—	~12	
Inconel－82	φ2.4	105~120	8~10	12~15	8~25	层间温度<100℃
Enicrmo－3	φ3.2	100~110				
Inconel－82	φ2.4	105~120				

附

常用的部分国外焊接材

（参

焊接材料牌号	标准号或 生产厂家	C	Mn	Si	S
E310	ASW.A5.4	0.25~0.36	1.0~2.5	0.75	0.03
ER310	ASW.A5.9	0.08~0.15	1.0~1.25	0.25~0.60	0.03
EniCrFe－1（inconel132）	ASW.A5.11	0.08	1.5	0.75	0.015
EniCrFe－2 （inco－Weld"A"）	ASW.A5.11	0.1	1.0~3.5	0.75	0.02
EniCrFe－3 inconel182	ASW.A5.11	0.1	5.0~9.5	1	0.015
ERNiCr－2	ASW.A5.14	0.08~0.15	1	0.3	0.015
ERNiCr－3 （inconel182）	ASW.A5.14	0.1	2.5~3.5	0.5	0.015
ERNiCrFe－5	ASW.A5.14	0.08	1	0.35	0.015
NC－310HS	日本（佳友）	0.35~0.45	0.5~2.0	0.5~1.5	—
NC－311HS	日本（神钢）	0.40~0.50	1.5	1.5	0.03
TGS－310HSA	日本（神钢）	0.38~0.45	0.4~0.8	0.4~0.8	0.015
NC25－35－C－W	日本（神钢）	0.37	0.51	1.05	0.007
Electrode Raco－310HC	美国 Riedavery公司	0.46	1.66	0.69	0.017
Enicrmo－3		≤0.10	≤1.0	≤0.75	≤0.02

录 E

料的化学成分和机械性能

考件)

化 学 成 分/%						机械性能		
P	Cr	Ni	Fe	Co	其 他	σ_b/ MPa	δ/ %	ψ/ %
0.03	25 ~ 28	20 ~ 22.5	—	—	Cu0.5, Mo0.5 Nb + Ta0.70 ~ 1.00	618	10	—
0.03	25 ~ 28	20 ~ 22.5	—	—		618	10	—
0.03	13 ~ 17	68	11	—	Cu0.5, Nb1.5 ~ 4.0	—	—	—
0.03	13 ~ 17	62	12	0.12	Cu0.5, Mo0.5 ~ 2.5N6 + Ta0.5 ~ 3.0	550	30	—
0.03	13 ~ 17	59	10	0.12	Cu0.5, Nb + Ta1.0 ~ 2.5	550	30	—
0.03	19 ~ 21	75	3	0.12	—	—	—	—
0.03	18 ~ 22	67	3	0.12	Cu0.5, Ti0.75 Nb + Ta2 ~ 3	550	30	—
0.03	14 ~ 17	70	6 ~ 10	—	Cu0.5, Nb + Ta1.5 ~ 3.0	550	30	—
—	24.5 ~ 26.5	19.5 ~ 21.5	—	—	Mo0.5, Nb + Ta0.5	765	27	25
0.03	23 ~ 27	24 ~ 28	—	—	—	747	22	27
0.015	24 ~ 26	24 ~ 25.6	—	—	—	585	—	
0.004	27.55	35.07	—	21.65	W9.60	810	6	—
0.016	24.1	19.47						
≤0.03	20.0 ~ 23.0	≥55.0	≤7.0		Cb + Ta 3.15 ~ 4.15 Mo 8.0 ~ 10.0			

附
三种类型一段转
（参

区域	使用单位	耐 火 层				
		Kellogg		TEC型		
		材料	厚度/mm	材料	厚度/mm	
辐射段	炉顶	吊砖，NZ－40	114	吊砖，NZ－40	114	
	炉墙	轻质耐火砖，K23/AQ－0.5	114	轻质耐火砖，AQ－0.5	114	
	炉底	轻质耐火砖，K23/AQ－0.5	114	轻质耐火砖，AQ－0.5	114	
	烟道顶盖板	高铝耐火砖，FB/LZ－48	150			
	烟道墙	高铝耐火砖，FB/LZ－48	114			
	烟道底	高铝耐火砖，FB/LZ－48	63			
	挡火墙	高铝耐火砖，FB/LZ－48	114			
过渡段	过度段顶	耐火浇注料，220/FQ	150	耐火混凝土，LWI－24/FQ	150	
	侧墙	耐火浇注料，220/FQ	75	轻质耐火砖，AQ－0.5	114	
				耐火混凝土，LWI－24/FQ	75	
	底	耐火浇注料，220/FQ	75	耐火混凝土，LWI－24/FQ	75	
	挡火墙	高铝耐火砖，FB/LZ－48	225			
对流段	对流段墙下部	绝热混凝土，水泥矛石/FQ	138	耐火混凝土，LWI－24/FQ	75/150	
	墙	绝热混凝土，1900/FQ	114	绝热混凝土，LWI－20/FQ	150	
	底	绝热混凝土，1900/FQ	114	耐火混凝土，LWI－24/FQ	150	
	顶	绝热混凝土，1900/FQ	114	耐火混凝土，LWI－24/FQ	150	
	烟道	绝热混凝土，1900/FQ	114	耐火混凝土，LWI－20/FQ	115	
	到引风机烟道	绝热混凝土，1900/FQ	25	绝热混凝土，LWI－20/FQ	40	
	联箱	绝热混凝土，1900/FQ	50			

录 F

化炉的材料汇总表

考件）

| TOPSϕe 型 | | 保温层 | | 备　注 |
材　料	厚度/mm	材　料	厚度/mm	
轻质耐火砖,Gr26/AQ-0.7	228	保温块(矿棉)	50	
轻质耐火砖,Gr23/AQ-0.5	171	保温块(矿棉)	50	
轻质耐火砖,Gr23/AQ-0.5	171	保温块(矿棉)	50	
				1. TOPSϕe 型辐射段保温层较其他型要厚,为50+40mm,且对流段底仅TOSPϕe有保温层
		保温块(矿棉)	75	
		保温块(矿棉)	75	
轻质耐火砖,Gr23/AQ-0.5	115	保温块(矿棉)	75	2. NZ-40,LZ-48,AQ-0.5,FQ等分别为相应的国内代用材料
耐火浇注料,PI-94/FQ	125/75			
轻质耐火砖,Gr23/AQ-0.5	171		50+40	
耐火浇注料,PI-94/FQ	75			

附加说明：

1 本规程由安庆石化总厂化肥厂负责起草,起草人张登厚(1992)。

2 本规程由安庆分公司负责修订,修订人张国太(2004)。

2. 美、日(Ⅰ)型辅助锅炉维护检修规程

SHS 05002—2004

目　　次

1 总则 ……………………………………………………（57）

2 检修周期与内容 ……………………………………（57）

3 检修与质量标准 ……………………………………（59）

4 试验与验收 …………………………………………（62）

5 维护与故障处理 ……………………………………（62）

附录 A　技术特性(补充件)…………………………（65）

附录 B　辅助锅炉各组盘管数据(补充件)…………（66）

附录 C　辅助锅炉各组盘管部件材质及规格

　　　　(补充件)………………………………………（67）

附录 D　美型辅助锅炉墙和衬里位置材料

　　　　(补充件)………………………………………（68）

附录 E　日(Ⅰ)型辅助锅炉衬里一览表(补充件)……（70）

1 总则

1.1 主题内容与适用范围

1.1.1 主题内容

本规程规定大型化肥厂合成氨装置中、辅助锅炉的检修周期与内容，检修与质量标准，试验验收，维护与故障处理。安全、环境和健康(SHE)一体化管理系统，为本规程编制指南。

1.1.2 适用范围

本规程适用于凯洛格型和 TEC 型 30 万吨/年合成氨装置中辅助锅炉(101－BU，以下简称"辅锅")的维护检修。

1.2 编写修订依据

国务院 373 号令《特种设备安全监察条例》

劳部发[1996]276 号《蒸汽锅炉安全技术监察规程》

质技监局锅发[1992]202 号《锅炉定期检验规则》

GB 150—1998 钢制压力容器

SH 3534—2001 石油化工筑炉施工及验收规范

2 检修周期与内容

2.1 检修周期

2.1.1 项修

根据对设备状态监测及设备实际运行状况决定项修内容，项修时间视设备运行情况确定。

2.1.2 大修周期为 2～5 年。

2.2 检修内容

2.2.1　检查各组炉管的吊架、A、B组下联箱底部4个弹簧支座有无偏斜、卡涩、损坏。

2.2.2　检查炉墙钢板油漆有无变色或脱落，有无局部过热鼓包，测量炉墙外壁温度。

2.2.3　检查安全设施，消防设施是否完好。

2.2.4　检查燃料气、锅炉给水、蒸汽的管道系统阀门是否完好。

2.2.5　检查仪表、保护装置及联锁是否完好。

2.2.6　检查炉体钢结构有无变形，基础有无开裂。

2.2.7　检查锅炉热膨胀状况。

2.2.8　检查系统的安全阀。

2.2.9　检查运行记录、有无超温、超压及其他事故或异常情况。

2.2.10　宏观检查炉管表面有无缺陷；锤击检查，初步断定内壁结垢程度。

2.2.11　检查炉管变形状况，对有明显弯曲变形的炉管测量其弯曲变形数值，监测其发展趋势。

2.2.12　检查炉管蠕变状况，对有过热和鼓包的炉管测量其外径并测厚，以监测蠕胀率及发展趋势。

2.2.13　检查炉管A、B组全部，C组中靠近辐射室的一排，定点测厚，每根至少测三点；壁厚小于5.0mm的炉管应更换。

2.2.14　检查辐射段的烧嘴墙、挡火墙及炉底、炉顶的耐火衬里损坏情况。

2.2.15　检查烟气分布板有无变形、开裂；检查烟道挡板及轴承是否灵活。

2.2.16 对 D、E、C 组炉管选点测厚，检查 E 组炉管翅片的损坏情况。

2.2.17 炉管经宏观检查后，视情况对部分焊缝及拉撑板焊缝处作无损检测。

2.2.18 局部拆除联箱保温层，对联箱环焊缝作超声波检测；对联箱母材及与炉管的角焊缝作表面检测；联箱及封头(管帽)测厚。

2.2.19 炉管受热段在管壁温度较高的辐射室内或弯曲、蠕胀变形较大处选点作表面金相覆膜。

2.2.20 联箱与上升管、下降管的对接焊缝、辅锅的上升管、下降管的焊缝，超声检测抽查，管道测厚。

2.2.21 检修后对锅炉整体进行水压试验。

3 检修与质量标准

3.1 拆卸前准备

3.1.1 根据运行中出现的问题和缺陷及历次的检修情况。按照(HSE)开展危害识别、环境识别和风险评估的要求编制检修施工方案。

3.1.2 落实所需要的备品备件、材料、机具等。

3.1.3 检修前所有与锅炉相连的水、汽、燃料管线上的阀门关好或用盲板隔绝，符合安全检修规定。

3.2 检修与质量标准

3.2.1 炉管的检查与修理

3.2.1.1 对炉管表面进行清扫及宏观检查。

3.2.1.2 对弯曲的炉管要测量其轴向弯曲度，每年在指定的炉管部位进行蠕胀测量，并不少于 10 根炉管。

3.2.1.3 对炉管进行锤击检查，以确认其结垢程度。

3.2.1.4 对炉管易受冲刷腐蚀的部位，每年进行定点测厚。

3.2.1.5 对服役过程中出现的超温、过热、变形严重的炉管段应做金相检验。

3.2.1.6 对管子蠕胀超过原有直径3.5%时，应更换新管，对局部蠕胀的管子，虽然未超过上述标准，但已能明显看出有金属过热现象时，也应更换新管。

3.2.1.7 对炉管表面微裂纹，可采用砂轮打磨圆滑过渡办法处理。

3.2.2 联箱的检查与修理

3.2.2.1 对联箱表面进行清扫、检查有无腐蚀、弯曲等缺陷。

3.2.2.2 对联箱的封头、上升管、下降管及弯头进行定点测厚。

3.2.2.3 对联箱、上升管、下降管、排污管的焊缝进行无损检测。

3.2.2.4 对联箱的表面裂纹，可用砂轮打磨圆滑过渡方法处理。

3.2.2.5 检查各组盘管下联箱底座的膨胀活动量。

3.2.3 单组盘管整体更换

3.2.3.1 新换盘管现场检查及进行清洗。

3.2.3.2 新换盘管进行水压试验。

3.2.3.3 更新A、B组盘管时拆吊前应先固定好4个支承弹簧，盘管组装完后。4个支承弹簧进行复位调整。

3.2.3.4 切除影响吊装作业的管线，拆除部分炉墙板。

3.2.3.5 割断旧组盘管上的排污管、热偶管、上升管、下降管。

3.2.3.6 吊出旧盘管组。按图加工上升管、下降管、排污管的坡口，及时修补炉墙衬里。

3.2.3.7 吊入新盘管组，调整各组盘管上、下联箱使其符合要求(A、B组盘管上、下联箱要在炉内组焊)。

3.2.3.8 联箱与上升管、下降管组焊时，禁止强行组对。

3.2.3.9 焊接

　　a. 施工单位必须做焊接工艺评定，施焊焊工应持有相应的资格证书，方可进行施工；

　　b. 联箱与上升管、下降管之间的焊口，排污管之间焊口均采用氩弧焊打底，电焊填充盖面。热处理按有关规定进行；

　　c. 对现场焊缝应100%进行无损检测。

3.2.4 辅助锅炉受压元件检修质量要求

3.2.4.1 备品备件、原材料等的制造质量应符合国家现行相关标准，并有制造厂的质量证明书。

3.2.4.2 焊缝外观检查应符合 GB 150—1998《钢制压力容器》的规定。

3.2.4.3 焊缝无损检测按 JB 4730—94《压力容器无损检测》执行。

3.2.5 耐火衬里的检修

3.2.5.1 辐射室前墙及圈拱如有严重裂纹或凸起脱落趋势的部位用轻质耐火砖 AQ-0.7 进行更换。

3.2.5.2 辐射室挡火墙、炉底、炉顶耐火砖墙如有损坏脱落部位可用粘土砖 NZ-40 和高铝砖 LZ-48 进行修补。

61

3.2.5.3 辐射室侧墙、对流室各墙的耐火浇注料衬里如有裂纹脱落的部位可用 FQ 耐火浇注料进行修补。其烘炉与一段炉同步进行。

3.2.5.4 炉墙各处膨胀缝均用高铝纤维毡条填塞。

3.2.5.5 耐火衬里检修及质量要求应符合 GBJ 211—87《工业炉砌筑工程施工及验收规范》。

3.2.6 炉体整体水压试验

3.2.6.1 每隔 6 年及锅炉受压元件经重大修理或改造后均需整体进行一次耐压试验，具体按有关规程进行。

4 试验与验收

4.1 用脱盐水，以工作压力对锅炉系统进行试漏。

4.2 验收

4.2.1 检修完毕各项检修记录齐全准确(包括中间检验记录、隐蔽工程记录、水压试验记录等)。

4.2.2 由机动部门组织，施工单位、生产使用单位参加，三方联合验收。

4.2.3 检修后设备达到完好标准，试运行一周后，满足生产要求，各项技术指标合格。

5 维修与故障处理

5.1 日常维护

5.1.1 严格执行操作规程，精心操作。

5.1.2 严格执行巡回检查制度。

5.2 常见故障与处理(见表 1)

表1 常见故障与处理

序号	故障现象	故障原因	处理方法
1	E组炉管出口烟气温度超高	燃料气量过大 燃料气压过大 炉管内壁结垢 水循环不良 炉膛烟气分布不均 挡火墙倒塌 烟气分布板损坏 烧嘴燃烧不良	减少燃料气量 降低燃料气压力 停炉化学清洗炉管内壁 查找原因，建立正常水循环 查找原因，进行针对性处理 视损坏程度决定是否停炉处理 调整更换修复分布板 调整燃烧
2	蒸汽管道内水击	送气前未充分暖管、疏水	加大疏水，减小负荷
3	蒸汽带水	蒸汽负荷波动大 汽包内的汽水分离部件损坏	系统调整稳定负荷 停炉时拆开汽包人孔检查修复部件
4	气压超高	负荷变动时没及时调整 安全阀失灵	减烧嘴燃烧量、开启放空阀V-1007 停炉处理，停炉时调校安全阀
5	炉管焊口泄漏	热应力过大或制造缺陷	查明原因，停炉处理
6	炉管过热鼓包或爆管	炉管内壁结垢或外表面积灰 水循环不良 燃烧不良，偏烧	查明原因，停炉进行针对性处理
7	炉管弯曲	炉管局部过热	调整火焰，不能偏烧

序号	故障现象	故障原因	处理方法
8	炉管耐火衬里损坏，炉墙透火	耐火材料质量或施工质量不合格 烘炉升温速度过快或烘炉时间短	采用外贴盒板或停炉处理 按规定进行烘炉
9	排污阀堵塞或泄漏	排污不及时 炉水质量不符合标准，悬浮或含盐量过大	按规定排污，供给合格炉水 采取安全措施处理阀门泄漏
10	旋转烧嘴不转或震动大	喷孔严重堵塞 轴承损坏	不停炉逐个关烧嘴，拆出后疏通烧嘴喷孔 不停炉关烧嘴、更换轴承
11	断水、断电、断气	锅炉给水泵突然损坏 意外原因造成停电、无风或风压低	按紧急停炉处理

附 录 A
技术特性(KELLOGG/TEC)
(补充件)

项 目 名 称	数 量
蒸汽压力/MPa	10.35
蒸汽温度/℃	314
蒸发量：正常/(T/h)	99.7/96.15
最大/(T/h)	110/123
热负荷：正常/(GJ/h)	128.45/141.72
最大/(GJ/h)	188.41
燃料种类	天然气
燃料气用量(正常负荷)/(Nm³/h)	6106
过剩空气率/%	10/15
额定负荷时炉膛烟气压力/Pa	−117.6
锅炉烟气出口温度/℃	670/588
炉管裸露面积/m²	1227

附 录 B
辅助锅炉各组盘管数据(KELLOGG/TEC)
(补充件)

管组 名 称	辐 射 段		对 流 段	
	A、B(光管)	C(光管)	D(光管)	E(翅片管)
设计压力/MPa	11.37	11.37	11.37	11.37
工作压力/MPa	10.34	10.34	10.34	10.34
设计最高壁温/℃	399	399	399	399
计算最高壁温/℃	343	343	343	343
流体工作温度/℃	314	314	314	314
传热管外径/mm×厚/mm	$\phi73×7$	$\phi73×7$	$\phi73×7$	$\phi73×7$
传热管长度/mm	11278/11285	10465/10140	7772/7420	7772/7420
传热管根数/根	120	48	100	66
翅片尺寸高/mm×厚/mm	—	—	—	127/1.27
总传热面积/m²	306.6/306.8	105/105.5	141.7/126	720/675
最高水压试验压力/MPa	17.05 17.35	17.05 17.35	17.05 17.35	17.05 17.35
管子中心距/mm	82.6	115.9	111.1	127
传热管排(根×排×程)	60×2×1	24×2×1	25×4×1	22×3×1
管子材质(ASTM)	SA106GRB	SA106GRB	SA106GRB	SA106GRB
联箱管材质	SA106GRB	SA106GRB	SA106GRB	SA106GRB
联箱管直径	12″/14″	12″/14″	12″/14″	12″/14″

附 录 C
辅助锅炉各组盘管部件材质及规格
（KELLOGG/TEC）
（补充件）

组别	部件名称	材料	数量	规格
AB组盘管	炉管	SA106GRB	120	$\phi73\times7$
	上下联箱管	SA106GRB	3	$\phi323.85\times33.2/$ $\phi355.6\times35.7$
	联箱管椭圆型封头	SA234GR-WPB	6	$\phi323.85\times36/$ $\phi355.6\times27.8$
	联箱管三通	SA234GR-WPB	4	$\phi508\times\phi418\times40$ $\phi355.6\times\phi355.6\times36$
	联箱管内隔板	SA517GB78	1	$\phi257\times9/\phi280\times9$
C组盘管	炉管	SA106GRB	48	$\phi73\times7$
	上下联箱管	SA106GRB	2	$\phi323.85\times33.2/$ $\phi355.6\times35.7$
	上联箱管椭圆型封头	SA234GR-WPB	1	$\phi323.85\times36/$ $\phi355.6\times27.8$
	下联箱管平板端盖	SA212GRB/ A516GR70	1	$\phi257\times57/\phi300\times65$
D组盘管	炉管	SA106GRB	100	$\phi73\times7$
	上下联箱管	SA106GRB	2	$\phi323.85\times33.2/$ $\phi355.6\times35.7$
	上联箱管椭圆型封头	SA234GR-WPB	1	$\phi323.85\times36/$ $\phi355.6\times27.8$
	下联箱管平板端盖	SA212GRB/ A516GR70	1	$\phi257\times57/\phi300\times65$
E组盘管	炉管	SA106GRB	44/66	$\phi73\times7$
	上下联箱管	SA106GRB	2	$\phi323.85\times33.2/$ $\phi406.4\times40.5$
	上联箱管椭圆型封头	SA234GR-WPB	1	$\phi323.85\times36/$ $\phi406.4\times40$
	下联箱管平板端盖	SA212GRB/ A516GR70	1	$\phi257\times57/\phi326\times75$
	翅片	C.S		12.7×1.27

附　录　D

美型辅助锅炉炉墙和衬里位置材料

(补充件)

使用部位	衬里							保温钉式形式
	耐热补里				保温层			
	材料		使用温度/℃	厚度/mm	材料	使用温度/℃	厚度/mm	
	美国	中国						
辅锅顶	高铝耐火砖	LZ.48		114.3	矿棉水泥及死气层	870	63.5	
烧嘴墙 12#	绝热耐火砖 K－26	AQ－0.7	1427	228.6	矿棉保温块	870	51	H3
炉底	绝热耐火砖 K－26 K－23	AQ－0.5 AQ－0.7 NZ－40	1260	190	矿棉保温块	870	51	—
烟道底	绝热耐火砖 K－23	AQ－0.5	1260	63.5	矿棉保温块	870	51	—
烟道墙	绝热耐火砖 耐火砖	AQ－0.7 NZ－40	1260	457	—	—	—	—

续表

使用部位	衬里				保温层			保温钉形式
	耐热补里		使用温度/℃	厚度/mm	材料	使用温度/℃	厚度/mm	
	材料							
	美国	中国						
烟道顶	耐火浇注料1900	FQ	1037	165.1	—	—	—	—
炉墙(辐射段)	耐火浇注料2200	FQ	1037	165.1	—	—	—	V2及旋网
边墙9#、11#靠烧嘴	绝热耐火砖K-26	AQ-0.7	1427	114.3	矿棉保温块	870	51	H1
DE盘管支架	耐火浇注料1900	FQ	1037	165.1	—	—	—	—
后座墙	耐火浇注料1900	FQ	1037	165.1	—	—	—	V2
后座顶	耐火浇注料1900	FQ	1037	114.3	—	—	—	V2及旋网
后座底	耐火浇注料1900	FQ	1037	114.3	—	—	—	V2
DE盘管上下箱	耐火浇注料1900	FQ	1037	51.0	—	—	—	旋网
AB盘管集管	耐火浇注料KAOLITE-3300	CLQ	1815	76.2	—	—	—	旋网及保温钉
C盘管集管	耐火浇注料KAOLITE-3300	CLQ	1815	51.0	—	—	—	旋网及保温钉
挡火墙	耐火墙	NZ-40	1260	228	—	—	—	—

附 录 E
日(Ⅰ)型辅助锅炉衬里一览表
(补充件)

部 位	耐 火 层			绝 热 层		拉砖钩或保温钉
	材 料		厚度/mm	材料	厚度/mm	
	日 本	中 国				
烧嘴墙	轻质耐火砖	AQ-0.7	228	保温块	50	H-2S-1 LP-1
烧嘴墙周围	耐火浇注料 PLIC-AST-31	FQ	273.5	—	—	VA-1 V-6
侧墙前端	轻质耐火砖	AQ-0.7	114	保温块	50	H-2S-1 SP-1
侧 墙	耐火浇注料 LWI-24	FQ	165	—	—	V6
对流段各墙	绝热混凝土 LWI-20	FQ	115	—	—	V3
炉 顶	吊砖	LZ-48	114	绝热混凝土 TOCAST-L10	50	—
炉 底	耐火砖	NZ-40	65	保温块	50	
炉 底	轻质耐火砖 Cr-26	AQ-0.7	63			
炉 底	轻质耐火砖 Cr-23	AQ-0.5	63			

附加说明:

1 本规程由大庆石油化工总厂化肥厂负责起草,起草人孙继辉(1992)。

2 本规程由湖北化肥分公司负责修订,修订人潘冬明(2004)

3. 法型辅助锅炉维护检修规程

SHS 05003—2004

目　次

1　总则 ……………………………………………………（73）

2　检修周期与内容 ………………………………………（73）

3　检修与质量标准 ………………………………………（74）

4　试验与验收 ……………………………………………（78）

5　维护与故障处理 ………………………………………（79）

附录 A　H9101 VU 型辅助锅炉本体示意图
　　　　（补充件）………………………………………（82）

附录 B　主要设计数据表(补充件)………………………（83）

1 总则

1.1 主题内容与适用范围

1.1.1 主题内容

本规程规定了法型辅助锅炉的检修周期与内容、检修与质量标准、试验、验收、停炉保护、维护与故障处理。安全、环境和健康(HSE)一体化管理系统,为本规程编制指南。

1.1.2 适用范围

本规程适用于法型年产30万吨合成氨装置辅助锅炉(位号H9101)的维护与检修。

1.2 编写修订依据

国务院373号令《特种设备安全监察条例》

劳部发[1996]276号《蒸汽锅炉安全技术监察规程》

质技监局锅发[1999]202号《锅炉定期检验规则》

GB 150—1998 钢制压力容器

SH 3534—2001 石油化工筑炉施工及验收规范

2 检修周期与内容

2.1 检修周期

2.1.1 项修

根据对设备状态监测及设备实际运行状况决定项修内容,项修时间视设备运行情况确定。

2.1.2 大修周期为2~3年。

2.2 检修内容

2.2.1 各管排和管束检修。

2.2.2　汽包检修。

2.2.3　过热器检修。

2.2.4　省煤器检修。

2.2.5　空气预热器检修。

2.2.6　联箱检修。

2.2.7　吹灰器检修。

2.2.8　燃烧系统检修。

2.2.9　风道及烟道检修。

2.2.10　汽水阀和汽水管道检修。

2.2.11　炉体基础检修。

2.2.12　耐火衬里和保温层检修。

2.2.13　水压试验。

2.2.14　按《锅炉定期检验规则》规定的项目内容检验。

3　检修与质量标准

3.1　折卸前的准备

3.1.1　检修前根据设备运行的情况，熟悉图纸、技术档案，按 HSE 危害识别、环境识别、风险评估的要求，编制检修方案。

3.1.2　备品备件及施工机具准备就绪，安全劳动保护措施到位。

3.2　检修与质量标准

3.2.1　管排和管束

3.2.1.1　清除管子外壁积灰和结炭，保持受热面清洁。

3.2.1.2　检查管子外壁的蠕胀、鼓包、变形等缺陷。如管子整体蠕胀超过原直径 3.5% 时，应更换新管。如管子局部蠕胀未超过上述标准,但管外壁已呈过热时,也应更换新管。

3.2.1.3 对发生冲刷与点蚀管段测厚检查,当管段剩余壁厚不能保证设备安全运行时,应予更新。

3.2.1.4 根据水质及运行情况,用内窥镜对管子内壁进行检查。

3.2.1.5 各管排定点测厚,重点检查连接上下汽包的对流段管束及到上汽包的煨弯处。

3.2.2 汽包

3.2.2.1 检查内壁腐蚀情况并清理结垢,铁锈等。

3.2.2.2 汽包内部零件检查。

　　a. 汽水分离器:清理锈蚀后检查分离器松动情况、紧固件是否完好,分离元件上的小孔视情况除垢。

　　b. 水位计连通管、给水管、加药管、排污管等应畅通,支架完好。

3.2.2.3 汽包内壁检查

　　检查管孔、封头、焊缝接头及热影响处,并进行测厚,必要时进行磁粉、渗透、超声、射线检测。

3.2.2.4 汽包人孔密封面检查

　　人孔密封面无划痕、锈蚀及凹坑。

3.2.3 过热器

3.2.3.1 清扫管子外壁结灰。

3.2.3.2 检查管子外壁的蠕胀、变形和磨损等情况。如管子蠕胀大于原有直径的 2.5%、管子磨损致使管子壁厚减薄不能保证设备安全运行时,须更换新管。

3.2.3.3 过热器管卡检修。

3.2.3.4 第一排 U 形管弯头测厚。

3.2.3.5 受结构所限一般不做割管检查，只做冲洗。

3.2.4 省煤器(位号 E9101)

3.2.4.1 检查管子磨损和腐蚀情况。

3.2.4.2 管子外壁清灰。

3.2.4.3 弯头测厚。

3.2.4.4 根据检查情况做割管检查。割管修复后的焊接接头必须做 100％射线检测。

3.2.4.5 试漏与耐压试验

试漏压力为工作压力。如整组更换还需做耐压试验，耐压试验压力为 1.25 倍工作压力。

3.2.5 空气预热器(位号 E9102，E9103)

3.2.5.1 管子外壁清灰。

3.2.5.2 试压查漏：试验压力为工作压力。

3.2.5.3 U 形弯头测厚。

3.2.5.4 E9103 在运行 3～4 年后应对管子进行抽样割管检查。

3.2.5.5 试漏。

E9103：工作压力下的单体试压。

E9102：系统试压。

3.2.6 联箱

3.2.6.1 检查联箱的位移膨胀情况。

3.2.6.2 定点测厚。

3.2.7 吹灰器

3.2.7.1 检查转动是否灵活。

3.2.7.2 吹灰管的吹灰孔检修。

3.2.7.3 转动系统的零、部件每次大修都应解体检查。

3.2.8 燃烧系统

3.2.8.1 全部拆洗清理。

3.2.8.2 旋流器、稳焰器、油气烧嘴等检修。

3.2.8.3 密封空气管疏通和检修。

3.2.9 风道、烟道清理和检修。

3.2.10 汽水阀及汽水管道检修。

3.2.10.1 水位计清理检修。

3.2.10.2 安全阀拆检、研磨、调试。安全阀须进行热态调试，热态整定压力按照《蒸汽锅炉安全技术监察规程》规定执行。

3.2.10.3 运行中发现的泄漏阀门必须进行修理或更换。

3.2.10.4 主蒸汽管道蠕胀测量检查。

3.2.10.5 主蒸汽管道法兰及螺栓的外观检查。

3.2.11 耐火衬里和保温层

3.2.11.1 烧嘴处的耐火衬里检修。

3.2.11.2 燃烧室各角落、折焰挡壁、炉膛入口等处耐火砖检修。

3.2.11.3 保温层包括炉顶、外护层等检修更换。

3.2.12 整体试漏

3.2.12.1 修前试漏：检查受热面和承压部件泄漏情况。

3.2.12.2 修后试漏：检查各承压部件检修后的严密性，可靠性。

3.2.12.3 试漏要求：

　　a. 试压用水为化学处理后的除氧水；

　　b. 水温保证在 50℃ 以上，试验结束时，水温要求不低于 20℃；

　　c. 进水速度必须缓慢，要求用 2.5～3h 完成；

d. 升压速度每分钟不大于 0.196MPa；

e. 试验压力为工作压力，升压至 1.47MPa 时全面检查一次；检查后继续升至工作压力保压 5 分钟，全面检查；

f. 降压速度：0.19～0.29MPa/min；

g. 试压时环境温度不得低于 5℃；

h. 全部承压部件无漏水，焊接接头及密封面无渗漏为合格。

3.2.13　整体耐压试验

3.2.13.1　每 6 年及锅炉受压元件经重大修理或改造后均需整体进行一次耐压试验，具体按有关规程进行。

3.2.13.2　有关注意事项参见 3.2.12.3。

3.2.14　所有检修质量符合下列标准要求

3.2.14.1　焊接接头外观符合《蒸汽锅炉安全技术监察规程》及《锅炉定期检验规则》要求。

3.2.14.2　射线检测符合 JB 4730—94《压力容器无损检测》Ⅱ级为合格。

3.2.14.3　超声检测符合 JB 4730—94《压力容器无损检测》Ⅰ级为合格。

3.2.14.4　磁粉、渗透检测符合 JB 4730—94《压力容器无损检测》相关要求。

3.2.14.5　耐火衬里检修质量要求符合 GBJ 211—87《工业炉砌筑工程施工及验收规范》有关要求。

4　试验与验收

4.1　试验

系统水压试验合格。

4.2　验收

4.2.1　设备经检修检验后，质量须达到本规程规定的要求。

4.2.2　检修完工后，施工单位应及时提交下列交工资料：

4.2.2.1　检修任务书。

4.2.2.2　检修、检测方案。

4.2.2.3　各项施工记录，包括检修记录，焊接接头无损检测记录、耐火衬里烘炉记录等。

4.2.3　交工验收由设备主管部门组织施工单位、生产单位等共同进行，按规程及标准要求验收合格。

4.2.4　设备运行一周，各项技术指标应达到完好标准，满足正常生产要求。

5　维护与故障处理

5.1　维护

5.1.1　严格控制工艺运行参数，严禁超温、超压、超负荷运行。

5.1.2　严格控制开、停车时的升降压速率。

5.1.3　定期检查人孔、阀门、法兰等密封点。

5.1.4　定期检查弹簧滑动支座。

5.1.5　加强炉水监测。

5.1.6　停炉保护。

5.1.6.1　停炉后迅速与蒸汽系统隔离。

5.1.6.2　适当开启定排阀，定排排放量控制在 10t/h，以维持上汽包液位。

5.1.6.3　为提高炉外壁温度以防冷凝腐蚀发生，除氧器压力要控制在正常范围 0.12 ~ 0.14MPa。

5.1.6.4 按正常操作时的要求对炉水加 Na_3PO_4、做炉水分析(pH 值控制在 9.5 ~ 10)。

5.1.6.5 加强对炉外壁的保温巡检,定期检查炉外壁腐蚀情况。

5.1.6.6 每月点燃辅锅气烧嘴 1 次。

5.1.6.7 在加药管线(下汽包入口)加接一根 1.3MPa 低压蒸汽管线,可用低压蒸汽对炉内加热,以减少(或全关)定排阀及消音器的排放。

5.1.6.8 必要时对上汽包进行充氮保护。

5.1.6.9 打开透平风机导叶和出口挡板,并让一部分工艺冷凝液通过 E9103。适当关小 E9103 出口阀以防止 E9103 出口的冷凝液汽化。

5.2 常见故障与处理(见表 1)

表 1 常见故障与处理

序号	故障现象	故障原因	处理方法
1	炉管弯曲	炉管局部过热	调整火嘴不能偏烧
2	炉管焊口泄漏	热应力过大或制造检修缺陷	查明原因,停炉处理
3	炉管过热鼓包或爆管	炉管内壁结垢或外壁积灰,燃烧不良,偏烧,水循环不良	查明原因,停炉进行针对性处理
4	水冷壁爆管	烟气或水汽腐蚀管壁减薄,管壁过热,燃烧不良,偏烧	加大给水量,维持锅炉液位,安排时间停炉检修；泄漏量大时,应立即停炉,对损坏处进行修理

续表

序号	故障现象	故障原因	处理方法
5	省煤器管道损坏泄漏	烟气或水汽的腐蚀	泄漏量小时，维持锅炉液位安排时间停炉检修 泄漏量大时，应立即停炉，对损坏处进行修理
6	汽包密封泄漏	封头紧力不匀，垫片损坏，密封面损伤	更换垫片，检查修理密封面
7	油烧嘴结焦或损坏	烧嘴材质不好，装配不符合要求，烧嘴使用时间长	停炉时更换烧嘴，按标准进行装配
8	吹灰器故障	吹灰器传动机构损坏(链条断或齿轮盘脱落)，电机损坏，位置开关失灵	保持吹灰蒸汽总阀打开，查明故障原因，并使吹灰器复位后关闭吹灰蒸汽总阀，对损坏处进行修理
9	炉墙耐火衬里损坏	炉升温速度过快，耐火材料及施工质量不合格	停炉修复衬里，按规程进行操作
10	排污阀堵塞或泄漏	排污不及时，有锈垢焊渣，阀门质量不合格	按规定进行排污，修理或更换阀门

附 录 A

H9101VU 型辅助锅炉本体示意图

(补充件)

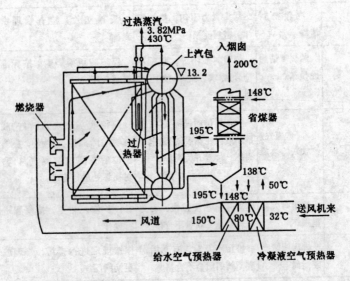

型式：VU 型、水管式、自然循环、微正压和室外安装
结构型锅炉

附 录 B
主要设计数据表
（补充件）

表 B1 主要设计数据表(a)

项　　目	数　　值
蒸发量/(t/h)	220
过热蒸汽压力/MPa（表）	3.72
过热蒸汽温度/℃	430
主汽包压力/MPa（表）	4.21
设计压力/MPa	4.85
给水温度(省煤气进口)/℃	148
省煤气出口温度/℃	195
冷空气温度(空气预热器进口)/℃	32
热空气温度(空气预热器出口)/℃	150
排烟温度/℃	200
最大连续负荷每个燃烧器燃油量/(kg/h)	2630
最大连续负荷每个燃烧器燃气量/(Nm³/h)	3100
保证20%连续负荷每个燃烧器燃炼厂气(液化气)量/(Nm³/h)	1070
每个点火器燃气量/(Nm³/h)	20
空气消耗量/(Nm³/h)	19100
排烟热损失/%	7.5
散热损失/%	0.3
其他热损失/%	0.3
锅炉效率/%	91

表 B2　主要设计数据表(b)

项　目	E9101 省煤器		E9102	E9103
	第一段	第二段	给水空气预热器	冷空气预热器
设计压力/MPa	5.78		5.85	0.49
管径/mm	$\phi38.4$		$\phi26 \times 3$	$\phi26 \times 3$
管排/排	8	12	16	20
每排管数/根	18		20	20
管子材料	A37		A37	A37
鳍片材料	铸铁翅片		A569	A569
鳍片规格	—		$\phi50.8 \times 0.359$	$\phi50.8 \times 0.359$
受热面积/m²	4700		1800	1900
联箱	$\phi273 \times 12.5$		$\phi219.1 \times 18.3$	$\phi219.1 \times 8.18$
联箱材料	—		A106GrB	A106GrB
出口水温/℃	195		195	138
进口水温/℃	148		148	58

附加说明:

1　本规程由金陵石化公司化肥厂负责起草,起草人杨知时(1992)。

2　本规程由安庆分公司修订,修订人张深海(2004)。

4. 二段转化炉维护检修规程

SHS 05004—2004

目　次

1　总则 ……………………………………………（ 87 ）

2　检修周期与内容 ………………………………（ 87 ）

3　检修与质量标准 ………………………………（ 88 ）

4　试验与验收 ……………………………………（ 98 ）

5　维护与故障处理 ………………………………（ 99 ）

附录 A　二段转化炉技术特性和参数(补充件)………（ 102 ）

附录 B　二段转化炉主要零件、部件材料

　　　　(补充件) …………………………………（ 103 ）

附录 C　刚玉砖的尺寸及外形允许偏差(参考件) ……（ 104 ）

附录 D　低硅钢玉砖理化指标(参考件) ……………（ 105 ）

1 总则

1.1 主题内容与适用范围

1.1.1 主题内容

本规程规定了大型化肥装置二段转化炉的检修周期与内容、检修与质量标准、试验与验收及维护。安全、环境和健康(HSE)一体化管理系统，作为本规程编制指南。

1.1.2 适用范围

本规程适用于(美)凯洛格型、(日)东洋 TEC 型、(法)赫尔蒂型化肥装置二段转化炉的检修与维护。

1.2 编写修订依据

国务院第 373 号令《特种设备安全监察条例》

质技监局锅发[1999]154 号《压力容器安全技术监察规程》

劳锅字[1990]3 号《在用压力容器检验规程》

GB 150—1998 钢制压力容器

JB/T 4735—98 钢制焊接常压容器

SH 3534—2001 石油化工筑炉施工及验收规范

2 检修周期与内容

2.1 检修周期

2.1.1 项修

根据对设备状态监测及设备实际运行状况决定项修内容，项修时间视设备运行情况确定。

2.1.2 大修周期为 2~5 年。

2.2 检修内容

2.2.1 空气混合器检查、修复和更换。

2.2.2 耐热钢衬里的检查、修复和更换。

2.2.3 耐热衬里层的检查和修复。

2.2.4 催化剂保护层的检查和更换。

2.2.5 催化剂支承装置的检查和重新砌筑。

2.2.6 水夹套检查、清理和修复。

2.2.7 各密封面的检查和修复。

2.2.8 检查和疏通水夹套供排水系统。

2.2.9 更换催化剂。

2.2.10 检查、调校所属控制仪器、仪表。

2.2.11 承压壳体的检验与修复。

2.2.12 更换各密封处的密封垫。

2.2.13 外壁热敏油漆和防腐油漆的涂刷。

2.2.14 检查基础下沉情况及缺陷处理。

2.2.15 安全附件的定期检验。

3 检修与质量标准

3.1 检修前准备

3.1.1 检修前必须查明设备在运行中存在的问题和缺陷，熟悉有关图纸、技术档案以及技术规范，按照 HSE 开展危害识别、环境识别和风险评估的要求编制检修施工方案。

3.1.2 检验备品、备件和所需材料的质量，并应符合有关技术要求。

3.1.3 承担受压元件焊接的焊工必须持有相应项目资格证。

3.1.4 所用检修机具应是灵活可靠，其起重机具必须符合技术监督部门的有关规定。

3.1.5　隔离与设备相连接的管网。

3.1.6　履行生产与检修施工单位间交接手续，严格遵守有关安全规定。

3.2　检修与质量标准

3.2.1　空气混合器的检查与修复

3.2.1.1　先拆开上封头的管道法兰以及上封头法兰螺栓，将空气混合器连同上封头一同吊出。

3.2.1.2　检查混合器喷头镀锆层是否龟裂、脱落。环形分布器和入口管是否变形、开裂、内件脱落以及焊接接头裂纹等情况。

3.2.1.3　环形分布器可采用局部校正或补焊的方法修复。

3.2.1.4　空气混合器如有严重过烧、壁厚减薄严重，严重开裂或喷嘴小孔严重磨损影响气流分布，则更换。

3.2.1.5　空气混合器更换程序及要求：

　　a. 按制造图纸对新空气混合器的质量进行检验，检修过程中注意保护，以免碰坏；

　　b. 确定顶部入口管上的切割位置，进行切割并按要求开好焊接坡口；

　　c. 焊接时新混合器与顶部入口管的中心线必须同心，误差按图纸要求；

　　d. 焊接接头应进行 100% 射线检测，其结果应符合 JB 4730—94《压力容器无损检测》规定的 Ⅱ 级标准。

3.2.1.6　(美)凯洛格型空气混合器喷镀层剥落后，允许再次等离子喷镀修复，如果母材受到损坏时，则需更换。

3.2.2　耐热钢衬里的检查、修复及质量标准

3.2.2.1 （美）凯洛格型、（日）东洋 TEC 型二段转化炉局部有耐热钢衬里，每次检修时应对耐热钢衬里进行仔细的检查。

3.2.2.2 用 5~10 倍的放大镜对所有耐热钢衬里焊接接头进行检查，对有怀疑的部位进行渗透检查。

3.2.2.3 耐热钢衬里发现鼓包、下沉、折皱、变形、脆性龟裂，应根据损坏程度采取局部修补或换筒节。

3.2.2.4 耐热钢衬里的修复一般采用手工电弧焊焊接，坡口应根据图样进行加工。

3.2.2.5 上部衬筒必须与小筒体及大法兰保持同心，同心度不大于 2.5mm。

3.2.2.6 钢衬里焊接接头表面不得有咬边、裂纹、夹渣、气孔等缺陷，并使其表面光滑。

3.2.2.7 更换二段转化炉工艺出口管内衬可采用多瓣形弧板组焊。

3.2.3 耐热衬里层的检查与修复

3.2.3.1 每次检修应对耐热衬里进行仔细检查，在更换催化剂时，应对耐热衬里层作全面检查。（美）凯洛格型、（日）东洋 TEC 型二段转化炉应检查出口管和球形拱顶下部的耐热衬里，（法）赫尔蒂型二段转化炉应检查所有刚玉砖及宝塔形拱顶。还应检查所有的伸缩缝和拉筋。

3.2.3.2 若耐火砖普遍存在裂纹，砖块减薄或承压壳体发现局部过热现象时，可采取局部修复或全面修复。

3.2.3.3 （美）凯洛格型，（日）东洋 TEC 型炉内衬发现有大于 5mm 宽的贯穿裂纹，必须将裂纹清理干净，用水湿润，用小于裂纹宽度的细骨料调配的耐火浇注料填塞，注意不得人为加宽裂纹或加深裂纹。

3.2.3.4 (美)凯洛格型、(日)东洋 TEC 型炉内衬局部脱落厚度小于 20mm 可以不修，大于 20mm 厚的脱落面应根据情况修复处理。

3.2.3.5 上部钢衬套外表面包扎厚纸，纸厚和层数按图纸要求。

3.2.3.6 衬里局部更换修复需将旧衬里清理干净，在新旧耐火浇注料接茬处，旧耐火浇注料应挖成倒角 45°的梯形接触面，将抓钉头清理干净，已经烧坏的抓钉要进行更换，抓钉焊接应符合有关要求。

3.2.3.7 (美)凯洛格型、(日)东洋 TEC 型二段转化炉耐热衬里层更换施工要求及程序：

a. 浇注前容器内表面清理干净；

b. 补焊抓钉并在钉上涂液体沥青 3 层，总厚度为0.8mm；

c. 沥青干燥后可以支模，做好衬里施工的各项准备；

d. 支模时要准确地与筒体同心，在每个环状模上应垫上 6mm 厚胶合板垫片，防止泄漏，在每个弓形模的垂直侧面也应垫上垫片，在整个模具与浇注材料接触的表面应涂少许凡士林防止粘结；

e. 灌浇前确认用量。搅拌的标准用水量：重质混凝土10.5%～11.5%(质量百分比)，轻质混凝土 12.5%～13.5%(质量百分比)；

f. 先加三分之二的水量与耐火骨料、粉料搅拌湿润，再加水泥和剩余的水量，拌至颜色均匀一致为止。加水后的搅拌时间不得超过 2min；

91

g. 每次搅拌时物料温度和水温均应保持在 10～25℃之间，不宜过高或过低，必要时，为保持这一温度，可用冷水或热水调节；

h. 浇注时应保持连续性，每次浇注周期最好 10min，两次之间间隔不能超过 30min；

i. 物料的自由落下高度最大为 1300mm，浇注中可用不锈钢纤轻微振荡。内衬耐火浇注料施工分三部分进行：底部支撑、筒体、颈部和连筒节头，以筒体为主。每次浇注要连续浇完；

j. 在养护时，温度应维持在 15～25℃，至少保持 24h 之后，使衬里达到支承本身重量的强度，才能拆去模具，喷水养护，养护后继续风干 3～7 天；

k. 应注意锥体低部模板必须焊接固定，浇注时用模板卡规控制模板形状，耐火衬里最薄部分不得小于 254mm；

3.2.3.8 (法)赫尔蒂型二段转化炉膨胀缝过大，可采用陶瓷纤维(以下简称陶纤)局部填补。应注意填牢。

3.2.3.9 (法)赫尔蒂型二段转化炉的全面修复：

a. 拆除旧耐火衬里；

b. 清理钢板内壁(也可不拆至钢板)，刷一层 1mm 的粘土质灰浆；

c. 修整或更新抓钉和支承板，并在钉上涂一层 0.8mm 厚的沥青漆；

d. 准备钢模板，并进行预装待用；

e. 按图纸在炉底砌筑第一圈支承砖；

f. 支模板浇注第一层轻质混凝土，24h 后喷水养护；

g. 待混凝土终凝后，开始砌筑刚玉砖，每砌 500～

600mm 高度浇注第二层轻质混凝土，并在刚玉砖背面放一层油纸；

h. 每层砖均匀留设纵向伸缩缝，重质刚玉砖约每隔 6～7 块砖留设一缝，缝宽 3mm，在隐缝内填入陶纤，自然放入。不松不紧。显缝内不填放陶纤；

i. 按图纸要求留设环向伸缩缝，在隐缝内填塞陶纤；

j. 砌筑前，各部位砖型均要进行预砌，以便发现问题，及时处理。如砖需加工，应加工非工作面。

3.2.3.10 (法)赫尔蒂型二段转化炉混凝土施工要求：

a. 物料先干混 1min，再加水湿混 2～3mim，对空心球骨料，时间不宜过长，以免损坏球料；

b. 现场浇注要逐层加料，每次加料厚度 300～400mm，速度均匀，并以不锈钢纤轻微振捣达到密度均匀为止。为保证混凝土结构的整体性必须连续浇注；

c. 搅拌好的料要尽快使用，一般 30min 内用完；

d. 当混凝土用湿手按在表面不粘起水泥时，应立即喷水养护，养护环境温度 5～30℃，养护后继续风干 3～7 天。

3.2.3.11 (美)凯洛格型和(日)东洋 TEC 型二段转化炉的烘炉：

烘炉开始在大气条件下用热空气至少干燥 72h，然后按图 1 烘炉曲线进行烘炉。

3.2.3.12 (法)赫尔蒂型二段转化炉的烘炉：

先在约 10h 内将温度逐步升高到 180～200℃，后按图 2 烘炉曲线进行烘炉。

3.2.4 耐热内衬砌筑的质量标准

3.2.4.1 (美)凯洛格型和(日)东洋 TEC 型炉的内衬砌筑按

中国武汉化工工程公司《30 万吨/年合成氨二段转化炉筑炉安装施工说明》有关质量要求进行。

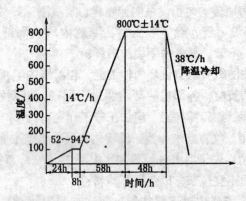

图 1　(美)凯洛格型炉升温曲线

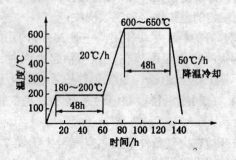

图 2　(法)赫尔蒂型炉升温曲线

3.2.4.2　砌砖用的耐火泥必须与砖同质，用洁净生活水调和，当日使用，当日调和。耐火泥中不得有杂物。

3.2.4.3　耐热砖灰浆必须饱满，其饱满程度不少于 95%。砖缝宽度为 1.5～2mm，砖缝不得有 3 层或三环重缝，上下两层与相邻两环的重缝不得在同一位置。

3.2.4.4 炉墙的允许误差不应超过下列数值：

a. 表面的椭圆度不得大于直径的 0.5%，且不得大于 20mm；

b. 垂直度误差每米不应大于 3mm，全高不应大于 15mm；

c. 水平度误差每米弧长不应大于 3mm，在直径方向对应两点之间水平度误差不应大于 15mm。

3.2.4.5 刚玉砖制品的尺寸、理化指标见附录 C、附录 D。

3.2.4.6 施工应遵守《化学工业炉砌筑技术条件》HJ 20543—93。

3.2.5 催化剂保护层及支承设施的检查与修复

3.2.5.1 每次检修应检查六角砖和氧化铝球。当六角砖其孔径由 9mm 增加到 11mm 以上、裂纹贯穿、强度显著下降时均应更换。若催化剂下沉，则应将催化剂找平后再换六角砖。

3.2.5.2 检修时应从炉底部人孔进入催化剂支承装置。检查刚玉砖是否开裂掉块以及槽孔堵塞情况，酌情处理。

3.2.5.3 球形拱的砌筑

a. 砌筑之前、对所用的刚王砖要进行预组砌，全部砖要进行尺寸核对，试砌筑后在每块砖上编号码，必要时要进行表面处理（不可加工工作面），以使各砖块彼此紧密靠拢；

b. 对最下一层标号为 A（见图 3）的刚玉砖，应在金属支承上不使用灰浆进行试砌，检验其位置是否正确，然后再用灰浆将砖砌在正确位置上；

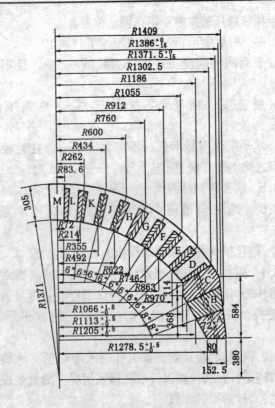

图 3 二段转化炉球型拱顶

c. 第二层标号为 B 的刚玉砖，砌法同上；

d. 第三层标号为 C 的刚玉砖部分会超出砖支承套的长度，要用量规小心砌筑，以使其与壳体中心的尺寸及角度能达到设计要求，还应进一步用量规核实标号 C 砖层与标号 D 砖层的相接面同壳体中心线夹角是否为 51°；

e. 木板在正确位置上立好后，应将要砌筑的 D 砖到 L

砖、所在位置从壳体中心加以核量，并做出记号；

f. 在立好木模后，开始砌 D 砖至 K 砖，首先将 D 砖(第四层)在其木模板位置上不用灰浆试砌，在用量规核实所有 D 转后，再用灰浆砌筑；

g. 第五层 E 砖至第十一层 K 砖，其砌筑方法同 D 砖；

h. 顶上 M 砖应加灰浆插入；

i. 砌筑完毕后，拆除木模板，清除近道及拱底上灰浆。

3.2.6 承压筒体的检修及质量标准

3.2.6.1 结合检修实际情况，对承压筒体按《在用压力容器检验规程》要求进行外部检查和内外部检验。

3.2.6.2 承压筒体如出现蠕胀、氢脆和裂纹等缺陷，应制订修复方案进行处理。

3.2.6.3 焊接接头型式及质量要求应按图样或 GB 150—1998《钢制压力容器》有关规定执行。

3.2.6.4 修复后的对接接头应进行 100% 射线检测，其结果应符合 JB 4730—94《压力容器无损检测》规定的 Ⅱ 级标准；对有怀疑处还应进行超声检测复验，超声检测结果应符合 JB 4730—94 规定的 Ⅰ 级标准。角接接头应进行 100% 表面检测，表面检测结果应符合 JB 4730—94 规定的 Ⅰ 级标准。

3.2.6.5 筒体焊接后，应进行消除应力热处理，热处理后在筒体上不能再施焊。

3.2.6.6 修补完毕的承压筒体应以工作压力的 1.25 倍进行耐压试验和以工作压力的 1.0 倍进行气密性试验，试验压力见表 1。试验合格后再配水夹套，水夹套应进行盛水试验。

表1 试验压力

试验项目	(美)凯洛格型	(日)东洋 TEC 型	(法)赫尔蒂型
水压试验压力/MPa	3.83	3.83	3.83
气密性试验压力/MPa	3.06	3.07	3.04

3.2.7 其他项目的检修与要求

3.2.7.1 每次检修应清除水夹套中的垢和杂物,并进行定点测厚和渗水检查,若发现渗漏、焊缝开裂或壁厚减薄超过允许范围时,应视损坏情况采取局部修复或整体更换。

3.2.7.2 无论是局部修复或整体更换均应按 JB/T 4735—98《钢制焊按常压容器》要求进行。

3.2.7.3 上部大盖和下部人孔连接螺栓,螺母逐个清洗检查,每6年对其进行100%磁粉检测,在安装前应涂抹二硫化钼等高温防腐剂。

3.2.7.4 对于工作温度大于350℃的紧固件,应进行热紧。

3.2.7.5 裙座、吊钩等部件如果发现有严重损坏时,应按图样进行修复,其技术要求按 GB 150—1998 有关要求进行。

3.2.7.6 热电偶套管的焊接部分应进行渗透检测,如发现缺陷,可补焊修复或整体更换。

3.2.7.7 每次检修应对热敏漆或防腐漆进行检查,并进行局部或整体涂刷。

3.2.7.8 顶盖法兰按要求填塞陶瓷纤维,以避免法兰密封面过热。

4 试验与验收

4.1 试验

4.1.1 承压壳体检修完后应按本规程 3.2.6.6 条和《压力容

器安全技术监察规程》的有关要求进行耐压和气密试验。

4.1.2 水夹套进行修复后应进行渗漏试验。

4.2 验收

4.2.1 设备试运转一周，满足生产要求，满足各项技术指标，达到完好标准。

4.2.2 施工单位检修完毕，应提交下列技术资料。

4.2.2.1 设计变更及材料代用通知单，材料、零部件合格证。

4.2.2.2 施工各项记录

a. 隐蔽工程记录；

b. 封闭记录；

c. 检修记录；

d. 中间检验记录。

4.2.2.3 外观检查及无损检测报告。

4.2.2.4 试验记录和衬里烘炉记录。

4.2.3 由机动部门组织，施工单位和生产使用单位参加三方联合验收。

5 维护与故障处理

5.1 日常维护

5.1.1 定期采用可燃气体报警仪检查人孔、阀门、法兰等密封点和管道及附件泄漏情况并及时处理。

5.1.2 水夹套中的水可以用蒸汽冷凝液，不允许用工艺冷凝液，在开车时则要求用脱盐水，夹套底部设有排污管，应定期排放。

5.1.3 按巡回制度要求检查安全阀、压力表、液位计等安全附件是否完好。

5.1.4 (美)凯洛格型和(日)东洋 TEC 型炉在生产运行中要经常观察水夹套中的水量，使溢流管不断流水，排气管经常排出蒸汽，以保持一定的液位，如用水量超过正常用水量 3 倍，则说明炉子内衬已损坏，需停炉检修。

5.1.5 (法)赫尔蒂型炉在生产运行时要密切注意外壳的温度。热敏漆的温度变化范围见表 2，外壳温度超过 240℃时应立即打开淋水装置阀门向外壳淋水，以冷却壳体，防止壳体局部过热，并及时安排检修，对变色部位衬里按本规程要求进行检查和修理。

5.1.6 (法)赫尔蒂型炉在操作时要避免热冲击，停炉时要缓慢降温(降温速率为 50℃/h)。

5.1.7 在操作过程中，必须保证混合器喷口流速为 35～36m/s。特别是在开停车时，用加蒸汽量来控制和调节速度，防止倒烧，以致混合器过热，缩短使用寿命。

表 2 热敏漆的温度变化范围

绿色范围	0～24℃	蓝色范围	24～400℃	白色范围	400～500℃

5.2 常见故障与处理(见表 3)

表 3 常见故障与处理

序号	故障现象	故障原因	处理方法
1	出口甲烷高，分别在 101CA/CB 取样分析，可发现甲烷含量高	空气－蒸汽混合器偏烧	停车处理
2	热电偶温度偏高或偏低	热电偶被烧坏	更换热电偶

序号	故障现象	故障原因	处理方法
3	FRC－3 大幅度下降，TI－118 点温度迅速降低	工艺气系统故障，如 FRC－3 关闭，FIC－4 放空自动打开，101－J 安全阀启跳	迅速查明原因，立即恢复，如不能立即恢复，则需停用甲烷化炉，切断低变，气体在 PIC－5 放空，103－J 循环，全开 MIC－25
4	LLA－103 报警系统，现场可发现水夹套水无溢流	LC－25 误关 SC 压力低(开车初期或停车末期)	打开 LC－25 旁路，通知仪表工处理 LC－25 开脱盐水至表冷器之切断阀，使脱盐水充入表冷器
5	水夹套蒸发量过大	衬板，耐火材料损坏	停车处理
6	法兰泄漏	密封垫片失效 法兰密封面损坏 螺栓紧固不均匀	带压堵漏或停车处理 按规定紧固螺栓

附 录 A
二段转化炉技术特性和参数
（补充件）

项　　目		（美）凯洛格型	（日）东洋 TEC 型	（法）赫尔蒂型
规模　万吨/年合成氨		30	30	30
设计压力/MPa		3.35	3.37	3.73
工作压力/MPa		3.06	3.07	3.04
水压试验压力/MPa		5.04	5.06	5.59
工作温度/℃		顶盖　其余 482　204	顶盖　其余 510	150
金属材料设计温度/℃		510　204	510　205	250
金属材料工作温度/℃		482　204	510　205	炉外壁温 150
筒体内径/mm		3810	3700	4750
筒体壁厚/mm		57	58	59
耐热混泥土厚度/mm		265	265	425
有效内径/mm		3280	3170	3900
炉子总高/mm		15469	16460	13540
触媒/m²	上层镍基触媒	7.73	5.2	
	下层镍基触媒	25.69	23.1	
	触媒总容积	33.42	28.3	26.4
甲烷含量	进口/%	9.7	8.4	8.85
	出口/%	0.33	0.3	0.3
工艺气入口温度/℃		822	834	790
空气入口温度/℃		554	454	550
转化气体出口温度/℃		1003	1006	957

附 录 B
二段转化炉主要零件、部件材料
（补充件）

零件分头	材料牌号		
	(美)凯洛格型	(日)TEC 型	(法)赫尔蒂型
顶部封头	SA387GrA	A387GrC	
顶封头法兰	SA105Gr1	A－105	
顶封头内筒	SA240 TP304H	INCOLOY－800	
顶封头圆环，封板	SA240 TP304H	INOLOY－800	
顶部接管法兰	SA182－F11	A182－F11	
顶部短节接管	SA105 GrB	A387GRC	A204GrB
顶部短节接管	SA105 GrB	STPA23－SH	A204GrB
顶部接管 1	SA335 GrP1	STPA23－SH	A204GTP312H
顶部接管 2	SA31 TP304H	INCOLOY－800	
水夹套筒体	SA36	SS41	
水夹套管子	SA106 GrA	STG38	
水夹套其余零件	SA283 Gr C	SS41	
混合器底锥体	INCOLOY－800	INCOLOY－800	INCOLOY－800
混合器喷嘴管	INCOLOY－800	INCOLOY－800	INCOLOY－800
混合器其余零件	SA240 TP304H	INCOLOY－800	INCOLOY－800
受压大小筒体	SA516 Gr70	SA516Gr70	A302GrB
上下锥体	SA516 Gr70	SA516Gr70	A302GrB
底部封头	SA516 Gr70	SA516Gr70	A302GrB
内部支撑环及肋板	SA516 Gr70	SA516Gr70	A302GrB
内部支撑其余钢零件	SA240 TP310S	INCOLOY－800	AZ40TP310S

附　录　C
刚玉砖的尺寸及外形允许偏差
（参考件）

mm

项　目	指　标
尺寸偏差 < 230 　　　　 > 230	± 2 ± 1%
扭曲　长度 ≤ 300 　　　长度 > 300	≤ 2 ≤ 3
缺棱深度缺角	≤ 5
熔　洞	直径 ≤ 3
裂　纹	宽度 ≤ 0.05 不限制 宽度 0.26 ~ 0.5、 长度 ≤ 30 宽度 0.5 不许
断面层裂	宽度 ≤ 0.25 不限制 宽度 0.26 ~ 0.5 长 度 ≤ 15

附 录 D
低硅刚玉砖理化指标
（参考件）

指标名称	数 值
Al_2O_3/%	≥99.0
SiO_2/%	≤0.20
Fe_2O_3/%	≤0.15
R_2O/%	≤0.50
显气孔率/%	≤18
常温耐压强度/MPa	≥70.0
热稳定性/次(1100℃水冷)	≥6
重烧线变化/%(1600℃, 3h)	≤±0.20
荷重软化开始温度/℃(0.2MPa)	≥1700

附加说明：

1 本规程由巴陵石化公司洞庭氢肥厂负责起草，起草人宋可定(1992)。

2 本规程由巴陵分公司负责修订，修订人张平(2004)。

5. 刺刀式废热锅炉维护检修规程

SHS 05005—2004

目　次

1　总则 ………………………………………………………………（108）

2　检修周期与内容 ………………………………………………（108）

3　检修与质量标准 ………………………………………………（109）

4　试验与验收 ………………………………………………………（116）

5　维护与故障处理 ………………………………………………（117）

附录A　工艺参数(补充件) ……………………………………（118）

附录B　设备参数(补充件) ……………………………………（118）

附录C　设备材料规范及规格(补充件) ……………………（119）

附录D　第一废热锅炉管束热处理曲线(补充件) ………（121）

附录E　焊条和焊接方法的选择(补充件) …………………（122）

附录F　CLQ纯铝酸钙水泥轻质耐火混凝土
　　　　(补充件) ……………………………………………………（123）

附录G　第一废热锅炉内衬烘炉曲线(补充件) ………（125）

1 总则

1.1 主题内容与适用范围

1.1.1 主题内容

本规程规定了大型化肥厂合成氨装置的第一废热锅炉的检修周期与内容、检修与质量标准、试验与验收及维护与故障处理。安全、环境和健康(HSE)一体化管理系统，为本规程编制指南。

1.1.2 适用范围

本规程适用于大型化肥厂合成氨装置美荷型第一废热锅炉的维护和检修。

1.2 编写修订依据

国务院第 373 号令《特种设备安全监察条例》

质技监局锅发［1999］154 号《压力容器安全技术监察规程》

劳锅字［1990］3 号《在用压力容器检验规程》

GB 150—1998 钢制压力容器

GB 151—1999 管壳式换热器

SH 3534—2001 石油化工筑炉施工及验收规范

2 检修周期与内容

2.1 检修周期

2.1.1 项修

根据对设备状态监测及设备实际运行状况决定项修内容，项修时间视设备运行情况确定。

2.1.2　大修周期为 2～5 年。

2.2　检修内容

2.2.1　清理管、壳程的污垢。

2.2.2　检查管箱管束，必要时修复或更换管束。

2.2.3　检修隔热衬里层和气体分布器。

2.2.4　更换全部垫片(除小管板垫)。

2.2.5　设备外壳防腐，修补设备保温层。

2.2.6　检查热电偶、液位计。

2.2.7　拆装水夹套，检修承压壳体。

2.2.8　按《在用压力容器检验规程》进行外部检查和内外部检验。

2.2.9　螺栓应力松弛后的紧固及设备升温后的热把紧。

3　检修与质量标准

3.1　拆卸前准备

3.1.1　检修前根据设备运行情况，熟悉图纸、技术档案，按 HSE 危害识别、环境识别、风险评估的要求，编制检修方案。

3.1.2　备品备件及施工机具准备就绪，安全劳动保护措施到位。

3.1.3　备用管束在安装前进行认真检查，并进行化学钝化处理。

3.2　拆卸与检查

3.2.1　拆管程法兰螺栓，吊封头。拆承压壳体螺栓，吊管束(吊装应有详细的吊装方案)。

3.2.2 仪表检修

3.2.2.1 检查校核热电偶。

3.2.2.2 检查校核锅炉给水下降管密度计。

3.2.2.3 检查校核水夹套液位报警值。

3.2.2.4 检查清洗水夹套液位计是否完好。

3.2.3 设备内外部检查

3.2.3.1 水夹套检查

a. 检查外表面有无涂层脱落、腐蚀、变形和渗漏等缺陷；

b. 检查焊接接头有无裂纹等缺陷；

c. 检查排放阀。

3.2.3.2 管箱与封头检查

a. 检查外表面有无涂层脱落、腐蚀和变形；

b. 检查全部焊接接头有无裂纹；

c. 检查内表面有无腐蚀、密封面是否完好；

d. 检查内件有无松动、腐蚀等。

3.2.3.3 管束检查

a. 检查管板焊接接头有无裂纹，套管有无泄漏、腐蚀、结垢、变形、过热等缺陷，采用超声波测厚仪至少测量10根套管，每根测量10点，并抽检10%的管帽厚度和硬度；

b. 抽查刺刀管有无腐蚀、变形和冲蚀等，检查定距钉有无损坏和脱落；

c. 通过裸露耐热衬里处和更换衬板时，检查隔板、定距杆有无松动和损坏。

3.2.3.4 衬里检查(含二段转化炉至废锅的输气管)

　　a.检查衬板有无裂纹、移位、变形和腐蚀等缺陷；

　　b.检查伸缩节处有无脱开，支撑焊接接头和衬板焊接接头有无裂纹、腐蚀等缺陷；

　　c.检查耐热混凝土有无脱落和空洞。

3.2.3.5　检查气体分布器有无变形。孔桥有无断裂，孔径有无扩大。

3.2.3.6　检查全部法兰密封面是否完好。

3.2.3.7　检查管程法兰螺栓、螺帽有无裂纹、塑性变形等，并按 JB 4730—94《压力容器无损检测》进行 100%磁粉检查，测量其长度和直径。

3.2.4　对管束、大管板进行渗透检查，检查方法可任选下列之一：

3.2.4.1　随管束水压试验时进行。

3.2.4.2　氨渗透法检查，壳侧压力为 0.2～0.3MPa。

3.3　修理

3.3.1　焊接

　　焊接按附录 E 进行，坡口型式应根据图纸和具体情况确定。无损检测项目的确定根据实际情况选择，质量标准参照 3.4 条执行。

3.3.2　套管更换

3.3.2.1　套管有裂纹、严重腐蚀、壁厚减薄、变形及渗漏等缺陷，应予以更换。

3.3.2.2　拆卸刺刀管时，应将刺刀管编号、划印后再拆下；回装时，按编号回装刺刀管，并将刺刀管的安装位置按原位置旋转 15°角。

3.3.2.3　采用机械加工方法将套管从大管板上取下，并按图纸将大管板坡口加工成型。套管材料应符合图纸或附录 C 要求。

3.3.2.4 套管和大管板的连接采用先贴胀后强度焊加贴胀的方法。

3.3.2.5 套管插入管板的一端要进行退火处理，退火长度不小于 200mm，两端要进行渗透检测。

3.3.2.6 套管与管帽的焊接按附录 E 进行，焊后 100%渗透检测(Ⅰ级合格)和 100%射线检测(Ⅱ级合格)。合格后，应按 17.3MPa 的试验压力进行水压试验。

3.3.2.7 胀管长度及要求按图纸执行，胀接后的管子扩大部分及过渡部分应光滑、无裂纹和沟槽，胀口应进行渗透检查。

3.3.2.8 套管与管板的焊接按附录 E 进行，焊后 100%渗透检测。

3.3.2.9 套管与管板焊接前进行 150～200℃预热，焊后进行消除应力的热处理(热处理的方法根据套管更换的数量和位置而定，可采用局部或整体热处理)，热处理工艺曲线参照附录 D 进行。

3.3.2.10 套管更换完毕后，对管束进行渗透检测。

3.3.2.11 回装刺刀管时，应测量套管与刺刀管的底部间隙，并进行调整，使底部间隙为 $38 \, {}^{+6}_{+0}$mm。

3.3.3 壳体内衬板有鼓包、变形、裂纹、移位、过热等影响管束吊装的缺陷时，须进行修理。其方法可采用局部修理、整环或整体更换厚度为 6mm 的 310S 板。

3.3.3.1 内衬板有上述缺陷，其损坏面积不大于整环的三分之一者，采用局部修理。

　　a. 将损坏部分采用碳弧气刨或其他方法取下，检查耐热衬里有无损坏，如损坏，按 3.3.4 条进行修理；

　　b. 按图纸要求预制开口内衬筒节或将筒节分成三片，背贴 9.6～10mm 厚的纸板，采用适当的方法将筒节固定好，按附录 E 进行焊接。焊后将筒节内表面焊接接头打磨平整，并进行渗透检测。

3.3.3.2　衬里板损坏严重的，应进行整体更换，耐热衬里也应一起进行更换。

　　a. 拆除衬板时，需保护好锥形拉筋，以避免承压壳体的多次焊接；

　　b. 耐热衬里拆除后，应对承压壳体进行内外部检查，如锥形拉筋损坏，应进行修理；

　　c. 按图纸要求预制好内衬套(包括衬管)；

　　d. 安装内衬套和浇注耐热混凝土，应相互配合，交叉进行。焊接按附录 E 进行，焊接接头内表面应打磨平整，焊后进行渗透检测。

3.3.4　耐热衬里修复，根据损坏情况采用整体浇注或局部修理。

3.3.4.1　整体浇注耐热衬里

　　a. 浇注前的准备

　　壳体和接管内表面均需喷砂处理，以清除表面的油污、铁锈及杂物，喷砂后用压缩空气将灰尘吹干净。

　　在内衬套(包括衬管)外表面包厚纸，厚纸板的厚度和层数按图纸要求，纸板外面必须用牛皮纸缠紧，纸带之间要重叠 50%，纸带外表面要涂一层虫胶。

　　耐火混凝土浇注料应符合附录 F 的技术要求。

施工前，耐火浇注料应按规定的配合比做 110℃烘干耐压强度试验和 110℃烘干容重试验，并测定耐火混凝土的初凝时间，以便确定一次浇注料的有效时间，一次调配的量不得大于出现固化前 20 分钟内可以浇注的量；

b. CLQ 耐火混凝土的浇注

耐火浇注料按重量比配料时，胶结料和粉料称量的允许误差为 1%，耐火骨料称量的允许误差为 3%，水的称量允许误差为 0.5%。禁止在搅拌好的耐火浇注料中任意加水或胶结料。

搅拌纯铝酸钙水泥浇注料的水温和出罐温度均应为 10~25℃，配料时先加三分之二的水量与耐火骨料、粉料搅拌湿润，再加水泥和剩余的水量，拌至颜色均匀一致为止，加水后的搅拌时间不得超过 2min。

浇注料应在 20min 内浇注完，已初凝的耐火浇注料不得浇注。

浇注的顺序，先浇注接管和温度计接管的耐热衬里，壳体衬里耐热混凝土的浇注自下而上，分次逐筒浇注。

输送混凝土要用串筒送料，防止骨料与水泥分开，浇注速度应快，送料尽可能送到最终位置上，每节不得中途停浇。

浇注时，应采用人工捣固，并敲打内衬板使其紧密，不得使用机械捣固，以防止颗粒分离和增大容重。

浇注温度 5~32℃之间，如果在浇注后至烘干前养护这段时间内，温度低于 5℃时，应采取保温措施，可用热空气或夹套加调温水进行保温；

c. 耐热混凝土的养护和烘炉

浇注完毕后，耐火混凝土需要在 15~25℃环境下，自然养护 3～7d，使其自然固化。

耐火浇注料应在养护完毕后进行外观检查，表面不应有起砂、剥落和空洞等缺陷。

养护完毕后，应进行烘炉，烘炉曲线如附录 G 所示。

3.3.4.2　局部修理

经检查发现衬里有缺陷，应将缺陷部分的整个耐热衬里层除掉，露出壳体钢板，并凿成楔口形(里大外小)。修补前将新旧耐热混凝土接触面喷水湿润，配料时加水量适当减少，在混凝土衬里收口处留出 9mm 伸缩间隙，然后焊接内衬板。

3.3.5　受压壳体的修理按《压力容器安全技术监察规程》制订详尽方案进行。

3.4　质量标准

3.4.1　受压元件的修理应符合《压力容器安全技术监察规程》要求。

3.4.2　无损检测应符合下列标准要求。

3.4.2.1　射线检测按 JB 4730—94《压力容器无损检测》，Ⅱ级合格。

3.4.2.2　超声检测按 JB 4730—94《压力容器无损检测》，Ⅰ级合格。

3.4.2.3　磁粉检测按 JB 4730—94《压力容器无损检测》，Ⅰ级合格。

3.4.2.4　渗透检测按 JB 4730—94《压力容器无损检测》，Ⅰ级合格。

3.4.3　耐热衬里的修理应符合 HGJ 227—84《化工用炉砌筑工程施工及验收规范》。

4 试验与验收

4.1 试压（管程）

4.1.1 水压试验的过程和要求须符合《压力容器安全技术监察规程》的规定。

4.1.2 水压试验压力为 17.3MPa。

4.1.3 水压试验后又进行承压部件修理及退火热处理的，必须重新进行水压试验。

4.1.4 水压试验后，管箱和管束内的水应排出干净，并使用压缩空气将管箱和管束内的水吹干。若管束处于备用状态时，要充氮气保护，并保持氮气压力不小于 0.1MPa。

4.2 验收

4.2.1 设备经检修、检验后，检修质量达到本规程规定的质量要求。

4.2.2 施工单位提供下列资料：

4.2.2.1 内外部检查记录；

4.2.2.2 无损检测报告；

4.2.2.3 气密性试验报告；

4.2.2.4 水压试验报告；

4.2.2.5 混凝土浇注料的各种试验报告；

4.2.2.6 检修方案和施工记录；

4.2.2.7 仪表校验记录。

4.2.3 设备经开车验证，达到完好标准。

4.2.4 设备运行一周，各项指标达到技术要求，满足生产需要，予以验收。

5 维护与故障处理

5.1 日常维护内容

5.1.1 严格控制各项公益指标，严禁超温、超压、超负荷运行。

5.1.2 严格执行岗位巡检制度，进行岗位巡回检查。

5.1.2.1 定期检查设备、相连阀门、管道有无泄漏。

5.1.2.2 定期检查水夹套水位。

5.1.2.3 检查设备涂层、保温是否完好。

5.1.2.4 检查安全附件是否完好。

5.2 故障处理

5.2.1 密封面泄漏处理

5.2.1.1 检查螺栓松紧程度，紧固螺栓。

5.2.1.2 带压堵漏。

5.2.2 爆管处理

5.2.2.1 工艺系统紧急停车，各排放阀排水；

5.2.2.2 辅锅紧急停车，汽包降压到与工艺侧相近。尽量保持液位，防止 103 – D、104DA 触媒泡水。

附 录 A
工 艺 参 数
(补充件)

部 位	工艺介质	压力/ MPa	温度/℃ 入口	温度/℃ 出口	流量/ (kg/h)	蒸汽产 量/kg/h	总传热量/ (J/h)
壳 程	二段炉转化气	3.03	1003	482	76960		92.53×10^9
管 程	锅炉给水	10.34	314	314	71426	71426	
水夹套	蒸汽冷凝水	常压	52				

附 录 B
设 备 参 数
(补充件)

项 目	部 位	
	壳 体	管 束
设备型式	水夹套 + 承压壳 体 + 隔热层 + 衬板	自然循环剌刀管式
设计压力/MPa	3.34	11.56
材料设计温度/℃	343	管箱：329
平均温度/℃		369.8
总换热面积/m²	170.9	
传热速率/(GJ/m²·h·C)	1.465	
程 数	1	1
外形尺寸/mm	$\phi 1549 \times 6 \times 8156$	$\phi 1207 \times 70 \times 7892$
净重/kg	23670	15649
充满水重/kg		25659

118

附 录 C
设备材料规范及规格
（补充件）

部件名称	材 质	规 格	数量（1台）
椭圆形封头	SA516—70	$\phi_内$ 1067mm $\quad \delta$70mm	1
下降管	SA106—B	18″SCH120	
水入口法兰	SA234 WPB	ANSI B16.5 WN·RF 18″—1500 #	1
水汽出口法兰	SA234 WPB	ANSI B16.5 WN·RF 14″—1500 #	2
管箱法兰	SA105—Ⅱ	42″	1
大管板法兰	SA105—Ⅱ	ϕ1664mm $\quad \delta$200mm	
管 箱	SA516—70	$\phi_内$ 1067mm $\quad \delta$70mm	
热交换套管	SA209－Tla（15CrMo）	ϕ2″10BWG MIN ϕ50.8mm $\quad \delta$3.4mm(最小) L5486mm	206
管 帽	SA204—B（15CrMo）	ϕ2″	206
剃刀管	SA214	ϕ1″16BWG MIN ϕ25.4mm $\quad \delta$1.65mm(最小)	206

部 件 名 称	材 质	规 格	数量 (1台)
承压壳体	SA516—70	$\phi_内$ 1295mm　δ44(24)mm	
衬 板	SA240 TP310S	6.4mm	
衬板支撑板	SA240 TP310S	8mm	
气体分布器	SA240 TP310S	8mm	
管箱法兰螺栓	SA193—B7 (25Cr2MoVA)	3″ L700mm M76×3　L740mm	32
管箱法兰螺帽	SA194—2H (35CrMoA)		64
水入口法兰螺栓	SA193—B7 (25Cr2MoVA)	2¾″ M70×3　L490mm	16
水入口法兰螺帽	SA194—2H (35CrMoA)		32
水汽出口法兰螺栓	SA193—B7 (25Cr2MoVA)	2¼″ M58×3　L410mm	32
水汽出口法兰螺帽	SA194—2H (35CrMoA)		64
大管板螺栓(工艺侧)	SA193—B7 (25Cr2MoVA)	1½″ M39×3　L420mm	60
管箱法兰垫	4DE1	垫片尺寸 ϕ1270mm/ϕ1219mm×4.5mm 加强环尺寸 ϕ1343mm/ϕ1270mm×3mm	1

续表

部件名称	材质	规格	数量(1台)
大管板法兰垫	软钢	$\phi1524mm \times \phi1492mm \times 3.2mm$	1
大管板法兰内密封垫	陶瓷纤维毡18—8薄钢板	$\phi1270mm / \phi1057mm \times 40mm$	1
小管板垫	2AA	$\phi1061mm / \phi1003mm \times 3mm$ $\phi16mm$ 孔 28 个均布	1
水入口法兰垫	4DF1	18″—1500 #	1
水汽出口法兰垫	4DF1	14″—1500 #	2
下排污法兰垫	4DF1	4″—600 #	1
隔热泡沫氧化铝	CLQ		$3.82m^3$

附 录 D
第一废热锅炉管束热处理曲线
（补充件）

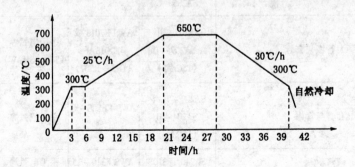

附　录　E
焊条和焊接方法的选择
（补充件）

部　位	材　料	焊接材料	焊接方法
封头法兰与管箱壳体环焊缝 水汽出口短管与管箱壳体 大管板与管箱壳体 大法兰与承压壳体	SA105 – Ⅱ + SA516 – 70	AWS E7018	手工电弧焊
管箱壳体纵焊缝 支撑板与管箱壳体 承压壳体	SA516 – 70	AWS E7018	手工电弧焊
水汽出口短管与14″法兰	SA105 – Ⅱ	AWS E7018	手工电弧焊
承压壳体与水夹套	SA516 – 70 + SA285 – C	AWS E7018	手工电弧焊
大管板与套管	SA105 – Ⅱ + SA209 – T1a （15CrMo）	AWS E7018 或 E7018Al （G15 + R307）	手工电弧焊 （TIG + SMAW）
套管与管帽	SA209 – T1a + SA204 – B （15CrMo）	AWS ER80S – G （G15）	手工氩弧焊
内衬板	SA240 TP310S	AWS E310 – 15	手工电弧焊

附 录 F

CLQ 纯铝酸钙水泥轻质耐火混凝土

（补充件）

F1 耐火混凝土的配合比及技术性能

F1.1 耐火混凝土施工配合比（质量分数）

  胶结料：纯铝酸钙水泥含量为 15%～20%；

  粉　料：氧化铝粉含量为 20%～25%；

  骨　料：氧化铝空心球含量为 60%；

  水：含量为 13%；

  MF 减水剂：含量为 0.2%。

F1.2 耐火混凝土技术性能

  化学成分：$Al_2O_3 \geqslant 93\%$；$SiO_2 \leqslant 0.5\%$；$Fe_2O_3 \leqslant 0.7\%$。

  烧后线变化：1400℃保温 3h 为 0.11%；1300℃保温 3h 为 0.12%；1000℃保温 3h 为 −0.02%；800℃保温 3h 为 −0.11%。

  耐火温度：>1970℃。

  耐压强度：常温时大于 9.8MPa；110℃烘干时为 26.9MPa。

  容重：110℃烘干时小于 1700kg/m³。

F2 纯铝酸钙水泥技术条件

  化学成分：$Al_2O_3 > 72\%$；$SiO_2 < 0.5\%$；$Fe_2O_3 < 1\%$。

  耐火温度：1690～1730℃。

凝结时间：初凝 > 30min；终凝 < 10h。

比表面：> 4000cm²/g。

耐压强度：3d 时 39.2MPa；

7d 时 58.8MPa。

F3 粉料物理性能

煅烧氧化铝粉（$\alpha - Al_2O_3$）或刚玉粉的细度要求：4900 孔/cm² 筛通过量 > 85%。

F4 骨料技术性能

化学成分：$Al_2O_3 > 98\%$；$SiO_2 < 0.5\%$；$Fe_2O_3 < 0.7\%$。

耐火温度：> 1790℃。

氧化铝空心球最大颗粒粒径小于 5mm，粒度为自然级配。氧化铝空心球不宜采用开口破裂颗粒，骨料中，禁止混有石灰、石英砂、炉渣、泥土等杂质，堆放场地必须清洁。

附 录 G
第一废热锅炉内衬烘炉曲线
（补充件）

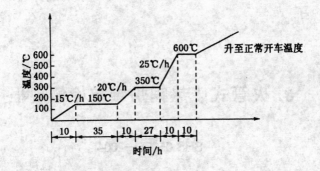

附加说明：

1 本规程由湖北化肥厂负责起草，起草人陈范洪（1992）。

2 本规程由湖北化肥分公司负责修订，修订人李斌（2004）。

6. 火管式废热锅炉维护检修规程

SHS 05006—2004

目　次

1　总则 ………………………………………………（128）

2　检修周期与内容 …………………………………（128）

3　检修与质量标准 …………………………………（129）

4　试验与验收 ………………………………………（131）

5　维护与故障处理 …………………………………（132）

附录 A　主要设计参数(补充件) …………………（133）

附录 B　主要零部件规格和材料(补充件) ………（133）

附录 C　耐火材料化学成分和性能(补充件) ………（134）

1 总则

1.1 主题内容与适用范围

1.1.1 主题内容

本规程规定了法型合成氨装置火管式废热锅炉的检修周期及内容、检修与质量标准、试验与验收、维护与故障处理。安全、环境和健康(HSE)一体化管理系统，为本规程编制指南。

1.1.2 适用范围

本规程适用于法型年产 30 万吨合成氨装置火管式废热锅炉的检修与维护。

1.2 编写修订依据

国务院第 373 号令《特种设备安全监察条例》

劳部发[1996]276 号《蒸汽锅炉安全技术监察规程》

质技监局锅发[1999]154 号《压力容器安全技术监察规程》

劳锅字[1990]3 号《在用压力容器检验规程》

GB 150—1998　钢制压力容器

SH 3534—2001　石油化工筑炉施工及验收规范

DL 647—1998　电力工业锅炉压力容器检验规程

2 检修周期与内容

2.1 检修周期

2.1.1 项修

根据对设备状态监测及设备实际运行状况决定项修内容，项修时间视设备运行情况确定。

2.1.2 大修周期为 2~5 年。

2.2 检修内容

2.2.1 外壳宏观检查，外壳热敏漆变色检修。

2.2.2 焊接接头无损检测。

2.2.3 滑动弹簧支座、中心旁路调节阀检修。

2.2.4 汽包及汽包内件检修。

2.2.5 安全附件检修。

2.2.6 进出口管箱、管板检修。

2.2.7 换热管、中心旁路管检修。

2.2.8 耐火衬里检修。

2.2.9 按《在用压力容器检验规程》进行定期检验。

3 检修与质量标准

3.1 拆卸前的准备

3.1.1 检修前根据设备运行的情况，熟悉图纸、技术档案，按 HSE 危害识别、环境识别、风险评估的要求，编制检修方案。

3.1.2 备品备件及施工机具准备就绪，安全劳动保护措施到位。

3.2 拆卸与检查

3.2.1 打开人孔，拆除外保温。

3.2.2 按检修内容进行表面宏观、安全附件及内件检查。

3.3 检修与质量标准

3.3.1 外部宏观检查与质量标准

3.3.1.1 每年进行一次外部宏观检查。安全附件及保温应完好，热敏漆应完好不掉色。

　　a.外壳热敏漆变色后，在内部衬里检修后重新涂刷新漆；

　　b.热敏漆须从专业厂家采购，变色温度250℃。

3.3.2　焊接接头、安全附件检修与质量标准

3.3.2.1　按《在用压力容器检验规程》规定执行。

3.3.2.2　定期检查并更换玻璃板液位计的云母片，定期检查并校定液位变送器。

3.3.2.3　每年检查并进行安全阀校核，大修后首次开车时，须进行热态安全阀校核。

3.3.3　滑动弹簧支座、中心旁路调节阀检修与质量标准

3.3.3.1　每季度检查并记录滑动弹簧支座的水平和垂直位移量；弹簧支座的垂直安全垫板和水平滑动轴承应完好。

3.3.3.2　中心旁路调节阀的阀芯、阀杆和阀座无严重变形，进退不卡涩。阀杆填料定期检查并更换，定期检查电气转换器和气动执行器。

3.3.4　汽包内件、人孔检修与质量标准

3.3.4.1　检查汽包内的汽水隔离通道、分离器、除沫器和汽包内壁的腐蚀情况。

3.3.4.2　大修后首次开车时，须对汽包金属内壁进行钝化处理。

3.3.4.3　检查人孔密封面，更换密封垫片。

3.3.5　进出口管箱、管板、出口主蒸汽管线检修与质量标准

3.3.5.1　检查进出口管箱内外壁，应无鼓包和裂纹。

3.3.5.2　检查进口管板上的 Incoloy 800H 保护板及保护钢套，损坏、脱焊处须及时修复。

3.3.5.3　主蒸汽管线进行定期蠕胀测量和定期检验。

3.3.6　换热管、中心旁路管检修与质量标准

3.3.6.1　检查换热管、中心旁路管内壁腐蚀和积垢情况。

3.3.6.2　检查管口泄漏情况，可采用灌水法查漏。

3.3.6.3　不建议采用预防性堵管。

3.3.6.4　堵管修理后，壳程应进行水压试验，试验压力为 11.33MPa。

3.3.7　耐火衬里检修与质量标准

3.3.7.1　耐火混凝土的原材料储备、搅和、浇注、撤模及养护应严格按 GBJ 211—87《工业炉砌筑工程施工及验收规范》执行。

4　试验与验收

4.1　试验

　　每 10 年至少进行一次水压试验，试验压力为 11.33 MPa，其余按《压力容器安全技术监察规程》执行。

4.2　验收

4.2.1　设备经检修检验后，质量须达到本规程规定的要求。

4.2.2　检修完工后，施工单位应及时提交下列交工资料：

4.2.2.1　检修任务书。

4.2.2.2　检修、检测方案。

4.2.2.3　各项施工记录，包括检修记录，焊接接头无损检测记录、耐热衬里烘炉记录等。

4.2.3　交工验收由设备主管部门组织施工单位、生产单位等共同进行，按规程及标准要求验收合格。

4.2.4 设备运行一周，各项技术指标应达到完好标准，满足正常生产要求。

5 维护与故障处理

5.1 维护

5.1.1 严格控制工艺运行参数，严禁超温、超压、超负荷运行。

5.1.2 严格控制开、停车时的升降压速率。

5.1.3 定期检查人孔、阀门、法兰等密封点的泄漏。

5.1.4 定期检查弹簧滑动支座。

5.1.5 定期做好外壁温度监测，并做好记录。

5.1.6 加强炉水监测，保证合格率。

5.2 故障处理

5.2.1 当因外壳出现较长时间的超温而采用外壁喷淋或蒸汽降温时，检修时需对超温部位的内外壁同时实施无损检测，必要时辅以金相检查。

5.2.2 如管子发生泄漏可采用堵管焊接方法，堵头材质同管板 13CrMo44，焊前预热，焊后保温缓冷并用着色法检验焊接接头质量。

5.2.3 炉膛进水导致耐火衬里被水浸泡，必须对损坏情况进行评估，衬里的烘干采用低温烘炉法。

5.2.4 局部检修时，推荐采用红外线烘炉方法，总时间为146h，低温烘炉 $100 \sim 150$℃，高温烘炉 $500 \sim 550$℃，升温速率 $10 \sim 15$℃/h。

附 录 A
主要设计参数
（补充件）

型　　式：卧式列管式火管锅炉
循环方式：自然循环
循环倍率：11
设计压力：壳程 11.33MPa，管程 3.73MPa
设计温度：壳程 321℃，管程：400/430℃
蒸汽压力：10.5MPa
蒸汽温度：314℃
蒸 发 量：180t/h

附 录 B
主要零部件规格和材料
（补充件）

B1	废热锅炉	规格/mm	材　　料
B1.1	进出口管箱	进口 $\phi2128 \times 40$ 出口 $\phi1892 \times 32$	13CrMo44
B1.2	壳侧筒体	$\phi1914 \times 47$	15NiCuMoNb
B1.3	换热管	$\phi38 \times 3.2 \times 10900$ （456 根）	13CrMo44
B1.4	中心旁路管	$\phi298.5 \times 25$	13CrMo44 （内衬 Incoloy800H）

133

B1.5	导向套管	$\phi30 \times 1.6 \times 160$	Incoloy800H
B1.6	管板	$\delta = 20$	13CrMo44
B2	汽包	规格/mm	材　料
B2.1	简体	$\phi2476 \times 62 \times 11500$	15NiCuMoNb
B2.2	椭圆封头	$\phi2476 \times 57$	15NiCuMoNb
B2.3	人孔螺栓（双头）	$M36 \times 3 \times 342$	CK35N
B2.4	人孔缠绕垫	$\phi425 \times 380 \times 3.5$	304 + 石墨
B2.5	安全阀	2500Lbs－3″/ 150Lbs－6″	整定值 10.98MPa
		2500Lbs－3″/ 150Lbs－6″	整定值 11.98MPa

附　录　C
耐火材料化学成分和性能
（补充件）

表 C1　耐火材料化学成分和性能(a)　　　　%

名　称	组　成	SiO_2	Fe_2O_3	Al_2O_3	CaO	MgO	TiO_2	R_2O	灼减
重质混凝土	CA25 水泥	0.32	0.16	80.02	17.28				1.33
	刚玉颗粒	1.44	0.16	97.43					0.33
轻质混凝土	Secar50 水泥	6.47	3.28	48.95	35.68		2.10		2.32
	珍珠岩	68.56	0.96	23.98	0.16	0.44			1.62
	石英砂	85.3	0.56	11.80	0.21	0.16			1.1
刚玉砖			≤0.5	≤0.7	≥98				≤0.6

表 C2 耐火材料化学成分和性能(b)

名 称	干容重/ (g/cm²)	体积密度/ (g/cm³)	显气孔率/ %	耐火度/ ℃	荷重软化/℃		耐压强度/MPa		抗折强度/MPa	
					kd	4%	7天	3天	110℃	1200℃
GC - 94	2970	2.8	17.6	≥1790	1510	≥1600	57.2	39.8	15.3	5
VSL - 50	1070	1.07	45.4	1440	940	1170	2.2	1.4	0.5 ~ 1.1	
刚玉砖		3.0	21		1700		60			

附加说明:

本规程由金陵分公司负责起草,起草人马道远(2004)。

7. 凯洛格型氨合成塔
维护检修规程

SHS 05007—2004

目　次

1　总则 ……………………………………………（138）

2　检修周期与内容 ………………………………（138）

3　检修与质量标准 ………………………………（140）

4　试验与验收 ……………………………………（150）

5　维护与故障处理 ………………………………（151）

附录 A　主螺栓紧固程序(补充件)………………（154）

附录 B　凯洛格型氨合成塔的技术特性(补充件)……（158）

附录 C　凯洛格型氨合成塔内部换热器设计参数
　　　　(补充件)………………………………（160）

附录 D　凯洛格型氨合成塔床间换热器设计参数
　　　　(补充件)………………………………（161）

附录 E　凯洛格型氨合成塔触媒筐设计参数
　　　　(补充件)………………………………（163）

附录 F　凯洛格型立式氨合成塔内件焊接规范
　　　　(补充件)………………………………（166）

附录 G　凯洛格型氨合成塔主要部件化学成分
　　　　(补充件)………………………………（171）

附录 H　凯洛格型氨合成塔主要材料机械性能
　　　　(补充件)………………………………（176）

1 总则

1.1 主题内容与适用范围

1.1.1 主题内容

本规程规定了大型化肥装置凯洛格型氨合成塔的检修周期及内容，检修与质量标准、试验与验收、维护及故障处理。安全、环境和健康(HSE)一体化管理系统，为本规程编制指南。

1.1.2 适用范围

本规程适用于规模为年产30万吨合成氨的美凯洛格型立式径向塔(由丹麦托普索公司改造设计的 INSTUS – 200)和日本Ⅰ型厂的径向氨合成塔(以下简称立式塔)、卧式轴流塔(以下简称卧式塔)的维护和检修。

1.2 编写修订依据

国务院令第373号令《特种设备安全监察条例》

质技监局锅发[1999]154号《压力容器安全技术监察规程》

劳锅字[1990]3号《在用压力容器检验规程》

GB 150—1998 钢制压力容器

GB 151—1999 管壳式换热器

2 检修周期与内容

2.1 检修周期

2.1.1 项修

根据对设备状态监测及设备实际运行状况决定项修内容，项修时间视设备运行情况确定。

2.1.2 大修周期为 8 ~ 12 年。

2.2 检修内容

2.2.1 项修内容

2.2.1.1 检查设备承压壳体的防腐层、管线的保温层是否完好。

2.2.1.2 检查承压壳体的焊缝有无裂纹、渗漏。

2.2.1.3 检查承压壳体有无局部变形、过热迹象。

2.2.1.4 检查承压壳体各连接法兰、封头及螺栓是否完好。

2.2.1.5 检查设备基础及塔体静电接地是否完好。卧式塔检查滑动支座及椭圆型螺栓孔有无锈蚀及杂物，塔体轴向膨胀有无卡涩。

2.2.1.6 检查爬梯、平台、栏杆是否牢固。

2.2.1.7 检查安全附件是否完好。

2.2.1.8 不卸触媒的情况下，立式塔进塔检查金属挠性软管、触媒床第一床层盖密封、内部换热器端部填料密封，检查热电偶套管密封，混合器是否松动，冷激环小孔是否堵塞，分配器的密封是否内部严密；卧式塔进塔检查入出口挠性金属软管、金属软管热护板和定位板、连接器、封头内部内接管焊接接头是否完好，检查塔内热电偶套管及进出料管有无变形，检查触媒筐进出口接管密封、热电偶套管密封是否完好，触媒筐壳体是否变形，防转装置是否损坏，销钉有无松动、脱落。

2.2.2 大修内容

2.2.2.1 包括项修内容。

2.2.2.2 抽卸触媒后进塔检查和修理；床底密封和支承

圈、中心管的密封、分配器密封、触媒筐氢腐蚀及耐热混凝土。

2.2.2.3 承压螺栓磁粉检测。

2.2.2.4 内部换热器和床间换热器检查修理。

2.2.2.5 高压筒体检查修理，且按《在用压力容器检验规程》进行外部检查和内外部检验。

3 检修与质量标准

3.1 拆卸前准备

3.1.1 检修前根据设备运行情况，熟悉图纸、技术档案，按 HSE 危害识别、环境识别、风险评估的要求，编制检修方案。

3.1.2 备品备件及施工机具准备就绪，安全监督劳动保护措施到位。

3.1.3 检修人员必须了解长管呼吸器的使用方法及注意事项。

3.1.4 若不卸触媒，塔内必须保持氮气微正压。

3.1.5 合成塔出入口、旁路阀、冷激阀加盲板。内部置换合格，符合有关安全规定。

3.2 拆卸与检查

3.2.1 立式塔拆卸

3.2.1.1 拆去顶部接管法兰主螺栓，吊开接管，拆除出口管与内部换热器保护罩（固定螺栓的拆卸见图 1）。

3.2.1.2 按附录 A1《立式塔主螺栓拆卸紧固程序》拆卸主螺栓，按吊装方案吊下封头。

3.2.1.3 用角向磨光机切开换热器壳体支承环与触媒筐支

承密封面处的焊接接头。

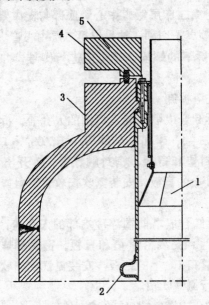

图1 立式氨合成塔上部封头与接管分布罩

1—分布罩；2—波纹管；3—封头；4—接管法兰；5—八角垫

3.2.1.4 拆开承压壳体和触媒筐人孔；拆开填料压盖；拆除第一床层入口冷激环、挠性软管；起吊内部换热器。

3.2.1.5 拆去第一床盖板，拆卸第一床层触媒，拆除第一床层氮气吹扫管。

3.2.1.6 打开第一床层底部人孔盖板，进入第二床层，拆开所有填料压盖。吊出第一层中心管及床间换热器。

3.2.1.7 拆去第二床盖板，卸第二床层触媒，拆除第二床层氮气吹扫管，打开底部卸料人孔。

3.2.1.8 打开位于触媒筐上受压壳体检查孔(共4个)。

3.2.1.9 对第二床层触媒中心管底部与支撑架现场焊接处进行打磨或等离子切割,抽吊出第二层中心管。

3.2.1.10 拆下的螺栓、螺母应进行编号,并存放于指定地点。

3.2.2 卧式塔拆卸

3.2.2.1 拆卸合成塔末端入口侧的人孔盖,拆开塔内出口管线B上的法兰、床间冷却器(A－EC603)入口管线A2法兰,安装密封垫和盲板,密封触媒筐;拆开出口管线B上的1″管口BB上的盲板,安装氮吹扫软管对触媒筐进行氮气吹扫。

3.2.2.2 拆卸合成塔前端淬冷端部的人孔盖,拆开塔内C管线上的法兰,安装密封垫和盲板,密封触媒筐;拆开C管线上的1″管口CC上的盲板,安装氮气吹扫软管和压力表对触媒筐进行氮气吹扫。

3.2.2.3 对合成塔各端口持续氮吹扫。

3.2.2.4 从管口AT、BT、CT拉出温度计套管,在壳体和触媒筐温度计套管口上安装木塞。

3.2.2.5 用A－EA602入口处盲板上的压力表,检查触媒筐的气密性,在触媒筐保持规定的氮气压力后,关闭对塔内的氮气吹扫阀,记录该压力值。

3.2.2.6 安装轨道小车,将封头固定在轨道小车的马鞍座上,按附录A2《卧式塔主螺栓拆卸紧固程序》的规定,拆卸主螺母、螺栓并将封头移离。

3.2.2.7 将触媒筐的"安装筒体"装配在轨道小车上;在触媒筐和"安装筒体"间垫入1.5mm厚垫片并将"安装筒体"和

触媒筐体固定。

3.2.2.8 将触媒筐体末端的止动销拔起，配以千斤顶装配"安装轮"在触媒筐体末端的支撑板上。

3.2.2.9 用卷扬机缓慢将触媒筐体拉出塔体，在触媒筐体移出距离达到塔体"法兰延伸器"长度时，将"法兰延伸器"固定在塔体法兰上，继续拖拉触媒筐，使触媒筐落到塔体外的"法兰延伸器"上。

3.2.2.10 触媒筐完全从塔体拉出后，按卸触媒方案卸掉触媒。

3.2.2.11 拆卸触媒筐体外部接管和膨胀节，吊出中间换热器。

3.2.3 检查

根据检修内容对设备进行内外部检查。

3.3 检修与质量标准

3.3.1 高压筒体检修与质量标准

3.3.1.1 宏观检查高压筒体及内件，并对筒壁材料进行理化检测，用3～6倍放大镜检查有无微裂纹、渗氮及氢脆等缺陷。超声检测内件和高压内筒的焊接接头，接管等角接接头处进行渗透检测。

3.3.1.2 如检查发现高压筒体泄漏，则采取必要的方法将内件局部割开，找到泄漏处。

3.3.1.3 对氨合成塔高压筒体内壁进行补焊前，必须注意下述两点。

　　a. 发现有氢脆现象要进行300～400℃的脱氢处理；

　　b. 补焊部位如有氮化层，必须将焊接部位及其周围100mm范围内的氮化层打磨干净，方可补焊。

3.3.1.4 焊接前必须有焊接工艺评定报告。如承压壳体本体经内外部检验，发现有必须修理的缺陷时，应制定检修方案，检修方案应包括检修前的准备、检修方法质量标准、触媒保护专题方案(如果未卸触媒进行检修时)、安全措施等内容，经主管设备技术负责人批准后，按方案执行。

3.3.1.5 卧式塔检查筒体弯曲度，最大不超过35mm。

3.3.2 封头大盖检修与质量标准

3.3.2.1 大盖、承压壳体密封面的粗糙度为 $R_a1.6 \sim 3.2\mu m$，密封面如有影响密封的缺陷，必须进行修理。

3.3.2.2 检查八角垫(立式塔)、双锥垫(卧式塔)外观，复核尺寸核对公差，密封面的粗糙度为 $R_a1.6 \sim 3.2\mu m$。

3.3.2.3 主螺栓、螺母经100%磁粉检测合格，螺纹不得有缺损、滑丝、裂纹等缺陷。

3.3.2.4 卧式塔将双锥垫固定在大盖侧，调整双锥垫内侧与大盖间的径向间隙为1.6mm，圆周方向要对称均匀分布。

3.3.2.5 承压壳体连接螺栓紧固按附录A执行。

3.3.3 内件检修与质量标准

3.3.3.1 气体分配器(分布板)

a. 立式塔检查气体分配器有无松动、密封填料是否完好，检查固定焊的焊接接头有无裂纹，根据损坏程度确定修复或更换；检查清理分配器的喷嘴和入口小孔；

b. 卧式塔检查分布板存在冲刷减薄、裂纹等缺陷时，应修理或更换。

3.3.3.2 金属挠性软管、膨胀节

a. 检查金属挠性软管、膨胀节如发现磨损或破裂，应

予以更换该组件;

b. 立式塔对接金属软管时必须保证有 12.7mm 的向下预拉伸量;

c. 卧式塔更换膨胀节前,记录膨胀节至壳壁距离,更换新膨胀节后要保证该距离不变;立式塔更换膨胀节时,轴向允许偏差不大于 3mm,并且保证有 38mm 的向下预伸量。

3.3.3.3 密封填料及混合器(立式塔)

a. 检查更换内部换热器下部中心管与第一床上升中心管的填料密封,第一床盖与中心管填料密封,第二床盖与第二床中心管的填料密封,第一床中心上升管与第二床中心管的填料密封(见图 2),热电偶与套管的填料密封,第一、二床外分配器和触媒筐壁的填料密封(见图 3);填料接口两端的 30°～45°斜面应合缝,密封填料圈之间的接缝要错开;

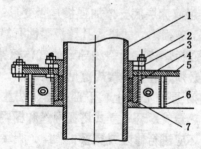

图 2　立式氨合成塔中心管填料

1—中心管;2—螺栓,螺母;3—填料压盖;4—填料;

5—触媒床盖;6—筋板;7—填料函

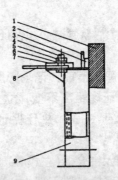

图3 立式氨合成塔分配板

1—触媒筐壁；2—填料压盖；3—填料；4—螺栓；

5—螺母；6—垫圈；7—压板；8—触媒床盖；9—分配器

　　b．检查混合器螺栓是否松动、开焊。混合器需焊接，则参见附录F。

3.3.3.4 触媒筐

　　a．检查各触媒床层底支撑加强板是否变形；固定夹子、螺栓是否脱落、破损。立式塔人孔盖板柔性石墨带是否完好密封，检查加强板焊缝有无裂纹导致的气体短路现象(见图4)，如有短路必须处理，焊接规范见附录F；

　　b．检查各床层中心管上、下部壳体、法兰及密封、热电偶套管、换热器支承环、立式塔栅网丝和栅网杆有无变形及破损，如损坏应进行修复或更换；

　　c．检查气流分配板丝网(立式塔)；分布格栅板和支撑格栅(卧式塔)；如变形应修复或更换；

　　d．检查各床层触媒筐氮气吹扫管有无变形、破损，固定卡是否损坏、脱落，如需修复或更换部件，所用材料必须不低于原材料等级；

e. 立式塔检查第一、二床层中心管栅网是否损坏、变形，如损坏或变形应按原样修复；

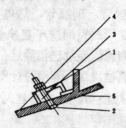

图4 立式氨合成塔筐底

1—夹子；2—螺栓、螺母；3—石棉板；4—INCONEL600；5—触媒筐底

f. 立式塔内外集气筒变形、焊缝开裂、丝网脱落、损坏应打磨后焊接修复。如小面积破损，可用补贴法焊接修复。较大面积损坏，应予以更换；

g. 触媒筐内壁的腐蚀、凹陷或微裂纹等缺陷，如经打磨后不影响强度时可不必补焊，磨削部位应光滑并圆滑过渡，侧面斜度应小于1:4，磨削后应作着色和测厚检查。如打磨深度影响筒壁强度则需制定焊接修复方案并经厂主管设备技术负责人批准后进行；触媒筐筒壁如壁厚增厚或减薄、开裂、变形或局部过热，严重时予以局部或全部更换；

h. 各床层人孔、冷激管、中心回气管、热电偶套管等开孔连接处松动、变形，立式塔丝网或硅酸铝纤维层脱落或损坏，应予修复；

i. 各冷激环管室挡板变形应予更换；焊缝开裂可打磨

后补焊；密封板损坏应予更换；压紧环松动可调整压紧环的螺栓；立式塔丝网脱落应先松开压紧环的螺栓，恢复或修复、更换丝网后再拧紧压紧环的螺栓；

j. 中心管、冷激管、副线管、热电偶管等产生氢蚀或氮化，出现裂纹、变形严重时应予更换管段，轻微的裂纹，应打磨并经渗透检测确认裂纹已消除后，根据打磨深度、酌情决定补焊；支撑部位损坏，照原设计图样修复；

k. 各开孔连接处松动、立式塔丝网或硅酸铝纤维层脱落、损坏，照原设计图样修复；

l. 立式塔检查触媒筐锥形顶部及肩部的保温结构；

m. 立式塔触媒筐底部耐热层检修采用现场浇注方法，浇注料含氯量不大于 5mg/L；

n. 卧式塔检查触媒筐内外筒体各部位圆周膨胀缝间隙大小，轴向间隙应均匀一致，最大间隙符合图纸要求。滑动板和密封板应无变形，焊缝无裂纹。

3.3.3.5 内部换热器和床间换热器

a. 清扫管间灰垢，用渗透法检查管子和管板连接焊缝；

b. 内部换热器进行气密试验。立式塔割开内部换热器中心管与内部换热器壳体密封台，制作试压壳体，试验介质为空气，试验压力为 0.02MPa（注意：内部换热器壳体的密封台必须用砂轮切割）；卧式塔做管程气密试验，试验空气压力为 0.036MPa；

c. 气密试验发现管子泄漏，可单根换管或堵管处理，管堵锥度在 3° ~ 5°；

d. 换热管与管板连接焊缝如有泄漏，补焊处理；

e. 内部换热器的保温层如有损坏，照原设计图样进行修复；

f. 复位时，内部换热器壳体的密封台和中心管的焊接见附录 F。

3.3.3.6 内件复位

a. 设备零部件经检修、检验合格后方可复位；

b. 塔内检修用的记号笔、粘接带等的氯离子含量应小于 10mg/L；

c. 复位前，触媒筐表面应无油脂、灰尘、油漆、锈皮、焊渣等杂物；

d. 按程序装填触媒。封闭触媒床层间人孔盖、触媒筐锥体部位人孔；

e. 复位前，筒体内应无油脂、灰尘、油漆、锈皮、焊渣等杂物；

f. 筒体内部管路的焊接部位、连接部位要经空气试漏检查合格；

g. 按拆卸的相反程序回装塔内零部件；

h. 隐蔽部位的复位，须经专职技术人员见证、验收。

3.3.3.7 质量标准

射线检测按 JB 4730—94 《压力容器无损检测》，Ⅱ级合格；

超声检测按 JB 4730—94 《压力容器无损检测》，Ⅰ级合格；

磁粉检测按 JB 4730—94 《压力容器无损检测》，Ⅰ级合格；

渗透检测按 JB 4730—94 《压力容器无损检测》，Ⅰ级合格；

  HGJ 227—84 《化工用炉砌筑工程施工及验收规范》；

  GB 222—84 《钢的化学分析用试样取样法及成品化学成分允许偏差》；

  GB 2288—7 《金属拉伸试验方法》；

  GB 232—99 《金属材料弯曲试验方法》；

  GB 231—84 《金属布氏硬度试验方法》；

  GB 229—94 《金属夏比缺口冲击试验方法》；

  GB 150—1998 《钢制压力容器》；

  GB 151—1999《管壳式换热器》。

4　试验与验收

4.1　试验前的准备工作

  a. 设备检修完毕，进行检查预验收，经检查确认后方可装填触媒；装填完毕，封闭承压壳体人孔盖后，移交使用单位准备试车；

  b. 仪表投入运行，系统具备试车条件。

4.2　试验

4.2.1　系统作气密试验，检查各部位无任何泄漏为合格。

4.2.2　触媒升温还原，逐渐增加负荷，系统正常后，各项工艺指标应符合操作规程、满足生产要求。

4.3　验收

4.3.1　设备经检修检验后，质量须达到本规程规定的要求。

4.3.2　检修完工后，施工单位应及时提交下列交工资料：

  a. 隐蔽工程记录；

b. 封闭记录；

c. 检修竣工资料；

d. 焊接工艺评定报告；

e. 理化检验报告；

f. 气密试验报告；

g. 设计变更及材料代用通知单；

h. 材料零部件化学成分和机械性能报告及合格证；

i. 安全附件校验报告。

4.3.3　交工验收由设备主管部门组织施工单位、生产单位等共同进行，按规程及标准要求验收合格。

4.3.4　设备运行一周，各项技术指标应达到完好标准，满足正常生产要求。

5　维护与故障处理

5.1　维护

5.1.1　严格控制各项工艺指标、严禁超温、超压运行。

5.1.2　升、降温及升、降压速率应严格按操作规程有关规定执行。

5.1.3　定期检查设备、相连阀门、管道有无泄漏，安全附件是否失效；主螺栓应定期加润滑脂。

5.1.4　检查弹簧支架及防震设施是否完好。

5.1.5　定期监测塔外壁温度，并做好记录。

5.2　停车保护

5.2.1　对氨合成塔出入口及旁路管线加盲板，切断所有与外界相连通道，并充氮气($0.1 \sim 0.2MPa$)进行保护。定时对设备进行巡回检查。严格控制触媒床层温度。

5.3 常见故障与处理(见表1)

表1 常见故障与处理

序号	故障现象	故障原因	处理方法
1	超温、超压	操作不当。系统压力不稳定，压缩机出口压力波动 操作不当、仪表控制系统失灵，产生误操作 开车时102-B出口温度过高 安全阀不能及时卸压	调整工艺参数，严格控制工艺参数，稳定压缩机转数 调整工艺参数、检查仪表控制系统 严格控制好102-B的升温曲线，做到不超温 检查并校验安全阀
2	超压并在106-F排放管中发现触媒	中心管损坏 筛条断裂	停车处理 卸出触媒，修复或更换中心管
3	容器泄漏、检漏孔出现泄漏	容器密封垫片损坏 承压壳体焊缝渗漏 容器附件损坏 容器发生振动，使紧固件松动 筒体氢腐蚀	修理或更换密封元件 停车置换后重新补焊 修理或更换容器附件 消除振动或停车处理 检查分析、停车处理
4	容器壁温过热	容器内部换热器或触媒筐保温层破损、气体偏流	修复绝热层 查明偏流的原因、酌情修复
5	异常振动、声响	容器发生共振或气蚀 操作不正常 紧固件松动	查明原因，消除共振和气蚀 调整操作，恢复正常 拧紧

续表

序号	故障现象	故 障 原 因	处 理 方 法
6	合成塔带液氨	106-F液位控制过高带液氨,进塔气体氨含量增多,氨合成反应骤减,以致塔温度迅速下降;甚至造成"熄火"	精心操作,校验106-F液位计
7	合成塔带水	操作不当	后两级氨冷器不投用,第一级氨冷器在暖塔时已投用,开120-J在压缩机低压缸入口注入少量的氨
8	在操作中南北两向热电偶温差很大	金属软管泄漏冷激阀失灵,开关不动	校热电偶,修急冷阀,停车处理
9	循环量超出正常值	121-C管子泄漏 122-C出口密封环损坏	停车处理 121-C采用试压查漏;吊出122-C出口管线进行密封环处理

附 录 A
主螺栓紧固程序
（补充件）

A1 立式合成塔主螺栓拆卸紧固程序

A1.1 准备工作

A1.1.1 检查法兰密封面和八角垫的表面，确认无缺陷后，安装垫圈。

A1.1.2 主螺栓、主螺母经磁粉探伤合格。

A1.1.3 检查主螺栓外形尺寸；主螺柱、主螺母清理。

A1.1.4 主螺栓、主螺母的螺纹部分、接触面均匀涂上二硫化钼润滑剂。

A1.2 拧紧程序

A1.2.1 将专用拉紧凸耳按原制造厂(神户制钢所)的图样(图号 12303 – S9A)所示，装在换热器下部法兰处。

A1.2.2 将螺母均匀地旋上，直至螺母底面与法兰面接触。

A1.2.3 利用倒链、专用拉紧凸耳、专用固定扳手紧固主螺柱、主螺母六圈以上；每一圈应沿直径方向对称地紧固。

A1.2.4 紧固过程中，用塞尺(或量块加塞尺)测量法兰间隙"C"(见图 A1)，测量点应事先确定并作标记，每隔 90°测量一点。

法兰间隙为 9.5 ~ 11.5mm，最大测量值与最小测量值之差小于 0.3mm。

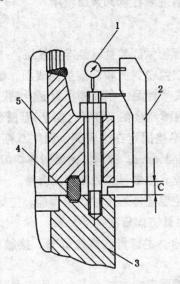

图 A1　法兰间隙、螺柱伸长测量图
1—百分表；2—表架；3—筒体；4—八角垫；5—封头

A1.2.5　按如下步骤测量螺柱的伸长量：

　　a. A1.2.2 条完成后，按图 A1 设置百分表，记下读数；

　　b. 拧紧螺母完成后，记下百分表的读数；

　　c. 百分表两次测量值的差，即为紧固螺母所引起的螺柱伸长量，此值应为 0.2~0.35mm。

A1.3　拆卸

A1.3.1　拆卸主螺栓前，按 A1.2 节相反程序松开主螺母。

A1.3.2　对称地松开主螺母，每次松开 1/12 圈；直至主螺母与法兰面脱离接触后，依次旋下主螺母。

A2 卧式合成塔主螺栓拆卸紧固程序

A2.1 准备工作

A2.1.1 液压螺栓紧固装置已经准备就绪。

A2.1.2 检查法兰密封面和双锥垫的表面，确认无缺陷后，用丙酮仔细清洗密封面，在双锥密封面上粘贴(非不干胶型用凡士林均匀稀薄地涂在双锥密封面上)石墨带。

A2.1.3 将双锥垫固定在大盖侧，调整双锥垫内侧与大盖间的径向间隙为 1.6mm，圆周方向要对称均匀分布。

A2.1.4 主螺栓、主螺母经磁粉探伤合格。

A2.1.5 检查主螺栓外形尺寸；主螺栓、主螺母清理干净。将主螺栓按顺时针方向依次编号。

A2.1.6 主螺栓、主螺母的螺纹部分、接触面均匀涂上二硫化钼润滑剂。

A2.1.7 将大盖固定在安装小车上，回装大盖。

A2.2 紧固程序

A2.2.1 将螺母均匀旋上，直至螺母底面刚好与法兰面接触。

A2.2.2 将液压螺栓紧固装置装在螺栓头上，每 4 个螺栓为一组，紧螺栓顺序按表 A1 进行。液压紧固油压值按表 A2 进行。

A2.2.3 螺栓每紧固完一组(4 个)，要测量法兰周边间隙，各向间隙差值 δ 应小于 0.25mm。

A2.2.4 最终紧固完成后，法兰间隙小于等于 55mm，$\delta < 0.25mm$。

A2.2.5 回装螺栓保护罩。

A2.3 拆卸

按安装相反程序进行。

表 A1 紧固螺栓顺序表

螺栓组号	(1)	(2)	(3)
被紧固螺栓号	1 – 16 – 31 – 46	8 – 23 – 38 – 53	5 – 20 – 35 – 50
螺栓组号	(4)	(5)	(6)
被紧固螺栓号	12 – 27 – 42 – 57	3 – 18 – 33 – 48	14 – 29 – 44 – 59
螺栓组号	(7)	(8)	(9)
被紧固螺栓号	7 – 22 – 37 – 52	10 – 25 – 40 – 55	2 – 17 – 32 – 47
螺栓组号	(10)	(11)	(12)
被紧固螺栓号	15 – 30 – 45 – 60	6 – 21 – 36 – 57	11 – 26 – 41 – 56
螺栓组号	(13)	(14)	(15)
被紧固螺栓号	4 – 19 – 34 – 49	9 – 24 – 39 – 54	13 – 28 – 43 – 58

表 A2 液压螺栓紧固装置紧固油压值

步 骤	1	2	3	4
油压值/psiG	2800	4200	5600	7000

附　录　B

凯洛格型氨合成塔的技术特性

(补充件)

参数名称	美　型　厂			日(I)型厂	
	大庆化肥厂	湖北化肥厂	洞庭氮肥厂	九石化	齐鲁二化
设计压力/MPa	15.1	15.1	15.1	12.0	24.99
操作压力/MPa	13.4	13.21	13.4	11.2	17.34
水压试验压力/MPa	22.6	22.6	22.6	15.0	37.49
设计温度/℃	204/315	204/315	204/315	-15/299	205/371
操作温度/℃	141/332	145/284	145/332	249	136/323
焊接系数	1	1	1	1	壳 0.39　封头 1
腐蚀裕度/mm	1.6	1.6	1.6	1.5	1.5
塔体结构	二床,床间换热器,径向塔	二床,床间换热器,径向塔	二床,床间换热器,径向塔	三床,床间换热器,轴向卧塔	三床,床间换热器,径向塔
塔高/mm	总高 27381	总高 27381	总高 27381	28609.3	总高 25700
塔内径×厚度/mm	$\phi3188\times165$	$\phi3188\times165$	$\phi3188\times165$	$\phi2700\times93.5$	$\phi3188\times212$
壁厚组成/mm	层板 12×12+9 内筒 12	层板 12×12+9 内筒 12	层板 12×12+9 内筒 12	单层板	层板 12×12+9 内筒 12
层板材质	K-TEN62M	K-TEN62M	K-TEN62M	A302GR.B	NK-HTEN62
内筒材质	K-TEN62M	K-TEN62M	K-TEN62M		A517-70

续表

参数名称	美型厂				日(I)型厂
	大庆化肥厂	湖北化肥厂	洞庭氮肥厂	九石化	齐鲁二化
筒体接管法兰				A508CL3	
筒体螺栓/螺母				A540－B23－3/A194－4	
筒体人孔螺栓/螺母				A193－B7/A194－2H	
筒体法兰垫片				A182－F11+石墨带	
筒体人孔垫片				5Cr－1/2Mo	
内件(焊接)				A302Gr.B	
内件(可拆件)				304SS	
筒体支撑(焊接)				A302Gr.B	
筒体支撑(可拆件)				A516Gr-70	
塔外壳重量/kg	248618	248618	248614	385000	
安装重量/kg	353469	353469	353469	326000	380000
操作重量/kg	521037	521037	521037	515000	445000
充满水重量/kg	614969	614969	614969	395000	550000
制造厂家	日本神钢	日本神钢	日本神钢	日本日立	日本神钢

附　录　C
凯洛格型氨合成塔内部换热器设计参数
（补充件）

参数名称	美　型　厂			日(I)型厂
	大庆化肥厂	湖北化肥厂	洞庭氮肥厂	齐鲁二化
设计压力/MPa	15.1	15.1	15.1	25.0
操作压力/MPa	13.7	13.7	13.7	24.0
设计温度管程/℃	538	538	538	538
设计温度壳程/℃	441	441	441	445
操作温度管程/℃	522	522	522	522
操作温度壳程/℃	301	301	301	301
总换热面积/m²	520	520	520	392
壳体直径×壁厚/mm	$\phi1117.6 \times 60$	$\phi1117.6 \times 60$	$\phi1117.6 \times 60$	$\phi1117.6 \times 92$
高度/mm	9504	9504	9504	6065
外壳质量/kg	19505	19505	19505	~20000
芯子质量/kg	8392	8392	8392	
管子规格/mm	$\phi12.7 \times 1.2 \times 7010$	$\phi12.7 \times 1.2 \times 7010$	$\phi12.7 \times 1.2 \times 7010$	$\phi12.7 \times 1.2 \times 7010$
管子数量/根	1882	1882	1882	1932
管子材质	SA249 TP304	SA249 TP304	SA249 TP304	SUS304 TB-SC
管子排列形式和间距/mm	△ 排列间距 17.5	△ 排列间距 17.5	△ 排列间距 17.5	△ 排列间距 17.5
上管板直径×厚度/mm	$\phi876 \times 73$	$\phi876 \times 73$	$\phi876 \times 41$	$\phi822 \times 60$
上管板材质	SA182 F304	SA182 F304	SA182 F304	SUS304
下管板直径×厚度/mm	$\phi876 \times 98$	$\phi876 \times 98$	$\phi876 \times 41$	$\phi822 \times 60$
下管板材质	SA182 F304	SA182 F304	SA182 F304	SUS304
挡板间距	495		495	460

附 录 D

凯洛格型氨合成塔床间换热器设计参数

(补充件)

参数名称	类型厂				日(I)型厂
	大庆化肥厂	湖北化肥厂	洞庭氮肥厂	九 石 化	齐鲁二化
型号	I-I	I-I	I-I	特殊-XU	I-I
总换热面积/m²	156.7	156.7	156.7	第一/第二级 124.8/105.8	95.9
外壳直径×壁厚/mm	ϕ940×5	ϕ940×5	ϕ940×5	ϕ2430×10	ϕ718×7
高度/mm	5295	5675	5295	970	3618
管子规格/mm	ϕ12.7×1.65×4370	ϕ12.7×1.65×4370	ϕ12.7×1.65	ϕ12.7×1.65×970	ϕ12.7×1.65×3540
管子数量/根	915	907	915	1714u/1452u	679
管子材质	A269 TP304	A269 TP304	A269 TP304	SA213 TP321SS	A269 TP304

续表

参数名称	类型厂				日(1)型厂
	大庆化肥厂	湖北化肥厂	洞庭氮肥厂	九 石 化	齐鲁二化
管子排列形式和间距/mm	△排列;间距 21	△排列;间距 21	△排列;间距 21	△排列;间距 16.67; 21.0	△排列;间距 20
上管板直径×厚度/mm	φ940×20	φ940×20	φ940×20	长1700×宽1180×38; 长1700×宽1060×38	φ748×20
上管板材质	A240 TP304	A240 TP304	A240 TP304	SA240TP304SS	A240 TP304
下管板直径×厚度/mm	φ900×20	φ900×20	φ900×20		φ718×20
下管板材质	A240 TP304	A240 TP304	A240 TP304		A240 TP304
挡板间距/mm	398	433	398	304.3	437.5

附 录 E

凯洛格型氨合成塔触媒筐设计参数

(补充件)

参数名称	美 型 厂			九 石 化	日(I)型厂 齐鲁二化		
	大庆化肥厂	湖北化肥厂	洞庭氨肥厂		1#	2#	3#
设计外压/MPa	0.33	0.33	0.33	0.353	0.23	0.38	0.6
设计温度/℃	538	538	538	315	538		
一床入口温度/℃	356	362	390	380	370		
一床出口温度/℃	480	492	490	500	490		
二床入口温度/℃	378	374	436	400	415		
二床出口温度/℃	480	447	480	465	472		
三床入口温度/℃				400	404		
三床出口温度/℃				442	443		
进塔气氨含量/%	2	1.92	1.0	1.7	2.89		

163

续表

参数名称	美 型 厂			九 石 化	日(I)型厂
	大庆化肥厂	湖北化肥厂	洞庭氮肥厂	九 石 化	齐鲁二化
出塔体氨含量/%	16.38	14.73	14.5	16.4	16.26
入塔气流量/(Nm³/h)	475235	492642	490000	448887	476684
触媒筐内径×厚度/mm	φ2948×(18,24,32)	φ2948×(18,24,32)	φ2948×(18,24,32)	φ2450×20	φ2590×(20,27,35)
触媒筐长度/mm	13005			24000	14630
一床直径×总高度/mm	φ2866/φ1170×3600	φ2866/φ1170×3500	φ2866/φ1170×3700	φ2450×4740	φ2590/φ4310
二床直径×总高度/mm	φ2866/φ650×8280	φ2806/φ650×7600	φ2946/φ650×8386	φ2450×6940	φ2596×4700
三床直径×总高度/mm				A/B φ2450×4740	φ2596×6918
一床总容积/m³	20.53	19.7	20.92	13.4	9.8
二床总容积/m³	53.32	48.5	53.32	19.7	15.1
三床总容积/m³				A/B床 13.4	26.4

续表

参数名称	美型厂			九石化	日(I)型厂
	大庆化肥厂	湖北化肥厂	洞庭氮肥厂	九石化	齐鲁二化
一床触媒型号规格/mm	A110-1H; 1.5~3.0	A110-1H; 1.5~3.0	A110-1H; 1.5~3.0	A110-1;A110-1H; 底3.0~6.0; 顶1.5~3.0	A110-1H; 1.5~3.0
二床触媒型号规格/mm	A110-1H; 1.5~3.0	A110-1; 1.5~3.0	A110-1; 1.5~3.0	A110-1;A110-1H; 底3.0~6.0; 顶1.5~3.0	A110-1; 1.5~3.0
三A/B床触媒型号、规格/mm				A110-1;A110-1H; 底3.0~6.0; 顶1.5~3.0	A110-1; 1.5~3.0
装填密度/(kg/m³)	一床2200 二床2850	一床2467 二床2763	一床2339 二床2922	~2800	2800~2200

附 录 F

凯洛格型立式氨合成塔内件焊接规范
（补充件）

表 F1 凯洛格型立式氨合成塔内件焊接规范

焊接代号	母材	材料形式	焊接方法	焊接式样	焊接材料	直径/mm	电流 种类	电流 /A	电压/V	氩气纯度/%	预热
W1	AISI304 AISI304	板与管	手工电弧焊	角焊（腰高）2~8mm	E347-16	φ3.25	交、直流	80~120	20~25		最小15℃ 最大150℃
W2	AISI304 AISI321	板与管	手工氩弧焊	角焊（腰高）2~8mm	ER347	φ2.4	交、直流	40~160	17~24	99.99	
W3	AISI321 AISI321	16mm板与10~14mm板	手工氩弧焊		ER347	打底 φ1.0 盖面 φ2.4	交直流	25~70 80~120	17~25 20~25	99.99	
			手工电弧焊		E347-16	φ3.25	交直流	80~120	20~25	—	

续表

焊接代号	母材	材料形式	焊接方法	焊接式样	焊接材料	直径/mm	电流 种类	电流 /A	电压/V	氢气纯度/%	预热
W4	AISI304 INCONEL-600	厚板与2mm板	手工氩弧焊	角焊(腰高)2~5mm	ERNiCr-3	φ2.4	交直流	40~160	17~24	99.99	
W5	INCONEL-600	薄板与薄板	手工氩弧焊	对接带背衬	ERNiCr-3	φ2.4	交直流	40~160	17~25	99.99	
W6	AISI304 AISI304	设计厚板	手工氩弧焊	对焊	ER357	φ1.0	交直流	25~160	17~25	99.99	
			手工氩弧焊第一层	对焊	ER357	φ2.4	交直流	40~160	17~25	99.99	
			手工电弧焊	对焊	ER347-16	φ3.25	交直流	80~120	20~25	—	
W7	AISI321 AISI321	122C芯子底法兰与105D支承角焊	手工氩弧焊	对 焊	ER347	φ2.4	交直流	40~160	17~24	99.99	
			手工电弧焊		E347-16	φ2.4	交直流	80~120	20~25	—	

表F2 凯洛格型卧式氨合成塔内件焊接规范

焊接代号	焊接母材	焊接方法	坡口形式 母材厚度	焊条牌号	焊条直径/mm	焊 接 工 艺			
						电源	电流/A	电压/V	预热/层间热处理温度/℃
S-8S-A	SA240TP304	SAW	单 V 型; 4.8~200mm	ER308	φ4	A.C	380~520	28~36	Min.10/ Max.150
S-8GM-A	SA240TP304	GMAN (FCAW)	单边斜坡口, 角焊缝 4.8~38.1	E308T-1	φ1.2	D.C/R.P	200~280	28~36	Min.10/ Max.150
S-43/ 8GM-A	INCONEL600; SA240TP304	GMAN (FCAW)	单边斜坡口, 角焊缝 4.8~40	ERNiCr-3	φ1.2	D.C/R.P	120~200	20~30	Min.10/ Max.150
S43GM-A	INCONEL600	GMAN (FCAW)	角焊缝 4.8~40	ERNiCr-3	φ1.2	D.C/R.P	100~200	20~30	Min.10/ Max.150
S-45T-A	INCOLOY800	GTAW	单边斜坡口, 角焊缝 1.6~18	ERNiCr-3	φ2.4	D.C/S.P	100~180	10~18	Min.10/ Max.150
S-45/ 8T-A	INCOLOY800; SA312TP304	GTAW	单 V 型 4.8~38	ERNiCr-3	φ2.4	D.C/S.P	100~180	10~18	Min.10/ Max.150
S-8T-A	SA312TP.304	GTAW	单 V 型; 4.8~38.1	ER308	φ2.4	D.C/S.P	100~180	10~18	Min.10/ Max.150

续表

焊接代号	焊接母材	焊接方法	坡口形式母材厚度	焊 接 工 艺					
				焊条牌号	焊条直径/mm	电源	电流/A	电压/V	预热/层间处理温度/℃
S-8T-B	SA312TP.304; SA312TP.321	GTAW	单边斜坡口，角焊缝 4.8~38.1	ER308	φ2.4	D.C/S.P	100~180	10~18	Min.10/ Max.150
S-8T-C	SA312TP.321; SA240TP.321	GTAW	单边斜坡口，角焊缝 1.6~19	ER347	φ2.4	D.C/S.P	100~180	10~18	Min.10/ Max.150
S-3M/ S-10	A302Gr.B	SMAN+ SAW	双V型;16~200	F8PO-EG-A4 E9016-G	φ4 φ5	A.C	130~180 180~240	20~28 20~28	150/350/ 625±14/7h
S-3S-21	A302Gr.B; A508CL.3	SAW	双U-V型 16~200	F8PO-EG-A4	φ4	A.C	450~620	27~35	150/350/ 625±14/7h
S-3M-38	A302Gr.B; A508CL.3	SMAW	双V、斜坡口型;16~200	E9016-G	φ4 φ5 φ6	A.C	110~300	20~28	150/350/ 625±14/7h
S-3M-39	A302Gr.B	GTAW	单V型;角焊缝 10~20	E9016-G	φ4 φ5 φ6	A.C	110~300	20~28	150/350/ 625±14/7h

续表

焊接代号	焊接母材	焊接方法	坡口形式母材厚度	焊条牌号	焊 接 工 艺				
					焊条直径/mm	电源	电流/A	电压/V	预热/层间/热处理温度/℃
S-45/3T-05	INCOLOY800H; A508Cl.3	GTAW	堆焊，单U型 4.8~40	ERNiCr-3	φ2.4	D.C/S.P	80~180	10~18	10/150/ 625±14/7h
S-3T-11	A508Gr.3; A312Gr.B	GTAW	V型、单边斜坡口，角焊缝 10~20	ER80S-G	φ2.4	D.C/S.P	80~180	10~18	150/350/ 625±14/7h
S-4/3T-06	A336Gr.F11A; A508Cl.3	GTAW	单V型;10~20	ER80S-G	φ2.4	D.C/S.P	80~180	10~18	150/350/ 625±14/7h
S-45T-06	INCOLOY800H	GTAW	角焊缝;任意厚	ERNiCr-3	φ2.4	D.C/S.P	100~200	10~18	10/150
S-45/8T-04	INCOLOY800 SA321IT304	GTAW	双边斜坡口 4~38	ERNiCr-3	φ2.4	D.C/S.P	100~180	10~18	10/150
S-3/1M-26	A302BGr.B; A516Gr.70	DMAW	角焊缝任意厚	E7016	φ4 φ5 φ6	A.C	140~310	20~28	150/350/ 625±14/7h
S-1M-351	A516Gr.70	DMAW	角焊缝任意厚	E7016	φ4 φ5 φ6	A.C	140~310	20~28	150/350/ 625±14/7h

附 录 G

凯洛格型氨合成塔主要部件化学成分

(补充件)

主要部件名称	材 料	化 学 成 分/%								
		C	Si	Mn	P	S	Cr	Mo	Ni	V
筒件	K-TENG2M	0.18	0.55	<1.60	0.035	0.035				0.05
球封头	SA516-70	0.27	0.13~0.33	0.8	0.035	0.04				
球封头	SA302-B	0.20~0.25	0.15~0.30	1.15~1.5	0.035	0.035	0.3	0.45~0.60		0.03
锻造法兰及锻环	AO6S002M	0.19~0.25	0.20~0.35	1.10~1.50	0.04	0.04	0.2	0.06	0.40~0.70	0.13~0.18
换热器顶盖	SA182F1	0.28	0.15~0.35	0.60~0.90	0.45	0.045		0.44~0.65		
"C"接管	SA182F22	0.15	0.05	0.30~0.60	0.04	0.40	2.00~2.50	0.87~1.13		
"C"以外接管	SP45	0.18~0.26	0.15~0.45	0.30~0.60	0.04	0.035				

续表

主要部件名称	材 料	化 学 成 分/%								
		C	Si	Mn	P	S	Cr	Mo	Ni	V
人孔盖	SF50	最大 0.30	0.15~0.40	0.50~0.80	0.035	0.40				
螺 栓	SCM4	0.038~0.43	0.15~0.35	0.60~0.85	0.030	0.030	0.90~1.20	0.15~0.30		
螺 母	S45C	0.42~0.48	0.15~0.35	0.60~0.90	0.030	0.035				
密封垫	S10C	0.08~0.13	0.15~0.35	0.30~0.60	0.030	0.35				
裙 座	SA285C	0.28	0.15~0.35	0.90	0.035	0.045				Cu 0.2~0.25
换热器管板法兰	SA128 - F304	0.08	1.00	2.00	0.04	0.03	18.0~20.0		8.00~11.0	
换热器管子	SA249 - TP304	0.08	1.00	2.00	0.04	0.03	18.0~20.0		8.00~11.0	
筒体封头折流板	SA240TP304	0.08	1.00	2.00	0.045	0.03	18.0~20.0		8.00~10.5	

续表

主要部件名称	材　料	化 学 成 分/%								
		C	Si	Mn	P	S	Cr	Mo	Ni	V
膨胀节	SA240-TP321	0.08	1.00	2.00	0.045	0.03	17.0~19.0		9.00~12.0	Ti 0.40
第一床垫板 第一床中心管	INCONEL600	0.15最大	0.50	1.00	0.015		14~17		72	Fe 6~10 Cu 0.5
分配板 床盖 支承圈	SA240TP304	0.08	1.00	2.00	0.045	0.03	18.0~20.0		8.00~10.5	
壳体封头、端盖封头 壳体耐磨衬板 锥形托载圈	A302 GrB	0.20~0.25	0.15~0.30	1.15~1.5	0.035	0.035	0.3	0.45~0.60	Cu 0.4	V0.03 Nb 0.02

173

续表

主要部件名称	材料	化学成分/%								
		C	Si	Mn	P	S	Cr	Mo	Ni	V
壳体法兰、盖法兰、端盖法兰、锻造接管、盲板法兰	A508 Cl3	0.21~0.25	0.15~0.40	1.2~1.5	0.025	0.025	0.25	0.45~0.60	0.40~0.61	0.004
封头、大盖双头螺栓、球型螺母	A540 CR.B23 CL.3	0.37~0.44	0.15~0.35	0.60~0.95	0.025	0.025	0.65~0.95	0.20~0.30	1.55~2.00	
球形垫圈双头螺栓	A194 Gr.2H	0.33~0.40	0.15~0.40	0.90~1.20	0.04	0.05	0.45~0.65	0.25~0.45		
基板、鞍座板	A516 Gr 70	0.27	0.13~0.33	0.80	0.035	0.035	0.30	0.12	Ni0.40; Cu0.40	V0.03 Ni0.02
双锥形	A182 Gr F11	0.10~0.20	0.50~1.00	0.30~0.80	0.04	0.04	1.00~1.5	0.44~0.65		
双头螺栓	A193 Gr B7	0.37	0.15~0.35	0.65~1.10	0.035	0.040	0.75~1.20	0.15~0.25		

续表

主要部件名称	材料	化学成分/%								
		C	Si	Mn	P	S	Cr	Mo	Ni	V
大小头	INCOLOY 800	0.058	0.59	1.18	0.011	0.009	20.05		32.42	
接管颈板式接头	A336 Gr F11A	0.10~0.20	0.50~1.00	0.30~0.80	0.025	0.025	1.00~1.50	0.45~0.65		
触媒筐壳体主要法兰螺栓	TYPE 304SS	0.08	1.00	2.00	0.045	0.03	18.0~20.0		8.00~10.5	
隔板	Incon600	0.15最大	0.50	1.00	0.015	0.015	14~17		72	Fe 6~10 Cu 0.5
触媒筐分布板和网格栅板	TYPE 321SS	0.08	1.00	2.00	0.03	0.03	17.0~19.0		9.00~12.0	Ti 0.40
内部管	INCOLOY800H	0.06~0.10	1.0	1.5	0.03	0.015	19~23	AL30~35; Ti0.15~0.6; Cu0.75	Fe39.5 Al+Ti 0.85~1.2	Ni+Co 30~35

175

附 录 H
凯洛格型氨合成塔主要材料机械性能
（补充件）

钢　　号	σ_b/MPa	σ_s/MPa	δ/%	ψ/%	a_k	HB
K – TEN62M	室温，620	≥500	19	50		
	205℃，430					
SA516 – GR70	室温，490～595	≥270	17(8in) 21(2in)			
	205℃，430					
AOS5002M	室温，560	≥357	20	35		
	205℃，500					
SA182 – F11	485～580	≥270	20	≥30		143～207
SA182 – F22	490	280	25	35		192
SF45	450～550	230	27			
SF50	500～600	250	25			
SFM4	>1000	>850	>12	>45	>6	285～341
	205℃，500					
S45C	700	500	17	45	8	201～341
S10C	320	210	33			120
SA285C	390～460	210	27			
SS41	410～520	220～250	20			
SA302GrB	560～700	350	18		20	Max.225
INCONEL600	700 最大		30 最小			

续表

钢 号	σ_b/MPa	σ_s/MPa	δ/%	ϕ/%	α_k	*HB*
A508 CL.3	550~689	≥345	28.1	35	30	191~198
A540 Gr.B23 CL.3	1000	896	12	40		302~375
A182 Gr F11	276	483	20	30		143~207
A193 Gr B7	593	860	16	50		
INCOLOY 800H	≥550	≥240	≥25	54		
A336 Gr F11A	515~690	≥310	18	40		225

附加说明：

1　本规程由大庆石油化工总厂化肥厂负责起草，起草人陶洪(1992)。

2　本规程由巴陵分公司负责修订，修订人胡彬(2004)。

8. 托普索型氨合成塔
维护检修规程

SHS 05008—2004

目　次

1　总则 ………………………………………………（180）

2　检修周期与内容 …………………………………（180）

3　检修与质量标准 …………………………………（182）

4　试验与验收 ………………………………………（189）

5　维护与故障处理 …………………………………（190）

附录 A　托普索氨合成塔触媒筐设计参数
　　　　（补充件）………………………………（192）

附录 B　床间换热器和下部换热器设计参数
　　　　（补充件）………………………………（193）

附录 C　气体分布器示意图(补充件) …………（195）

附录 D　高压筒体设计性能参数和主要结构参数
　　　　（补充件）………………………………（197）

附录 E　各厂高压筒体主要材料化学成分及机械性能
　　　　（参考件）………………………………（198）

附录 F　Inconel 600 化学成分和机械性能(参考件) …（199）

1 总则

1.1 主题内容与适用范围

1.1.1 主题内容

本规程规定了大化肥装置托普索 S – 200 型氨合成塔的检修周期及内容，检修与质量标准，试验与验收，维护及常见故障处理。安全、环境和健康(HSE)一体化管理系统为本规程编制指南。

1.1.2 适用范围

本规程适用于年产 30 万吨合成氨装置丹麦托普索公司改造设计的 S – 200 型氨合成塔的维护和检修。

1.2 编写依据

国务院令第 373 号特种设备安全监察条例

质技监局锅发[1999]154 号压力容器安全技术监察规程

劳锅字[1990]3 号在用压力容器检验规程

GB 150—1998 钢制压力容器

GB 151—1999 管壳式换热器

2 检修周期与内容

2.1 检修周期

项修周期 1～2 年；

大修周期 8～12 年，可结合触媒更换周期、合成塔状态监测及实际运行状况适当调整检修周期。

2.2 检修内容

2.2.1 项修内容

2.2.1.1 检查塔体防腐层和铭牌是否完好。

2.2.1.2　检查高压筒体各法兰密封、焊接接头、各接管、结构过渡部位是否有缺陷或异常现象。

2.2.1.3　检查检漏孔是否泄漏或堵塞。

2.2.1.4　检查主螺栓、接管螺栓、热电偶管法兰螺栓腐蚀和紧固情况。

2.2.1.5　检查高压筒体有无超温和局部过热迹象。

2.2.1.6　检查设备框架结构有无倾斜下沉，设备地脚螺栓的腐蚀和紧固情况。

2.2.1.7　检查高压筒体与管道或相邻构件之间是否有摩擦、磨损，管架紧固情况，高压筒体及管道有无异常振动。

2.2.1.8　检查安全附件是否完好。

2.2.1.9　检查框架、平台、梯子是否牢固可靠。

2.2.1.10　按《在用压力容器检验规程》做外部检查。

2.2.2　大修内容

2.2.2.1　合成塔主密封及接管密封检修。

2.2.2.2　挠性金属软管检修。

2.2.2.3　触媒筐内外部检修。（触媒筐设计参数见附录A）。

2.2.2.4　气体分布器和中心管检修。

2.2.2.5　热电偶管和充氮管检修。

2.2.2.6　床间换热器，下部换热器检修。

2.2.2.7　高压筒体底部的耐热浇注料进行检查和修理。

2.2.2.8　对高压筒体及底部三通检查。

2.2.2.9　对全部承压螺栓、螺母进行无损检测。

2.2.2.10　按《在用压力容器检验规程》规定的要求对合成塔进行内外部检验。

3 检修与质量标准

3.1 检修前的准备

3.1.1 检修前根据设备运行的情况，熟悉图纸、技术档案并按 HSE 危害识别、环境识别、风险评估的要求，编制检修方案。

3.1.2 备品备件及施工机具准备就绪，安全劳动保护措施到位。

3.1.3 检修前一周，用除锈剂和机油润湿大盖主螺栓的螺纹部分。

3.2 拆卸

3.2.1 拆卸合成塔大盖主螺栓、热电偶接管等。

3.2.2 按上紧逆向顺序拆卸主螺栓、螺母。起吊大盖。须保护好大盖密封面。

3.2.3 拆卸金属挠性软管；拆卸床层人孔、各接管，酌情调出内部换热器。

3.2.4 卸触媒

3.2.4.1 卸触媒过程中应注意防止触媒在塔内或塔外自燃。

3.2.5 吊出触媒筐

3.3 检修

3.3.1 高压筒体检查

3.3.1.1 全面清洗内表面，用机械法或化学法清洗。

宏观检查高压筒体内外表面、焊接接头及其热影响区、内件支承环等部位，有无裂纹、变形、氢鼓泡、凹痕等缺陷。

3.3.1.2 下述部位进行无损检测检查。

 a. 高压筒体内壁焊接接头进行 100%渗透检测或磁粉检测；

 b. 高压筒体内壁及焊接接头表面进行硬度检查；

 c. 高压筒体与球形封头环向焊接接头 100%超声波检测；

 d. 所有接管焊接接头 100%渗透检测；

 e. 内件支承环向焊接接头渗透检测；

 f. 下部三通相贯处渗透检测。

3.3.1.3 高压筒体内筒测厚。分上、中、下三个截面各定点测 4 点厚度，内部有锈蚀的部位定点测厚。

3.3.1.4 测量高压筒体垂直度。

3.3.2 检查触媒筐有无变形、焊接接头开裂等缺陷。

3.3.3 床间换热器和下部换热器检查。

 床间换热器和下部换热器设计参数见附录 B。

3.3.3.1 管子与管板焊接接头进行渗透检测。

3.3.3.2 从壳侧进行气密试验，试压介质为空气。试验压力按各厂图纸或要领书规定的要求进行空气气密试验。换热器试漏需制作专用试压壳体。

3.3.4 检查金属挠性软管有无泄漏、磨损等缺陷。

3.3.5 检查气体分布器(喷嘴多孔板式气体分布器、双凸型气体分布器、桥式多孔板式气体分布器，其结构图见附录 C)是否变形、堵塞和损坏，其焊接接头有无裂纹。内衬金属筛网塞焊有无脱焊、变形、脱落或破损。

3.3.6 中心管格栅有无断裂、扭转、破损。

3.3.7 各部位承压螺栓、螺母检查：

3.3.7.1 检查螺纹、圆角过渡部分有否裂纹等缺陷；

3.3.7.2 螺栓磁粉检测；

3.3.7.3 螺母渗透检测；

3.3.7.4 测量主螺栓长度，并做好记录。

3.4 检修与质量标准

3.4.1 合成塔大盖检修与质量标准

3.4.1.1 合成塔大盖复位时，当大盖尚未导入螺栓时，应将大盖用水平仪找平后再下落。落下后用直尺检查法兰圆周错位，不得大于 0.5mm。

检查法兰紧固后其端面间隙，法型厂偏差不大于 0.20mm，日 II 型厂不大于 0.10mm。

3.4.1.2 法型厂：双锥垫密封银丝。直径为 $\phi 1.5mm$。上下两密封面各 2 道银丝，银丝为 99% 的纯银。银丝截取长度比放置槽圆周长度短 8～10mm；接头用氩弧焊焊接，焊后修圆，保证接头良好，无任何变形、损伤等缺陷。

日 II 型厂：退火铝垫厚度为 0.5mm，硬度 HB30～50。

3.4.1.3 双锥密封垫内侧与大盖的圆柱支承面之间的径向间隙，要对称均匀分布(用塞尺检查)。

3.4.1.4 双锥密封面的粗糙度为 $R_a 3.2\mu m$，大盖及高压筒体端部密封面的粗糙度为 $R_a 3.2 ～ 1.6\mu m$。

3.4.1.5 主螺栓、主螺母的螺纹不得有毛刺、裂纹、螺纹断裂以及可能引起局部应力集中的缺陷。有局部轻微伤痕的螺纹，不得超过 1/4 圈，累计不超过一圈。凡超过上述规定者应予以更换。局部的毛刺、伤痕应修复。双头螺栓装配时涂上二硫化钼润滑脂。

3.4.1.6 用液压螺栓紧固装置上紧螺栓。各厂应根据各自的具体情况，制定详细的螺栓紧固规定，确定最终上紧力，法兰螺栓最终紧固力偏差不大于 2MPa。

a. 法型厂螺栓拧紧程序见图 1。

b. 日(Ⅱ)型厂螺栓拧紧程序见图 2。分 7 组按图 2 所列顺序拧紧。采用液压扳手紧固，液压扳手油压增加顺序见表 1。

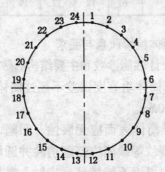

图 1 法型厂螺栓拧紧程序

第一组 1、13、7、19 第四组 5、17、11、23
第二组 4、16、10、22 第五组 3、15、9、21
第三组 2、14、8、20 第六组 6、18、12、24

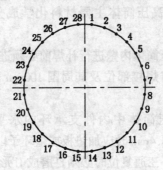

图 2 日Ⅱ型厂螺栓拧紧程序

第一组 1、8、15、22 第五组 5、12、19、26
第二组 4、11、18、25 第六组 9、14、21、28
第三组 6、13、20、27 第七组 3、10、17、24
第四组 2、9、16、23

表1　液压扳手油压增加顺序

油压增加顺序/次	I	II	III	IV	V	VI	VII
油压值/MPa	6	12	12	19	27	37	41

3.4.2　高压筒体检修质量与要求

高压筒体设计性能参数和主要结构参数见附录D。

3.4.2.1　高压筒体垂直度误差不超过筒体总高的1/1000，且最大不超过20mm。

3.4.2.2　高压筒体表面应无腐蚀、凹陷、裂纹、划伤等缺陷，若发现裂纹等缺陷应打磨消除并圆滑过渡，如经强度校核缺陷部位厚度不能满足要求时，需补焊修复。具体的焊接工艺、焊接材料、热处理要求等应符合《压力容器安全技术监察规程》的有关规定并经厂主管领导批准后方可实施。（各厂高压筒体主要材料化学成分及机械性能见附录E）。

合成塔高压筒体内壁进行补焊前必须进行300～400℃的消氢处理。并将焊接部位及其周围100mm范围内的氮化层打磨干净。

3.4.2.3　高压筒体中内件支承环的水平度偏差应小于0.4mm。大于0.4mm时应加垫板或垫环予以校正。

3.4.2.4　底部三通复位时必须打磨成U形坡口，氩弧焊打底。焊接接头必须进行100%无损检测。与旧焊接接头间距必须大于100mm。

合成塔底部Ω形密封垫必须用角向磨光机切割，切口应平整。氩弧焊组焊复位后，应做渗透检测。

3.4.2.5 高压筒体底部耐热浇注料重新浇注

a. 施工面应除去锈垢、灰尘等，保持表面清洁同时检查和修复爪钉；

b. 浇注料的性能要求应不低于原设计要求；

c. 施工要求按 HGJ 227—84《化工用炉砌筑工程施工及验收规范》执行；

d. 升温烘干按规定的升温曲线进行。

3.4.2.6 无损检测质量标准

a. 焊接接头的射线检测按 JB 4730—94《压力容器无损检测》规定进行，Ⅱ级合格；

b. 焊接接头的超声波检测按 JB 4730—94《压力容器无损检测》规定进行，Ⅰ级合格；

c. 磁粉检测和渗透检测按 JB 4730—94《压力容器无损检测》规定进行。

3.4.3 内件检修与质量要求

3.4.3.1 触媒筐

a. 触媒筐椭圆度 ±5mm，总长直线度偏差为 ±10mm；

b. 触媒筐焊接接头对口错边量：纵向焊接接头 ≤3mm，环向焊接接头 ≤5mm；

c. 中心管、热电偶内套管应采用整根管子制作，直线度公差在 2m 长度范围内不得大于 ±1mm，在总长度范围内不大于 ±3mm；

d. 冷激管、冷激套管中心管、热电偶管可采用对接，对接后不得有硬弯，且内壁光滑无凸台、焊瘤等缺陷；

e. 冷激管、冷激套管、热电偶套管应逐根进行水压试验；

f. 热电偶套管、中心管对接焊接接头检测按 JB 4730—

94《压力容器无损检测》规定进行。

3.4.3.2 床间换热器和下部换热器

换热器管束、管子与管板焊接接头及胀口处腐蚀、泄漏或损坏，而又无法补胀或补焊时，可用管堵将漏管的两端堵死。

a. 管堵材料的硬度应不大于管子的硬度；

b. 管堵的锥度在 3°～5°之间；

c. 堵管数不得超过换热器管子数量的 10%。

床间换热器管束材质为 Inconel 600，其化学成分和机械性能见附录 F。

3.4.3.3 二段中心管格栅

中心管格栅条有少量断裂时，可对断裂部位包扎 16 目不锈钢丝网，并用不锈钢带包扎紧密、点焊牢固。

如果中心管格栅整个发生扭转甚至错口断裂，则采用整形方法使格栅条上下外表齐平，然后用 $\delta = 1mm$ 的不锈钢薄板将损坏处包住，板下沿用氩弧焊与中心管满焊。再用 16 目不锈钢丝网在薄板四周包扎一层，上下要超出薄板，并用不锈钢带扎紧，用氩弧焊点焊牢，保证绑扎紧密。最后在中心管外包一圈多孔板套筒，多孔板的下端与二床底板进行焊接，上端与中心管焊接。为防止中心管产生变形和烧穿，可在多孔板上部与中心管之间先加衬一个不锈钢环。施焊前，在中心管施焊表面位置上下 10mm 处抛光至见金属光泽，去除氮化层及微裂纹。

焊接部位的飞溅等杂质要清理干净，并进行渗透检测。

3.4.3.4 金属挠性软管

更换新的金属挠性软管时，必须核对材质和尺寸，打磨好坡口，采用氩弧焊组焊。

3.4.3.5　气体分布器

检查气体分布器有无变形和损坏，必要时修复或更换。内衬金属丝网如有脱焊，则用氩弧焊进行补焊。如有少量变形、破损，可用贴补方法修复。

3.4.3.6　密封填料

除气体分布器与触媒筐之间的密封填料外，其余密封填料每次大修应更换。相邻密封填料接头应错开。切口角度应为 $30° \sim 45°$。

3.4.3.7　内件装配要求

内件找正采用高压筒体顶端设置定位块，并在底部支承座放置 $8 \sim 12$ 块铅块，进行压铅找正。应使触媒筐外侧和定位块之间的间隙偏差小于 2.5mm。

铅块压铅后，当厚度偏差大于 0.4mm 时，可用不锈钢垫片调整。最后垫片之间、垫片与支承圈之间，均应点焊死。

4　试验与验收

4.1　试验

4.1.1　合成塔检修完毕，检修记录齐全。

4.1.2　施工部门确认质量合格，并具备试验条件。

4.1.3　按工作压力进行气密试验，利用开车过程进行检查，以无泄漏为合格。

4.2　验收

4.2.1　设备经检修、检验后，质量达到本规程规定的质量要求。

4.2.2 施工单位提供下列资料

4.2.2.1 设计变更及材料代用通知单。材料零部件合格证。

4.2.2.2 检修方案及施工各项记录

    a. 隐蔽工程记录；

    b. 封闭记录；

    c. 检修记录；

    d. 中间检验记录。

4.2.2.3 焊接接头质量检验报告。

4.2.2.4 试验记录和耐热浇注料烘干记录。

4.2.3 设备经开车验证，达到完好标准。

4.2.4 设备运行一周，各项指标达到技术要求，满足生产需要，予以验收。

5 维护与故障处理

5.1 维护

5.1.1 严格控制各项工艺指标、严禁超温、超压运行。

5.1.2 升、降温及升、降压速率应严格按操作规程有关规定执行。

5.1.3 定期检查设备、相连阀门、管道有无泄漏，安全附件是否失效。若有问题应及时处理。

5.1.4 检查弹簧支架及防震设施是否完好。

5.1.5 定期监测塔外壁温度，并做好记录。

5.2 常见故障与处理

    常见故障与处理见表2。

表2　常见故障与处理

序号	故障现象	原因分析	处理方法
1	大盖泄漏	法兰端面间隙不匀银丝或铝垫损坏 双锥垫密封面或大盖及高压筒体密封面损坏	卸压,调整法兰端面间隙停车起吊大盖更换密封元件 停车起吊大盖修理密封面
2	集气盒(蝶形封头)压瘪	气体分布器因反吹和金属筛网焊接质量不好,导致金属筛网脱焊、位移、变形;触媒堵塞气体流道,造成压差增大,压瘪集气盒	对集气盒进行校正或更换,并对其他部件进行修复提高金属筛网塞焊质量,防止脱焊和变形
3	触媒筐尾部管子密封填料松动、脱落造成短路	由于密封填料压盖螺栓螺母脱落导致压盖松、脱,密封填料松动或被吹跑造成气体短路	对螺栓螺母必须加锁紧装置,防止松动脱落

附　录　A
托普索氨合成塔触媒筐设计参数
（补充件）

塔型 使用厂 参数名称		法　型　厂		日Ⅱ型厂
		托普索 S－200		托普索 S－200	托普索 S－200
		金陵石 化公司	安庆石 化公司	南化 氮肥厂	镇海炼 化公司
主要结构参数	一床触媒规格型 号/mm	KMIR1.5～ 3.0	KMIR1.5～ 3.0	A110－Ⅰ－H 1.5～3.0	KMIR1.5～ 3.0
	二床触媒规格型 号/mm	KMIR1.5～ 3.0	KMIR1.5～ 3.0	A110－Ⅰ－H 1.5～3.0	KMIR1.5～ 3.0
	一床触媒装填量/ (m³)kg	20670	20670	30174.5	(8.33) 18300
	二床触媒装填量/ (m³)kg	41600	41600	99550	(18.73) 41200
	装填密度/(kg/ m³)	2140	2140	一床 2339 二床 2961	2200
	一床层气体分布 器数量	大喷嘴 512 小喷嘴 158464	大喷嘴 512 小喷嘴 158464	5130 (高度) 10494 (喷嘴数)	23×5081 (高度)
	二床层气体分布 器数量	大喷嘴 432 小喷嘴 274104	大喷嘴 432 小喷嘴 274104	9940 (高度) 9984 (喷嘴数)	23×8451 (高度)
	"冷激付线"金属 软管规格数量	2根 φ139.8×6.6	2根 φ139.8×6.6	1根 φ219.1×8.18	2根 φ6″
	"冷激付线"金属 软管材质	波纹管 A240， TP316， 其余 TP304	波纹管 A240， TP316， 其余 TP304	波纹管 A312TP321 其余 A240－321	SUS304 AISI316
	触媒筐质量(包 括保温层)/kg	46000	46000	44500	47000

附 录 B

床间换热器和下部换热器设计参数

（补充件）

塔型使用厂\参数名称	法 型 厂		托普索 S–200	日 II 型厂 托普索 S–200
	托普索 S–200 用厂			
	金陵石化公司	安庆石化公司	南化氮肥厂	镇海炼化公司
下部换热器			无	
设计参数 管程设计温度/℃				470
壳程设计温度/℃				140
管程操作温度/℃				485
壳程操作温度/℃				130
总换热面积/m²	493	493		399.1
主要结构参数 壳体内径×壁厚/mm	φ1887×15	φ1887×15		φ1885×16
高度/mm	1660	1660		1250
管子规格/mm	φ9.53× 1.65×1660	φ9.5× 1.65×1660		φ12.7× 1.65×1310
管子数量根	10290	10290		8346
管子材质	A269 TP304	A269 TP304		A269 TP304
管子排列形式和间距/mm	△15.5	△15.5		△18
上管板直径×厚度/mm	φ1777×30	φ1777×30		φ1792×30
上管板材质	A240 TP304	A240 TP304		A240 TP304
下管板直径×厚度/mm	φ1800×30	φ1800×30		φ1800×30
下管板材质	A240 TP304	A240 TP304		A240 TP304

塔型 使用厂 参数名称		法 型 厂			日Ⅱ型厂
		托用厂家 S – 200		托普索 S – 200	托普索 S – 200
		金陵石 化公司	安庆石 化公司	南化 氮肥厂	镇海炼 化公司
设计参数	型　号	Ⅰ–Ⅰ型	Ⅰ–Ⅰ型		Ⅰ–Ⅰ型
	总换热面积/㎡	152	152	216	128.9
主要结构参数	外壳内径×厚度/mm	$\phi655×5$	$\phi655×5$	$\phi926×6$	$\phi781×6$
	高度/mm	4800	4770	4905	4400
	管子规格/mm	$\phi12.7×$ $1.245×4800$	$\phi12.7×$ $1.24×4800$	$\phi19.05×$ $1.65×4672$	$\phi12.7×$ $1.245×4040$
	管子数量根	791	791	786	808
	管子材质	B167	Inconel 600	A249 TP321	Inconel 600
	管子排列形式和间距/mm	□19.05	□19.05	Δ26	Δ21
	上管板直径×厚度/mm	$\phi649×15$	$\phi649×15$	$\phi920×35$	$\phi785×20$
	上管板材质	A240 TP304	A240 TP304	A240 – 321	A240 TP304
	下管板直径×厚度/mm	$\phi649×15$	$\phi649×15$	$\phi920×35$	$\phi775×20$
	下管板材质	A240 TP304	A240 TP304	A240 – 321	A240 TP304
	制造厂	日本神户 制钢所	日本神户 制钢所		日本神户 制钢所

附 录 C
气体分布器示意图
（补充件）

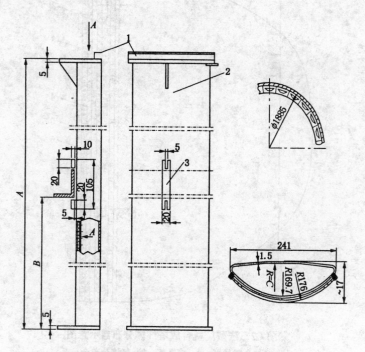

图 C1　镇海炼化 S－200 型氨合成塔气体分布器

1—填料座；2—分布器组件；3—撑圈座；A—气体流向

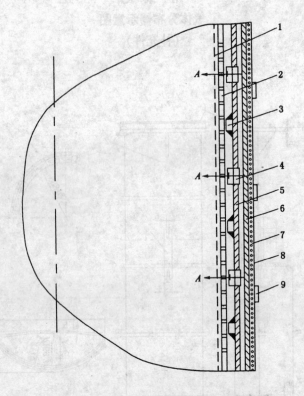

图 C2　法型厂氨合成塔气体分布器示意图

1—金属丝网；2—多孔板；3—气体分布仓；

4—喷嘴；5—喷嘴筒；6—触媒筐筒体；

7—保温层；8—保温层保护板；9—锁紧膨胀带

A—气体流向

附 录 D

高压筒体设计性能参数和主要结构参数

（补充件）

塔型 使用厂 参数名称		法 型 厂		托普索 S－200	日Ⅱ型厂 托普索 S－200
		托普索 S－200			
		金陵石 化公司	安庆石 化公司	南化 氮肥厂	镇海炼 化公司
设计参数	设计压力/MPa	28.91	28.91	15.4	24.5
	操作压力/MPa	26.36	26.36	13.8	22.9
	试验压力/MPa	43.3	43.3	19.7	36.75
	设计温度/℃	260/360	260/360	370/480	260/355
	操作温度/℃	150/340	155/315	246	131/343
	焊缝系数	1	1	1	0.97
	腐蚀裕度/mm	1	1	1.6	1
主要结构参数	塔型结构	二床层层间换热器径向塔	二床层层间换热器径向塔	二床层层间换热器径向塔	二床层层间换热器径向塔
	塔高/mm	切线高17600	切线高17600	21555切线高17670	20382,切线高16700
	内径×厚度/mm	$\phi 2035 \times 153$	$\phi 2035 \times 153$	$\phi 2330 \times 102$	$\phi 2035 \times 147.2$
	壁厚组成板厚×层数＋内筒厚/mm	层板热套 38×3＋ 39＝153	层板热套 38×3＋ 39＝153	12＋6＋7× 12＝102	层板12× 11＋3.2 （过渡层）＋ 内筒12＝ 147.2

续表

塔型 使用厂 参数名称		法 型 厂			日Ⅱ型厂
		托普索 S-200		托普索 S-200	托普索 S-200
		金陵石 化公司	安庆石 化公司	南化 氮肥厂	镇海炼 化公司
主要结构参数	层板材质	SA302GrC	SA302GrC	SA-724-B, 盲层 SA- 285-C	SPV50 过 渡层 SS41
	内筒材质			SA-387- 12-2	SB49M
	塔外壳重量/kg	213000	213000	165300	208000
	安装重量/kg	213000	213000	165300	243000
	操作重量/kg	355000	355000	355700	321000
	充满水重量/kg	329000	329000	245300	263000
	制造厂	法-C.M.P	法-C.M.P	南化机	日本神钢

附 录 E

各厂高压筒体主要材料化学成分及机械性能

（参考件）

表 E1　化学成分

材料牌号	化学成分/%									
	C	Si	Mn	P	S	Cr	Ni	Mo	Cu	V
SA302GrC	0.12~ 0.16	≤0.4	1.0~ 1.65	≤0.025	≤0.025	<0.25	0.4~ 0.8	0.53~ 0.60	<0.25	≤0.1
SPV50	≤0.18	0.15~ 0.75	≤1.60	0.035	0.035					
SB49M	≤0.2~ 0.27	0.15~ 0.30	≤0.90	0.035	0.040					

表 E2 机械性能

钢 号	σ_b/MPa	σ_s/MPa	$\delta/\%$
SA302GrC	637.4 ~ 735.5	421.7	≥16
SPV50	607.8 ~ 735.3	490.2	19
SB49M	480.4 ~ 588.2	264.7	19

附 录 F
Inconel 600 化学成分和机械性能
(参考件)

表 F1 化学成分

材料牌号	化学成分/%							
	C	Si	Mn	P	Cr	Ni	Cu	其他
Inconel 600	0.15	0.50	1.00	≤0.015	14 ~ 17	72	<0.5	Fe:6 ~ 10

表 F2 机械性能

钢 号	σ_b/MPa	$\delta/\%$
Inconel 600	686	30 ~ 36

附加说明：

1　本规程由镇海炼油化工股份有限公司负责起草，起草人周扬鑫(1992)。

2　本规程由镇海炼化股份公司负责修订，修订人杜永法(2004)。

9. 渣油气化炉维护检修规程

SHS 05009—2004

目 次

1 总则 …………………………………………… (202)

2 检修周期与内容 …………………………………… (202)

3 检修与质量标准 …………………………………… (203)

4 试验与验收 ………………………………………… (221)

5 维护与故障处理 …………………………………… (222)

附录 A 气化炉主要特性和材料(补充件) …………… (224)

附录 B 耐火材料的检验范围、检验内容及检验标准

    (补充件) ……………………………………… (225)

1 总则

1.1 主题内容与适用范围

1.1.1 主题内容

本规程规定了大化肥合成氨装置德士古、谢尔型式渣油气化炉的检修周期与内容、检修与质量标准、试验与验收、维护与常见故障处理。

安全、环境和健康(HSE)一体化管理系统为本规程编制指南。

1.1.2 适用范围

本规程适用于德士古、谢尔 1000 型渣油气化炉及所属附件的维护和检修。

1.2 编写修订依据

设备随机资料

SHS 05009—92 渣油气化炉维护检修规程

质技监局锅发[1999]154 号压力容安全技术监察规程

劳锅字[1990]3 号在用压力容器检验规程

GB 150—1998 钢制压力容器

SH 3534—2001 石油化工筑炉施工及验收规范

2 检修周期与内容

2.1 检修周期

大修检修周期一般为 2~3 年。

项修根据状态监测情况和设备实际运行状况来确定修理项目。

可根据气化炉实际运行状态,适当调整检修周期。原则上炉衬刚玉砖烧损至 1/3 原厚度，要安排大修。

2.2 检修内容

2.2.1 处理日常检查中发现的问题。

2.2.2 检查、调校或更换测温热电偶、仪表联锁及自动调节装置。

2.2.3 检查渣油烧嘴或油枪，对其表面进行无损检测。必要时更换。

2.2.4 检查烟道并清理炉底堆积物。清理、疏通相连管线。

2.2.5 检查并测量炉内耐火衬里烧损情况，视情况更换。

2.2.6 检查保温衬里情况，视情况更换。

2.2.7 检查或更换冷却水软管(德士古型)。

2.2.8 检查或更换防火道耐火材料。

2.2.9 检查炉顶和过渡段水夹套(德士古型)。

2.2.10 检查和检修燃烧室、激冷室、激冷环、激冷水管线、封头、法兰及螺栓、导气筒、升气筒等附件(德士古型)；检查和检修炉顶、炉顶头盖、与烧嘴连接的各管线法兰、螺栓等附件(谢尔型)。

2.2.11 检查、修复承压壳体。对壳体焊缝及过热区域进行无损检测和金相敷膜检查。

2.2.12 按《压力容安全技术监察规程》和《在用压力容器检验规程》的规定进行容器内、外部检验。

3 检修与质量标准

3.1 检修前的准备工作

3.1.1 根据运行中出现的问题和缺陷及历次的检修情况，

按照 HSE 开展危害识别、环境识别和风险评估的要求，编制检修、检验施工方案。

3.1.2 耐火、隔热衬里等备品、备件和所需材料准备齐全，质量符合要求并具有出厂合格证。

3.1.3 切砖机、磨砖机、搅拌机等检修机具、量具和劳动保护用品准备就绪。

3.1.4 在炉顶搭设施工棚，严防雨水从炉顶溅人气化炉内。筑炉前采取措施使炉顶平台内的温度不低于5℃，炉内温度不低于15℃。

3.1.5 各种耐火材料，在砌筑前应存放在不低于5℃的环境中。

3.1.6 耐火砖在运输和搬运时，要轻拿轻放，多层堆放要用木板等软质材料隔开，防止砖与砖互相碰坏。

3.1.7 施工场地和耐火材料的临时堆放场所必须搭设施工棚，采取防雨、防雪、防滑和防风措施。

3.1.8 进炉作业，要求炉内温度必须降至40℃以下，内部置换分析合格，并与系统可靠隔绝。办理设备交出卡和进容器许可证。

3.2 烧嘴的检修与质量标准

3.2.1 气化炉温降至600℃以下，方可拆卸炉顶头盖法兰的紧固螺栓，吊出烧嘴。

3.2.2 检查各法兰密封面，消除影响密封的缺陷，封好法兰口。

3.2.3 清除烧嘴头部同心圆的结焦、堵塞物，清除氧气通道的油污。

3.2.4 检查烧嘴头部冷却水盘管或冷却水夹套，水压试漏并进行渗透检测。德士古烧嘴冷却盘管的水压试验压力为 18MPa。根据检查结果决定修复或更换，修复后焊缝应进行 100%渗透检测，不得有裂纹出现，必要时进行硬度检验。

3.2.5 检查谢尔型烧嘴头部同心圆各通道的烧损情况，检查有无腐蚀、磨损、减薄、裂纹、缺口等缺陷，根据检查结果决定修复或更换。

3.2.6 德士古型炉烧嘴修复或更换标准、回装尺寸要求

3.2.6.1 烧嘴头烧损大于 1mm、小于 6mm 者可进行修复，烧损大于 6mm 或严重减薄者必须更换。

3.2.6.2 内烧嘴头累计使用 2 年、外烧嘴头累计使用 3 年，根据检验情况进行修复或更换。

3.2.6.3 内烧嘴回装时，与外烧嘴同轴度不大于 0.35mm。同轴度可通过中心定位块的厚度来保证，但必须保证定位块与烧嘴紧密配合。具体回装要求见图 1 及表 1。

表 1 德士古烧嘴回装尺寸表　　　　　　mm

型　号	D_2	F	D_1	H	SB
OS5－38	42.77±0.38	1.016±0.38	27.2±0.25	7.03±0.35	2.34±1.27

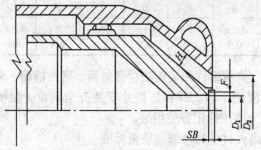

图 1　德士古烧嘴调整尺寸图

3.2.7 谢尔烧嘴修复或更换标准、更换回装尺寸要求

3.2.7.1 检查烧嘴同心环有烧损、缺口、变形不同心等缺陷，则必须更换。

3.2.7.2 烧嘴水夹套累计使用时间超过2年、水夹套出现裂纹、表面渗透检测不合格，应根据检验情况进行修复或更换。

3.2.7.3 烧嘴同心环回装要求见图2及表2。

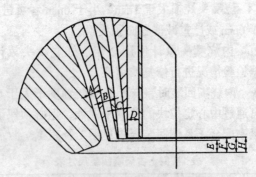

图2 谢尔同心环烧嘴调整尺寸图

表2 谢尔同心环烧嘴回装尺寸表 mm

A	B	C	D	E	F	G	H
2.5 ± 0.2	3.2 ± 0.3	3.3 ± 0.3	5.1 ± 0.5	4.5 ± 0.8	5.2 ± 0.4	5.6 ± 0.4	5.6 ± 0.4

3.2.8 烧嘴组件回装前法兰密封面、密封槽面、氧气通道应脱脂清洗干净，螺栓、垫片安装齐全到位，烧嘴组件的上、下分体按标记方位组装。

3.3 耐火衬里的检修与质量标准

3.3.1 耐火材料的检验

3.3.1.1 检验范围：刚玉耐火砖、重质高铝转、轻质保温砖、氧化铝空心球砖、莫来石砖、耐磨耐热浇注料、高温隔热浇注料、保温浇注料、刚玉火泥、高铝火泥、粘土火泥、高铝陶纤毡、硅酸铝陶纤毡等。

3.3.1.2 检验内容：化学成分、物理性能、外观质量、外形尺寸等。

3.3.1.3 检验标准：详见附录 B 表 B1～11。

3.3.2 耐火衬里的检修

3.3.2.1 应全面检查耐火衬里的工作层，包括喉管、下锥、直筒、电偶孔、拱顶、烧嘴室等部位的炉砖砌体及炉顶膨胀缝。

3.3.2.2 视耐火衬里的损坏程度，由技术人员确定检修方案。

3.3.2.3 因工作层砖局部裂纹或局部脱落导致壳体局部过热，可进行局部修复。

3.3.2.4 工作层砖普遍减薄，减薄厚度超过总厚度 1/3 时，应更换耐火衬里，重新砌筑炉砖。

3.3.3 德士古型炉内耐火、隔热衬里的更换

3.3.3.1 炉底部的砌筑

a. 炉底出口砖以激冷环为模板进行砌筑；在砌筑完 4、5 和 26 号砖后，26 号砖背面贴上防湿纸，浇注氧化铝空心球浇注料至 26 号砖偏下约 2 公分位置，浇注表面不要加工光滑，要保持粗糙；

b. 砌好四环直筒刚玉砖后，将炉底部尚未浇注的浇注料施工高度标记在直筒部刚玉砖的内表面，然后进行浇注料的施工，表面要进行细致的加工；

c. 浇注料硬化后，浇注料表面贴上防湿纸，依次砌筑锥面 27、28、29 号砖和 6 至 10 号砖；

d. 10 号砖施工时，要保证锥底砖与直筒砖之间的膨胀缝在 3~5mm，缝隙内填充氧化铝纤维毡。

3.3.3.2 筒体部炉砖的砌筑

a. 对燃烧室筒体尺寸进行测量，确定筒体砌筑的基准线；根据预组装的结果，确定直筒部刚玉砖耐火衬里的直径，并据此确定第二层筒体氧化铝空心球砖和第三层泡沫保温砖的砌筑直径；

b. 在砌筑四环内层刚玉砖后，按设计图纸所示位置浇注直筒底部浇注料，其高度应避免砌筑在浇注料上的第二层砖与第一层砖环向通缝；

c. 依次砌筑一环 25 号氧化铝空心球砖和一环泡沫保温砖；泡沫保温砖应根据筒体情况进行加工，背面贴 12 毫米厚的高铝耐火纤维毡；

d. 按内低外高的原则进行筒体各层砖的错台砌筑。应保证高温热电偶孔中心标高和拱脚砖的标高，根据预组装结果和现场情况，对各环砖的高度进行调整，以减少耐火砖的加工量；

e. 热电偶孔部位炉砖砌筑时，应在两热电偶孔中心拉一水平线，对三层热电偶开孔耐火砖在实际砌筑位置组装确认后，方可进行砌筑；

f. 第二、第三层砖的最后一环应根据现场情况加工。

3.3.3.3 拱顶部炉砖的砌筑

a. 拱顶砖应在专用模胎上进行预组装，并确认组装精度。除第 11~13 号砖外，其余拱顶砖应支模施工；模胎必须尺寸准确、安装牢固；

　　b. 每一环拱顶砖都必须在相应位置上进行预砌，确认符合设计要求后进行砌筑；

　　c. 炉砖砌筑到 16 号砖后，浇注拱顶部浇注料至 16 号砖中部；19 号砖砌完后，再浇一次浇注料；浇注之前，在拱顶砖背部涂抹刚玉火泥；浇注料表面要保持粗糙；

　　d. 拱顶壳体处贴两层 $\delta = 20$mm 的硅酸铝纤维毡，两层硅酸铝纤维毡之间应错缝粘贴；毡与浇注料接触面再贴防湿纸；毡与壳体之间、毡与防湿纸之间用高温粘接剂粘接。

3.3.3.4　炉口部炉砖的砌筑

　　a. 砌好炉口部第一环 22B 砖后，对拱顶部余下位置的浇注料进行浇注。在砌好第四环 22B 砖后，预排最后一环 22B 砖，对每一块砖做好切割标志线，使切割后炉口砖上表面距上法兰的距离为 (45 ± 2)mm；

　　b. 炉口砖砌好后，浇注炉口浇注料，浇注料与炉口壳体之间贴 2mm 厚的硅酸铝纤维纸；

　　c. 浇注料上方砌 32 号氧化铝空心球砖，其上表面与炉口砖上表面平齐；

　　d. 炉口砖与法兰盖之间，叠放三只用硅酸铝纤维毡制作的圆环 $(\phi 600 \times \phi 260)$mm，厚度 20mm 的两只，厚度 10mm 的一只。

3.3.4　谢尔炉耐火衬里、保温衬里的更换

3.3.4.1　炉衬拆除前应详细测量并记录耐火衬里的内径，计算耐火衬里的年烧蚀量。

3.3.4.2　拆除时注意不得损坏壳体和支撑环等。

3.3.4.3　炉底浇注料的施工

a. 浇注炉底保温层 BPDA – G，自底部第一个支撑圈向下 1965mm，在炉壁上标出这个平面，以此为浇注保温层的施工厚度；

b. 浇注料和固化剂按比列混合后，加 20% 的生活饮用水，用搅拌机搅拌均匀。搅拌均匀的检验标准是：手握湿料，以指缝中挤出水但不滴水为宜，浇注时应用力拍实，并将表面压平，自然养护 24 小时；

c. 炉底隔热层（氧化铝空心球浇注料）以及耐磨层（TA – 218）必须待整个炉体的衬里施工完毕，拆除施工平台、清扫炉底施工废料后，方可进行；

d. 耐磨层 TA – 218 材料在搅拌时，要确保用具洁净，用洁净的精制水，不能混入杂质；

e. 浇注料搅拌均匀的检验标准是：用手捏出一个直径为 10cm 的球体，上抛 30cm，落在手中不流不散为宜；

f. 搅拌均匀的浇注料要在 4~20min 内浇注完；捣实浇注料并抹面，特别要防止浇注层出现气孔，并注意控制环境温度在 15~25℃之间；

g. 浇注完成后在 15~25℃温度下露天养护至少 24h。

3.3.4.4　炉体耐火砖砌筑中心位置的确定

a. 以气化炉顶烧嘴座孔中心点和炉底筒体的圆心为基准定位，确定炉体中心线，中间增加 2~3 个保持架；

b. 筒体衬里砌筑过程中，应经常校核这个基准，保证砌筑的炉体衬里中心线直线度和垂直度偏差不超过 2mm。

3.3.4.5　炉体耐火砖的砌筑

a. 沿炉壁表面贴两层 5mm 厚矿物纤维板；

b. 砌莫来石保温砖一圈；在保温砖表面贴防水油纸及

5.3 mm 厚的高铝耐火陶纤毡；

c. 预留出氧化铝空心球浇注料隔热层所占位置，砌筑一圈耐火砖；

d. 在保温砖与耐火砖预留出的空间内浇注氧化铝空心球浇注料；隔热层浇注时，要仔细捣实，避免产生气孔；为了减少在浇注中，水平接缝对隔热效果的影响，每次浇注的高度应位于耐火砖层高度的一半为宜；

e. 筒体中 8 道膨胀缝的预留及填充物按照总装图确定的位置及尺寸进行。

3.3.4.6　炉顶耐火砖的砌筑

a. 筒体与炉顶的接缝处应预留 16mm 的膨胀缝，用12.7mm 厚的高铝陶纤毡填充；

b. 气化炉拱顶耐火砖为弧线形，施工时必须按照炉顶弧度，从最上一层支撑圈开始支弧线模板，分瓣施工；

c. 在炉拱顶保温砖和炉顶壁、保温砖和耐火砖之间的膨胀缝内填充高铝陶纤毡；注意保温砖和耐火砖之间的膨胀缝内填充 1600℃规格的高铝陶纤毡；

d. 炉顶耐火砖的砌筑施工全部结束，自然养护 24h 后方可拆除模具。

3.3.4.7　炉出口管内衬的砌筑

a. 砌筑炉出口管内衬，先施工下半圈，再施工上半圈，最后完成 5＃异形砖；

b. 矿物纤维板、保温砖及耐火砖的砌筑和筒体砖砌筑的要求一致；

c. 23＃耐火砖应纵向和周向凹凸槽相配，砌筑时应注意保持槽型吻合。

3.3.4.8　炉顶高密烧嘴砖的砌筑

a. 将炉顶烧损的保温浇注料、烧嘴砖(火盆砖)和烧嘴砖外环(12A、12B 砖)小心拆除，具体形状见图 3；

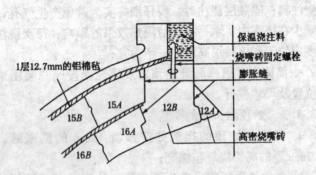

图3　谢尔气化炉顶高密烧嘴砖结构示意图

b. 炉顶法兰槽清理干净，用专用模板并以炉顶法兰槽为基准面安装 12A 火盆砖，确定 12B 烧嘴砖外环和 12A 火盆砖的正确位置；

c. 安装好炉顶支撑环后，用固定螺栓将 12B 烧嘴砖外环分东、西、南、北吊挂在炉顶支撑环下，并用专用模板找正位置；

d. 用专用模板测出 12B 砖的吊挂位置，并按照图 4 要求预留公差距离；

e. 根据东、西、南、北向 12B 烧嘴砖的标准安装位置，分别装上 20 块炉顶高密烧嘴砖；经过检查调整确认无误后，编号取下，用耐火胶泥逐块砌筑到位；在砌筑烧嘴砖前，要用陶纤毡按图纸要求填充砖层之间的膨胀缝。

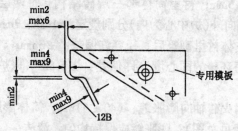

图 4　12B 砖吊挂预留公差

3.3.5　全面修复时的施工要求

3.3.5.1　详细检查炉壳的直径、高度、垂直度、园度，支撑环的水平度、间距等并做好记录。各项数据与原设计图纸对照，误差应在允许范围内。如超差较大，需在筑炉时作相应调整。

3.3.5.2　炉砖砌筑前准备工作

　　a. 砌筑用砖，应在炉外平台和模具上进行预组装；

　　b. 拱顶砖和炉底砖要根据图纸要求，对每环砖进行选配，确定每块砖的位置，对不合适的砖块进行加工，并组装编号；

　　c. 筒体用砖，每环要选用厚度差不超过 0.5mm 的砖块组成一环，如达不到标准，应予加工；

　　d. 预砌时都要由零位置开始按顺时针方向给每块砖编号。在炉内砌砖时，按每块砖的编号进行预砌，确认精度合适后，方可正式用耐火泥进行砌筑。

3.3.5.3　炉砖砌筑要求

　　a. 砌砖采用挤浆法；

　　b. 炉体砖缝宽度：耐火砖缝不大于 1.0mm，其合拢砖不大于 2mm；隔热层和保温层砖缝不大于 1.5mm，其合拢砖不大于 2.5mm；衬里筒体部三层砖结构，每两层之间的间隙，由内向外(炉中心为内)分别规定为 1mm、2mm、3mm；

  c. 炉体衬里砌筑后直径容许偏差：±3mm；

  d. 每环砖的同心度容许偏差：±1.5mm(以炉体中心线为基准)；

  e. 耐火砖轴向膨胀缝：(40±5)mm；筒体膨胀缝：3～6mm(位置见总图)；膨胀缝应保持均匀、清洁；

  f. 耐火泥饱满度为 100%，各层砖应错缝砌筑，原则上不得有连续通缝。难以避免的两环通缝，应分布均匀。

3.3.5.4 各种砖的向火面不得加工，不得在砌体上砍凿砖。

3.3.5.5 合拢砖加工后的尺寸，不得小于原砖的 1/2；若小于 1/2，必须加工两块砖。合拢砖应在砌体上均匀分布。

3.3.5.6 砖缝厚度应在砌筑过程中随时进行检查。检查方法如下：使用宽度为 15mm，厚度等于被检查砖缝规定厚度的塞尺，当塞尺插入砖缝的深度不超过 20mm 时，则认为该砖缝合格。

3.3.5.7 砌筑所用火泥材质应与耐火砖一致。砌筑前应根据耐火砖种类，通过试验，确定火泥稠度和加水量。应优先选用成品液体火泥。如施工现场配制，应按材料供应厂的使用说明书进行，配料称量应准确，容器及机具应洁净，配制应使用饮用水。调制火泥要采用"捆泥"的方法，火泥称好后，加入规定的水，至少放置 12h 后，再用机械搅拌均匀方可使用。不应在调制好的火泥内任意加水和胶结料。

3.3.5.8 砌体的火泥初凝后，不得用敲打的方法来修正砌筑质量缺陷。砌砖应使用木锤或橡胶锤修正，严禁用铁锤等硬器敲打。

3.3.5.9 浇注料必须严格按使用说明书的规定配制，搅合容器及器具应清洁。

3.3.5.10 为避免浇注料的粒度分布不均匀，必须在加水前进行干拌，受潮结块的浇注料不得使用。

3.3.5.11 浇注料拌合用水必须是饮用水，水温在 10～25℃。搅拌好的浇注料温度在 5～25℃。浇注料应采用机械搅拌。浇注料应震捣密实，采用直径 φ25mm 以下的震动棒。不应在调配好的浇注料中加水或胶结料。

3.3.5.12 搅拌后的浇注料应在 30 分钟内用完，已初凝的浇注料不得使用。浇注料施工中断时，表面应保持粗糙，施工结束后时，表面应加工平整。

3.3.5.13 浇注料施工中断或结束后，其表面应覆盖湿布，保持湿润。

3.3.5.14 耐火衬里砌筑必须按图纸尺寸进行。砌筑时应以炉壳中心线为基准。根据各层砖的内半径，制成专用的半径杆，砌筑时对每块砖进行测量，控制其半径误差在 ±1.5mm 以内。每环水平误差用 1000mm 水平尺测量，控制其水平误差在 ±1.5mm 以内。每砌 5 环，检查并记录一次。

3.3.5.15 炉锥底砖按环砌法施工，应错缝砌筑。炉底平直度误差不大于 5mm。

3.3.5.16 直筒炉衬砌筑时，先铺衬耐火纤维毡(可用胶带纸固定)，其表面覆盖 0.5mm 厚的塑料薄膜(防止火泥污染纤维毡)，然后按第三层、第二层、第一层(刚玉砖层)顺序砌筑。为保证各层间无应力滑动及径向膨胀，应按设计要求分别设置各层砖之间的间隙。间隙可利用夹衬等厚的可燃性材料(如蜡纸、塑料薄膜、聚苯烯泡沫软塑料等)来实现。

3.3.5.17 隔热层与耐火纤维毡间的环隙如超过规定,可用较薄的耐火纤维毡粘贴,如环隙过小,可加工隔热层砖。

3.3.5.18 直筒体砌筑时,应用放样弧板检测炉衬弧度,用水平尺检查每层砖的水平度,用靠尺检查砌体轴向垂直度等。

3.3.5.19 直筒炉衬三层砖应由内向外错台、错缝砌筑,两层间错台高差不得超过三环。刚玉砖与隔热层空心球之间的环向重缝,可通过加工空心球来调整;隔热层与保温层砖之间的重缝,可通过加工保温砖来调整。同层上下环砖应错缝砌筑,个别无法避免的通缝不得超过两环,并且应在圆周上均匀分布。

3.3.5.20 热电偶孔砖的砌筑:各层砖热电偶孔的位置,必须严格按图纸尺寸砌筑。刚玉砖层热电偶开孔中心位置,应在砖的中心,如误差大于 ± 5mm ,刚玉砖层可调整或加工电偶孔砖下部的 1 ~ 2 环砖;热电偶开孔的空心球砖,加工后的高度不得小于原砖的 1/2。若超过规定,可通过加工上下两环砖的高度来调整,加工只在开孔上下两环砖上进行。轻质粘土砖层的热电偶开孔中心,可调整上下层砖的高度。

3.3.5.21 拱脚砖的砌筑:拱脚砖的标高应以炉口法兰面为基准,严格控制。以保证拱顶和烧嘴室的尺寸。必要时,可加工或调整拱脚砖下面 1 ~ 2 环砖。

3.3.5.22 拱顶砖的砌筑:拱顶胎模应加工精细,安装尺寸准确、牢固,经检查合格后方可砌筑。

3.3.5.23 拱顶砌筑的放射状砖缝,应于半径方向吻合。

拱顶砖背后必须涂抹一层火泥。

3.3.5.24 拱顶两层耐火纤维应错缝粘贴。

3.3.5.25 浇注料应随拱顶砖的砌筑进程分段施工，充分捣固，结合面应保持粗糙。

3.3.5.26 为防止各层砖的相互粘接和水分的渗透，必须按设计要求粘贴防潮纸。

3.3.5.27 保温层轻质砖与耐火纤维毡之间的环隙如过大，可填充耐火纤维毡；若环隙过小，可加工轻质砖。

3.3.5.28 空心球砖和轻质粘土砖的最后一环，应根据炉体弧度，进行加工后砌筑。

3.3.5.29 浇注料与耐火纤维毡、空心球砖之间应用防潮纸隔开。

3.3.5.30 每隔五环砖，应对砌体的水平度、同心度、灰缝等进行全面检查，并做记录。隐蔽工程更要详细记录。

3.3.5.31 最后一层刚玉砖应在施工现场加工，并保证炉顶膨胀缝的高度，膨胀缝用高铝纤维毡填充。累计开停炉 6 次后，膨胀缝高铝纤维毡宜更换。

3.3.5.32 砌体内表面应平整，无明显错台。砌体施工完后应进行彻底清扫。

3.3.5.33 冬期施工除符合本规程有关规定外，还必须符合下列条款的规定：

　　a. 耐火材料临时堆放场所温度应不低于 5℃；炉内温度不低于 15℃。否则，应采取采暖及保暖措施；

　　b. 施工场地必须采取防雨、防雪、防滑、防风措施；

　　c. 施工时，应每隔四小时作一次测温及记录，内容包括：外部环境温度、炉内温度、耐火材料临时堆放场所温度、以及浇注料、火泥的温度、浇注料的用水温度等；

d. 浇注料的养护温度应不低于 15℃。

3.3.5.34 耐火衬里在施工过程中及投入生产前应防止受潮。

3.3.5.35 施工时要确保炉内良好通风并要由专人监护。

3.3.5.36 气化炉的烘炉

a. 新筑衬里至少自然干燥 3 天，再烘炉。烘炉前，炉内温度不低于 15℃；

b. 新筑衬里和经过大修的衬里，按表 3、表 4 规定烘炉。

表 3　德士古气化炉新筑衬里烘炉升温表

升温区域/℃	升速/℃/h	时间/h	累计时间/h
常温→100	27	3	3
100	恒温	21	24
100→180	27	3	27
180	恒温	21	48
180→260	27	3	51
260	恒温	21	72
260→340	27	3	75
340	恒温	21	96
340→430	30	3	99
430	恒温	21	120
430→550	30	4	124
550	恒温	4	128
550→850	30	10	138
850	恒温	24	162
850→1000	30	3	165
1000	恒温	2	167
1000→1350	50	7	174
1350	恒温	4	178

表4 谢尔1000型气化炉新筑衬里烘炉升温表

升温区域/℃	升速/℃·h	时间/h	累计时间/h
倒烘炉阶段,取出气化炉顶部烧嘴			
常温→100	10	9	9
100	恒温	20	29
100→150	10	5	34
150	恒温	24	58
150→200	10	5	63
200	恒温	24(注)	87
倒烘炉结束,装升温烧嘴点火			
200→300	15	7	94
300	恒温	28	122
300→500	15	14	136
500	恒温	20	156
500→1000	15	34	190
1000	恒温	3	193
拆除升温烧嘴,回装假件			
1000→1350	20	17	210

注:在气化炉顶烧嘴口处用玻璃片检查排出气中的蒸汽含量,如蒸汽含量高,则继续恒温,合格后结束。

3.3.5.37 局部修复的衬里,可按筑炉主管技术人员制订的烘炉曲线进行烘炉。

3.4 承压壳体的检修和质量标准

3.4.1 承压壳体的检修

3.4.1.1 承压壳体有裂纹、鼓泡、变形、过热、蠕变等缺陷，要进行修理，修理按《压力容器安全技术监察规程》、《在用压力容器检验规程》要求执行。

3.4.1.2　承压壳体焊接后，焊缝要求

　　a. 100％X射线检测，符合JB 4730《压力容器无损检测》标准，Ⅱ级合格；

　　b. 100％超声波检测复检，符合JB 4730《压力容器无损检测》标准，Ⅰ级合格。

3.4.2　法兰密封面、密封件、高压螺栓的检修

3.4.2.1　法兰密封面有划痕、沟槽、腐蚀、裂纹等影响密封效果的缺陷时，应进行修复，修复时可采用研磨、补焊磨平或专用机械切削加工的方法。

3.4.2.2　当法兰密封面存在的缺陷不易进行研磨或补焊磨平修复时，可根据缺陷深度确定车削减薄量，车削法兰前，先进行强度校核，按校核结果决定车削加工，还是判废重新更换法兰。

3.4.2.3　修复后的法兰密封面应和中心轴线垂直，其垂直度误差应小于0.2％，表面粗糙度最大允许值6.3μm；

3.4.2.4　法兰密封垫片为金属垫片时，表面光滑无缺陷可继续使用；非金属垫应予以更换。

3.4.2.5　高压螺栓、螺母如存在轻微的咬伤、拉毛、几何变形缺陷，可采用对研(加入少量研磨砂)的方法修复，如不能修复则予以更换。

3.4.2.6　对高压螺栓进行100％磁粉或超声波检测及长度测量，如存在裂纹和影响强度的缺陷，应及时予以更换，更换时不得将不同材质的螺栓混用。

3.4.2.7　高压螺栓回装时，螺纹处应涂高温润滑脂，紧固

应分几次按对角方向依次进行。

4 试验与验收

4.1 试验

4.1.1 设备检修完毕，施工质量符合本规程要求，检修记录齐全。

4.1.2 安全附件齐全完整，仪表电气等复原，联锁调校已完成，具备试验条件。

4.1.3 进行气密性试验，无泄漏、无异常响声、无可见变形为合格。

4.1.4 按升温曲线图进行烘炉，记录实际烘炉曲线图。

4.2 验收

4.2.1 检修后设备达到完好标准。

4.2.2 检修完毕后，施工单位应及时提交下列交工资料：

4.2.2.1 检修任务书、检修施工方案、竣工验收单、竣工图。

4.2.2.2 设计变更及材料代用通知单，材料零部件合格证。

4.2.2.3 检修报告和理化检验报告(特别是焊接记录和探伤检验报告)。

4.2.2.4 隐蔽工程记录、封闭记录、检修记录、中间检验记录、试验记录和衬里烘炉记录。其中检修记录包括检修测量数据、重大缺陷处理、容器检测、试压报告、结构变更、备品备件更换记录。

4.2.3 由机动部门、施工、生产单位三方验收合格。

4.2.4 设备检修后，经一周开工运行，各主要操作指标达到设计要求，设备性能满足生产需要，即可办理验收手续，正式移交生产。

5 维护与故障处理

5.1 维护

5.1.1 严格按操作规程操作，及时调整工艺参数，使设备正常运行。认真、准确、按时填写运行记录和报表。

5.1.2 严格执行巡回检查制度，定期检查现场仪表是否灵敏准确，设备运行有无异常，各密封点有无泄漏，发现问题后应及时处理，做好巡回检查记录。

5.1.3 气化炉的升温、升压、降温、降压必须严格按照规定的工艺指标进行，防止温度、压力波动过大，并严禁超温、超压、超负荷运行。

5.1.4 定时检查气化炉内各点温度、炉外壁各点温度，如有异常应及时查明原因后处理。

5.1.5 操作时应特别注意烧嘴冷却水进出口温度和流量，以免烧坏烧嘴。定期监测冷却水中可燃气体含量，如有异常应及时查明原因后处理。

5.1.6 搞好设备、平台、及地面卫生、保持设备及环境整齐、清洁。

5.2 定期检查

5.2.1 下列各项内容每天至少检查一次：

5.2.1.1 紧固件、阀门手轮等是否齐全，有无松动；阀门应开关灵活、阀杆润滑良好；

5.2.1.2 灭火蒸汽、氮气系统设施齐全处于备用状态。

5.2.2 下列各项内容每周至少检查一次：

5.2.2.1　管道保温；

5.2.2.2　炉体平台、栏杆、爬梯、楼梯等钢结构的牢固程度和腐蚀情况；

5.2.2.3　设备基础有无下沉、倾斜、开裂；基础螺栓有无松动、锈蚀。

5.3　常见故障与处理(见表5)

表5　常见故障与处理

序号	故障现象	故障原因	处理方法
1	气化炉炉内温度偏高	火焰偏移 过氧 热电偶指示不准	工艺调整或更换烧嘴 工艺调整 更换热电偶
2	气化炉炉壁温度偏高	炉内温度偏高 炉砖局部脱落 炉砖冲刷变薄 炉砖砖缝窜气 负荷过高 反应异常 烧嘴破损、偏烧	调整炉内温度至正常 降低负荷至正常 正确调配氧/油比、蒸汽/油比 必要时停车,检查、更换烧嘴;检查、更换耐火衬里
3	气化炉系统压力偏高	气化炉底及通道积渣过多,系统堵塞 压力控制不当	确认堵塞位置、清理积渣 工艺调整
4	烧嘴冷却水进、出流量差增大	烧嘴水夹套破	停车时检查、更换烧嘴
5	出口工艺气组分发生变化	烧嘴同心环破损 氧/油比、蒸汽/油比调配不正常	停车时检查、更换烧嘴 调整氧/油比、蒸汽/油比至正常
6	法兰泄漏	螺栓紧固不均匀 法兰密封面损坏 密封垫片失效	按规定紧固螺栓 带压堵漏或停车处理 更换密封垫片

附　录　A
气化炉主要特性和材料
（补充件）

A1　德士古气化炉主要特性和材料(见表 A1、A2)

表 A1　德士古气化炉主要特性

项　　目	设 计 数 据	
	炉　膛	激冷室
设计压力/MPa	9.408	9.408
操作压力/MPa	8.526	8.526
水压试验压力/MPa	14.112	14.112
气密试验压力/MPa	9.408	9.408
操作温度/℃	1350	275
腐蚀裕度/mm	6	0

表 A2　德士古气化炉主要部件材料

部　　位	材　　质
炉壳体(包括炉顶法兰、测温孔短节)	SCMV3
激冷室壳体	SGV49 内衬 SUS304L
锥　底	SCMV3 + SUS304L
导气、升气筒	SUS304
激冷环	INCOLOY825

A2　谢尔 1000 型气化炉主要特性和材料(见表 A3)

表 A3　谢尔 1000 型气化炉主要特性和材料

项　目		设计数据
操作温度/℃		1350
设计温度/℃		外壁 350
操作压力/MPa		5.9
设计压力/MPa		6.6
水压试验/MPa		9.9
流量 (A 型油、双炉 100%负荷计算)	渣油/kg/h	28060
	氧气/Nm³/h	21470
	气化蒸汽/kg/h	9976
	烧嘴冷却水/kg/h	30000
	原料气体(干基)/Nm³/h	88000
	CO + H₂/Nm³/h	84498
腐蚀裕度/mm		3
壳体材质		12CrMo910
设计质量	壳体空质量/kg	51000
	耐火衬里总质量/kg	56000
	充水总质量/kg	110400

附　录　B
耐火材料的检验范围、检验内容及检验标准
(补充件)

B1　检验范围

　　刚玉耐火砖、重质高铝转、轻质保温砖、氧化铝空心球砖、莫来石砖、耐磨耐热浇注料、高温隔热浇注料、保温浇

注料、高铝火泥、粘土火泥、高铝陶纤毡、硅酸铝陶纤毡等。

B2 检验内容

化学成分、物理性能、外观质量、外形尺寸。

B3 谢尔 1000 型气化炉国内外耐火材料的理化检验标准（见表 B1 ~ B5）。

表 B1 高密度耐火砖性能参数表

参　数		型　号	AK99	AK90	AK50
最高工作温度/℃			1800	1700	1500
塞氏测温熔锥/SK			42	40	35
荷载耐火度/℃			> 1750	1750	1540
体积密度/(kg/m³)			3250	3050	2350
显气孔率/%			17	18	15
抗热震性			最大 25	最大 25	最大 25
物理性能	热传导率/(W/m·K)	100℃	5	2.6	1.3
		650℃	3.4	2.3	1.38
		1100℃	3.4	2.2	1.5
	常温耐压强度/MPa		75	85	50
化学成分	Al_2O_3/%		≥99	90	48
	SiO_2/%		≤0.3	9.5	47
	Fe_2O_3/%		≤0.15	< 0.5	< 1.2

表 B2　保温砖性能参数表

参数 型号	FI45—15	FI45—12	FI45—8
最高工作温度/℃	1450	1450	1425
塞氏测温熔锥/SK	35	35	35
体积密度/(kg/m³)	1450	1200	800
定线性变形/%(24小时1400℃)	0.4	0.4	0.4
物理性能 热传导率/(W/m·k) 220℃	0.6	0.42	0.3
600℃	0.63	0.45	0.38
1100℃	0.7	0.52	0.44
常温耐压强度/MPa	15	10	5
化学成分 Al_2O_3/%	47	47	47
SiO_2/%	47	47	47
Fe_2O_3/%	<1.5	<1.5	<1.2

表 B3　三种浇注料的主要性能参数(NVGOUDA公司提供)

参数 型号	CURON180 TSP 耐磨耐热浇注料	GTLITE180 高温隔热浇注料	CURON140 保温浇注料
最高工作温度/℃	1800	1800	1400
110℃干燥后密度/(kg/m³)	2800	1450	2150
最大粒径/mm	6	5	4
浇注100kg干料需水/kg	8~10	17~22	12~15
物理性能 常温耐压强度/MPa 100℃	60	16	60
600℃	55	14	50
815℃		14	40
1000℃	50	14	40
1300℃	40		
1500℃		15	50
1600℃	45		

参　　数		型　号	CURON180 TSP 耐磨耐热 浇注料	GTLITE180 高温隔热 浇注料	CURON140 保温浇 注料
物理性能	热传导率/ (W/m·K)	100℃	1.55	2.0	0.56
		600℃	1.38	1.32	0.61
		815℃		1.08	0.64
		1000℃	1.40	0.44	0.66
		1300℃	1.42		
		1500℃		0.83	0.70
		1600℃	1.45		
	线变化率/ %	100℃			
		600℃	0~0.05	0~-0.1	0~-0.15
		815℃		0~-0.2	0~-0.2
		1000℃	0~0.08	0~-0.2	0~-0.2
		1300℃	0~-0.1		
		1500℃		0~0.4	0~-0.3
		1600℃	0~-0.75		
化学成分	Al_2O_3/%		95	94	44
	SiO_2/%		≤0.2	≤0.5	37
	Fe_2O_3/%		≤0.2		
	CaO/%		4	≤0.2	<3

表 B4　氧化铝空心球砖的理化指标表

项　　目	指　　标	
Al_2O_3/%	≥98	
SiO_2/%	≥0.3	
Fe_2O_3/%	≥0.2	
体积密度/(kg/m³)	1000~1500	1500~1800
常温耐压强度/MPa	≥6	≥8
0.1MPa 荷重软化开始温度/℃	≥1700	
重烧线变化率(1600℃×3h)/%	-0.3~+0.3	
导热系数/(W/m·K)	由供方提供数据	

表 B5 莫来石轻质砖的理化指标表

项 目	M-1.0
Al_2O_3/%	≥60
Fe_2O_3/%	≥1
体积密度/(kg/m^3)	≥1000
显气孔率/%	≥50~60
常温耐压强度/MPa	≥3
耐火度/℃	≥1700

B4 德士古气化炉国内耐火材料的理化检验标准(见表 B6~B9)

表 B6 刚玉砖的理化检验标准

项 目	指 标		
	刚玉砖-91	刚玉砖-92	刚玉砖-93
化 学 成 分/%			
Al_2O_3	≥99.0	≥99.55	≥99.55
SiO_2	≤0.20	≤0.07	≤0.07
Fe_2O_3	≤0.15	≤0.09	≤0.09
R_2O	≤0.30	≤0.25	≤0.25
物 理 性 能			
显气孔率/%	≤19	≤20	≤16
体积密度/(kg/m^3)	≥3200	≥3250	≥3330
耐压强度/MPa	>70	≥80	≥310
抗折强度/MPa(常温)		17.2	62
荷重软化点/℃	1700	>1700	>1700

229

续表

项 目	指 标		
	刚玉砖-91	刚玉砖-92	刚玉砖-93
重烧线变化率/%(1600℃×3h)	±0.2	±0.2	0~±0.1
抗热震性,次(1000℃,空冷)	>20	>20	≥6 (1000℃,水冷)
线膨胀系数/1/℃(1300℃)	8.1×10^{-6}	8.1×10^{-6}	8.6×10^{-6}
导热系数/(W/m·k)(800℃)	2.40	2.40	2.70

表B7 空心球砖、轻质黏土、浇注料的理化检验标准

项 目	指 标		
	空心球砖	轻质黏土	空心球浇注料
化 学 成 分/%			
Al_2O_3	≥99.0	≥32.8	≥88
SiO_2	≤0.3	≤63.5	≤0.5
Fe_2O_3	≤0.2	≤2.0	≤0.2
物 理 性 能			
显气孔率/%	>50	≥53	≥45
体积密度/(kg/m³)	<1800	≤1100	
耐压强度/MPa	≥12	≥4.9	≥11
荷重软化点/℃	>1700		
重烧线变化率/%(1600℃×3h)	±0.2	≤2 (1300℃×3h)	±0.8 (1500℃×3h)
抗热震性/次(1000℃,空冷)	10		
线膨胀系数/1/℃(1300℃)	8.1×10^{-6}		
导热系数/(W/m·k)(800℃)	0.95	<0.55 (350℃)	<0.7

表 B8 高铝纤维毡、硅酸铝纤维毡的理化检验标准

项　　目	指　标	
	高铝纤维毡	硅酸铝纤维毡
化 学 成 分/%		
长期使用温度/℃	1200	1000
Al_2O_3	>58	≥48
SiO_2		
Fe_2O_3	≤0.3	≤1.2
R_2O	≤0.3	≤0.5
$Al_2O_3 + SiO_3$	≥98.5	≥96
物 理 性 能		
导热系数/(W/m·k)	0.13(平均温度1200℃)	0.12(平均温度600℃)
渣球温度/%	≤10	≤10
体积密度/(kg/m³)	180~220	180~220
加热收缩/%	≤4(1400℃×6h)	≤4(1150℃×6h)
纤维直径/μm	2~4	2~4
纤维长度/mm	~50	~50

表 B9 高铝火泥、粘土火泥的理化检验标准

项　　目	指　标	
	高铝火泥	粘土火泥
化 学 成 分/%		
Al_2O_3	≥97	≥50
物 理 性 能		
耐火度/℃	≥1790	≥1500
粉末度(<0.5mm)/%	100	100
粉末度(<0.074mm)/%	≥60	≥40
粘结时间/min	1~3	1~3

B5 进口耐火材料按合同规定或生产厂家的厂标或装箱单所列指标进行检验。

B6 用户对生产厂提供的材料理化性能，如有异议，应送国家级耐火材料检测部门复核。

B7 保管和运输耐火材料时应防潮和防磕碰。

B8 运至施工现场的耐火材料，应具有出厂合格证，应标明牌号、型号、性能，且符合技术条件和设计图纸的要求。

B9 耐火浇注料和火泥应提供配方和使用说明书。

B10 工作层耐火砖的外观检查，尺寸偏差(见表 B10)

表 B10　耐火砖的外观检查　　　　mm

尺　寸	< 80	80 ~ 120	> 120 ~ 200	> 200
允许偏差	± 0.5	± 0.8	± 1.0	± 1.2

注:对于同一块砖,相同尺寸误差不应超过 0.5mm。

B11 工作层耐火砖的外观缺陷标准(见表 B11)。

表 B11　耐火砖的外观缺陷标准　　　　mm

名　　称		标　　准	
		向火面	非向火面
缺棱角	深　度	≤2	≤2
	缺　棱	≤20	≤40
	长 + 宽		
	缺　角	≤30	≤60
	长 + 宽 + 高		

续表

名　称		标　准	
		向火面	非向火面
熔洞	凹　坑	不许有	直径≤3;深度≤2
	表面划痕	宽度≤1.5;深度≤2	
	扭曲度	<0.5	
	可见裂纹	不许有	

注:① 缺角在同一块砖上,大于1/2最大尺寸的,不允许有2处以上;

② 缺边、棱间的最小距离,小于1/2最大尺寸的不许有,大于1/2最大尺寸的为80mm;

③ 保护层、保温层用砖外观指标是刚玉砖的两倍。

附加说明:

1　本规程由乌鲁木齐石化总厂化肥厂负责起草,起草人陈庆坦、仓晓敏(1992)。

2　本规程由九江分公司负责修订,修订人唐仉荣(2004)。

10. 氮气压缩机组维护检修规程

SHS 05010—2004

目　次

1　总则 ……………………………………………… （236）

2　检修周期与内容 ……………………………… （236）

3　检修与质量标准 ……………………………… （239）

4　试车与验收 …………………………………… （264）

5　维护与故障处理 ……………………………… （267）

附录 A　机组特性(补充件) …………………… （269）

1 总则

1.1 主题内容与适用范围

1.1.1 主题内容

本规程规定了大型化肥装置的氮气压缩机组的检修周期与内容、检修与质量标准、试车与验收、维护与故障处理。

健康、安全和环境(HSE)一体化管理系统为本规程编制指南。

1.1.2 适用范围

本规程适用于(08MH6C型低压缸、06MV6B型高压缸的氮气压缩机及4CL – 5型汽轮机)和HNK25/36 – 3型汽轮机、RBZ45 – 2 + 2 + 1型压缩机。

1.2 编写修订依据

随机资料

大型化肥厂汽轮机离心式压缩机组运行规程,中国石化总公司与化工部化肥司1988年编制

2 检修周期与内容

2.1 检修周期

根据机组运行状态择机进行项修,原则上在机组累计运行3~5年安排一次大修。

2.2 检修内容

2.2.1 项修

根据机组运行状况和状态监测与故障诊断结论,参照大修部分内容择机进行修理。

2.2.2 压缩机大修

236

2.2.2.1　复查并记录各有关数据。

2.2.2.2　解体检查径向轴承和止推轴承，测量并调整轴承间隙与瓦背紧力。

2.2.2.3　检查止推盘并测量端面圆跳动。

2.2.2.4　检查、清理油封、迷宫密封，测量调整间隙，必要时更换。

2.2.2.5　测量并调整转子的轴向窜量。

2.2.2.6　清洗检查联轴节及其供油管、喷油嘴。测量浮动量，对联接螺栓、螺帽及其他转动件进行着色检查。

2.2.2.7　检查、调整机组轴系对中。

2.2.2.8　重新调校各振动探头及轴位移探头。

2.2.2.9　高、低压缸及外筒体全面解体检查，其中包括内缸隔板组件，各级气封及平衡盘气封等进行全面检查、清洗、测量及处理，必要时进行无损检测。

2.2.2.10　清洗转子，并对各部位检查测量，进行无损检测，必要时进行动平衡试验或更换转子。

2.2.2.11　缸头螺栓和中分面螺栓无损检测。

2.2.2.12　机组滑销系统、主要管道支架及弹簧吊架清理调整。

2.2.2.13　检查、调校所有联锁、报警及其他仪表和安全阀等保护装置。

2.2.2.14　解体检查润滑油泵，检查联轴器并对中。

2.2.2.15　检查、紧固各连接螺栓。

2.2.2.16　检查清洗润滑油箱、油过滤器、油冷器、蓄压器胶囊及油管线。

2.2.2.17　检查、清扫氮气冷却器。

2.2.2.18 油系统全面检查，并检查、清扫高位油槽等。

2.2.2.19 检查转子静电接地电刷。

2.2.3 汽轮机大修

2.2.3.1 解体检查径向轴承和止推轴承，测量调整轴承间隙与瓦背紧力。

2.2.3.2 检查轴颈，必要时对轴颈表面进行修整。

2.2.3.3 检查止推盘并测量端面跳动。

2.2.3.4 油封、迷宫密封检查清理、测量并调整间隙或更换油封。

2.2.3.5 测量并调整转子的轴向窜量。

2.2.3.6 清洗检查联轴节及供油管、喷油嘴，测量隔套浮动量，检查膜片的预拉伸量，宏观检查联接螺栓、螺帽，并进行着色检查。

2.2.3.7 重新调校各振动探头及轴位移探头。

2.2.3.8 检查、调校所有联锁、报警及其他仪表和安全阀等保护装置。

2.2.3.9 检查、紧固各连接螺栓。

2.2.3.10 检查、调整调速器的减速传动机构。

2.2.3.11 检查超速遮断装置的动作情况和危急保安器动作间隙。

2.2.3.12 解体检查蒸汽冷凝器。

2.2.3.13 检查并清洗凝汽器水侧。

2.2.3.14 透平全面解体检查，其中包括隔板组件清理除垢，流通部分间隙调整，隔板静叶片做着色检查以及各级汽封清理、测量或更换。

2.2.3.15 转子清理除垢，各部位测量检查，有关部位进行无损检测，必要时转子作动平衡校验及叶片测频。

2.2.3.16　缸体应力集中部位做着色检查，必要时缸体螺栓做无损检测。

2.2.3.17　主汽阀、调节阀、油动机、错油门解体检查，清理测量并调整有关间隙，阀杆做无损检测。

2.2.3.18　对调节系统进行静态试验，必要时重新进行调整。

2.2.3.19　透平做超速跳车试验。

3　检修与质量标准

3.1　拆卸前准备工作

3.1.1　根据机组运行情况、状态监测及故障诊断结论，进行危害识别，环境识别和风险评估，按照 HSE 管理体系要求，编写检修方案。

3.1.2　备齐检修所需的配件及材料，并附有质量合格证书或检验单。

3.1.3　组织检修班组，落实项目负责人、技术负责人、主修人员和安全负责人。

3.1.4　落实检修用的专用工具，测量、检验工具，材料及备件并准备好各种检修工具。

3.1.5　对起重设备、机具、绳索进行仔细检查并按起重机械有关规定进行静、动负荷试验，对行车进行全面检查、修理。

3.1.6　汽轮机汽缸温度低于 120℃方可拆除缸体保温。

3.1.7　停机后连续油循环，直至缸体温度低于 80℃，回油温度低于 40℃。

3.1.8 机组与系统隔离符合安全要求，切除电源，落实安全技术措施，并办好作业票。

3.1.9 起吊前必须掌握被吊物的重量，严禁超载，主要起吊重量见表1。

表 1 机组部分起吊重量   t

缸 别	4CL – 5	08MH6C	06MV6B	HNK25/36 – 3	RBZ45 – 2 + 2 + 1
转 子	1.096	0.525	0.193	0.8	0.754
上缸(内筒)	9.27	6	2.6	3.1	9.2

3.1.10 做好安全与劳动保护的各项准备工作。

3.2 拆卸与检查

3.2.1 压缩机拆卸与检查

3.2.1.1 水平剖分型缸体(08MH6C)主要拆卸程序如下

　　a. 拆卸妨碍检修的油、气管线、仪表及导线，并封好开口；

　　b. 拆卸联轴器外罩、中间接筒，断开联轴器，进行对中复查，视情况卸下半联轴器轮毂；

　　c. 拆卸轴承箱盖，检查轴承间隙、测量转子窜量，拆卸径向、止推轴承；

　　d. 拆卸低压缸壳体中分面螺栓，起吊上缸体，上缸吊出后翻缸放置并检查；

　　e. 转子各部间隙、各有关部位径向跳动、端面跳动值测量；

　　f. 转子起吊，吊出后将转子放在专用支架上，转子应进行无损检测；

　　g. 取出径向轴承下瓦、缸体内迷宫密封、上下隔板、隔板气封环、叶轮气封环等；

　　h. 清洗、吹扫转子及缸体；

　　i. 组装按上述解体步骤的相反程序进行；

　　j. 轴承外壳体中分面、压缩机大盖中分面回装前，用丙酮清洗中分面后，均匀涂抹一薄层704硅橡胶进行密封。

3.2.1.2 垂直剖分型缸体(06MV6B 或 RBZ45 − 2 + 2 + 1)主要拆卸程序如下：

　　a. 拆卸妨碍检修的油、气管线、仪表及导线，并封好开口；

　　b. 拆卸联轴器外罩、中间接筒，断开联轴器，进行对中复查，并视情况卸下半联轴器轮毂；记录联轴器轮毂拆前推进量；测量相邻转子两轴端面间距离；

　　c. 拆卸轴承箱盖，检查轴承间隙、拆卸径向、止推轴承；

　　d. 测量转子窜量及油档气封间隙；

　　e. 拆卸气缸端盖和检验环，并装好抽芯道轨或内辊，调整好内缸水平，拉出内缸组件；

　　f. 拆卸并吊走内缸上盖，放置时剖分面向上，并检查上缸；

　　g. 测量转子各部位间隙(转子应处于对中位置)；径向圆跳动，端面圆跳动值；

　　h. 吊出转子平置于马架上，清洗转子并做无损检测；

　　i. 取出内缸上、下隔板、隔板气封环、叶轮气封环等；

　　j. 清洗、吹扫转子、内缸、缸体；

　　k. 组装按上述解体步骤的相反程序进行；

　　l. 轴承外壳体中分面、压缩机大盖中分面回装前，用丙酮清洗中分面后，均匀涂抹一薄层 704 硅橡胶进行密封。

3.2.2 4CL-5 型、HNK25/36-3 汽轮机检修

3.2.2.1 停机后汽缸温度冷却至 120℃以下，拆保温。

3.2.2.2 当汽缸表面温度降到 80℃以下，轴承回油温度降到 40℃以下时开始拆卸工作。

3.2.2.3 拆卸妨碍检修的油、气管线、仪表及导线，并封好开口。

3.2.2.4 拆除联轴节外罩，测量浮动量后拆掉联轴节中间隔套，复查对中情况。

3.2.2.5 拆卸轴承箱盖，测量转子窜量，检查各轴承间隙，并视情况拆除联轴器轮毂。

3.2.2.6 拆除径向轴承上瓦及止推轴承，测量油封间隙并拆除。

3.2.2.7 HNK 型汽轮机用假垫插入汽缸前后猫爪间隙处，将螺栓把紧，将前猫爪处的下缸体顶丝顶起，托住下缸体。在缸体处插入导向杆，拆下锥销，然后松开并拆掉水平剖分面处的缸体螺栓并编号，用电加热器拆除 HNK 型缸体高压部分螺栓，用顶丝将上缸顶起大约 3mm，起吊上缸并翻缸放置检查。

3.2.2.8 HNK 型汽轮机：将内缸点焊的螺栓磨开拆除，拆内缸前记录内缸水平支撑与外缸体中分面距离。

3.2.2.9 检查、测量转子各部分间隙，径向跳动，端面圆跳动。

3.2.2.10 用专用吊架吊出转子，放在马鞍架上进行清洗并检查。

3.2.2.11 拆除径向轴承下瓦，上下隔板及隔板汽封环等。

3.2.2.12 对转子、轴承、隔板、汽封、缸体进行吹扫、清洗。

3.2.2.13 组装按上述解体步骤的相反程序进行。

3.2.2.14 汽轮机大盖中分面扣合前用丙酮清洗干净后，用精炼制配好的干净亚麻仁油、铁锚 604 密封胶或 MF－Ⅰ型汽缸密封脂均匀涂抹在中分面上。当气缸中分面自然扣合间隙超大时，可在亚麻仁油中添加石墨粉、铁粉等添加剂或采用 MF－Ⅱ、Ⅲ增稠型汽缸密封脂。

3.2.3 油系统清洗

机组检修封闭后，应按照油系统循环清洗方案进行循环清洗。如入口管道检修过，应在轴承及调节系统前加过滤网。循环系统要避免死角，油温不低于 40℃，回油口以 200 目过滤网检查肉眼可见污点不多于 3 个为合格。循环清洗结束后抽拆轴承检查。

3.3 检修质量标准

3.3.1 压缩机检修标准

3.3.1.1 检查径向轴承

a. 检查径向轴承间隙，采用抬轴法测量：将表架固定在机壳或轴承座上，百分表打在轴上(应尽量靠近轴承)，读数为零，抬轴使转子靠上轴承，百分表的读数即为轴承间隙。08MH6C 前后径向轴承间隙为 0.17~0.24mm，08MH6C 缸前后径向轴承间隙为 0.12~0.17mm；RBZ45－2＋2＋1 缸前后径向轴承间隙为 0.16~0.224mm；

b. 瓦块钨金层应无裂纹夹渣、气孔、烧损、碾压、沟槽及严重磨损和偏磨等缺陷；

c. 用渗透法或敲击瓦壳听声法检查钨金应无脱壳现象；

d. 轴颈与瓦接触要求均匀，应在下瓦中部的 60°～70° 范围内沿轴向接触均匀，接触面积要大于 80%；

e. 瓦块与瓦壳接触面应光滑无磨损，防转销钉和瓦块的销孔无磨损、憋劲、顶起现象，销钉在销孔中的顶间隙为 2mm，瓦块能自由摆动，且同组瓦块的厚度差不大于 0.01mm；

f. 瓦壳剖分面要求严密，定位销不晃动，瓦壳无错边，瓦壳在座孔内贴合严密，两侧间隙不大于 0.05mm，瓦壳防转销钉牢固可靠，瓦壳就位后下瓦中分面与瓦座中分面平齐；

g. 整体更换新轴承时，要检查轴承壳体与轴承座孔的接触表面应无毛刺和划痕，要求接触均匀且接触面积不小于 80%；

h. 轴承盖定位销不错位且接合面密实无间隙，检查瓦背紧力；

i. 轴承瓦座与轴承体油孔应吻合并畅通；

j. 检查油档应完好并测量间隙，各油封在外壳槽内能自由转动，不卡涩，防转销固定牢固；

k. 组装与拆卸相反程序进行；

l. 压缩机径向轴承间隙、瓦背紧力及油档间隙见表 2。

表 2 径向轴承间隙及油档间隙 mm

	08MH6C	06MV6B	RBZ45－2＋2＋1
轴承间隙	0.17～0.24	0.12～0.17	0.16～0.224
瓦背紧力	0.03～0.05	0.03～0.05	0～0.05
内油档半径间隙	0.31～0.35	0.22～0.25	
外油档半径间隙	0.10～0.20	0.08～0.17	

3.3.1.2 米切尔止推轴承的检查

　　a. 检查推力瓦块的磨损情况，对瓦块进行着色检查，巴氏合金应无脱落、严重磨损、裂纹、拉毛、划痕、偏磨干粘等缺陷；

　　b. 单个止推瓦块和止推盘的接触面积应大于70%，且接触分布均匀；

　　c. 同一组瓦块厚度差不大于0.01mm，瓦块背部承力面平整光滑；

　　d. 瓦块装配后要求摆动自由，更换时应成套更换；

　　e. 止推轴承基环接触处光滑、无凹坑与压痕，定位销钉长度适宜，固定牢靠，基环中分面应严密，自由状态下间隙不大于0.03mm；

　　f. 止推轴承调整垫片应光滑、平整，厚度差不大于0.01mm，对接后外径至少小于瓦壳内径1.0mm；

　　g. 止推盘光滑无磨痕、沟槽，厚度差不大于0.01mm，止推盘端面圆跳动小于0.01mm；

　　h. 瓦壳无变形、扭曲、错口，水平面接合严密无间隙，内表面无压痕，各油孔应畅通；

　　i. 止推轴承油档应无损坏，测量各油封间隙应符合要求，在外壳槽中能自由转动，不卡涩，防转销固定牢固；

　　j. 轴承压盖定位销不松旷，不憋劲，水平中分面严密贴合；

　　k. 轴位移指示器测得的转子窜量必须和机械测量的数值基本相符；

　　l. 压缩机止推轴承间隙及油档间隙见表3。

3.3.1.3 压缩机转子检查

　　a. 宏观检查各级叶轮无损伤、结垢、冲蚀缺陷；

表 3 止推轴承间隙及油档间隙　　　　　mm

	08MH6C	06MV6B	RBZ45-2+2+1
止推轴承间隙	0.30~0.43	0.23~0.43	0.40~0.50
内油档半径间隙	0.36~0.40	0.25~0.29	
外油档半径间隙	0.10~0.20	0.08~0.17	

b. 各叶轮端面及口环无严重磨损；

c. 焊缝无脱焊及裂纹；

d. 转子各轴颈处的圆度及圆柱度不大于 0.02mm；

e. 轴端密封处轴颈径向圆跳动不大于 0.04mm；

f. 叶轮处轴颈径向圆跳动不大于 0.05mm；

g. 平衡盘外圆和叶轮口环径向圆跳动不大于 0.06mm；

h. 叶轮轮缘端面圆跳动不大于 0.10mm；

i. 叶轮外缘径向全跳动不大于 0.07mm；

j. 轴承处轴颈表面粗糙度 R_a 的最大允许值为 0.4μm；

k. 叶轮及轴颈无损检测合格；

l. 在转子静止状态，振测探头无法调整至零位指示时，应对转子测振探头部位进行电磁和机械偏差检查，并进行退磁处理；

m. 必要时对转子作动平衡校验，低速动平衡精度符合 ISO 1940 G0.4 级要求，高速动平衡精度符合 ISO 2372 要求，振动速度小于 1.12mm/s。

3.3.1.4 隔板与气封

a. 清洗隔板，每级隔板缸体及轴向配合要求严密，不松动，隔板轴向固定止口无冲蚀沟痕，各隔板固定螺钉牢固可靠；

b. 进口导流器叶片无裂纹、损伤，隔板中分面光滑平整，无冲蚀沟槽，上、下隔板组合后中分面应密合，最大间隙不超过 0.05mm；

c. 隔板外圆密封面及装 O 形环的密封槽无冲蚀、损坏，内筒隔板组装后的总长度符合要求；

d. 各级气封条装配后应无松动及过紧现象，气封表面应光滑，无脱层及拉槽等现象；

e. 各气封块的水平剖分面与隔板中分面平齐；

f. 各气封齿无卷边、残缺、变形等缺陷，且与转子上相应槽道对齐，当转子被推到一端时仍不致相碰；

g. 压缩机气封间隙见表 4。

表 4　气封半径间隙表　　　mm

缸 别	部 位	气封间隙
08MH6C	两端气封间隙	0.20 ~ 0.30
	一、二级叶轮入口迷宫间隙	0.65 ~ 0.80
	三、四级叶轮入口迷宫间隙	0.60 ~ 0.75
	五、六级叶轮入口迷宫间隙	0.50 ~ 0.65
	一级隔板迷宫间隙	0.20 ~ 0.30
	二级隔板迷宫间隙	0.30 ~ 0.40
	三级隔板迷宫间隙	0.20 ~ 0.30
	四、五级隔板迷宫间隙	0.25 ~ 0.35
06MV6B	两端轴封间隙	0.20 ~ 0.30
	四段叶轮入口迷宫间隙	0.35 ~ 0.45
	五段叶轮入口迷宫间隙	0.30 ~ 0.40
	级间隔板迷宫间隙	0.20 ~ 0.30
	平衡活塞间隙	0.20 ~ 0.30
RBZ45 - 2 + 2 + 1	两端轴封间隙	0.30 ~ 0.40
	平衡盘密封间隙	0.15 ~ 0.40
	一级叶轮口环与隔板间隙	0.50 ~ 0.70
	二级叶轮口环与隔板间隙	0.50 ~ 0.70
	三 ~ 四级叶轮口环与隔板间隙	0.30 ~ 0.55
	五级叶轮口环与隔板间隙	0.25 ~ 0.50
	隔板与叶轮级间气封间隙	0.15 ~ 0.40

3.3.1.5　气缸与机座

a. 水平剖分型缸体(08MH6C)，中分面应光滑无变形、冲蚀、锈蚀等缺陷，并接合严密；

b. 筒体形缸体端盖与外缸体接合面应光滑无变形、冲蚀、锈蚀等缺陷，并接合严密。高压室盖与气缸盖的轴向间隙为 2.2～3.0mm；

c. 筒形缸体内筒、隔板与气缸凹槽配合适宜，配合面平整，无凹坑划痕等缺陷，内筒回装时必须到位。内外缸体轴心线相差不得大于 0.4mm；

d. 缸体的联接螺栓做无损检测；

e. 各缸体排放孔畅通，并检查各缸体的焊缝，必要时作无损检测；

f. 每次检修中各缸体的密封条、O 形环必须更换；

g. 清洗检查各缸体和滑销无变形、损伤、卡涩等现象，各滑销两侧总间隙为 0.04～0.06mm。

3.3.1.6　齿式联轴器的检修

a. 拆除中间隔套，测量并记录联轴节轮毂在轴上的原始位置，松开轴螺母锁紧螺钉，将轴螺母从轴上拆下来，把液压螺母安装在轴上，液压螺母受推力部分的轴向推移量为联轴节轮毂最大推移距离的 1.2 倍；

b. 将一油压泵(推进油泵)接到液压螺母上，将另一油泵(扩张油泵)接到轴上。在液压螺母上施加 1.5～3.0MPa 的油压，检查推移活塞的间距是否为 $1.2S$ 最大(S 为推进量)；

c. 缓慢提高联轴节轮毂上扩张油泵的压力，直至联轴节轮毂慢慢松动，联轴节轮毂在拔出过程中，先沿轴向拉出整个距离的 5%～10%左右，在这种情况下，作用液压螺母上的油压会自动升高到设计油压 1.5～3.0MPa 的 5～6 倍，这样使拔出过程得到缓冲，待联轴节轮毂沿轴向松动后，则去掉施加给液压螺母的压力；

d. 联轴节轮毂的安装：将 O 形环和支承环放入联轴节轮毂和轴的槽中，将联轴节装入轴上，轮毂端部的径向标记应与轴上的轴向标记线重合，将液压螺母拧紧在轴上，分别接好与液压螺母、轴相连的油泵，先向液压螺母上施加 5.0MPa 的压力，检查接头是否有泄漏，测定液压螺母组件中两平台间的基本尺寸并记录下这个数据。通过油压泵向液压螺母加压，压力大小与联轴节内孔有关，如表 5 所示；

表5　油压与内孔直径关系

内孔直径 d/mm	设计油压/MPa
≤80	150～90
>80～100	80～70
>110～200	70～50

e. 向液压螺母加油压并将联轴节轮毂推移到运行位置（即满足联轴节的推进量），由于容积的变化，会使轮毂处的指示油压升高，压力表所示的压力（轮毂处压力）不应超过 180MPa，液压螺母的最高压力为 28～58MPa。泄放掉联轴节轮毂上的油压，让液压螺母上的油压保持 5～10min 再泄放。将液压螺母拆除，装好轴螺母并用专用扳手将其拧紧，再用定位螺钉将轴螺母固定；

f. 半联轴器推进量见表 6；

g. 齿式联轴器齿套与中间节筒的轴向窜量为 4～10mm，叠片式联轴器叠片预拉伸量 0.4mm；

表6 半联轴器的推进量 mm

半联轴器位置	08MH6C 靠 4CL - 5 端	08MH6C—06MV6B	HNK25/36 - 3 RBZ45 - 2 + 2 + 1
推进量	3.8 ~ 4.2	2.7 ~ 3.0	4.0 ~ 4.1

h. 联轴器齿面啮合接触面积沿齿高大于 50%，沿齿宽大于 70%，齿面不得有严重点蚀、剥落、拉毛和裂纹等缺陷，内外齿套间应能自由滑动，无过紧或卡涩现象；

i. 外齿毂孔与主轴颈的接触面积大于 85%；

j. 联接螺栓应着色检查，要求完好无损，并检查螺母的防松性能可靠，各连接螺栓组件重量差小于 0.2g，螺栓、螺母应成对更换，并保证与原螺栓螺母等重；

k. 轮毂装配后，其径向圆跳动值不大于 0.02mm；

l. 检查各喷油管应干净畅通，且位置正确；

m. 联轴器的 O 形环与背环应完好无损，无变形、毛边、凹坑等缺陷，与密封槽配合适宜；

n. 联轴器应成套更换，新制造的联轴器组件应进行动平衡试验，合格后方可使用。

3.3.1.7 叠片式联轴节检修

a. 在未卸下联轴器中间接筒之前，记录中间接筒和两个半联轴节套筒装配标记。中间接筒拆下后，应测量半联轴节顶端面与轴头端面距离；

b. 检查联轴器膜片情况，要求无裂纹及缺损、扭曲等损坏现象；

c. 对联轴节螺栓进行着色检查，如更换螺栓，应成对更换。其重量差不应超过 0.2g；

d. 用专用液压工具将联轴节轮毂拆下。拆卸轮毂孔与轴界面最大压力 188.5 MPa，极限压力 195MPa；

e. 检查联轴器轮毂孔与轴接触面不小于 85%；

f. 联轴节轮毂的推进量应符合表 6 要求；

g. 联轴器中间套筒回装前，应复核轴头端面间距离，高压缸与汽轮机间应为 457mm，高压缸与低压缸间应为 381mm，带膜片的中间套筒安装状态预拉伸量为 0.6mm。

3.3.2 汽轮机检修与质量标准

3.3.2.1 径向轴承的检查

a. 检查轴承间隙和油封间隙，轴承间隙与油封间隙见表 7；

表 7 汽机径向轴承及油封间隙   mm

缸 别	前轴承间隙 （直径）	前轴承油封 半径间隙	后轴承间隙 （直径）	后轴承油封 半径间隙
4CL-5	0.15~0.21	0.30~0.35	0.17~0.23	0.30~0.35
HNK25/36-3	0.15~0.249	0.072~0.246	0.19~0.29	0.085~0.285

b. 瓦块钨金层应无裂纹、夹渣、气孔、烧损、碾压、沟槽及严重磨损和偏磨等缺陷；

c. 用渗透法检查钨金应无脱壳现象；

d. 瓦块与瓦壳接触面应光滑无磨损，防转销钉和瓦块的销孔无磨损、憋劲、顶起现象，销钉在销孔中的顶间隙为 2mm，瓦块能自由摆动，且同组瓦块的厚度差不大于 0.01mm；

e. 瓦壳剖分面要求严密，定位销不晃动，瓦壳无错边，瓦壳在座孔内贴合严密，两侧间隙不大于 0.05mm，瓦壳防转销钉牢固可靠，瓦壳就位后下瓦中分面与瓦座中分面平齐；

f. 整体更换新轴承时，要检查轴承壳体与轴承座孔的接触表面应无毛刺和划痕，要求接触均匀且接触面积不小于80%；

g. 轴承盖定位销不错位且接合面密实无间隙，检查瓦背紧力应符合表8的要求；

表 8 汽轮机径向轴承瓦背紧力   mm

缸 别	前轴承瓦背紧力	后轴承瓦背紧力
4CL-5	0.05~0.08	0.03~0.05
HNK25/36-3	0~0.012	0~0.015

h. 轴承瓦座与轴承体油孔应吻合并畅通；

i. 检查油档应完好，在外壳槽内能自由转动，不卡涩，防转销固定牢固；

j. 组装与拆卸相反程序进行，所有零部件必须清洗干净。

3.3.2.2 金斯伯雷/斜面式止推轴承的检修

a. 检查推力瓦块的磨损情况，巴氏合金应无脱落、严重磨损、裂纹、拉毛、划痕、偏磨、干粘等缺陷，主付推力瓦块的磨损量分别不超过 0.7mm 与 0.3mm；

b. 单个止推瓦块和止推盘的接触面积应大于 70%，且接触分布均匀；

c. 同一组瓦块厚度差不得大于 0.01mm，瓦块背部承力面平整光滑；

d. 瓦块装配后要求摆动自由，更换时应成套更换；

252

e. 止推轴承基环接触处光滑、无凹坑与压痕，定位销钉长度适宜，固定牢靠，基环中分面应严密，自由状态下间隙不大于 0.03mm，支承销与相应的水准块销孔无磨损、卡涩现象，装配后止推瓦块与水准块应能摆动自如；

f. 止推轴承调整垫片应光滑、平整，上下两半厚度差不大于 0.01mm，两半对接后外径至少小于瓦壳内径 1.0mm；

g. 止推盘光滑无磨痕、沟槽，止推盘端面圆跳动不大于 0.01mm；

h. 瓦壳无变形、扭曲、错口，水平面接合严密无间隙，内表面无压痕，各油孔应畅通；

i. 止推轴承油档应完好，巴氏合金无严重磨损、脱落，在外壳槽中能自由转动，不卡涩，防转销固定牢固；

j. 轴承压盖定位销不松旷，不憋劲，水平中分面严密贴合，压盖不错口；

k. 轴位移探头测得的转子窜量必须和机械测量的数值吻合；

l. 各油口应干净畅通；

m. 汽轮机止推轴承间隙及油档间隙见表 9。

表 9 止推轴承间隙及油档间隙   mm

缸　别	止推轴承间隙	内油档间隙	外油档间隙
4CL-5	0.45~0.55	0.10~0.20	0.08~0.17
HNK25/36-3	0.27~0.38	0.5~0.75	

3.3.2.3 汽轮机转子

a. 宏观检查轴颈、止推盘无锈蚀、磨损、划痕等缺陷；

b. 主轴精加工部位、叶片、尤其是各变径部位、叶根

253

槽表面清洗干净并检查应无裂纹、腐蚀、磨损、脱皮等缺陷，必要时作无损检测；

c. 检查叶片、围带、铆钉等应无结垢、扭曲、损坏、碰伤或松动状况；

d. 主轴两端轴承处轴颈的圆度及圆柱度不大于0.02mm；

e. 转子上各轴封处径向圆跳动不大于0.05mm；

f. 转子上各叶轮轮缘处端面圆跳动不大于0.10mm；

g. 联轴器处轴颈径向圆跳动不大于0.02mm；

h. 叶根、叶顶处间隙用0.03mm塞尺检查不得塞入；

i. 同一组叶片轴向倾斜不超过0.5mm；

j. 轴承处轴颈及止推盘表面粗糙度R_a的最大允许值为0.4μm；

k. 对于长度大于或等于100mm的动叶片，应测定其单根叶片的静频率和频率分散度，频率分散度不大于8%；

l. 对转子的叶片、围带、铆钉头、叶根表面应进行无损检测；

m. 低速动平衡精度应符合ISO 1940 G0.4级，高速动平衡应符合ISO 2372，支承处振动速度小于1.12mm/s；

n. 转子就位后转子扬度应与缸体的扬度相一致；

o. HNK型转子与轴承箱、缸体同心度应符合出厂要求值。

3.3.2.4 汽轮机隔板与汽封

a. 各隔板水平接合面方销无松动，接合面无冲刷沟槽，接合面严密；

b. 喷嘴无损坏、冲蚀、裂纹、卷边等缺陷，必要时渗透检查；

c. 隔板在汽缸槽中的轴向热膨胀间隙为 0.05～0.15mm，若间隙过大时，应在上下隔板的排汽侧同时进行调整；

d. 若某级隔板通流部分间隙有很明显的变化时，应对该级隔板的状态、瓢曲情况认真检查；

e. 隔板径向膨胀间隙（包括下隔板方销顶部径向间隙）为 1.0～1.5mm；

f. 隔板汽封严重偏磨时，采用假轴检查隔板槽中心与缸体及轴承座的中心是否一致，并调整隔板。不允许采用改变汽封间隙的方法处理；

g. 下隔板水平面与下汽缸中分面应齐平或下隔板水平面低于下汽缸中分面不超过 0.05mm，HNK 型内缸水平支承面与外壳体中分面间距离按制造厂要求调整；

h. 上隔板与压销的联接螺栓、压销与上汽缸的连接螺栓拧紧后，上隔板能在垂直方向自由下落 0.40～0.60mm；

i. 汽封套与汽缸槽间的轴向定位环不松旷，汽封套两半组装后，水平面严密，无错齿，确保不顶缸；

j. 汽封块梳齿无裂纹、卷曲、断裂等缺陷，间隙超差时予以更换，汽封块在汽封套内不应有过大的的轴向晃动；

k. 通流部分间隙，动、静叶片间隙见图 1、图 2 及表 10、表 11、表 12。

表 10 汽轮机 4CL-5 动静叶片间隙　　　　　mm

4CL-5		第一级	第二级	第三级	第四级	第五级
轴向间隙	A	0.8～1.75	0.9～1.45	1.9～2.45	2.9～3.45	8.72～9.27
	B	1.8～2.75	1.8～2.75	1.8～2.75	2.8～3.75	3.8～4.75

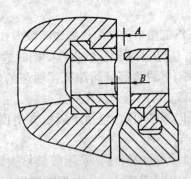

图 1   汽轮机(4CL-5)动静叶片间隙

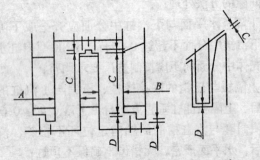

图 2   HNK25/36-3 汽轮机通流部分间隙

表 11   汽轮机 4CL-5 汽封间隙(半径间隙)　　mm

4CL-5	进汽侧	排汽侧
平齿间隙	0.26～0.35	0.26～0.35
长齿间隙	0.26～0.35	0.26～0.35
短齿间隙	0.26～0.35	0.26～0.35
长齿轴向间隙(大)	2.65	3.95
长齿轴向间隙(小)	3.85	4.05

表 12　HNK25/36-3 汽轮机通流间隙　　　mm

级　别	A	B	C	D
1	1.9	1.9	0.5~0.76	
2~9	1.9	1.9	0.3~0.45	0.3~0.45
10~17	1.9	1.9	0.3~0.55	0.3~0.55
18	1.9	1.9	0.3~0.56	0.3~0.56
19	1.9	1.9	0.3~0.56	0.3~0.56
20	1.9	1.9	0.3~0.56	1.6~2.15
21	1.9	1.9	6.95~7.35	1.8~2.35
22	1.9	1.9	0.4~0.67	2.85~3.55

3.3.2.5　汽轮机汽缸与机座

a. 汽缸接合面无漏汽、冲蚀沟槽、腐蚀、斑坑、刻伤等缺陷;

b. 汽缸中分面高压段螺栓拧紧程度由以下决定:4CL-5 由螺母外径旋转长度来决定,HNK25/36-3 由螺栓加热后的伸长量决定(如图 3 及表 13、14);

表 13　4CL-5 螺母旋转长度(L)

螺　栓　号	紧固长度/mm
4CL-5 汽机高压段螺栓	46
4CL-5 汽机调节阀中分面螺栓	25

表 14　HNK25/36-3 汽轮机中分面螺栓伸长量

序　号	规　格	伸长量/mm	序　号	规　格	伸长量/mm
1~2	M36*310		17~18	M52*295	0.40~0.51
3~14	M45*415	0.56~0.66	19~24	M52*295	0.43~0.54
15~16	M52*340	0.50~0.64	25~26	M52*340	0.51~0.65

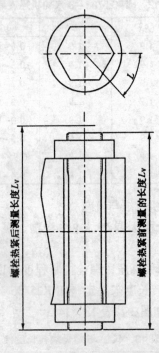

图 3　大盖螺栓紧固示意图

　　c. 热紧方法如下：热紧前，检查螺栓下的绝缘应完好。按顺序进行冷态热紧，缸体上所有中分面螺栓预紧力矩为：100Nm；第一次热紧失败须等缸体螺栓冷却下来方可进行第二次热紧；螺栓在螺孔内要保持中心位置，不能与壳体接触，以防电加热器短路，应在螺栓与汽缸螺栓孔间加 1.5～2.0mm 厚的石棉板做成隔离圈；

　　d. 检查中分面间隙，当上紧螺栓总数的 1/3 时，前缸用 0.03mm 塞尺，后缸用 0.05mm 塞尺应塞不进，上下缸不应有错口；

e. 缸体无裂纹、气孔、拉筋折断等缺陷，缸体疏水孔畅通；

f. 清洗检查汽缸螺栓、螺母，高压螺栓进行无损检测，固定喷嘴板的螺钉点焊牢固，无裂纹；

g. 清扫、检查调整各滑销，纵销和横销的两侧面间隙为 0.01~0.02mm，上缸体前后支承螺栓的膨胀间隙为 0.08~0.12mm。

3.3.2.6　联轴器检修同压缩机部分

3.3.2.7　前轴承箱传动机构(4CL-5型汽轮机)

a. 两级减速齿轮的径向瓦、止推瓦巴氏合金无严重磨损、沟槽、脱壳或裂纹，轴瓦顶丝可靠；

b. 齿轮、蜗杆的表面无裂纹、毛刺等缺陷；

c. 各轴颈、止推盘表面无拉毛、划伤等缺陷；

d. 轴颈圆度及圆柱度不大于 0.02mm；

e. 各径向瓦、止推瓦与轴接触均匀，接触面积不小于 80%，接触范围在下部 60°~70°之间，径向轴瓦间隙为 0.06~0.08mm，止推间隙为 0.15~0.20mm；

f. 各齿轮和轴固定不松动，背帽和顶丝拧牢，各齿轮啮合侧隙为 0.24~0.30mm；

g. 对齿轮、蜗杆及轴颈，进行无损检测；

h. 各喷油管清洗吹扫，各油路保持干净畅通。

3.3.2.8　主汽阀检查

4CL-5型汽轮机主汽阀检查：

a. 轴承内外滚道与滚珠、滚柱无严重磨损；

b. 丝杠、丝母无毛刺、变形，配合适宜，丝杠键固定牢固并与键槽配合适宜，无挤压变形；

c. 驱动手轮固定可靠，无轴向窜动，旋转灵活，装配间隙为 0.05～0.12mm；

d. 弹簧无裂纹、扭曲变形，挂钩刃口平整，接合严密；

e. 传动轴与轴孔不松旷，阀头与阀座密封面无冲刷、沟痕，接触良好；

f. 预启阀在行程内灵活无卡涩，阀座点焊部位无裂纹等缺陷；

g. 预启阀行程为 12mm，主阀行程为 70mm；

h. 阀杆和密封套工作面平整光滑，无偏磨现象，其间隙为 0.14～0.17mm；

i. 阀杆的直线度不大于 0.05mm，阀杆端部丝扣完好，与弹簧座配合适宜；

j. 油动缸弹簧完好无裂纹、扭曲，油缸及活塞工作面完好，全行程动作无卡涩，回油孔畅通；主汽阀滤网无破损、堵塞；

k. 阀杆应做无损检测。

HNK25/36–3 型主汽阀检查：

a. 阀杆光滑无变形、损伤、盐垢、卡涩及腐蚀痕迹等缺陷，无损检测合格；

b. 阀头、阀座密封面无沟槽、腐蚀缺陷，严密好用，阀座固定牢靠不松动；

c. 弹簧无裂纹、变形、损伤及歪斜现象，弹性良好；

d. 滚动轴承的滚道、滚珠、保持架无麻点、锈蚀及裂纹，滚珠不松旷，转动无噪音。

3.3.2.9 调节阀及油动机检修

a. 阀头与阀座密封面无划痕、冲蚀，接触良好，阀头导向套工作面无锈垢，平整光滑；

b. 提杆平直，无锈垢，与密封套不偏磨，提杆直线度不大于 0.05mm；

c. 提杆和密封套的径向间隙为 0.12~0.18mm；

d. 弹簧无裂纹、扭曲变形；各滑动件动作灵活、稳定，固定连接点牢固；

e. 汽室接合面应清理干净，不得有沟痕并确保其严密；

f. 各调节阀配合间隙如下图 4 及表 15 所示；

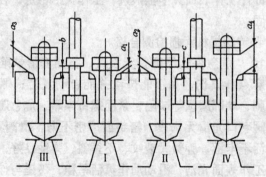

图 4 调节阀阀头间隙示意图

g. 错油门滑阀和阀套工作表面光滑无裂纹、拉毛、锈蚀等缺陷，滑阀在阀套中转动灵活不卡涩，滑阀凸缘和阀套窗口刃角应完整；

h. 油动机活塞及缸体工作表面光滑无划伤，其径向间隙为 0.07~0.10mm，弹簧无歪斜、裂纹、损伤等缺陷，弹性良好；

表15　调节阀阀头间隙　　　　　　　mm

名　称	调速阀各阀头间隙					
代　号	a_1	a_2	a_3	a_4	b	c
4CL-5	0.5±0.1	7.7±0.1	15.2±0.1	22.7±0.1	0.25~0.40	0.08~0.13
HNK25/ 36-3	2.0±0.3	6.0±0.3	9.0±0.3	12.0±0.3		

i. 油动机活塞杆与活塞装配良好不松动；

j. 错油门重叠度和油动机工作行程应符合制造厂要求，各滑动部件工作表面无卡涩痕迹，工作灵活稳定，各固定连接处牢固；

k. 调节阀提杆无损检测合格。

3.3.2.10　危急保安器弹簧无裂纹、扭曲变形缺陷，飞锤头部无麻点、损伤，飞锤能按动并能自动复位；螺栓无击伤、毛刺、端部磨损等缺陷，紧固螺钉牢靠，危急遮断器滑阀头与阀套口光滑无沟痕，密封面严密不漏，滑阀不弯曲，动作灵活不卡涩，弹簧无裂纹、不歪斜，弹性良好，各部件的滑动工作表面光洁，滑动动作灵活平稳，飞锤与挂钩的安装间隙：4CL-5缸安装径向间隙为2mm，HNK25/36-3缸安装径向间隙为0.8~1.0mm，轴向两边间隙均为0.8~1.2mm。

3.3.2.11　HNK25/36-3缸盘车装置检修

a. 棘轮、拉杆、活塞、油缸、液控阀无磨损及损伤，各滑动部分工作表面无卡涩及腐蚀，工作灵活稳定；

b. 盘车油泵的轴承、叶片、泵壳，油过滤器无损坏，确保盘车油泵的工作油压达到 4.0～6.0MPa；

　　c. 各油路及油口畅通。

3.3.2.12　油系统设备

　　a. 油箱内壁无油垢、焊渣、锈皮、胶质物等杂质，防腐层无起层、脱落现象，焊接件无变形，固定牢固；

　　b. 油箱加热器完好无泄漏，外壁防腐层完好，人孔盖平整，密封良好，固定螺栓无松动，油位视镜清洁透明；

　　c. 清洗或更换油过滤器滤芯，简体、密封处、焊缝等部位应完好无泄漏，密封圈无老化或损伤，防腐层完整，连接螺栓紧固；

　　d. 氮气试压严密无泄漏；

　　e. 清洗检查润滑油高位油槽，外壁及支座防腐，连接管及密封处无泄漏，地脚螺栓紧固；

　　f. 润滑油泵、凝结水泵、表面凝汽器、氮气冷却器、抽气器等设备的检修见《通用设备维护检修规程》；

　　g. 安全阀、防喘振阀及轴振动、轴位移等表均已检修、整定、校验合格。

3.4　机组轴系对中

　　a. 百分表精度可靠，指针稳定，无卡涩现象；

　　b. 表架要求重量轻、刚性好。表架及百分表必须固定牢靠；

　　c. 盘车要均匀，盘车方向与运转方向一致；

　　d. 调整垫片宜用不锈钢垫片，垫片应光滑平整无毛刺，垫片要整面积接触，垫片层不超过三层；

　　e. 对中结束后，各顶丝应处于放松状态；

　　f. 冷态对中要求见图 5、图 6。

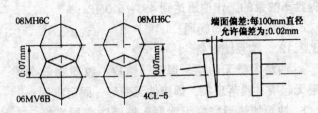

图 5　4CL-5——08MH6C——06MV6B 机组对中图
（径向允许误差：±0.03）

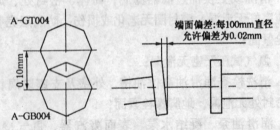

图 6　HNK——RBZ45-2+2+1 机组对中图
（径向允许误差：±0.05）

4　试车与验收

4.1　试车

4.1.1　试车准备

　　a. 机组按检修方案检修完毕，检修记录齐全，质量符合本规程要求，检修场地及设备整洁；

　　b. 所有压力、温度、液位等仪表联锁装置按要求调试合格，电器设施检测完毕并符合规定要求，达到可送电条件；

　　c. 油箱油质合格，油位正常，油系统冲洗循环、调试符合要求；

d. 调节系统静态整定见表 16；

表 16　汽轮机 4CL－5 调节系统静态整定值　　　mm

进汽量	伍德瓦特调速器行程	调节阀行程	调节阀油动机行程
最小	8.3	0	0
最大	36.9	30	83.9

e. 水、电、仪、汽具备试车条件，蒸汽冷凝系统真空试验合格。

4.2　汽轮机单机试车

4.2.1　严格执行汽轮机单机试车操作规程。

4.2.2　记录临界转速值及调速器最低工作转速值。

4.2.3　调速器投入工作后，仔细检查是否平稳上升和下降，调节系统和配汽机构不应有卡涩、摩擦、抖动现象。

4.2.4　保安系统试验：超速试验一般进行 2 次，两次误差不应超过额定转速的 1.5%，若超差则应重新调整、试验。

4.2.5　重做超速跳闸试验时，只有当汽轮机转速下降到跳闸转速的 90% 以下时，方可重新挂闸，以免损坏设备。

4.2.6　记录停车后转子惰走时间。

4.2.7　汽轮机单机试车验收标准：汽轮机排汽缸温度不超 120℃，前后径向轴承振动值小于 $36\mu m$，前后轴承回油温度小于 85℃；

4.2.8　汽轮机单试结束后应手动盘车且油系统循环至少 8 小时；待轴承温度下降至 40℃ 以下后停油泵，停机后应关闭蒸汽切断阀、汽封抽汽器、蒸汽排放阀、疏水阀等，排净积水，凝汽系统运行 30min 后再停凝结水泵。

4.3　机组联动试车

4.3.1　试车前准备

4.3.1.1　汽轮机单体试运合格后，连接汽轮机和压缩机，开启油泵，油系统运行正常。

4.3.1.2　压缩机各段间冷却器引水，排尽空气并投入运行。

4.3.1.3　压缩机出口阀关闭，防喘振阀全开。

4.3.1.4　打开压缩机缸体排液阀，排尽冷凝液后关小，待充气后关闭。

4.3.1.5　拆除管道上盲板，并确认压缩机出口单向阀动作灵活、可靠。

4.3.1.6　松开同步器手轮，风压给定在最低转速对应的风压。

4.3.2　压缩机的置换与充压合格。

4.3.3　压缩机的开车与升速，按操作规程执行。

4.3.3.1　机组每个升速阶段以及运行中，都要进行全面检查和调整，并做好记录。

4.3.3.2　压缩机升压过程中，各段的压力比和升压速度符合制造厂规定。

4.3.4　机组停车

4.3.4.1　压缩机在降压减量的过程中，应避免压缩机发生喘振。

4.3.4.2　按照升速曲线的逆过程，将汽轮机降至 1000r/min，然后打闸停机。

4.3.4.3　压缩机组停稳后，立即启动盘车器。

4.4　验收

4.4.1　检修内容符合检修方案，质量符合本规程要求。

4.4.2　检修试运转记录齐全、准确、整洁。

4.4.3 单机、联动试车正常，各主要操作指标达到铭牌要求，设备性能满足生产需要。

4.4.4 检修后设备达到完好标准。

4.4.5 正常运行72h后，经试车小组认可，即可办理验收手续，正式移交生产。

5 维护与故障处理

5.1 日常维护

5.1.1 机组应按关键设备要求进行"机、电、仪、操、管"五位一体特级维护。

5.1.2 操作人员和机、电、仪维修人员按规定的时间、路线认真做好巡回检查和维护工作，掌握机组运行情况，按时填写运行记录，记录做到准确、齐全、整洁。检查内容应不少于以下各项，对有运行隐患的部位要加强检查。

a. 汽轮机和压缩机及其附属系统、真空系统的运行参数，各部位的压力、温度、流量、液位、转速等；

b. 机组油系统各部压力、温度、油流、油位等；

c. 机组和各径向、止推轴承的振动，轴位移、声音、轴承温度；

d. 机组各设备动、静密封点泄漏情况；

e. 设备和管道振动、保温情况及正常疏、排点的排放情况；

f. 机组仪表指示情况；联锁保安系统部件工作情况及动作情况，电气系统及各信号装置的运行情况；

g. 机组设备的整洁情况；

h. 机组设备的保温防冻、防腐措施情况。

5.1.3 严格按操作规程开停机组，禁止超温、超压和超负荷运行。

5.1.4 对机组进行状态监测和故障诊断，提倡配备在线状态监测系统，做好分析记录和故障诊断报告存档。

5.1.5 按润滑管理规定，合理使用润滑油，定期分析、过滤和补充，对于达到更换标准的润滑油要及时更换。

5.1.6 机组设备应保持零部件完整齐全，指示仪表灵敏可靠，及时清扫，保持清洁。

5.2 常见故障与处理(见表17)

表17 常见故障与处理

序号	故障现象	故障原因	处理方法
1	油温过高	油冷器冷却水调节阀开度不足;油中带水或油变质;油进口温度高;轴瓦间隙小或磨损;油冷器结垢	调整进油量;检查并调节油冷器,加大水量;油脱水或停机换油;检查轴瓦;油冷器清垢
2	油压过低	油泵故障;过滤器堵塞;油管泄漏	切换检查,清洗更换滤芯;检查堵漏
3	轴振动大	机组对中不良,转子不平衡,汽(气)封摩擦,机壳积液,轴承盖或地脚螺栓松动,轴承钨金损坏;油膜失稳;压缩机喘振	重新对中;转子清垢并重新动平衡;修换汽(气)封;定期排液;紧固螺栓;紧固或更换轴瓦;调整运行工况
4	凝汽器真空度降低	真空系统泄漏;抽汽压力过低;循环水量不足;凝结水泵故障;真空抽气器喷嘴磨损	检查并消除,提高蒸汽压力,加大水量,真空喷射器检查处理,检修凝结水泵;检查真空抽气器喷嘴系统
5	压缩机排汽温度高	气体冷却器效率低	加大段间冷却器冷却水量,对冷却器除垢疏通处理

附 录 A
机 组 特 性
（补充件）

表 A1 压缩机主要特性参数

	08MH6C	06MV6B	RBZ45 – 2 + 2 + 1
型 式	水平剖分	垂直剖分	垂直剖分
段 数	3	2	3
级 数	6	6	5
容积流量/(Nm³/h)	90000	4 段 90000 5 段 37400	16955(m³/h)
进口压力/ MPa(绝压)	0.57	4.31	0.55
出口压力/MPa(绝压)	4.35	11.78	5.05
进口温度/℃	3	40	22
出口温度/℃	136.8	121.2	95
第一临界转速/(r/min)	5095	16610	4300
第二临界转速/(r/min)	6840	24980	15000
转速/(r/min)		11700	11335
轴功率/kW		12430	23950
制造厂		德马克公司	苏尔寿公司

表 A2 汽轮机主要特性

	4CL – 5	HNK25/36 – 3
制造厂	三菱重工	西门子
型 式	抽汽冷凝式	冷凝式
级 数	5	22

续表

	4CL－5	HNK25/36－3
进汽压力/MPa(表压)	3.72	10.0
抽汽压力/MPa(表压)	1.22	
排汽压力/MPa(表压)	0.015	0.0146
进汽温度/℃	365	500
抽汽温度/℃	293	
排汽温度/℃	54	53.5
转速/(r/min)	11740	11335
第一临界转速/(r/min)	7095	1180
第二临界转速(r/min)	18500	8500
额定输出功率/kw	13675	23950
转动方向	逆时针(从驱动端看)	逆时针(从驱动端看)

附加说明：

1　本规程由乌鲁木齐石化总厂化肥厂负责起草，起草人陈元志(1992)。

2　本规程由镇海炼化股份公司负责修订，修订人华迪冠(2004)。

11. 二氧化碳汽提法尿素高压设备维护检修规程

SHS 05011—2004

目　　次

1　总则 ……………………………………………………（274）

2　检修周期及内容 ………………………………………（274）

第一篇　尿素合成塔维护检修规程

3　检修与质量标准 ………………………………………（275）

4　试验与验收 ……………………………………………（284）

5　维护与故障处理 ………………………………………（285）

第二篇　二氧化碳汽提塔维护检修规程

3　检修与质量标准 ………………………………………（287）

4　试验与验收 ……………………………………………（300）

5　维护与故障处理 ………………………………………（300）

第三篇　高压甲铵冷凝器维护检修规程

3　检修与质量标准 ………………………………………（301）

4　试验与验收 ……………………………………………（304）

5　维护与故障处理 ………………………………………（304）

第四篇　高压洗涤器维护检修规程

3　检修与质量标准 ………………………………………（306）

4　试验与验收 ……………………………………………（307）

5　维护与故障处理 ………………………………………（307）

附录 A　尿素合成塔工艺及结构参数(补充件)……… (310)

附录 B　二氧化碳汽提塔工艺及结构参数
　　　　(补充件) ……………………………………… (311)

附录 C　高压甲铵冷凝器工艺及结构参数
　　　　(补充件) ……………………………………… (312)

附录 D　高压洗涤器工艺及结构参数(补充件)……… (314)

附录 E　尿素高压设备氨渗漏试验方法(补充件)…… (315)

1 总则

1.1 主题内容与适用范围

1.1.1 主题内容

本规程规定了二氧化碳汽提法尿素合成塔、二氧化碳汽提塔、高压甲铵冷凝器、高压洗涤器的检修周期及内容、检修方法与质量标准、试验与验收、维护与故障处理。安全、环境和健康(HSE)一体化管理系统,为本规程编制指南。

1.1.2 适用范围

本规程适用于美荷型二氧化碳汽提法 48 万吨/年尿素、法型 52 万吨/年尿素引进装置和中荷联合设计 52 万吨/年尿素装置尿素合成塔、二氧化碳汽提塔、高压甲铵冷凝器、高压洗涤器四台高压设备的维护和检修,不包括附属仪表。

1.2 编写修订依据

国务院第 373 号令 特种设备安全监察条例

质技监局[1999]154 号 压力容器安全技术检察规程

劳锅字[1990]3 号 在用压力容器检验规程

GB 150—1998 钢制压力容器

GB 151—1999 管壳式换热器

中国化工建设公司凯洛格大陆公司工程标准

2 检修周期及内容

2.1 检修周期

大修周期为 2~5 年,根据状态检测情况及设备实际运行状况可适当调整检修周期。

2.2　检修内容

2.2.1　密封结构检修。

2.2.2　衬里检修。

2.2.3　中心管(溢流管)检修。

2.2.4　管板检修。

2.2.5　内件检修。

2.2.6　承压壳体检修。

2.2.7　安全附件检修。

2.2.8　按《在用压力容器检验规程》进行外部检查和内外部检验。

2.3　检修前准备工作

2.3.1　检修前根据设备运行情况，熟悉图纸、技术档案，并按HSE危害识别、环境识别和风险评估的要求，编制检修方案。

2.3.2　进塔施焊的焊工，必须具备相应资质。

2.3.3　为避免氯离子污染，须严格控制氯离子的来源。包括检测所用渗透剂、耦合剂、清洗剂、作标记所用的笔、酸洗钝化所用溶液、密封垫、进塔人员所穿的衣物等。

2.3.4　设备按照操作规程卸压降温，内部清洗置换合格，符合有关安全规定。

2.3.5　塔内不允许使用碳钢工器具。

第一篇　尿素合成塔维护检修规程

3　检修与质量标准

3.1　拆卸与检查

3.1.1　将吊装机具就位，拆除相关保温层。

3.1.2　按照有关的安全规定卸走 γ 液位计，并将其妥善放置，严加防护。

3.1.3　采用专用液压装置拆卸高压螺母，参照图 1 按与上紧时相反顺序分五步松开所有螺母。

　　第一步，油压等于或稍高于上紧时的终压；

　　第二步，油压为终压的 66%；

　　第三步，油压为终压的 41%；

　　第四步，油压为终压的 21%；

　　第五步，油压为终压的 8%。

　　卸下的成套螺栓应放入专用木箱中待清洗检查。

3.1.4　吊出的人孔盖应放在专门的木板上，密封面朝上，便于检查密封面及人孔盖衬里，塔口密封面可放置原齿型垫进行保护。

3.1.5　当壁温降至 50℃ 以下时，分析塔内气体合格后，检修人员可放入铝梯进塔，塔外设专人监护。间断作业应重新分析塔内气体合格后，方可作业。

3.1.6　进塔后首先应盖好溢流管口，防止异物掉入管内。

3.1.7　根据需要拆卸筛板。在拆卸筛板前，应将其他不拆卸的塔板与塔壁之间的钩头螺栓、塔板与塔板之间的联结螺栓紧固。一般每层拆除外侧一块弓形筛板，相邻两层所拆的弓形筛板应位置交错。如果全部拆掉同一侧的弓形筛板，必须采取相应的安全措施。

3.1.8　内外部检查

3.1.8.1　外部检漏管是否畅通。

3.1.8.2　保温层厚度是否合格，外护层有无破损，雨水是否渗入，重点检查吊耳部分的保温。

3.1.8.3 设备支承的检查。

3.1.8.4 用肉眼和 5～10 倍放大镜对所有与工艺介质接触的内表面进行宏观腐蚀检查。必要时进行金相(复膜)检查。

    a. 人孔密封面有无缺陷;

    b. 封头灰皮完整状况,有无冷凝腐蚀;

    c. 所有焊接接头以及封头带极堆焊层有无选择性腐蚀、晶间腐蚀和裂纹、蚀孔、蚀坑,有无铁锈色。重点检查收弧点、熔合线和热影响区部位,特别是上下封头与筒体连接的环缝热影响区。如焊接接头颜色变深、发黑,应检查铁素体含量,并用磁探仪测定耐蚀层厚度,铁素体含量应不超过 0.6%。对于 00CrNiMo25 – 22 – 2 的焊材铁素体含量应不超过 0.1%,耐蚀层厚度应不小于 4mm;

    d. 所有筛板支架焊接接头是否满焊,有无气孔、空隙、蚀坑;

    e. 检查所有衬里表面颜色、粗糙度,有无蚀坑或局部过快的减薄、蚀沟、裂纹、鼓泡等;

    f. 检查筛板有无变形、开裂、明显腐蚀,筛孔端面腐蚀状况、孔径大小的变化,螺栓有无松动、断裂、螺纹缝隙腐蚀状况;

    g. 对出现裂纹或局部腐蚀严重的衬里、焊接接头,应进行金相检查和裂纹深度测量;

    h. 检查接管端面和内壁有无腐蚀,溢流管焊接接头是否腐蚀;

    i. 检查 γ 液位计套管的腐蚀。

3.1.8.5 衬里及中心管的定点测厚。利用超声测厚仪,对每层筛板部位、中心管和每一筒节选测两点,必要时增加封

头耐蚀层的测厚(封头耐蚀层若是堆焊衬里,采用磁探仪进行测厚)。按下式换算腐蚀速度

$$V = (\Delta\delta/\Delta\tau) \times 8760$$

式中　V——腐蚀速度,mm/a;

　　　$\Delta\delta$——两次测量的壁厚减少值,mm;

　　　$\Delta\tau$——两次测量期间设备累计运行(包括封塔)时间,h。

3.1.8.6　根据腐蚀情况,可整塔或个别筒节进行衬里氨渗漏检查。对于已使用多年且衬里腐蚀减薄较大时,应进行强度校核,防止外压失稳。

3.1.8.7　对设备进行各种检查时,除上述要求外,还必须符合《在用压力容器检验规程》的要求。

3.2　密封结构检修

3.2.1　高压螺栓检修

3.2.1.1　螺纹部位应涂上用酒精调和的二硫化钼或其他润滑剂。

3.2.1.2　对螺纹存在的咬伤、拉毛等轻微缺陷进行修复。

3.2.1.3　对螺栓和螺母进行磁粉检测。对有裂纹或影响强度缺陷的螺栓、螺母,予以更换。

3.2.2　密封面检修

3.2.2.1　密封面如有轻度划伤或腐蚀等缺陷,可用金相砂纸或油石打磨消除。

3.2.2.2　密封面如有较深划伤或腐蚀坑,可采用机械光刀和研磨方法修复。但光刀后耐蚀层厚度应不小于4mm,表面粗糙度 $R_a6.3\mu m$。

3.2.2.3　密封面如有严重的腐蚀和损伤,可采用补焊法

修复。

　　a. 适当打磨，用冷凝液和丙酮清洗修补区，并用放大镜检查有无其他缺陷；必要时采用渗透法检查是否已打磨消除缺陷，但渗透剂一定要清洗干净再进行焊接；

　　b. 如打磨后，耐蚀层未完全破坏，可用 X2CrNiMo25 - 22 - 2(简称 25 - 22 - 2，下同)型焊丝补焊，然后进行打磨和手工研磨平整，粗糙度 Ra 6.3μm。铁素体含量不大于 0.6% 为合格；

　　c. 如打磨后，损伤已达碳钢层，应先用 309MoL 焊条堆焊作过渡层，再在过渡层上用 25 - 22 - 2 型焊丝补焊，并打磨研平，最终铁素体含量不大于 0.6%，耐蚀层厚度不小于 4mm 为合格。

3.3　衬里检修

3.3.1　衬里母材检修

3.3.1.1　衬里表面如有较小的蚀坑、蚀沟及表面裂纹，可打磨除去，打磨的边缘应圆滑过渡。若打磨深度不大于 2mm，经渗透检测确认缺陷已消除，而剩余壁厚大于 6mm，可不补焊。若打磨深度大于 2mm，应进行补焊。

3.3.1.2　衬里母材测定剩余厚度，上下封头不小于 8mm、筒体不小于 6mm，可采用打磨 - 抛光 - 钝化的方法进行修理。

3.3.1.3　衬里母材测定剩余厚度，上下封头小于 8mm、筒体小于 6mm，或衬里表面有明显裂纹、坑蚀、局部有严重腐蚀现象，可采用贴补法或挖补法修理。

3.3.1.3.1　对于筒体部位采用 δ = 3~4mm 的 25 - 22 - 2 板材进行贴补法修理。

　　a.确定衬里需贴补的范围及贴板时施焊部位，在贴板施焊部位两侧打磨，打磨宽度约 50mm；

　　b.在原衬里板上开检漏孔及检漏通道；

　　c.根据贴板范围及人孔直径确定贴板尺寸；贴板在预压成型后需保证与原衬里的贴合度，贴板两端不能有直边；

　　d.组焊时需用专用工机具将贴板撑紧，保证与原衬里的贴合度；

　　e.用 25 – 22 – 2 焊丝施焊；

　　f.焊后进行渗透检测、铁素体检测及氨渗漏检查。

3.3.1.3.2　封头部位如为衬里板建议采用挖补法或整体更换衬里板进行修理。

3.3.2　衬里焊接接头检修

3.3.2.1　对于焊接接头气孔、未熔和、腐蚀孔洞、选择性腐蚀、裂纹等缺陷，按下法处理。

　　a.如打磨后深度不大于 2mm，不必补焊；

　　b.如打磨后深度大于 2mm，但未穿透耐蚀层，采用 25 – 22 – 2 焊丝补焊；

　　c.如打磨后已达碳钢基底，应小心打磨清理孔洞，然后用 309MoL 焊条在碳钢上堆焊过渡层，再用 25 – 22 – 2 焊材堆焊至所需高度，补焊后如铁素体含量大于 0.6% 则应重新打磨至少深 4mm，再补焊。

3.3.2.2　对于熔合线和热影响区产生的晶间腐蚀，如剩余厚度不小于 6mm，可不处理；如剩余厚度小于 6mm，可采用贴补法修理。

3.3.2.3　焊接修理后皆应做渗透检测和铁素体含量测定，确认缺陷已消除和铁素体含量不大于 0.6% 为合格。

3.4 内件检修

3.4.1 筛板检修

筛板变形时，应移至塔外矫正。端面腐蚀一般可不处理，若筛板腐蚀扩大严重或板厚减薄严重，可更换筛板。

3.4.2 吊钩螺栓检修

若螺纹腐蚀失效，可更换成 25－22－2 材质的螺栓。

3.4.3 溢流管检修

若管壁厚度减薄严重，可用贴补法修复或更换。

3.4.4 筛板支架检修

若支架减薄严重，或焊接修理困难，可更换成新支架。如果某层筛板的所有支架都更换，新支架可以焊在离旧支架高 100mm 的位置，筛板位置也相应抬高，旧支架可以割去，以便打磨补焊。

3.5 承压壳体检修

3.5.1 承压封头、筒体的修理，必须符合《压力容器安全技术监察规程》的有关规定。

3.5.2 内表面腐蚀缺陷检修

3.5.2.1 用角向磨光机切除修理区的不锈钢衬里，并以热冷凝液清洗残留的泄漏物料，再用机械法清除铁锈等杂质，露出碳钢基体，见金属光泽。

3.5.2.2 用放大镜检查碳钢表面有无裂纹，必要时采用渗透检测。如有裂纹，应打磨消除。

3.5.2.3 不影响强度的表面蚀坑，如范围较小，可不处理。若范围较大，对衬里贴合度有影响时，须用胶泥填平。胶泥可用耐温的有机或无机类型，其中填料可采用铁粉。

3.5.2.4 较深较大的蚀坑，如不影响强度，也可用铁粉胶泥填平。

3.5.2.5 如有影响强度的严重蚀坑，可采用镶块焊接或堆焊焊接的方法修复。根据壳体材质，参照相应制造技术规范，制定严密的焊接工艺并通过焊接工艺评定。一般不宜进行焊后消除应力热处理，可采用焊接回火焊道的方法消除应力。

3.5.2.6 焊接完毕，进行打磨修整，并进行无损检测，辅以硬度和金相检验，确认修补部位符合质量要求。

3.5.2.7 对影响受压壳体强度的缺陷修复，须制定专题检修技术方案，经厂主管设备的技术负责人批准后方可实施。

3.5.2.8 碳钢壳体上耐蚀层的修复，可用 316L 尿素级或 25 - 22 - 2 不锈钢镶补。若范围不大，也可用 309MoL 作过渡层堆焊，然后再堆焊 25 - 22 - 2。

3.5.3 外表面缺陷检修

3.5.3.1 封头及筒体外表面如有腐蚀减薄或裂纹而深度不大于 3mm 时，用角向磨光机打磨，经检查确认缺陷已消除，可不补焊。但打磨后的表面应平滑过渡，侧面斜度应小于 1:4。

3.5.3.2 当封头及筒体外表面有裂纹且深度大于 3mm 时，应根据《压力容器安全技术监察规程》制定详细的修理方案进行修复。

3.6 安全附件检修

3.6.1 γ 液位计套管焊接接头如有明显的选择性腐蚀和腐蚀孔洞，不论深浅，均应打磨彻底，并用 25 - 22 - 2 焊丝补焊。焊后进行渗透检测。

3.6.2 γ 液位计套管管壁腐蚀减薄严重时，应更换套管。

3.6.3 安全阀须结合系统检修进行拆检调校，并经安全部门签字验收。

3.7 复位

3.7.1 各项检查、维修结束后，经专职设备、工艺、安全技术人员确认同意，可进行复位。

3.7.2 清除塔内所有杂物和内壁的标记。

3.7.3 用面粉团粘除塔底和各层筛板上的铁屑、粉尘、碎屑，将筛板复位。

3.7.4 再次检查塔上部第一层筛板部位，确认所有杂物清理干净，溢流口封包拆除，检修用梯拆除，换上合格垫片，复装人孔盖。

3.7.5 上高压螺栓

3.7.5.1 采用液压专用紧卸装置，分五步上紧螺母，不可一次用力过猛，上紧过量。油压的终压应按照设备制造厂提供的规定值确定：

　　第一步，油压为终压的 8%；

　　第二步，油压为终压的 21%；

　　第三步，油压为终压的 41%；

　　第四步，油压为终压的 66%；

　　第五步，油压为终压的 100%。

3.7.5.2 螺栓的紧固必须按照图 1 规定的顺序成组进行。

3.7.5.3 为避免螺栓受力不均，在拧紧过程中应用间隙规测量法兰面之间的间隙，控制间隙差在 0.3mm 以内。

3.7.5.4 当系统升温钝化后，用最后一次上紧时的油压对全部螺栓均匀进行一次热紧，以保证密封的可靠性。

3.7.6 装 γ 液位计。

3.7.7 恢复保温。

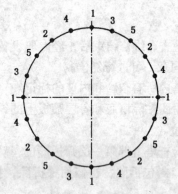

图 1 高压螺栓上紧的分组顺序

4 试验与验收

4.1 试验

4.1.1 设备检修完毕，质量合格，检修记录齐全。

4.1.2 安全附件齐全完整可靠，仪表等复原，具备试验条件。

4.1.3 进行气密性试验，无泄漏、无异常响声、无可见变形为合格。

4.1.4 水压试验

4.1.4.1 尿素合成塔、高压甲铵冷凝器、二氧化碳汽提塔、高压洗涤器四台设备高压系统的试压可一起进行。

4.1.4.2 试压用水应为合格的脱盐水，要求氯离子含量小于 10mg/L。

4.1.4.3 试压用水的温度 5~40℃。

4.1.5 升温钝化，按操作规程开车。

4.2 验收

4.2.1 设备经检修检验后，质量须达到本规程规定的要求。

4.2.2 检修完工后，施工单位应及时提交下列交工资料：

4.2.2.1 检修任务书。

4.2.2.2 设备检修检测方案和施工记录。

4.2.2.3 主要材料及零配件质量证明书及合格证，材料代用通知单。

4.2.2.4 检验检测和试验报告。

4.2.3 交工验收由设备主管部门组织，施工单位、生产单位等共同进行，按规程及标准要求验收合格。

4.2.4 设备检修后，需经开工运行一周，其各项技术指标应达到完好标准，满足正常生产要求。

5 维护与故障处理

5.1 维护

5.1.1 操作人员应按工艺操作规程和《二氧化碳汽提法尿素装置防腐蚀管理规定》操作设备，严禁超温、超压、超负荷运行。

5.1.2 操作与维护人员实行定点定时的巡回检查。

5.1.2.1 每班检查一次检漏孔有无泄漏。

5.1.2.2 每班检查一次人孔及各接管法兰有无泄漏。

5.1.2.3 每班一次了解设备运行情况，工艺指标是否符合规定。

5.1.2.4 每班检查一次容器有无异常振动，容器与相邻构件之间有无摩擦。

5.1.2.5 每天检查一次产品尿素镍含量，掌握镍含量变化情况。若工艺超标，应增加镍含量测定的频率。当产品尿素镍含量连续 2 天超过 0.30mg/L 而又处理无效时，通过对镍含量分布的分析，确认是由高压系统腐蚀所引起的，应停车对系统进行钝化处理。

5.1.2.6 每月按完好设备标准进行评级检查。

5.1.2.7 每季度至少检查一次设备保温是否良好。

5.2 故障处理

尿素合成塔常见的设备故障与处理见表1。

表 1 常见故障与处理

序号	故障现象	故障原因	处理方法
1	人孔盖泄漏	密封面损伤 垫片失效 螺栓紧固不均匀 腐蚀泄漏	打磨、补焊、研磨平 更换 按规定紧固螺栓 停车处理，腐蚀面需打磨、补焊、研磨平。严禁采用带压堵漏法处理泄漏
2	检漏管泄漏	筛板支架焊接接头腐蚀泄漏 衬里焊接接头腐蚀泄漏 衬里板腐蚀泄漏	紧急停车，修复
3	壳体泄漏	制造差错，材料不当，操作不良等造成耐蚀层腐蚀损坏、泄漏，导致壳体腐蚀穿孔	紧急停车，修复
4	衬里、焊接接头、内件过早的严重的腐蚀	材料不合格 焊接制造或安装缺陷 工艺操作不当：开停车失误，预钝化不良，工艺超标 保温不良：厚度不够，铝皮破损，未加蒸汽伴管，雨水渗入 检修不当：焊接质量差，检修粗糙，腐蚀检查疏忽	严密监测，补焊直至更换停车修复 严格执行工艺操作规程和防腐蚀管理规定 有针对性地加强保温 严格执行检修规程

序号	故障现象	故 障 原 因	处 理 方 法
5	检漏系统堵塞	制造不当:不开检漏槽,衬里与壳体间加有填充物	打开衬里清理
		锈蚀	疏通并更换成不锈钢材质
		衬里或焊接接头泄漏后腐蚀产物和物料堵塞	用热冷凝液清洗并用机械法清理、疏通

第二篇　二氧化碳汽提塔维护检修规程

3　检修与质量标准

3.1　拆卸与检查

3.1.1　取出 γ 源,将其放入密封铅筒内存放于安全处。

3.1.2　吊装机具就位,挂好吊具,拆除有关保温层。

3.1.3　拆卸有关的接管法兰螺栓,保护好密封面。

3.1.4　采用专用液压装置拆卸上、下人孔盖螺栓。按上紧时相反的顺序分五部松开所有螺母,拆卸时初始油压可稍高于上紧时的最终油压,然后以上紧时终压的 66%、41%、21%、8%、逐步松开螺母。拆下全部螺栓、螺母,放入专用木箱保护和检测。

3.1.5　吊出的人孔盖应放在专门的木板上,密封面朝上,便于检查密封面及人孔盖衬里,塔口密封面可放置原齿型垫进行保护。

3.1.6　磨去升气管顶部点焊处,拆除所有支撑螺栓,螺母,将升气管定位板逐块拆除。逐个卸出升气管及支撑螺栓,放到安全地方,防止碰伤分配头。

3.1.7　内、外部检查

3.1.7.1　外部检漏管是否畅通。

3.1.7.2　保温层厚度是否合格，外护层有无破损，雨水是否渗入，重点检查吊耳部分的保温。

3.1.7.3　设备支承的检查。

3.1.7.4　封头及管箱衬里

　　a. 用肉眼或 5～10 倍放大镜对所有与工艺介质接触表面进行宏观腐蚀检查。必要时进行金相复膜检查和渗透检测；

　　b. 衬里定点测厚；

　　c. 根据宏观检查情况测量铁素体含量。视情况检查衬里母材和焊接接头的铁素体含量。

3.1.7.5　衬里泄漏检查

　　如怀疑衬里泄漏，可通过检漏孔进行氨渗漏检查，确定衬里是否泄漏。氨渗漏方法见附录 E《尿素高压设备氨渗漏试验方法》。

3.1.7.6　列管与管板

　　a. 检查列管、管板有无腐蚀产物、结垢；

　　b. 用肉眼或 5～10 倍放大镜检查所有列管及管板角接接头有无蚀坑、针孔、裂纹等缺陷，特别注意检查收弧点处的腐蚀情况；

　　c. 检查列管密封面及端面有无腐蚀、减薄、沟槽、机械损伤等缺陷；

　　d. 用磁探仪检查管板堆焊层厚度和管板碳钢层有无腐蚀、损坏；

　　e. 必要时用内窥镜检查换热管内部腐蚀情况，有无蚀坑、针孔、裂纹等缺陷；

f. 用涡流检测方法对换热管进行 100% 测厚和缺陷检测；

g. 列管垂直度检查。从列管内吊下重垂，注意防止铅垂线的扭动，检查列管的垂直度不应超过 0.5/1000。

3.1.7.7　列管 、管板角接接头试漏

对列管、管板角接接头进行氨渗漏检查，亦可用气体试漏和水压试漏，推荐采用氨渗漏。

a. 氨渗漏：按附录 E 进行；

b. 气体试漏：壳程通入压力 ≤0.49MPa 的氮气进行气密性试漏，上、下管板涂肥皂水检漏；

c. 水压试漏：壳程按工作压力进行水压试漏，水中的氯离子含量必须小于 10mg/L。

3.1.7.8　　液体分配系统

a. 检查升气管有无油污、结垢，分配头小孔是否堵塞；

b. 用肉眼和放大镜检查分配头密封环处有无腐蚀、损伤、变形、裂纹等缺陷；

c. 检查升气管三个小孔的直径，最大允许偏差 0.15mm；

d. 检查支撑螺栓有无变形，螺纹部位有无损伤、缝隙腐蚀等缺陷；

e. 检查升气管定位板的平面度及点焊部位的腐蚀情况。

3.1.7.9　　气体分配器

a. 检查分配盘有无倾斜、开裂、翻倒等异常现象；

b. 检查分配盘支座焊接接头有无腐蚀、裂纹、断裂等缺陷。

3.1.7.10   密封结构

a. 清洗螺栓和螺母，用肉眼和放大镜检查有无裂纹等影响强度的缺陷，作磁粉检测；

b. 检查人孔及全部接管法兰的密封面和球面垫是否完好，有无腐蚀、裂纹、沟槽、碰伤等缺陷。

3.1.7.11   承压壳体

a. 根据容器内部检查情况和《在用压力容器检验规程》的规定，部分或全部拆除保温层；

b. 检查上封头、管箱、低压壳体外表面有无腐蚀、鼓包、裂纹、渗漏等缺陷；

c. 检查壳体膨胀节有无变形，焊接接头有无裂纹、渗漏等缺陷，必要时作表面检测；

d. 对容器焊接接头作超声波检测或磁粉检测抽查；

f. 封头、管箱高压壳体定点测厚；

g. 如实测壁厚小于设计壁厚，则按《在用压力容器检验规程》有关规定进行强度校核。

3.1.7.12   安全附件

安全附件的检验周期和检验内容按《压力容器安全技术监察规程》和《在用压力容器检验规程》的相关规定执行。

3.2   密封结构检修

3.2.1   高压螺栓检修

3.2.1.1   螺栓和螺母如存在轻微的咬伤、拉毛等缺陷，则进行修复。

3.2.1.2   对螺栓、螺母进行表面磁粉检测，对有裂纹或影响强度缺陷的螺栓、螺母，应予以更换。新换螺栓之间应交错安装，相隔 60° ~ 90°。

3.2.1.3 螺纹部位应涂上二硫化钼。

3.2.2 密封面检修

同第一篇 3.2.2 的全部内容。

3.3 衬里检修

同第一篇 3.3 的全部内容。

3.4 列管检修

列管与列管角接接头存在的缺陷，视损坏情况可分别采用打磨补焊、堵管、接管、换管等方法修理。角接接头焊接时应保护好相邻列管的管口。

3.4.1 打磨补焊

3.4.1.1 如列管与管板角接接头存在表面气孔、收弧坑腐蚀、裂纹等缺陷，可采用打磨补焊方法修理，焊接要求采用氩弧焊。

3.4.2 堵管

3.4.2.1 列管腐蚀减薄、剩余壁厚不能保证使用至下一检修周期(1.7mm 以下)，或存在大于 50% 管壁厚度的裂纹及腐蚀缺陷时，采用堵管法修理。堵管方式见图 2。

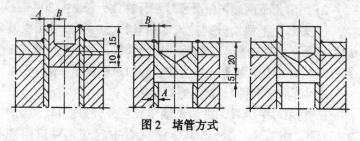

图 2 堵管方式

3.4.2.2 堵管修理程序

a. 去除施焊部位水分，并用丙酮清洗干净；

b. 焊接第一层焊接接头，焊后宏观检查合格；

c. 用机械方法和丙酮清洗，将焊接接头表面清洗干净；焊接第二层焊接接头；两层焊接接头的起弧点应相隔90°；

d. 渗透检测；

e. 铁素体含量检查；

f. 氨渗漏检查。

3.4.2.3　用于堵管的堵头应采用 316L 尿素级或 00Cr25Ni22Mo2 型棒材加工，堵头与管孔或列管内孔宜采用过渡配合。

3.4.3　接管、换管修理

列管管口或管口附近存在腐蚀缺陷或裂纹，可采用接管的方法修复。对处于人孔投影范围内的列管，也可进行整根换管。采用接管、换管方法进行修复前，应制定施工技术方案，并经厂主管设备的技术负责人批准后实施。

3.4.3.1　接管操作步骤

a. 用专用机具，铣去列管上下两端管头和管口焊接接头，同时在管板堆焊层上形成焊接坡口；

b. 列管上下两端内壁分别攻细牙螺纹，长 25～30mm；

c. 列管上下两端分别拧入专用丝杆，一头以专用机具拉拔，另一头敲击振动，将管子抽出管板。另一端丝杆长度需保证丝杆留在管板外，作为复位时的拉杆和导杆；

d. 切除缺陷管段，加工好焊接坡口；

e. 利用对中机具，将预先确定长度并开好坡口(30°)的 316L 尿素级或 00Cr25Ni22Mo2 管段对中定位，对口间隙 0.5mm；

f. 用 00Cr25Ni22Mo2 型焊丝氩弧焊，采用单面焊双面成型工艺，以求内表面圆滑无缝隙；

　　g.对接焊接接头经射线检测和渗透检测合格，铁素体检查合格，将焊接接头外表面凸起部分打磨平滑直至与管径相同；

　　h.将管子从另一端拉拔出管板，采用同样方法修复另一端管段；

　　i.上下管板角接接头焊接、检测合格，铁素体检查合格；

　　j.氨渗漏检查。

3.4.3.2　换管操作步骤

　　a.参照接管方法，向上整根抽出列管，必要时可分段切断；

　　b.将锥形导向头插入新管下管口内，然后从上而下将新管插入管板孔，直至穿出下管板；

　　c.按接管后的焊接方法和要求焊好上下管口焊接接头，渗透检测合格，铁素体检查合格；

　　d.氨渗漏检查。

3.4.3.3　不推荐采用将列管拔长的修理方法。

3.4.4　列管端头密封面检修

3.4.4.1　如密封面损坏影响与分配头之间的密封，应在焊接补焊后再用专用机具修整。

3.5　管板检修

3.5.1　管板耐蚀层修理

　　管板耐蚀层存在气孔、针孔、沟槽、蚀坑等缺陷时，采用打磨方法修理。打磨后耐蚀层厚度不足 4mm 时，应采用00Cr25Ni22Mo2 型焊材补焊，焊后渗透检测并测定铁素体含量。

3.5.2 管板碳钢层缺陷修理

碳钢管板因列管腐蚀穿孔、列管角接接头腐蚀泄漏而产生腐蚀时，根据具体情况制定专项修理技术方案，经厂主管设备的技术负责人批准后实施。

3.5.2.1 当管板碳钢层存在不影响强度的小面积腐蚀空洞时，可采用钢质粘结剂填补修理，配方及步骤见3.7.1条。填补修理后，管板耐蚀层按图3所示修复，耐蚀层采用大于20mm厚的316L尿素级板材，对应部位管子可采用换管或接管方法修复。

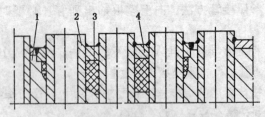

图3 管板碳钢层填补法修理

1—管板；2—修复的管子；3—钢质粘结剂；4—新耐蚀层

3.5.2.2 如管板碳钢层损坏面积较大、影响管板的刚度或强度，可视情况分别采用镶块法或层板填补法修复，对应部位管子堵管处理。见图4、图5。

3.5.2.3 管板腐蚀空洞修理步骤

a. 用磁探仪测定管板腐蚀部位、深度，确定修复范围；

b. 铣掉损坏的管段和腐蚀的碳钢层，残留的管子应低于堵头或镶块下平面5mm，见图4、图5，经渗透检测确认缺陷已消除；

c. 将待镶块或用层板填补的结合部位加工成规则形状,
用丙酮清洗需焊接的区域;

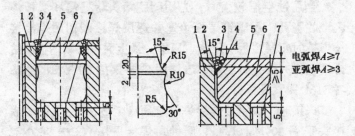

图 4 管板碳钢层镶块法修理

1—管板;2—原耐蚀层;3—过渡层焊接接头;

4—耐蚀层焊接接头;5—新耐蚀层;6—镶块;7—损坏管

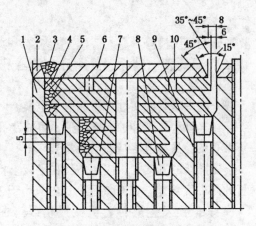

图 5 管板碳钢层层板填补法修理

1—管板;2—原耐蚀层;3—耐蚀层焊接接头;4—过渡层焊接接头;

5—碳钢层焊接接头;6—新耐蚀层;7—碳钢层板;

8—碳钢堵头;9—损坏管;10—排气孔

　　d. 用加工好的碳钢块填塞腐蚀空洞，焊接过渡层，填塞耐蚀层板材并焊接耐蚀层焊接接头；

　　e. 当腐蚀空洞较大时，先用碳钢堵头堵塞需和层板焊接区域的管孔，用碳钢层板填塞并逐层焊接碳钢层焊接接头；焊接时每层层板应压紧、压平；最上面一层碳钢板应钻上排气孔，并焊接过渡层；表层用 8mm 厚的 00Cr25Ni22Mo2 或者 316L 尿素级板材；

　　f. 焊接时，碳钢层焊接焊前应预热至 200℃；过渡层焊接接头采用 309MoL 焊条；耐蚀层焊接采用 00Cr25Ni22Mo2 型焊材；耐蚀层如采用堆焊应保证耐蚀层厚度大于 4mm；

　　g. 耐蚀层第一层焊接后渗透检测，全部焊接完成后再做渗透检测并测定铁素体含量。

3.6　内件检修

3.6.1　液体分配系统检修

3.6.1.1　打磨升气管上结垢，清除升气管小孔中的堵塞物。

3.6.1.2　若分配头密封圈腐蚀严重，应予更换。

3.6.1.3　若升气管小孔因冲蚀成椭圆形，可将小孔焊死重新钻孔，新钻孔的位置、孔径应符合图样要求。

3.6.1.4　若更换新的升气管，应用角尺在平板上检查分配头与升气管的同轴度偏差，在升气管全长内应小于 3mm。

3.6.1.5　支撑螺栓发生腐蚀、机械损伤或弯曲，应予更换。

3.6.1.6　液体分配器定位板变形较大、点焊处腐蚀严重或均匀减薄，应进行校平、补焊修理，必要时更换。

3.6.1.7　进液挡板角接接头腐蚀严重时，应打磨补焊；若减薄或穿孔，可用贴补法修理，补板采用 4mm 厚 316L 尿素级钢板，焊接材料应采用 00Cr25Ni22Mo2 型焊材；若大面积减薄应全部更换。

3.6.2 气体分配器检修

3.6.2.1 焊接接头存在蚀坑或局部腐蚀开裂，应彻底打磨，缺陷消除后用 00Cr25Ni22Mo2 型焊材修理。

3.6.2.2 分配盘撕裂或吹翻，应进行修复，恢复原状后补焊修理。

3.7 承压壳体检修

3.7.1 内表层缺陷修理

因衬里或衬里焊接接头泄漏而造成的承压壳体内侧母材腐蚀损坏，在不影响壳体强度的前提下，可采用钢质粘结剂填补修理。

3.7.1.1 粘结剂配方为钢粉：环氧树脂(液态) = 4:1，固化剂(改性聚酰胺)：环氧树脂 = 1:9(质量比)。

3.7.1.2 用角向磨光机磨去已损坏部位的耐蚀层。

3.7.1.3 用热脱盐水冲洗衬里与碳钢本体之间的腐蚀产物，直至露出碳钢本体。

3.7.1.4 打磨碳钢壳体腐蚀部位，用放大镜检查，怀疑处渗透检测确认缺陷已彻底消除。

3.7.1.5 用钢质粘结剂填补腐蚀空洞。

3.7.1.6 待粘结剂固化 8h 后，方可进行表层耐蚀层修理。

3.7.2 外表层缺陷修理

3.7.2.1 承压壳体外表面如存在裂纹、可进行打磨修理，打磨后表面应圆滑过渡，不得有沟槽和棱角，过渡区斜度不大于 1:4。打磨后宏观检查并做表面检测，确认缺陷消除，同时进行测厚，若剩余最小壁厚大于强度计算允许值，可不进行补焊。否则应予补焊修复，并再做表面检测，确认缺陷已消除。

3.8 安全附件检修

3.8.1 壳侧防爆板检修

3.8.1.1 防爆板应定期检查和更换，每年至少检查一次。设备在运行中如有超压现象，即使防爆板未破裂亦应更换。拆卸后的防爆板不允许再次使用。

3.8.1.2 安装防爆板的夹持板平面如粗糙不平，用砂布或油石磨光。

3.8.1.3 如刀片的刃口变钝时，可用锉刀或油石修理，保证刃口锋利。

3.8.1.4 安装防爆板时，防爆板的凸面应对着工艺系统压力侧、凹面朝向刀片的刃口，防爆板与夹持板之间不加垫片。

3.8.1.5 均匀上紧连接螺栓，应保证法兰面间隙均匀。

3.9 检修质量标准

3.9.1 焊接接头应无气孔、裂纹、夹渣、未熔合等缺陷。

3.9.2 与工艺介质接触的母材及焊接接头铁素体含量应小于0.6%，所有耐蚀部位修理后均应测量铁素体含量。

3.9.3 堆焊层、衬里焊接接头的厚度均应大于4mm。

3.9.4 修补所用材料的化学成分、机械性能应符合尿素级材料有关标准的规定，修补耐蚀层所用焊接材料应采用00Cr25Ni22Mo2型。

3.9.5 列管检修及衬里挖补、贴补后均应进行氨渗漏试验。

3.9.6　无损检测合格标准

3.9.6.1　超声检测按 JB 4730—94《压力容器无损检测》，Ⅰ级合格。

3.9.6.2　射线检测按 JB 4730—94《压力容器无损检测》，Ⅱ级合格。

3.9.6.3　磁粉检测按 JB 4730—94《压力容器无损检测》，Ⅰ级合格。

3.9.6.4　渗透检测按 JB 4730—94《压力容器无损检测》，Ⅰ级合格。

3.9.6.5　列管的缺陷检测和壁厚测量按 ASME 第五卷第八章及第八章附录执行。

3.10　复位

3.10.1　同第一篇 3.7.1～3.7.2。

3.10.2　液体分配系统复位程序：

3.10.2.1　液体分配器经过阻力测试合格；升气管顶端标上小孔方位的标记，以保证安装后各升气管小孔方位相同；

3.10.2.2　复位时更换全部聚四氟乙烯密封圈；

3.10.2.3　先放升气管定位板，借助支撑螺栓使定位板比升气管稍高，以便升气管对中；

3.10.2.4　升气管依次插入列管的上管端，装满一块定位板的范围后，落下定位板，固定住升气管，拧紧支撑螺栓的螺母；

3.10.2.5　将脱盐水通入汽提塔上管箱内，水面高出管板约 30mm，检查列管端与升气管连接处是否泄漏；充水半小时后在下管端没出现水滴，试验合格。

3.10.3　拆除各法兰及人孔密封面的保护物，清理各密封面，更换人孔密封垫；设备、工艺、安全三方技术人员确认内件安装无误后人孔盖吊装就位；螺栓涂二硫化钼后按要求紧固。

3.10.4 上高压螺栓

同第一篇3.7.5。

3.10.5 γ液面计复位。

3.10.6 恢复保温。

4 试验与验收

同第一篇4。

5 维护与故障处理

5.1 日常维护

5.1.1 每班对壳侧冷凝液进行排污、上部放空，防止氯离子沉积；每周对壳侧冷凝液取样分析氯离子含量，要求氯离子 $<0.5mg/L$，如异常，应增加分析频度并查明原因，予以排除。

5.1.2 检查壳侧冷凝液出口的电导值，应不超过 $30\mu S/cm$，超高时应立即分析氨含量，并查明原因，予以排除。

5.1.3 其他维护内容同第一篇5.1。

5.2 故障处理

常见故障与处理见表2。

表2 常见故障与处理

序号	故障现象	故障原因	处理方法
1	人孔盖泄漏	密封面损伤 垫片失效 螺栓紧固力不够或不均 腐蚀泄漏	打磨、补焊、研磨平 更换 按规定紧固螺栓 停车处理，严禁带压堵漏

序号	故障现象	故障原因	处理方法
2	检漏管泄漏	衬里焊接接头腐蚀漏 衬里腐蚀泄漏	紧急停车,修复
3	冷凝液电导超标	管口焊接接头泄漏 列管腐蚀减薄,爆管 列管冶金缺陷,爆管 管板耐蚀层腐蚀泄漏	停车、查漏、修理、堵管
4	低压侧碳钢壳体、隔栅、碳钢管板腐蚀严重	列管或其焊接接头腐蚀泄漏 管板耐蚀层腐蚀泄漏未及时停车	电导超标应及时停车修复,同时加强排污
5	封头衬里腐蚀减薄、开裂	保温不良 材料不合格 打磨过度或不当	加强保温 严密监测,必要时更换 打磨要轻,边缘过渡平滑,磨后抛光、钝化,直至贴补、更换
6	出液超温	工艺参数偏离正常值 流体升气管小孔堵塞 升气管移位或安装不良 聚四氟乙烯垫密封失效 流体升气管小孔腐蚀扩大	调整工艺参数 清除上管板结块,防止氨泵聚四氟乙烯垫填料漏入汽提塔,选用耐氧化润滑油 按要求安装,平稳开车,防止液击 密封面光刀,更换聚四氟乙烯垫更换升气管 更换全部升气管,重新钻小孔

第三篇　高压甲铵冷凝器维护检修规程

3　检修与质量标准

3.1　拆卸与检查

3.1.1　吊装机具就位,挂好吊具,拆除有关保温层。

3.1.2 拆卸有关的接管法兰螺栓,保护好密封面。

3.1.3 采用专用液压装置拆卸上、下人孔盖螺栓。按与上紧时相反的顺序分五步松开所有螺母。拆卸时初始油压可稍高于上紧时的最终油压,然后以上紧时终压的66%、41%、21%、8%逐步松开螺母。拆下全部螺柱、螺母,放在安全位置并采取保护措施,防止碰伤螺纹。

3.1.4 吊开上、下封头人孔盖,密封面朝上,便于检查密封面及人孔盖衬里,用原齿型垫保护密封面。

3.1.5 拆除上封头分布器支撑螺栓、螺母,将分布器逐块拆除,放置于安全处。

3.1.6 内、外部检查

3.1.6.1 外部检漏管是否畅通。

3.1.6.2 保温层厚度是否合格,外护层有无破损,雨水是否渗入,重点检查吊耳部分的保温。

3.1.6.3 设备支承的检查。

3.1.6.4 封头及管箱衬里

同第二篇 3.1.7.4。

3.1.6.5 衬里泄漏检查

同第二篇 3.1.7.5。

3.1.6.6 列管与管板

a. 检查列管、管板有无腐蚀产物、结垢;

b. 用肉眼或 5～10 倍放大镜检查所有列管及管板角接接头有无蚀坑、针孔、裂纹等缺陷,重点检查收弧点处的腐蚀情况;

c. 检查列管密封面及端面腐蚀、减薄、沟槽、机械损伤等缺陷;

302

d. 用磁探仪检查管板堆焊层厚度和管板碳钢层有无腐蚀损坏，下管板铁磁性堆积物情况；

e. 必要时用内窥镜检查换热管内部腐蚀情况，有无蚀坑、针孔、裂纹等缺陷；

f. 用涡流检测方法对换热管进行 100%缺陷检测和测厚；

g. 列管垂直度检查。从列管内吊下重垂，注意防止铅垂线的扭动，检查列管的垂直度不应超过 0.5/1000。

3.1.6.7　列管和管板角接接头试漏

同第二篇 3.1.7.7。

3.1.6.8　内件

a. 检查内件有无腐蚀、开裂、变形、翻倒等异常现象；

b. 检查液体分布器小孔大小和均匀程度。

3.1.6.9　密封结构

同第二篇 3.1.7.10。

3.1.6.10　承压壳体

同第二篇 3.1.7.11。

3.1.6.11　安全附件

同第二篇 3.1.7.12。

3.2　密封结构检修

同第二篇 3.2。

3.3　衬里母材检修

同第二篇 3.3。

3.4　列管检修

同第二篇 3.4(不包括 3.4.4 内容)。

3.5　管板检修

同第二篇 3.5。

3.6 内件检修

3.6.1 内件变形、腐蚀减薄并已影响到内件组装和汽液分配效果时，应进行校正、修复或更换。

3.6.2 内件连接螺栓推荐采用00Cr25Ni22Mo2型材料。

3.7 承压壳体检修

同第二篇3.7。

3.8 安全附件检修

同第二篇3.8。

3.9 检修质量标准

同第二篇3.9。

3.10 复位

3.10.1 同第一篇3.7.1～3.7.2。

3.10.2 同第二篇3.10.3。

3.10.3 上高压螺栓

同第一篇3.7.5。

3.10.4 恢复保温。

4 试验与验收

同第一篇4。

5 维护与故障处理

5.1 日常维护

5.1.1 每班对壳侧冷凝液进行排污、上部放空，防止氯离子沉积；每天对壳侧冷凝液取样分析氯离子含量，要求氯离子 $< 0.2 \text{mg/L}$，溶氧 $< 0.2 \times 10^{-3} \text{mg/L}$，如异常，应增加分析频度并查明原因，予以排除。

5.1.2 每天分析尿素中间产物与成品尿素中镍含量一次；

若发现超标，应增加分析频度；当成品尿素镍含量连续两天超过 0.3mg/L，确认为高压系统腐蚀所致，要对系统进行重新钝化。

5.1.3　检查壳侧冷凝液出口的电导值，应不超过 30μs/cm，超高时应立即分析氨含量，并查明原因，予以排除。

5.1.4

　　同第一篇 5.1。

5.2　常见故障与处理

　　常见故障与处理见表 3。

表 3　常见故障与处理

序号	故障现象	故障原因	处理方法
1	人孔盖泄漏	密封面损伤 垫片失效 螺栓紧固力不够或不均 腐蚀泄漏	打磨、补焊、研磨平 更换 按规定紧固螺栓 停车处理，进行打磨补焊、研磨平，严禁采用带压堵漏处理泄漏
2	检漏管泄漏	衬里焊接接头腐蚀泄漏 衬里腐蚀泄漏 衬里急焊接接头开裂泄漏	紧急停车，修复
3	冷凝液电导超标	管口焊接接头泄漏 列管腐蚀减薄，爆管 列管冶金缺陷，爆管 管板耐蚀层腐蚀泄漏	停车，找出漏点，打磨补焊 停车堵管 停车堵管 停车修复
4	低压侧碳钢壳体、隔栅、碳钢管板腐蚀严重	列管或其焊接接头腐蚀泄漏 管板耐蚀层腐蚀泄漏未及时停车	电导超标应及时停车修复，同时加强排污
5	封头衬里腐蚀减薄严重	保温不良 衬里材料不合格	加强保温 严密监测，直至贴补、更换
6	分布器腐蚀严重	甲胺和二氧化碳分布不均 工艺参数偏离正常值 材料不良或老化	改善安装 调整工艺参数 更换

第四篇　高压洗涤器维护检修规程

3　检修与质量标准

3.1　拆卸与检查

3.1.1　吊装机具就位，挂好吊具，拆除有关保温层。

3.1.2　拆卸所有与封头有关的接管法兰螺栓，保护好密封面及透镜垫。

3.1.3　拆卸高压螺栓。同第一篇 3.1.3。

3.1.4　吊开上、下封头人孔盖，保护好密封面。

3.1.5　拆出上管箱中心漏斗。

　　注：中荷型上部防爆空间为球形容器，上管板为全封闭。

3.1.6　内、外部检查。

　　同第三篇 3.1.6。

3.1.7　防爆板及防爆空间检查

　　用渗透检测检查防爆板及防爆空间焊接接头有无裂纹等缺陷。

3.2　密封结构检修

　　同第二篇 3.2。

3.3　衬里母材检修

　　同第二篇 3.3。

3.4　列管检修

　　同第二篇 3.4(不包括 3.4.4 内容)。

3.5　管板检修

　　同第二篇 3.5。

3.6　防爆板及防爆空间检修

3.6.1 防爆板焊接接头缺陷可用打磨补焊消除。防爆板如损坏，必须更换。

3.6.2 防爆空间衬里及其焊接接头缺陷打磨补焊消除，如无法补焊消除可更换衬里。

3.7 承压壳体检修

同第二篇 3.7。

3.8 安全附件检修

同第二篇 3.8。

3.9 检修质量标准

同第二篇 3.9。

3.10 复位

3.10.1 同第一篇 3.7.1～3.7.2。

3.10.2 同第二篇 3.10.3。

3.10.3 上高压螺栓

同第一篇 3.7.5。

3.10.4 恢复保温。

4 试验与验收

同第一篇 4。

5 维护与故障处理

5.1 日常维护

5.1.1 壳侧调温水氯离子含量 < 0.2mg/L，溶氧 < 0.2 × 10^{-3}mg/L。

5.1.2 每天分析尿素中间产物与成品尿素中镍含量一次；若发现超标，应增加分析频度；当成品尿素镍含量连续两天超过 0.3mg/L，确认为高压系统腐蚀所致，应对系统进行重新钝化。

5.1.3 壳侧调温水出口的电导值，应不超过 30μs/cm，超高时应立即分析氨含量，并查明原因，予以排除。

5.1.4

同第一篇 5.1。

5.2 常见故障与处理

高压洗涤器常见的设备故障与处理见表 4。

表 4 常见故障与处理

序号	故障现象	故障原因	处理方法
1	人孔盖泄漏	密封面损伤 密封垫片失效 螺栓紧固不均匀 腐蚀泄漏	打磨、补焊、研磨平 更换 按规定紧固螺栓 停车处理，严禁采用带压堵漏处理
2	检漏管泄漏	衬里焊接接头腐蚀泄漏 衬里腐蚀泄漏 衬里及焊接接头开裂泄漏	紧急停车，修复 紧急停车，修复 紧急停车，修复
3	调温水电导超标	列管管口焊接接头腐蚀泄漏 列管管口段腐蚀泄漏 列管冶金缺陷泄漏或应力腐蚀破裂泄漏 管板耐蚀层腐蚀泄漏	停车，找出漏点，打磨补焊 停车堵管，有时间可拨管 停车堵管，根据条件可接管或换管，加强排污，添加联氨除氧，控制氨污染 停车修复
4	低压侧碳钢壳体、碳钢管板腐蚀严重	列管或其焊接接头腐蚀泄漏，管板耐蚀层腐蚀泄漏，未及时停车	电导超标即应及时停车修复，同时加强排污

续表

序号	故障现象	故障原因	处理方法
5	防爆板爆破	操作超压 气相可燃气体爆炸	停车修复 停车修复
6	管板与筒体、管板与中心管之间的过渡层焊接接头开裂	过渡堆焊的曲率半径太小	打磨补焊,增厚堆焊层,增大过渡区曲率半径
7	溢流漏斗固定筋板开裂	强度不够 爆炸的影响	补焊 补焊

附 录 A
尿素合成塔工艺及结构参数
（补充件）

参 数	美荷型		中荷型	法 型
介 质	甲铵,尿素,氨,二氧化碳,水		甲铵,尿素,氨,二氧化碳,水	甲铵,尿素,氨,二氧化碳,水
设计压力/MPa	15.7		15.7	15.7
操作压力/MPa	13.7		13.7	13.7
设计温度/℃	193		198	193
操作温度/℃	183		183	183
容积/m³	183		200.46	195
质量/t	250		318	340
内径/mm	$\phi2800$		$\phi2800$	$\phi2800$
制造厂	西德莱茵钢厂	日本神户制钢厂	南化公司化机厂	法国 CMP 厂
筒节加工方法	多层包扎	多层包扎	多层包扎	三层热套
筒节数量	6	7	11	11
筒节长度/mm	5000	4300	2872	2927
筒节厚度/mm	6.7 × 13	12 × 7	12 × 9	40 + 40 + 41
筒节材料	BH54W	K – TEN62M	K – TEN63M	MnNiV
筒节衬里厚度/mm	11	8	10	8
筒节衬里材料	316L 尿素级	316L 尿素级	316L 尿素级	316L 尿素级
筒节衬里方法	包扎	撑焊	包扎	热套
封头型式	球形	球形	球形	球形
封头加工方法	单层热压	单层热压	单层热压	单层热压
封头厚度/mm	上 94.5,下 120	上 95,下 120	115	80
封头材料	BH47W	SB49SR	19Mn5	A52C2
封头衬里方法	爆炸衬里	爆炸衬里	堆焊	堆焊
封头衬里厚度/mm	> 8mm	> 9mm	> 10mm	> 11mm
封头衬里材料	316L 尿素级	316L 尿素级	耐蚀层 2RM69	Thermaint21/17E

附 录 B
二氧化碳汽提塔工艺及结构参数
（补充件）

参 数	美荷型		中荷型		法 型	
	壳程	管程	壳程	管程	壳程	管程
介 质	蒸汽	甲铵、尿素、氨、二氧化碳	蒸汽	甲铵、尿素、氨、二氧化碳	蒸汽	甲铵、尿素、氨、二氧化碳
压力/MPa						
设 计	2.84	16.3	2.84	16.2	2.30	15.3
操 作	1.96	13.6	1.96	13.6	1.96	13.7
温度/℃						
设 计	225	225	229	229	225	225
操 作	214	入183/出170	214	入183/出170	214	入183/出170
传热面积/m²	—	1224.6	—	1680	—	1635
最大容量/m³	16.37	18.54	14	25	14.14	25.52
腐蚀余量/mm	1.5	0	1.5	0	1.5	0
列管数/根	2600		2875		2800	
管子规格/mm	$\phi 31 \times 3$, $X_2CrNiMo25-22-2$		$\phi 31 \times 3$, $X_2CrNiMo25-22-2$		$\phi 31 \times 3$, $X_2CrNiMo25-22-2$	
有效管长/mm	6000		6000		6000	
设备内径/mm	$\phi 2400$		低压 $\phi 2400$, 高压 $\phi 2500$		$\phi 2434$	
设备高度/mm	10725		12550		12106	
设备重量/t	105		126		160	
封 头	球形，WSTE47；衬里，316L尿素级或堆焊316L		球形，WB36，厚71mm；衬里，316L尿素级8mm		球形，19Mn5，厚70mm；衬里，堆焊316L	

续表

参 数	美荷型		中荷型		法 型	
	壳程	管程	壳程	管程	壳程	管程
高压筒体		圆筒,WSTE47;衬里,8mm316L尿素级		圆筒,WB36;衬里,8mm316L尿素级		圆筒,20Mn5,厚145mm;衬里,316L尿素级
管 板		锻件,22NiMoCr37;堆焊,316L		锻件,WB36,厚520mm;堆焊,316L		锻件,20Mn5,厚532mm;堆焊316L,8mm
升气管		$X_2CrNiMo25-22-2$,顶部无限流孔板		$X_2CrNiMo25-22-2$		$X_2CrNiMo25-22-2$,顶部有限流孔板

附 录 C
高压甲铵冷凝器工艺及结构参数
（补充件）

参 数	美荷型		中荷型		法 型	
	壳程	管程	壳程	管程	壳程	管程
介 质	蒸汽	甲铵、尿素、氨、二氧化碳	蒸汽	甲铵、尿素、氨、二氧化碳	蒸汽	甲铵、尿素、氨、二氧化碳
压力/MPa						
设计	0.78	15.9	0.78	16.2	0.78	15.8
操作	0.39	13.7	0.39	13.7	0.46	13.7
温度/℃						
设计	165	193	180	198	165	183
操作	148	167	148	167	148.8	167
传热面积/m²	—	1772.5	—	2439	—	2243

312

续表

参　数	美荷型		中荷型		法　型	
	壳程	管程	壳程	管程	壳程	管程
腐蚀余量/mm	1.5	0	1.5	0	1.5	0
列管数/根	2520		2748		2550	
管子规格/mm	$\phi25\times2.5\times12000$，316L尿素级		$\phi25\times2.5\times11300$，316L尿素级		$\phi25\times2.5\times12000$，316L尿素级	
设备内径/mm	$\phi2000$		低压 $\phi2050$ 高压 $\phi2100$		$\phi2094$	
设备高度/mm	16527		16487		16225	
设备质量/t	~105.5		100		90.5	
封　头	球形，WSTE36，80mm；松衬里8mm；316L尿素级		球形，WB36，厚58mm；衬里316L尿素级8mm		球形，A533Gr BC1.2，厚75mm；衬里，316L尿素级8mm	
管　箱	圆筒，WSTE36；松衬里8mm，316L尿素级		圆筒，WB36，108mm；衬里8mm，316L尿素级		圆筒，A533Gr BC1.2	
管　板	锻件，厚414mm，ADS5002M(20MnMo)爆炸衬里8mm316L尿素级(日)；BHW30，堆焊316L(荷)		锻件，WB36，厚490mm		锻件，厚478mm，A508Gr3；堆焊316L	

附 录 D

高压洗涤器工艺及结构参数

（补充件）

参　数	美荷型		中荷型		法　型	
	壳程	管程	壳程	管程	壳程	管程
介　质	冷凝水	甲铵、氨、二氧化碳	冷凝水	甲铵、氨、二氧化碳	冷凝水	甲铵、氨、二氧化碳
设计压力/MPa	1.22	15.7(表)	1.22	15.6	0.98	15.6
操作压力/MPa	0.88(表)	13.6(表)	0.88	13.6	0.88	13.6
设计温度/℃	183	193	198	198	150	183
操作温度/℃	130	180/174	130	180	80	183
传热面积/m²	—	169.5	—	265.7	—	100
腐蚀余量/mm	1.5	0	1.5	0	1.5	0
列管数/根	564		604		496	
管规/mm	$\phi25 \times 2 \times 5000$ 316L 尿素级		$\phi25 \times 2.5 \times 62303$ 316L 尿素级		$\phi25 \times 2.5 \times 2555$ 316L 尿素级	
设备内径/mm	$\phi935$		$\phi950$		$\phi920$	
设备高度/mm	10367		10540		9028	
设备质量/t	24		46.92		30	
封　头	球形，WSTE36，松衬里 8mm，316L 尿素级		球形，19Mn5，堆焊 2RM69		球形 19Mn5，衬里，316L 尿素级 8mm	
管　箱	圆筒，WSTE36；松衬里 8mm，316L 尿素级		上部，球形，19Mn5，堆焊 2RM69；下部，圆筒，20MnMo；衬里，8mm，316L 尿素级		圆筒，19Mn5，衬里，8mm，316L 尿素级	
管　板	锻件，BH39W		锻件，20MnMo		锻件，20Mn5	
制造厂	荷兰 Bronswerk		中国金州重型机器厂		Bignier Schmid-Laurent	

附 录 E

尿素高压设备氨渗漏试验方法

（补充件）

E1 设备衬里、列管的母材或焊接接头存在缺陷、引起泄漏，用一般检查方法不能查出泄漏点时，应采用氨渗漏方法进行检漏。

E2 氨渗漏检漏方法分两种：

a. 真空法：充入 100% 纯氨，检漏空间内空气应抽空到低于 6.65kPa（绝压），适用于衬里检漏。

b. 加压法：充入约 15%（体积）纯氨，其余为氮气，适用于列管、管板及列管角焊接接头检漏。

E3 试验方法

E3.1 真空法：

E3.1.1 按图 E1 连接检漏装置。

E3.1.2 用真空泵将检漏空间抽真空至压力低于 6.65kPa（绝压）。

a. 用氨气置换衬里与壳体间的空气，氮气压力不大于 2.94kPa（表压）；

b. 通入气氨，使压力逐渐升高到 2.94kPa（表压），稳压 10～12h；

c. 将检测显示剂喷涂到衬里或焊接接头可能泄漏的部

位，检查泄漏点；显示剂配方；1000g 水（NH₃ < 10mg/L）+ 50g 硫酸钡 + 50g 酚酞（1.5%酚酞酒精溶液）+ 适量淀粉；

　　d. 检查结束后，用氮气置换检漏空间的氨。

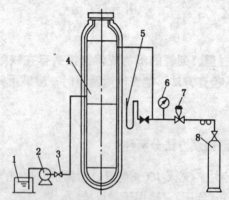

图 E1　真空法氨渗漏

1—水槽；2—真空泵；3—截止阀；4—衬里检漏区域；
5—U形管；6—压力表；7—压力控制阀；8—氨瓶

E3.2　加压法：

　　a. 按图 E2 连接检漏装置；

　　b. 加盲板，把待检漏的设备与系统切断；

　　c. 用氮气置换低压壳体侧的空气，氮气压力升到 0.29MPa（表）后再泄压，反复置换数次；

　　d. 通入气氨使壳侧压力达到 0.23MPa（表），保压 10 ~ 12h；

　　e. 进入设备，对列管焊接接头等部位喷涂显示剂，进行检查；

　　f. 为了提高检漏的灵敏度，可通入氮气将试漏压力升

316

高到 0.49 MPa（表）进行检漏，保压时间适当缩短；

　　g. 检漏完毕，排放氨，用氮气反复置换充氨的空间，使氨浓度降低到爆炸围之外。

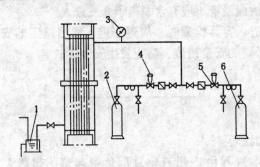

图 E2　管束氨渗漏

1—水槽；2—氨瓶；3—压力表；4、5—压力控制阀；6—氮气瓶

E4　注意事项

E4.1　检漏装置用的压力表必须校验合格；阀门等部件必须质量可靠。

E4.2　升压、降压必须缓慢、平稳，防止压力失控。对衬里检漏时在检漏装置氨进口管连接一个充油的 U 形管，控制压力在 $1.96 \sim 2.94$ kPa 范围内，以免造成衬里失稳事故。

E4.3　若对衬里检漏，停车时应设法同时用蒸汽或冷凝液对泄漏的碳钢壳体的夹层部位进行反复冲洗，以防止甲铵结晶堵塞、影响检漏效果。若泄漏较大，停车后应先用其他简易方法查出较大缺陷，处理后进行氨渗漏检漏。

E4.4　检漏前应先清洗干净设备内存在的油污、垢层及修理补焊部位，避免残留的碱性或酸性物与显示剂反应、引起误检。

E4.5 对列管焊接接头检漏前，应采取措施排尽、吹干管间及管板上的水分。

E4.6 检漏系统不应有含氯离子介质进入。

E4.7 进入容器检漏时，应遵守进入容器施工的安全规定并采取必要的安全措施，防止发生安全事故。

附加说明：

1 本规程由广州石化总厂负责起草，起草人李挺芳（1992）。

2 本规程由湖北化肥分公司负责修订，修订人陈金林、陈秋平（2004）。

12. 全循环改良 C 法尿素装置高压设备维护检修规程

SHS 05012—2004

目　次

1　总则 ……………………………………………………（321）

第一篇　尿素合成塔维护检修规程

2　检修周期与内容 ……………………………………（321）

3　检修与质量标准 ……………………………………（322）

4　试验与验收 …………………………………………（329）

5　维护与故障处理 ……………………………………（330）

第二篇　高压分解塔维护检修规程

2　检修周期与内容 ……………………………………（331）

3　检修与质量标准 ……………………………………（332）

4　试验与验收 …………………………………………（335）

5　维护与故障处理 ……………………………………（336）

第三篇　高压吸收塔维护检修规程

2　检修周期与内容 ……………………………………（337）

3　检修与质量标准 ……………………………………（337）

4　试验与验收 …………………………………………（344）

5　维护与故障处理 ……………………………………（345）

附录 A　尿素合成塔参数(补充件)………………………（346）

附录 B　高压分解塔物性参数(补充件)…………………（346）

附录 C　高压吸收塔物性参数(补充件)…………………（347）

1 总则

1.1 主题内容与适用范围

1.1.1 主题内容

本规程规定了全循环改良 C 法 48 万吨/年尿素装置合成塔、高压分解塔及高压吸收塔的检修周期与内容、检修与质量标准、试验与验收、维护与故障处理。安全、环境和健康(HSE)一体化管理系统,为本规程编制指南。

1.1.2 适用范围

本规程适用于全循环改良 C 法 48 万吨/年尿素装置合成塔、高压分解塔及高压吸收塔的检修及维护。

1.2 编写修订依据

国务院第 373 号令 《特种设备安全监察条例》

质技监局锅发[1999]154 号 《压力容器安全技术监察规程》

劳锅字[1990]3 号 《在用压力容器检验规程》

GB 150—1998 钢制压力容器

随机资料

第一篇 尿素合成塔维护检修规程

2 检修周期与内容

2.1 检修周期

检修周期 2 ~ 3 年。

2.2 检修内容

2.2.1 基础、防腐保温等外部设施的检修。

2.2.2　密封结构的检修。

2.2.3　衬里的检修。

2.2.4　内件的检修。

2.2.5　承压壳体的检修。

2.2.6　按《在用压力容器检验规程》进行压力容器内外部检验。

3　检修与质量标准

3.1　检修前的准备工作

3.1.1　检修前根据设备运行的情况，熟悉图纸、技术档案，按 HSE 危害识别、环境识别、风险评估的要求，编制检修方案。

3.1.2　备品配件及施工机具准备就绪，安全劳动保护措施到位。

3.2　拆卸

3.2.1　拆卸人孔盖螺栓，应按要求的顺序进行，即分次逐步松开所有的螺母，初压可稍高于上紧时终压。

3.2.2　拆除人孔盖，应将其热电偶套管端朝上水平放好，并用塑料布包好。

3.2.3　拆除塔底三物料进口管，并用塑料布包好管口。

3.3　检查

3.3.1　外部检查

3.3.1.1　检查合成塔保温层、检漏管、铭牌是否完好。

3.3.1.2　检查平台、梯子、支架、吊耳、裙座等是否完好。

3.3.1.3　检查地脚螺栓的紧固情况。

3.3.1.4　检查基础是否有裂纹、破损、倾斜和下沉情况。

3.3.2　钛衬里的外观检查

用肉眼或借助于 5～10 倍放大镜进行，检查出的缺陷部位在方位图中应详细标注。

3.3.2.1　检查塔顶、底封头及筒体钛衬里表面，尤其是焊缝及其热影响区有无裂纹、鼓包、针孔等缺陷。

3.3.2.2　用小木锤轻轻敲击钛衬里层，确认衬里的贴合是否良好。

3.3.2.3　检查钛衬里表面颜色有无异常。

3.3.2.4　检查钛衬里表面有无局部冲刷腐蚀。

3.3.3　氨渗透检查

当需要确认钛衬里有无穿透性缺陷时，进行氨渗透检查，其压力不应大于 0.05MPa。

3.3.4　测厚

3.3.4.1　要求每块钛板至少应测 4 点。

3.3.4.2　每次检测时应按方位图中的定点位置进行。

3.3.5　渗透检测

3.3.5.1　检测部位：

a. 钛衬里焊缝及其热影响区；

b. 补焊、打磨修理部位；

c. 外观检查有疑问的部位。

3.3.5.2　渗透前的处理

要渗透检测的部位必须清除氧化膜，使其呈钛本色(银白色)。

a. 要求采用不锈钢丝轮轻轻抛磨，死角部位用不锈钢丝刷手工轻轻抛磨；

　　b. 抛磨部位(不包括密封面)不允许造成深于 0.2mm 的划痕;

　　c. 焊缝区的抛磨应向焊缝两侧各延伸 50mm, 即总宽至少 100mm。

3.4　焊缝及焊接试验的要求

3.4.1　焊接人员要求

3.4.1.1　焊工必须持有专门考核取得的合格证件。

3.4.1.2　承担焊接接头组对的操作人员, 必须戴洁净的手套, 不得触摸坡口及其两侧附近区域, 严禁用铁器敲打钛板表面及坡口。

3.4.2　焊接工艺要求

3.4.2.1　焊接必须采用惰性气体保护焊。

3.4.2.2　焊接采用的惰性气体(如氩气或氦气)的纯度应不低于 99.99%, 露点应不高于 - 50℃。

3.4.2.3　焊接材料必须进行除氢和严格的清洁处理。

3.4.2.4　焊丝材质应同于或接近母体, 杂质总量应不大于 0.6%。

3.4.2.5　有关焊接规范参见表 1。

表 1　焊　接　规　范

钛板厚度/ mm	焊接速度/ (mm/min)	电流/ A	电压/ V	氩气流量/(L/min)		
				喷嘴	拖盒	背面
3	100~150	120~130	16~18	10~15	40~50	10~15
4	100~150	130~140	16~18	20~25	45~55	10~15
5	100~150	140~150	16~18	25~30	55~65	10~15

3.4.2.6　焊接过程中, 每焊完一道焊缝必须对照表 2(焊缝表面颜色判定标准)进行检查, 不合格的焊缝焊肉应全部除

去后重焊，每道焊缝返修不应超过两次。

3.4.3 焊接试验要求

3.4.3.1 焊工修复钛衬里前必须按规定对焊接试样进行强度、硬度、弯曲等机械性能试验。

3.4.3.2 按规定对焊接试样进行表面渗透、超声波探伤、X 射线等无损检测。

3.4.3.3 按规定对焊接试样进行金相检验。

3.5 密封结构的检修

3.5.1 人孔盖螺栓、螺母进行外观检查，螺栓进行 100% 磁粉探伤检查，不允许有毛刺、裂纹、螺纹断裂以及引起应力集中的缺陷。

表 2　焊缝表面颜色判定标准

等级	焊道表面颜色	氩气保护	焊缝质量情况	判定
Ⅰ	银白色金属光泽	良好	优良	合格
Ⅱ	金黄色金属光泽	良好	良好	合格
Ⅲ	紫金色金属光泽	较好	一般不影响焊缝质量	合格
Ⅳ	天蓝色金属光泽	尚可	焊缝表面稍有氧化,塑性稍有下降,不影响质量	合格
Ⅴ	灰色	较差	焊缝受到氧化,塑性降低	不合格
Ⅵ	暗灰色	较差	焊缝已严重氧化	不合格
Ⅶ	白色	很差	焊缝完全氧化、变脆	不合格
Ⅷ	黄白色表面或有粉状附着物	极差	焊接区完全脆化,易产生裂纹、气孔及夹渣等	不合格

3.5.2 检查其他各部螺栓应无毛刺、裂纹、螺纹断裂以及引起应力集中的缺陷，否则予以更换。

3.5.3 外观检查及渗透检测人孔盖及顶法兰密封面(槽)，

应光滑平整。如有轻度划伤等缺陷,可用砂纸或油石(不含铁质)消除。较深划伤等缺陷,可采用焊接修补。通过打磨和手工研磨确保密封面(槽)平整光洁。

3.5.4 其他各密封面、密封元件应无腐蚀、损伤等缺陷。

3.6 衬里的检修

3.6.1 表面缺陷的修理

3.6.1.1 检查中发现的针孔、凹坑、微裂纹等缺陷部位进行打磨,打磨面应尽量小、圆滑过渡,不能产生尖角。

3.6.1.2 每遍打磨深度控制在 0.2mm 以内,打磨至确认缺陷消除为止。

3.6.1.3 打磨深度小于 0.5mm 时,一般可以不进行补焊处理;但必须将该部位抛光处理,表面粗糙度 R_a 最大允许值为 6.3μm。

3.6.1.4 打磨深度大于 0.5mm 时,应进行补焊处理,并经渗透检测确认缺陷以消除为合格。

3.6.2 钛衬里穿透性缺陷的修理

穿透性缺陷一般采用挖补法进行修理。挖补时尽量避免十字交叉焊缝,最好采用"T"字焊缝型式。

3.6.2.1 确定好缺陷部位需挖去的尺寸,沿画线切割取下缺陷衬里板。

3.6.2.2 根据切割下的缺陷衬里尺寸,预制衬板并钻直径为 3~5mm 的检验孔。

3.6.2.3 根据衬板尺寸预制盖板,要求盖板每边压住衬板20~25mm。

3.6.2.4 为保证其相互间的贴合度,要对衬板、盖板进行准确的预制成形,尤其是上、下封头的过渡区要成形准确,撑紧和焊接时都要采取适当的措施以保证贴合紧密。

3.6.2.5 衬板、盖板组对(见图1)时为了避免铁污染，衬板不允许焊透；盖板采用搭接焊焊在衬里上。

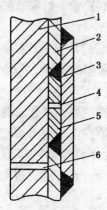

图 1 衬板盖板组装局部示意图

1—壳体；2—钛衬里；3—盖板；4—检验孔；5—新衬板；6—检漏孔

3.6.2.6 穿透性缺陷处理完后，应按规定进行渗透检测及氨渗透检验，确认缺陷消除为合格。

3.7 内件的检修

3.7.1 检查塔顶、底热电偶套管无腐蚀、冲刷情况。

3.7.2 检查塔底封头三物料进口短管无腐蚀、冲蚀情况，如有上述缺陷，将冲蚀部位打磨光滑(呈银白色)，并用丙酮彻底清洗干净，然后进行补焊，要求分道分层堆焊，其层间温度应低于200℃。

3.8 检修承压壳体，碳钢壳体腐蚀时应进行如下处理。

3.8.1 如果腐蚀深度不影响壳体强度，则采用铁质粘合剂填补的方式处理。

3.8.2 如果腐蚀深度影响壳体强度，则采取补焊的方式处理。

3.8.2.1 补焊(或填补)前，对腐蚀部位应进行彻底打磨并清除杂物。

3.8.2.2 补焊(或填补)后，表面要同相邻母材平滑过渡，有圆角处应打磨出原来的圆角，以保证加衬钛板时贴合紧密。

3.8.2.3 补焊应根据材料选择合适的焊接工艺。

3.8.2.4 多层多道堆焊时的温升要控制温度不超过650℃(否则对钛衬里将产生不利的影响)，且应等前道焊缝冷却到控制温度以下时再焊下一道焊缝，避免累积温升过高引起残余应力过大。

3.9 回装

3.9.1 回装前彻底清除塔内异物，彻底清洗塔内壁。

3.9.2 人孔盖螺栓的螺纹应涂二硫化钼。

3.9.3 回装三角形人孔垫时，应检查其是否达到设计图纸要求，并用丙酮彻底清洗密封面(槽)，除去油污等杂质。

3.9.4 回装人孔盖时应使其保持水平缓慢降落。

3.9.5 紧固人孔盖螺栓：

3.9.5.1 上紧时先用手或简单工具旋紧螺母，直至螺母的底面与法兰面接触为止。

3.9.5.2 采用专用液压紧固装置，应分五步上紧螺栓，不可一次用力过猛、上紧过量，油压的终压应按照设备制造厂提供的规定值确定。

第一步：油压为终压的8%；

第二步：油压为终压的 21%；

第三步：油压为终压的 41%；

第四步：油压为终压的 66%；

第五步：油压为终压的 100%；

3.9.5.3 螺栓上紧必须按图 2 所示Ⅰ、Ⅱ、Ⅲ、Ⅳ顺序成组上紧，每个压力等级都应按顺序至少上紧两次，以保证螺栓受力均匀。

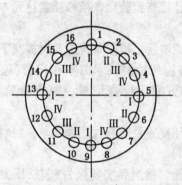

图 2 人孔盖螺栓上紧顺序示意图

3.9.5.4 在扭紧过程中为防止螺栓受力不均，最终紧固压力偏差不大于 2MPa。

4 试验与验收

4.1 试验

4.1.1 尿素合成塔的水压试验压力为 31MPa。

4.1.2 试压用水应选用洁净的清水，温度在 15℃以上，氯离子含量小于 10mg/L。

4.1.3 升、降压应保持以每小时 2MPa 的速度进行，每级应稳压 5~10min。

4.1.4 试压时塔体无异常变形，检漏管及密封面无泄漏为合格。

4.1.5 气密试验压力为 24.6MPa，无泄漏、无异常变形为合格。

4.2 验收

4.2.1 设备经检修检验后，检修质量达到本规程规定的质量要求。

4.2.2 检修完毕后，检修单位应及时提交下列技术资料。

4.2.2.1 设备检修检测技术方案和记录(包括检修技术方案、设备检测方案、检修记录、中间检验记录、实验记录等)。

4.2.2.2 设计变更及材料代用通知单，材料及零部件合格证(质量证明书)。

4.2.2.3 检验、检测和实验报告(包括压力容器定期检验报告、水压试验报告、气密性试验报告、无损检测报告)。

4.2.3 由设备主管部门、施工、生产等单位共同验收合格。

4.2.4 设备运行一周，满足生产要求，达到各项技术指标，设备达到完好标准。

5 维护与故障处理

5.1 维护

5.1.1 应严格执行合成塔操作规程，严禁超温、超压、超负荷运行。

5.1.2 定期检查人孔盖、阀门、法兰等密封点有无泄漏情况。

5.1.3 按巡检制度检查检漏管有无泄漏情况；定期检查检漏管有无堵塞，必要时用蒸汽吹扫保持检漏管畅通。

5.1.4 按巡检制度，检查安全阀、压力表等安全附件是否灵活好用。

5.2 常见故障与处理(见表3)

表3 常见故障与处理

序号	故障现象	故障原因	处理方法
1	法兰密封面泄漏	紧固螺栓松动	重新紧固螺栓
		垫子损坏	换垫或带压堵漏
		密封面损坏	带压堵漏或停车处理
2	检漏管检试不通	检漏管堵塞	用蒸汽吹扫

第二篇 高压分解塔维护检修规程

2 检修周期与内容

2.1 检修周期

检修周期2~3年。

2.2 检修内容

2.2.1 基础、防腐保温等外部设施的检修。

2.2.2 密封结构的检修。

2.2.3 内件的检修。

2.2.4 膜式加热器的检修。

2.2.5 承压壳体的检修。

2.2.6 按《在用压力容器检验规程》进行压力容器定期检验。

3 检修与质量标准

3.1 检修前的准备

3.1.1 检修前根据设备运行的情况，熟悉图纸、技术档案，按 HSE 危害识别、环境识别、风险评估的要求，编制检修方案。

3.1.2 备品配件及施工机具准备就绪，安全劳动保护措施到位。

3.2 拆卸

3.2.1 拆卸人孔螺栓，打开人孔。

3.3 检查

3.3.1 检查外部设施。

3.3.1.1 检查设备固定螺栓的紧固情况。

3.3.1.2 检查梯子、平台、支架、吊耳等是否完好。

3.3.1.3 检查设备视镜、防爆板等的完好情况。

3.3.2 塔内件的检查

检查分布器、分布板、塔盘、下液管等部件有无裂纹、变形、损坏、缺件的情况。

3.4 密封结构的检修

3.4.1 检查人孔密封面、设备接管法兰等密封面是否光滑、平整。如有轻度划伤等缺陷，可用砂纸或油石消除；如有较深划伤等缺陷，应根据情况进行机加工或采取焊接修补的方式处理。

3.4.2 检查人孔盖、设备接管法兰等部位的螺栓，应无毛刺、裂纹、螺纹断裂以及引起应力集中的缺陷，否则予以更换。

3.5　内件的检修

3.5.1　检查气体分布管的支架焊缝无裂纹，管壁无开裂损坏，螺栓无松动，必要时进行焊接修补或更换。

3.5.2　检查 $1^\#$ ~ $5^\#$ 塔板支架焊缝应无裂纹、损伤，必要时进行焊接修补处理。

3.5.3　检查溢流堰装置与简体连接焊缝应无裂纹，管壁、锥板等部件应无开裂、损坏。堰顶水平度允差不大于 4.5mm，堰高允差 ±1.5mm。

3.5.4　检查 $1^\#$ ~ $5^\#$ 塔盘、塔板等部件应无开裂、变形、损坏等缺陷，固定螺栓、垫子应无缺少、损坏，必要时进行修复或更换。

3.5.4.1　塔板等部件内、外边缘不应有毛刺。

3.5.4.2　塔盘板平面度偏差局部在 300mm 长度内不得超过 2mm。塔盘板在整个板面内的弯曲度不大于 3mm；

3.5.4.3　塔盘板长度偏差为 –4~0mm，宽度偏差为 –2~0mm。

3.5.4.4　塔盘面水平度在整个面上的偏差不大于 6mm。

3.5.5　检查分配帽有无堵塞、损坏必要时进行更换。

3.5.6　检查降液板应无变形、开裂、损坏，其余塔盘装配如图 3 所示。质量标准如下

3.5.6.1　A 的距离为 50mm（仅 $5^\#$ 塔盘 A 的距离为 150mm），公差为 ±1.5mm。

3.5.6.2　B 的距离为 45mm，公差为 ±3.0mm。

3.5.6.3　D 的距离为 600mm（仅 $5^\#$ 塔盘的距离为 350mm），公差为 ±4.0mm。

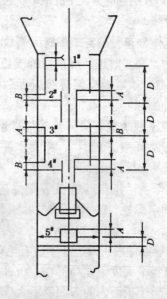

图 3　塔板与降液板尺寸检查示意图

3.6　膜式加热器的检修

3.6.1　检查膜式加热器的管板、换热管等，应无裂纹、腐蚀，通过渗透法进一步确认，必要时进行焊接修补。

3.6.2　按规定进行水压试验，换热管无泄漏、壳体等无异常变形、无异常响声为合格。对于发生泄漏的换热管，可加工管堵进行堵管，堵管数不应超过总管数的10%。当堵管数超过10%时，应按规定进行换管处理。

3.7　承压壳体的检修

3.7.1　检查塔内壁及焊缝无裂纹、腐蚀，重点检查焊缝及其热影响区、起弧和收弧部位、简体与封头的环焊缝等，无裂纹、坑蚀及表面光泽异常等现象。

3.7.2 无损检测

3.7.2.1 对上述部位按规定进行无损检测，按 JB 4730—94《压力容器无损检测》的要求进行验收。

3.7.2.2 对上述部位按规定进行射线检测，并按 JB 4730—94《压力容器无损检测》的要求进行检验，Ⅱ级合格。

3.7.3 塔壁的局部蚀坑，当其深度不超过原壁厚的 1/5，可以用堆焊的办法处理。

3.7.4 塔壁的腐蚀缺陷，当其厚度小于最小设计壁厚，应整台更换。

3.7.5 塔体焊缝裂纹、未溶合、夹渣及未焊透等缺陷时，采用砂轮消除，经渗透检测确认缺陷，通过补焊方法处理，并再做渗透检测确认。

3.8 回装

3.8.1 回装前彻底清除塔内异物，彻底清洗塔内壁。

3.8.2 凡打开或拆除的接管及密封部位的垫片应更换。

3.8.3 按要求的回装程序进行回装。

4 试验与验收

4.1 试验

4.1.1 气密试验压力为 1.77MPa，无泄漏、无异常变形为合格。

4.2 验收

4.2.1 设备经检修检验后，检修质量达到本规程规定的质量要求。

4.2.2 检修完毕后，检修单位应及时提交下列技术资料：

4.2.2.1 设备检修检测技术方案和记录(包括检修技术方案、设备检测方案、检修记录、中间检验记录、实验记录等)。

4.2.2.2 设计变更及材料代用通知单,材料及零部件合格证(质量证明书)。

4.2.2.3 检验、检测和实验报告(包括压力容器定期检验报告、水压试验报告、气密性试验报告、无损检测报告、理化试验报告)。

4.2.3 由设备主管部门、施工、生产等单位共同验收合格。

4.2.4 设备运行一周,满足生产要求,达到各项技术指标,设备达到完好标准。

5 维护与故障处理

5.1 维护

5.1.1 应严格执行合成塔操作规程,严禁超温、超压、超负荷运行。

5.1.2 定期检查人孔、阀门、法兰等密封点有无泄漏情况。

5.1.3 按巡检制度要求,定期检查安全阀、压力表等安全附件是否灵活好用。

5.2 常见故障与处理(见表4)

表4 常见故障与处理

序号	故障现象	故障原因	处理方法
1	密封点泄漏	紧固螺栓松动	重新把紧螺栓
		密封垫损坏	换垫或带压堵漏
		密封面损坏	带压堵漏
2	视镜破裂	超温超压或其他	停车更换

第三篇 高压吸收塔维护检修规程

2 检修周期与内容

2.1 检修周期

检修周期 2～3 年。

2.2 检修内容

2.2.1 基础、防腐保温等外部设施的检修。

2.2.2 设备密封结构的检修。

2.2.3 设备承压壳体检修。

2.2.4 设备复合层检修。

2.2.5 设备内件检修。

2.2.6 设备内部冷却器检修。

2.2.7 设备安全附件检修。

2.2.8 按《在用压力容器检验规程》进行压力容器定期检验。

3 检修与质量标准

3.1 检修前的准备

3.1.1 检修前根据设备运行的情况，熟悉图纸、技术档案，按 HSE 危害识别、环境识别、风险评估的要求，编制检修方案。

3.1.2 备品配件及施工机具准备就绪，安全劳动保护措施到位。

3.2 拆卸

3.2.1 拆卸人孔螺栓，打开人孔。

3.2.2　断开内部冷却器冷却水的进出口接管。

3.2.3　卸掉内部冷却器管箱。

3.2.4　内部冷却器抽管束，冲洗检查。

3.2.5　卸出填料，拆卸内件。

3.3　检查

3.3.1　设备外部防腐、保温及设备铭牌是否完好。

3.3.2　塔体及焊缝有无裂纹、局部减薄和局部凹坑等异常现象。

3.3.3　塔体及内部冷却器各法兰密封处、接管焊缝及受压元件等处有无泄漏。

3.3.4　设备各处紧固螺栓的腐蚀及紧固情况。

3.3.5　压力表、温度计和视镜片等安全部件是否齐全、完好。

3.3.6　设备基础是否有裂纹、破损、倾斜和下沉等异常现象。

3.3.7　设备上的梯子、平台是否牢固、可靠。

3.4　密封结构检修

3.4.1　密封面检查、清洗、研配。

3.4.2　使用过的密封垫片应更换。

3.4.3　紧固螺栓应进行宏观检查。

3.5　承压壳体检修

3.5.1　表面缺陷检查

3.5.1.1　对于母材与焊缝的表面腐蚀和机械损伤等，应测量其深度、面积及其分布情况，并标图记录。对非正常的腐蚀应查明原因，必要时拍照存档。

3.5.1.2　表面裂纹及近表面裂纹采用磁粉或渗透检查的探

伤方法查明。

3.5.1.3 表面缺陷的修理根据其缺陷的深浅、大小等综合分析，分别采用打磨圆滑过渡或补焊等方法进行处理。

3.5.2 测厚检查

3.5.2.1 测厚的位置应具有代表性并有足够的点数进行定点测厚，测前应有测厚图，测后应标图记录存档，测厚的位置应选择液位经常波动、受冲刷和腐蚀的部位。

3.5.2.2 利用超声波测厚仪测厚时，如遇到母材存在夹层等缺陷时，应增加测厚点查明夹层分布情况。

3.5.3 焊缝检查

3.5.3.1 焊缝缺陷可采用超声波(自外壁)检查，有疑问的部位用射线检测复检。

3.5.3.2 根据焊缝缺陷的具体情况进行修理。

3.5.4 材质检查

检查受压壳体及塔内壁复合层材质是否劣化，应采用测硬度、光谱分析或金相组织检测等项目予以检查确定，其检查结果应详细记录。

3.6 复合层检修

塔体的不锈钢复合钢板为内壁复合层(塔上部材质为 SUS304，塔中、下部材质为 SUS316)，如发现蚀坑、冲刷腐蚀及表面裂纹等缺陷时，应采用角向磨光机尼龙细砂轮片打磨，打磨时应防止复合层温度过高、磨削量过大、表面粗糙度低等缺点。当打磨深度小于 1mm 或 1.5mm(塔上部为 1mm；塔中、下部为 1.5mm)时，经渗透检测确认缺陷已消除，可圆弧过渡不修复。当打磨深度超过上述规定的数值时，单条裂纹可直接焊补，局部面积出现缺陷，应进行贴补或挖补修理。

3.6.1 贴补修理

经检查复合层需局部焊补修理时，先确认补焊部位的复合层没有脱层现象，可采用贴补修理。所需不锈钢板的材质及厚度应与贴补处的复合层相同。贴补方法如图4所示。

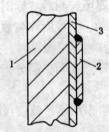

图4 复合层贴补修理示意图

1—筒体 SM50B；2—新衬板；

3—复合层(塔上部 SUS340；塔中、下部 SUS316)

焊接采用氩弧焊，其不锈钢复合板焊丝的选用如表5所示。修补后的焊缝应打磨平整，经渗透检测确认无缺陷为合格。

表5 不锈钢复合板焊丝的选用

钢板的组合	焊　　丝
SUS304 + SUS304	TGS – 308
SUS316 + SUS316	TGS – 316

3.6.2 挖补修理

缺陷部位的复合层有脱层现象，可采用挖补修理，用角向磨光机先将存在缺陷的复合层全部挖出，打磨清洗干净，挖补方法如图5所示。

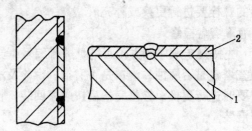

图5 复合层挖补修理示意图

1—筒体 SM50B；2—(复合层塔上部 SUS304；塔中、下部 SUS316)

焊接采用氩弧焊，其不锈钢复合板焊丝的选用如表6所示。修补后的焊缝应打磨平整，经后渗透检测，确认无缺陷为合格。

表6 不锈钢复合板焊丝的选用

钢板的组合	过渡层用焊丝	复层用焊丝
SUS304 + SM50B	TGS – 309	TGS – 308
SUS316 + SM50B	TGS – 309	TGS – 316

3.6.3 单条裂纹焊补

将复合层出现的单条裂纹用角向磨光机磨掉，根据表6选取焊丝进行氩弧焊。修补后的焊缝应打磨平整后经渗透检测，确认缺陷已消除为合格。

3.7 内件检修

3.7.1 除沫器检修

3.7.1.1 检查除沫器的丝网无腐蚀、脱落和堵塞现象。严重腐蚀、脱落的，应更换。丝网堵塞的则拆卸后冲洗。

3.7.1.2　检查除沫器的支撑梁及螺栓的紧固情况，对已损坏或缺少的螺栓要进行更换或补充。

3.7.2　泡罩塔盘检修

3.7.2.1　先按规定顺序和方位对塔盘进行编号，卸出全部塔盘，检查塔盘是否腐蚀，泡罩是否磨损，螺栓及泡罩是否齐全，必要时进行更换。检修完毕后按顺序回装，各层、各方位不得混装。

3.7.2.2　更新的新塔盘，所用材料应满足原设计图纸及生产的需要。

3.7.2.3　更新的新塔盘边缘不应有尖锐毛刺，塔盘的长度误差为 $-4 \sim 0$mm，宽度误差为 $-2 \sim 0$mm。

3.7.2.4　塔盘安装后其水平度偏差不大于3mm。堰板水平度偏差不大于2.5mm，其最大值不超过3mm。

3.7.2.5　主梁安装后，其上表面与支承圈及支承梁的上表面均应在同一水平面内，其偏差不超过2.5mm，最大不超过3mm；

3.7.2.6　受液盘及降液板的平面度误差在整个板面内不大于3mm。

3.7.3　分布器检修

3.7.3.1　分布器拆卸检修时，应按规定的顺序和方位先进行编号，然后再拆卸。

3.7.3.2　检查分布器各密封面有无泄漏，分布孔有无堵塞。

3.7.3.3　更换损坏或缺少的固定螺栓。

3.7.3.4　分布器分布板的平面度要求整个板面内误差不得大于3mm，其安装后的误差不得大于5mm。

3.7.4　格栅板检修

3.7.4.1　格栅板检修拆卸时，应按规定的顺序和方位进行编号，然后再拆卸。

3.7.4.2　检查格栅板有无开裂、断开、裂纹等，必要时用 TGS‑316 进行补焊处理。

3.7.4.3　更换已损坏或缺少的紧固螺栓。

3.8　内部冷却器检修

3.8.1　管板检修

3.8.1.1　宏观检查管板有无腐蚀现象。

3.8.1.2　渗透检测管板有无裂纹，如有裂纹，用角向磨光机砂轮将裂纹打磨消除，经渗透检测确认后用 TGS—316 焊丝进行补焊，再经渗透检测确认缺陷消除为止。

3.8.2　换热管检修

3.8.2.1　管束抽出冲洗完毕后，宏观检查换热管外表面的腐蚀情况。

3.8.2.2　管束进行水压试验，试验压力 0.6MPa，检查管束整体是否完好，试压水温度应大于 15℃，试压水中氯离子含量应小于 10mg/L。

3.8.2.3　管束中的换热管如发生损坏或泄漏，其数量不超过换热管总数的 10％时，可用管堵法处理，采用氩弧焊，焊丝 TGS‑316。

3.8.2.4　管板与换热管的密封焊泄漏时，应将裂纹打磨消除后，用氩弧焊进行补焊，焊丝 TGS‑316，焊后渗透检验，合格为止。

3.8.3　冷却器封头、壳体检修

3.8.3.1　检修前应绘制测厚图，按测厚图进行定点、定位

测厚，发现问题应增加测厚点数。

3.8.3.2 根据封头的检验情况，决定是否对封头内壁进行防腐。

3.8.3.3 对接焊缝应 100% 超声检测。

3.9 视镜检修

检查视镜的完好情况，必要时更换。

4 试验与验收

4.1 试验

4.1.1 塔本体水压试验压力为 2.1MPa，内部冷却器管程水压试验压力为 0.6MPa，试压水中氯离子含量应小于 10mg/L，水温度应大于 15℃。

4.1.2 气密试验压力为 1.617MPa，无泄漏、无异常变形为合格。

4.2 验收

4.2.1 设备经检修检验后，检修质量达到本规程规定的质量要求。

4.2.2 检修完毕后，检修单位应及时提交下列技术资料

4.2.2.1 设备检修检测技术方案和记录(包括检修技术方案、设备检测方案、检修记录、中间检验记录、实验记录等)。

4.2.2.2 设计变更及材料代用通知单，材料及零部件合格证(质量证明书)。

4.2.2.3 检验、检测和实验报告(包括压力容器定期检验报告、水压试验报告、气密性试验报告、无损检测报告、理化试验报告)。

4.2.3 由设备主管部门、施工、生产等单位共同验收合格。

4.2.4 设备运行一周，满足生产要求，达到各项技术指标，设备达到完好标准。

5 维护与故障处理

5.1 维护

5.1.1 定期检查人孔、法兰、阀门及各密封部位是否有泄漏情况。

5.1.2 按设备巡回检查制度的要求，检查安全附件是否完好。

5.1.3 检查塔体有无超温、超压和局部过热现象。

5.1.4 随时根据仪表及工艺参数，判断内部冷却器工作是否正常。

5.1.5 检查塔基础及地脚螺栓的完好和紧固情况。

5.2 常见故障与处理(见表7)

表7 常见故障与处理

序号	故障现象	故障原因	处理方法
1	接管密封处泄漏	螺栓松动	重新紧螺栓
2	接管密封处泄漏	密封垫损坏	换垫或带压堵漏
3	接管密封处泄漏	密封面损坏	修复或带压堵漏
4	安全阀泄漏	安全阀损坏	修理调校安全阀
5	视镜破裂	超温、超压或其他	停车更换
6	冷却器内漏	换热管及焊缝泄漏	停车、堵管焊接
7	受压部件损坏	超温、超压或其他	更换或修理

附　录　A
尿素合成塔参数
（补充件）

名　　　称	指　　　标
设计压力/MPa	25.6
设计温度/℃	210
操作压力/MPa	24.6
操作温度/℃	200
水压试验/MPa	31
气压试验/MPa	24.6
介　质	CO_2、NH_3、甲铵液、尿素等
容积/m³	115
外壳材料	K－TEN62M
封头材料	A516Gr70
衬里材料	钛板
钛衬里/mm	3、4、5

附　录　B
高压分解塔物性参数
（补充件）

名　　　称	指　　　标	
	管　侧	壳　侧
设计压力/MPa	2.06	1.57
设计温度/℃	130	200

续表

名 称	指 标	
	管 侧	壳 侧
操作压力/MPa	1.77	1.08
操作温度/℃	150～165	183
水压试验/MPa	2.2	1.35
气压试验/MPa	1.77	1.08
介 质	CO_2、尿液、甲铵液等	蒸汽
腐蚀裕度/mm	3	3
传热面积/m²		192
射线检查	100%	100%
材 料	NTKR－4	SM50B
安装质量/kg	41000	
操作质量/kg	60000	
充水质量/kg	99900	

附 录 C
高压吸收塔物性参数
(补充件)

项 目	塔 件	内部冷却器管程
设计内压/MPa	1.96	0.59
设计外压/MPa	0.0172	0.0172
设计温度/℃	110	70
腐蚀裕度/mm	上/下 1.0/2.0	SUS/C.S 0/3.0
水压试验/MPa	2.1	0.6
气压试验/MPa	1.617	0.49

续表

项 目	塔 件	内部冷却器管程
工作压力/MPa	1.617	0.49
工作温度/℃	上/下 50/100	入/出 35/50
地震系数	0.15	0.15
应力消除	NO	NO
焊缝系数	1.0	0.95
换热面积/m²		108.3
介 质	NH₃、CO₂、H₂O、甲铵液	冷却水
填料数量/m³		
容积/m³	29/95	1.5
吊装质量/kg	43000	
操作质量/kg	101000	
充水质量/kg	171700	

附加说明:

1 本规程由齐鲁石化公司第二化肥厂负责起草,起草人任红军、姜有志(1992)。

2 本规程由齐鲁分公司负责修订,修订人魏海旺(2004)。

13. 离心式空气压缩机组
维护检修规程

SHS 05013—2004

目　次

1　总则 ……………………………………………………… (351)

2　检修周期与内容 ………………………………………… (352)

3　检修与质量标准 ………………………………………… (355)

4　试车与验收 ……………………………………………… (401)

5　维护与故障处理 ………………………………………… (403)

附录 A　汽轮机主要特性及参数表(补充件)………… (405)

附录 B　压缩机主要特性及参数表(补充件)………… (406)

附录 C　增速器主要特性及参数表(补充件)………… (409)

附录 D　主要零部件质量表(补充件)………………… (410)

1 总则

1.1 主题内容与适用范围

1.1.1 主题内容

本规程规定了法型、美荷型、日（Ⅰ）型大化肥厂的空气压缩机组及 RIK100–5 等温型离心式空气压缩机组的检修周期与内容、检修与质量标准、试车与验收、维护与故障处理。

健康、安全和环境（HSE）一体化管理系统，为本规程编制指南。

1.1.2 适用范围

本规程适用表1所列机型的离心式空气压缩机组。

表1　各厂机型表

	压　缩　机		汽轮机	增速器
	低压缸	高压缸		
法　型	CMR66 –1″+3′	CMS–4–32 –3′+3′	11065CD37	NH25
美荷型	5CK57	7CK31	KJMV–DF	HG–SPECIAL
日（Ⅰ）型	2MCL805	2MCL456	K1101–A	CK–280H
等温型	RIK100–5		EHNK40/50–3	

1.2 编写修订依据

随机图纸及资料

SHS 01025—1992　工业汽轮机维护检修规程

索热(SOGET)《凝汽式透平检修规程》

《大型化肥厂汽轮机离心式压缩机组运行规程》，中石化总公司与化工部1992年编制

2 检修周期与内容

2.1 检修周期

各单位可根据机组运行状态择机进行项目检修，原则上在机组连续累计运行3~5年安排一次大修。

2.2 大修内容

2.2.1 项目检修

根据机组运行状况、状态监测与故障诊断结论，参照大修部分内容择机进行修理。

2.2.2 压缩机大修内容

a. 复查并记录检修前各有关数据；（汽轮机及增速箱亦相同）

b. 解体检查径向轴承和止推轴承，调整轴承间隙，测量瓦背紧力，清扫、修理轴承箱；

c. 检查轴颈圆度、圆柱度、粗糙度，必要时对轴颈表面进行修整；

d. 检查调整止推盘，测量端面跳动；

e. 测量并调整转子轴向窜量，确保转子与隔板流道对中；

f. 清洗齿式联轴器，检查内、外齿及联接螺栓、螺母、供油管及喷油嘴；清洗膜片式联轴器，检查膜片及连接螺栓、螺母，校核联轴器轴头间距离；对螺栓、螺母、中间接筒及膜片进行渗透检查；

g. 拆除缸体上的背包冷却器(等温型压缩机)、气缸大盖，清理、检查气缸；

h. 解体检查、清洗、测量、调整隔板组件；

i. 检查各级气封及平衡盘气封间隙，必要时更换气封；

j. 检查转子轴向窜量及各部位的径向跳动、端面跳动；

k. 对转子进行宏观检查，对可疑点进行无损检测或其他方法检查，必要时做动平衡校验；

l. 检查、调整滑销间隙；

m. 各气体冷却器清理、检查、试压；

n. 油系统全面清理、检查；

o. 清理、检查分离器；

p. 检查进口过滤器、出口止逆阀；

q. 气缸、高压螺栓进行宏观检查，必要时对可疑点进行无损检测；

r. 检查、紧固各连接螺栓；

s. 检查、调整机组各管道支架、膨胀节及弹簧吊架；

t. 消除水、气、油系统的跑冒滴漏缺陷；

u. 检查基础是否有裂纹、下沉、脱皮等缺陷；

v. 安全阀等保护装置调校。

2.2.3　汽轮机大修内容

a. 解体检查径向轴承和止推轴承，调整轴承间隙、油挡间隙，测量瓦背紧力；

b. 检查轴颈圆度、圆柱度、粗糙度，必要时对轴颈表面作修整；

　　c. 检查止推盘，测量端面圆跳动；

　　d. 检查调整轴承箱各油封间隙或更换油封，并清理轴承箱；

　　e. 测量并调整转子推力瓦间隙，并做好记录；

　　f. 清洗齿式联轴器，检查内、外齿及连接螺栓、螺母；清洗膜片式联轴器，检查膜片及连接螺栓、螺母，并校核联轴器轴头间距离，对螺栓、螺母、中间接筒及膜片进行渗透检查。

　　g. 检查、调整机组对中，并做好记录；

　　h. 揭大盖，清理、检查汽缸；

　　i. 清理、检查喷嘴、隔板、静叶、汽封；

　　j. 清理转子，各部位测量检查，轴颈、叶根、叶片、围带、铆钉做无损检测，必要时转子做动平衡校验及叶片测频；

　　k. 测量调整汽封间隙、通流间隙；

　　l. 缸体中分面螺栓、自动主汽阀及调速汽阀连接螺栓检查并进行无损检测与理化检验；

　　m. 解体检查调速、保安系统所有部件；

　　n. 解体检修主蒸汽截止阀、自动主汽阀、调速汽阀、大气释放阀，缸体报警阀、安全阀调校；

　　o. 主汽阀、调速汽阀的司服马达、同步器等各连接部位检查、清理、润滑；检查、调校油、水、汽(气)系统安全阀等保护装置；

　　p. 检查、调整滑销间隙；

　　q. 检查、紧固各连接螺栓；

　　r. 冷凝液泵检修；凝汽器、抽气器、抽气冷却器清理检修；

　　s. 解体检修盘车器；

　　t. 检查、调校油、水、汽(气)系统安全阀等保护装置；

　　u. 消除水、汽(气)、油系统的缺陷；

　　v. 检查并完善保温状况；

　　w. 调速系统做静态调试试验；

　　x. 检查测验真空系统(可通过停车前关闭抽气器，根据真空下降速度进行判断)。

2.2.4　增速器大修内容

　　a. 检查径向、止推轴承，测量轴承间隙及瓦背紧力；

　　b. 检查齿面啮合及磨损情况，测量齿轮啮合间隙及轴线平行度、交叉度，并做齿面无损检测；

　　c. 检查轴颈，并做无损检测；

　　d. 检查、清理箱体及喷油嘴；

　　e. 必要时对齿轮做动平衡。

2.2.5　机组配套电气、仪表部分检修内容

　　a. 机组所有仪表、振动及轴位移探头调校，视情况更换损坏件；

　　b. 机组防喘振阀调校；

　　c. 机组各配套电机、电气部件检查、校验及修理；

　　d. 整个机组的报警、联锁调校和试验。

3　检修与质量标准

3.1　安全与质量保证注意事项

3.1.1　检修前准备

　　a. 根据机组运行情况、状态监测报告及故障诊断结论，

进行危害识别、环境识别和风险评估，按照 HSE 管理体系要求编制检修方案；

    b. 备齐备足所需的合格备件及材料，并有质量合格证或检验单；

    c. 备好所需的工具及检验合格的量具；

    d. 起重机具、绳索按规定检验，动静负荷试验合格；

    e. 备好零部件的专用放置设施；

    f. 备好空白的检修记录表及有关资料；

    g. 严格执行设备检修交接工作。

3.1.2　检修应具备的条件

    a. 汽轮机缸体温度低于 120℃方可拆除缸体保温；

    b. 停机后继续油循环至缸体温度低于 80℃，回油温度低于 40℃；

    c. 机组与系统隔离；电源切除，安全技术措施落实；

    d. 办好工作票，做好交接工作。

3.1.3　拆卸

    a. 拆卸严格按程序进行，使用专用工具，严禁生拉、硬拽及铲、打、割等野蛮方式施工；

    b. 拆卸零部件时，做好原始安装位置标记，确保回装质量；

    c. 拆开的管道与设备孔口要及时封好。

3.1.4　吊装

    a. 吊装前必须掌握被吊物的质量，严禁超载(主要部件质量见附录 D)；

    b. 起重设备、机具和索具检验合格，钢丝绳扣有塑料或橡胶保护套；

c. 栓挂绳索应保护被吊物不受损伤，放置安稳。

3.1.5　吹扫和清洗

a. 采用压缩空气或蒸汽吹扫后的零部件，应及时清除水分，并涂上干净的工作油；

b. 精密零部件应用煤油清洗，不得用蒸汽吹扫，且装复前必须干净并涂上干净的工作油。

3.1.6　零部件保管

拆下的零部件应采取适当的保护措施，记好标记，定位摆放整齐，管理责任落实到人。

3.1.7　组装

a. 组装的零部件必须清洗，风干并符合要求；

b. 机组缸体扣盖前，须经检修单位领导与机动部门主管工程师签字确认：缸内检修项目已完成，各项技术指标符合规程要求，检修记录准确齐全，缸内吹扫干净且无异物，缸体中分面光滑洁净，然后方可放置密封橡胶条或涂密封胶并扣盖。

3.1.8　油系统清洗

机组检修封闭后，应按照油系统循环清洗方案循环清洗。如入口管道检修过，应在轴承及调节系统前加过滤网。循环系统要避免死角，油温不低于40℃，回油口以200目过滤网检查肉眼可见污点不多于3个为合格。循环清洗结束后抽拆轴承检查。

3.2　压缩机检修

3.2.1　主要拆卸检查程序

复位按上述相反程序进行。

回装时压缩机中分面、轴承箱外盖要求用丙酮清洗干净后均匀涂抹 704 硅橡胶密封。

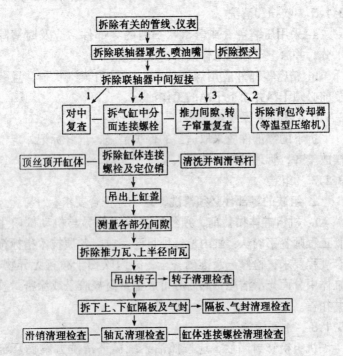

3.2.2 径向轴承检修

a. 瓦块及油挡的巴氏合金无裂纹、脱壳、夹渣、气孔、烧损、碾压、偏磨等缺陷；

b. 用带适当预载荷系数的假轴检查瓦面，不得有高点及偏磨，接触面积大于 80%；

c. 瓦块与瓦壳的接触面应光滑、无磨损。防转销钉和瓦块销孔间无磨损、整劲、顶起现象。销钉在销孔中的径向间隙不小于 2mm，瓦块摆动自如，同一组瓦块厚度差不大于

0.02mm;

 d. 瓦壳中分面严密、无错口，定位销不松旷；

 e. 瓦壳与瓦枕贴合严密，接触面积不小于 80%，两侧间隙不大于 0.05mm。

 f. 瓦壳复位后，下瓦中分面与瓦枕、缸体两者中分面均平齐；

 g. 轴承座供油孔、轴承体油孔干净、畅通；瓦背紧力为 0~0.02mm；

 h. 瓦枕与瓦壳的中分面连接螺栓应进行必要的无损检测；

 i. 轴承、油挡间隙符合表2。

表2 轴承、油挡间隙(直径间隙) mm

		前轴承	后轴承	油 挡
法 型	低压缸	0.121~0.151	0.121~0.151	0.234~0.28
	高压缸	0.077~0.103	0.077~0.103	0.18~0.23
美荷型	低压缸	0.178~0.241	0.178~0.241	0.33~0.381
	高压缸	0.102~0.178	0.102~0.178	0.33~0.406
日(Ⅰ)型	低压缸	0.14~0.17	0.15~0.19	0.30~0.38
	高压缸	0.13~0.19	0.15~0.19	0.30~0.38
等温型	压缩机	0.21~0.314	0.21~0.314	

3.2.3 止推轴承检修

3.2.3.1 金斯伯雷轴承

 a. 瓦块及巴氏合金无脱壳、划痕、裂纹、碾压、烧伤等缺陷，瓦背承力面无过大磨损；

 b. 每个止推块与止推盘的接触面积应大于 70%，且分布均匀；

  c. 同一组止推块厚度差不大于 0.01mm；

  d. 检查上、下摇块，接触部位应光滑，无凹坑、压痕。定位销钉长度合适，固定牢靠。支承销与相应的摇块销孔间无磨损、卡涩，装配后的止推块应摆动自如；

  e. 止推盘表面光滑，表面粗糙度 R_a 不大于 0.4μm，端面圆跳动不大于 0.015mm；

  f. 基环中分面应严密，自由状态下间隙不大于 0.03mm；

  g. 调整垫应光滑平整、不瓢曲，厚度差不大于 0.01mm；

  h. 检查瓦壳应无变形、翘曲、错口，中分面接合严密、无间隙，定位销不松旷；

  i. 瓦壳与轴承座接合严密，轴向间隙不大于 0.05mm；

  j. 油封环完好，防转销固定牢靠；

  k. 各油口应干净、畅通；

  l. 止推间隙及油封间隙应符合表 3。

表 3　止推间隙及油封间隙(直径间隙)　　　mm

		止推间隙	油封间隙
法　型	低压缸	0.25 ~ 0.40	0.318 ~ 0.672
	高压缸	0.25 ~ 0.40	0.115 ~ 0.461
美荷型	低压缸	0.279 ~ 0.381	0.102 ~ 0.651
	高压缸	0.203 ~ 0.305	0.051 ~ 0.102
日(Ⅰ)型	低压缸	0.38 ~ 0.48	
	高压缸	0.28 ~ 0.38	
等温型	压缩机	0.40 ~ 0.50	0.10 ~ 0.20

m. 轴承压盖中分面平整，贴合严密，定位销不松动，压盖不错口，测温孔与瓦壳孔对准；

n. 轴位移仪表显示值与机械测量值有差异时，要查找原因并予以消除。

3.2.3.2 米契尔轴承

a. 同 3.2.3.1a，b，e~n；

b. 同一组止推块厚度差不大于 0.01mm；

c. 瓦块定位销与基环联接牢固，不影响瓦块自由摆动。

3.2.4 联轴器检修

3.2.4.1 齿式联轴器检修

a. 联轴器齿面应光滑，无严重磨损、点蚀、裂纹等缺陷。啮合松紧适度，无卡涩，能自由滑动，啮合接触面积沿齿高不小于 50%，沿齿长不小于 70%；

b. 联轴器齿套及中间短接应有 3~4mm 的轴向窜量；

c. 联轴器内孔与轴颈配合应紧密，接触面积应大于80%，装配后，其径向跳动不大于 0.02mm；

d. 双键的联轴器两键槽与键应均衡接触，无挤压变形；

e. 液压装卸的联轴器组件各 O 形环和背环应完好无损，无变形、毛边、凹坑等缺陷，与密封槽配合适宜，每拆一次均予以更新；

f. 联轴器应成套更换，新加工的联轴器组件应进行动平衡校验；

g. 联轴器联接螺栓应着色检查，要求完好无损。螺母防松性能良好，螺母与螺栓单配不互换，其质量差不大于0.2g；

h. 联轴器喷油管清洁通畅，油嘴位置正确；

i. 半联轴器装配尺寸见表4、表5。

表4 美荷型厂半联轴器装配尺寸 mm

机 型	推 进 量	
	入口端	出口端
KJMV – DF		8.734 ± 0.38
5CK57	5.817 ± 0.38	8.734 ± 0.38
7CK31	4.368 ± 0.38	

表5 法型厂半联轴器配合尺寸 mm

	配 合 尺 寸	
	输入端	输出端
汽轮机		$\phi100H7/p6$
压缩机低压缸	$\phi100H7/n5$	$\phi80H7/n5$
增速器	$\phi80H7/m6$	$\phi70H7/m6$
压缩机高压缸	$\phi70H7/n5$	

3.2.4.2 膜片式联轴器检修

a. 联轴器在未拆卸前，先标记中间接筒和两个半联轴节套筒的相互装配位置。中间接筒拆下后，应测量半联轴节顶端面与轴头端面距离 A ;

b. 半联轴节要用专用液压工具拆装;

c. 检查膜片情况，应无裂纹、磨损、扭曲等损坏现象;

d. 中间套筒回装前，应复核距离 A ;

e. 同 3.2.4.1c ~ g;

f. 半联轴器装配尺寸见表6。

3.2.5 转子检修

a. 清洗转子，宏观检查转子各部，应无损坏、严重磨损、腐蚀，焊缝无裂纹、脱焊，与轴配合固定件无松动；

　　b. 转子有关部位的最大允许跳动量见表7；

表6　等温型膜片式联轴器装配尺寸　　　　mm

轴头端面距离/mm	1361,含 1.9 的中间套筒预拉伸量
过桥两端调整垫片厚度/mm	0～3.2,正常 1.6
联接螺栓扭紧力矩/N·m	205
半联轴器推进量/mm	5.60～5.80

表7　转子有关部位的最大允许跳动量　　　　mm

	轴承处轴颈	推力盘	联轴器配合面
径向跳动	0.02		0.02
端面跳动		0.02	
	平衡盘	叶轮口环、轴封部位	叶轮外缘
径向跳动	0.02	0.05	0.07
端面跳动			0.10

　　c. 对叶轮、轴颈做无损检测，要求无裂纹及其他缺陷；

　　d. 轴承处轴颈、止推盘工作面应光洁平整，表面粗糙度 R_a 不大于 $0.4\mu m$，轴颈圆度、圆柱度应不大于 0.02mm；

　　e. 转子修复和更换后，或经长周期运转转子工频振动成分大时，应进行动平衡校验，低速动平衡精度为 ISO 1940 G0.4 级，高速动平衡精度亦应符合 ISO 2372 要求，其支承振动速度有效值不大于 1.12mm/s。

3.2.6　隔板与气封检修

　　a. 拆下隔板检查清洗，隔板应无变形、腐蚀、裂纹等缺陷，流道光滑，导流器、回流器叶片完好；

b. 隔板中分面光滑平整，有缺陷应补焊研平，上、下隔板组合后最大间隙不超过 0.10mm；

c. 隔板的固定螺钉固定牢固，塞焊点完好；

d. 隔板与气缸配合面无冲刷沟槽，配合严密，不松旷；

e. 气封齿无卷边、折断、残缺、变形等缺陷，齿顶锋利，且与转子相应的槽道对准，当轴推至一端时不会相碰；

f. 等温型压缩机的气封条应与叶轮气封齿相接触，气封条无折断、残缺、变形等缺陷；

g. 气封块在隔板凹槽中松紧适宜，水平剖分面与隔板剖分面平齐、气封固定螺钉固定牢靠；

h. 各密封间隙应符合表 8 规定值，开式叶轮的盖环和叶片之间隙调整应在转子轴向位置确定后进行。

3.2.7 气缸与机座检修

a. 清扫气缸，所有油孔及排放孔、平衡管应畅通；

b. 气缸应无变形、裂纹、腐蚀、冲蚀等缺陷，中分面应平整光滑，接合严密，自由状态下间隙不大于 0.05mm；

c. 中分面联接螺栓检查清洗，如发现异常应作无损检测；

d. 安装隔板的榫槽内应光滑平整，隔板复位前榫槽内应涂刷黑铅粉；

e. 清理滑销及联接螺栓，滑销无变形、损伤、卡涩，滑销两侧总间隙为 0.03 ~ 0.05mm，连接螺栓顶间隙为 0.08 ~ 0.15mm。

3.3 汽轮机检修

3.3.1 主要拆卸检查程序

表 8　压缩机密封间隙表

mm

型	缸	齿	叶轮轮盖密封							级间密封						轴封		平衡盘密封
			1	2	3	4	5	6	7	1~2	2~3	3~4	4~5	5~6	6~7	进气端	排气端	
法型	低压缸	高齿	1.214~0.640	1.420~0.648	1.210~0.653	1.270~0.653				0.411~0.250		0.403~0.245				0.203~0.151	0.153~0.323	0.153~0.323
法型	低压缸	低齿	1.22~0.684	1.420~0.934	1.220~0.731	1.220~0.731				0.420~0.100		0.430~0.151						
法型	高压缸	高齿	0.722~0.419	0.722~0.419	0.722~0.419	0.722~0.419	0.722~0.419	0.722~0.419		0.717~0.717	0.717~0.717	0.717~0.717	0.717~0.717	0.717~0.717		0.160~0.100	0.350~0.220	0.350~0.220
法型	高压缸	低齿	0.634~0.507	0.634~0.507	0.634~0.507	0.634~0.507	0.507~0.507	0.507~0.507	0.507~0.507	0.405~0.405	0.405~0.405	0.405~0.405	0.405~0.405	0.405~0.405		0.215~0.261	0.215~0.261	0.395~0.140
美荷型	低压缸				1.321~1.422	1.321~1.422	1.321~1.422			0.635~0.737	0.762~0.864	0.762~0.826	0.762~0.826	0.762~0.826		0.254~0.330	0.254~0.330	0.559~0.635
美荷型	高压缸		1.026~1.118	1.026~1.118	1.026~1.118	1.026~1.118	1.026~1.118	1.026~1.118	1.026~1.118	1.026~1.118	1.026~1.118	1.026~1.118	1.026~1.118	1.026~1.118	1.026~1.118	0.203~0.279	0.203~0.279	0.203~0.279

365

续表

缸型	项目	叶轮轮盖密封 1	2	3	4	5	6	7	级间密封 1~2	2~3	3~4	4~5	5~6	6~7	轴封 进气端	排气端	平衡盘密封
低压缸（I）型	设计值	0.7~0.8	0.7~0.8	0.7~0.8	0.7~0.8	0.7~0.8			0.20~0.26	0.23~0.30	0.25~0.33				0.15~0.19	0.18~0.23	0.28~0.37
低压缸	最大许可值	0.95	0.95	0.95	0.95	0.95			0.35	0.40	0.45				0.25	0.30	0.50
高压缸型	设计值	0.38~0.45	0.38~0.45	0.38~0.45	0.38~0.45	0.38~0.45	0.38~0.45		0.18~0.23	0.18~0.23	0.18~0.23	0.18~0.23	0.18~0.23	0.18~0.23	0.15~0.19	0.15~0.19	0.18~0.23
高压缸	最大许可值	0.50	0.50	0.50	0.50	0.50	0.50		0.30	0.30	0.40			0.30	0.25	0.25	0.30
九江等温型	设计值	-0.05~0.075	-0.05~0.075	-0.05~0.075	0.55~0.75	-0.05~0.075			-0.05~0.075	-0.05~0.075	-0.05~0.075	0.20~0.50	0.075~0.20	0.075~0.20	0.15~0.40	0.15~0.40	0.075~0.20

注：法、日（I）厂及等温型型为半径间隙，美荷型为直径间隙。

3.3.1.1 EHNK 型汽轮机主要部件拆卸程序

a. 拆除隔音装饰板，待前汽缸温度降到 120℃ 以下时拆除保温层，汽缸壁温度降到 80℃ 以下时进行拆除工作；

b. 拆除所有妨碍检修的各种仪表元件、拆除油、汽管线及一切易损坏的部件，并把所有露出的管口封好；

c. 拆除联轴节护罩，对联轴节中间接筒作好标记，然后拆除中间接筒，测量对中情况及止推轴承间隙及轴端面间距离；

d. 卸去轴承上盖，测量径向轴承间隙，检查止推轴承及各部油档间隙；

e. 测量转子与轴承座及壳体的同心情况；

f. 将前后支爪螺栓用专用件(假垫)把紧，将前支爪处下缸体定位螺栓拧紧，将下缸托住；

g. 拆除油动机和错油门，拆掉调节阀连接螺栓，吊出调节阀组件，检查其磨损情况，测量各部间隙值；

h. 拆去进汽管与紧急切断阀(主汽阀)的连接螺栓，在此之前应将主蒸汽进口管线上的所有弹簧吊架锁住，并记录刻度，安装临时支架，托住进汽管，防止下沉；

i. 用螺栓电加热器按热紧顺序图(见检修记录图表)拆除气缸高压侧结合面螺栓，按顺序拆下低压侧结合面螺栓。螺栓电加热器操作程序详见《A - GT001/004 螺栓加热器操作规程》；

j. 拆下锥形定位销，装好导向杆，均匀水平地沿导向杆吊起上缸，然后将上缸放置在枕木上并垫牢；

k. 复查转子与内缸对中情况，将内缸中分面螺栓点焊处磨开并拆除，均匀水平起吊内缸上半部；

l. 测量下部内缸中分面支承件与外缸体中分面间间隙及其他间隙；

m. 测量通流部分各级间隙和所有轴封、汽封间隙；

n. 拆掉止推轴承及径向轴承上瓦，用专用吊具，平稳吊出转子。转子的吊点设在前后轴承箱的油封与轴的配合处。转子吊出后放置在专用支座上，轴颈和支架间要垫橡胶板。

3.3.1.2 法型、美荷型、日（Ⅰ）型汽轮机主要部件拆卸程序

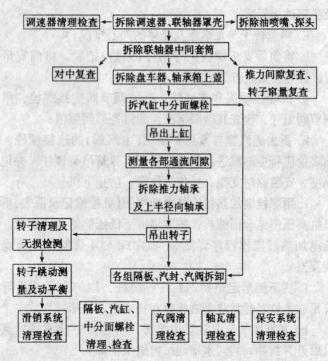

3.3.1.3 法型、美荷型、日（Ⅰ）型汽轮机复位按上述相反程序进行。

回装时汽轮机中分面要求用丙酮清洗干净后，用精炼制配好的干净亚麻仁油、或铁锚 604 密封胶（中压机组用）、MF－Ⅰ型汽缸密封脂均匀涂抹在中分面上。当气缸中分面自然扣合间隙超大时，可在亚麻仁油中添加石墨粉、铁粉等添加剂或采用 MF－Ⅱ、Ⅲ增稠型汽缸密封脂。

EHNK 型汽轮机组装程序原则上与拆卸程序相反，但在组装过程中应遵守如下规则：

a. 在往缸内装入第一个部件直至扣大盖完毕，全部工作应连续进行，不得中断。有关人员应一直在场，确认缸内无异物掉入，无漏装误装。

b. 内缸定位用的销钉及中分面连接螺栓在回装后要用氩弧焊进行点焊。

c. 扣大盖前，应先经试扣，确认大盖能靠自重落下就位灵活卡涩，然后吊起大盖，在中分面上均匀涂抹高温密封涂料（精炼过的干净亚麻仁油、铁锚 604 密封胶或 MF－Ⅰ型汽缸密封脂），保持大盖水平。

d. 高压部分螺栓组装前，要对螺帽下的绝缘垫片进行绝缘检查，防止短路。按照从高压部到低压部的顺序依次上紧所有中分面的螺栓，紧固时，螺纹应涂二硫化钼，高压部分中面螺栓冷态预紧力为 100N·m，预紧后任选一标记，进行热紧。螺栓电加热器的操作严格按《A－GT001、GT004 螺栓电加热器操作规程》进行。

3.3.2 径向轴承检修

3.3.2.1 可倾瓦

见 3.2.2a～h。

3.3.2.2 四圆弧瓦

a. 钨金层应无裂纹、脱壳、剥落、偏磨、碾压、烧损、沟槽等缺陷。

b. 瓦壳剖分面应密合，无错口。与轴承座接触均匀，接触面积大于80%，防转销牢固可靠。轴与下瓦底部60°～70°范围内接触，且沿轴向接触均匀。各油孔干净、通畅。

3.3.2.3 轴承、油挡间隙见表9。

表9 轴承、油挡间隙　　　　mm

	前轴承间隙	后轴承间隙	油挡间隙(直径间隙)
法 型	0.121～0.151	0.121～0.151	0.286～0.336
美荷型	0.178～0.229	0.178～0.229	0.381～0.533
日(I)型	0.165～0.224	0.165～0.224	
九江 EHNK 型	0.24～0.367	0.24～0.38	0.085～0.285

3.3.3 止推轴承检修

止推轴承的检修见 3.2.3，止推间隙及油封间隙应符合表10要求：

表10 止推间隙及油封间隙　　　　mm

	止推间隙	油挡间隙(直径间隙)
法 型	0.25～0.40	0.168～0.235
美荷型	0.203～0.305	0.05～0.10
日(I)型	0.30～0.35	0.10～0.35
九江 EHNK 型	0.33～0.46	1.1～1.4

3.3.4 联轴器检修

见 3.2.4。

3.3.5 盘车装置检修

a. 齿轮不得有毛刺、裂纹、点蚀等缺陷，齿轮啮合正常，接触面积沿齿高不小于 45%，沿齿长不小于 60%；

b. 轴及轴颈不得有毛刺、划痕、碰伤、弯曲等缺陷；

c. 滚动轴承滚珠与滚道无坑疤，保持架完好；

d. 轴承游隙不超标，转动正常无杂音；

e. 油封无老化、变形及损坏；

f. 离合、限位装置正常可靠。

3.3.6 转子检修

a. 轴承处轴颈、止推盘工作面应无锈蚀、磨伤等缺陷，表面粗糙度 R_a 的最大允许值 $0.4\mu m$；

b. 轴颈及止推盘根部、各轴段过渡区、轴肩、叶轮外缘、叶根槽外表面清洗、检查应无裂纹、腐蚀、磨损等缺陷并进行无损检测；

c. 叶片、围带、铆钉、拉筋无结垢、腐蚀、冲蚀、裂纹、损伤、翘曲和松动；

d. 平衡螺钉、燕尾槽配重块固定牢固、捻冲可靠；

e. 固定危急保安器的小轴顶丝应牢固，丝扣捻冲可靠，压紧环的轴向间隙沿圆周应一致，小轴上丝堵捻牢；

f. 转子轴上的汽封片应无卷边、碰伤、缺损或松动；

g. 转子有关部位的圆跳动量允许值见表 11；

h. 轴颈圆度及圆柱度不大于 $0.02mm$；

i. 相邻叶根应挤紧无间隙，两侧的局部缝隙用 $0.03mm$ 塞尺不得塞入；

表 11　转子有关部位圆跳动值表　　　　mm

	轴承处轴颈	止推盘	联轴器配合面	联轴器外圆	轮　缘	危急保安器小轴	轴封及级间密封处	轴位移盘外缘
径向圆跳动	0.01		0.015	0.02	0.10	0.02	0.05	
端面圆跳动		0.015			0.10			0.03

j. 叶片、围带、铆钉头、拉筋，叶根表面、轴颈、止推盘根部或轴肩应进行无损检测；

k. 转子若有结垢现象，应详细记录结垢部位，垢层厚度，并对垢物进行定性与定量分析。垢物可采用冷水冲洗或化学清洗法除去，清洗时不得损伤叶片。化学清洗时不得腐蚀转子，特别要保护轴颈，同时要避免叶根等部位受间隙腐蚀影响。

l. 必要时转子应做动平衡校验，其低速动平衡精度应符合 ISO 1940/G0.4 级；高速动平衡时，应符合 ISO 2372 规定，在转子的全工作转速范围内支承振动速度有效值不大于 1.12mm/s(ISO 2372)。

3.3.7　隔板与汽封检修

3.3.7.1　11065CD37 型汽轮机隔板

a. 隔板应无变形、裂纹、锈蚀、冲蚀，静叶片无冲蚀、裂纹、卷边；

b. 隔板中分面平整无冲刷沟槽，贴合严密；

c. 隔板出汽边与汽缸洼窝贴合良好，隔板在汽缸洼窝中的轴向膨胀间隙为：钢制隔板为 0.05～0.15mm，铸铁隔板为 0.15～0.25mm；

d. 若发现隔板汽封(级间汽封)有严重的偏磨时，应采用假轴检查洼窝中心，调整隔板，不允许用改变汽封间隙的方法来处理；

e. 隔板动叶片径向汽封片应完好，不得有卷边、碰伤、缺损或松动现象；

f. 隔板调整螺钉与汽缸洼窝应均匀接触，下隔板中分面与缸体中分面平齐，上隔板固定螺钉与隔板间应有0.15～0.25mm 的间隙，使上隔板能自由下落，固定螺钉不许高出汽缸中分面。

3.3.7.2 KJHV－DF 型汽轮机隔板

a. 隔板应无变形、裂纹、锈蚀、冲蚀，静叶片无冲蚀、裂纹、卷边；

b. 隔板径向膨胀间隙(包括下隔板方销顶部径向间隙)：钢制隔板为 1.0～1.5mm，铸铁隔板为 1.5～2.0mm；

c. 若某级隔板通流部分间隙有明显的变化时，应对该级隔板的状态，弯曲情况认真检查；

d. 中分面平整无冲刷沟槽，贴合严密；

e. 隔板出汽边与汽缸洼窝贴合良好，隔板在汽缸洼窝中的轴向膨胀间隙为：钢制隔板为 0.05～0.15mm，铸铁隔板为 0.15～0.25mm；

f. 若发现隔板汽封(级间汽封)有严重的偏磨时，应采用假轴检查洼窝中心，调整隔板，不允许用改变汽封间隙的方法来处理。

3.3.7.3 EHNK 型汽轮机内缸隔板

a. 内缸水平接合面定位销应无松动，接合面无冲刷沟槽，接合面应严密；

b. 内缸座落于外缸的台肩应平整、无变形，其支承接触面积应不小于 50%，台肩上的调整元件与外缸体中分面的间隙应符合制造厂要求值；

c. 固定于内壳上的静叶应无损坏、冲蚀、裂纹、卷边等缺陷；围带应完好无损，围带和铆钉头间不松动；静叶的叶根和隔离块应牢固不松动，其间隙小于 0.03mm；

d. 清洗内缸，静叶除垢，检查内缸应无裂纹、气孔等缺陷；

e. 检查内缸接合面螺栓、螺母应无咬丝、滑丝现象，螺栓应进行无损检测；

f. 检查内缸与转子的同心情况，通过调整内缸上下半偏心销及中分面处支承调节螺栓来调整中心；

g. 内缸接合面的螺栓、螺母及定位用的销钉在回装时应用氩弧焊进行点焊，以防在运行中松动。

3.3.7.4 11065CD37 型汽轮机汽封（包括轴封）

a. 轴封齿应无裂纹、卷曲、碰伤或缺损，轴封体中分面平整无冲刷沟痕，自由间隙不大于 0.04mm。轴封体与汽缸轴封洼窝接触严密不松动；

b. 轴封体中分面及上轴封体固定螺钉不高出汽缸中分面；

c. 出现汽封左右、上下间隙不等时应调整汽封块底部销钉键宽中心线位置、左右调整块高度等进行修复。

3.3.7.5 KJMV – DF 型汽轮机汽封（包括汽封套）

a. 汽封块无裂纹、卷曲、断裂；

b. 汽封块背部弹簧应无变形，弹性良好，位置正确，安装牢固；汽封块安装后能用手自由压入和弹回；

c. 汽封块在汽封槽中不应有过大的轴向旷动。每一圈各汽封块之间的结合面应完整，整圆周应留有 0.4～0.8mm 的膨胀间隙；

d. 汽封套与汽缸洼窝间的轴向定位环不松动；

e. 汽封套中分面平整，两半组装后贴合严密，不错齿。中分面及上汽封套挂耳不高出汽缸中分面，确保不顶缸。

3.3.7.6　K1101－A 型汽轮机汽封（包括轴封）

a. 汽封片应无卷曲、碰伤、缺损或松动；

b. 轴封齿应无裂纹、卷曲、碰伤或缺损，轴封体中分面平整无冲刷沟痕，自由间隙不大于 0.04mm；轴封体与汽缸轴封洼窝接触严密不松动；

c. 更换固定式汽封时，应将汽封片连同填隙丝一并嵌入汽封槽内并铆牢，确保汽封片不松动。汽封片接口间隙为 0.25～0.50mm，相邻汽封片接口应错开 180°，填隙丝接口与汽封片接口相错不小于 30°。

3.3.7.7　EHNK 型汽轮机汽封（包括轴封）

a. 各级汽封应无污垢、锈蚀、裂纹、折断、变形、缺口和毛刺等缺陷，汽封体水平中分面应无冲刷沟痕；

b. 镶嵌汽封片其接缝处间隙小于 0.25mm，相邻汽封片接头应错开 180°角，镶条接缝处与汽封处应错开 30°角，汽封片必须镶紧不得有松动现象；

c. 测量各级动静叶片汽封间隙及轴封间隙，超差者应更换；

d. 汽封径向间隙的测量：下汽封左右间隙可用特制长塞尺测量，上下侧径向间隙可用贴胶布等方法测量。

3.3.7.8　通流部分间隙见图 1，表 12；级间汽封间隙见图 2，表 13；轴封间隙见图 3，表 14。测量间隙时转子应推向主止推侧。

表12 通流部分间隙

mm

法型厂——轮毂与隔板间隙

级别	1	2	3	4	5	6	7	8
测量位置	a							
最小值	1			1.5		4.0	5.0	
最大值	1.6			2.1		4.5	5.5	
极限值	2.4			3.2		6.8	8.3	

注：法型厂2~5级系指围带与隔板间隙

法型厂——叶顶汽封间隙

级别	1		2~4		5		6	7
测量位置	b	c	b	c	b	c	b	b
最小值	1.2	3.6	1.2	2.6	1.2	3.6	4.0	4.0
最大值	1.6	4.5	1.6	3.5	1.6	4.5	5.0	5.0

EHNK型、美荷型

型别	喷嘴间隙		叶顶汽封间隙
EHNK型（最大值）	1.397	2.794	0.4
美荷型（最大值）	1.651	3.048	0.66

日（I）型厂——喷嘴间隙

级别	冲动 1~5	6		7		8		9		10
测量位置	反动 1~5 a	a	b	a	b	a	b	a	b	a
最小值	4.0	2.5	3.8	3.5	6.3	6.3	9.5	6.7	16.7	16.1
最大值	3.3	3.3								

日（I）型厂——叶顶汽封间隙

级别	冲动 1~6	7		8		9	10
测量位置	反动 1~6 c	c	d	c	d	c	c
最小值	2.2	3.0	0.4	5.5	0.5	2.2	3.6
最大值	3.0	4.5	0.8	7.0	0.9	3.0	4.4

注：径向间隙值日（I）型厂为半径间隙，法型厂、EHNK型为直径间隙。

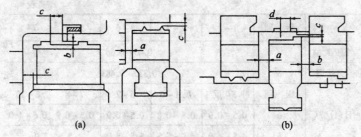

图 1 喷嘴间隙和叶顶汽封间隙

(a) 11065CD37 型和 KJMV – DF 型，汽轮机和 EHNK40/45 – 3 型；

(b) 1101 – A 型汽轮机

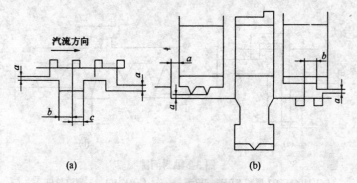

图 2 级间汽封间隙

(a) 11065CD37 型、KJMV – DF 型，汽轮机和 EHNK40/45 – 3 型；

(b) K1101 – A 型汽轮机

表 13 级间汽封间隙　　　　　mm

	级　别	1~2	2~5	5~6	6~7	7~8
法型厂	a	1.0~1.1	0.9~1.0	0.9~1.0	0.9~1.0	
	b	2.5	2.5			
	c	3	3			

续表

	级　别	1~2	2~5	5~6	6~7	7~8
EHNK 型	a	0.40~0.66				
美荷型	a	0.330~0.483				
日(I)型厂	级　别	冲 1~反 1	反 1~6	6~7	7~8	8~10
	a	0.5~0.9	0.4~0.8	0.5~0.9	0.5~0.9	0.6~1.0
	b	4.5~6.0	4.0~5.5	6.5~8.0	5.5~7.0	

　　注:径向间隙值日(I)型厂为半径间隙,法型厂、美荷型厂 EHNK 型为直径间隙。

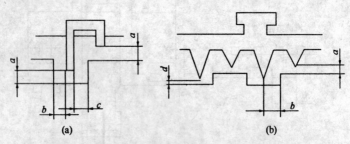

图 3　轴封间隙

(a) 11065CD37 型和 KJMV - DF 型,　　　　(b) K1101 - A 型汽轮机
汽轮机和 EHNK40/45 - 3 型;

表 14　轴封间隙　　　　　　　　mm

		前　轴　封				后　轴　封		
	段别	1	2	3	4	1	2	3
法型厂	a	0.7~0.8	0.7~0.8	0.9~1.0	1.0~1.1	0.9~1.0	0.7~0.8	0.7~0.8
	b	2.5	2.5	2.5	2.5			
	c	3	3	3	3			

续表

	段别	前 轴 封				后 轴 封		
		1	2	3	4	1	2	3
EHNK 型	a	0.3 ~ 0.45	0.5 ~ 0.76/ 0.3 ~ 0.56	0.8 ~ 1.26/ 0.6 ~ 1.06		0.3 ~ 0.4		
	b	2.7 ~ 3.3	2.3 ~ 2.7	4.7 ~ 5.3				
	c	1.7 ~ 2.3	1.7 ~ 3.3	3.2 ~ 3.8				
	段别	1 ~ 2		3 ~ 6		1 ~ 4		
美荷型厂	a	0.330 ~ 0.483		0.330 ~ 0.483		0.330 ~ 0.483		
	d	0.254 ~ 0.559						
	b	2.267 ~ 2.515						
		前轴封		后轴封		迷宫套		
日(I) 型厂	a	0.2 ~ 0.6		0.2 ~ 0.6		0.4 ~ 0.8		
	b	最小 1.25		最小 3.5		最小 1.25		
	c	最小 1.25		最小 2.5		最小 1.25		

注:径向间隙值日(I)型厂为半径间隙,法型厂、美荷型厂 EHNK 型为直径间隙。

3.3.8 汽缸及机座检修

3.3.8.1 11065CD37 型汽轮机汽缸及机座

a. 汽缸结合面无漏汽冲刷沟槽、腐蚀、斑坑、翻边、伤痕等缺陷;

b. 缸体应无裂纹、腐蚀、气孔、变形等缺陷;

c. 缸体疏水孔畅通;

d. 整修缸体水平中分面后,检查结合面严密性,冷紧

1/3 中分面螺栓，高压缸用 0.03mm 塞尺、低压缸用 0.05mm 塞尺不得塞入，个别塞入部位深度不应超过法兰密封面宽度的 1/3；

　　e. 高低压缸体垂直剖分面接合螺栓应紧固完好；

　　f. 清洗检查汽缸螺栓、螺母，螺栓应进行无损检测，必要时可进行金相分析和机械性能试验；

　　g. 缸体与台板的接合面应光洁平整，用 0.03mm 塞尺不得塞入；

　　h. 螺栓紧固后，垫片应能自由滑动，其间隙见表 15：

表 15　滑 动 间 隙　　　　　　mm

部　位　　　　　间　隙	最　　小	最　　大
猫　爪	0.05	0.10
前轴承箱	0.05	0.15
后台板	0.05	0.15

　　i. 后汽缸横销、缸体立销、前轴承箱纵销及猫爪横向导键两侧间隙为 0.03～0.05mm；

　　j. 前轴承箱定位底板（带纵销键槽）应定位牢固，回油孔 O 形环完好，L 形滑动底板应紧固可靠，且与前轴承箱底面滑动灵活。

3.3.8.2　KJMV－DF 型汽轮机汽缸及机座

　　a. 汽缸结合面无漏汽冲刷沟槽、腐蚀、斑坑、翻边、伤痕等缺陷；

　　b. 缸体应无裂纹、腐蚀、气孔、变形等缺陷；

　　c. 缸体疏水孔畅通；

d. 整修缸体水平中分面后，应检查结合面严密性，冷紧 1/3 中分面螺栓，高压缸用 0.03mm 塞尺、低压缸用 0.05mm 塞尺不得塞入，个别塞入部位深度不应超过法兰密封面宽度的 1/3；

e. 高低压缸体垂直剖分面接合螺栓应紧固完好；

f. 汽缸两端外排污槽干净，排污孔畅通；

g. 联接汽缸和基础台板的扰性支座螺栓应紧固，排汽端定位杆固定牢固。基础框架地脚螺栓紧固；

h. 喷嘴应无裂纹、卷曲、损伤、冲蚀和盐垢，必要时须着色检查。固定喷嘴板的螺钉点焊牢固，无裂纹；

i. 高低压缸体垂直剖分面接合螺栓应紧固完好。

3.3.8.3 K1101-A 型、EHNK 型汽轮机汽缸及机座

a. 汽缸结合面无漏汽冲刷沟槽、腐蚀、斑坑、翻边、伤痕等缺陷；

b. 缸体应无裂纹、腐蚀、气孔、变形等缺陷；

c. 缸体疏水孔畅通；

d. 整修缸体水平中分面后，检查结合面严密性，冷紧 1/3 中分面螺栓，高压缸用 0.03mm 塞尺、低压缸用 0.05mm 塞尺不得塞入，个别塞入部位深度不应超过法兰密封面宽度的 1/3；

e. 高低压缸体垂直剖分面接合螺栓应紧固完好；

f. 喷嘴、导叶和静叶应无裂纹、冲蚀、严重击伤、卷边、锈蚀、结垢等，必要时做着色检查，导叶、静叶的叶根与隔板块之间安装牢固，围带和铆钉间不松动；

g. 清理、检查、调整各联接螺栓、滑销，汽缸支座连接螺栓间隙为 0.10～0.12mm，前轴承箱联接螺栓间隙为

0.04～0.06mm，前轴承箱纵销两侧间隙为 0.06～0.08mm，汽缸立销两侧间隙为 0.05～0.10mm。

　　h. 清洗检查汽缸螺栓、螺母，螺栓应进行无损检测，必要时可进行金相分析和机械性能试验。

3.3.8.4　EHNK 型汽轮机汽缸及机座

　　a. 汽缸水平结合面应无冲刷、沟槽等缺陷。销钉部位应无凸起。必要时应测量汽缸接合面间隙。间隙要求为：当紧固 1/3 螺栓后，在高压段处用 0.03mm 塞尺一般不得塞入，在低压段处用 0.05mm 塞尺不得塞入，个别塞入部分的长度不得超过汽缸接合面宽度的 1/3；

　　b. 清扫汽缸，检查汽缸应无裂纹、气孔等缺陷，必要时可进行无损检测；

　　c. 清扫、检查、调整各导销、滑销系统，配合间隙应符合检修要求。间隙内应无污物、锈蚀。滑销在销槽内应能灵活滑动无卡涩；

　　d. 清扫、检查支爪螺栓，测量调整螺栓间隙；

　　e. 汽缸检修完毕扣大盖之前，应用压缩空气认真将其吹扫干净，并用干净绸布擦试涂密封胶的部位，当上缸吊装进入导杆以后即可涂密封胶，涂料厚度一般不应超过 0.5mm，涂料可采用精炼的亚麻仁油或铁锚 604 密封胶及 MF－I 型汽缸密封脂。若中分面漏汽时，可添加少量红丹粉、黑铅粉或铸铁细粉以增强其密合性或采用 MF－Ⅱ 型、Ⅲ 型汽缸密封脂；

　　f. 汽缸保温层应完好，每次大修均应检查下汽缸保温层是否脱离汽缸，严重时应重新保温。缸体保温应能满足当环境温度为 25℃时，保温层外表面温度不超过 50℃；

g. 高压段中分面螺栓要进行无损检测，合格后方能使用；

h. 汽缸揭盖后，水平结合面上涂料的刮除，应尽量避免使用锋利的刮刀以免结合面刮出沟痕。刮除操作时应顺着涂料带进行，否则将会影响汽缸的密合性；

i. 清理、检查、调整各联接螺栓、滑销，汽缸支座连接螺栓间隙为 0.11～0.17mm；前轴承箱联接螺栓间隙为 0.09～0.12mm；汽缸立销两侧间隙为 0.01～0.03mm。

3.3.9　EHNK 型汽轮机转子在壳体及轴承箱中位置的确定

轴向位置的确定：

a. 转子与壳体的轴向位置确定：

测量转子止推轴承侧抛油环至透平外壳前端面的距离应符合要求值。测量透平外壳端面至迷宫密封活塞的距离应符合制造厂要求值。

b. 转子与前轴承箱的轴向位置确定：

测量前轴承箱前端至止推盘的距离 EIV 应符合制造厂要求值。

c. 止推轴承的调整：

测量转子的第一圆盘至止推轴承导向槽的距离应符合制造厂要求值。

d. 径向位置的确定(即调整转子与壳体及轴承箱的同心)

测量基准面：

　A——前/后轴承箱外侧；

　I——前/后轴承箱内侧；

　Z——用于机器安装找同心的前/后壳体测量环。

测量值不符要求时，可以通过重新调整前/后轴承箱的调节元件来校正。

3.3.10 11065CD37 型汽轮机调节及保安系统检修

3.3.10.1 调速器传动机构

a. 检查从动减速斜齿轮、蜗杆、蜗轮轴所在箱体与前轴承箱体结合面锥销是否磨损;

b. 减速齿轮齿面应无毛刺、裂纹、麻点等缺陷,啮合部位正确,无严重磨损;

c. 齿轮与轴配合应不松旷;键及键槽无磨损,齿轮轴无弯曲;

d. 蜗杆、蜗轮轴的轴颈及止推面应无毛刺、划痕等缺陷,表面粗糙度 R_a 的最大允许值为 0.4μm;

e. 蜗杆、蜗轮表面应无毛刺、裂纹等缺陷;

f. 铝合金轴瓦瓦面应无沟槽、碾压、烧损等缺陷,钨金层轴瓦应无脱壳,固定轴瓦的顶丝牢固;

g. 从动减速斜齿轮轴向位置应符合要求;

h. 径向瓦、止推瓦与轴应均匀接触,接触面积不小于 80%;

i. 润滑油路畅通;

j. 轴颈与轴瓦配合间隙见表 16。

表 16 调速器轴颈与轴瓦配合间隙   mm

		径向间隙(直径)	止推间隙
蜗 杆	止推侧	0.04 ~ 0.074	0.20 ~ 0.40
	非止推侧	0.05 ~ 0.091	
蜗 轮	止推侧	0.025 ~ 0.075	0.15 ~ 0.30
	非止推侧	0.020 ~ 0.062	

3.3.10.2　自动主汽阀

a. 活塞及油动缸的工作面应平整光滑，无划痕和偏磨，间隙符合要求；

b. 活塞环完好，无划痕和损坏，与活塞配合间隙及开口间隙正常；

c. 油动缸弹簧完好无裂纹、歪斜；

d. 阀杆平直，直线度不大于 0.05mm，表面无锈垢、划痕和偏磨；

e. 汽封套固定牢固，内表面光滑无划痕和偏磨，与阀杆间隙符合要求；

f. 阀头、阀座密封面无冲刷、沟痕，密封面接触良好；

g. 阀座固定牢靠；

h. 滤网完好无损，孔眼无堵塞，与阀座留有 1~1.5mm 径向及轴向热膨胀间隙；

i. 外壳法兰密封面平整光滑，无径向沟槽，软钢垫片平整无凹坑，厚度均匀；

j. 预启阀及主阀在行程内灵活不卡涩，开度符合要求；

k. 危急放油阀滑阀及滑阀套工作面光洁无划痕，油口密封严密；

l. 主汽阀动作试验灵活，阀无卡涩，弹簧完好，密封面不漏油；

m. O 形环无老化、变形，弹性良好；

n. 各配合间隙及行程要求：

- 活塞与油动缸径向间隙：0.210~0.313mm；
- 活塞环与槽侧间隙：0.022~0.065mm；
- 阀杆与汽封上下衬套径向间隙：0.200~0.234mm；

- 阀杆与导环径向间隙：0.065～0.125mm；
- 阀杆与大阀头固定螺母径向间隙：0.200～0.234mm；
- 阀杆与活塞内径径向间隙：0.020～0.062mm；
- 危急放油阀滑阀及滑阀套径向间隙：0.060～0.120mm；
- 预启阀行程：6.5mm；
- 主汽阀阀头行程：55mm；
- 主汽阀动作试验活动阀行程：2.5mm。

3.3.10.3　调节阀司服马达

a. 错油门滑阀及阀套工作表面应光滑无划伤、锈蚀、裂纹等缺陷，滑阀滑动无卡涩，滑阀凸缘和阀套窗口刃角完整，配合间隙及重叠度符合要求；

b. 弹簧应无裂纹、损伤、歪斜，弹性良好；

c. 滚动轴承的滚珠、滚道无麻点、锈蚀等缺陷，保持架完好，转动无异音；

d. 油动缸活塞及缸体工作表面应光滑不粗糙，滑动无卡涩，间隙及行程符合要求；

e. 球接头不松旷，转动灵活，反馈凸轮(或圆锥体)无损伤；

f. 同步器与触点开关接触位置合适；

g. 各滑动部件工作表面应平滑不卡涩，工作灵活稳定，各固定连接处牢固；

h. O形环完好不老化，不变形，弹性良好；

i. 油口、油路干净畅通；

j. 各部配合间隙及行程要求：

- 错油门滑阀导向凸缘与滑阀套间隙：0.03～0.05mm；

- 错油门滑阀凸缘与滑阀套间隙：0.07～0.09mm；
- 油动缸活塞与缸体径向间隙：0.085～0.165mm；
- 缓冲活塞径向间隙：0.150～0.330mm；
- 继动滑阀小阀芯外径与速度滑阀内径间隙：0.08～0.10mm；
- 继动滑阀导向阀芯外径与衬套内径间隙：0.07～0.09mm。

3.3.10.4 调节阀

a. 阀头、阀座密封面应无沟槽、麻点，严密不漏汽，阀座固定牢固；

b. 阀杆平直，无锈垢，与密封套无偏磨，直线度不大于 0.05mm；

c. 弹簧无裂纹、损伤及歪斜，弹性良好；

d. 汽室接合面应清理干净，无沟痕，接合严密；

e. 调节阀开启整定值见图 4 及表 17：

表 17 调节阀开启整定值   mm

阀 号	1	2	3
整定值 A	2.5	22.5	52.5
相当于油动缸活塞升程	6.5	58.1	135.6

3.3.10.5 危急保安器

a. 弹簧无裂纹、歪斜，端面平整，自由长度无变化；

b. 飞锤与壳体的配合面光洁，飞锤活动无卡涩，间隙符合要求；

c. 油口平整，贴合严密；

d. 防松螺钉捻冲牢固；

e. 飞锤与壳体的配合径向间隙，中部为 0.075 ~ 0.091mm，两端为 0.05 ~ 0.07mm。

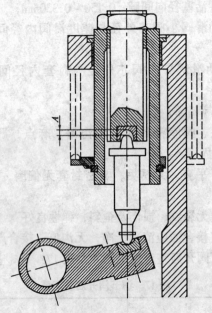

图 4　调节阀开启整定部位 A

f. 弹簧调整螺钉应旋到卡口位置卡住不松动；

g. 小浮环内径与危急保安器进油口配合间隙符合要求，内圆表面与侧面粗糙度应达到规定要求，侧面与内孔中心线垂直度应符合要求。(以上要求见制造厂规定)

3.3.10.6　组合脱扣器

a. 弹簧无裂纹、歪斜，端面平整；

b. 各滑阀与壳体的工作面光洁不粗糙，滑阀滑动自如不卡涩，间隙符合要求；

c. 油口密封严密；

d. 油道清洁畅通。

e. 手拍停车杆活动灵活，停车杆润滑油动作压力应符合制造厂要求；

f. 停车后锁紧活塞弹簧弹力应与油动机底部油压相适应。

3.3.10.7 真空系统

a. 抽气器蒸汽滤网应清洁完好，抽气器喷嘴应清理干净，喷嘴应无腐蚀，垢层及裂纹，粗糙度不应低于 $R_a1.6$，当喷嘴出口直径加大 0.5mm 以上时应更换，喷嘴与扩散管的距离应符合制造厂要求；

b. 凝汽器的排大气安全阀应起落灵活，密封严密；大修后应更换防爆板。防爆板安装时尤其应注意刀口方向或裂口方向；

c. 凝汽器的检修标准参见 SHS 01009—2004《管壳式换热器维护检修规程》；

d. 凝结水泵的检修标准参见同类泵的检修规程；

e. 消除真空系统运行时出现的各类其他缺陷。

3.3.11 KJMV–DF 型汽轮机调节及保安系统检修

3.3.11.1 调速器传动机构

a. 同 3.3.10.1 a～g；

b. 联轴器安装方向正确，两端面距离尺寸符合要求，与轴及键的配合不松旷，顶丝到位捻牢，外罩窜动灵活，窜量不小于 3.0mm；

c. 轴瓦的径向间隙要求为该轴颈尺寸的 1.5‰～2‰，

止推间隙为 0.254～0.304mm。

3.3.11.2　8$\frac{1}{2}$CM 调速器

　　a. 滑阀、滑阀套表面无划痕、毛刺及偏磨等缺陷；

　　b. 油动机活塞及油缸工作面平整光滑，无沟槽划痕；

　　c. 油动机活塞杆及衬套表面光滑，活塞中心油孔畅通，旋转接头顶丝牢固，接头转动灵活，每次检修应更换 O 形环；

　　d. 飞锤滚架、支承架和垫块组件的工作表面、飞锤架支点刃口、飞锤滚架与支承座接触表面应无损伤，滑动灵活，飞锤固定螺丝不松动；

　　e. 滚动轴承滚珠、保持架、滚道无损伤、松旷等缺陷；

　　f. 弹簧无裂纹，不歪斜，必要时校测其有关尺寸和刚度；

　　g. 调速器进、排油室及油道内无杂物；

　　h. 同步器传动杆应无锈蚀、偏磨，动作灵活；

　　i. 油动机活塞最大行程为 44.45mm；

　　j. 手动调速旋钮应能灵活转动无卡涩。

3.3.11.3　自动主汽阀

　　a. 同 3.3.10.2 a～l；

　　b. 轴承滚子、滚道完好，配合松紧适度；

　　c. 丝杠、丝母无毛刺、变形，配合适宜，丝杠键固定牢固，与键槽配合适宜，无挤压变形；

　　d. 驱动手轮固定可靠，无轴向窜动，旋转灵活；

　　e. 挂钩刃口平整，接合严密；

　　f. 所有传动轴与轴孔间隙为 0.1～0.2mm。

3.3.11.4 调节阀

a. 同 3.3.10.4 a ~ d;

b. 各部配合间隙及整定值见图 5;

c. 水平提升板与汽室接合面的平行度不大于 0.05mm。

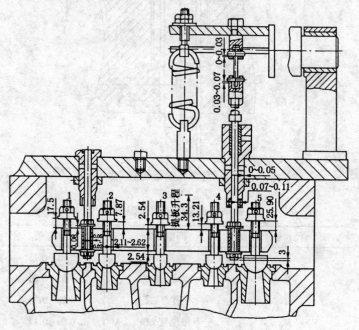

图 5 调节阀各部配合间隙及整定值

3.3.11.5 危急保安器

a. 同 3.3.10.5 a, b;

b. 配合间隙见图 6 及表 18;

c. 飞锤与遮断器触头间隙为 3.0 ~ 3.3mm。

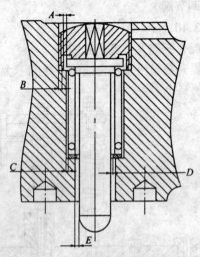

图 6 危急保安器装配间隙

表 18 危急保安器装配间隙   mm

代 号	间隙部位	间 隙 值
A	飞锤座与丝堵	0.05 ~ 0.13
B	丝堵与轴孔	0.03 ~ 0.08
C	垫片与轴孔	0.03 ~ 0.15
D	垫片与飞锤	0.05 ~ 0.13
E	飞锤与轴孔	0.20 ~ 0.28

3.3.11.6 危急遮断油门

a. 阀口密封面无伤痕，贴合严密；

b. 阀杆与球套间隙为 0.012 ~ 0.076mm；球套端隙为 1.59mm；阀杆与轴承套间隙，手轮端为 0.05 ~ 0.10mm、阀口端为 1.27 ~ 1.78mm。

3.3.12 K1101 - A 型汽轮机调节及保安系统检修

3.3.12.1 调速油泵及传动机构

a. 同 3.3.10.1 a，b，f；

b. 传动齿轮啮合齿侧间隙为 0.141 ~ 0.309mm；

c. 泵轴无毛刺、碰伤与划痕等缺陷，轴颈表面粗糙度 R_a 的最大允许值为 0.4μm，圆柱度不大于 0.02mm；

d. 泵口环与壳体口环无擦伤或偏磨，其间隙为 0.10 ~ 0.18mm；

e. 泵轴颈与轴瓦径向间隙为轴颈的 1.5‰ ~ 2‰，止推间隙为 0.15 ~ 0.25mm；

f. 泵及壳体清洁，各油孔及节流孔畅通。

3.3.12.2 信号变换放大器

a. 弹簧无裂纹、歪斜，必要时校测其有关尺寸和刚度；

b. 先动滑套、从动活塞配合面光滑无沟槽、划痕；

c. 波纹管完好无泄漏。

3.3.12.3 自动主汽阀

b. 同 3.3.10.2 a ~ l；

c. 预启阀行程为 4.5 ~ 5.5mm；主阀行程为 36.5 ~ 37.5mm。

3.3.12.4 调节阀的错油门和油动机

同 3.3.10.3 a ~ h。

3.3.12.5 调节阀

a. 同 3.3.10.4 a ~ d；

b. 调节阀整定要求见图 7 和表 19。

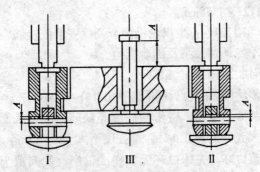

图 7　调节阀整定要求

表 19　调节阀整定　　　　mm

位号/部位	Ⅰ	Ⅱ	Ⅲ
A	1.0±0.1	12.5±0.2	20.5±0.2

3.3.12.6　危急保安器

a. 同 3.3.10.5 a，b，d；

b. 螺栓无咬伤、毛刺、端部磨损等缺陷；

c. 飞锤头部应无麻点、损伤。

3.3.12.7　危急遮断油门

a. 危急遮断油门滑阀头与阀套应光滑无沟槽，接合面严密不漏；滑阀不弯曲，不偏磨，动作灵活不卡涩，挂钩与危急保安器和轴位移凸台应无麻点和腐蚀；

b. 弹簧应无裂纹、损伤、歪斜，弹性良好；

c. 各部件的滑动工作表面应光洁无卡涩，工作灵活平稳；

d. 危急跳闸装置安装间隙见图 8 及表 20。

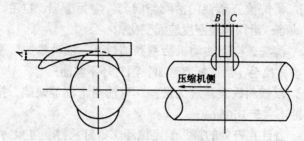

图 8 危急跳闸装置安装间隙

表 20 危急跳闸装置安装间隙 mm

部 位	A	B	C
设计值	1.0±0.1	1.0±0.05	1.0±0.05

3.3.13 EHNK 型汽轮机调节及保安系统检修

3.3.13.1 主汽阀(紧急切断阀)检修

a. 检查大、小阀头和阀座密封面应无冲刷沟痕，光滑严密。

b. 检查阀杆应无拉毛、磨损、裂纹与弯曲等缺陷，阀杆直线度不大于 0.05mm;

c. 活塞弹簧应无裂纹、磨损，刚度无变化;

d. 检查阀盘、活塞与汽缸的工作面，应光滑、无锈蚀，阀盘与活塞在缸内活动自如无卡涩;

e. 按制造厂要求测量各配合间隙，超差时应更换备件;

f. 清扫、检查蒸汽过滤网应完整、清洁。

3.3.13.2 调节阀的错油门、油动机和反馈机构的检修

a. 测量、调整滑阀与阀套的各部间隙和重叠度，调整滑阀转速和轴向振动频率;

b. 清洗检查错油门滑阀与阀套。应无磨损、拉毛、变形等缺陷，滑阀弹簧刚度应无变化；

c. 清洗、检查油动机活塞和油封环。油动机的活塞应不偏磨、拉毛，活塞杆不弯曲，油封环不漏油；

d. 反馈斜铁装置应无磨损、弯曲与卡涩等缺陷，拉杆直线度不大于 0.05mm；

e. 各连接杆处的接头、定位环、销钉及衬套应无磨损、旷动现象，转动灵活。

3.3.13.3 调节阀

a. 检查调节阀提杆应无磨损、弯曲与卡涩等缺陷。提杆弯曲值最大不应超过 0.05mm；

b. 检查调节阀。阀座密封面应无冲刷沟痕。阀头阀座配合严密，阀杆上的螺帽及阀头上的固定销钉应固定良好无松动、无磨损。各阀头开度间隙应符合设计值；

c. 检查更换提杆处的密封环。密封套的间隙超差时应予以更换；

d. 检查提杆与提板连接部位应无磨损、松脱现象；

e. 调节阀与油动机的连杆处销钉及销钉应无磨损、不松动；

f. 调节阀整定要求见表 21。

表 21 调节阀整定值 mm

位号/部位	I	II	III	IV	V
A	2.0 ± 0.3	18.5 ± 0.3	25.5 ± 0.3	32.5 ± 0.3	39.5 ± 0.3

3.3.13.4　危急保安器

a. 同 3.3.10.5 a，b，d；

b. 螺栓无咬伤、毛刺、端部磨损等缺陷;

c. 飞锤头部应无麻点、损伤。

3.3.13.5 危急遮断油门

a. 危急遮断油门滑阀头与阀套应光滑无沟槽,接合面严密不漏,滑阀不弯曲,不偏磨,动作灵活无卡涩,挂钩与危急保安器和轴位移凸台应无麻点和腐蚀;

b. 弹簧应无裂纹、损伤、歪斜,弹性良好;

c. 各部件的滑动工作表面应光洁无卡涩,工作灵活平稳;

e. 危急跳闸装置安装间隙见图8及表22。

表22 危急跳闸装置安装间隙 mm

部　位	A	B	C
设计值	0.9 ± 0.1	1.0 ± 0.05	1.0 ± 0.05

3.4 增速器检修

3.4.1 箱体检修

a. 检查箱体,不应有裂纹,用煤油检查不许有渗漏;

b. 箱体与箱盖结合面应平整,配合严密。

3.4.2 齿轮检修

a. 齿面不应有毛刺、裂纹、麻点,啮合部位正确,无偏载。啮合面沿齿宽大于85%,沿齿高应大于55%;

b. 啮合顶间隙应为 $0.2 \sim 0.3 M_n$,侧隙应符合表23要求:

表23 齿轮啮合侧隙 mm

增速器型号	NH25(法型)	HG－5(美、荷型)	CD－280H(日Ⅰ型)
啮合侧隙	$0.25 \sim 0.45$	$0.355 \sim 0.736$	$0.36 \sim 0.60$

　　c. 两齿轮中心距偏差不大于 0.10mm，两轴平行度偏差不大于 0.02mm；

　　d. 轴颈应光滑无毛刺，表面粗糙度 R_a 的最大允许值为 0.4μm，圆柱度不大于 0.02mm；

　　e. 齿轮作无损检测；

　　f. 必要时齿轮作动平衡校验，低速动平衡精度应符合 ISO 1940/1—1986(E)标准 G0.4 级。

3.4.3　轴承检修

　　a. 检查轴承合金层，应无裂纹、脱壳、夹渣、气孔、烧损、碾压、沟槽和偏磨等缺陷；

　　b. 轴与下瓦底部 60°～70°范围内接触，且沿轴向接触均匀，瓦壳与轴承洼窝贴合良好；

　　c. 轴承间隙应符合表 24 要求，瓦背紧力为 0.01～0.03mm。

表24　增速器轴承间隙　　　　　　　mm

间　隙 型　号	推力间隙	径 向 间 隙	
		低速轴	高速轴
NH25	0.25～0.35	0.13～0.17	0.10～0.15
HG－5	0.36～0.61	0.20～0.25	0.23～0.28
CD－280H	0.25～0.35	0.28～0.32	0.28～0.32

3.4.4　联轴器同 3.2.4。

3.5　机组轴系对中

3.5.1　采用三表找正法，表架应重量轻、刚性好，表及表架固定牢靠，百分表灵敏可靠。

3.5.2　盘车均匀平稳，方向保持一致。

3.5.3 调整垫片应光滑平整，无毛刺，并不超过3层。

3.5.4 读取数据时，缸体顶丝应松开，联系螺栓应紧固，滑销应不受力。

3.5.5 机组冷态对中设计指标值见图9及表25，对中要求径向误差≤0.03mm，轴向误差≤0.01mm。

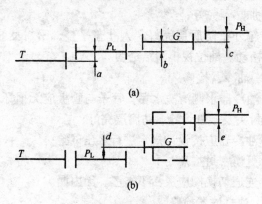

图9 机组冷态对中

(a) 垂直方向冷态对中；(b) 水平方向冷态对中

表25 机组冷态对中设计指标值　　　　　mm

	a	b	c	d	e
法型厂	0.26	− 0.06	− 0.10	0.04	0.04
美荷型厂	0.05	− 0.18	0.355	0.076	0.076
日（Ⅰ）型厂	0.09	0.15	0.11	0	0

3.5.6 等温型压缩机组垂直方向：汽轮机 EHNK40/50 − 3 比压缩机 RIK100 − 5 高 0.30 mm，水平方向对零，机组对中径向允许误差为：±0.10mm；端面允许误差每 100 mm 的直径偏差 0.02 mm。

3.6 油系统设备检修

3.6.1 油箱清理检查

a. 油箱内应无油垢、焊渣、胶质物等杂物，防腐层无起皮、脱落现象。加油前，用面团将油箱内杂物粘除干净；

b. 油箱焊接件无变形，固定牢靠；

c. 加热器完好；

d. 箱外壁防腐层完好，人孔盖平整，密封良好，固定螺栓无松动。油位视镜清洁透明。

3.6.2 油冷器检修

a. 油冷器水侧清洗水垢，管子与管板应无损坏和泄漏。筒体、封头及接管焊缝、防腐层完好；

b. 油冷器应按设计规定进行水压试验；

c. 更换密封垫片；

d. 连通切换阀应灵活不卡涩、无内漏。

3.6.3 油过滤器检修

a. 过滤器清洗或更换滤芯；

b. 筒体及各联接密封处、焊缝等部位完好无泄漏；

c. 各密封垫圈应无老化或损伤；

d. 防腐层完整，各联接螺栓紧固；

e. 连通切换阀应灵活不卡涩、无内漏。

3.6.4 蓄压器检修

a. 蓄压器胶囊氮气试压严密无泄漏；

b. 筒体、密封处、接管及焊缝应无裂纹、变形、泄漏等缺陷；

c. 筒外壁防腐，地脚螺栓紧固；

d. 密封垫片无老化、损伤。

4　试车与验收

4.1　试车

4.1.1　试车前的准备

4.1.1.1　机组按检修方案检修完毕，检修记录齐全，质量符合本规程要求。检修场地及设备整洁。

4.1.1.2　所有压力、温度、液位等仪表联锁装置按要求调试合格，电器设备检测完毕符合规定，达到正常工作条件。

4.1.1.3　油箱油质合格、油位正常，油系统冲洗循环调试符合要求。

4.1.1.4　汽轮机静态调试合格。

4.1.1.5　水、电、仪、气、汽具备试车条件，蒸汽冷凝系统真空试验合格。

4.1.1.6　与总控及有关单位做好联系工作。

4.1.2　汽轮机单体试车

4.1.2.1　严格执行汽轮机单体试车操作规程。

4.1.2.2　记录临界转速值及调速器最低工作转速值。

4.1.2.3　调速器投入工作后，仔细检查是否平稳上升和下降，调节系统和配汽机构不应有卡涩、摩擦、抖动现象。

4.1.2.4　调速器工作转速见表 A1。

4.1.2.5　超速试验进行 2 次，两次误差不应超过额定转速的 1.5%，若超差则应重新调整、试验直至调整合格。

4.1.2.6　重做超速跳闸试验时，只有当汽轮机转速下降到跳闸转速的 90% 以下时，方可重新挂闸，以免损坏设备。

4.1.2.7　记录停车后惰走时间。

4.1.2.8　汽轮机停车

正常停车升速曲线降至 500r/min，低速运转半小时后停机。油泵应继续运转油循环，轴承回油温度降至 40℃以下停泵。停机后应关闭蒸汽切断阀、排汽阀、汽封抽气器、蒸汽导淋、疏水阀等。

4.1.3　机组联动试车

4.1.3.1　试车前准备工作除按 4.1.1 执行外，尚需完成下列工作：

　　a. 汽轮机单试合格后，连接汽轮机和压缩机，开启油泵；

　　b. 压缩机各段间冷却器引水，排尽空气并投入运行；

　　c. 压缩机出口阀关闭，防喘振阀全开。

4.1.3.2　压缩机的启动与升速

　　a. 机组应按汽轮机的升速暖机曲线逐步升速、暖机，平稳通过机组的临界转速，直到调速器的最低工作转速；

　　b. 在机组升速过程中应注意检查机组的振动、轴位移、润滑油油温与油压、过滤器压差、压缩机进口分离器和段间分离器的液位等。

4.1.3.3　压缩机的升压与升速按操作规程执行。

4.1.3.4　机组停车

　　a. 压缩机降压减量过程中，应避免压缩机发生喘振；

　　b. 按机组升速曲线的逆过程，将汽轮机转速降至 500r/min 打闸停机。停稳后，立即启动盘车器。

4.1.4　消除试车过程中发现的缺陷。

4.2　验收

4.2.1　按检修方案所列内容检修，质量符合本规程要求。

4.2.2　汽轮机单试和机组联动试车正常，主要操作指标达到铭牌要求，设备性能满足生产需要，设备达到完好标准。

4.2.3 由机动部门、检修单位、生产单位三方验收合格。检修单位向机动部门、使用单位交付检修资料：检修及试车记录、设备重大消缺及技改记录、材料零部件合格证、设计变更及材料代用通知单等。

4.2.4 机组满负荷正常运转 72h 后，达到设备完好标准，即可办理验收合格手续，正式交付生产车间使用。

5 维护与故障处理

5.1 严格按操作规程进行操作。

5.2 纳入"机、电、仪、管、操"五位一体的大机组特护管理，每日定时巡检，认真观察机组参数变化情况，做好记录并存档。

5.3 有效利用在线状态监测数据，结合机组运行情况，定期给出分析报告并存档。

5.4 按润滑油管理规定，使用合适的润滑油，做到定期分析、过滤、补充和更换。

5.5 保持机组设备清洁。

5.6 机组常见故障与处理见表 26。

表26 机组常见故障与处理

序号	故障现象	故 障 原 因	处 理 方 法
1	油压过低	油泵故障 过滤网堵塞 油管路泄漏 调节阀整定值偏低 油泵出口回流量过大 各润滑点进油量过大	切换检查 清扫或更换 检查堵漏 适当调高整定值 适当关小回流阀 调整进油量

序号	故障现象	故障原因	处理方法
2	转子振动大	机组对中不好	重新找正
		转子不平衡	重做动平衡
		轴瓦损坏	修理或更换轴瓦
		转子与气(汽)封摩擦	重新调整或更换气(汽)封
		压缩机喘振	打开防喘振阀
		轴承压盖或地脚螺栓松	复紧
		积液或带液	及时排放
3	进口油温高	冷却水量不足	调整水量
		冷却器结垢	检查、清理
4	轴瓦温度高	温度表失灵	校验或更换
		供油不足	检查油管、滤网、进油压力
		润滑油变质	分析润滑油,过滤或更换
		轴瓦磨损或间隙偏小	调整或更换轴瓦
5	凝汽器真空度降低	真空系统泄漏	检查消漏
		轴封汽压力过低	提高蒸汽压力
		抽汽压力过低	提高蒸汽压力,检查喷射器
		循环水量不足	加大水量
		冷凝液泵故障	检修冷凝液泵
6	压缩机排气温度高	气体冷却器效率低	加大冷却水量,冷却器除垢

附　录　A
汽轮机主要特性及参数表
（补充件）

	法型厂	美荷型厂	日（Ⅰ）型厂	九江厂
制造厂	法国 SOGET	美国 Delaval	日本富士电机公司	西门子＋杭汽
型　式。	冷凝冲动式	冷凝冲动式	凝汽反动式	抽汽冷凝式
型　号	11065CD37	KJMV－DF	K1101－A	EHNK40/50－3
级　数	7	8	1级冲动，10级反动，共11级	15
正常转速/(r/min)	9345	6600	7520	5390
最大连续转速/(r/min)	9812	7090	7896	5660
跳闸转速/(r/min)	10793	7799	8685	6225
转子一阶临界转速/(r/min)	5600	4020	10900	3260
转子二阶临界转速/(r/min)	13385	8150		7300
调速器工作范围/(r/min)	7400～9812	6026～7090	6392～7896	5282～5660
额定功率/kW	7260	9765	9295	15279
进汽温度/℃	390	321	368	500
进汽压力/MPa(表)	3.72	3.72	3.96	10.0
排汽压力/MPa(绝)	0.0144	0.015	0.015	0.0146
蒸汽汽量/(t/h)	34.35	47	38.5～49	164.4
径向轴承型式	可倾瓦	可倾瓦	四圆弧瓦	可倾瓦
止推轴承型式	金斯伯雷式	金斯伯雷式	改良米契尔式	米契尔式
调速器类型	Woodward PG－PL型	8.5〃CM	液压式	Woodward 505E型

附　录　B
压缩机主要特性及参数表
（补充件）

表 B1　法型厂压缩机主要特性及参数表

	低　压　缸	高　压　缸	
制　造　厂	法国 RATEAU	法国 RATEAU	
型　号	CMR66 – 1″ + 3′	CMS – 32 – 4 – 3′ + 3′	
叶轮数	4	6	
介　质	空　气	空　气	
分子量	28.9	28.9	
绝热指数 C_p/C_v	1.395	1.395	
转速/(r/min)	9345	15340	
最大连续转速/(r/min)	9812	16107	
转子一阶临界转速/(r/min)	5625	6875	
转子二阶临界转速/(r/min)	12650	20000	
轴功率/kW	3712	3302	
排气量(干)/(Nm³/h)		38300	
进气量(湿)/(m³/h)	46062		
径向轴承型式	可倾瓦	可倾瓦	
止推轴承型式	改良米契尔式	改良米契尔式	
缸体型式	水平剖分	水平剖分	
段　别	一　段	二　段	三　段
进口温度/℃	32	40	40
出口温度/℃	106	159	145
进口压力/MPa(绝)	0.098	0.657	1.626
出口压力/MPa(表)	0.671	1.646	3.528

表B2 美荷型厂压缩机主要特性及参数表

	低 压 缸		高 压 缸	
制造厂	美国 Delaval		美国 Delaval	
型 号	5CK57		7CK31	
叶轮数	5		7	
介 质	空 气		空 气	
分子量	28.21 ~ 28.81		28.21 ~ 28.81	
绝热指数 C_p/C_v	1.395		1.395	
转速/(r/min)	6600		10709	
最大连续转速/(r/min)	7090		11244	
转子一阶临界转速/(r/min)	3395		3650	
转子二阶临界转速/(r/min)	9937		14500	
轴功率/kW	4163		3708	
径向轴承型式	可倾瓦		可倾瓦	
止推轴承型式	金斯伯雷式		金斯伯雷式	
缸体型式	水平剖分		水平剖分	
段 别	一 段	二 段	三 段	四 段
容积气量/(m³/h)	50976	21401	7629	3067
进口温度/℃	77.8	40.6	40.6	35
出口温度/℃	159	189	165	157
进口压力/MPa(绝)	0.09	0.21	0.59	1.41
出口压力/MPa(绝)	0.22	0.62	1.45	3.42

表 B3 日(Ⅰ)型厂压缩机主要特性及参数表

	低 压 缸		高 压 缸	
制造厂	日立制作所		日立制作所	
型 号	2MCL805		2MCL456	
叶轮数	5		6	
介 质	空 气		空 气	
分子量	28.5		28.8	
绝热指数 C_p/C_v	1.4		1.4	
转速/(r/min)	7520		11630	
最大连续转速/(r/min)	7896		12211	
转子一阶临界转速/(r/min)	4500		5650	
转子二阶临界转速/(r/min)	超过最大连续转速 120%		超过最大连续转速 120%	
轴功率/kW	4260		4090	
径向轴承型式	可倾瓦		可倾瓦	
止推轴承型式	金斯伯雷式		金斯伯雷式	
缸体型式	水平剖分		水平剖分	
段 别	一 段	二 段	三 段	四 段
重量流量/(kg/h)	53413	53217	52507	53350
容积气量/(m³/h)	51397	23413	8110	2975
进口温度/℃	32	40	40	40
出口温度/℃	151.9	191.1	177.1	164.9
进口压力/MPa(绝)	0.092	0.21	0.58	1.52
出口压力/MPa(表)	0.22	0.61	1.56	3.59

表 B4　九江分公司等温型压缩机主要特性及参数表

制造厂	瑞士 SULZER
型　号	RIK100 – 5
叶轮数	5
介　质	空　气
分子量	28.97
转速/(r/min)	5390
转子一阶临界转速/(r/min)	1360
转子二阶临界转速/(r/min)	4230
轴功率/kW	12400
排气量(干)/(Nm³/h)	158093
径向轴承型式	可倾瓦
止推轴承型式	改良米契尔式
缸体型式	水平剖分
段　别	3
进口温度/℃	29.4
出口温度/℃	130
进口压力/MPa(绝)	0.098
出口压力/MPa(表)	0.786

附　录　C

增速器主要特性及参数表

（补充件）

使　用　厂	法型厂	美荷型厂	日（Ⅰ）型厂
制　造　厂	Rateau(美国)	Delaval(美国)	日立制作所
型　号	NH25	HG – SPECLAL	CD – 280H
型　式	圆弧筒型斜齿	人字齿轮	双斜齿轮
轴功率/kW	4000	4200	4500
输入转速/(r/min)	9345	6600	7520
输出转速/(r/min)	15344	10709	11630
转速比	1.6419/1	1.6226/1	1.55/1
效率/%	97.7	98.3	—

附 录 D
主要零部件质量表
（补充件）

kg

		法型厂	美荷型厂	日（Ⅰ)型厂	九江厂
汽轮机	缸 体	8500	12383	10500	
	转 子	720	1406	1343	4500
	上缸盖	2700	4990	4000	10200
压缩机低压缸	缸 体	13000	25401	26000	
	转 子	645	1769	1438.5	5710
	上缸盖	2700	9525	12000	30000
压缩机高压缸	缸 体	2800	8618	8500	
	转 子	132	362.8	408.6	
	上缸盖	1200	5442	3500	

附加说明：

1 本规程由金陵石油化工公司化肥厂负责起草，起草人宋维民、楮小华、郭干青(1992)。

2 本规程由金陵分公司机动处负责修订，修订人何伟纪、史宇融(2004)。

14. 轴流离心式空气压缩机组
维护检修规程

SHS 05014—2004

目　次

1　总则 ……………………………………………………（413）

2　检修周期与内容 ………………………………………（413）

3　检修与质量标准 ………………………………………（416）

4　试车与验收 ……………………………………………（442）

5　维护与故障处理 ………………………………………（445）

附录 A　机组技术特性(补充件)…………………………（447）

1　总则

1.1　主题内容与适用范围

1.1.1　主题内容

本规程规定了大型化肥装置的轴流离心式空气压缩机组的检修周期与内容、检修与质量标准、试车与验收、维护与故障处理。

健康、安全和环境(HSE)一体化管理系统，为本规程编制指南。

1.1.2　适用范围

本规程适用于日(Ⅱ)型厂 AR150 – 8V – 2 型轴流离心式空气压缩机及 7EH – 9 型汽轮机的检修与维护

1.2　编写修订依据

随机资料

2　检修周期与内容

2.1　检修周期

各单位可根据机组运行状态择机进行项目检修，原则上在机组连续累计运行 3 ~ 5 年安排一次大修。

2.2　检修内容

2.2.1　项目检修

根据机组运行状况和状态监测与故障诊断结论，参照大修部分内容择机进行修理。

2.2.2　压缩机大修

2.2.2.1　压缩机全面解体检查，其中包括缸体中分面、隔板组件、各级气封等进行全面检查，清洗测量，复查记录检修前各部位间隙值。

2.2.2.2　清洗转子，叶片、轴颈、推力盘等各部件检查测量及无损探伤，对叶片、轴颈表面进行修整，必要时对叶片进行静频测试。

2.2.2.3　检查径向轴承及止推轴承，测量、调整轴承间隙与瓦背紧力，必要时更换瓦块或者整体更换。

2.2.2.4　转子静电接地电刷检查或更换。

2.2.2.5　检查测量并调整油封间隙。

2.2.2.6　清洗检查联轴节极其喷油嘴，测量套筒浮动量；联接螺栓、螺帽、联轴节套筒，进行无损检测。

2.2.2.7　压缩机中分面螺栓进行无损检测。

2.2.2.8　机组滑销系统，主要管道支架及弹簧吊架清理调整。

2.2.2.9　机组各轴系对中复查调整。

2.2.2.10　重新调校各振动探头及轴位移探头。

2.2.2.11　检查、调校所有联锁、报警及其他仪表和安全阀等保护装置。

2.2.2.12　油系统全面检查，油泵解体大修，检查清洗润滑油箱、油过滤器、油冷器、蓄压器胶囊及油管线。

2.2.2.13　空气吸入室清理，检查或更换进口一级粗滤布和二级细滤器。

2.2.2.14　检查、清洗一、二级空气冷却器管束及壳体。

2.2.2.15　处理跑、冒、滴、漏及其他缺陷。

2.2.3　汽轮机大修

2.2.3.1　透平全面解体检查，其中包括隔板组件清理除垢，通流部分间隙测量调整，隔板静叶片做着色检查以及各级汽封清理、测量或更换。

2.2.3.2 转子清理除垢，各部位测量检查，轴颈等有关部位进行无损检测，必要时转子作动平衡校验及叶片测频。

2.2.3.3 缸体应力集中部位及水平中分面螺栓做着色检查；缸体疏水孔清扫检查。

2.2.3.4 解体检查径向轴承及止推轴承，必要时瓦量调整及瓦块更换或整体更换。检查推力盘，测量其端面圆跳动。

2.2.3.5 油封、外油档清洗检查、测量。

2.2.3.6 清洗检查联轴节及其喷油嘴，测量套筒窜动量，联接螺栓、螺帽、联轴节套筒外观检查，并进行无损检测。

2.2.3.7 检查、更换转子静电接地碳刷。

2.2.3.8 盘车器解体检查。

2.2.3.9 轴系对中复查、调整。

2.2.3.10 透平滑销系统清理调整。

2.2.3.11 重新调校各振动探头及轴位移探头。

2.2.3.12 调节系统油动机、错油门、调压器解体检查；各连接部位检查、清洗、加油。

2.2.3.13 检查超速遮断装置和危急保安器的动作灵敏度。

2.2.3.14 检查拧紧各部位紧固件、地脚螺栓、法兰螺栓等。

2.2.3.15 主汽阀解体检修，填料等易损件更换，主汽阀杆无损检测。

2.2.3.16 调节阀解体检查、更换填料，清理测量并调整各有关间隙，阀杆、阀座做无损检测。

2.2.3.17 对调节系统进行静态调试。

2.2.3.18 解体检修冷凝液泵、复查调整对中；检查清洗冷凝器。

2.2.3.19　主蒸汽管入口过滤器拆装清洗。

2.2.3.20　检查真空喷射器及冷凝器系统。

2.2.3.21　运行中发现的泄漏及缺陷处理。

2.2.3.22　透平作超速跳车试验。

3　检修与质量标准

3.1　拆卸前准备

3.1.1　根据机组运行情况、状态监测及诊断结论，进行危害识别，环境识别和风险评估，按照 HSE 管理体系要求，编写检修方案。

3.1.2　做好检修任务和技术交底，使每一个检修人员熟悉所承担设备的结构原理、检修方案及质量标准。

3.1.3　做好安全、劳动保护的各项准备工作。

3.1.4　检修用的专用工具、测量、检验工器具校验合格。

3.1.5　材料及备件确认具有合格证或检验合格后方可使用。并对规格、数量、质量进行确认。

3.1.6　起重设备、机具及绳索应检验合格，动、静负荷试验合格。

3.1.7　拆卸应具备的条件

　　a. 汽轮机缸体温度降至 120℃以下方可拆保温；

　　b. 机组停机后连续油循环，直至缸体温度低于 80℃，轴承温度低于 40℃；

　　c. 机组与系统隔离符合安全要求，电源切断，安全措施落实；

　　d. 已办理设备检修作业票。

3.2 拆卸与检查

3.2.1　拆卸严格按程序进行，使用专用工具，禁止生拉、硬拖及铲、打、割等方式野蛮施工。

3.2.2　拆卸零部件时，标记好原始安装位置，确保回装质量。

3.2.3　拆开的管道、孔口必须及时封好，以防异物掉入。

3.2.4　吊装

a. 起吊前必须掌握被吊物的重量，严禁超载。主要起吊件的质量见表1；

b. 拴挂绳索应保护被吊物不受损伤，放置必须稳固。

表1　机组主要起吊件质量　　　　　　　　　　　t

部　件	压　缩　机			汽　轮　机	
	上机壳	内机壳	转　子	上汽缸	转　子
质　量	19	2	5.2	9.27	2.27

3.2.5　吹扫和清洗

a. 采用压缩空气吹扫零部件；

b. 零件应用高效环保清洗剂清洗，精密零件用绸布揩净，再涂上干净的工作油。

3.2.6　零部件的保管

对拆下的零部件上应采取适当的防护措施，记好标志，按指定位置排放整齐，禁止已检、未检零部件混放，管理责任落实到人。

3.2.7　组装

a. 组装的零部件必须清洗、风干并检查达到要求；

b. 扣盖前必须确认缸内无异物，各管口的堵物已全部取出，内件组装完毕，固定牢靠。一切检查无误经有关技术负责人确认签字后方可扣盖；

　　c. 轴承外盖、压缩机大盖中分面扣合前，用丙酮清洗密封面后，均匀涂抹 704 硅橡胶进行密封；汽轮机中分面扣合前，用丙酮清洗密封面后，均匀涂抹精炼制好的亚麻仁油、铁锚 604(中压机组用)或 MF－Ⅰ型汽缸密封脂。当汽缸中分面自然扣合间隙超大时，可在亚麻仁油中添加石墨粉、铁粉等添加剂或采用 MF－Ⅱ、Ⅲ增稠型汽缸密封面。

3.2.8　油系统清洗

　　机组检修封闭后，应按照油系统循环清洗方案循环清洗。如入口管道检修过，应在轴承及调节系统前加过滤网。循环系统要避免死角，油温不低于 40℃，回油口以 200 目过滤网检查肉眼可见污点不多于 3 个为合格。循环清洗结束后抽拆轴承检查。

3.2.9　压缩机的主要部件拆装检查程序

3.2.9.1　拆除妨碍检修的油、气及仪表管线，并封好所有开口，做好复位标记。

3.2.9.2　拆卸进口管上盖板。

3.2.9.3　拆卸联轴器外罩，断开联轴器进行对中复查。

3.2.9.4　拆卸轴承箱盖。

3.2.9.5　测量转子窜量轴承间隙。

3.2.9.6　联轴器的拆卸

　　a. 拆下联轴器护罩检查中间隔套的窜量；

　　b. 拆除中间隔套，测量并记录联轴节轮毂在轴上的原始位置，以备回装时参考。松开轴螺母锁紧螺钉，将轴螺母从轴头上拆下，将液压螺母安装在轴头上，液压螺母受推部分的轴向推移量为联轴节轮最大推移距离的 1.2 倍(即 $1.2 \times S$ 最大)。将油压泵(1500/800A)接到液压螺母上,将油压泵(226400A)接到轴头上;

c. 在液压螺母上施加 $1.5 \sim 3.0$MPa 的油压(PIM),检查推移活塞的间距是否为 $1.2 \times S$ 最大;

d. 通过油压泵(226400A)慢慢地提高施加到联轴节轮上的油压,来保持 PIM 油压在 $140.0 \sim 150.0$MPa 约 $10 \sim 15$min 左右,然后将油压提高到 $160.0 \sim 170.0$MPa 并保持 $10 \sim 15$ 分钟左右,如果联轴节轮并未松动,可将油压提高到 180.0MPa,在最后一阶段,可提高到 PIM = 190.0MPa;

e. 联轴节轮的拔出分为两个阶段,先沿轴向拉开整个距离的 5% ~ 10%,在这种情况下,液压螺母上的油压自动提高到设计油压 $1.5 \sim 3.0$MPa 的 $5 \sim 6$ 倍,这样使拔出过程得到缓冲,待联轴节轮沿轴向松动以后,去掉施加给液压螺栓的压力;

f. 在拔出过程中,可以通过千分表来检查联轴节轮的轴向移动情况;

g. 联轴节拆卸要点:在未拆下联轴器中间接筒之前,检查记录联轴节轴向窜量,记录中间接筒和两个内齿套的装配标记。

3.2.9.7　联轴节的安装

a. 将 O 形环和支承环放入联轴节轮内和轴的槽中,将联轴节轮推至轴上,联轴节轮端部的径向标记应与轴上的轴向标记线重合,将液压螺母拧在轴上,并用手将其拧紧;

b. 接好油压泵(1500/800A)(接到液压螺母上),将油压泵(226400A)接到轴头上,接好与压力表 PIM 相连的管线;

　　c. 通过油压泵 1500/800A 向液压螺母施加 5.0MPa 的压力，并保持该压力，检查高压接头是否有泄漏；

　　d. 测定液压螺母组件中两平面间的基本尺寸"h_o"，并记录该数据；

　　e. 通过油压泵(226400A)向轴头施压，其压力 P 值按表 2 执行。

表 2　联轴节装配径向油压值

内孔直径 d/mm	联轴节的设计油压 p/MPa
≤30	150.0 ~ 90.0
>80 ~ 110	80.0 ~ 70.0
>110 ~ 200	70.0 ~ 50.0

　　f. 向液压螺母施加压力并将联轴节轮推移到运行位置。在联轴节轮被推入的过程中查看指示油压不超过 180.0MPa，液压螺母的最高压力为 28.0 ~ 58.0MPa。

　　g. 联轴节轮的推移距离应在液压螺母组件的两平面间进行检查，测量"零"位置和运行位置的距离 S，记录推移距离 $S = h_i - h_o$。

　　h. 泄放掉联轴节轮上的油压，让液压螺母上的油压 PIM 再保持 5 ~ 10min，泄放掉液压螺母的油压。如果过早地泄放 PIM 压力，则由于接触面卸压的不完善，轮将有从轴上滑脱出来的危险。

　　i. 将液压螺母全部拆掉，并去掉与油压泵(226400A)之间的连接，装好轴螺母并用专用扳手将其拧紧，再用定位螺钉将轴螺母固定。

3.2.9.8　拆除径向轴盖上瓦、止推轴承主瓦。

420

3.2.9.9　测量油封间隙及前轴承下汽封间隙，并拆除之。

3.2.9.10　拆卸小盖板、记录好导向叶片调节杆的螺帽位置后，断开调节杆，并固定在合适的位置上。

3.2.9.11　拆卸壳体中分面螺栓，并编号。

3.2.9.12　起吊上机壳，先用顶丝顶开壳体结合面，起吊时随时检查，保证上机壳水平起吊，而在其下部不断垫加木块，上缸吊出后必要时翻缸放置。

3.2.9.13　用记号笔记下导叶调节板下螺栓的原始位置后，断开连接杆，吊下导向叶片调节板。

3.2.9.14　拆卸内缸盖螺栓起吊上半内缸，吊出后将内缸直立起来，进口侧(大口)朝下。

3.2.9.15　压缩机各部间隙测量。

3.2.9.16　转子各有关部位径向跳动、瓢偏值等测量。

3.2.9.17　安装转子起吊工具，吊出转子，起吊时检查转子是否一直保持水平，是否卡住，吊出后将转子放在专用支架上，进行清洗吹扫。

3.2.9.18　转子各有关部位进行着色检查。

3.2.8.19　拆卸径向轴承下瓦，止推轴承副瓦。

3.2.9.20　起吊下半内缸。

3.2.9.21　取出缸体内上下隔板，检查气封环，必要时更换。

3.2.9.22　组装按上述解体步骤的相反顺序进行。

3.2.10　汽轮机拆装检查程序

3.2.10.1　拆除各仪表探头及温度计。

3.2.10.2　拆除盘车电机电源线及转子静电接地碳刷。

3.2.10.3　拆除联轴节外罩，测量窜动量后拆除联轴节中间套，复查对中情况。

3.2.10.4 待汽缸表面温度到 120℃以下时，开始拆除保温。

3.2.10.5 待汽缸表面温度到 80℃以下，轴承回油温度降到 40℃以下时，停油系统拆除妨碍检修的油汽及仪表管线，并将所有开口封好，做好复位标记。

3.2.10.6 拆卸轴承箱盖，测量转子窜量，轴承间隙。

3.2.10.7 拆除径向轴承上瓦及止推轴承。

3.2.10.8 取出大盖中分面的销，卸掉前后汽封的上下部连接螺栓。

3.2.10.9 用液压工具，按附图要求拆卸汽缸螺栓

a. 拆前在大盖螺栓上按照检修记录上表示的顺序进行编号($1^{\#} \sim 10^{\#}$)，并作上位置记号。按照从大至小的顺序拆卸螺栓(从低压到高压)见图 1。液压螺栓在其他螺栓拆完后拆卸。为了方便拆卸，在拆卸前应在螺纹部分打上煤油或松动剂；

b. 在螺栓上装上液压拉伸器，接好油管和油泵，固定好测量螺栓伸长量百分表。给液压拉伸器打压并监视螺栓伸长量，当压力达到接近 276MPa 或当伸长量达到 0.27 ~ 0.37mm 时，试着松动螺母，如果不行，继续打压，直至松动。但压力不得超过 280MPa，伸长量不得超过 0.40mm，对此应进行记录；

c. 按顺序拆完所有螺栓，对内外螺纹进行检查、清理和保护；

d. 安装前，应对所有螺栓进行着色检查，汽缸上拆不下来的螺栓应就地进行。安装时在所有螺纹部分涂上适量防

卡剂，按照编号用手把螺母拧上对应的螺栓；

e. 安装时必须按照拆前的编号顺序(检修记录上的编号顺序)从小至大上紧各液压螺栓(从高压到低压)；

f. 安装时，在螺栓上套上中间接套，拧上液压拉伸器，用适当的办法装上测量螺栓伸长量的百分表，表头点在螺栓顶端并回零，装上液压管线和高压油泵，放尽管内空气；

g. 用高压油泵给液压拉伸器打压，一边监视压力表，一边监视螺栓伸长量，当伸长量达到 0.85mm 时(此时压力约 276MPa)，上紧螺母。泄掉压力，确认此时的螺栓伸长量为 0.48～0.58mm，如正常，可拆去百分表、液压管线、液压拉伸器和中间接套，并记录有关压力和伸长量数据；

h. 用相同的方法按顺序上紧其他所有液压螺栓。

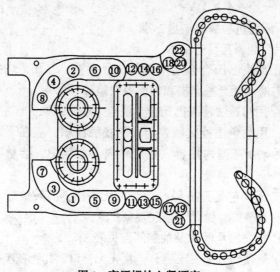

图 1　高压螺栓上紧顺序

3.2.10.10 插上导向销，由起重系上起吊工具，用顶丝将大盖顶起 5mm 左右，配合起重调整吊具，平稳地将上缸吊起适当高度(不离开导向销)，检查缸内无异常后吊走大盖，并根据情况翻转上缸。

3.2.10.11 卸下前后汽封套的上半部分，注意防止汽封齿损坏。

3.2.10.12 测量转子各部分间隙和跳动。

3.2.10.13 用专用的起吊工具调整转子两端的起吊高度，平稳地吊出转子。

3.2.10.14 卸掉上下汽缸隔板的连接螺栓，隔板压销螺栓，吊出隔板。

3.2.10.15 吊出前后汽封套的下半部分及前后轴承的下部本体。

3.3 压缩机检修与质量标准

3.3.1 椭圆瓦径向轴承

　　a. 瓦块巴氏合金层应无裂缝、夹渣、气孔、烧损、碾压和沟槽，无严重磨损和偏磨等缺陷；

　　b. 用渗透法检查巴氏合金层应无脱壳现象；

　　c. 用涂色法检查轴颈与瓦的接触面积，应在下瓦中部约 $60° \sim 70°$ 范围内接触，且沿轴向分布均匀，接触面积大于 80%；

　　d. 瓦块与瓦壳接触面应光滑无磨损，防转销钉和瓦块的销孔无磨损、整劲、顶起现象；

　　e. 径向轴承间隙及油挡间隙见表 3；

　　f. 瓦壳剖分面要求密合，瓦壳无错口，瓦壳在座孔内贴合严密，两侧间隙不大于 0.05mm，瓦壳防转销钉牢固可靠，瓦壳就位后，下瓦中分面两侧与瓦座中分面平齐；

表3 径向轴承间隙及油挡间隙 mm

部 位	间 隙 值
轴承间隙	0.30 ~ 0.36
内油挡间隙	0.3 ~ 0.65
外油挡间隙	0.25 ~ 0.37

g. 轴承盖定位销不错位，接合面密封无间隙；

h. 瓦背紧力为 0.03 ~ 0.05mm；

i. 轴承瓦座与轴承体油孔应吻合并畅通；

j. 油挡应完好，在外壳槽中能自由转动，不卡涩，防转销固定牢固；

k. 瓦壳、瓦背、瓦枕不得带磁。

3.3.2 米切尔止推轴承

3.3.2.1 止推瓦块

a. 钨金无脱落、严重磨损、烧伤、划痕、裂纹、干粘等缺陷；

b. 单个止推瓦块和止推盘的接触面积应大于 85%，且接触分布均匀；更换新瓦块时，瓦块表面要上平板研磨；

c. 同组瓦块厚度差不大于 0.01mm；

d. 背部承力面平整光滑，无明显压痕。

3.3.2.2 基环

a. 接触处光滑、无凹坑与压痕；

b. 定位销钉长度适宜，固定牢靠；

c. 基环中分面应严密，自由状态下间隙不大于 0.03mm。

3.3.2.3　调整垫片

a. 光滑、平整，两半厚度差不大于 0.01mm；

b. 两半对接后外径至少小于瓦壳内径 1mm。

3.3.2.4　止推盘

a. 表面光滑无磨痕、沟槽，表面粗糙度 R_a 的最大允许值为 $0.4\mu m$；

b. 端面圆跳动不大于 0.01mm，厚度差小于 0.01mm；

c. 与瓦颈固定牢固。

3.3.2.5　瓦壳

a. 无变形、扭曲、错口，水平面接合严密无间隙；

b. 外壳内表面无压痕；

c. 检查供油孔应畅通无堵塞，瓦座供油孔与轴承体上油孔应吻合畅通。

3.3.2.6　油挡应完好，在外壳槽中能自由转动，不卡涩。防转销固定牢固。

3.3.2.7　止推轴承及油挡间隙见表 4。

表 4　止推轴承及油挡间隙　　　　　　　　mm

部　　位	间　隙　值
轴承间隙	0.35～0.50
内油挡间隙	0.30～0.65
外油挡间隙	0.25～0.37

3.3.2.8　轴承盖

a. 定位销不松旷，不整劲；

b. 水平中分面严密贴合，压盖不错口；

c. 轴位移指示器测得的转子止推窜量必须和机械测量

的数值相符；

  d. 各油口应干净畅通。

3.3.3 压缩机转子

3.3.3.1 宏观检查

  a. 动叶和叶轮无损坏、结垢、冲蚀；

  b. 叶轮端面、口环无严重磨损；

  c. 与轴配合的固定件无松动；

  d. 焊缝无脱焊、裂纹；

  e. 动平衡调整块无松动。

3.3.3.2 形状公差、表面粗糙度及总窜量

  a. 轴承处轴颈圆度及圆柱度不大于 0.01mm；

  b. 轴流与离心段轴颈径向圆跳动不大于 0.05mm；

  c. 叶轮口环径向圆跳动不大于 0.06mm；

  d. 叶轮轮缘端面圆跳动不大于 0.1mm；

  e. 叶轮外圆径向圆跳动不大于 0.07mm；

  f. 轴承处轴颈表面粗糙度 R_a 的最大允许值为 0.4μm；

  g. 转子总窜量为 6～8mm。

3.3.3.3 动叶、叶轮、轴颈无损检测合格。

3.3.3.4 必要时动平衡校验，低速动平衡精度符合 ISO 1940 G0.4 级要求，高速动平衡符合 ISO 2372，其支承振动值小于 1.12mm/s。

3.3.3.5 动叶、叶轮、轴等部位局部损伤时，可通过激光熔合等技术修复。

3.3.4 隔板与气封

3.3.4.1 隔板

  a. 隔板无变形、裂纹等缺陷。回流器叶片完好，所有

流道光滑、无锈层及损坏；

　　b. 隔板轴向固定止口无冲刷沟槽；

　　c. 进口导流器叶片无裂纹、损伤；叶片顶部间隙均为 1.10～1.65mm；

　　d. 隔板中分面光滑平整，无冲刷沟槽。上下隔板组合后，中分面应密合，最大间隙不超过 0.10mm；

　　e. 隔板在气缸槽内配合适宜，不松旷。

3.3.4.2　气封

　　a. 气封块在隔板槽中配合适度，气封块的水平剖分面与隔板水平面平齐；

　　b. 气封齿无卷边、残缺、变形等缺陷；且与转子上相应槽道对准，当转子被推至一端时仍不致相碰；气封间隙见表5。

表5　气封间隙　　　　　　　　　mm

部　　位	间　隙　值
轴承箱内外侧气封间隙	0.25～0.37
轴承箱内中间气封间隙	0.30～0.42
轴承箱内内侧气封间隙	0.30～0.42
轴流离心段间气封间隙	0.50～0.62
离心段间气封间隙	0.30～0.42
轮盖气封间隙	0.30～0.42
离心端气封间隙	0.30～0.42

3.3.5　内机壳

　　a. 动、静叶片顶部间隙均为 1.10～1.65mm；

　　b. 静叶着色检查；

　　c. 静叶紧固适宜；

d. 拉板不得有裂纹等缺陷；

e. 传动机构动作灵活、可靠。

3.3.6 气缸与机座

a. 中分面应光滑无变形、冲刷、锈蚀等缺陷，并接合严密；

b. 内机壳、隔板与气缸凹槽配合适宜；

c. 缸体排放孔畅通；

d. 缸体密封条更换；

e. 检查气缸的横向纵向定位销是否固定牢靠，顶部间隙为 0.05mm 左右，两侧间隙的总和应为 0.04～0.06mm；缸体滑销无变形、损伤、卡涩等缺陷。

3.3.7 联轴节

a. 联轴器内齿套与中间接筒的轴向窜动量为 4～10mm；

b. 联轴器齿面啮合接触面积按高度大于 50%，按长度大于 70%，齿面不得有严重点蚀、剥落、拉毛和裂纹等缺陷，内外齿套间应能自由滑动，无过紧或卡涩现象；

c. 外齿套内孔和主轴颈的接触面积应大于 85%；

d. 连接螺栓应着色检查，要求完好无损，螺母防松自锁性能可靠。联接螺栓组件质量差小于 0.2g，螺栓、螺母应成对更换；

e. 外齿毂装配后，其径向跳动值不大于 0.02mm；

f. 喷油管应干净畅通，位置正确；

g. 联轴器的 O 形环应完好无损，无变形、毛边、凹坑等缺陷，与密封槽配合适宜；

h. 两个半联轴器推进量均为 5.6～6.2mm；

i. 联轴器应成套更换，新加工制造的联轴器组件应进行动平衡试验，合格方可使用。

3.3.8　组装与调整

a. 零部件清洗干净后用压缩空气吹干，按顺序组装；

b. 转子中心位置应以叶轮出口中心与扩压器中心相对应为依据。

3.4　汽轮机的检修与质量标准

3.4.1　可倾瓦径向轴承

a. 瓦块和油挡钨金层应无裂缝、夹渣、气孔、烧损、碾压和沟槽、无严重磨损和偏磨等缺陷；

b. 用渗透法检查钨金层应无脱壳现象；

c. 轴颈与钨金接触要求均匀，不得有高点及片接触，接触面积大于80%；

d. 瓦块与瓦壳接触面应光滑无磨损。防转销钉和瓦块的销孔无磨损、整劲、顶起现象。销钉在销孔中的径向间隙为 2mm。瓦块能自由摆动。同组瓦块厚度差不大于0.01mm。

e. 检查瓦块供油孔及喷油嘴，应畅通无堵，瓦座供油孔与轴承体上油孔应吻合并畅通。

3.4.2　径向轴承间隙及油档间隙见表6。

表6　径向轴承间隙及油档间隙表　　　　mm

轴 承 间 隙	0.20～0.24
内油挡间隙	0.44～0.59
外油档间隙	0.20～0.35

a. 瓦壳剖分面要求密合，定位销不旷动，瓦壳无错口。瓦壳在座孔内贴合严密，两侧间隙不大于0.05mm，瓦壳防

转销钉牢固可靠。瓦壳就位后，下瓦中分面两侧与瓦座中分面平齐；

b. 整体更换新轴承时，要检查轴承壳体与轴承座孔的接触表面应没有划痕和毛刺，接触面积不小于80%；

c. 轴承定位销不错位，接合面密实无间隙；

d. 前后轴承瓦背紧力分别为 0.05 ~ 0.08mm 和 0.03 ~ 0.05mm；

e. 轴承瓦座与轴承体油孔应吻合并畅通；

f. 油档应完好，钨金无严重磨损脱落，在外壳槽中能自由转动，不卡涩。防转销固定牢固。

g. 瓦壳、瓦块不得带磁。

3.4.3 金斯伯雷/米切尔止推轴承

3.4.3.1 止推瓦块

a. 钨金无脱落、严重磨损、烧伤、划痕、裂纹、干粘等缺陷；

b. 单个止推瓦块和止推盘的接触面积应大于85%，且接触分布均匀；更换新瓦块时，瓦块表面要上平板研磨；

c. 同组瓦块厚度差不大于0.01mm；

e. 主、副推力瓦块的磨损不超过0.7mm 与 0.3mm。

3.4.3.2 准块、基环

a. 接触处光滑、无凹坑与压痕；

b. 定位销钉长度适宜，固定牢靠；

c. 基环中分面应严密，自由状态下间隙不大于0.03mm；

d. 支承销与相应的水准块销孔无磨损、卡涩现象，装配止推块与水准块应能摆动自如。

431

3.4.3.3 调整垫片、止推盘、瓦壳

一般要求与压缩机轴承相同。

3.4.3.4 油挡应完好，钨金无严重磨损、脱落。在外壳槽中能自由转动，不卡涩，防转销固定牢固。

3.4.3.5 止推轴承及油挡间隙见表7。

表7 止推轴承及油挡间隙   mm

部　　位	间　　隙
轴承间隙	0.46～0.56
内油挡顶间隙	0.24～0.49
外油挡间隙	0.20～0.35

3.4.3.6 轴承盖

a. 一般要求与压缩机轴承相同；

b. 轴位移指示器测得的转子窜量必须和机械测量的数量相符；

c. 各油口应干净畅通。

3.4.4 汽轮机转子

3.4.4.1 转子宏观检查

a. 轴颈、止推盘无锈蚀、磨损、划痕等缺陷；

b. 主轴精加工部位、叶轮，尤其变径部位、叶根槽表面清洗干净，检查应无裂纹、腐蚀、磨损、脱皮等缺陷，必要时作无损检测；

c. 叶片、围带、铆钉等无结垢、扭曲、损坏，碰伤或松动；

d. 接地碳刷应完好。

3.4.4.2 转子形位公差及表面粗糙度

　　a. 轴承处轴颈的圆度及圆柱度不大于 0.01mm；

　　b. 各段轴封处径向圆跳动不大于 0.05mm；

　　c. 叶轮轮缘处端面圆跳动不大于 0.10mm；

　　d. 联轴器处轴颈径向圆跳动不大于 0.02mm；

　　e. 叶根、叶顶间隙用 0.03mm 塞尺检查不得塞入；

　　f. 同一级叶片组轴向倾斜不超过 0.5mm；

　　g. 轴承处轴颈及止推盘表面粗糙度 R_a 的最大允许值为 0.4μm。

3.4.4.3　对于长度大于或等于 100mm 的动叶片，应测定其成组或单根叶片的静频率和频率分散度，频率分散度小于 8%。

3.4.4.4　转子应整体着色检查，以下部分应着重检查：

　　a. 叶片、围带、铆钉头、叶根表面；

　　b. 止推盘、轴承、联轴器处轴颈。

3.4.4.5　必要时动平衡校验。低速动平衡精度符合 ISO 1940 G0.4 级要求，高速动平衡执行 ISO 2372 标准，支承振动值小于 1.12mm/s。

3.4.4.6　转子就位后，其扬度应和汽缸水平扬度相一致。

3.4.4.7　转子动叶、轴等部位局部损伤时，可通过激光熔合技术修复。

3.4.5　隔板与汽封

3.4.5.1　水平接合面方销无松动，接合面无冲刷沟槽，接合严密。

3.4.5.2　喷嘴无损坏、冲蚀、裂纹、卷边等缺陷。必要时渗透检查。

3.4.5.3　隔板在汽缸槽中的轴向热膨胀间隙为 0.05 ~

0.15mm。若间隙过大时，应在上下隔板排汽侧同时进行调整。

3.4.5.4　若某级隔板通流部分间隙有明显的变化时应对该隔板的状态、瓢曲情况认真检查。

3.4.5.5　隔板径向膨胀间隙(包括下隔板方销顶部径向间隙)为 1.0～1.5mm。

3.4.5.6　隔板汽封严重偏磨时，采用假轴检查隔板槽中心，调整隔板不允许用改变汽封间隙的方法处理。

3.4.5.7　下隔板水平面与下汽缸中分面应齐平或下隔板比下汽缸低 0.05mm 以内。

3.4.5.8　上隔板与压销的联接螺栓、压销与上汽缸的联接螺栓上紧后，上隔板应能在垂直方向自由下落 0.40～0.60mm。

3.4.5.9　汽封套

　　a. 汽封套与汽缸槽间的轴向定位环不松旷；

　　b. 汽封套两半组装后，水平面严密，无错齿，确保不顶缸。

3.4.5.10　汽封块

　　a. 梳齿无裂纹，卷曲、断裂等缺陷，间隙超差时应更换；

　　b. 背部弹簧应无变形，弹性良好，位置正确，安装牢固；汽封块安装后能用手自由压入和弹回；

　　c. 汽封块在汽封套中不应有过大的轴向旷动。每一圈各汽封块之间的接合面应严密，整圆周应留有 0.4～0.8mm 的膨胀间隙。

3.4.5.11 通流部分间隙及轴封间隙

动、静叶片部分间隙及隔板汽封间隙见图 2、表 8、表 9，轴封间隙见表 10。

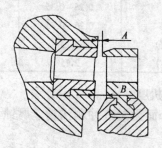

图 2 动静叶片间隙

表 8 动静叶片部分间隙 mm

部 位	级 别	1	2	3	4	5
轴向间隙	A	1.8~2.5	0.9~1.2	0.9~1.2	0.9~1.2	1.4~1.7
	B	1.8~2.5	1.8~2.5	1.8~2.5	1.8~2.5	2.3~3.0

部 位	级 别	6	7	8	9
轴向间隙	A	1.4~1.7	1.4~1.7	2.7~3.7	3.2~4.2
	B	2.3~3.0	2.3~3.0	2.7~3.7	3.2~4.2

表 9 汽封间隙 mm

汽封两侧级别	1~2	2~3	3~4	4~5
径向直径间隙	0.26~0.35	0.26~0.35	0.26~0.35	0.26~0.35
汽封两侧级别	5~6	6~7	7~8	8~9
径向直径间隙	0.26~0.35	0.26~0.35	0.31~0.40	0.31~0.40

表10 汽封间隙   mm

名　　称	进汽侧	排汽侧
平齿直径间隙	0.26 ~ 0.35	0.26 ~ 0.35
长齿直径间隙	0.26 ~ 0.35	0.26 ~ 0.35
短齿直径间隙	0.26 ~ 0.35	0.26 ~ 0.35
长齿轴向间隙(大)	3.25	4.5
短齿轴向间隙(小)	2.75	3.5

3.4.6　汽缸与机座

a. 汽缸接合面无漏汽冲刷沟槽、腐蚀、斑坑、刻伤等缺陷；

b. 检查中分面间隙，当上紧螺栓总数的 1/3 时，前缸用 0.03mm 塞尺，后缸用 0.05mm 塞尺应塞不进。上下缸不应有错口；

c. 缸体无裂纹、气孔、拉筋折断等缺陷；

d. 缸体疏水孔畅通；

e. 清洗检查汽缸螺栓、螺母，高压螺栓应进行无损检查，必要时进行金相分析和机械性能试验，螺栓的装卸按要求的顺序进行；

f. 联接汽缸和基础台板的挠性支座螺栓应紧固；

g. 喷嘴无裂纹、卷曲、损伤、冲蚀、结垢等缺陷，必要时着色检查，固定喷嘴板的螺钉点焊牢固，无裂纹；

h. 清扫、检查调整纵销，其两侧间隙均为 0.005 ~ 0.02mm。上缸体支承螺栓的膨胀间隙为 0.08 ~ 0.12mm。挠性支承座的检查，挠性板应无裂纹、开焊等缺陷。

3.4.7　联轴器

同压缩机 3.3.7 节内容。

3.4.8　盘车器
3.4.8.1　齿轮检查
　　a. 齿轮不得有毛刺、裂纹、严重点蚀等缺陷；

　　b. 齿轮啮合正常，齿接触面积按高度不少于 45%，按长度不少于 60%。

3.4.8.2　轴颈无毛刺、划痕等缺陷轴承处轴颈表面粗糙度 R_a 的最大允许值为 0.8μm。

3.4.8.3　滚动轴承的滚珠与滚道无斑点、坑疤，接触平滑无杂音。

3.4.8.4　油封无老化、变形、损坏缺陷。

3.4.9　前轴承箱传动机构
　　a. 两级减速齿轮的轴瓦、止推瓦钨金无严重磨损、沟槽、脱壳、裂纹等缺陷，轴瓦顶丝可靠；

　　b. 齿轮、蜗杆的表面无裂纹、毛刺等缺陷；

　　c. 轴颈、止推盘无拉毛、划伤等缺陷；

　　d. 轴承处轴颈圆度及圆柱度不大于 0.02mm；

　　e. 轴瓦的径向间隙均为 0.06~0.08mm；轴向间隙为 0.15~0.20mm；

　　f. 径向瓦、止推瓦与轴接触均匀，接触面积不少于 80%；

　　g. 各齿轮啮合间隙均为 0.24~0.30mm；

　　h. 齿轮的轴固定不松旷，背帽和顶丝拧牢；

　　i. 喷油管及各油路干净畅通；

　　j. 必要时对齿轮、蜗杆及轴颈做无损检测。

3.4.10　调节及保护系统
3.4.10.1　主汽阀
　　a. 轴承内外滚道与滚珠、滚柱无严重磨损；

b. 丝杠、丝母无毛刺、变形，配合适宜，丝杠键固定牢固并与键槽配合适宜，无挤压变形；

c. 驱动手轮固定可靠，无轴向窜动，旋转灵活；

d. 弹簧无裂纹、扭曲变形，挂钩刃口平整，接口严密；

e. 传动轴与轴孔不松旷；

f. 阀头与阀座在行程内灵活无卡涩，阀座点焊部位无裂纹等缺陷；

g. 预启阀行程为 12mm，主阀行程为 75mm；

h. 阀杆和密封套工作面平整光滑，无偏磨现象，其间隙为 0.14 ~ 0.17mm；

i. 阀杆的直线度不超过 0.05mm，阀杆端部丝扣完好，与弹簧座配合适宜，阀杆做无损检测，应无损伤及其他缺陷；

j. 滤网无损坏、堵塞；

k. 油动缸弹簧完好无裂纹、扭曲，油缸及活塞工作面完好，全行程动作无卡涩，回油孔畅通。

3.4.10.2 调节阀与抽汽调节阀

a. 阀头与阀座密封面无划痕、冲蚀，接触良好，阀头导向套工作面无锈垢，平整光滑；

b. 提杆平直，无锈垢，与密封套无偏磨；

c. 提杆、阀杆直线度不大于 0.05mm；

d. 阀杆和密封套径向间隙为 0.10 ~ 0.13mm；

e. 检查密封套填料磨损情况；

f. 弹簧无裂纹、扭曲变形；

g. 各滑动件动作灵活、稳定，固定联接点牢固；

h. 提杆、阀杆应做无损检测；

i. 调节阀配合间隙见表 11；

表11 调节阀配合间隙 mm

阀 号		1	2	3
配合间隙	上 部	0	9.1	17.6
	下 部	2.8±0.3	2.8±0.3	2.8±0.3

j. 抽汽调节阀配合间隙见图3及表12;

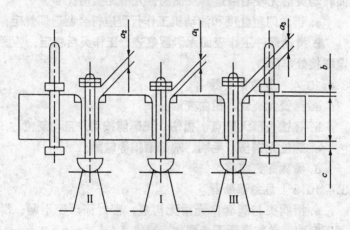

图3 抽汽调节阀装配间隙

表12 抽汽调节阀配合间隙 mm

代 号	a_1	a_2	a_3	b	c
数 值	0.5±0.1	7.3±0.1	14.1±0.1	1.0	4.0

k. 汽室接合面清理干净,不得有沟痕并确保其密和。

3.4.10.3 调节阀的错油门和油动机

a. 错油门滑阀和阀套工作表面光滑无裂纹、拉毛、锈蚀等缺陷,滑阀在阀套中转动灵活不卡涩,滑阀凸缘和阀套窗口刃角应完整；

　　b. 弹簧无歪斜、裂纹、损伤等缺陷，弹性良好；

　　c. 油动机活塞及缸体工作表面光滑无划伤，其径向间隙为 0.08～0.11mm；

　　d. 油动机活塞杆和活塞装配良好不松动，球接头接合面转动灵活无咬毛痕迹，反馈圆锥光滑无损伤；

　　e. 错油门重叠度和油动机工作行程应符合制造厂规定；

　　f. 滑动部件工作表面无卡涩痕迹，工作灵活稳定，各固定联接处牢固。

3.4.10.4　危急保安器

　　a. 弹簧无裂纹、扭曲变形；

　　b. 飞锤头部无麻点、损伤，飞锤能按动并自动复位；

　　c. 螺栓无击伤、毛刺、端部磨损等缺陷；

　　d. 紧固螺钉牢靠。

3.4.10.5　危急遮断器

　　a. 滑阀头与阀套口光滑无沟痕，密封面严密不漏，滑阀不弯曲，动作灵活不卡涩；

　　b. 弹簧无裂纹、歪斜，弹性良好；

　　c. 各部件的滑动工作表面光洁，滑动动作灵活平稳；

　　d. 飞锤与挂钩的安装间隙为 2mm。

3.4.10.6　喷射管式调节器

　　a. 喷射管、受油孔干净畅通；

　　b. 喷嘴的位移值应能保证油动缸活塞在全行程内动作灵活。

3.5　机组轴系对中

　　a. 百分表精度可靠，指针稳定，无卡涩；

    b.表架要求重量轻、刚性好，表架及百分表必须固定牢靠；

    c.盘车要均匀平稳，方向保持不变；

    d.调整垫片用不锈钢片，垫片光滑平整无毛刺，整面积接触，垫层不超过3层；

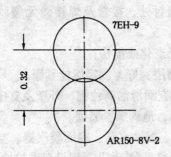

图4 机组对中示意图

    e.对中调整结束，顶丝应处于放松状态；

    f.冷态对中要求见图4。允许误差为 ±0.03mm。

3.6 油系统设备

3.6.1 油箱

    a.油箱内壁无油垢、焊渣、锈皮、胶质物等杂质，防腐层无起层、脱落现象，焊接件不变形，固定牢靠；

    b.加热器完好无泄漏；

    c.油箱外壁防腐层完好，人孔盖平整，密封良好，固定螺栓无松动。油位视镜清洁透明。

3.6.2 油过滤器

    a.过滤器清洗或更换滤芯；

   b. 简体、密封处、焊缝等完好无泄漏；

   c. 密封圈无老化或损伤；

   d. 防腐层完整，联接螺栓紧固。

3.6.3　蓄压器

   a. 胶囊氮气试压严密无泄漏；

   b. 简体、密封处、接管及焊接缝无裂纹、变形、泄漏等缺陷；

   c. 密封圈无老化或损伤；

   d. 简外防腐层完好，固定螺栓紧固。

3.6.4　清洗检查润滑油高位槽，外壁及支座防腐，联接管及密封处无泄漏，地脚螺栓紧固。

3.7　润滑油泵、凝结水泵、表面凝汽器、空气冷却器、抽气器等设备的检修见《炼油及通用设备维护检修规程》。

3.8　安全阀、防喘振阀、静叶调节系统、轴振动、轴位移等表计检修、整定、校验合格。

4　试车与验收

4.1　试车准备

4.1.1　由试车小组审查检修纪录，审定试运方案及检查试运现场。

4.1.2　机组按检修方案检修完毕，质量符合本规程要求，现场整洁，盘车无异常现象。

4.1.3　所有压力表、温度表、液面计、测速测振探头及温度、压力、液位报警、停车联锁调校完毕，动作灵敏可靠，符合要求。全部安全阀调试合格。汽轮机调速系统调试合格。

4.1.4　机组油系统盲板拆除，油箱油位在规定范围内，油质合格。油系统的主辅油泵及其他附属设备均达到备用状态。

4.1.5　冷却器通水、排水、排污达到备用状态。

4.1.6　仪表、电气具备试车条件。

4.1.7　蒸汽系统具备试车条件。

4.1.8　蒸汽冷凝系统经真空试验合格。

4.1.9　油系统冲洗合格，油循环正常。

4.1.10　与总控及有关单位做好联系工作。

4.1.11　测试工具准备齐全。

4.2　汽轮机单体试车

4.2.1　严格执行汽轮机单体试车操作规程。

4.2.2　记录临界转速值及调速器最低工作转速值。

4.2.2.1　调速器投入工作后，仔细检查是否平稳上升和下降，调节系统和配汽机构不应有卡涩、摩擦、抖动现象。

4.2.2.2　调速器最低工作转速为 4547r/min。

4.2.3　保安系统检查

4.2.3.1　超速试验进行 2 次，两次误差不应超过额定转速的 1.5%，若误差超差时，应重新调整，直至调整合格。

4.2.3.2　重做超速跳闸试验时，只有当汽轮机转速下降到跳闸转速的 90% 以下时，方可重新挂闸，以免损坏设备。

4.2.4　记录停车后惰走时间。

4.2.5　汽轮机停机

正常停车按升速曲线逆向降到 500r/min。停机后应将盘车器开起来，让转子继续低速盘转冷却。油泵应继续循环至少 12h，轴承油温降到 40℃ 以下再停泵。停机后应关闭主汽阀、排汽阀、密封蒸汽系统、汽封抽汽器、蒸汽导淋，打开汽轮机各疏水阀。

4.3 机组联动试车

4.3.1 试车前准备

4.3.1.1 汽轮机单体试运合格后，联接汽轮机和压缩机，开启油泵，油系统运行正常。

4.3.1.2 压缩机各段间冷却器引水，排尽空气并投入运行。

4.3.1.3 压缩机出口阀关闭，防喘振阀全开。

4.3.1.4 打开压缩机缸体排液阀，排尽冷凝液后关小，待充气后关闭。

4.3.1.5 拆除管道上盲板，并确认压缩机出口单向阀动作灵活、可靠。

4.3.1.6 松开同步器手轮，风压给定在最低转速对应的风压。

4.3.2 压缩机的置换与充压合格。

4.3.3 压缩机的开车与升速，按操作规程执行。

4.3.3.1 机组每个升速阶段以及运行中，都要进行全面检查和调整，并做好记录。

4.3.3.2 压缩机升压过程中，各段的压力比和升压速度符合制造厂规定。

4.3.4 机组停车

4.3.4.1 压缩机在降压减量的过程中，应避免压缩机发生喘振。

4.3.4.2 按照升速曲线的逆过程，将汽轮机降至500r/min，然后打闸停机。

4.3.4.3 压缩机组停稳后，立即启动盘车器，8h后停盘车器，改用手动盘车。

4.4 验收

4.4.1 检修质量符合规程要求。

4.4.2 检修及试运转记录齐全、准确。

4.4.3 单机、联动试车正常，各主要操作指标达到铭牌要求，设备性能满足生产需要。

4.4.4 检修后设备达到完好标准。

4.4.5 经试运小组评定认可，满负荷运行72h，运转正常，即可以办理验收手续，正式移交生产。

5 维护与故障处理

5.1 日常维护

5.1.1 严格按操作规程开停机组。

5.1.2 定期巡检，掌握机组运行各参数变化情况，并填好巡检记录。

5.1.3 运用状态监测与故障诊断系统，定期或在线监测分析机组运行情况。

5.1.4 建立"机、电、仪、操、管"人员对机组的特护管理制度。

5.1.5 按润滑油管理规定合理使用润滑油。做到每月定期分析、过滤、补充和更换。有条件的作铁谱分析。

5.1.6 机组及附属设备要经常清扫，各部件保持清洁，机体上不允许有油污、灰尘和杂物。

5.1.7 停车期间，机组盘车、油循环每周不得少于一次，缸体内及相关管道须充氮气进行保护。

5.2 机组常见故障与处理见表 13。

表 13 常见故障与处理

序号	故障现象	故障原因	处理方法
1	振动或异音	暖机不足	进行充分低速暖机
		机组对中不好	复查机组对中,检查基础是否变形,热膨胀是否引起管道对机组的附加应力
		轴承损坏	检修轴承
		转子不平衡	检查转子叶轮、气封、键及联轴节有无损伤、结垢等缺陷,消除不平衡因素
		气(汽)封摩擦	修换气(汽)封片
		轴承压盖或地脚螺栓松动	检查消除松动因素
		压缩机喘振	通过打开防喘振阀、放空阀等方法,加大入口流量、降低出口压力,使压缩机迅速退出喘振状态
2	轴承温度高	温度表失灵	校验、更换
		供油不足	检查油管应畅通,过滤网不堵塞,给油压力正常,轴承间隙调整正常,系统不漏油
		油品牌号不对油质不良	检查油品牌号,分析油质,必要时更换
3	供油温度高	冷却水量不足	调整水量
		冷却器结垢	清扫除垢
4	供油压力低	油泵故障	切换检查
		油管路破裂或严重泄漏	检查处理
		过滤器堵塞	切换清洗滤芯
		油箱油位过低	加油至正常油位
5	凝汽器真空度降低	真空系统泄漏	消漏
		抽气压力过低	提高汽压,检修喷射器
		循环水量不足	加大水量
		冷凝液泵故障	检修冷凝液泵
6	压机排气温度高	气体冷却器效率低	加大冷却水量,管束疏通除垢

附 录 A

机组技术特性

（补充件）

表 A1 压缩机主要特性参数

项　　目	技术参数	项　　目	技术参数
制造厂	德国德马克	入口容积流量/(Nm³/h)	175000
位　号	4111K1	转速/(r/min)	5350
型　号	AR150－8V－2	第一临界转速/(r/min)	2455
级　数	轴流8,离心2	第二临界转速/(r/min)	7230
介　质	空　气	轴功率/kW	14295
分子量	28.695	叶轮直径/mm	ϕ1000
入口温度/℃	25	叶轮边缘速度/(m/s)	280
入口压力/MPa(A)	0.098	叶轮型式	焊　接
出口温度/℃	92	轴承型式	径　向	柠檬型
出口压力/MPa(A)	0.68		止　推	米切尔
轴封型式	迷宫式	压缩机重量/kg	35000
联轴器型式	齿　轮	维修重量/kg	17000
旋转方向(从驱动机端看)	逆时针		

表 A2 汽轮机主要特性参数

项　　目	参　数	项　　目	额定值	最大值
制造厂	日本三菱重工	输出功率/kW	13460	16230
位　号	4111K1T	进汽压力/MPa	10.0	10.5
型　号	7EH－9	进汽温度/℃	485	493
级　数	9	排汽压力/MPa	0.015	0.05

续表

项　目	参　数	项　目	额定值	最大值
汽耗率/(kg/kW·h)	11.43	排汽温度/℃	54	120
转速/(r/min)	5350	抽汽压力/MPa	4.0	4.2
第一临界转速/(r/min)	3296	抽汽温度/℃	371	
脱机转速/(r/min)	6180	新蒸汽流量/(t/h)	153.9	172.2
调速器型式	PG－PL型	抽汽量/(t/h)	126.0	150.0
透平型式	抽汽冷凝式			
旋转方向(从调速端看)	逆时针			
轴封型式	迷　宫			
维修最大重量/kg	7500			
透平重量/kg	37000			

附加说明：

　　1　本规程由乌鲁木齐石化总厂化肥厂负责起草，起草人　陈元志(1992)。

　　2　本规程由镇海炼化股份公司负责修订，修订人　郑雪良(2004)。

15. 原料气压缩机组
维护检修规程

SHS 05015—2004

目　次

1　总则 ……………………………………………………（451）

2　检修周期与内容 ………………………………………（451）

3　检修与质量标准 ………………………………………（454）

4　试车与验收 ……………………………………………（492）

5　维护与故障处理 ………………………………………（495）

附录 A　机组技术特性(补充件) ………………………（497）

1　总则

1.1　主题内容与适用范围

本规程规定了大型化肥装置的原料气压缩机组的检修周期与内容、检修与质量标准、试车与验收、维护与故障处理。

健康、安全和环境(HSE)一体化管理系统,为本规程编制指南。

本规程适用于表1中各机型的离心式压缩机及汽轮机的检修与维护。

表1　各厂压缩机组型号

名　　称	压缩机高压缸	压缩机中压缸	压缩机低压缸	汽轮机
美荷型	9B26		9C26	GJSV
日(I)型	BCL357	BCL455	MCL456	K601 – A
四川维尼纶厂	IEP35 – 28.5/6HP		IEP35 – 28.5/6LP	NG25/20/0

1.2　编写修订依据

随机资料

大型化肥厂汽轮机离心式压缩机组运行规程,中国石化总公司与化工部化肥司 1988 年编制

2　检修周期与内容

2.1　检修周期

各单位可根据机组运行状况择机进行项目检修,原则上在机组连续累计运行 3～5 年安排一次大修。

2.2 检修内容

2.2.1 项目检修内容

根据机组运行状况、状态监测与故障诊断结论，参照大修部分内容择机进行修理。

2.2.2 压缩机大修内容

2.2.2.1 复查并记录检修前有关数据。

2.2.2.2 解体检查径向轴承和止推轴承，调整间隙与测量瓦背紧力。清扫、修理轴承箱。

2.2.2.3 检查止推盘，测量端面圆跳动。

2.2.2.4 检查调整油封间隙，或更换油封。

2.2.2.5 检查或更换机械密封，或浮环密封。

2.2.2.6 测量并调整转子的轴向窜动量。

2.2.2.7 联轴节及供油管、喷油嘴清洗检查，对中间套筒焊缝、连接螺栓、螺帽做外观及着色检测。

2.2.2.8 解体检查、清洗、测量、调整隔板组件，各级气封及平衡盘气封。

2.2.2.9 转子各部位测量、检查、修理，必要时做动平衡校验或更换转子。

2.2.2.10 封头及中分面螺栓进行无损检测。

2.2.2.11 转子轴颈、叶轮及缸体内表面应力集中部位无损检测。

2.2.2.12 转子上各叶轮与隔板流道对中。

2.2.2.13 检查、紧固各连接螺栓。

2.2.2.14 复查、调整机组轴系对中。

2.2.2.15 检查、调校所有联锁、报警及有关仪表和安全等保护装置，各轴振动探头及轴位移探头调校、整定。

2.2.2.16 润滑油泵、密封油泵及驱动汽轮机解体检修，复查调整润滑油泵及密封油泵对中。

2.2.2.17 检查、清理滑销系统，主要管道支架及弹簧吊架清理调整。

2.2.2.18 检查清扫密封油高位槽、参比气管线及蓄压器胶囊。

2.2.2.19 检查清扫润滑油箱、集油槽、捕集器、脱气槽、油过滤器及油管线。

2.2.3 汽轮机大修内容

2.2.3.1 复查并记录检修前有关数据。

2.2.3.2 解体检查径向轴承和止推轴承，调整间隙与测量瓦背紧力。清扫、修理轴承箱。

2.2.3.3 检查轴颈，必要时对轴颈表面进行修整。

2.2.3.4 检查止推盘，测量端面圆跳动。

2.2.3.5 检查调整油封间隙，或更换油封。

2.2.3.6 联轴节清洗检查，对中间套筒、连接螺栓、螺帽做外观并着色检查。

2.2.3.7 检查、调校所有联锁、报警及有关仪表和安全等保护装置，各轴振动探头及轴位移探头调校、整定。

2.2.3.8 测量并调整转子轴向窜量，检查并调整止推轴承的定位。

2.2.3.9 检查、测量调速器减速机构和各部间隙、联轴节情况。

2.2.3.10 主汽阀、调节阀、跳闸油缸解体检修，各联接部位清理、检查。

2.2.3.11 解体检查危急保安遮断装置和危急保安器。

2.2.3.12 调速器、油动缸、错油门、伺服马达、蓄压器解体检查。

2.2.3.13 解体检查汽缸、隔板组件、通流部分间隙，静叶片着色检查，各级汽封清理、测量，酌情修复或更换。

2.2.3.14 清理转子并测量检查叶根、叶片、轴颈、围带、铆钉并做无损检测，必要时转子做动平衡校验及叶片测频。

2.2.3.15 缸体应力集中部位做着色检查，水平中分面螺栓着色检查。汽缸疏水孔清扫检查。安全阀、缸体报警阀调校。

2.2.3.16 对调节系统做静态调试。

2.2.3.17 汽轮机做超速跳车试验。

2.2.3.18 检查、紧固各连接螺栓。

2.2.3.19 盘车器解体检修。

2.2.3.20 油路检查、清洗。

3 检修与质量标准

3.1 检修前的准备

3.1.1 根据机组运行情况、状态监测及故障诊断结论，进行危害识别，环境识别和风险评估，按照 HSE 管理体系要求，编写检修方案。

3.1.2 建立检修班子，明确项目负责人、技术负责人和安全负责人。

3.1.3 做好检修任务和技术交底，熟悉检修规程和质量标准，对重大缺陷问题提出检修技术措施。

3.1.4 备齐备足所需的各类配件及材料，并要求有质量合格证或检验单。

3.1.5　备好所需的工器具及经检验合格的量具。

3.1.6　起重机具、绳索按规定检验合格和静、动负荷试验合格。

3.1.7　备好转子和零部件专用放置设施。

3.1.8　做好安全与劳动保护各项准备工作。

3.1.9　准备好检修记录图表。

3.2　检修应具备的条件

3.2.1　汽轮机汽缸温度低于120℃方可拆除缸体保温。

3.2.2　停机后连续油循环，直至缸体温度低于80℃，回油温度低于40℃。

3.2.3　机组与系统隔离、置换合格符合安全要求，电源切除，安全技术措施落实。

3.2.4　办好工作票，做好交接工作。

3.3　拆卸

3.3.1　拆卸一般要求

3.3.1.1　拆卸时严格按程序进行，使用专用工具，禁止生拉、硬拖及铲、打、割等野蛮方式施工。

3.3.1.2　拆卸部件时，记好原始安装位置和标记，确保回装质量。

3.3.1.3　拆开的管道、孔口必须及时封好。

3.3.2　吊装

3.3.2.1　起吊前必须掌握被吊物的重量(见附录 A 表 A1)，严禁超载。

3.3.2.2　拴挂绳索应保护被吊物不受损伤，放置必须牢固。

3.3.3　吹扫和清洗

3.3.3.1　采用压缩空气或蒸汽吹扫零部件，吹扫后及时清除水分，并应涂干净的工作油防锈。精密零件不得用蒸汽直接吹扫。

3.3.3.2　零件应用煤油清洗，精密零件用绸布揩净后涂上干净的工作油。

3.3.4　零部件保管

3.3.4.1　拆下的零部件应采取适当的防护措施，做好标记，整齐摆放，严防变形、损坏、锈蚀、错乱和丢失。

3.3.5　组装

3.3.5.1　组装的零部件必须清洗，风干并检查达到要求。

3.3.5.2　机器扣盖前必须确认缸内无异物，各管口的堵物已完全取出，内件已组装完全，固定牢靠。一切检查无误，并由各级技术负责人会签后方可扣盖。

3.3.6　油系统清洗

机组检修封闭后，应按照油系统循环清洗方案循环清洗。如入口管道检修过，应在轴承及调节系统前加过滤网。循环系统要避免死角，油温不低于40℃，回油口以200目过滤网检查肉眼可见污点不多于3个为合格。循环清洗结束后抽拆轴承检查。

3.3.7　认真做好检修记录。

3.4　压缩机检修

3.4.1　压缩机拆卸程序如下页：

组装程序与之相反。

回装时压缩机及轴承箱外盖中分面要求用丙酮清洗干净后均匀涂抹704硅橡胶密封。

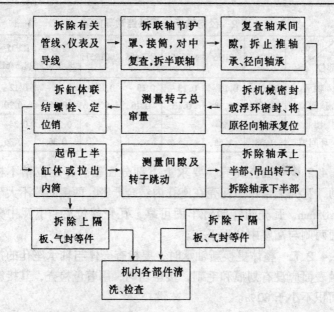

3.4.2 径向轴承检修

3.4.2.1 瓦块和油封钨金层应无裂缝、夹渣、气孔、烧损、碾压和沟槽，无严重磨损和偏磨等缺陷。

3.4.2.2 用着色法检查钨金层应无脱壳现象。

3.4.2.3 要求轴颈与瓦接触均匀，应在下瓦中部约 60° ~ 70°范围内沿轴向接触均匀，接触面积大于 80%。

3.4.2.4 检查瓦块与瓦壳接触面应光滑无磨损，防转销钉和瓦块的销孔应无磨损、瘪劲、顶起现象，销钉在销孔中的径向间隙为 2mm，瓦块能自由摆动，瓦块相互厚度差不大于 0.01mm。

3.4.2.5 径向轴承间隙及挡油环间隙见表 2。

表2　径向轴承间隙及挡油环间隙　　　mm

部位＼机型	9C26	9B26	MCL456	BCL455	BCL357	IEP35－28.5/6LP	IEP35－28.5/6HP
轴承顶间隙	0.10～0.18	0.10～0.18	0.13～0.16	0.13～0.16	0.12～0.15	0.12～0.20	0.12～0.20
挡油环间隙	1.55～1.58	1.55～1.58				0.24～0.36	0.24～0.36

3.4.2.6　检查瓦壳，要求上下剖分面密合，定位销不松动，瓦壳无错口，瓦壳在座孔内结合严密，两侧间隙不大于0.05mm，瓦壳防转销钉牢固可靠，瓦壳就位后，下瓦中分面两侧与瓦座中分面平齐。

3.4.2.7　整体更换新轴承时，要检查壳体与轴承座孔的接触表面应没有划痕和毛刺，接触均匀，用着色检查，其接触面积不小于80%。

3.4.2.8　轴承盖定位销不错位，结合面密实无间隙。

3.4.2.9　瓦背紧力为0～0.02mm。

3.4.2.10　检查瓦块供油孔及喷油嘴应畅通无堵，瓦座供油孔与轴承体上油孔应吻合并畅通。

3.4.3　金斯伯雷型止推轴承检修

3.4.3.1　检查止推块

a.钨金无脱壳、无严重磨损及划痕，无烧伤、掉落、碾压等缺陷；

b.每个止推块和止推盘的接触面积应大于70%，且分布均匀；

c.同组止推块厚度差不大于0.01mm；

d.背部紧力面平整光滑。

3.4.3.2　检查水准块、基环

a. 接触处光滑、无凹坑、压痕；

b. 定位销钉长度适宜，固定牢靠；

c. 支承销与相应的水准块销孔无磨损、卡涩，装配后止推块与水准块应能摆动自如；

d. 基环中分面应严密，自由状态下间隙不大于 0.03mm。

3.4.3.3　调整垫片

a. 光滑、平整、不瓢曲，两半厚度差不大于 0.01mm；

b. 两半对衔时测外径，至少小于瓦壳卡槽内径 1.0mm。

3.4.3.4　止推盘

a. 表面光滑无磨痕、沟槽，表面粗糙度 R_a 的最大允许值为 0.4μm；

b. 测量端面圆跳动值不大于 0.015mm；

c. 固定牢固，不松动。

3.4.3.5　油封

要求油封环完好，无磨损、脱落；防转销固定牢固。

3.4.3.6　止推轴承及油封间隙见表 3。

表 3　止推轴承及油封间隙　　　　　mm

机　型 部　位	9C26	9B26	MCl456	BCl455	BCL357	IEP35－28.5/6
轴承间隙	0.22～0.33	0.22～0.33	0.28～0.38	0.28～0.38	0.25～0.35	0.25～0.35
油封间隙	0.05～0.10	0.05～0.10	0.20～0.27	0.20～0.27	0.26～0.32	0.30～0.40

3.4.3.7　检查瓦壳及轴承压盖

　　a. 无变形、挠曲、错口，水平面接合严密无间隙；

　　b. 外壳内表面无压痕；

　　c. 轴向定位垫固定牢固，在轴承凹槽中无轴向窜动；

　　d. 定位销不松动，不蹩劲。

3.4.3.8　轴位移探头测得的转子窜量必须和机械测量的数值相符，如有差异要找出原因予以消除。

3.4.3.9　各油口应干净畅通。

3.4.4　机械密封检修

3.4.4.1　检查动环

　　a. 动环工作面光滑，无磨痕和沟槽，表面粗糙度 R_a 的最大允许值为 $0.4\mu m$，厚度差小于 $0.005mm$；动环工作面用光学平面镜检查同心环数量，应接触良好；

　　b. 压紧动环的丝扣光滑，无毛刺，背帽配合适度；

　　c. 动环与轴的圆销键配合适宜，不松旷，蹩劲；

　　d. 动环与轴配合间隙合适，不松旷和过紧；

　　e. 动环外圆表面光滑，无磨损、毛刺，动环(图 1 之 7)外径与密封环(图 1 之 8)内径的间隙为 $0.07\sim0.08mm$。

3.4.4.2　检查静环

　　a. 静环工作面应平整、光滑、无划痕、裂纹、过热老化等现象，表面粗糙度 R_a 的最大允许值为 $0.4\mu m$；静环工作面用光学平面镜检查同心环数量，应接触良好；

　　b. 弹簧应无扭曲、裂纹、压扁等现象，弹簧两端面对中心线垂直度小于 $0.5/100$，同组弹簧的自由高度差小于 $0.5mm$，且弹性一致；

　　c. 静环外罩与静环结合严密；

d. 静环与动环研合检查，接触印痕良好，无任何辐向沟纹。

3.4.4.3 所有O形环应无压扁、扭曲、毛边、裂纹、缺肉等缺陷，所有使用过的O形环检修时全部更新。机封回装时，在O形环外侧涂一薄层工业用凡士林，以防止回装过程中损坏O形环。

3.4.4.4 O形环材质使用应符合要求。

3.4.4.5 各零件必须清洗干净，表面无灰尘、杂质等脏物。装配时应在动、静环接触面上涂一层清洁的工作油。

3.4.4.6 内侧迷宫密封齿不卷曲、掉肉、偏磨、间隙不超差；迷宫密封与转子同轴度为0.05mm。

3.4.4.7 测量机械密封安装长度，应符合图1和表4的b值。

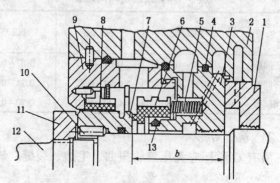

图1　机械密封示意图

1—内迷宫密封；2—缸体；3—弹簧座；4—O形环；

5—弹簧；6—静环；7—动环；8—减压密封衬套；

9—减压密封衬套座；10—传动销；11—锁紧螺母；

12—转子轴；13—O形环

461

表4 机械密封安装长度 mm

型　　号	9C26	9B26
b	63.5 ± 1.6	91.44 ± 1.5

3.4.5 浮环密封检修

3.4.5.1 检查浮环

a. 浮环钨金层应无划痕、沟槽、嵌入金属颗粒、裂纹、磨损和脱胎等缺陷;

b. 内、外环与轴的径向间隙见表5;

c. 浮环端面应平整,销孔对准,销子长度适宜。在不装 O 形环的情况下,内外环紧贴后的轴向尺寸应比密封盒用螺栓把紧后的空腔轴向尺寸小 $0.025 \sim 0.040$mm。

表5 浮环及油挡环间隙表 mm

机型 部位	MCL456	BCL455	BCL357
内环间隙	$0.07 \sim 0.11$	$0.07 \sim 0.11$	$0.07 \sim 0.10$
外环间隙	$0.28 \sim 0.32$	$0.28 \sim 0.32$	$0.24 \sim 0.28$
油挡间隙	$0.40 \sim 0.60$	$0.40 \sim 0.60$	$0.30 \sim 0.60$

3.4.5.2 检查 O 形环

a. 所有 O 形环应无压扁、扭曲、毛边、裂缝、缺肉等缺陷;

b. O 形环应弹性良好,直径与凹槽配合适宜,无过松和过紧现象;

c. 所有使用过的 O 形环,检修时应更新,O 形环回装时涂一薄层工业用凡士林。

3.4.5.3 检查油挡环应无卷曲、掉落、偏磨等缺陷，间隙见表5。

3.4.5.4 弹簧弹性正常，无扭曲、裂纹、压扁等缺陷。

3.4.6 压缩机转子检修

3.4.6.1 转子宏观检查

　　a. 叶轮无损坏、结垢、冲蚀；

　　b. 轴颈、叶轮端面、口环无严重磨损；

　　c. 与轴配合的固定件无松动；

　　d. 焊缝无脱焊、裂纹。

3.4.6.2 转子形位状态检查

　　a. 轴瓦处轴颈圆度及圆柱度不大于 0.02mm；

　　b. 浮环处轴颈径向圆跳动不大于 0.01mm；

　　c. 平衡盘外圆径向圆跳动不大于 0.02mm；

　　d. 各级轴封处轴颈、叶轮口环径向圆跳动不大于 0.05mm；

　　e. 叶轮轮缘端面圆跳动不大于 0.10mm；

　　f. 叶轮外圆径向圆跳动不大于 0.07mm；

　　g. 止推盘端面圆跳动不大于 0.015mm；

　　h. 轴承处轴颈表面粗糙度 R_a 的最大允许值为 $0.4\mu m$。

3.4.6.3 转子做无损检测，要求无裂纹及其他缺陷。

3.4.6.4 在转子静止状态，测振探头无法调整至零位指示时，应对转子测振探头部位进行电磁和机械偏差检查，并进行退磁处理；

3.4.6.5 必要时对转子做动平衡校验。其低速动平衡精度符合 ISO 1940 G0.4级，高速动平衡应符合 ISO 2372 振动速度≤1.12mm/s。

3.4.7 隔板及气封

3.4.7.1 检查隔板

a. 隔板无变形、裂纹等缺陷。导流器叶片完好，所有流道光滑、无锈层及损坏；

b. 隔板轴向固定止口无冲刷沟槽，若发现缺陷时应补焊研平；

c. 隔板上固定螺钉牢固，塞焊点完好；

d. 进口导流器叶片无裂纹、损伤；

e. 隔板水平剖分面光滑平整、无冲刷沟槽，上下隔板组合后，中分面应密合，最大间隙不超过 0.10mm；

f. 各级隔板在内缸配合严密，不松旷。

3.4.7.2 检查气封

a. 气封块在隔板凹槽中配合松紧适宜，气封块的水平剖分面与隔板水平面平齐；

b. 气封齿要求无卷边、折断、缺口、变形等缺陷，且与转子上相应槽道对准，当轴被推至一端时仍不致相碰；

c. 软气封内表面应光滑、无脱层、拉槽等缺陷；气封条的两端与隔板水平面平齐。

3.4.7.3 上下隔板水平面密合后，检测各部间隙见表6。

表6　压缩机各部直径间隙表　　　　　　　　　　mm

机型 部位	9C26	9B26	MCL456	BCL455	BCL357	IEP35－ 28.5/6LP	IEP35－ 28.5/6HP
级间气封 间隙	0.25 ~ 0.35	0.25 ~ 0.32	0.20 ~ 0.26	0.36 ~ 0.46	0.30 ~ 0.38	0.15 ~ 0.203	0.15 ~ 0.201
轮盖气封 间隙	0.25 ~ 0.35	0.25 ~ 0.32	0.30 ~ 0.36	0.40 ~ 0.52	0.36 ~ 0.46	0.10 ~ 0.148	0.10 ~ 0.148

续表

部位 \ 机型	9C26	9B26	MCL456	BCL455	BCL357	IEP35－28.5/6LP	IEP35－28.5/6HP
平衡盘气封间隙	0.25～0.35	0.27～0.30	0.20～0.26	0.36～0.46	0.36～0.46	0.25～0.301	0.15～0.201
内迷宫密封间隙	0.45～0.52	0.45～0.52	0.20～0.26	0.30～0.38	0.30～0.38		

3.4.8　气缸及机座检修

3.4.8.1　清扫检查缸体的结合面

　　a. 水平剖分型缸体，中分面应光滑无变形、冲刷、锈蚀等缺陷，并接合严密；

　　b. 筒型缸体的端盖与外缸体接合面应光滑无裂纹、冲刷、锈蚀等缺陷，并接合严密；

　　c. 内缸中分面应平整、光滑、接合平整，无冲刷、锈蚀等缺陷。

3.4.8.2　检查内外缸、隔板与内缸配合情况

　　a. 内缸定位槽和外缸内孔配合，不松旷；

　　b. 外缸与内缸轴向应按制造厂要求留有适当间隙；

　　c. 隔板与气缸凹槽配合适宜，不松旷。

3.4.8.3　检查缸体所有焊缝，发现可疑情况，应进行着色检查并消除缺陷。

3.4.8.4　缸体水平中分面螺栓或端盖与缸体连接螺栓应做无损检测。

3.4.8.5　缸体内所有 O 形环，背环和槽道应无任何缺陷，O 形环与背环回装时注意安装方向，回装前涂抹一薄层工业

465

用凡士林。

3.4.8.6 外缸丝堵堵牢、紧固，下部疏水孔畅通。

3.4.8.7 检查缸体上各横销、立销应无变形、损伤、卡涩。滑销两侧总间隙为 0.05~0.08mm。

3.4.9 联轴节

3.4.9.1 联轴节(包括有键和无键)检修

a. 联轴节齿套及中间接筒的轴向窜动量为 3~4mm，对齿套及中间接筒进行无损检测，应无缺陷存在；

b. 联轴节齿面啮合的接触面积要求沿齿高大于 50%，沿齿宽大于 70%，齿面不得有严重点蚀、剥落、拉毛和裂纹等缺陷，内外齿套间应能自由滑动，不得有卡涩或过紧现象；

c. 每次装配前应检查联轴节孔与轴头接触面积，接触应均匀，接触面积应大于 80%；

d. 联轴节连接螺栓应着色检查，要求完好无损，螺母防松自锁性能可靠，各连接螺栓组件质量差小于 0.2g，螺栓、螺母应成对更换；

e. 联轴节装配后，其径向圆跳动应不大于 0.02mm；

f. 喷油管应干净畅通，位置正确；

g. 联轴节应成套更换，新加工制造的联轴节组件应进行动平衡校验合格后方可使用。

3.4.9.2 无键联轴节

a. 联轴节组件各 O 形环和背环完好无损，无变形、毛边、凹坑等缺陷，与密封槽配合适宜，每拆一次均应予以更新；

b. 半联轴节装配尺寸见表 7；

c.液压联轴节拆装时，应按制造厂提供的扩张油压(见表8)执行。

表 7 联轴节推进量

机 型	推进量/mm	机 型	推进量/mm
GJSU	8.74 ± 0.25	9C26 出口端	1.30 ~ 1.50
9C26 入口端	8.74 ~ 8.94	9B26	1.50 ~ 1.70

表 8 液压联轴节拆装扩张油压

机型及位置	9B26/9C26	9C26/GJSV
最高扩张油压/MPa	185	137.2

3.4.9.3 膜片式联轴节

a.对中间接筒等转动部件进行无损检测，应无裂纹等缺陷存在；

b.每次装配前应检查联轴节孔与轴头接触面积，接触应均匀，接触面积应大于 80%；

c.联轴节连接螺栓应着色检查，要求完好无损，螺母防松自锁性能可靠，各连接螺栓组件重量差小于 0.2g，螺栓、螺母应成对更换；

d.联轴节应成套更换，新加工制造的联轴节组件应进行动平衡校验合格后方可使用。

e.联轴节装配后，径向跳动应小于 0.015mm；

f.检查联轴节套筒与弹性膜片使用变形情况，发现明显变形或达到设计使用周期后应进行更换；

g.检查膜片应无裂纹、变形等缺陷。

3.5 汽轮机检修

3.5.1 汽轮机拆卸顺序见如下框图：

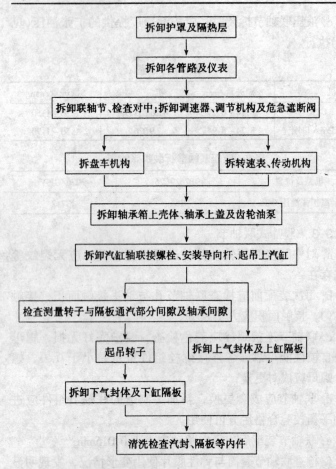

组装与拆卸顺序相反。

回装时汽轮机中分面要求用丙酮清洗干净后，用精炼制配好的干净亚麻仁油、或铁锚 604 密封胶(中压机组用)、MF－Ⅰ型汽缸密封脂均匀涂抹在中分面上。当气缸中分面自然扣合间隙超大时，可在亚麻仁油中添加石墨粉、铁粉等添加剂或采用 MF－Ⅱ、Ⅲ增稠型汽缸密封脂。

3.5.2 径向轴承检修

3.5.2.1 可倾瓦轴承检修

a. 瓦块和油封钨金层应无裂缝、夹渣、气孔、烧损、碾压和沟槽，无严重磨损和偏磨等缺陷；

b. 用着色法检查钨金层应无脱壳现象；

c. 要求轴颈与瓦接触均匀，应在下瓦中部约 $60° \sim 70°$ 范围内沿轴向接触均匀，接触面积大于 80%；

d. 检查瓦块与瓦壳接触面应光滑无磨损，防转销钉和瓦块的销孔应无磨损、整劲、顶起现象，销钉在销孔中的径向间隙为 2mm，瓦块能自由摆动，瓦块相互厚度差不大于 0.01mm；

e. 轴承顶间隙及油封间隙见图 2 及表 9；

表 9 轴承顶间隙及油封间隙

名 称		型 号	要求值/mm
径向轴承	顶间隙	GJSV/K601－A	0.13～0.20
	油封间隙	GJSV/K601－A	0.33～0.40
止推轴承	工作间隙	GJSV/K601－A	0.20～0.30
	油封间隙	GJSV/K601－A	0.30～0.08
油挡直径间隙		GJSV/K601－A	0.20～0.35
径向轴承	顶间隙	NG25/20	0.15～0.187
	轴承壳与轴承体	NG25/20	0.02～0.075
止推轴承	工作间隙	NG25/20	0.27～0.38

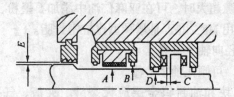

图 2　GJSV 型汽轮机轴承检修

f. 检查瓦壳，要求上下剖分面密合，定位销不松动，瓦壳无错口，瓦壳在座孔内结合严密，两侧间隙不大于 0.05mm，瓦壳防转销钉牢固可靠，瓦壳就位后，下瓦中分面两侧与瓦座中分面平齐；

g. 整体更换新轴承时，要检查壳体与轴承座孔的接触表面应没有划痕和毛刺，接触均匀，用着色检查，其接触面积不小于 80%；

h. 轴承盖定位销不错位，结合面密实无间隙；

i. 瓦背紧力为 0～0.02mm；

j. 检查瓦块供油孔及喷油嘴应畅通无堵，瓦座供油孔与轴承体上油孔应吻合并畅通。

3.5.2.2　四圆弧轴承

a. 钨金表面应光滑无剥落、裂缝、气孔、碾压、沟槽、偏磨等缺陷，用着色法检查无脱壳现象；

b. 调速器端径向轴承间隙为 0.13～0.17mm，排汽端为 0.17～0.22mm；

c. 瓦壳的上下剖分面密合，无错口，定位销不旷动，瓦壳与座孔接触均匀，面积大于 80%，防转销牢固；

d. 用涂色法检查轴瓦接触面积，应在下瓦中部约 60°～70°范围内接触，且沿轴向均匀分布；

470

e. 各油孔干净，畅通。

3.5.3　止推轴承检修

3.5.3.1　检查金斯伯雷轴承止推块

a. 钨金无脱壳、无严重磨损及划痕，无烧伤、掉落、碾压等缺陷；

b. 每个止推块和止推盘的接触面积应大于 70%，且分布均匀；

c. 同组止推块厚度差不大于 0.01mm；

d. 背部紧力面平整光滑。

3.5.3.2　检查水准块、基环

a. 接触处光滑、无凹坑、压痕；

b. 定位销钉长度适宜，固定牢靠；

c. 支承销与相应的水准块销孔无磨损、卡涩，装配后止推块与水准块应能摆动自如；

d. 基环中分面应严密，自由状态下间隙不大于 0.03mm。

3.5.3.3　调整垫片

a. 光滑、平整、不瓢曲，厚度差不大于 0.01mm；

b. 两半对衔时测外径，至少小于瓦壳卡槽内径 1.0mm。

3.5.3.4　止推盘

a. 表面光滑无磨痕、沟槽，表面粗糙度 R_a 的最大允许值为 0.4μm；

b. 测量端面圆跳动值不大于 0.015mm；

c. 固定牢固，不松动。

3.5.3.5　油封

要求油封环完好，无磨损、脱落；防转销固定牢固。

3.5.3.6 止推轴承及油封间隙见图2和表9。

3.5.3.7 检查瓦壳及轴承压盖

a. 无变形、挠曲、错口，水平面接合严密无间隙；

b. 外壳内表面无压痕；

c. 轴向定位垫固定牢固，在轴承凹槽中无轴向窜动；

d. 定位销不松动，不整劲。

3.5.3.8 各油口应干净畅通。

3.5.3.9 轴位移探头测得的转子窜量必须和机械测量的数值相符，如有差异要找出原因予以消除。

3.5.3.10 米契尔轴承

a. 止推块钨金无脱落、划痕、磨损、掉落、碾压等缺陷，与止推盘接触面积大于70%，且整圆周各止推块接触均匀；

b. 止推块背部承力面光滑、平整、无凹坑、压痕，基盘无瓢曲；

c. 同组止推块厚度差不大于0.01mm；

d. 止推块定位销钉牢固，有足够间隙、摆动自如；

e. 基盘剖分面应配合严密无错口，间隙小于0.03mm，接触面积大于80%；

f. 轴承与轴承座接触均匀，接触面积大于80%；

g. 止推轴承间隙为0.20～0.30mm；

h. 油挡无污垢、锈蚀、裂纹、缺口、卷边等缺陷，在轴承体内不松动；

i. 轴承盖密封面贴合严密，防转销牢固，油孔吻合、畅通。

3.5.4 汽轮机转子检修

3.5.4.1　转子宏观检查

a. 轴颈、止推盘无锈蚀、磨损；

b. 主轴精加工部位、叶轮、变径部位、叶根槽表面应清洗干净，检查有无裂纹、腐蚀、磨损、脱皮等缺陷；

c. 叶片、围带、铆钉、拉筋等无结垢、挠曲、损坏、碰伤或松动；

d. 平衡块固定牢固，捻冲可靠；

e. 固定危急保安器小轴的顶丝牢固，丝扣捻冲可靠，压紧环的轴向间隙沿圆周一致，小轴上丝堵捻牢；

f. 轴上的密封条无碰伤或损坏。

3.5.4.2　转子形位状态检查

a. 轴承处轴颈的圆度及圆柱度不大于 0.02mm；

b. 止推盘端面圆跳动不大于 0.015mm；

c. 各段轴封处径向圆跳动不大于 0.05mm；

d. 叶轮轮缘外端面圆跳动不大于 0.10mm；

e. 危急保安器小轴圆跳动不大于 0.02mm；

f. 联轴节处轴颈圆跳动不大于 0.01mm；

g. 套装式止推盘与轴肩结合面无间隙；

h. 叶根间的间隙用 0.03mm 塞尺检查不得塞入；

i. 同一级叶片组轴向倾斜不超过 0.5mm；

j. 止推盘表面粗糙度 R_a 最大允许值为 0.4μm；

k. 轴位移盘外缘端面圆跳动值不大于 0.015mm。

3.5.4.3　对长度大于或等于 100mm 的动叶片，必要时应测定其成组或单根叶片的静频率和频率分散度。要求静频率的分散度不大于 8%。

3.5.4.4　转子应整体进行无损检测，特别注意检查以下部位，应无裂纹等缺陷存在。

　　a. 叶片、围带、铆钉头、拉筋、球状叶根表面；

　　b. 止推盘根部轴颈、联轴节处轴颈、轴承处轴颈。

3.5.4.5　必要时转子做动平衡校验。其低速动平衡精度为 ISO 1940 G0.4 级，高速动平衡应符合 ISO 2372 规定，其支承处振动速度≤1.12mm/s。

3.5.4.6　转子在汽缸内就位后，转子扬度应和汽缸水平扬度一致。

3.5.5　GJSV 型汽轮机隔板及汽封检修

3.5.5.1　下隔板水平接合面定位方销应无松动，接合面无冲刷沟槽，且上下隔板水平面严密，否则应进行修理。

3.5.5.2　静叶片无损坏、裂纹、卷边。必要时进行着色检查。

3.5.5.3　隔板在汽缸洼窝中的轴向热膨胀间隙为：

　　a. 钢制隔板为 0.05～0.15mm；

　　b. 铸铁隔板为 0.15～0.25mm；

　　c. 若间隙过大时，应在上下隔板排汽侧同时进行调整合格。

3.5.5.4　若某级隔板通流部分间隙有很明显的变化时，应对该级隔板的状态，弯曲情况做认真检查，必要时更换隔板。

3.5.5.5　隔板径向膨胀间隙(包括下隔板方销顶部径向间隙)：

　　a. 钢制隔板为 1.0～1.5mm；

　　b. 铸铁隔板为 1.5～2.0mm。

3.5.5.6　隔板汽封有规律性的严重偏磨时，应采用假轴检查洼窝中心，调整隔板；不允许用改变汽封间隙的方法来进行处理。

3.5.5.7 检查汽封套

a. 汽封套与汽缸洼窝间的轴向定位环不松动；

b. 上汽封套的水平面挂耳不突出汽缸中分面；

c. 汽封套两半组装后，水平面严密，无错齿，确保不顶缸。

3.5.5.8 检查汽封块

a. 汽封片应无裂纹、卷曲、断裂等缺陷；

b. 汽封块背部弹簧应无变形、弹性良好、位置正确，安装牢固，汽封块安装后能用手自由压入和弹回；

c. 汽封块在汽封套中不应有过大的轴向旷动。每一圈各汽封块之间的结合面应严密，整圆周应留有 0.4～0.8mm 的膨胀间隙。

3.5.5.9 将转子推靠止推盘工作面时通流部分间隙

a. 动、静叶片间隙及隔板汽封间隙见图 3、图 4 及表 10；

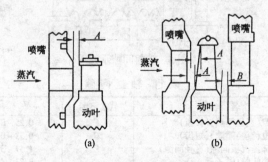

图 3 动静叶间隙示意图

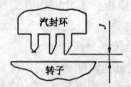

图 4　隔板汽封间隙示意图

表 10　动、静叶片间隙及隔板汽封间隙

部　位 级　别		1#	2#	3#	4#	5#	6#	7#
轴向间隙/mm	A	1.39 ~ 1.65	1.39 ~ 1.65	1.39 ~ 1.65	1.39 ~ 1.65	1.39 ~ 1.65	1.39 ~ 1.65	1.39 ~ 1.65
	B						2.9 ~ 3.1	
径向间隙（直径）/mm	C	0.33 ~ 0.48	0.33 ~ 0.48	0.33 ~ 0.48	0.33 ~ 0.48	0.33 ~ 0.48	0.33 ~ 0.48	

b. 轴封间隙见图 5 及表 11；

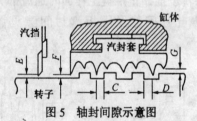

图 5　轴封间隙示意图

表 11　轴　封　间　隙　　　　　　mm

名　　称	代　号	数　　值
汽封间隙（直径间隙）（长齿）	F	0.25 ~ 0.56
汽封间隙（直径间隙）（短齿）	G	0.33 ~ 0.48
汽缸外部挡汽板间隙（直径间隙）	E	1.57 ~ 3.17
汽封轴向间隙（转子后）	C	3.83 ~ 4.08
汽封轴向间隙（转子前）	D	2.26 ~ 2.52

3.5.6   K601‐A型汽轮机汽封检修

3.5.6.1   清扫检查汽封应无裂纹、折断、变形、锈蚀等缺陷。汽封水平中分面无冲刷沟痕，间隙不大于 0.04mm。汽封体和相应槽道均匀接触不松动。

3.5.6.2   更换固定式汽封时，应将汽封片连同填隙丝一并嵌入汽封槽内，并铆牢，确保汽封片不松动。

3.5.6.3   嵌装汽封片后，其接缝处间隙为 0.25～0.5mm，相邻汽封片接头处错开 180°，镶条接缝处与汽封片接缝处错开位置不小于 30°。

3.5.6.4   通流部分间隙与轴封间隙

a. 通流部分间隙见图 6、图 7 及表 12；

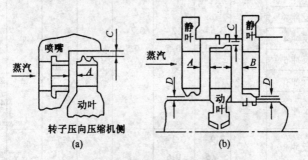

图 6   动静叶片间隙示意图

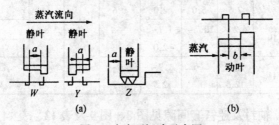

图 7   叶片顶间隙示意图

表12　通流部分间隙

项目	动静叶轴向间隙/mm		动、静叶顶间隙/mm					
			径向(半径间隙)		轴　向			
级别	A	B	C	D	密封片类型	a	密封片类型	b
冲　动	3.5~4.0		1.98~2.2					
反冲1	2.5~2.9	3.5~4.0	0.2~0.5	0.2~0.5	Z	4.0~5.3	W	2.8~3.8
反冲2								
反冲3								
反冲4						3.8~5.0		
反冲5					W			
反冲6								
反冲7								4.5~5.5
反冲8		3.9~4.5	0.3~0.6			4.5~5.5		
反冲9	7.0~7.5	4.3~5.0	1.5~2.0	0.3~0.6				
反冲10	4.2~4.8	10.7~11.5	1.7~2.0		Y	3.8~4.8		
反冲11	12~12.5		1.9~2.5	0.4~0.7				

　b. 轴封及迷宫套间隙见图8、图9及表13、表14;

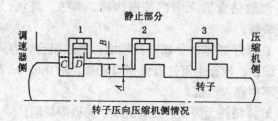

图 8 转子压向压缩机侧示意图

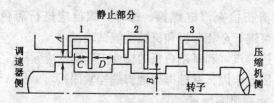

图 9 迷宫套间隙示意图

表 13 轴封间隙　　　　　mm

部　　位	径向(直径间隙)		轴　　向	
	A	B	C	D
前端轴封	0.2~0.5	0.2~0.5	1.25~1.6	1.25~1.6
后端轴封	0.2~0.5	0.2~0.5	2.5~2.8	1.25~1.6

表 14 迷宫套间隙　　　　　mm

径向(直径间隙)		轴　　向	
A	B	C	D
0.2~0.5	0.2~0.5	1.25~1.6	1.25~1.6

3.5.7　汽缸及机座检修

3.5.7.1　GJSV 型汽轮机

a. 汽缸结合面无漏汽冲刷沟槽、腐蚀、斑坑、翻边、打伤等缺陷；

b. 在修好缸体中分面的基础上，空缸组合，打入销钉紧 1/3 螺栓，检查上下缸有无错口现象，用 0.05mm 塞尺检查，应不得塞入汽缸；

c. 缸体铸件无裂纹、拉筋折断、铸砂等缺陷；

d. 缸体疏水孔应畅通，汽缸两端处排污槽干净，排污孔畅通；

e. 清扫检查汽缸螺栓、螺母，螺栓应进行着色检查，必要时可进行金相分析和机械性能试验；

f. 连接汽缸和基础台板的挠性支座螺栓应紧固，排汽端定位杆固定牢固，基础框架地脚螺栓紧固；

g. 检查喷嘴板

喷嘴无裂纹、卷曲、损伤、冲蚀和盐垢，必要时着色检查，固定喷嘴板的螺钉点焊牢固，无裂纹；

h. 检查手阀阀头固定螺帽、顶丝、圆销应牢固，阀头和阀座接触良好，阀座与汽缸拧牢冲死，阀杆加填料。

3.5.7.2　K601-A 型汽轮机

a. 对缸体、水平结合面及螺栓按 3.5.7.1 之 a～f 要求进行；

b. 喷嘴、导叶和静叶片应无裂纹、冲蚀、卷边、锈蚀、结垢等，必要时可作无损检查，喷嘴、喷嘴环各焊缝良好无裂纹，导叶、静叶的叶根和隔离块安装牢靠，围带无裂纹、拉筋和静叶焊接处应牢固；

c. 清扫、检查各导向键，滑向键系统的配合间隙，检测部位见图 10、图 11、图 12。要求值 h = 0.10～0.12mm，

$t = 0.04 \sim 0.06\text{mm}$，$b = 0.06 \sim 0.08\text{mm}$，$S = 0.05 \sim 0.10\text{mm}$。

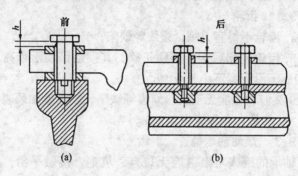

图 10　支撑螺栓间隙示意图

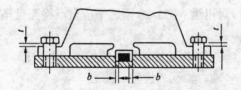

图 11　前轴承座台板滑销间隙示意图

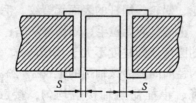

图 12　缸体滑销间隙示意图

3.5.8　联轴节检修

同 3.4.9 各条内容。

3.5.9　盘车装置检修

3.5.9.1　齿轮

a. 齿轮不得有毛刺，裂纹等缺陷；

b. 齿轮装配后啮合必须正确，其接触面积沿齿高不小于 50%，沿齿宽不小于 60%。

3.5.9.2　轴颈应无毛刺、划痕等缺陷，轴承处轴颈表面粗糙度 R_a 的最大允许值为 $0.8\mu m$。

3.5.9.3　滚动轴承检查

轴承的滚珠与滚道应无斑点、坑疤，接触平滑，无杂音，游隙不超差。

3.5.9.4　密封圈无老化损坏。

3.5.9.5　对川维 NG25/20 型透平应重点检查盘车棘轮是否有缺陷。

3.5.10　GJSV 型汽轮机前轴承箱传动机构检修。

3.5.10.1　轴、轴瓦、齿轮、油道

a. 短轴，第一、第二减速齿轮的轴瓦、止推瓦钨金无偏磨、沟槽、脱胎、裂纹，固定轴瓦的顶丝要可靠；

b. 各齿轮、蜗轮、蜗杆的表面无裂纹、毛刺等缺陷；

c. 轴颈、止推盘应无拉毛、划伤等缺陷；

d. 轴颈的圆度及圆柱度不大于 0.02mm；

e. 轴瓦的径向间隙为该轴颈的 1.5‰ ~ 2‰；

f. 径向瓦、止推瓦与轴接触均匀，接触面积不少于 80%；

g. 各齿轮轴窜量为 0.20 ~ 0.25mm；

h. 齿轮和轴固定不松旷，背帽和顶丝拧牢捻死，齿轮轴无弯曲；

  i. 轴承箱内端盖、空心轴孔等油道干净畅通；

  j. 各油路干净畅通。

3.5.10.2   联轴节

  a. 检查齿套与主轴及键的配合情况，齿的接触情况，应无松动和磨损；

  b. 联轴节外齿安装方向正确，顶丝必须到位并捻牢；

  c. 联轴节外套窜动灵活不卡涩，窜量不少于 3.0mm。

3.5.10.3   齿轮、蜗轮、蜗杆及轴颈必要时进行无损检查。

3.5.11   GJSV 型汽轮机调节及保护系统检修

3.5.11.1   150CM 型调速器

  a. 滑阀、滑阀套表面无划痕、毛刺等缺陷；

  b. 油动机活塞及油缸工作表面应平整光滑，无沟槽划痕；

  c. 油动机活塞杆及衬套表面应光滑、无磨损等缺陷，活塞杆中心油孔畅通，旋转接头顶丝牢固，接头转动灵活，O 形环更新；

  d. 飞锤滚架、支承架和垫块组件的工作表面、飞锤架支点刃口无损伤，滑动灵活，飞锤固定螺丝无松动；

  e. 滚珠轴承的珠子表面，保持架、内外滚道无损伤等缺陷，游隙不超差；

  f. 弹簧应无裂缝歪斜，弹性良好；

  g. 调速器进、排油室，油孔道内应无杂物；

  h. 同步器传动杆应无锈蚀、偏磨，操作灵活；

  i. 油动机活塞行程不少于 24.7mm；

  j. 用手转动调速器轴，灵活自如，无卡涩现象。

3.5.11.2　自动主汽阀

a. 检查轴承应完好；

b. 丝杠、螺母无毛刺、变形，配合适宜，丝杠键固定牢固，与键槽配合适宜，无挤压变形；

c. 驱动手轮固定可靠，无轴向窜动，旋转灵活；

d. 弹簧无裂纹、扭曲变形，挂钩刃口平整，接合严密；

e. 所有传动轴与轴孔，无松旷现象；

f. 阀头、阀座密封面无冲刷、沟痕、接触良好；

g. 预启阀的螺钉稳固，其点焊部位无裂纹等缺陷，开度符合要求，在全行程内灵活无卡涩；

h. 平衡活塞工作面应光滑、无划痕和偏磨现象；

i. 滑阀杆和密封套工作面应光滑，无偏磨现象，其间隙为直径的 10‰ ~ 12‰时应处理；

j. 阀杆的直线度不超过 0.05mm，阀杆端部丝扣完好，与连接件配合适宜，阀杆无损检测应无缺陷；

k. 滤网和外壳的径向、轴向膨胀间隙为 1.0 ~ 1.5mm，滤网状态良好，无损坏、堵塞现象；

l. 节流针阀孔道畅通；

m. 油动缸弹簧完好无裂纹、扭曲，活塞环完好，不装弹簧检查活塞行程，全行程应无卡涩现象。

3.5.11.3　超速脱扣飞锤

a. 检查飞锤的灵活性，能按动并自动复位；

b. 检查弹簧无裂纹、歪斜；

c. 危急保安器飞锤间隙为 3.0 ~ 3.3mm。

3.5.11.4　液压脱扣阀

a. 阀口密封面无伤痕；

b. 阀杆与滚珠间隙为 0.076 ~ 0.127mm；阀杆与轴承套 (手轮端)间隙为 0.051 ~ 0.10mm；

c. O 形环完好。

3.5.11.5 调节汽阀

a. 阀头、阀座密封面应无划痕、冲蚀，接触良好，阀头导向套工作面无锈垢，平整光滑，阀杆无损检测应无缺陷；

b. 阀杆无锈垢，与密封套无偏磨，阀杆直线度不大于 0.05mm，预启阀接触严密；

c. 阀座外壳法兰和汽门体的径向配合间隙为 0.025 ~ 0.10mm；

d. 上法兰和中间体的止口定位径向间隙为 0.025 ~ 0.076mm；

e. 阀头和导向套径向间隙为 0.18 ~ 0.23mm；

f. 阀杆和密封套的径向间隙为 0.05 ~ 0.10mm；

g. 阀的预开度为(1.50 ± 0.12)mm；

h. 阀盖密封面用 0.03mm 塞尺检查圆周各处塞不进。

3.5.11.6 调节系统整定

a. 重复检查伺服马达行程，不少于 24.7mm，调速阀行程不少于 17.78mm；

b. 重复检查伺服马达行程应不变化，且在全行程内动作灵活，不卡涩；

c. 油系统通油后(危急保安器挂闸后)调节汽阀能自动全开，断油后，调节汽阀能自动全关。

3.5.12 K601 - A 型汽轮机调节及保护系统检修

3.5.12.1 调速器泵及传动装置

a. 同 3.5.10.1 条之 a ~ f、h、i、j；

b. 检查调速器泵叶轮应无异常，泵内无杂物；

c. 调速器泵滚动轴承见 3.5.9.3 条要求，传动齿轮齿侧间隙为 0.141 ~ 0.309mm，泵的推力轴承间隙为 0.15 ~ 0.25mm。

3.5.12.2　主汽阀

a. 大、小阀头和阀座密封面应无沟槽、锈蚀和斑点，并接触良好；

b. 阀杆应无拉毛、裂纹、变形及磨损，阀杆的直线度不大于 0.05mm，对阀杆进行无损检测；

c. 弹簧应无裂纹、变形、歪斜，自由长度无变化，弹性良好；

d. 阀盘、活塞与油缸工作表面光滑无拉毛、锈蚀；阀盘和活塞在全行程内移动灵活不卡涩；

e. 主阀行程为 36.5 ~ 37.5mm，副阀行程为 4.5 ~ 5.5mm；

f. 油室、汽室内清洁、无杂物，油孔、汽水孔畅通，接头不泄漏；

g. 蒸汽过滤器无杂物、不变形、损坏。

3.5.12.3　调节阀的错油门和油动机

a. 检查错油门滑阀及阀套工作表面应光滑无裂纹、拉毛、锈蚀等缺陷，滑阀在阀套中转动灵活不卡涩，滑阀凸缘和阀套窗口刃角完整；

b. 弹簧无歪斜、裂纹、损伤等缺陷，弹性良好；

c. 滚动轴承的滚道、滚珠应无麻点、锈蚀、裂纹等缺陷，转动无异音；

d. 油动机活塞及缸体工作表面光滑无拉毛，活塞与缸体接触良好不卡涩；

　　e. 油动机活塞杆和活塞装配良好不松动，球接头接合面转动灵活无咬毛痕迹，反馈圆锥光滑无损伤；

　　f. 错油门重叠度和油动机工作行程符合要求；

　　g. 检查所有部件的滑动部分工作表面应不卡涩、工作灵活，各固定连接处牢固；

　　h. 油路干净畅通。

3.5.12.4　调节阀检修

　　a. 检查阀头、阀座密封面应无冲蚀、划痕，接触良好；

　　b. 拉杆应光滑无变形、盐垢、卡涩，其直线度不大于0.05mm，对阀杆进行无损检测；

　　c. 弹簧无裂纹、歪斜，弹性良好；

　　d. 安装尺寸见图13与表15；

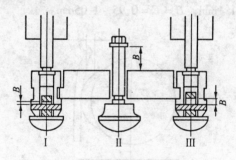

图13　调节阀安装示意图

表15　调节阀安装尺寸　　　　　　mm

部　　位	阀　　号		
	I	II	III
B	1.0±0.1	9.0±0.2	13.0±0.2

　　e. 提板与汽室盖的平行度不大于 0.05mm；

　　f. 汽室接合面应清理干净，无沟痕，接合面严密不漏。

3.5.12.5　危急保安器

　　a. 检查弹簧无裂纹、歪斜，端面平整；

　　b. 螺栓无咬伤、毛刺；

　　c. 飞锤头部无麻点、损伤，在槽内能灵活滑动；

　　d. 固定螺钉牢固。

3.5.12.6　危急遮断油门

　　a. 危急遮断油门滑阀头与阀套应光滑无沟痕，接合面严密不漏，行程符合要求，动作灵活不卡涩；

　　b. 弹簧无裂纹、歪斜，弹性良好；

　　c. 各部件的滑动工作表面光滑不卡涩；

　　d. 检查危急跳闸装置安装间隙其部位见图 14，要求值 $A = 0.9 \sim 1.1$mm，$B = C = 0.95 \sim 1.05$mm。

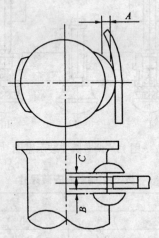

图 14　危急保安器安装示意图

3.5.13　NG25/20/0 型汽轮机调速系统与危急保安系统

3.5.13.1　抽气系统

a. 抽气口喷嘴应清理干净，喷嘴无腐蚀、结垢及裂纹，表面粗糙度 R_a 最大允许值为 $0.4\mu m$；

b. 抽气冷凝器换热能力达到设计值，管、壳程无结垢，无泄漏。

3.5.13.2　主汽阀与调速阀

a. 主汽阀前滤网应完整无垢；

b. 阀头与阀座密封面应无沟槽、斑点，密封可靠；

c. 压紧弹簧应无损伤、腐蚀、歪斜、自由长度变化等缺陷，弹性良好；

d. 主汽阀阀杆及调速阀拉杆应做无损检测。

3.5.13.3　危急保安系统

a. 危急遮断器的弹簧、弹性卡应无裂纹、锈蚀，性能可靠；

b. 危急遮断器的弹簧、飞锤等件组装后应灵活，飞锤的冲程为 5 ~ 6mm；

c. 离心飞锤与危急遮断杆的间隙为 0.9 ~ 1.2mm。

3.6　机组轴系对中

3.6.1　对中使用的百分表精度可靠，指针稳定，无卡涩。

3.6.2　表架要求重量轻，刚性好。表架及百分表固定牢靠。

3.6.3　盘车要均匀稳定，盘车方向保持一致。

3.6.4　调整垫片宜采用不锈钢片，垫片应光滑平整，无毛刺，垫片不超过三层。

3.6.5　找正完毕后所有顶丝处于放松状态。

3.6.6 美荷型厂机组要求采用单表法对中，冷态对中要求见图 15，冷对中误差为 ±0.05mm。

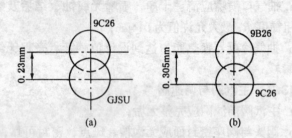

图 15 102－J 机组对中要求

3.6.7 日 I 型厂机组冷态对中见图 16，冷对中误差为 ±0.03mm。

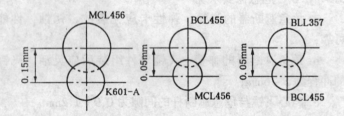

图 16 A－GT103 机组对中要求

3.6.8 川维陕鼓/杭汽机组要求采用三表法对中；对中标准如下。

3.6.8.1 T101 与 LP 缸转子：端面≤0.02mm(上张口)，径向≤0.03mm，透平低于压缩机 0.15～0.20 mm(室温)。

3.6.8.2 低压缸转子与高压缸转子：端面≤0.02mm(上张口)，径向≤0.03mm，低压缸转子应与高压缸转子保持水

490

平，偏差 ± 0.02mm。

3.7 油系统设备检修

3.7.1 油箱清扫检查

3.7.1.1 油箱内部清洗后应无油垢、锈皮、焊渣、絮状物等杂质。油箱内防腐层无起层、脱落现象。焊接件不变形，固定牢固。

3.7.1.2 加热盘管完好，不漏气。

3.7.1.3 箱外壁防腐层完好，人孔盖平整，密封良好固定螺栓无松动。油位视镜清洁、透明。

3.7.2 油冷却器检查见 SHS 01009—2004《管壳式换热器维护检修规程》。

3.7.3 油泵检修见 SHS 01016—2004《螺杆泵维护检修规程》、SHS 01013—2004《离心泵维护检修规程》。

3.7.4 油过滤器检修

3.7.4.1 油过滤器清洗，更换滤芯。

3.7.4.2 检查筒体及连接各密封处，开孔接管，焊缝等部位无泄漏、裂纹或变形。

3.7.4.3 检查密封圈应无老化、损伤。

3.7.4.4 防腐层完整，各紧固螺栓齐全完好不松动。

3.7.5 蓄压器检修

3.7.5.1 蓄压器胶囊经氮气试压后，严密不泄漏。

3.7.5.2 检查筒体、密封处，接管及焊缝无裂纹、泄漏、变形等缺陷。

3.7.5.3 检查密封圈无老化、破损。

3.7.5.4 防腐层完好，紧固螺栓不松动。

3.7.6 油路通畅。

4 试车与验收

4.1 试车准备

4.1.1 由试车小组审查检修记录，审定试运方案及检查试运现场。

4.1.2 机组按检修方案检修完毕，质量符合本规程要求，现场整洁，盘车无异常现象。

4.1.3 所有压力表、温度表、液面计、测速测振探头及温度、压力、液位报警、停车联锁调校完毕，动作灵敏可靠，符合要求。全部安全阀调试合格。汽轮机调速系统调试合格。

4.1.4 机组油系统盲板拆除，油箱油位在规定范围内，油质合格。油系统的主辅油泵及其他附属设备均达到备用状态。

4.1.5 冷却器通水、排水、排污达到备用状态。

4.1.6 仪表、电气具备试车条件。

4.1.7 蒸汽系统具备试车条件。

4.1.8 蒸汽冷凝系统经真空试验合格。

4.1.9 油系统冲洗合格，油循环正常。

4.1.10 与总控及有关单位做好联系工作。

4.1.11 测试工具准备齐全。

4.2 汽轮机单体试车

4.2.1 严格执行汽轮机单体试车操作规程。

4.2.2 记录临界转速值及调速器最低工作转速值。

4.2.2.1 调速器投入工作后，仔细检查是否平稳上升和下降，调节系统和配汽机构不应有卡涩、摩擦、抖动现象。

4.2.2.2 调速器最低工作转速见表16。

表16 汽轮机调速器最低工作转速一览表

机　型	调速器最低工作转速/(r/min)
GJSV	8250
K601－A	8200
NG25/20/0	9836

4.2.3 保安系统检查

4.2.3.1 超速试验进行2次，两次误差不应超过额定转速的1.5%，若误差超过时，应重新调整；直至试验合格。

4.2.3.2 重做超速跳闸试验时，只有当汽轮机转速下降到跳闸转速的90%以下时，方可重新挂闸，以免损坏设备。

4.2.4 记录停车后惰走时间。

4.2.5 汽轮机停机

正常停车按升速曲线逆过程降速到500r/min，低速转半小时后停机。停机后应将盘车器开起来，让转子继续低速盘转冷却。油泵应继续循环至少12h，轴承油温降到40℃以下再停泵。停机后应关闭主汽阀、排汽阀、密封蒸汽系统、汽封抽汽器、蒸汽导淋，打开汽轮机各疏水阀。

4.3 机组联动试车

4.3.1 试车前准备

4.3.1.1 汽轮机单体试运合格后，联接汽轮机和压缩机，开启油泵，油系统运行正常。

4.3.1.2 压缩机各段间冷却器引水，排尽空气并投入运行。

4.3.1.3 压缩机出口阀关闭，防喘振阀全开。

4.3.1.4 打开压缩机缸体排液阀，排尽冷凝液后关小，待充气后关闭。

4.3.1.5 拆除管道上盲板，并确认压缩机出口单向阀动作灵活、可靠。

4.3.1.6 松开同步器手轮，风压给定在最低转速对应的风压。

4.3.2 压缩机的置换与充压合格

4.3.3 压缩机的开车与升速，按操作规程执行。

4.3.3.1 机组每个升速阶段以及运行中，都要进行全面检查和调整，并做好记录；

4.3.3.2 压缩机升压过程中，各段的压力比和升压速度符合制造厂规定。

4.3.4 机组停车

4.3.4.1 压缩机在降压减量的过程中，应避免压缩机发生喘振。

4.3.4.2 按照升速曲线的逆过程，将汽轮机降至 500r/min，然后打闸停机。

4.3.4.3 压缩机组停稳后，立即启动盘车器，8h 后停盘车器，改用手动盘车。

4.4 验收

4.4.1 检修质量符合规程要求。

4.4.2 检修及试运转记录齐全、准确。

4.4.3 单机、联动试车正常，各主要操作指标达到铭牌要求，设备性能满足生产需要。

4.4.4 检修后设备达到完好标准。

4.4.5 经试运小组评定认可，满负荷运行 72h，运转正常，即可以办理验收手续，正式移交生产。

5 维护与故障处理

5.1 日常维护

5.1.1 严格按操作规程开停机组。

5.1.2 定期巡检，掌握机组运行各参数变化情况，并填好巡检记录。

5.1.3 运用状态监测与故障诊断系统，定期或在线监测分析机组运行情况。

5.1.4 建立"机、电、仪、操、管"人员对机组的特护管理制度。

5.1.5 按润滑油管理规定合理使用润滑油。做到每月定期分析、过滤、补充和更换。有条件的作铁谱分析。

5.1.6 机组及附属设备要经常清扫，各部件保持清洁，机体上不允许有油污、灰尘和杂物。

5.1.7 停车期间，机组盘车、油循环每周不得少于一次，缸体内及相关管道须充氮气进行保护。

5.2 机组常见故障与处理见表17。

表 17 常见故障与处理

序号	故障现象	故障原因	处理方法
1	油温过高	供油调节阀开度不足，油中混水或变质，油进口温度高，轴瓦磨损，油冷器供水不足	重新调整换油，调节检查油冷器，处理加大冷却水量
2	油压过低	主油泵故障，过滤网堵塞，油管泄漏	切换检查油泵；清扫更换过滤网；检查油冷器油管堵漏

序号	故障现象	故 障 原 因	处 理 方 法
3	轴承振动	机组不同心,转子平衡破坏,转子和汽封发生碰触;压缩机进入喘振工作区;机壳积液。轴瓦盖或地脚螺栓松动;轴承合金损坏,管道应力过大	重新找正;清污并重调动平衡,更换或重新刮气封,缓开防喘阀或调整工作负荷,定期排放,轴承盖和地脚螺栓紧固,更换轴瓦;调整管线
4	冷凝器真空度降低	真空系统泄漏,抽汽压力过低,循环水量不足;冷凝液泵故障;真空抽气器喷嘴磨损	检查处理真空系统,提高蒸汽压力加大水量;真空喷射器嘴除堵;冷凝液泵检修;检查或更换真空抽气器喷嘴系统
5	压缩机排气温度高	气体冷却器效率低	检查处理,提高蒸汽压力加大水量或冷却器除堵处理
6	密封油耗量增大,油位降低	油、气比压失调,机械密封或浮环磨损	调整油气压差,更换机械密封或浮环,补充油量

附 录 A

机组技术特性

（补充件）

表 A1 汽轮机主要特性及参数

使 用 厂	美荷型厂（A厂）	日 I 型厂	川维厂
制造厂	美,迪拉瓦公司	日本,富士电机公司	杭州汽轮机厂
型 式	中压冷凝式	反动凝汽式	反动背压式
型 号	GJSV	K601 – A	NG25/20/0
级 数	7	1 冲动级, 11 反动级共 12 级	8
正常转速/(r/min)	10720	10250	14080
最大连续转速/(r/min)	11340	10763	14742
一阶临界转速/(r/min)	6000	14015	
二阶临界转速 /(r/min)	14000		
跳闸转速/(r/min)	12474	11000	16216 + 162
功率/kW	3555	4050	1210
进口温度/℃	321.1	368	410 ~ 420
进口压力/MPa	3.03	4.04	3.7 ~ 3.9
排汽压力/MPa	0.015	0.0166	0.75 ± 0.1
主汽阀蒸汽流量/(kg/h)	19224	20500	14187
径向轴承型式	可倾式	四圆弧瓦	可倾式
止推轴承型式	金斯伯雷型	米契尔型	金斯伯雷型
调速器型式	150CM 调速器	液压式调速器	505 电子调速
转子重量/kg	433	480	283
上机壳重量/kg	1320	2000	2200

表A2　美荷型厂原料气压缩机技术特性及参数

项　　目	低 压 缸	高 压 缸
制造厂	美,迪拉瓦公司	美,迪拉瓦公司
位　号	102－JLP	102－JHP
型　号	9C26	9B26
叶轮个数	9	9
压缩介质	天然气	天然气
进口分子量	16.66	
入口温度/℃	32.22	43.33
入口压力/MPa(绝)	0.416	1.4
出口温度/℃	159.2	170.5
出口压力/MPa(绝)	1.45	4.47
入口流量/(t/h)	21015.3	21015.3
驱动功率/kW	1774	1781
转速/(r/min)	10720	10720
第一临界转速/(r/min)	4000	5500
第二临界转速/(r/min)	13650	16800
叶轮外径/mm	412.75	412.75
平衡盘直径/mm	230	248
气缸最大允许压力/MPa	2.11	5.29
气缸容许最高温度/℃	204	204
止推轴承型式	金斯伯雷型	金斯伯雷型
径向轴承型式	可倾式	可倾式
轴封型式	机械密封	机械密封
转子重量/kg	409	396
上机壳(内筒和转子)/kg	1900	3630

表 A3 日Ⅰ型原料气压缩机技术特性及参数

项　目	低压缸	中压缸	高压缸
制造厂	日立制作所土浦工场		
型　号	MCL456	BCL455	BCL357
叶轮数	6	5	7
介　质	天然气	天然气	天然气
相对分子质量	17.204	17.2	17.196
入口温度/℃	35	37.8	37.8
入口压力/MPa	0.46	1.13	2.27
出口温度/℃	134	115	103
出口压力/MPa	1.17	2.31	4.19
质量流量/(t/h)	22346	22218	22075
轴功率/kW	1415	1121	954
转速/(r/min)	10010	10010	10010
第一临界转速/(r/min)	5900	6200	6000
第二临界转速/(r/min)	超过最大连续转速的120%		
叶轮直径/mm	450	450	350
缸体最高许可温度/℃	180	180	180
最大许可压力/MPa	1.42	3.56	5.3
径向轴承型式	可倾式	可倾式	可倾式
止推轴承型式	金斯伯雷型	金斯伯雷型	金斯伯雷型
轴封形式	浮环密封	浮环密封	浮环密封
转子质量/kg	405	404	235
上机壳(内筒及转子)质量/kg	3500	5000	3500
缸体型式	水平剖分	垂直剖分	垂直剖分

表 A4　川维原料气压缩机技术特性及参数

项　　目	保　证　值			额　定　值		
型　号	IEP35 – 28.5/6			IEP35 – 28.5/6		
	一级	二级	三级	一级	二级	三级
制造厂	陕西鼓风机厂					
叶轮数	3	3	6	3	3	6
吸入压力/MPa	0.60	0.92	1.5	0.6	0.92	1.5
吸入温度/℃	40	40	40	40	40	40
排出压力/MPa	0.925	1.54	2.85	0.925	1.54	2.85
排出温度/℃	120	120	130	120	120	130
吸入容量/(Nm³/h)	12600			12600		
转速/(r/min)	14080			14080		
压缩比	4.75			4.75		
压缩机轴功率/kW	1100			1100		
驱动机功率/kW	1210			1210		

附加说明：

1　本规程由大庆石化总厂化肥厂负责起草，起草人 杨景儒(1992)。

2　本规程由巴陵分公司负责修订，修订人 肖健、余强(2004)。

16. 合成气压缩机组
维护检修规程

SHS 05016—2004

目　次

1　总则 ………………………………………………（503）

2　检修周期与内容 …………………………………（503）

3　检修与质量标准 …………………………………（506）

4　试车与验收 ………………………………………（553）

5　维护与故障处理 …………………………………（556）

附录 A　机组主要技术特性参数(补充件)……………（558）

1　总则

1.1　主题内容与适用范围

1.1.1　主题内容

本规程规定了大型化肥装置合成气压缩机组的检修周期与内容、检修与质量标准、试车与验收、维护与故障处理。

健康、安全和环境(HSE)一体化管理系统，为本规程编制指南。

1.1.2　适用范围

本规程适用于表1所列的机型。

表1　化肥装置与机型对应表

机型 厂别	压缩机	汽轮机
美荷型(湖北、洞庭)	2B9 2BF9 – 8	GJMV – DC GJMV – DC 改 GJMV
日Ⅰ型(齐鲁二化)	2BC9 2BF9 2BF8 – 6	5EH – 7BD
法型(安庆、金陵)	463B5/5 RC10 – 9B RB9B RB9 – 7B	T4MC8E2F 5EH – 6BD
日Ⅱ型(镇海)	2BF – 9 2BF8 – 7	5BH – 2
渣油型(九江)	4V – 95	5EL – 6

1.2　编写修订依据

随机资料

大型化肥厂汽轮机离心式压缩机组运行规程，中石化总公司与化工部化肥司1988年编制

2　检修周期与内容

2.1　检修周期

各单位可根据机组运行状况择机进行项目检修，原则上

在机组连续累计运行 3～5 年安排一次大修。

2.2 检修内容

2.2.1 项目检修内容

根据机组运行状况、状态监测与故障诊断结论，参照大修部分内容择机进行修理。

2.2.2 压缩机大修内容

2.2.2.1 复查并记录各有关数据。

2.2.2.2 解体检查径向轴承和止推轴承，调整轴承间隙与瓦背紧力，清扫、修理轴承箱。

2.2.2.3 检查、测量转子各部位径向圆跳动与端面圆跳动、轴颈的圆度、圆柱度和表面粗糙度并作相应处理，必要时转子做动平衡或更换转子。

2.2.2.4 检查止推盘，测量端面圆跳动。

2.2.2.5 检查、调整油封间隙或更换油封。

2.2.2.6 检查或更换浮环密封。

2.2.2.7 测量转子窜量，必要时进行调整。

2.2.2.8 清洗检查联轴节及其喷油嘴，对联接螺栓、螺帽、中间接筒、齿套和膜片进行渗透检查，对齿式联轴节检查啮合状况，对膜片式联轴节检查膜片情况。

2.2.2.9 检查与调整机组各轴系对中。

2.2.2.10 检查、调校所有联锁、报警及有关仪表和安全等保护装置，调校各测振探头、相位探头与轴位移探头。

2.2.2.11 清洗检查主润滑油、密封油过滤网，更换过滤器芯子，清洗润滑油箱、集油槽、脱气槽、污油收集器、各油位计和油视镜、油冷却器等，解体检修主、辅润滑油泵、密封油泵及驱动汽轮机、相关联轴器并对中。

2.2.2.12　检查、紧固各联接螺栓。

2.2.2.13　压缩机解体，清洗、检查、测量、调整内缸隔板组件、各级气封及平衡盘气封。

2.2.2.14　检查叶轮铆钉的松动情况和叶片的焊缝情况。

2.2.2.15　对转子及缸体内表面应力集中部位进行无损检测。

2.2.2.16　检查、清理滑销系统。

2.2.2.17　检查、调整管道支架和吊架。

2.2.2.18　清扫、检查密封油、润滑油高位槽、参比气管线与贮压器胶囊。

2.2.2.19　转子静电接地电刷检查或更换。

2.2.2.20　检查处理干气密封系统缺陷。

2.2.3　汽轮机大修内容

2.2.3.1　复查并记录各有关数据。

2.2.3.2　解体检查径向轴承和止推轴承，调整轴承间隙与瓦背紧力，清扫、修理轴承箱，测量转子窜量，必要时进行调整。

2.2.3.3　检查止推盘，测量端面圆跳动。

2.2.3.4　检查、调整油封间隙或更换油封。

2.2.3.5　清洗检查联轴节及其喷油嘴，对联接螺栓、螺帽、中间接筒、齿套和膜片进行渗透检查，对齿式联轴节检查啮合状况，对膜片式联轴节检查膜片情况。

2.2.3.6　检查、紧固各联接螺栓。

2.2.3.7　检查、调校所有联锁、报警及有关仪表和安全等保护装置，调校各测振探头、相位探头与轴位移探头。

2.2.3.8 调速器及其传动机构清洗、检查、修理或更换损坏件。

2.2.3.9 检查超速遮断装置的动作情况。

2.2.3.10 汽轮机做超速跳车试验。

2.2.3.11 检查、清扫蒸汽入口过滤网。

2.2.3.12 汽轮机解体，汽缸清扫、检查，隔板组件清锈除垢，隔板找正，通流部分间隔调整，隔板静叶片着色检查以及各级汽封清理、测量或更换。

2.2.3.13 转子清理除垢，各部测量检查，叶根、围带、铆钉等部位做无损检测，必要时做动平衡校验及叶片测频。

2.2.3.14 缸体应力集中部位及水平中分面螺栓做着色检查；汽缸疏水孔检查，安全阀、缸体报警阀重新整定。

2.2.3.15 主汽阀、调节阀、跳闸油缸解体检修。

2.2.3.16 解体检查危急保安遮断装置。

2.2.3.17 解体检查调速器、危急保安器、错油门、伺服马达蓄压器等。

2.2.3.18 调节系统做静态特性试验。

2.2.3.19 机组滑销系统、主要管道支、吊架弹簧清理、检查调整。

2.2.3.20 解体检修盘车器。

2.2.3.21 转子静电接地电刷检查或更换。

2.2.3.22 解体检修冷凝液泵，检查联轴节状况。

3 检修与质量标准

3.1 安全与质量保证注意事项

3.1.1 检修前准备

3.1.1.1 根据机组运行情况、故障情况及诊断结论，进行危害识别、环境识别和风险评估，按照 HSE 管理体系要求，编写检修方案。

3.1.1.2 备齐备足检修时所需的各类配件及材料，并附相应的合格证件或检验单。

3.1.1.3 备好检修所需工器具及经检验合格的量具。

3.1.1.4 起重设备、机具、索具检验并经静、动负荷试验合格。

3.1.1.5 准备好专用放置设备。

3.1.1.6 准备好检修记录及有关技术资料。

3.1.1.7 做好安全、劳动保护各项准备工作。

3.1.2 检修应具备的条件

3.1.2.1 汽轮机汽缸温度低于是 120℃方可拆除缸体保温。

3.1.2.2 汽轮机停机后连续油循环，直至缸体温度低于80℃，回油温度低于 40℃。

3.1.2.3 机组与系统用盲板隔离，氮气置换合格，切除电源，安全技术措施落实。

3.1.2.4 办好工作票，做好交接手续。

3.1.3 拆卸

3.1.3.1 拆卸时按程序进行。应使用专用工具，禁止采用生拉、硬拖、铲、打、割等野蛮方式施工。

3.1.3.2 拆卸零部件时，记录好原始安装位置和标记，确保回装质量。

3.1.3.3 拆开的管道、孔口必须及时封好。

3.1.4 吊装

3.1.4.1 必须掌握被吊物的重量，严禁超载。各主要部件重量见附录 A。

3.1.4.2 起吊部件必须绑牢，就位应保持水平。

3.1.4.3 拴挂绳索要保护被吊物不受损伤，放置必须稳固。

3.1.5 吹扫和清洗

3.1.5.1 采用压缩空气或蒸汽吹扫零部件，吹扫后应及时清除水分，并涂合格工作油防锈。精密零件不得用蒸汽直接吹扫。

3.1.5.2 清洗零件时应用煤油。精密零件复装前用绸布揩净，并涂上合格的工作油。

3.1.6 零部件保管

3.1.6.1 拆下的零部件，应采取适当防护措施，严防变形、损坏、锈蚀、错乱和丢失。

3.1.7 组装

3.1.7.1 组装的零、部件必须清洗、风干并检查达到要求。

3.1.7.2 机器扣盖前缸体内必须无异物，管口堵塞物已全取出，缸体内件已组装完全并固定牢靠。一切检查无误并由技术负责人签字认可后方可扣盖。

3.1.8 油系统清洗

机组检修封闭后，应按照油系统循环清洗方案进行循环清洗。如入口管道检修过，应在轴承及调节系统前加过滤网。循环系统要避免死角，油温不低于 40℃，回油口以 200 目过滤网检查肉眼可见污点不多于 3 个为合格。循环清洗结束后抽拆轴承检查。

3.1.9 认真做好检修记录。

3.2 压缩机检修

3.2.1 压缩机拆卸程序

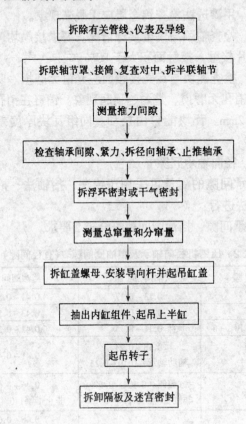

```
拆除有关管线、仪表及导线
        ↓
拆联轴节罩、接筒、复查对中、拆半联轴节
        ↓
    测量推力间隙
        ↓
检查轴承间隙、紧力、拆径向轴承、止推轴承
        ↓
  拆浮环密封或干气密封
        ↓
   测量总窜量和分窜量
        ↓
拆缸盖螺母、安装导向杆并起吊缸盖
        ↓
 抽出内缸组件、起吊上半缸
        ↓
      起吊转子
        ↓
  拆卸隔板及迷宫密封
```

组装程序与拆卸程序相反。

回装时压缩机中分面、轴承箱外盖要求用丙酮清洗干净后均匀涂抹 704 硅橡胶密封。

3.2.2 径向轴承检修

3.2.2.1 检查瓦块和油封，钨金层应无裂缝、夹渣、气孔、掉块、烧损、碾压和沟槽，无严重磨损和偏磨等缺陷。

3.2.2.2 用渗透法检查钨金层应无脱壳现象。

3.2.2.3 检查轴颈与钨金接触情况。要求接触均匀，不得有高点及片接触，接触面积大于 80%。

3.2.2.4 检查瓦块与瓦壳接触面应光滑无磨损。防转销钉和瓦块的销孔无磨损、整劲、顶起现象。销钉在销孔中的径向间隙为 2mm。瓦块能自由摆动。同组瓦块厚度差不大于 0.015mm。

3.2.2.5 径向轴承间隙

a. 轴承间隙的测量可采用压铅法、抬轴法、抬瓦法及测量计算法进行；

b. 轴承间隙，挡油圈间隙符合表 2 要求。

表 2 压缩机径向轴承及挡油圈间隙表(直径间隙) mm

机 型	轴承间隙	挡油圈间隙
2B9	0.13～0.17	0.43～0.57
2BF9－8	0.13～0.17	0.43～0.57
2BC9 2BF9 2BF8－6	0.11～0.15	0.42～0.53
463B5/5	0.18～0.23 辅助轴承: 0.10～0.15	0.41～0.46
RC10－9B	缸盖侧: 0.104～0.149 非缸盖侧: 0.114～0.166	0.46～0.60 非止推端: 0.43～0.57
RB9B	0.10～0.15	0.46～0.60 非止推端: 0.37～0.57
RB9－7B		0.46～0.60 非止推端: 0.43～0.57
2BF－9 2BF8－7	0.11～0.15	0.43～0.57
4V－95	0.17～0.23	0.65～0.76

3.2.2.6 检查瓦壳。要求上下剖分面密合，定位销不旷动，瓦壳不错口。瓦壳在座孔内接合严密，两侧间隙不大于0.05mm，瓦壳防转销钉牢固可靠。

3.2.2.7 整体更换新轴承时，要检查轴承壳体与轴承座座孔的接触表面应没有划痕和毛刺，接触均匀，其接触面积不小于80%，装配紧力为0～0.02mm或按照制造厂要求执行。

3.2.2.8 轴承盖定位销不错位，结合面密实无间隙。

3.2.2.9 检查轴承瓦座的供油孔与轴承体上的油孔应吻合并畅通。瓦块供油孔及喷油嘴应畅通无堵塞。

3.2.3 止推轴承检修

3.2.3.1 米切尔式止推轴承

a. 止推块钨金层无脱壳、严重磨损、烧伤、掉块、划痕、碾压等缺陷；同组止推块厚度差不大于0.01mm；止推块和止推盘接触面积应大于70%，且分布均匀；止推块背部承力面应光滑、平整、底盘无瓢偏，止推块中间的定位螺钉与底板固定牢固且与止推块有足够的间隙，止推块摆动自由；

b. 止推盘盘面光滑平整，表面粗糙度 R_a 允许值不大于0.4μm；键槽符合技术要求；止推盘内孔与装配轴颈无磨损及腐蚀缺陷，配合过盈为0.01～0.03mm；组装后止推盘端面圆跳动不大于0.015mm；

c. 止推盘定距套表面光滑平整，无磨损，两端面平行度不大于0.01mm；

d. 油封环的轴向密封面平整，内孔无磨损，裂纹等缺陷；油封环外径与外盖凹槽应有0.5mm以上的径向间隙；

　　e. 轴承盖定位销不错位，密封面贴合严密；

　　f. 甩油环内外径配合适宜不松旷，防转销固定牢靠、与销孔不错位；

　　g. 轴承间隙及密封环间隙应符合表3要求。

3.2.3.2　金斯伯雷式止推轴承

　　a. 止推块钨金层无脱壳、严重磨损、烧伤、掉块、划痕、碾压等缺陷；同组止推块厚度差不大于 0.01mm；止推块和止推盘接触面积应大于 70%，且分布均匀；止推块背部承力面应光滑、平整、底盘无瓢偏，止推块中间的定位螺钉与底板固定牢固且与止推块有足够的间隙，止推块摆动自由；

　　b. 均压块承力面应光滑、平整、无磨损、不卡涩且能灵活转动、前后摆动；止动销长度适宜固定牢固，均压块半圆底板与外壳轴向无压痕；

　　c. 定位板光滑、平整、不瓢偏，厚度差不大于0.01mm，调整垫片厚度最薄不小于 3.00mm，最多片数为两片；

　　d. 止推盘盘面光滑平整，表面粗糙度 R_a 允许值不大于0.4μm；键槽符合技术要求；止推盘内孔与装配轴颈无磨损及腐蚀痕，配合过盈为 0.01 ~ 0.03mm；组装后止推盘端面圆跳动不大于0.01mm；

　　e. 油封环的轴向密封面平整，内孔无磨损，裂纹等缺陷；油封环外径与外盖凹槽应有 0.5mm 以上的径向间隙；

　　f. 轴承盖定位销不错位，密封面贴合严密；

　　g. 轴承间隙及密封环应符合表3要求。

表3 压缩机止推轴承及密封环间隙表　　mm

机　型	轴承间隙	油封间隙
2B9 2BF9－8 2BC9 2BF9 2BF8－6	0.38～0.56	0.13～0.23
463B5/5	0.23～0.46	0.20～0.26
RC10－9B	0.31～0.36	0.10～0.26
RB9B	0.31～0.36	0.10～0.26
RB9－7B	0.31～0.36	0.10～0.26
2BF－9	0.38～0.56	0.13～0.23
2BF8－7	0.38～0.56	0.13～0.23
4V－95	0.46～0.56	0.25～0.31

3.2.3.3 轴位移指示测得的转子窜量必须与机械测量值相符，如有差异，要找出原因予以消除。

3.2.3.4 各油口干净畅通。

3.2.3.5 对于用油压装配的止推盘应按照制造厂提供的要求执行。

3.2.4 浮环密封检修

3.2.4.1 浮环

a. 浮环钨金层应无划痕、沟槽、嵌入金属颗粒、裂纹、脱层及磨损等缺陷。外密封环若有轻微的划痕可修刮使用，否则必须更换新配件；

b. 浮环端面应平整、销孔对中、销子长度适宜；浮环在浮动盒内的轴向间隙为 0.25～0.40mm；法型厂浮环销钉端部间隙为 0.25～0.51mm；

c. 浮环密封组件在气缸和轴承箱组成的安装空间内轴向间隙不大于 0.05mm；

d. 浮环径向间隙应符合表4要求。

表4 压缩机浮环密封径向间隙表(直径间隙) mm

机 型	内环间隙	中环间隙	外环间隙	内迷宫密封间隙
2B9	0.05 ~ 0.08		0.10 ~ 0.12	0.20 ~ 0.30
2BF9 - 8	0.05 ~ 0.08	0.14 ~ 0.16	0.10 ~ 0.12	0.20 ~ 0.30
2BC9			0.15 ~ 0.17	0.20 ~ 0.26
2BF9	0.05 ~ 0.07	0.14 ~ 0.16	0.10 ~ 0.12	0.21 ~ 0.29
2BF8 ~ 6		0.13 ~ 0.15	0.11 ~ 0.13	0.21 ~ 0.29
463B5/5	0.09 ~ 0.12		0.19 ~ 0.22	0.25 ~ 0.31
RC10 - 9B	0.09 ~ 0.12		0.19 ~ 0.22	0.20 ~ 0.24
RB9B	0.06 ~ 0.09		0.13 ~ 0.15	0.31 ~ 0.35
RB9 - 7B	0.06 ~ 0.09		0.09 ~ 0.12	0.31 ~ 0.35
2BF - 9	0.05 ~ 0.08	0.14 ~ 0.17	0.11 ~ 0.13	0.21 ~ 0.29
2BF8 - 7	见图1	0.12 ~ 0.15	0.11 ~ 0.14	0.21 ~ 0.29
4V - 95	0.04 ~ 0.06	0.08 ~ 0.10	0.12 ~ 0.14	0.25 ~ 0.31

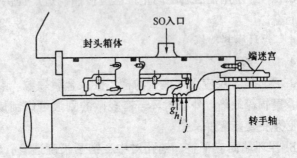

g: 0.13 ~ 0.15; h: 0.09 ~ 0.11; i: 0.06 ~ 0.08; j: 0.04 ~ 0.06

图1 2BF8 - 7浮环密封间隙图

3.2.4.2 O形环

a. 所有O形环应无压扁、扭曲、毛边、裂缝、缺肉等缺陷;

514

　　b.O 形环应弹性良好，直径与凹槽配合适宜，无过松和过紧现象；

　　c.所有使用过的 O 形环，检修时应更新；

　　d.O 形环材质应符合要求。

3.2.4.3　检查内迷宫密封，要求密封齿不卷曲、掉落、偏磨，间隙不超差。密封件和浮环外壳结合面平整、光滑，垫片厚度不大于 0.05mm。内迷宫密封径向间隙应符合表 4 要求。

3.2.5　压缩机转子检修

3.2.5.1　转子宏观检查

　　a.叶轮无损坏、结垢、冲蚀缺陷，叶轮端面、口环不磨损；

　　b.转子轴封处无严重磨损痕迹；

　　c.与轴配合的固定件不松动；

　　d.叶片焊缝无脱焊、裂纹。

3.2.5.2　转子形位状态检查

　　a.轴直线度不大于 0.02mm；

　　b.轴承处轴颈圆度及圆柱度不大于 0.02mm；

　　c.转子轴承处轴颈及浮环密封部位轴颈、平衡盘外圆面、止推轴承组装部位轴颈径向圆跳动值应不大于 0.02mm，各级叶轮口环密封面，各级轴封处密封面径向圆跳动应小于 0.05mm；

　　d.叶轮轮缘端面圆跳动不大于 0.10mm；

　　e.轴承处轴颈表面粗糙度 R_a 允许值不大于 0.4μm。

3.2.5.3　转子整体做无损检测，要求无裂纹及其他缺陷。

3.2.5.4　凡转子有明显的磨损、损坏或进行过更换轴、轴套、叶轮等项目的修复以及由于质量偏心而导致的振动超标，均应做动平衡校验。其低速动平衡精度应符合 ISO 1940 G0.4 级、高速动平衡应符合 ISO 2372 规定，其支承处振动速度≤1.12mm/s。

3.2.5.5　在转子静止状态，振测探头无法调整至零位指示时，应对转子测振探头部位进行电磁和机械偏差检查，并进行退磁处理；

3.2.6　隔板及气封检修

3.2.6.1　隔板

a. 入口环和入口端盖弧面应结合严密、无压痕，入口导流器叶片无裂纹、伤痕、气孔等缺陷，导流器骑缝螺钉丝扣完好，拧紧螺钉后导流器水平剖分面应无间隙；

b. 扩压器隔板的壁面应光滑无裂纹，回流器叶片完整无损伤，以上各部位应进行渗透检查；

c. 每级隔板间的连接止口的径向、轴向配合严密、不松旷，且无冲蚀损坏；

d. 隔板组外圆精加工密封面 O 形环密封槽外径应无冲蚀损坏；

e. 隔板中分面应光滑平整，无气流冲刷沟痕，上下隔板组合后中分面处间隙不大于 0.10mm；

f. 隔板组装总长度应符合表 5 要求；

表 5　压缩机隔板组装总长度一览表

机　　　型	组装总长度/mm
2B9	982.65
2BF9 - 8	982.65
2BC9 2BF9 2BF8 - 6	有内缸套

机　　型	组装总长度/mm
463B5/5	$1373.20^{+0.25}_{-0.51}$
RC10－9B	组件端面与端盖间隙 0.49～1.17
RB9B	组件端面与端盖间隙 0.39～1.16
RB9－7B	组件端面与端盖间隙 0.39～1.06
2BF－9	1002.42
2BF8－7	902.64
4V－95	有内缸套

　　g. 隔板组装中所使用 O 形环及背环无压扁、缺肉、裂口及毛边等缺陷，且经试装松紧合适。

3.2.6.2　气封

　　a. 各级气封装配后无松旷及过紧现象，气封无卷边、折断、偏磨等情况；

　　b. 蜂窝密封无偏磨，密封外止口和气缸的配合直径间隙不大于 0.10mm；

c. 各级迷宫密封及平衡盘密封间隙应符合表 6 要求。

3.2.7　气缸及机座检修

3.2.7.1　焊缝及缸体锻件应无裂纹、冲蚀沟槽。

3.2.7.2　装 O 形环及背环的密封面，应无严重冲蚀，应注意安装方向。

3.2.7.3　缸盖及缸体缠绕垫密封面应光滑、平整、无冲刷沟痕。

3.2.7.4　缸盖螺栓应进行无损检测。

3.2.7.5　缸体各滑销应无变形、损伤和卡涩缺陷，滑销侧向总间隙为 0.05 ~ 0.08mm。

表 6　压缩机迷宫密封及平衡盘密封间隙表(直径间隙)　mm

机　　型	叶轮口环密封间隙	隔板密封间隙	平衡盘密封间隙
2B9	0.31 ~ 0.41	0.20 ~ 0.31	0.38 ~ 0.51
2BF9 – 8	0.31 ~ 0.41	0.20 ~ 0.31	0.38 ~ 0.51
2BC9	0.31 ~ 0.40	0.21 ~ 0.29	0.26 ~ 0.38
2BF9	0.31 ~ 0.40	0.21 ~ 0.29	0.38 ~ 0.50
2BF8 – 6	0.31 ~ 0.39	0.21 ~ 0.29	0.38 ~ 0.49
463B5/5	0.31 ~ 0.56	0.31 ~ 0.56	0.31 ~ 0.56
RC10 – 9B	0.38 ~ 0.53	0.30 ~ 0.40	0.36 ~ 0.41
RB9B	0.36 ~ 0.42	0.30 ~ 0.36	0.36 ~ 0.41
RB9 – 7B	0.36 ~ 0.42	0.30 ~ 0.40	0.33 ~ 0.41
	循环段: 0.42 ~ 0.51		
2BF – 9	0.31 ~ 0.41	0.20 ~ 0.31	0.49 ~ 0.58
2BF8 – 7	0.30 ~ 0.41	0.23 ~ 0.31	0.43 ~ 0.53
4V – 95	0.50 ~ 0.70	0.21 ~ 0.30	0.50 ~ 0.70

3.2.8　联轴节检修

3.2.8.1　齿式联轴节

a. 测量联轴节中间接筒的轴向窜量, 记下中间接筒和两个内齿套的装配标记;

b. 清洗齿圈内油污, 检查齿的啮合情况, 磨损程度和磨损部位;

c. 测量半联轴节端面到转子轴头端面的距离, 作为回装半联轴节推进量复查依据;

d. 半联轴节内锥面和转子轴头锥面的接触面应分布均

匀，且要求接触面积不小于 80%；

　　e. 联接螺栓应进行渗透检查，螺母自锁性能良好。更换时螺栓、螺母应成对更换，且其重量相差不大于 0.2g；

　　f. O 形环和背环应无折损、毛边、压扁、扭曲等缺陷，每拆卸联轴节一次，O 形环及背环均应更新；

　　g. 联轴节装配推进量应符合表 7 要求；

　　h. 联轴节内外齿圈轴向移动灵活无卡涩，内外齿之间有 0.06～0.10mm 的径向间隙。齿面啮合接触面积按高度不小于 50%，按长度不小于 70%。组装后的联轴节内、外齿圈及中间接筒的轴向窜量见表 8 所示；

表 7　联轴节装配推进量表　　　　　mm

机　型	入口端推进量	出口端推进量
2B9	$4.27_0^{+0.25}$	$4.88_0^{+0.25}$
2BF9－8		$4.27_0^{+0.25}$
2BC9	$5.54_{-0.48}^0$	
2BF9	$5.54_{-0.48}^0$	$6.34_{-0.48}^0$
2BF8－6		$5.54_{-0.48}^0$
463B5/5		$5.54_0^{+0.25}$
RC10－9B RB9B RB9－7B	加热装	加热装
2BF－9	$5.11_0^{+0.25}$	$5.54_0^{+0.25}$
2BF8－7		$5.11_0^{+0.25}$
4V－95	$4.752_0^{+0.24}$	$5.544_0^{+0.24}$

　　i. 液压装卸联轴节时，内孔油压不应超过规定的扩张压（美荷型 175MPa、法型 200MPa、日Ⅱ型 211MPa）和推进压（美荷型 28MPa、日Ⅱ型 56.2MPa）；

j. 联轴节应成套更换。新加工制造的联轴节组件应进行动平衡校验合格后，方可使用。

表 8　联轴节中间接筒轴向窜量表　　　　mm

机　型	入口端联轴节中间接筒 轴向窜量	出口端联轴节中间接筒 轴向窜量
2B9	4.00～5.00	6.00～7.00
2BF9－8		4.00～5.00
2BC9	3.00～4.00	
2BF9	3.00～4.00	3.00～4.0
2BF8－6		3.00～4.0
463B5/5		4.00～5.00
KRC10－9B		4.00～5.00
RB9B	4.00～5.00	4.00～5.00
RB9－7B	4.00～5.00	4.00～5.00
2BF－9	5.00～6.00	8.00
2BF8－7		5.00～6.00
4V－95	4.00	4.00

3.2.8.2　膜片联轴节

a. 测量联轴节中间接筒的轴向窜量，记下中间接筒和两个半联轴节的装配标记；

b. 测量半联轴节端面到转子轴头端面的距离，作为回装半联轴节推进量复查依据；

c. 半联轴节内锥面和转子轴头锥面的接触面应分布均匀，且要求接触面积不小于80%；

d. 联接螺栓应进行渗透检查，螺母自锁性能良好。更换时螺栓、螺母应成对更换，且其质量相差不大于0.2g;

e. O形环和背环应无折损、毛边、压扁、扭曲等缺陷，每拆卸联轴节一次，O形环及背环均应更新;

f. 联轴节装配推进量应符合表7要求;

g. 液压装卸联轴节时，内孔油压不应超过规定的扩张压和推进压;

h. 联轴节应成套更换。新加工制造的联轴节组件应进行动平衡校验合格后，方可使用;

i. 检查联轴节膜片情况，要求无裂纹及缺损、扭曲等损坏现象;

j. 膜片式联轴节中间套筒回装前，应复核轴头端面间距离及带膜片的中间套筒预拉伸量;

k. 组装后的联轴节中间接筒轴向窜量见表8所示。

3.2.8.3 膜板联轴节

a. 拆卸联轴节轮毂时，采用热装法时要避免对膜片板直接加热，回装时用油均匀加热至120℃;采用液压法拆装时，按制造厂规定拆装油压进行;

b. 对膜板进行着色探检查，膜板不应有裂纹、过度变形等缺陷存在;

c. 联轴节轮毂孔与轴颈的接触面积大于80%，轮毂安装推进量符合制造厂规定要求;

d. 联轴节联接螺栓应进行渗透检查，螺母防松自锁性能可靠。更换时螺栓螺母应成对更换，且其质量差不大于0.2g。

3.3 汽轮机检修

3.3.1 汽轮机拆卸程序

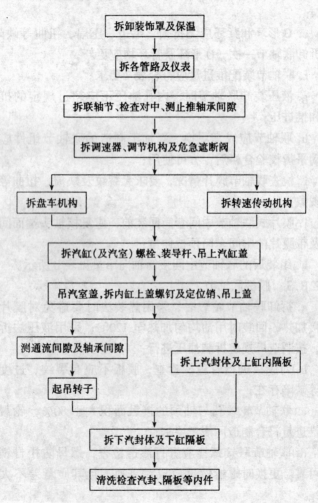

拆卸装饰罩及保温

拆各管路及仪表

拆联轴节、检查对中、测止推轴承间隙

拆调速器、调节机构及危急遮断阀

拆盘车机构　　　拆转速传动机构

拆汽缸(及汽室)螺栓、装导杆、吊上汽缸盖

吊汽室盖,拆内缸上盖螺钉及定位销、吊上盖

测通流间隙及轴承间隙

起吊转子

拆上汽封体及上缸内隔板

拆下汽封体及下缸隔板

清洗检查汽封、隔板等内件

组装程序与拆卸程序相反。

回装时汽轮机中分面要求用丙酮清洗干净后，用精炼制配好的干净亚麻仁油、铁锚 604 密封胶或 MF－Ⅰ型汽缸密封脂均匀涂抹在中分面上。当气缸中分面自然扣合间隙超大时，可在亚麻仁油中添加石墨粉、铁粉等添加剂或采用 MF－Ⅱ、Ⅲ增稠型汽缸密封脂。

3.3.2　径向轴承检修

3.3.2.1　检查瓦块和油封，钨金层应无裂缝、夹渣、气孔、掉块、烧损、碾压和沟槽，无严重磨损和偏磨等缺陷。

3.3.2.2　用渗透法检查钨金层应无脱壳现象。

3.3.2.3　检查轴颈与钨金接触情况。要求接触均匀，不得有高点及片接触，接触面积大于 80%。

3.3.2.4　检查瓦块与瓦壳接触面应光滑无磨损。防转销钉和瓦块的销孔无磨损、憋劲、顶起现象。销钉在销孔中的径向间隙为 2mm。瓦块能自由摆动。同组瓦块厚度差不大于 0.015mm。

3.3.2.5　检查瓦壳。要求上下剖分面密合，定位销无旷动，瓦壳无错口。瓦壳在座孔内接合严密，两侧间隙不大于 0.05mm，瓦壳防转销钉牢固可靠。

3.3.2.6　整体更换新轴承时，要检查轴承壳体与轴承座座孔的接触表面应没有划痕和毛刺，接触均匀，其接触面积不小于 80%，装配紧力为 0～0.02mm，或按照制造厂要求执行。

3.3.2.7　轴承盖定位销不错位，结合面密实无间隙。

3.3.2.8　检查轴承瓦座的供油孔与轴承体上的油孔应吻合并畅通。瓦块供油孔及喷油嘴应畅通无堵塞。

3.3.2.9　轴承间隙及挡油圈间隙应符合表 9 要求。

表9 汽轮机径向轴承及挡油圈间隙表   mm

机 型	进汽端轴承间隙	排汽端轴承间隙	挡油圈间隙
GJMV - DC	0.25 ~ 0.30	0.15 ~ 0.20	0.19 ~ 0.27
GJMV - DC 改	0.254 ~ 0.30	0.15 ~ 0.20	0.19 ~ 0.27
GJMV	0.15 ~ 0.20	0.15 ~ 0.20	0.08 ~ 0.15
5EH - 7BD	0.15 ~ 0.20	0.24 ~ 0.30	0.25 ~ 0.30
T4MC8E2F	小轴承:0.16 ~ 0.22	0.22 ~ 0.29	0.20 ~ 0.60
	大轴承:0.22 ~ 0.29		
5EH - 6BD	0.17 ~ 0.24	0.17 ~ 0.24	0.20 ~ 0.60
5BH - 2	0.12 ~ 0.18	0.15 ~ 0.21	0.20 ~ 0.30
5EL - 6	0.12 ~ 0.19	0.15 ~ 0.17	进汽端:0.15 ~ 0.46
			排汽端:0.20 ~ 0.44

3.3.3 止推轴承检修

3.3.3.1 止推块钨金层无脱壳、严重磨损、烧伤、掉块、划痕、碾压等缺陷;同组止推块厚度差不大于 0.01mm;止推块和止推盘接触面积应大于 70%,且分布均匀;止推块背部承力面应光滑、平整、底盘无瓢偏,止推块中间的定位螺钉与底板固定牢固且与止推块有足够的间隙,止推块摆动自由。

3.3.3.2 均压块承力面应光滑、平整、无磨损、不卡涩且能灵活转动、前后摆动;止动销长度适宜固定牢固,均压块半圆底板与外壳轴向无压痕。

3.3.3.3 定位板光滑、平整、不瓢偏,厚度差不大于 0.01mm,调整垫片厚度不小于 3.00mm,最多片数为两片。

3.3.3.4 止推盘盘面光滑平整,表面粗糙度 R_a 允许值不大于 0.4μm;键槽符合技术要求;止推盘内孔与装配轴颈无磨损及腐蚀,配合过盈为 0.01 ~ 0.03mm;组装后止推盘端面圆跳动不大于 0.02mm。

3.3.3.5 油封环的轴向密封面平整，内孔无磨损，裂纹等缺陷；油封环外径与外盖凹槽应有 0.5mm 以上的径向间隙。

3.3.3.6 轴承盖定位销不错位，密封面贴合严密。

3.3.3.7 轴位移指示测得的转子窜量必须与机械测量值相符，如有差异，要找出原因予以消除。

3.3.3.8 各油口干净畅通。

3.3.3.9 止推轴承及挡油圈间隙应符合表 10 要求。

表 10 汽轮机止推轴承及挡油圈间隙表   mm

机 型	止推轴承间隙	挡油圈间隙
GJMV－DC	0.20～0.30	0.05～0.10
GJMV－DC 改	0.20～0.30	0.05～0.10
GJMV	0.20～0.30	0.05～0.10
5EH－7BD	0.45～0.55	0.25～0.30
T4MC8E2F	0.50～0.55	0.16～0.22
5EH－6BD	0.46～0.56	上间隙：0.33～0.57
		下间隙：0.13～0.37
5BH－2	0.45～0.55	0.09～0.39
5EL－6	0.46～0.56	0.3～0.4

3.3.4 汽轮机转子检修

3.3.4.1 转子宏观检查

a. 轴颈、止推盘应无锈蚀、无严重磨损、伤痕，轻微缺陷应打磨处理并记录；

b. 转子精加工的各段轴颈、叶轮，尤其是直径突变部位，叶轮外形突变部位，叶轮外缘、叶根槽外表面，仔细清洗干净，检查应无裂纹、腐蚀、磨损、脱皮等缺陷；

c. 叶片、围带、铆钉、拉筋等应无结垢，挠曲、损坏、碰伤或松动；

d. 平衡块固定牢固，捻冲可靠；

e. 固定危急保安器小轴顶丝牢固，捻冲可靠，压紧环的轴向间隙应沿圆周一致，小轴上丝堵捻牢；

f. 转子上的汽封片应无碰伤和损坏。

3.3.4.2 转子形位检查

a. 主轴直线度不大于 0.02mm；

b. 轴承处轴颈的圆度及圆柱度不大于 0.02mm；

c. 止推盘端面圆跳动不大于 0.015mm；

d. 各段轴封处径向圆跳动不大于 0.05mm；

e. 叶轮轮缘外端面圆跳动不大于 0.10mm；

f. 危急保安器小轴径向圆跳动不大于 0.02mm；

g. 联轴节处轴颈径向圆跳动不大于 0.01mm；

h. 套装式止推盘与主轴配合应无间隙；

i. 检查叶根间间隙，用 0.03mm 塞尺不得塞入；

j. 同级叶片组的倾斜不大于 0.5mm；

k. 止推盘表面粗糙度 R_a 的最大允许值为 0.4μm；

l. 轴位移盘外缘端面圆跳动值不大于 0.03mm。

3.3.4.3 对长度大于或等于 100mm 的动叶片，应测定其成组或单根叶片的静频率及频率分散度。静频率分散度应不大于 8%。

3.3.4.4 转子整体要求无损检测，对以下部位应着重检查

a. 叶片、围带、铆钉头、拉筋、球状叶根表面；

b. 止推盘处轴颈、联轴节处轴颈、轴承处轴颈。

3.3.4.5 根据运行情况及解体后发现的问题，确定转子是否需要做动平衡校验。低速动平衡精度为 ISO 1940 G0.4 级、高速动平衡应符合 ISO 2372 规定，支承处振动速度≤1.12mm/s。

3.3.4.6 转子在汽缸内就位后，转子扬度应和汽缸水平扬

度基本一致。

3.3.4.7　同3.2.5.5条

3.3.5　隔板与汽封检修

3.3.5.1　隔板

a. 下隔板水平接合面定位方销应无松动，接合面无冲刷沟槽，且上下隔板水平面接合严密；

b. 固定于隔板上的静叶片应无损坏、冲蚀、裂纹、卷边等缺陷；

c. 隔板和汽缸洼窝中的轴向间隙过大时，应在上、下隔板排汽侧同时进行处理调整，若隔板流通部分间隙有明显超差，应对隔板的形位状态进行检查；

钢制隔板在汽缸洼窝中的轴向窜量为 0.05～0.15mm；铸铁隔板为 0.15～0.25mm。隔板组的径向热膨胀间隙(包括下隔板方销顶部径向间隙)，钢制隔板为 2～4mm，铸铁隔板为 1.5～2.0mm；

d. 如发现隔板汽封有规律性的严重偏磨，应采用假轴检查瓦窝中心，调整隔板，不允许用改变汽封间隙的方法来处理。在有内缸的汽轮机里，可以转子为基准找中心，调整内缸位置达到同心；

e. 动静叶间隙参考图 2、表 11。

图 2　动静叶间隙示意图

表 11　汽轮机动静叶间隙表

mm

机型	A_1	B_1	A_2	B_2	A_3	B_3	A_4	B_4	A_5	B_5	A_6	B_6	A_7	B_7	A_8	B_8
GJMV – DC	0.89~1.14															
GJMV – DC 改	0.89~1.14															
GJMV					1.40~1.65											
5EH – 7BD	0.9~1.2	1.7~2.5	0.9~1.2	1.7~2.5	0.9~1.2	1.7~2.5	0.9~1.2	1.7~2.5	1.4~1.7	2.2~3.0	2.5~3.7	2.5~3.7		3.5~5.0		6.4~7.0
T4MC8E2F	2.3~2.9	0.7~1.2	2.3~2.9	0.9~1.4	2.9~3.5	1.2~1.7	2.9~3.5	1.4~1.9		5.9~6.5		6.4~7.0		6.4~7.0		3.9~4.5
										3.4~4.0		3.9~4.5		3.9~4.8		3.9~4.5
5EH – 6BD	1.8~2.5	1.8~2.5		1.8~2.5	0.9~1.2	1.8~2.5	1.4~1.7	1.8~2.5	1.9~2.2	2.7~3.7		3.5~5.0				
5BH – 2	1.8~2.5															
5EL – 6	0.9~1.2	1.8~2.5	0.9~1.2	1.8~2.5	0.9~1.2	1.8~2.5	1.8~2.5	1.8~2.5	2.7~3.7	2.7~3.7		3.2~4.2				

3.3.5.2 汽封

a. 汽封套与汽缸洼窝间的轴向定位环应不松动，上、下汽封套水平结合面应严密无错齿；

b. 汽封片应无裂纹、卷曲、断裂等缺陷。弹簧应无变形、锈蚀且弹性良好。汽封块在汽封套中或隔板汽封槽中不应有过大的轴向旷动。各汽封块之间结合面应平整，整圆周应留有0.4～0.8mm膨胀间隙，汽封块安装后能用手压下和自由弹回；

c. 汽封间隙调好后应将修刮过的齿顶刮尖；

d. 迷宫式汽封轴向间隙测量调整，可以通过调整汽封套环厚度的办法来达到；

e. 汽封套的定位螺钉或销钉应完整无损；汽封套的水平接合面密合无间隙，顶部与大盖接合处的径向应有0.15mm热膨胀间隙；汽封套在汽缸槽内的轴向间隙不得大于0.03～0.05mm；

GJMV－DC一级动叶和后隔板凸台间隙为2.91～3.18mm。

GJMV五级动叶和后隔板凸台间隙为2.91～3.18mm。

f. 汽封径向、轴向间隙见图3、表12。

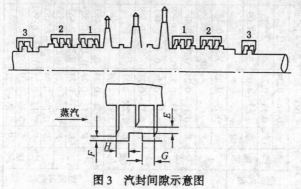

图3 汽封间隙示意图

表12　汽轮机汽封间隙表

mm

机型			GJMV-DC	GJMV-DC改①	GJMV-DC改②	GJMV	5EH-7BD	T4MC8E2F	5EH-6BD	5BH-2	5EL-6
隔板汽封	径向	E	0.16~0.24	0.33~0.483		0.17~0.24	0.35~0.40	0.17~0.35	0.62~0.95	0.26~0.30	
		F	0.13~0.28		0.254~0.559	0.13~0.28		0.17~0.35	0.62~0.95		
	轴向	G	3.83~4.09	3.83~4.09		3.83~4.09		3.70~4.80			
		H									
前轴端汽封	1	E	0.19~0.23	0.33~0.483		0.17~0.24	0.35~0.40	0.17~0.35	0.62~0.95	0.21~0.30	
		F		0.254~0.559		0.13~0.28		0.17~0.35			
	2	E	0.17~0.24	0.33~0.483		0.17~0.24	0.35~0.40	0.17~0.35	0.97~1.30	0.21~0.30	
		F	0.13~0.28	0.254~0.559		0.13~0.28		0.17			
	3	E	0.17~0.24	0.33~0.483		0.10~0.18	0.35~0.40		0.97~1.30	0.21~0.30	
		F	0.13~0.28	0.254~0.559		0.08~0.21		0.35			
	轴向	G	2.25~2.51			2.25~2.51		3.10~3.90			
		H	3.83~4.09			3.83~4.09		1.10~1.90			
后轴端汽封	1	E	0.17~0.24	0.33~0.483		0.17~0.24	0.35~0.40	0.17	0.62~0.95	0.21~0.30	
		F	0.13~0.28	0.254~0.559		0.13~0.28					
	2	E	0.17~0.24	0.33~0.483		0.17~0.24	0.35~0.40		0.97~1.30	0.21~0.30	
		F	0.13~0.28	0.254~0.559		0.13~0.28		0.35			
	3	E	0.17~0.24	0.33~0.483		0.10~0.18	0.35~0.40		0.97~1.30	0.21~0.30	
		F	0.13~0.28	0.254~0.559		0.08~0.21					
	轴向	G	3.83~4.09			3.83~4.09		2.10~2.90			
		H	2.25~2.51			2.25~2.51		4.10~4.90			

① 一、二级间为0.33~0.483mm，一级与汽室间为0.381~0.457mm。

② 一、二级间为0.254~0.559mm，一级与汽室间为0.381~0.457mm。

530

3.3.6 汽缸及机座检修

3.3.6.1 汽缸

a. 结合面应无冲刷沟槽、腐蚀、斑坑、翻边、碰伤等缺陷。销孔部位应无凸起;

b. 缸体应无裂纹、拉筋折断等缺陷;

c. 拧紧缸盖螺栓总数的 1/3，检查上下缸应无错口现象，用 0.05mm 塞尺检查应不得塞入;

d. 扣盖前用压缩空气吹扫干净，不得留有异物;

e. 高压汽轮机胀缩密封圈应无裂纹、损坏、冲蚀，状态良好;

f. 汽缸保温层应修补完好;

g. 连接汽缸与基础台板的挠性支座螺栓应紧固，基础框架地脚螺栓紧固，排出端定位杆固定牢固。

3.3.6.2 汽缸中分面应力集中部位应进行无损检测。

3.3.6.3 喷嘴应紧固，无腐蚀松动。嘴喷内无异物，无裂纹或击伤痕迹。

3.3.6.4 检查滑销间隙：前轴承座与前舌板之间纵向滑销的顶部间隙不小于 0.5mm;两侧间隙之和控制在 0.05 ~ 0.08mm;上汽缸前猫爪与前轴承座、后猫爪与后支座、前轴承座与台板的联系螺栓垫圈之间应有 0.10 ~ 0.15mm 的膨胀滑动间隙;下汽缸前立销、后立销轴向间隙为 1.0 ~ 1.5mm。

3.3.6.5 汽缸的疏水孔、取压孔应畅通无堵，孔内无结垢。

3.3.6.6 螺栓丝扣应完整，无毛刺、粘扣、乱扣及弯曲等缺陷、杆帽配合灵活，高温螺栓、螺母应进行无损检测。

3.3.6.7 罩形盖帽上紧后螺杆顶部应有 5mm 间隙。

3.3.6.8 缸体膨胀指示器应完好，指示准确。

3.3.6.9 对于要求热紧的汽缸螺栓及汽室盖螺栓，必须按厂家提供的热紧要求进行。

3.3.7 联轴节检修

3.3.7.1 测量联轴节中间接筒的轴向窜量，记下中间接筒和两个内齿套的装配标记。

3.3.7.2 清洗齿圈内油污，检查齿的啮合情况，磨损程度和磨损部位。

3.3.7.3 测量半联轴节端面到转子轴头端面的距离，作为回装半联轴节推进量复查依据。

3.3.7.4 半联轴节内锥面和转子轴头锥面的接触面应分布均匀，且要求接触面积不小于 80%。

3.3.7.5 联接螺栓应进行渗透检查，螺母自锁性能良好。更换时螺栓螺母应成对更换，且其质量相差不大于 0.2g。

3.3.7.6 O 形环和背环应无折损、毛边、压扁、扭曲等缺陷，每拆卸联轴节一次，O 形环及背环均应更新。

3.3.7.7 液压装卸联轴节时，内孔油压不应超过规定的扩张压(美荷型 175MPa、法型 200MPa、日Ⅱ型 211MPa)和推进压(美荷型 28MPa、日Ⅱ型 56.2MPa)。

3.3.7.8 联轴节应成套更换。新加工制造的联轴节组件应进行动平衡校验合格后，方可使用。

3.3.7.9 汽轮机联轴节装配推进量应符合表 13 要求。

3.3.7.10 中间接筒的轴向窜量

GJMV – DC 与 GJMV 之间的联轴节浮动窜量为 3 ~ 4mm；其余型号汽轮机的中间接筒的轴向窜量与压缩机同。

表 13 汽轮机联轴节装配推进量表 　　mm

机　　型	进汽端推进量	排汽端推进量
GJMV – DC	8.74 ± 0.38	10.16 ± 0.38
GJMV – DC 改	8.74 ± 0.38	10.16 ± 0.38
GJMV		8.74 ± 0.38
5EH – 7BD		
T4MC8E2F		
5EH – 6BD		
5BH – 2		5.54
5EL – 6		

3.3.8 5EH – 7BD、T4MC8E2F、5EH – 6BD 盘车器检修

3.3.8.1 齿轮检查

　　a. 齿轮无毛刺、裂纹等缺陷;

　　b. 齿轮啮合必须正确,接触面积沿齿高不小于 45%,沿齿宽不小于 60%。

3.3.8.2 轴颈应无毛刺、划痕等缺陷,轴承处轴颈表面粗糙度 R_a 的最大允许值为 0.4μm。

3.3.8.3 滚动轴承滚珠与滚道应无斑点、坑疤,接触平滑无异音。

3.3.8.4 密封圈完好无损。

3.3.9 5BH – 2 汽轮机盘车装置检修

　　盘车器的链轮箱是焊死的,一般可不解体,只作如下检查:

　　a. 检查蜗杆的总行程不小于 145mm;

　　b. 润滑油路畅通,轴承、蜗杆、齿轮无严重磨损现象;

　　c. 修理铜蜗杆上的毛刺及碰伤的螺纹;

d. 蜗杆滑动部分应光滑无锈蚀、毛刺、裂纹等，并且滑动灵活；

e. 蜗杆与汽轮机主轴上的斜齿轮咬合均匀，链条与齿轮无憋劲，回装后，用手盘转蜗杆能灵活地与斜齿轮离合；

f. 电机减速箱不漏油，油面指示清楚。

3.3.10 GJMV 型汽轮机前轴承箱传动机构检修

3.3.10.1 轴、轴瓦、齿轮、油道

a. 短轴，第一、二级减速轮的轴瓦，止推瓦钨金应无磨损、沟槽、脱壳、裂纹等缺陷，固定轴瓦的顶丝要可靠；

b. 各齿轮、蜗轮、蜗杆的表面无裂纹、毛刺、严重划痕等缺陷；

c. 轴颈、止推盘应无拉毛、划伤等缺陷；

d. 轴颈圆度及圆柱度不大于 0.02mm；

e. 轴瓦的径向间隙为该轴颈的 1.5‰ ~ 2.0‰；

f. 径向瓦、止推瓦与轴要求接触均匀，接触面积不少于80%；

g. 各齿轮轴窜量为 0.20 ~ 0.25mm；

h. 齿轮和轴固定不松旷，背帽和顶丝拧牢捻死，齿轮轴不弯曲；

i. 各油路干净畅通。

3.3.10.2 联轴节检修

a. 齿轮和轴及键的配合适宜无松动，齿的接触良好；

b. 外齿的顶丝必须到位并捻牢；

c. 联轴节外齿安装方向正确；

d. 联轴节外套窜量不小于 3.0mm，滑动灵活。

3.3.10.3 齿轮、蜗轮、蜗杆及轴颈必要时进行无损检测。

3.4　调节保护系统检修

3.4.1　GJMV - DC 和 GJMV - DC 改、GJMV 型汽轮机调节保护系统

3.4.1.1　TM 调速器检修

a. 拆卸时检查油动机在上死点时双向滑阀应在滑阀油口下方 0.793mm；

b. 飞锤上部滑阀与油孔的位置为 6.35mm；

c. 滑阀、滑阀套表面无划痕、偏磨及毛刺；

d. 滚珠轴承珠子表面、保持架、内外滚道应无损伤；

e. 弹簧应无裂纹、歪斜，弹性良好；

f. 止推轴承及轴颈应无磨损及划痕，油孔畅通；

g. 飞锤的刃口和销钉应无损伤；

h. 同步器传动杆应无锈蚀、偏磨，操作灵活；

i. 联轴节齿面应无损伤；

j. 油动活塞及油动缸工作面应光滑、无沟槽划痕；

k. 油动活塞及油动缸工作面的径向间隙为 0.23 ~ 0.33mm；

l. 油动机上下密封套径向间隙为 0.05 ~ 0.10mm，密封面应光滑、无划痕及磨痕；

m. 油动活塞在缸体内的总行程应不小于 25.4mm；

n. 反馈连杆转动灵活，定距套管顶丝应牢固并捻好；

o. 错油门及滑阀无损伤，滑阀在滑阀套中能自由转动，弹簧无裂纹、扭曲和歪斜；

p. 二次油压调节滑阀表面应光滑无沟痕，装配灵活自如，弹簧无裂纹；

q. 导向滚动轴承应完好干净，下挡环固定螺钉要捻牢

固，下密封套装牢捻死。

3.4.1.2　TM调速器调整

a. 将油动活塞处于全关位置(上止挡)；

b. 二次油压滑阀处于下止挡位置(全关位置)；

c. 将错油门滑阀顶部弹簧取掉，测量滑阀应比全关位置下移0.79mm；

d. 装呼吸器和手孔盖板；

e. 安装气动操纵外杠杆，复核其端部和下平板扬起尺寸。

3.4.1.3　GJMV－DC和GJMV－DC改汽轮机伺服马达检修

a. 油动缸及油动活塞工作表面应无毛刺、沟槽、划痕等缺陷；

b. 油动活塞和缸套的径向间隙为0.22～0.33mm；

c. 上下油封套装于外壳中位置合适，并有紧力，无松动，油封套应无偏磨、划痕、沟槽等缺陷，O形环完好，油封套和活塞杆径向间隙为0.05～0.10mm；

d. 活塞杆直线度不大于0.03mm；

e. 错油门滑阀及衬套表面光洁、无划痕、沟槽及偏磨缺陷，错油门径向间隙为0.10～0.13mm，两端油封径向间隙为0.05～0.08mm，滑阀衬套与壳体径向间隙为0～0.04mm；

f. 测量错油门重叠度；

g. 连接杆各销轴在孔内不松旷，夹板螺栓装配牢固，连杆无锈蚀，装配后活动自如；

h. 二次油压调节滑阀和外壳无偏磨、划痕、沟槽等缺陷，装配后灵活自如，弹簧表面无裂纹、歪扭。上密封套和滑阀杆的径向间隙为 0.01 ~ 0.05mm，滑阀与滑阀套径向间隙为 0.08 ~ 0.13mm，滑阀行程应为 21.55 ~ 21.65mm。

3.4.1.4 GJMV – DC 和 GJMV – DC 改汽轮机伺服马达的调整

　　a. 油动机活塞总行程不小于 162.6mm；

　　b. 当二次油压调节滑阀处于上断位置时测定弹簧初压缩度（或弹簧变形量），其初压值（或弹簧力）为 65.25 ~ 67.50kg；

　　c. 气动活塞行程应不小于 50mm；

　　d. 抬起二次油压调节滑阀的芯杆，使之处于全关位置时，其滑阀顶部圆销中心将比该杠杆支点的圆销中心高出约 10.8mm；

　　e. 当气动活塞处于全开位置（下支点）二次油压调节阀处于上支挡时，油动活塞自开始位置关闭 143.50mm，错油门应处于中间位置（全关位置）；

　　f. 待一切调整正常后，封死手孔盖板和进排油孔法兰，以及各有关丝堵。

3.4.1.5 调节阀及传动机构检修

　　a. 阀头、阀座、密封面无毛刺、沟槽、及盐垢，阀座点焊部位无裂纹，扩散管内清洁无盐垢，阀头调节螺母点焊牢固，无裂纹，阀杆无缺陷；

　　b. 提升拉杆与提板连接部位上下螺帽无松旷，顶丝捻牢。提升拉杆与提板连接部位上下定距垫片间隙为 0.08mm。GJMV – DC 提升拉杆与提板连接部位定距套径向间隙为 0.05 ~ 0.08mm；

　　提升拉杆和密封套径向间隙为：GJMV – DC（改）0.15 ~

0.19mm, GJMV0.10 ~ 0.15mm;

　　提杆内密封下法兰固定螺栓无松旷,外部捻接牢靠。提板与汽室盖的平行度不大于0.05mm;

　　c. 叉型联接销无磨损、拉毛等缺陷,联接销与销孔配合间隙为0.02 ~ 0.07mm;

　　d. 弹簧无裂纹、歪曲等缺陷,弹性正常;

　　e. 传动轴与轴瓦应有0.03 ~ 0.07mm间隙,轴承和外盖应有0 ~ 0.05mm间隙,前后挡油板径向间隙为0.03 ~ 0.07mm;

　　f. 汽室大盖

　　汽室水平密封面应清洗干净,无冲蚀沟槽等缺陷。GJMV汽轮机结合面之间的软钢垫片应平整、光滑、无冲蚀沟槽及划痕等缺陷;

　　g. 螺栓、螺帽

　　高压透平(GJMV – DC)的汽室螺栓无损检测合格,并抽查做金相检查;

　　h. GJMV – DC汽轮机第一调节阀预启开度不应小于4.50mm。

3.4.1.6　主汽阀及安全保护装置检修

　　a. 各轴承内、外滚珠、滚针完好无缺陷;

　　b. 丝杠、丝母配合适宜,丝杠无毛刺、磨损,拧动灵活,丝杠键固定牢固,无挤压变形。驱动手轮无轴向窜动,旋转灵活;

　　c. 弹簧无裂纹、扭曲及变形,挂钩刃口平整,接合严密,轴孔无松旷现象;

　　d. 汽阀阀头及阀座密封面无冲刷沟痕,接触良好。预启阀在行程内灵活无卡涩，阀座点焊部位无裂纹等缺陷，预启阀开度符合要求。平衡活塞工作面平整、光滑、无偏磨及划痕等缺陷，并测量其径向间隙。阀杆和密封套工作面应完好。其间隙为直径的 10‰～12‰，阀杆直线度不超过 0.05mm，阀杆端部丝扣完好，联接件配合适宜；

e. 滤网干净无堵塞，网眼完好，防转耳销无磨损及变形。外壳法兰密封面平整、光滑、无沟槽，软钢垫片平整，厚度均匀无凹坑；

f. 油动机弹簧完好，无裂纹及扭曲，活塞环完好，无划痕、沟槽和偏磨。测定活塞环与活塞的配合间隙及活塞环的开口间隙；活塞的全行程应无卡涩；

g. 危急遮断油门应解体清洗检查，遮断头无磨损、松动、定位顶死牢靠。危急遮断阀阀口严密，阀杆无偏磨、弯曲等缺陷。遮断阀杆及端部密封套的径向间隙为 0.05～0.10mm。阀杆与油门盖的径向间隙为 0.13～0.18mm。遮断头断面与飞锤顶端的距离在阀杆处于关闭位置时为 2.92～3.05mm；

h. 危急保安器弹簧应完好，无裂纹及变形缺陷。飞锤行程符合要求，组装后，从飞锤后部用手压之应能活动不卡涩。危急保安器防松螺钉应冲捻牢固。

3.4.1.7 调节系统整定

a. GJMV－DC 和 GJMV－DC 改伺服马达调速汽阀总行程不小于 40.54mm，GJMV 汽轮机汽阀总行程不小于 24.64mm，在全行程中无抖动、卡涩；

b. 调节系统动作检查

手动压下气动马达操纵杆端部，油动活塞和调节阀自全关至全开的过程应无抖动和卡涩。关闭自动主汽阀手轮，用手推进危急保安器手轮，危急保安器应立即动作，主汽阀油缸动作应当迅速且无漏油和卡涩，主汽阀手轮应当开关自如。将主汽阀开 2～3 圈，手拉出危急保安器，主汽阀应能迅速自行关闭。整定调速油压为 0.7MPa 以上，当同步器处于全关位置(最低转速时)检查表盘上的二次油压与调速油压应相同。将二次油压送入 GJMV－DC 汽轮机伺服马达，当信号空气压力分别为 0.0633MPa 和 0.1056MPa 时，伺服马达相应处于 81mm 和 162mm 开度，随着气动风压的变化，伺服马达开度应能迅速稳定地变化，且无卡涩和抖动。将伺服马达用风动信号开启 1/2 以上，迅速打开二次油压系统中的放油球阀，当二次油压迅速降低时，GJMV－DC 汽轮机伺服马达应能迅速关闭，记录伺服马达开始关闭时的二次油压数值。

3.4.2　5EH－7BD 型汽轮机调节保护系统检修

3.4.2.1　PG－PL 调速器检修

运行中如发现有转速波动或调节迟缓卡涩等现象时，必须将 PG－PL 调速器进行全面解体清洗检查，按说明书核对并调整各部件间隙。复装后应在调试台上进行调试，记录上下限和对应的风压值，合格后方能再次投用。

3.4.2.2　调节系统杠杆及连杆拆卸清洗检查。杠杆及连杆应无变形、锈蚀、裂纹，各活动连接处灵活稳定、无卡涩，各固定连接处牢固可靠。

3.4.2.3　高、中压错油门和油动机检查

a. 错油门滑阀及阀套工作面应光滑、无裂纹、拉毛、锈蚀等缺陷，滑阀在阀套中动作灵活、不卡涩，滑阀凸缘和

阀套窗口刃角应完整;

b. 弹簧应无变形、裂纹、损伤,不倾斜,弹性良好,测量刚度和自由长度等有关尺寸应符合图纸要求;

c. 滚动轴承的滚道、滚珠、保持架应无麻点、锈蚀、裂纹等缺陷,转动无异声;

d. 油动机活塞及缸体工作表面应光滑无拉毛、活塞与缸体接触良好不卡涩;

e. 油动机活塞杆和活塞装配良好不松动,球接头接合面转动灵活无咬毛痕迹,反馈圆锥光滑无损伤;

f. 测量错油门,油动机各有关间隙和装配尺寸,测量错油门重叠度和油动机工作行程。油动机工作行程按表 14 调整;

表 14 5EH-7BD 型汽轮机调节系统油动机工作行程对应表

mm

项 目	最大抽汽时	最小抽汽时
调速器活塞行程	25.0	17.5
ASK 油动机活塞行程	65.6	40.0
高压油动机活塞行程	128.6	74.0
低压油动机活塞行程	34.8	25.3
1# 主调节阀开度	29.9	17.7
抽汽调节阀开度	15.4	11.6

g. 所有部件的滑动部分工作表面无卡涩痕迹,工作灵活稳定,各固定连接处牢靠紧固;

h. 油路、油口应干净畅通。

3.4.2.4 高中压调节阀检修

a. 提升拉杆应光滑、无变形、损伤、盐垢、卡涩及腐蚀痕迹，提升拉杆直线度不超过 0.05mm，提升拉杆应进行无损检测，提板与汽室盖的平行度不大于 0.05mm；

b.阀头，阀座密封面应无沟槽、腐蚀、严密好用，阀座焊缝良好；

c.弹簧应无裂纹、变形、损伤、歪斜，弹性良好，自由长度无变化；

d.所有部件的滑动部分工作表面应无卡涩痕迹，工作灵活稳定，固定连接点牢靠紧固；

e.测量、调整各配合间隙和安装尺寸，主蒸汽调节阀和抽汽调节阀各部位间隙根据制造厂说明书调整。

3.4.2.5 抽汽止逆阀检修

a.阀板、阀座密合面应光滑无沟槽、腐蚀痕，严密好用；

b.阀板轴应光滑、无弯曲、变形、沟槽等缺陷，在衬套内转动灵活稳定，阀板轴上定位销固定牢靠。钢球无麻点、裂纹、剥落等缺陷；

c.手动杆光滑、无弯曲、变形、沟槽，在套筒内转动灵活，丝杆部分不咬丝、不滑扣；

d.活塞、活塞环、油缸工作面应光滑无拉毛、偏磨、损伤，测量油缸圆度和圆柱度应符合要求，检查活塞环在油缸内的工作情况，应能灵活平稳移动；

e.弹簧应无裂纹、变形、损伤、歪斜，弹性良好，自由长度合乎要求；

f.止推轴承滚道、滚子、保持架应无麻点锈蚀、裂纹等缺陷，滚子不松旷；

g.各密封件应不老化，无损伤。

3.4.2.6　危急遮断油门检修

a. 危急遮断油门滑阀及阀套应光滑无沟痕，接合面严密不漏，滑阀不弯曲、不偏磨，动作灵活不卡涩；

b. 弹簧无裂纹、损伤、歪斜，弹性良好；

c. 各部件的滑动工作表面应光滑无卡涩，工作灵活平稳；

d. 测量挂钩与危急保安器飞锤头间隙为 1.05~1.10mm。

3.4.2.7　危急保安器检修

a. 弹簧应无裂纹、损伤，端面平整，弹簧不歪斜、无卡涩；

b. 飞锤头表面应无麻点或腐蚀，在槽内应能灵活滑动。

3.4.3　T4MC8E2F，5EH - 6BD 型汽轮机调节保护系统检修

3.4.3.1　PG - PL 调速器检修

运行中如发现有转速波动或调节迟缓卡涩等现象时，必须将 PG - PL 调速器进行全面解体清洗检查，按说明书核对并调整各部件间隙。复装后应在调试台上进行调试，记录上下限和对应的风压值，合格后方能再次投用。

3.4.3.2　调节阀及传动机构检修

a. 阀头、阀座、密封面无毛刺、沟槽、及盐垢，阀座点焊部位无裂纹，扩散管内清洁无盐垢，阀头调节螺母点焊牢固，无裂纹，阀杆无缺陷；

b. 提升拉杆与提板连接部位上下螺帽无松旷，顶丝捻牢。提升拉杆与提板连接部位上下定距垫片间隙为 0.08mm。提杆内密封下法兰固定螺栓无松旷，外部捻接牢靠。提板与汽室盖的平行度不大于 0.05mm；

c. 叉型联接销无磨损、拉毛等缺陷，联接销与销孔配合间隙为 0.02~0.07mm；

　　d. 弹簧无裂纹、歪曲等缺陷，弹性正常；

　　e. 汽室大盖

　　汽室水平密封面应清洗干净，无冲蚀沟槽等缺陷。汽轮机结合面之间的软钢垫片应平整、光滑、无冲蚀沟槽及划痕等缺陷；

　　f. 螺栓、螺帽

　　透平的汽室螺栓无损检测合格，并抽查做金相检查。

3.4.3.3　主汽门及安全保护装置检修

　　a. 汽阀阀头及阀座密封面无冲刷沟痕，接触良好。预启阀在行程内灵活无卡涩，阀座点焊部位无裂纹等缺陷，预启阀开度符合要求。平衡活塞工作面平整、光滑、无偏磨及划痕等缺陷，并测量其径向间隙。阀杆和密封套工作面应完好。其间隙为直径的 $10‰ \sim 12‰$，阀杆直线度不超过 $0.05mm$，阀杆端部丝扣完好，联接件配合适宜；

　　b. 滤网干净无堵塞，网眼完好，防转耳销无磨损及变形。外壳法兰密封面平整、光滑、无沟槽，软钢垫片平整，厚度均匀无凹坑；

　　c. 油动机弹簧完好，无裂纹及扭曲，活塞环完好，无划痕、沟槽和偏磨。测定活塞环与活塞的配合间隙及活塞环的开口间隙；活塞的全行程应无卡涩；

　　d. 危急遮断油门应解体清洗检查，遮断头无磨损、松动、定位顶死牢靠。危急遮断阀阀口严密，阀杆无偏磨、弯曲等缺陷。遮断阀杆及端部密封套的径向间隙为 $0.05 \sim 0.10mm$。阀杆与油门盖的径向间隙为 $0.13 \sim 0.18mm$。遮断头断面与飞锤顶端的距离在阀杆处于关闭位置时为 $2.92 \sim 3.05mm$；

e. 超速脱扣装置挂钩和飞锤间的间隙应保持为 2 ~ 3mm。各部销子应灵活而不松旷，弹簧及撞击子无裂纹及变形，飞锤头活动不卡涩。

3.4.4　5BH – 2 型汽轮机调节保护系统检修

3.4.4.1　PG – PL 调速器检修

运行中如发现有转速波动或调节迟缓卡涩等现象时，必须将 PG – PL 调速器进行全面解体清洗检查，按说明书核对并调整各部件间隙。复装后应在调试台上进行调试，记录上下限和对应的风压值，合格后方能再次投用。

3.4.4.2　传动齿轮、蜗杆、蜗轮的啮合间隙为 0.24 ~ 0.30mm，蜗杆轴承与蜗轮主轴承间隙为 0.06 ~ 0.08mm，测速盘与轴承座之间的轴向间隙（蜗杆轴的窜量）为 0.15 ~ 0.20mm。

3.4.4.3　调节阀及传动机构检修

a. 阀头、阀座、密封面无毛刺、沟槽及盐垢，阀座点焊部位无裂纹，扩散管内清洁无盐垢，阀头调节螺母点焊牢固，无裂纹，阀杆无缺陷；

b. 提升拉杆与提板连接部位上下螺帽不松旷，顶丝捻牢。提升拉杆与提板连接部位上下定距垫片间隙为 0.08mm。提杆内密封下法兰固定螺栓不松旷，外部捻接牢靠。提板与汽室盖的平行度不大于 0.05mm；

c. 叉型联接销无磨损、拉毛等缺陷，联接销与销孔配合间隙为 0.02 ~ 0.07mm；

d. 弹簧无裂纹、歪曲等缺陷，弹性正常；

e. 汽室大盖

汽室水平密封面应清洗干净，无冲蚀沟槽等缺陷。汽轮

机结合面之间的软钢垫片应平整、光滑、无冲蚀沟槽及划痕等缺陷;

f. 螺栓、螺帽

透平的汽室螺栓无损检测合格,并抽查做金相检查。

3.4.4.4 危急保安器偏心飞锤动作灵活,滑动自如,不卡涩,动作高度不得小于2mm。复位时事故滑阀拉出的高度不得小于30mm。事故滑阀复位后,手打滑阀杆与脱扣杠杆之间应有1.0mm间隙,偏心飞锤与挂钩间隙为2.0mm。

3.4.4.5 滑阀及油动机的检修

a. 调节阀油动机活塞的最大行程为115mm,有效行程为105.2mm,活塞与油缸内壁无明显的拉毛擦伤,活塞环完好,接口位置差大于90°但小于180°,活塞杆油封完好,油封泄漏孔、活塞顶部排气孔都应畅通;

b. 滑阀应无毛刺、磨损、倒角等缺陷。顶部复位弹簧完好。

3.4.4.6 调节系统整定

a. 调节阀与油动机的杠杠连接,松开调节阀关闭弹簧,检查调整调节阀全关位置,提板在完全落到底后上提5.2mm,使油动机活塞下至下死点,标尺指标对零,此时油动机活塞杆上的连接销孔应对齐,插上连接销;

b. 锁紧紧力弹簧拉紧螺栓在自由状态将弹簧压缩15mm;

c. 调速器输出动力油缸活塞总行程为50.8mm,连接调速器输出油缸活塞与调节阀油动机活塞杆的联系夹板;

d. 启动油泵建立调速油,当三通电磁阀,事故滑阀复位后,将调速器输出动力油缸活塞升到顶标尺指示为零,下降到底(下死点)标尺指示为 50.8mm；

　　e. 将调速器输出动力油缸活塞提升到 7.0mm，使油动机活塞动作，调节阀开始打开；

　　f. 将调速器输出动力油缸活塞降至 42.9mm，使油动机活塞升到 105.2mm，调节阀开度应为 35mm；

　　g. 重复上面两项工作，直到完全符合表 15 要求值。

表 15　5BH-2型汽轮机调节系统整定表　　　　mm

调速器升程	油动缸升程	调节阀开度
7.0	0	0
42.9	105.2	35.0

3.4.4.7　调节系统的动态试验

　　a. 当调速器的风压信号为 0.02~0.10MPa 时，汽轮机对应的转速应为 7765~10991r/min；

　　b. 手打事故停车按钮，危急切断阀油缸应该很快泄油，调节阀与危急切断阀同时迅速关闭。

3.4.5　5EL-6型汽轮机调节保护系统检修

3.4.5.1　DG505(E)调速器检修

　　运行中如发现有转速波动式调节迟缓卡涩现象时，应将调速器进行全面解体检查，按说明书核对调整各部件间隙。复装后应在调试台上进行调试，合格后方能再次投用。

3.4.5.2　调节阀及传动机构检修

　　a. 阀头、阀座、密封面无毛刺、沟槽、及盐垢，阀座点焊部位无裂纹，扩散管内清洁无盐垢，阀头调节螺母点焊牢固，无裂纹，阀杆无缺陷；

　　b. 提升拉杆与提板连接部位上下螺帽无松旷，顶丝捻牢。提升拉杆与提板连接部位上下定距垫片间隙为 0.08mm。提杆内密封下法兰固定螺栓无松旷，外部捻接牢靠。提板与汽室盖的平行度不大于 0.05mm；

c. 叉型联接销无磨损、拉毛等缺陷，联接销与销孔配合间隙为 0.02～0.07mm；

d. 弹簧无裂纹、歪曲等缺陷，弹性正常；

e. 汽室大盖

汽室水平密封面应清洗干净，无冲蚀沟槽等缺陷。汽轮机结合面之间的软钢垫片应平整、光滑、无冲蚀沟槽及划痕等缺陷；

f. 螺栓、螺帽

透平的汽室螺栓无损检测合格，并抽查做金相检查。

3.4.5.3 主汽门及安全保护装置检修

a. 汽阀阀头及阀座密封面无冲刷沟痕，接触良好。预启阀在行程内灵活无卡涩，阀座点焊部位无裂纹等缺陷，预启阀开度符合要求。平衡活塞工作面平整、光滑、无偏磨及划痕等缺陷，并测量其径向间隙。阀杆和密封套工作面应完好。其间隙为直径的 10‰～12‰，阀杆直线度不超过 0.05mm，阀杆端部丝扣完好，联接件配合适宜；

b. 滤网干净无堵塞，网眼完好，防转耳销无磨损及变形。外壳法兰密封面平整、光滑、无沟槽，软钢垫片平整，厚度均匀无凹坑；

c. 油动机弹簧完好，无裂纹及扭曲，活塞环完好，无划痕、沟槽和偏磨。测定活塞环与活塞的配合间隙及活塞环的开口间隙；活塞的全行程应无卡涩；

d. 危急遮断油门应解体清洗检查，遮断头无磨损、松动、定位螺钉顶死牢靠。危急遮断阀阀口严密，阀杆无偏磨、弯曲等缺陷。遮断阀杆及端部密封套的径向间隙为 0.05～0.10mm。阀杆与油门盖的径向间隙为 0.13～0.18mm。遮断头断面与飞锤顶端的距离在阀杆处于关闭位置时为 2.92～3.05mm；

　　e. 偏心飞锤与挂钩间隙为 2.0mm。各部销子应灵活而不松旷，弹簧及飞锤头无裂纹及变形，飞锤头活动不卡涩。

3.4.5.4　调速系统的调节整定值须符合表 16、表 17 要求。

表 16　EG10PE/H 致动器和调速阀之间的调节整定表 mm

E/H致动器升程	调速阀升程	E/H致动器升程	调速阀升程
5.0	− 2.6	52.3	16.3

表 17　EG10PE/H 致动器和抽汽调节阀动力活塞之间的调节

mm

E/H致动器升程	油动缸升程	调节阀开度
5.0	0	7
21.6	36.4	43.4

3.5　油系统检修

3.5.1　油箱检修

　　a. 油箱内部应无油垢、锈斑、焊渣和其他杂物，内壁无起皮、脱落现象，焊接挡板应固定牢靠，焊肉无裂缝；

　　b. 油箱内加热盘管应完好，不漏汽，进汽阀应严密；

　　c. 油箱外壁防腐完好，箱上人孔盖、放气孔盖应平整，接合严密，固定螺栓齐全。

3.5.2　油泵、油冷器、油过滤器、蓄压器、四通阀、调压阀、安全阀、压力表、压差表、温度表、液位计等，应按 SHS 01001～01036—2004《通用设备维护检修规程》进行检修或校验合格。

3.6 机组轴系对中

3.6.1 对中时，美荷型以背压汽轮机为基准，其他以汽轮机为基准。

3.6.2 使用的百分表精度可靠，指针摆动灵敏稳定、无卡涩。

3.6.3 支架及百分表固定牢靠。

3.6.4 盘车要均匀稳定，盘车方向始终一致。

3.6.5 调整垫片宜采用不锈钢片、垫片应光滑平整、无毛刺、垫片数最多不要超过 3 片。

3.6.6 冷态对中要求

3.6.6.1 美荷型(三表法，见图 4)

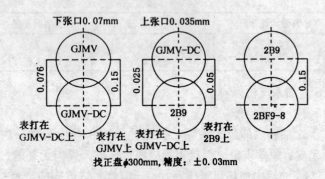

找正盘 ϕ300mm，精度：±0.03mm

图 4　机组冷态对中要求

3.6.6.2 日 Ⅰ 型(单表法，见图 5)

3.6.6.3 法型(三表法，见图 6，图 7)

550

3.6.6.4　日Ⅱ型(单表法,见图8)

3.6.6.5　渣油Ⅰ型(单表法,见图9)

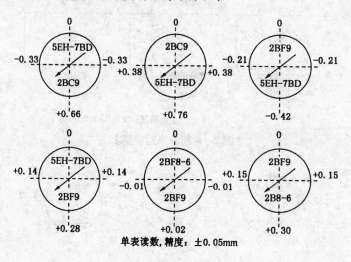

单表读数,精度:±0.05mm

图5　机组冷态对中要求

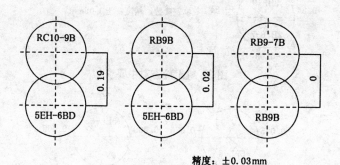

精度:±0.03mm

图6　机组冷态对中要求

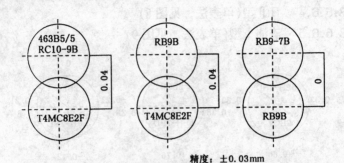

精度：±0.03mm

图7 机组冷态对中要求

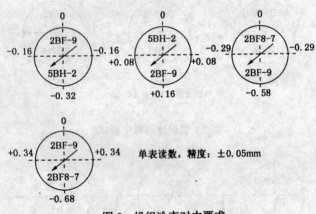

单表读数，精度：±0.05mm

图8 机组冷态对中要求

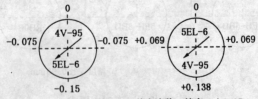

单表读数，精度：±0.05mm

图9 机组冷态对中要求

4 试车与验收

4.1 试车准备

4.1.1 由试车小组审查检修记录，审定试运方案及检查试运现场。

4.1.2 机组按检修方案检修完毕，质量符合本规程要求，现场整洁，盘车无异常现象。

4.1.3 所有压力表、温度表、液面计、测速测振探头、温度、压力、液位报警、停车联锁调校完毕，动作灵敏可靠，符合要求。全部安全阀调试合格。汽轮机调速系统调试合格。

4.1.4 机组油系统盲板拆除，油箱油位在规定范围内，油质合格。油系统的主辅油泵及其他附属设备均达到备用状态。

4.1.5 冷却器通水、排水、排污达到备用状态。

4.1.6 仪表、电气具备试车条件。

4.1.7 蒸汽系统具备试车条件。

4.1.8 蒸汽冷凝系统经真空试验合格。

4.1.9 油系统冲洗合格，油循环正常。

4.1.10 与总控及有关单位做好联系工作。

4.1.11 测试工具准备齐全。

4.2 汽轮机单体试车

4.2.1 严格执行汽轮机单体试车操作规程。

4.2.2 记录临界转速值及调速器最低工作转速值；

4.2.2.1 调速器投入工作后，仔细检查是否平稳上升和下降，调节系统和配汽机构不应有卡涩、摩擦、抖动现象。

4.2.2.2 调速器最低工作转速见表 18。

表 18　汽轮机调速器最低工作转速一览表

机　型	调速器最低工作转速/(r/min)
GJMV – DC GJMV – DC 改　GJMV	8400
.5EH – 7BD	8400
T4MC8E2F	9594
5EH – 6BD	8400
5BH – 2	7765
5EL – 6	10447

4.2.3　保安系统检查

4.2.3.1　超速试验进行 2 次，两次误差不应超过额定转速的 1.5%，若超差则应重新调整、试验，各机组超速跳闸转速如表 19 所示；

表 19　汽轮机超速跳闸转速表

机　型	超速跳闸转速/(r/min)
GJMV – DC GJMV – DC 改　GJMV	11718 ~ 11935
5EH – 7BD	12110
T4MC8E2F 5EH – 6BD	12791
5BH – 2	11948 ~ 12168
5EL – 6	14196

4.2.3.2　重做超速跳闸试验时，只有当汽轮机转速下降到跳闸转速的 90% 以下时，方可重新挂闸，以免损坏设备。

4.2.4　记录停车后惰走时间。

4.2.5　汽轮机停机

正常停车按升速曲线逆过程降速到 1000r/min。停机后应将盘车器开起来，让转子继续低速盘转冷却。油泵应继续循环至少 12 小时，轴承油温降到 40℃ 以下再停泵。停机后应关闭主汽阀、排汽阀、密封蒸汽系统、汽封抽汽器、蒸汽导淋，打开汽轮机各疏水阀。

4.3 机组联动试车

4.3.1 试车前准备

4.3.1.1 汽轮机单体试运合格后，联接汽轮机和压缩机，开启油泵，油系统运行正常。

4.3.1.2 压缩机各段间冷却器引水，排尽空气并投入运行。

4.3.1.3 压缩机出口阀关闭，防喘振阀全开。

4.3.1.4 打开压缩机缸体排液阀，排尽冷凝液后关小，待充气后关闭。

4.3.1.5 拆除管道上盲板，并确认压缩机出口单向阀动作灵活、可靠。

4.3.1.6 松开同步器手轮，风压给定在最低转速对应的风压。

4.3.2 压缩机的置换与充压合格。

4.3.3 压缩机的开车与升速，按操作规程执行。

4.3.3.1 机组每个升速阶段以及运行中，都要进行全面检查和调整，并做好记录。

4.3.3.2 压缩机升压过程中，各段的压力比和升压速度符合制造厂规定。

4.3.4 机组停车

4.3.4.1 压缩机在降压减量的过程中，应避免压缩机发生喘振。

4.3.4.2 按照升速曲线的逆过程，将汽轮机降至 1000 r/min，然后打闸停机。

4.3.4.3 压缩机组停稳后，立即启动盘车器。

4.4 验收

4.4.1 检修内容符合检修方案，质量符合本规程要求。

4.4.2 检修试运转记录齐全、准确、整洁。

4.4.3 单机、联动试车正常，各主要操作指标达到铭牌要求，设备性能满足生产需要。

4.4.4 检修后设备达到完好标准。

4.4.5 正常运行72h后，经试车小组认可，即可办理验收手续，正式移交生产。

5 维护与故障处理

5.1 日常维护

5.1.1 严格按操作规程开停机组。

5.1.2 定期巡检，掌握机组运行各参数变化情况，并填好巡检记录。

5.1.3 运用状态监测与故障诊断系统，定期或在线监测分析机组运行情况。

5.1.4 建立"机、电、仪、操、管"人员对机组的特护管理制度。

5.1.5 按润滑油管理规定合理使用润滑油。做到每月定期分析、过滤、补充和更换。有条件的作铁谱分析。

5.1.6 机组及附属设备要经常清扫，各部件保持清洁，机体上不允许有油污、灰尘和杂物。

5.1.7 停车期间，机组盘车、油循环每周不得少于一次，缸体内及相关管道须充氮气进行保护。

5.2 机组常见故障与处理(见表20)

表 20　机组常见故障与处理

序号	故障现象	故障原因	处理方法
1	油温过高	油冷器冷却水调节阀开度不足;油中混水或变质;轴承间隙小或轴瓦磨损;油冷器结垢	加大冷却水量,检查油冷器,停机时除垢;增加油分析频率,确认为油变质后停机换油;停机时检查轴承
2	油压过低	主油泵故障;过滤网堵塞;油管泄漏	切换检查;清扫更换滤芯;检查堵漏
3	轴振动过大	机组对中不良;转子平衡破坏;转子和汽封摩擦;压缩机处于喘振区工作;机内积液;轴瓦盖或地脚螺栓松动;轴承合金损坏;油膜失稳	重新对中,转子清垢并重新动平衡;更换或重新修理汽封;调整压缩机工作区域;定期排液;紧固或更换轴瓦;分析油膜失稳原因进行处理
4	冷凝器真空度降低	真空系统泄漏;抽汽压力过低;循环水量不足;冷凝器结垢或污物堵塞;冷凝液泵故障;真空抽汽器喷嘴磨损	检查处理真空系统;提高蒸汽压力;加大循环水量;检查冷凝器水侧,停机时清垢除杂物;启动备用冷凝液泵检修主泵;检查真空抽汽器喷嘴系统
5	压缩机排汽温度高	段间冷却器效率低	检查处理段间冷却器;加大冷却水量或冷却器除堵清垢处理
6	密封油耗量增大,油位降低	油气比压失调,浮环磨损或 O 形环损坏	调整油气压差;更换浮环;补充油量;检查 O 形环;检查污油捕集器

附 录 A
机组主要技术特性参数
（补充件）

表 A1　美荷型合成气压缩机

项　目	低 压 缸	高 压 缸
制造厂	美国克拉克公司	美国克拉克公司
位　号	103 – JLP	103 – JHP
型　号	2B9	2BF9 – 8
叶轮个数	9	8
压缩气体	氮　氢　气	
进口相对分子质量	8.70	二段 8.68；循环段 10.94
入口温度/℃	37.78	7.78；43.30/53.40
入口压力/MPa(A)	2.483	6.194；13.415
出口温度/℃	173.7	111.1；68.6
出口压力/MPa(A)	6.332	13.415；14.953
入口流量/(kg/h)	49893.3	46477.3；33065.4
转速/(r/min)	10413	
驱动功率/kW	6318	5051；4094
第一临界转速/(r/min)	5600	5270
第二临界转速/(r/min)	第一临界转速的 3.0 倍	
叶轮直径/mm	495	495；457
叶轮最大速度/(m/s)	269.0	269.0；248.3
叶轮处轴直径最大/mm	135	135
平衡盘直径/mm	242.9	266.7
止推轴承面积/mm²	17550	
最小叶轮宽度/mm	19	15.5；25
压缩机组质量/kg	8717	10805
径向轴承型式	五油楔可倾瓦	
止推轴承型式	米切尔式	
转子组件质量/kg	296	281
隔板束和转子质量/kg	2360	2360
进口封头质量/kg	618	618

表 A2 日 Ⅰ 型合成气压缩机

项 目	低压缸	中压缸	高压缸	
制造厂	日本三菱重工广岛造船所观音工场			
气缸型号	2BC9	2BF9	2BF8－6	
段 号	一段	二段	三段	四段
气缸型式	筒 型			
叶 轮 数	9	9	5	1
叶轮直径/mm	495.3/482.6 (7/2)	495.3/482.6 (6/3)	482.6/419.1	419.1
设计转速/(r/min)	10479			
叶轮结构	焊接	焊接/铆接 (7/2)	铆接	焊接
第一临界转速/(r/min)	5500	5500	5750	
第二临界转速/(r/min)	> 13204			
最高允许温度/℃	204	176	176	
最大允许压力/MPa(G)	8.4	18.7	26.0	
水压试验压力/MPa(G)	12.7	28.1	39.0	
最大平衡外压力/MPa(G)	7.52	7.52	23.90	
径向轴承型式	五油楔可倾瓦			
止推轴承型式	米切尔双推面			
轴端密封型式	浮环油膜密封			
转子质量/kg	364	364	273	
隔板束质量/kg	2180	2180	1907	
压缩机质量/kg	10500	12000	18000	
压缩气体	氮 氢 气			
进口相对分子质量	8.72	8.67	8.67	10.57
入口温度/℃	37.80	7.78	37.80	23.90
入口压力/MPa(A)	2.606	6.402	15.77	22.00
出口温度/℃	171.0	140.6	98.3	34.4
出口压力/MPa(A)	6.490	15.826	22.720	24.095
入口流量/(kg/h)	51574	49533	49533	280595
每缸轴功率/kW	6577	6599	3355	2535
总轴功率/kW	19066			

表 A3　法型合成气压缩机

项　目	低压缸	低压缸	中压缸	高压缸	高压缸
制造厂	法国克勒索瓦勒	日本三菱重工	法国克勒索瓦勒		
位号	K1501LP	K1502LP	K1501MP	K1501HP	K1502HP
段号	一段/二段	一段/二段	三段	四段	循环段
型号	RC10-9B	463B5/5	RB9B	RB9-7B	
叶轮个数	9	10	9	7	
压缩气体			氮氢气		
进口相对分子质量	8.714/8.700	8.714/8.700	8.690	8.691	10.33
入口温度/℃	40/40	40/40	40	40	30
入口压力/MPa(A)	2.550/5.214	2.550/5.113	9.133	18.825	25.212
出口温度/℃	139/121	136.8/120.3	152	85	39
出口压力/MPa(A)	5.297/9.27	5.288/9.27	19.06	25.70	27.06
入口流量/(Nm³/h)	121882/119267	121882/119267	119267	119267	513825
转速/(r/min)	18700		11275	18700	
轴功率/kW	4566/3735	4499/3764	5371	2330	1985
第一临界转速/(r/min)	4165	6000	5090	5076	
第二临界转速/(r/min)	14500	>16000	14655	17258	
叶轮直径/mm	520	465	420	350/380	
叶轮最大速度/(m/s)	306	274	247	206/223	
止推轴承面积/mm²					
径向轴承			五油楔可倾瓦		
止推轴承			金斯伯雷		
转子组件质量/kg	510	465	276	224	
隔板和转子质量/kg	3500	4500	3500	4000	

表 A4 日Ⅱ型合成气压缩机

项 目	低 压 缸	高 压 缸
制 造 厂	三菱重工	三菱重工
型 号	2BF－9	2BF8－7
叶轮个数	9	7
叶轮最大直径/mm	457.2	419.1
叶轮最大周速/(m/s)	249.8	229.0
轴径/mm	104.775	104.775
第一临界转速/(r/min)	6600	6400
耗用功率/kW	11000	
转速/(r/min)	10314 ~ 10962	
转子重量/kg	300	270
封头重量/kg	1000	1000
隔板和转子质量/kg	2365	2110
径向轴承	五油楔可倾瓦	
止推轴承	米切尔式(非工作侧)，金斯伯雷式(工作侧)	
级间密封	梳齿迷宫密封	
轴端密封	浮环油膜密封	

段 别	Ⅰ	Ⅱ	循环段
压缩气体	氮氢气	氮氢气	氮氢气，氨
进口分子量	8.53	8.53	9.14
吸入温度/℃	30	37	31/42
吸入压力/MPa(A)	7.36	15.21	21.37
排出温度/℃	139.6	83.7	52.0
排出压力/MPa(A)	15.25	21.37	22.85
吸入流量/(Nm³/h)	1779	927	3208
密封油压力/MPa(G)	参考气压力 + 0.035		
平衡盘压差/MPa(G)	0.05		

表 A5 渣油 I 型合成气压缩机

项　　目		内　　容		
制 造 厂		三菱重工(MHI)		
位　　号		A－GB601		
型　　号		4V－95		
压缩气体		氮氢气		
型　　式		垂直剖分型		
级数或侧流(SS)		补　充	侧　流	循　环
流量(重量)(干基)/(kg/h)		44026	160073	204099
吸入条件	压力/MPa(G)	4.51	10.637	10.637
	温度/℃	30.0	27.0	53.7
	相对分子质量	8.52	9.22	9.059
	$C_p/C_v(K_i)$ 或 (K_{av})	1.434	1.482	1.465
	压缩系数 (Z_i) 或 (Z_{av})	1.037	1.037	1.076
	体积流量/(m³/h)	2994	4373	6199
排出条件	压力/MPa(A)	10.637		11.49
	温度/℃	147.7		62.8
	$C_p/C_v(K_2)$	1.435		1.466
	压缩系数 (Z_2)	1.067		1.082
压缩比		2.36		1.08
多变效率/%		73.6		83.1
多变压头/m		31.892		2600
马赫数进口/出口(最大)		0.23/0.43		0.22/0.34
制动马力/kW		5267		1763
转速/(r/min)		12290		
最大连续运转转速/跳闸转速/(r/min)		12905/14196		
叶轮数		8		1
叶轮直径/mm		φ450		φ372

表 A6 美荷型合成气压缩机驱动汽轮机

项　　目	背压汽轮机		凝汽式汽轮机
制　造　厂	美国迪拉瓦	锦西化机	美国迪拉瓦
位　　号	103JAT	103JAT	103JBT
型　　号	GJMV－DC	GJMV－DC改	GJMV
级　　数	2	3	6
额定功率/kW	14914	14987	5593
额定转速/(r/min)	10850	10850	10850
汽耗率/(kg/kWh)	19.40	18.51	5.44
主汽阀流量/(kg/h)	289397	277440	30426
排汽流量/(kg/h)	258960		
进汽压力/MPa(G)	10.001	10.4	3.759
进汽温度/℃	440.6	460	321.1
排汽压力/MPa(G)	3.82	4.1	0.013
排汽温度/℃	321.1	337.7	
第一临界转速/(r/min)	6600	6400	5280
第二临界转速/(r/min)	13000		
超速脱扣转速/(r/min)	11718～11935		
调速器型式	8½″伺服马达		TM调速器
汽缸型式	内外缸，水平剖分		水平剖分
转子结构	整锻式		
上缸盖质量/kg	3039		2495
转子质量/kg	405		321
径向轴承	五油楔可倾瓦		
止推轴承	金斯伯雷		

表 A7　日 I 型合成气压缩机驱动汽轮机

项　　目	内　　容
制 造 厂	三菱重工广岛造船所观音工场
类 型	抽汽凝汽式汽轮机
型 号	5EH – 7BD
级 数	7(高压 2 级，低压 5 级)
驱动型式	两端驱动
额定功率/kW	20973
额定转速/(r/min)	10479
最大连续转速/(r/min)	11003(设计转速的 105%)
转速调节方法	自动　手动
转速调节范围/(r/min)	8907 ~ 11003(设计转速的 80% ~ 105%)
进汽压力/MPa(G)	10.02
进汽温度/℃	481
抽汽压力/MPa(G)	4.11(最大 4.57)
抽汽温度/℃	371(最高 440)
排汽压力/MPa(G)	0.0166(最大 0.1500)
排汽温度/℃	55.6(最高 120)
排汽湿度	7%(最大 10%)
进汽流量/(t/h)	302(最大 320)
抽汽流量/(t/h)	270(最大 300，最小 50)
凝汽流量/(t/h)	28.8(最大 35，最小 4)
第一临界转速/(r/min)	4933
第二临界转速/(r/min)	18600
超速脱扣转速/(r/min)	12110
调速器型式	伍德瓦德调速器(PG – PL C 级)
汽缸型式	单缸水平剖分式
转子结构	整锻式
上缸盖质量/kg	6480
转子质量/kg	1720
径向轴承	五油楔可倾瓦
止推轴承	金斯伯雷

表 A8 法型合成气压缩机驱动汽轮机

项 目	内 容			
位 号	KE1501		KT1501B	
制 造 厂	(法)克勒索瓦勒		(日)三菱重工	
型 号	T4MC8E2F		5EH－6BD	
型 式	冲动、双缸、抽汽、冷凝		冲动、单缸、抽汽、冷凝	
级 数	高压缸4级,低压缸2×4级		6	
调速器类型	伍德瓦德 PG－PL			
盘车装置	电 动			
操作条件	额 定	最 大	额 定	最 大
进汽压力/MPa(G)	9.71	9.91	9.71	10.69
进汽温度/℃	490	495	490	510
抽汽压力/MPa(G)	3.68	4.22	3.68	4.22
抽汽温度/℃	371	390	367	
排汽压力/MPa(A)	0.026	0.033	0.026	0.049
排汽温度/℃	65	72	66	80
进汽量/(t/h)	178	209	178	200
抽汽量/(t/h)	135	148.5	135	150
冷凝汽量/(t/h)	42.5	60.0	42.5	50.0
功率/kW	17987	19786	18000	19800
转速/(r/min)	11230	11792	11230	11792
第一临界转速/(r/min)	5400～5600		4400	
第二临界转速/(r/min)	14473		19400	
工作转速范围/(r/min)	9540～11972		9546～11792	
超速跳闸转速/(r/min)	12791			
转子结构	整锻,纵树叶根			
上缸盖质量/kg	8500			
转子质量/kg	高压缸:1100,低压缸:700			
径向轴承	五油楔可倾瓦			
止推轴承	金斯伯雷			

表 A9　日Ⅱ型合成气压缩机驱动汽轮机

项　　目	内　　容
制　造　厂	日本三菱重工业公司
型　　号	5BH－2
型　　式	背压式
输出功率/kW	正常:9463　额定:11100
工作转速/(r/min)	正常:10314　额定:10468
临界转速/(r/min)	Nk1:5277　nk2:24195
脱扣转速/(r/min)	11948～12058
自控转速/(r/min)	7765～10965
主蒸汽压力/MPa(G)	最大:10.30　正常:9.81
主蒸汽温度/℃	最大:493　正常:485
排汽压力/MPa(G)	最大:4.12　正常:3.92　最小:3.73
排汽温度/℃	最大:385　正常:374
蒸汽流量/(t/h)	最大:217　正常:185
旋转方向	顺汽流方向看逆时针旋转
径向轴承	五油楔可倾瓦
止推轴承	工作侧:金斯伯雷,非工作侧:固定块式
轴封型式	可调整组装式迷宫密封
转速控制	伍德瓦德 PG－PL 型调速器
联轴节型式	带定距短节的齿轮联轴节
转子结构	整锻转子
上缸盖质量/kg	4200
转子质量/kg	527

表 A10　渣油Ⅰ型合成气压缩机驱动汽轮机

项　　目	内　　容
制　造　厂	三菱重工(MHI)
位　　号	A－GT601
型　　号	5EL－6
型　　式	抽汽＋冷凝式
级　　数	6
调节阀数	进汽:5　抽汽:5
额定功率/kW	7733
转速/(r/min)	12290
蒸汽流率/(kg/kWh)	6.24

续表

项　　目	内　　容
喷嘴流量/(kg/h)	48270
最大喷嘴流量/(kg/h)	50000
抽汽流量/(kg/h)	38000
至冷凝器最大流量/(kg/h)	21000
入口蒸汽压力/MPa(A)	7.0(最大:7.7　最小:7.0)
入口蒸汽温度/℃	455(最大:490　最小:445)
抽汽压力/MPa(A)	0.49(最大:0.50　最小:0.49)
抽汽温度/℃	173(最大:350　最小:173)
排汽压力/MPa(A)	0.0146(最大:0.1　最小:0.0126)
排汽温度/℃	53.5(最大:100　最小:50.5)
转速;最大连续/跳闸/(r/min)	12905/14196(110%M.C.S)
临界转速;一阶/二阶/(r/min)	5600(43.4%M.C.S)/23300(181%M.C.S)
超速保护	电子式
调速器	数字式 WOODWARD　DG505(E)
调速范围/(r/min)	10447~12905(额定的 85~105%)
变速方法	现场手动;自动或手动遥控
叶片根型	T 及 FIR TREE
叶片保护型式	与叶片成一体,铆接
径向轴承	5 块可倾瓦,调速器侧 ϕ80,排出口侧 ϕ100
止推轴承	12 块可倾瓦,直径 ϕ191(OD)
转子质量/kg	830
上壳体质量/kg	5000

附加说明:

1　本规程由湖北化肥厂负责起草,起草人 韦玉杰、张传适(1992)。

2　本规程由湖北化肥分公司负责修订,修订人 詹天鹏、周世俊(2004)。

17. 氨压缩机组维护检修规程

SHS 05017—2004

目　次

1　总则 ……………………………………… （570）

2　检修周期与内容 ………………………… （570）

3　检修与质量标准 ………………………… （573）

4　试车与验收 ……………………………… （611）

5　维护与故障处理 ………………………… （614）

附录 A　汽轮机主要性能及参数(补充件)…………（617）

附录 B　日型厂压缩机主要性能及参数(补充件)……（618）

附录 C　美荷型、法型厂压缩机主要
　　　　性能及参数(补充件)…………………… （619）

附录 D　美荷型厂增速箱技术特性及
　　　　参数(补充件)……………………………（620）

1 总则

1.1 主题内容与适用范围

1.1.1 主题内容

本规程规定了大型化肥装置氨压缩机组的检修周期与内容、检修与质量标准、试车与验收、维护与故障处理。

健康、安全和环境(HSE)一体化管理系统，为本规程编制指南。

1.1.2 适用范围

本规程适用于表1所列机型的汽轮机和离心式压缩机及专用增速箱的检修与维护。

表1 汽轮机和离心式压缩机机型

适用工厂	压缩机	汽轮机	增速箱
美荷型厂	4C57 7CK45	KJDF	HG - SPECIAE
日Ⅰ型厂	3MCL607 MCL525	K801 - A	
法型厂	2M9 - 8	11030CD36	
日Ⅱ型厂	R457	AMC - 05 - S	
九江厂	7H - 7S 7H - 5	5CL - 6	

1.2 编写修订依据

随机资料

大型化肥厂汽轮机离心式压缩机组运行规程，中国石化总公司与化工部化肥司1988年制订。

2 检修周期与内容

2.1 检修周期

各单位可根据机组状态监测及运行状态进行项目检修，

570

原则上在机组连续累计运行 3～5 年安排一次大修。

2.2 检修内容

2.2.1 项目检修内容

根据机组运行状况、状态监测与故障诊断结论，参照大修部分内容择机进行修理。

2.2.2 压缩机大修内容

　　a. 复查并记录检修前各有关数据；

　　b. 解体检查径向轴承和止推轴承，调整轴承间隙，测量瓦背紧力，清扫、修理轴承箱；

　　c. 检查轴颈圆度、圆柱度、粗糙度，必要时对轴颈表面进行修整；

　　d. 检查调整止推盘，测量端面圆跳动；

　　e. 检查调整油封间隙，或更换油封；

　　f. 检查、清理或更换机械密封或浮环密封、油膜密封；

　　g. 测量并调整转子的轴向窜动量；

　　h. 清洗检查联轴节及其供油管、喷油嘴，宏观检查内、外齿及联接螺栓、螺母，并进行着色检查；

　　i. 检查、调整机组轴系对中，校核联轴节隔套窜量；

　　j. 拆除气缸大盖，清理、检查气缸；解体检查、清洗、测量、调整隔板组件；检查各级气封。内侧迷宫及平衡盘气封，必要时更换气封；

　　k. 转子各部检查、测量并作无损检测，必要时做动平衡校验或更换转子；

　　l. 中分面螺栓 100% 无损检测；

　　m. 检查、清理滑销及导销系统，主要管道支架、吊架弹簧调整；

n. 检查转子静电接地刷磨损情况；

o. 各轴振动探头及轴位移探头调校；

p. 检查、紧固各联接螺栓；

q. 检查、调校所有联锁、报警及其他有关仪表和安全等保护装置；

r. 主、辅润滑油泵、密封油泵及汽轮机、电机解体大修；

s. 检查清扫润滑油箱、污油收集器（捕集器）、油气分离器、脱气槽、高位油槽、密封油高位油槽、油过滤器及油管线，油气管线及蓄压器胶囊；

t. 消除水、汽、油系统的跑、冒、滴、漏缺陷。

u. 检查基础是否有裂纹、下沉、脱皮等缺陷。

2.2.3 汽轮机大修内容

a. 同 2.2.2 之 a～e、g、i、l、m、n、o；

b. 检查调速器减速机构，测量各部间隙；

c. 解体检查汽缸、隔板组件，调整通流部份间隙，清理、测量或更换各级汽封，静叶片做着色检查；

d. 清理、测量、检查转子，转子整体做无损检测，对叶根、叶片、轴颈、围带、铆钉等特殊部位应特别注重检查，必要时转子做动平衡校验及叶片测频检查；

e. 缸体应力集中部位做着色检查，高压段螺栓进行无损检测。汽缸疏水孔清扫检查，安全阀，缸体报警阀调校；

f. 主汽阀及调节汽阀各联接部位清理，检查主汽阀、调节阀、跳闸油缸解体检修；

g. 解体检查危急遮断油门、危急保安器；

h. 调速器，油压放大器、蓄压器解体检修；

i. 盘车器解体检修；

j. 检查汽轮机缸体滑销系统，主要管道支架、吊架弹簧调整；

k. 调节系统进行静态调试；

l. 汽轮机做超速跳车试验；

m. 检修冷凝液泵及驱动汽轮机；

n. 检查、清洗凝汽器、抽气器及抽气器冷却器。

2.2.4 增速箱大修内容

a. 检修联轴节，检查油喷嘴；

b. 检查大、小齿轮磨损情况并测量啮合间隙；

c. 检查径向轴承、推力轴承，测量间隙；

d. 调整齿轮油喷嘴；

e. 检查、紧固各联接螺栓；

f. 调校测振探头；

g. 大、小齿轮做无损检测；

h. 检查轴承与轴承座的接触情况，测量瓦背紧力。

3 检修与质量标准

3.1 安全与质量保证注意事项

3.1.1 检修前准备

3.1.1.1 根据机组运行情况、状态监测及故障诊断结论，进行危害识别，环境识别和风险评估，按照 HSE 管理体系要求，编写检修方案。

3.1.1.2 备齐备足检修时所需的各类配件及材料，并附相应的合格证件或检验单。

3.1.1.3 备好检修所需工器具及经检验合格的量具。

3.1.1.4 起重设备、机具、索具检验并经静、动负荷试验合格。

3.1.1.5 准备好专用放置设备。

3.1.1.6 准备好检修记录及有关技术资料。

3.1.1.7 做好安全与劳动保护各项准备工作。

3.1.2 检修应具备的条件。

3.1.2.1 汽轮机停机后连续油循环，汽机缸体温度降至120℃以下方可拆体温，直至缸体温度低于80℃，回油温度低于40℃。

3.1.2.2 机组与系统用盲板隔离，氮气置换合格，切除电源，安全技术措施落实。

3.1.2.3 办好工作票，做好交接手续。

3.1.3 拆卸

3.1.3.1 拆卸时按程序进行。使用专用工具，禁止生拉硬拖、铲、打、割等野蛮方式施工。

3.1.3.2 拆卸零部件时，记录好原始安装位置和标记，确保回装质量。

3.1.3.3 拆开的管道、孔口必须及时封好。

3.1.4 吊装

3.1.4.1 必须掌握被吊物的重量，严禁超载。

3.1.4.2 起吊部件必须绑牢，就位应保持水平。

3.1.4.3 拴挂绳索要保护被吊物不受损伤，放置必须稳固。

3.1.5 吹扫和清洗

3.1.5.1 采用压缩空气或蒸汽吹扫零部件，吹扫后应及时清除水分，并涂合格工作油防锈。精密零件不得用蒸汽直接吹扫。

3.1.5.2　清洗零件时应用煤油。精密零件复装前用绸布揩净，并涂上合格的工作油。

3.1.6　零部件保管

3.1.6.1　拆下的零部件，应采取适当防护措施，管理责任落实到人，严防变形、损坏、锈蚀、错乱和丢失。

3.1.7　组装

3.1.7.1　组装的零、部件必须清洗、风干并检查达到要求。

3.1.7.2　机器扣盖前缸体内必须无异物，管口堵塞物已全取出，缸体内件已组装完全并固定牢靠。一切检查无误并由技术负责人签字认可后方可扣盖。

3.1.8　油系统清洗

机组检修封闭后，应按照油系统循环清洗方案进行分阶段循环清洗。如入口管道检修过，应在轴承及调节系统前加过滤网。循环系统要避免死角，油温不低于40℃，回油口以200目过滤网检查肉眼可见污点不多于3个为合格。循环清洗结束后抽拆轴承检查。

3.1.9　认真做好检修记录。

3.2　压缩机检修

3.2.1　压缩机拆卸程序见下页框图，复装程序与此程序相反。

　　回装时压缩机中分面、轴承箱外盖要求用丙酮清洗干净后均匀涂抹704硅橡胶密封。

3.2.2　径向轴承检修

　　a. 瓦块和油封钨金层应无裂缝、夹渣、气孔、烧损、碾压和沟槽，无严重磨损和偏磨等缺陷；

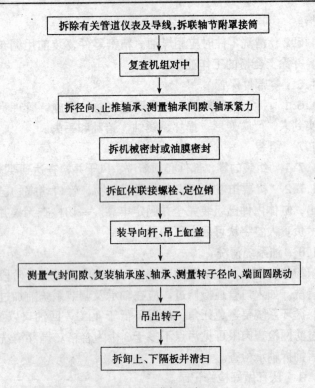

拆除有关管道仪表及导线,拆联轴节附罩接筒

↓

复查机组对中

↓

拆径向、止推轴承、测量轴承间隙、轴承紧力

↓

拆机械密封或油膜密封

↓

拆缸体联接螺栓、定位销

↓

装导向杆、吊上缸盖

↓

测量气封间隙、复装轴承座、轴承、测量转子径向、端面圆跳动

↓

吊出转子

↓

拆卸上、下隔板并清扫

b. 着色检查钨金层应无脱壳现象;

c. 检查轴径与瓦块接触情况,应在下瓦中部约 60°~70° 范围内沿轴向接触均匀,接触面积大于 80%;

d. 瓦块与瓦壳接触面应光滑无磨损、防转销钉和瓦块的销孔无磨损、整劲、顶起现象,瓦块能自由摆动,销钉在销孔中的径向间隙为 2mm,同组瓦块厚度差不大于 0.01mm;

e. 水平剖分型瓦壳,中分面应密合无间隙、错口,定位销不松旷,瓦壳在座孔内接合严密,两侧间隙不大于

0.05mm，瓦壳防转销钉牢固可靠，不高出瓦座平面，瓦壳就位后，中分面与轴承座中分面平齐；

f. 筒形瓦壳，定位卡环在卡环槽内应滑动灵活，瓦壳在座孔内接合严密，两侧间隙不大于 0.05mm，瓦壳防转销钉牢固可靠；

g. 整体更换新轴承时，要检查瓦壳与轴承座的接触表面，应无划痕和毛刺，接触均匀，接触面积不小于 80%；

h. 轴承盖应不错位，结合密实无间隙，瓦背紧力为 0～0.03mm；定位销应无毛刺，不松动；

i. 测量轴承间隙及油封间隙应符合表 2 要求；

j. 检查瓦块供油孔及喷油嘴应畅通无堵塞，瓦座供油孔与轴承体上油孔应吻合并畅通。

表2　轴承间隙及油封间隙　　　　mm

机　　型	3MCL607	MCL525	R457	7H－7S
轴承间隙	0.13～0.16	0.13～0.16	0.14～0.22	0.15～0.21
减压套直径间隙				
油封直径间隙	0.30～0.38	0.30～0.38	0.25～0.33	0.35～0.44
机　　型	4C57	7CK45	2M9－8	7H－5
轴承间隙	0.15～0.27	0.10～0.18	进口：0.09～0.14 出口：0.09～0.14	0.15～0.21
减压套直径间隙	0.13～0.18	0.10～0.15		
油封直径间隙	0.36～0.43	0.36～0.43	0.25～0.35	0.63～0.74

3.2.3　止推轴承检修

3.2.3.1　检查止推块

a. 钨金层应无脱壳、磨损、裂纹、烧伤、掉落、划痕、碾压等缺陷；

b. 每个止推块和止推盘的接触面积应大于 70%，且分布均匀；

c. 同组止推块厚度允差为 0.01mm；

d. 背部承力面平整光滑。

3.2.3.2 检查水准块、基环

a. 各接触处应光滑、无凹坑、无压痕；

b. 定位销钉长度适宜，固定牢靠，无磨损；

c. 支承销与相应的水准块销孔应无磨损、卡涩现象，装配后止推块与水准块应能自由摆动；

d. 基环中分面应严密，自由状态下间隙不大于 0.03mm。

3.2.3.3 检查调整垫片

a. 光滑、平整、不瓢曲，厚度差不大于 0.01mm。

b. 两半对接触时测外径，至少小于瓦壳内径 1.0mm。

3.2.3.4 检查止推盘

a. 表面应光滑无磨损、沟槽；表面粗糙度 R_a 最大允许值为 0.4μm；

b. 测量端面圆跳动值不大于 0.015mm；

c. 固定牢靠，不松动。

3.2.3.5 检查瓦壳

a. 无变形、挠曲、错口，水平面接合严密无间隙；

b. 外壳内表面无压痕；

c. 油孔位置、进排油孔径正确，无堵塞，各油口干净畅通。

3.2.3.6 油封环完好，无磨损、脱落，在外壳槽中能自由转动，不卡涩。防转销固定牢固。

3.2.3.7 推轴承及油封间隙应符合表3要求。

表3 止推轴承及油封间隙 mm

机　型	3MCL607	MCL525	R457	4C57
轴承间隙	0.33 ~ 0.40	0.25 ~ 0.35	0.30 ~ 0.35	0.28 ~ 0.38
油封直径间隙	0.30 ~ 0.38	0.30 ~ 0.38	0.30 ~ 0.38	0.05 ~ 0.10
机　型	7CK45	2M9 – 8	7H – 7S	7H – 5
轴承间隙	0.23 ~ 0.33	0.33 ~ 0.56	0.46 ~ 0.58	0.46 ~ 0.58
油封直径间隙	0.05 ~ 0.10	0.25 ~ 0.35	0.63 ~ 0.74	0.63 ~ 0.74

3.2.3.8 轴位移探头测得的止推间隙必须和机械测量的数值相符，如有差异要找出原因予以消除。

3.2.3.9 检查瓦块供油孔及喷油嘴应畅通无堵塞，瓦座供油孔与轴承体上油孔应吻合并畅通。

3.2.4 机械密封检修

3.2.4.1 检查动环、静环

a. 工作面应光滑，无裂纹、磨痕和辐向沟槽，表面粗糙度 R_a 最大允许值为 $0.4\mu m$；动静环工作面应用平面光学镜检查衍射的同心园情况，应接触良好。

b. 动环及碳环的平面度小于 0.005mm；

c. 动环与防转销配合适宜，不松旷、整劲；

d. 动环与轴配合适宜，不松旷和过紧，与轴肩接触印痕均匀不断线。

3.2.4.2 弹簧应无歪斜变形，同组弹簧自由高度差小于 0.5mm，且刚性一致。

3.2.4.3 所有 O 形环应无压扁、扭曲、毛边、裂纹、缺肉等损坏现象，使用过的 O 形环必须更换，应注意材质符合规定要求。回装时 O 形环要涂一薄层工业凡士林。

3.2.4.4　测量机械密封的安装尺寸

a. 4C57 型压缩机机械密封的安装长度为 (69.9 ± 1.59) mm,7CK45 型压缩机机械密封的安装长度为 (65.9 ± 1.59) mm;

b. 2M9 - 8 型机械密封动环工作面至停车活塞端面的距离为 1.57 ~ 2.07mm,动环 O 形环槽至停车活塞端面的距离为 4.75 ~ 5.25mm。

3.2.5　浮环密封检修

3.2.5.1　检查浮环

a. 浮环钨金层应无划痕、沟槽、嵌入金属颗粒、裂纹、磨损和脱落等缺陷;

b. 浮环端面应平整光滑,与箱体接触严密;

c. 浮环防转销牢固,长度适宜,与销孔对准,防转销在销孔内有合适的活动间隙,使浮环能自由浮动。

3.2.5.2　浮环弹簧应无歪斜变形,自由高度一致,刚度相同。

3.2.5.3　O 形环应无压扁、扭曲、毛边、缺肉、裂纹等缺陷,与凹槽配合适宜,无过松和过紧现象。使用过的 O 形环必须更换。

3.2.5.4　O 形环更换后,应注意材质符合规定要求,回装时 O 形环要涂一薄层工业凡士林。

3.2.5.5　浮环间隙及油挡间隙应符合表 4 要求。

表 4　浮环间隙及油挡直径间隙　　　　　　　mm

机　型	3MCL607	MCL525	R457	7H - 7S	7H - 5
内环间隙	0.10 ~ 0.14	0.08 ~ 0.12	0.067 ~ 0.075	0.08 ~ 0.10	0.08 ~ 0.10
外环间隙	0.44 ~ 0.48	0.28 ~ 0.32	0.14 ~ 0.15	0.21 ~ 0.23	0.17 ~ 0.19
油挡间隙	1.00 ~ 1.40	0.80 ~ 1.20	0.15 ~ 0.25	0.63 ~ 0.74	0.63 ~ 0.74

3.2.6 螺旋槽油膜密封检修

3.2.6.1 安装前要检查主轴径向圆跳动量及轴向窜量，要求径向圆跳动量小于 0.02mm，轴向窜量小于 + 0.3mm。

3.2.6.2 轴套安装后检查定位轴肩对主轴轴线的垂直度，要求垂直度公差小于 0.005mm

3.2.6.3 清洗所有零件，O 形环要薄薄涂上一层工业凡士林。

3.2.6.4 锁紧螺母锁紧时要涂防松胶。其锁紧力矩为 400 ~ 500N·m。

3.2.6.5 锁紧螺母、动环、静环组件在进、出口端安装时应按标记安装，不可对调。

3.2.7 转子检查

3.2.7.1 转子宏观检查

 a. 叶轮轮盖与叶片的接合焊缝应无裂纹；

 b. 叶轮应无损坏，结垢、冲蚀、磨损；

 c. 浮环处轴颈、装配液压联轴节处的轴颈、径向轴承处轴颈及止推盘处轴颈应无沟槽、毛刺、锈斑等缺陷，其表面粗糙度 R_a 最大允许值为 0.4μm；

 d. 转子上的气封片应无扭曲变形、偏磨等缺陷。

3.2.7.2 转子形位状态检查

 a. 转子轴的直线度不大于 0.02mm；

 b. 轴承处轴颈圆度及圆柱度不大于 0.02mm；

 c. 浮环处轴颈径向圆跳动不大于 0.01mm；

 d. 轴承处轴颈、平衡盘外圆径向圆跳动不大于 0.02mm；

 e. 各级气封处轴颈、叶轮口环径向圆跳动不大于 0.05mm；

    f. 叶轮外圆径向圆跳动不大于 0.07mm;

    g. 叶轮轮缘端面圆跳动不大于 0.10mm;

    h. 止推盘端面圆跳动不大于 0.015mm。

3.2.7.3 转子整体无损检测合格。

3.2.7.4 在转子静止状态，测振探头无法调至零位指示时，应对转子测振探头部位作电磁和机械偏差检查，并进行退磁处理。必要时转子做动平衡校验，其低速动平衡精度为 ISO 1940 0.4 级，高速动平衡应符合 ISO 2372 规定，其支承处振动速度小于 1.12mm/s。

3.2.8 隔板及气封检修

3.2.8.1 检查隔板

    a. 隔板应无变形、裂纹等缺陷。回流器叶片完好、所有流道光滑、无锈层及损坏;

    b. 隔板轴向固定止口应无冲刷沟槽;

    c. 隔板上固定螺钉牢固，塞焊点完好;

    d. 进口导流器叶片无裂纹、损伤;

    e. 隔板水平剖分面光滑平整，无冲刷沟槽、上下隔板组合后，中分面应密合，最大间隙不超过 0.05mm;

    f. 各级隔板在缸内配合严密，不松旷。

3.2.8.2 检查气封

    a. 气封块在隔板凹槽中配合松紧适宜。气封块剖分面与隔板剖分面平齐;

    b. 气封齿应无卷边、折断、缺口、变形等缺陷;且与转子上相应槽道对准，当轴被推至一端时仍不致相碰;

    c. 转子上的气封片应无松动、缺损。

3.2.8.3 测量气封间隙应符合表 5 要求。

表5 气封半径间隙要求 mm

机　型	级间气封间隙	轮盖气封间隙	平衡盘气封间隙	内侧迷宫间隙
3MCL607	0.18 ~ 0.23	0.25 ~ 0.33	0.25 ~ 0.33	0.15 ~ 0.19
MCL525	0.18 ~ 0.23	0.28 ~ 0.35	0.20 ~ 0.26	0.15 ~ 0.19
R457	0.25 ~ 0.45	1 ~ 3:0.45 ~ 0.65 4 ~ 7:0.35 ~ 0.55	0.25 ~ 0.45	0.20 ~ 0.45
4C57	0.32 ~ 0.37	0.38 ~ 0.44	0.23 ~ 0.28	0.23 ~ 0.28
7CK45	0.25 ~ 0.30	0.32 ~ 0.37	0.17 ~ 0.22	0.19 ~ 0.24
2M9 - 8	0.30 ~ 0.55	0.51 ~ 0.80	0.25 ~ 0.50	0.30 ~ 0.45
机　型	轴迷宫间隙	叶轮迷宫间隙	平衡活塞迷宫间隙	内侧迷宫间隙
7H - 7S	0.30 ~ 0.40	0.35 ~ 0.50	0.30 ~ 0.40	0.18 ~ 0.22
7H - 5	0.25 ~ 0.35	0.35 ~ 0.45	0.30 ~ 0.40	0.18 ~ 0.22

3.2.9　气缸与机座检修

a. 气缸中分面应光滑无变形、冲刷、锈蚀等缺陷；

b. 缸体内所有焊缝，应进行着色检查；

c. 缸体中分面螺栓做无损检测；

d. 缸体中分面螺栓拧紧总数的 1/3，用 0.05mm 塞尺在中分面的任何部位应不能塞入，或者塞入的深度不能超过中分面宽度的 1/3；

e. 缸体下部疏水孔应畅通无堵；

f. 缸体上各横销、立销应无变形、损伤、卡涩。滑销侧向总间隙为 0.04 ~ 0.06mm、横向滑销的顶部应有 0.5mm 的间隙；

g. 4C57、7CK45 型气缸缸体与支座联接螺栓与垫片之间应留有 0.05mm 的膨胀间隙；

h. 7H - 7S、7H - 5 型气缸的水平支座与固定螺栓应留有 0.10～0.15mm 的膨胀间隙。

3.2.10 联轴节检修

3.2.10.1 隔膜式联轴节检修

　　a. 拆卸联轴节轮毂时，要避免隔膜直接加热，回装时应用油加热至 120℃；

　　b. 对隔膜进行着色检查，隔膜不应有裂纹等缺陷存在；

　　c. 联轴节轮毂孔与轴颈的接触面积应大于 80%。键应无变形损伤，与键槽配合符合规范要求，轮毂的推进量为 (4.1±0.9)mm。回装完后检查应有 0～0.5mm 的冷拉量；

　　d. 联轴节联接螺栓应着色检查，螺母防松自锁性能可靠。如更换螺栓，要成对更换，其质量差不应超过 0.2g；

　　e. 联轴节径向圆跳动应不大于 0.02mm。

3.2.10.2 双键齿式联轴节检修

　　a. 齿面必须光滑无毛刺、点蚀、剥落、拉毛和裂纹等缺陷，齿面啮合的接触面积沿齿高大于 50%，沿齿宽大于 70%。内外齿套间应能自由滑动，不得有卡涩或过紧现象；

　　b. 传动键应无扭曲，剪切变形，与键槽配合适宜；

　　c. 联轴节螺栓应着色检查，如更换螺栓，要成对更换。其质量差不应超过 0.2g；

　　d. 外齿圈的径向圆跳动应不大于 0.02mm，端面圆跳动不大于 0.03mm；

　　e. 联轴节隔套装配完后，检查隔套的窜量应有 3～5mm；

　　f. 喷油管应干净畅通，位置正确。

3.2.10.3 液压联轴节检修

　　a. 同 3.2.10.2 之 a、c、d、e、f；

b. 拆装联轴节轮毂(外齿圈)时，最大油压不应超过 175MPa；

c. O 形环和背环安装位置应正确，无损伤，与密封槽配合适宜，每拆一次均予更换；

d. 联轴节轮毂(外齿圈)内孔与轴的接触面积应大于 80%；

e. 联轴节轮毂(外齿圈)的推进量应符合表 6 要求。

表 6 联轴节轮毂推进量   mm

机 型	KJDF	4C57 入口	4C57 出口	7CK45
推进量	7.26 ± 0.38	7.26 ± 0.38	8.74 ± 0.38	7.26 ± 0.38

机 型	7H－7S	7H－5	5CL－6
推进量	4.872 ± 0.12	5.664 ± 0.12	6.456 ± 0.12

3.2.10.4 7H－7S、7H－5 压缩机膜片式联轴节检修

a. 在未卸下联轴器中间接筒之前，记录中间接筒和两个半联轴节套筒装配标记。中间接筒拆下后，应测量半联轴节顶端面与轴头端面距离；

b. 检查联轴器膜片情况，要求无裂纹及缺损、扭曲等损坏现象；

c. 对联轴节螺栓进行检查着色，如更换螺栓，应成对更换。其质量差不应超过 0.2g；

d. 用专用液压工具将联轴节轮毂拆下。拆卸轮毂孔与轴界面最大压力 188.5 MPa，极限压力 195MPa；

e. 检查联轴器轮毂孔与轴接触面不小于 85%；

f. 联轴节轮毂的推进量应符合表 6 要求。

g. 联轴器中间套筒回装前，应复核轴头端面间距离，高压缸与汽轮机间应为 457mm，高压缸与低压缸间应为 381mm，带膜片的中间套筒安装状态预拉伸量为 0.6mm。

3.2.10.5 联轴节应成套更换。新加工制造的联轴节组件应进行动平衡校验合格后，方可使用。

3.3 汽轮机的检修与质量标准

3.3.1 主要拆卸程序见框图，组装与拆卸顺序相反。

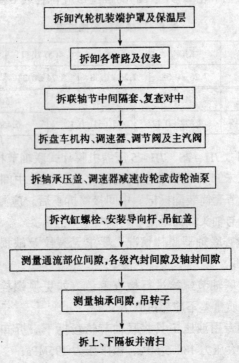

拆卸汽轮机装端护罩及保温层

拆卸各管路及仪表

拆联轴节中间隔套、复查对中

拆盘车机构、调速器、调节阀及主汽阀

拆轴承压盖、调速器减速齿轮或齿轮油泵

拆汽缸螺栓、安装导向杆、吊缸盖

测量通流部位间隙，各级汽封间隙及轴封间隙

测量轴承间隙，吊转子

拆上、下隔板并清扫

回装时汽轮机中分面要求用丙酮清洗干净后，用精炼制配好的干净亚麻仁油、铁锚 604 密封胶或 MF－I 型汽缸密封

脂均匀涂抹在中分面上。当气缸中分面自然扣合间隙超大时，可在亚麻仁油中添加石墨粉、铁粉等添加剂或采用MF－Ⅱ、Ⅲ增稠型汽缸密封脂。

3.3.2 径向轴承检修

a. 同3.2.2之a~e、g、h;

b. 径向轴承及油封间隙见表7。

表7 径向轴承及油封直径间隙   mm

机 型	K801－A	AMC－05－S	KJDF	11030CD36	5CL－6
径向轴承间隙	调速器侧： 0.12~0.17 压缩机侧： 0.173~0.23	0.15~0.26	0.18~0.23	0.09~0.12	0.12~0.19 0.15~0.22
油封间隙	0.10~0.35	内油档： 0.15~0.25 外油档： 0.50~0.60	0.38~0.53	内油档： 0.24~0.28 外油档： 0.54~0.68	内油档： 0.15~0.29 外油档： 0.25~0.34

3.3.3 止推轴承检修

a. 同3.2.3.1~3.2.3.6及3.2.3.8各条内容;

b. 止推轴承间隙及油封间隙见表8。

表8 止推轴承间隙及油封直径间隙   mm

机 型	K801－A	AMC－05－S	KJDF	11030CD36	5CL－6
止推间隙	0.25~0.36	0.30~0.40	0.20~0.30	0.30~0.40	0.46~0.56
油封间隙	0.10~0.35	0.15~0.30	0.05~0.10	0.44~0.56	0.42~0.60

3.3.4 转子检修

3.3.4.1 转子宏观检查

　　a. 轴颈、止推盘应无锈蚀、磨伤;

　　b. 主轴精加工部位、叶轮、各变径部位、叶根槽表面应清洗干净，检查应无裂纹、腐蚀、磨损、脱皮等缺陷;

　　c. 叶片、围带、铆钉、拉筋等应无结垢、挠曲、损坏、碰伤或松动;

　　d. 平衡块应固定牢固，捻冲可靠;

　　e. 固定危急保安器小轴的顶丝应牢固，捻冲可靠，压紧环的轴向间隙沿圆周一致，危急保安器丝堵捻牢。

3.3.4.2　转子形位状态检查

　　a. 轴承处轴颈的圆度及圆柱度不大于 0.02mm; 径向全跳动 0.01mm;

　　b. 止推盘端面圆跳动不大于 0.015mm;

　　c. 各段轴封处径向圆跳动应不大于 0.05mm;

　　d. 叶轮外缘端面圆跳动不大于 0.10mm;

　　e. 危急保安器小轴径向圆跳动不大于 0.02mm;

　　f. 联轴节处轴颈径向圆跳动不大于 0.01mm;

　　g. 套装式止推盘，与轴肩结合面应无间隙;

　　h. 叶根间隙用塞尺检查，用 0.03mm 塞尺不得塞入;

　　i. 同一级叶片组轴向倾斜不应超过 0.5mm;

　　j. 止推盘表面粗糙度 R_a 最大允许值为 $0.4\mu m$。

3.3.4.3　必要时对长度大于或等于 100mm 的动叶片，测定其成组或单根叶片的静频率和频率分散度。静频率的分散度不大于 8%。

3.3.4.4　转子应做无损检测，着重检查以下各部位状况。

　　a. 叶片、围带、铆钉头、拉筋，球状叶根表面;

　　b. 止推盘根部轴颈，联轴节处轴颈，轴承处轴颈。

3.3.4.5　在转子静止状态，测振探头无法调整至零位指示时，应对转子测振探头部位进行电磁和机械偏差检查。

3.3.4.6　必要时转子做动平衡校验，其低速动平衡精度为 ISO 1940 G0.4 级，高速动平衡应符合 ISO 2372 规定，其支承处振动速度小于 1.12mm/s。

3.3.4.7　转子在汽缸内就位后，转子扬度应和汽缸水平扬度基本一致。

3.3.5　隔板及汽封检修

3.3.5.1　AMC－05－S、KJDF、11030CD36、5CL－6 型汽轮机隔板

a.隔板水平接合面应无冲刷沟槽，结合严密，水平接合面定位方销无松动，中分面间隙不大于 0.05mm；

b.静叶片应无损伤、冲蚀、裂纹、卷边；

c.隔板在汽缸洼窝中的轴向热膨胀间隙为：钢制隔板 0.05～0.10mm，铸铁隔板 0.10～0.20mm。若间隙过大，应在上下隔板排汽侧同时进行调整；

d.隔板径向膨胀间隙为：钢制隔板 1.0～1.5mm，铸铁隔板 1.5～2.0mm；

e.AMC－05－S 型汽轮机上隔板垂直方向的活动量为 0.40～0.60mm，下隔板的下沉量不大于 0.20mm；

f.若某级隔板通流部分间隙有很明显的变化时，应检查隔板的状态并调整。

3.3.5.2　AMC－05－S、KJDF 型汽轮机汽封

a.汽封梳齿必须完整，无损伤，无结垢。接口面平直、间隙均匀。汽封块在汽封套槽内滑动灵活，无过大的轴向旷动；

　　b.同组的四个弧型汽封块就位后，径向和轴向不应错位，用手能自由压下和自由弹回；

　　c.汽封套两半组装后，水平面严密；

　　d.级间汽封有规律性的偏磨时，应采用假轴检查洼窝中心，调整隔板，不允许用改变汽封间隙的方法来进行处理。

3.3.5.3 K801 – A、11030CD36 型汽轮机汽封

　　a.汽封片应无裂纹、折断、变形、毛刺、锈蚀等缺陷。汽封体和汽缸均匀接触不松动；

　　b.更换汽封片时，应将汽封片连同填隙丝一同嵌入沟槽内并铆牢，确保汽封片不松动；

　　c.嵌装汽封片后，其接缝处间隙应为 0.25～0.5mm，相邻汽封片接头处错开 180°；填隙丝接缝处与汽封片接缝处错开位置不小于 30°。

3.3.5.4 AMC – 05 – S、KJDF 型汽轮机喷嘴间隙、隔板汽封间隙、轴封间隙应符合图 1、图 2 及表 9 要求。

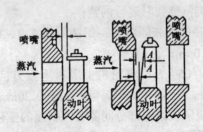

图 1　动静叶间隙

3.3.5.5 CL – 6 型汽轮机通流部分间隙及隔板汽封间隙，轴封间隙应符合图 3 及表 10 要求，迷宫轴封间隙为(0.25±0.15)mm 左右。

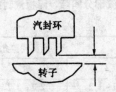

图 2 隔板汽封及轴封间隙

表 9 汽轮机喷嘴间隙、隔板汽封半径间隙、轴封半径间隙

mm

机　　型	AMC－05－S	KJDF
喷　　嘴 间　　隙 A　值	1 级：1.60～1.80 2 级：0.79～1.19 3 级：1.01～1.41	1～6 级：1.40～1.65 7～8 级：2.79～3.05
叶顶密封间隙 隔板汽封间隙 J 值 前轴封间隙 J 值 后轴封间隙 J 值	4～5 级：0.80～1.20 2～5 级：0.15～0.35 0.15～0.35 0.15～0.35	2～8 级：0.17～0.24 0.17～0.24 0.17～0.24

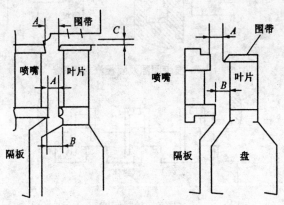

图 3 喷嘴与叶片间隙

591

表 10　汽轮机通流部分间隙、隔板汽封间隙，轴封间隙表

mm

级	通流间隙允许值		
	A	B	C
第一级	0.9~1.2	2.7~3.7	
第二级	0.9~1.2	2.7~3.7	0.55~1.05
第三级	0.9~1.2	2.7~3.7	0.55~1.05
第四级	1.4~1.7	3.2~4.2	0.55~1.05
第五级	2.7~3.7	2.7~3.7	
第六级		3.5~5.0	

3.3.5.6　1130CD36 型汽轮机通流部分间隙及隔板汽封间隙，轴封间隙应符合图 4、图 5 及表 11 要求。

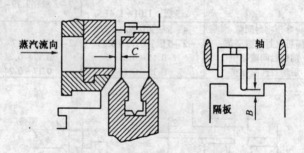

图 4　喷带间隙及隔板汽封间隙

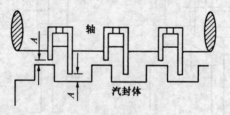

图 5　轴封间隙

3.3.5.7 测量 K801-A 型汽轮机通流间隙，动静叶密封间隙及轴封间隙

表 11 汽轮机通流间隙及隔板汽封直径间隙、轴封直径间隙

mm

机 型	11030CD36
喷嘴间隙 C	1~5 级：0.90~1.60 6~8 级：1.50~2.10
隔板汽封间隙 B	1~2 级：0.50~0.60 3~5 级：0.40~0.60 7 级：0.35~0.65
前轴封间隙 A	1 段：0.30~0.50 2 段：0.35~0.50 3 段：0.40~0.60 4 段：0.50~0.65
后轴封间隙 A	1 段：0.30~0.50 2 段：0.35~0.50 3 段：0.40~0.55

　　a. 将转子推向压缩机侧，测量通流间隙及动静叶密封径向间隙应符合图 6，表 12 要求；

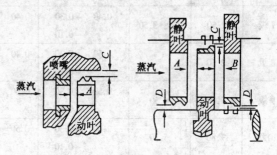

图 6 动静叶片间隙

　　b. 将转子推向压缩机侧，测量静叶密封片轴向间隙应符合图 7，表 13 要求；

593

表 12　汽轮机通流部分间隙及隔板汽封间隙、轴封间隙

mm

位　部	通流间隙		动静叶密封径向间隙	
	A	B	C	D
冲动级	最小 3.5		2.50	
反动 1 级	2.50	最小 3.50	0.40　+0.30 −0.10	0.50　+0.30 −0.10
反动 2 级	2.50	最小 3.50	0.40　+0.30 −0.10	0.40　+0.30 −0.10
反动 3 级	2.50	最小 3.50	0.40　+0.30 −0.10	0.40　+0.30 −0.10
反动 4 级	2.50	最小 3.50	0.40　+0.30 −0.10	0.40　+0.30 −0.10
反动 5 级	2.50	最小 3.50	0.40　+0.30 −0.10	0.40　+0.30 −0.10
反动 6 级	2.50	最小 3.50	0.40　+0.30 −0.10	0.40　+0.30 −0.10
反动 7 级	2.50	最小 3.50	0.40　+0.30 −0.10	0.40　+0.30 −0.10
反动 8 级	2.50		0.50　+0.30 −0.10	0.40　+0.30 −0.10
反动 9 级	2.90	4.30	0.50　+0.30 −0.10	0.50　+0.30 −0.10
反动 10 级	7.80	5.10	2.00　+0.30 −0.10	0.50　+0.30 −0.10
反动 11 级	5.60	12.90	2.20　+0.30 −0.10	0.50　+0.30 −0.10
反动 12 级	3.50		3.10　+0.30 −0.10	0.60　+0.30 −0.10

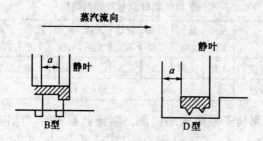

图 7 静叶片顶轴向间隙

表 13 静叶密封片轴向间隙 mm

部 位	1级	2级	3级	4级	5级	6级	7级	8级	9级	10级	11级	12级
间隙 a 值	5.00	4.50	4.50	4.50	4.50	4.50	4.50	4.50	5.00	5.00	5.00	5.00
允许偏差	-0.50~+1.00											

注：1级密封片为 D 型，2-12级密封片为 B 型。

　c. 将转子推向压缩机侧、测量动叶密封片轴向间隙应符合图 8、表 14 要求；

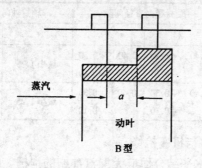

图 8 动叶顶轴向间隙

595

表 14　动叶密封片轴向间隙　　　mm

部　　位	反动1级	反动2级	反动3级	反动4级	反动5级	反动6级	反动7级	反动8级	反动9级
间隙 a 值	3.50	3.50	3.50	3.50	3.50	3.50	3.50	3.50	4.50
允许偏差	$-0.50 \sim +1.00$								

　　d. 将转子推向压缩机侧，测量前后轴封间隙应符合图9、表15。

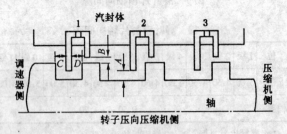

图 9　轴封间隙

表 15　前后轴封间隙　　　mm

部　　位	轴封径向直径间隙		轴封轴向直径间隙	
	A	B	C	D
前轴封 1～6级	0.40　+0.30　－0.10	0.40　+0.30　－0.10	最小 1.25	最小 1.25
后轴封 1～11级	0.40　+0.30　－0.10	0.40　+0.30　－0.10	最小 1.25	最小 1.25

3.3.6　汽缸与机座检修

　　a. 汽缸水平结合面应无漏汽冲刷的沟槽、腐蚀、斑坑、翻边、打伤等缺陷；

b. 在修好缸体水平面的基础上，空缸组合，打入定位销并紧 1/3 螺栓、检查上下缸应无错口现象，用 0.05mm 塞尺检查，应不得塞入汽缸或塞入深度不超过汽缸密封面宽度的 1/3；

c. 缸体应无裂纹，拉筋完好，疏水孔畅通；

d. 喷嘴应无裂纹、卷曲、损伤、冲蚀和盐垢，必要时着色检查。固定喷嘴板的螺钉点焊应牢固，无裂纹；

e. 检查过负荷阀阀头固定螺帽、顶丝，圆销应固定牢靠，阀头与阀座接触良好，拧紧阀座并冲牢；

f. 清扫检查汽缸螺栓、螺母，并作无损检查，必要时可进行金相分析和机械性能试验；

g. 连接汽缸和基础台板挠性支座的螺栓应紧固，排汽端定位杆固定牢固；

h. 对于 K801-A 型汽轮机，喷嘴、导叶和静叶应无裂纹冲蚀、击伤、卷边、锈蚀、结垢等缺陷，必要时作无损检测，喷嘴、喷嘴环各焊缝良好无裂纹，导叶、静叶的叶根和隔离块安装牢靠，围带无裂纹，拉筋和静叶焊接处应牢固；

i. 清扫、检查滑销、测量间隙并调整，各滑销间隙应符合图 10～图 13，表 16 要求；

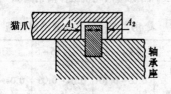

图 10　猫爪间隙

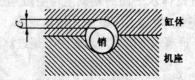

图 11　圆销间隙

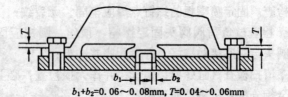

$b_1+b_2=0.06\sim0.08\text{mm}$，$T=0.04\sim0.06\text{mm}$

图 12　前轴承座台板滑销间隙

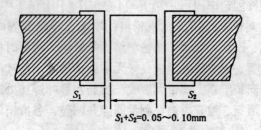

$S_1+S_2=0.05\sim0.10\text{mm}$

图 13　汽轮机缸体滑销间隙

表 16　汽轮机缸体各滑销间隙　　　　　mm

机　　型	K801 – A	AMC – 05 – S	KJDF	11030CD36
缸体滑销侧隙和 (S_1+S_2)	0.05~0.10	0.04~0.06	0.04~0.06	0.06~0.10
缸体猫爪与猫爪销侧隙和 (A_1+A_2)		0.04~0.06	0.04~0.08	0.05~0.08

续表

机　　型	K801－A	AMC－05－S	KJDF	11030CD36
前轴承座台板滑销侧隙和($b_1 + b_2$)	0.06～0.08			0.04～0.06
圆柱横销间隙 C		0.04～0.06		0～0.037

　　j. 检查联接螺栓，丝扣应无损坏，测量螺栓与垫片之间的间隙应符合图 14，表 17 要求；

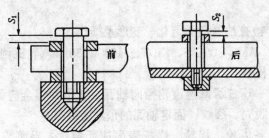

S_1=0.10～0.12mm, S_2=0.10～0.12mm

图 14　汽轮机下壳体支撑螺栓间隙示意图

表 17　汽轮机下壳体支撑螺栓间隙　　　　mm

机　　型	K801－A	AMC－05－S	KJDF	11030CD36	5CL－6
猫爪与前轴承座联系螺栓间隙 $A_1 + A_2$	0.10～0.12	0.07～0.14	0.11～0.21	0.10～0.15	A：2
前轴承座台板与轴承座联系螺栓间隙 S_1	0.10～0.12			0.10～0.15	
后缸下壳体与机座联系螺栓间隙 S_2	0.10～0.12	0.07～0.14		0.10～0.15	B：2 C：2

3.3.7　联轴节检修

同 3.2.10 各条内容。

3.3.8　盘车器检修

a. 齿轮应无毛刺、裂纹、点蚀等缺陷，齿轮啮合正常，其接触面积沿齿高不小于 45%，沿齿宽不小于 60%；

b. 轴颈不应有毛刺、划痕、碰伤等缺陷，安装轴承的轴颈表面粗糙度 R_a 最大允许值为 0.4μm；

c. 检查轴承滚道与滚珠应无斑点，坑疤，接触平滑无杂音；

d. 检查油封应无老化、变形及损伤。

3.3.9　AMC - 05 - S、KJDF、11030CD36 型汽轮机调速器传动机构检修

a. 一、二级减速齿轮径向轴瓦、止推瓦钨金应无磨损、沟槽、脱壳、裂纹，固定轴瓦的顶丝要可靠；

b. 各齿轮、蜗轮、蜗杆表面应无裂纹、毛刺、严重划痕等缺陷；

c. 轴颈、止推盘应无拉毛、划伤等缺陷；

d. 轴颈的圆度及圆柱度不大于 0.02mm；

e. 轴与径向瓦、止推瓦接触应均匀，接触面积不少于 80%；

f. 齿轮和轴固定不松旷，背帽和顶丝不松动，固定牢靠；

g. 齿轮、轴颈着色检查合格；

h. 联轴节应无磨损、松动，安装方向正确，顶丝到位捻牢，联轴节外套窜动应灵活，窜量不小于 3mm；

i. 喷油管及各油路、油管应干净畅通；

j. 测量有关间隙应符合表 18 要求。

表 18　调速器传动机构有关间隙要求　　　　mm

机　　型		AMC－05－S	KJDF	11030CD36
高速轴	径向间隙		0.07～0.15	
	止推间隙		0.25～0.30	
低速轴 （蜗杆轴）	径向间隙	0.06～0.08	0.07～0.15	齿轮端：0.04～0.07 非齿轮端：0.05～0.09
	止推间隙	0.15～0.20	0.25～0.30	0.20～0.40
蜗轮轴	径向间隙	0.06～0.08	0.07～0.15	下端：0.02～0.06 上端：0.03～0.08
	止推间隙	0.15～0.20	0.25～0.30	0.25～0.40
一级齿轮啮合间隙		0.24～0.30		
蜗轮蜗杆啮合间隙		0.24～0.30		0.07～0.11
输入联轴节窜量			3～5	

3.3.10　汽轮机调节系统检修

3.3.10.1　调节阀检修

a. 阀头、阀座密封面应无沟槽、麻点、冲刷痕迹，接触印痕良好；

b. 拉杆应光滑无变形、损伤、结垢、卡涩，拉杆直线度不超过 0.05mm；

c. 弹簧应无裂纹、损伤、歪斜，弹性良好；

d. 汽室接合面应仔细清理干净，无沟痕，确保接合面严密不漏；

e. 提板与汽室盖的结合面的平行度不大于 0.05mm；

f. 拉杆无损检测合格；

g. 测量阀头的行程，应符合表 19 要求。

表19 阀头的行程要求 mm

机 型	K801－A	AMC－05－S	KJDF	11030CD36	5CL－6
1#阀	1±0.10	20±0.10	5.08	11.00	8±0.10
2#阀	10.5±0.20	6.5±0.10	10.41	23.85	0.5±0.10
3#阀	17.0±0.20	11±0.10	15.75	25.15	4.8±0.1
4#阀		16±0.10	19.94		
5#阀		21.0±0.10	28.44		

3.3.10.2　CM调速器检修

a.错油门表面应无划痕、偏磨及毛刺等缺陷，动作灵活无卡涩；

b.油动机活塞及油缸工作表面应平整光滑，无沟槽划痕。活塞杆及衬套表面应光滑，无拉毛、偏磨等缺陷，活塞杆中心油孔应畅通，旋转接头顶丝牢固，接头转动灵活；

c.飞锤滚架、支承架和垫块组件的工作表面，飞锤架支点刃口应无损伤，滑动灵活，飞锤固定螺丝无松动；

d.滚动轴承珠子表面、保持架、内外滚道无损伤、歪斜缺陷；

e.弹簧应无裂纹、歪斜，必要时校测有关尺寸和刚度；

f.调速器进、排油室，油孔道内应无杂物；

g.同步器传动杆应无锈蚀、偏磨，操作自由；

h.手动转动调速器轴，灵活自如，无卡涩现象。

3.3.10.3　K801－A型汽轮机液压调速器检修

a.调速器泵传动齿轮检修同3.3.9之b、c、d、g、i。传动齿轮测间隙为0.14～0.31mm；

b.油泵叶轮应无异常，泵内无杂物，泵的推力抽承间隙为0.15～0.25mm；

c. 油泵轴承检查同 3.3.8 之 c、d;

d. 错油门滑阀及滑阀套工作表面应光滑无裂纹、拉毛、锈蚀等缺陷,滑阀在滑阀套中转动灵活无卡涩,滑阀凸缘和滑阀套窗口刃角应完整;

e. 弹簧应无歪斜、裂纹、损伤,弹性良好;

f. 滚动轴承的滚道、滚珠、保持架应无麻点、锈蚀、裂纹等缺陷,滚珠不松旷,转动无异音;

g. 油动机活塞及缸体工作表面应光滑无拉毛,活塞与缸体接触良好无卡涩;

h. 活塞杆与活塞装配良好不松动,球接头接合面转动灵活无咬毛痕迹,反馈圆锥面光滑无损伤;

i. 测量错油门重叠度和油动机工作行程应符合要求;

j. 所有部件的滑动部分工作面应无卡涩,工作灵活稳定,各固定连接处牢靠紧固;

k. 各油路干净畅通。

3.3.10.4 AMC – 05 – S 型、11030CD36 型汽轮机 PG – PL 调速器及油动机检修

a. 运行中如发现有转速波动较大或调节迟缓,卡涩等现象时,必须将 PG – PL 调速器进行全面解体清洗检查,按说明书核对并调整各部件之间的间隙,复装后应在调试台上进行调试,合格后方能再次使用;

b. 油动机检修同 3.3.10.3 之 d、g、h、i、j、k。

3.3.10.5 5CL – 6 型 505 电液调速器检修,运行中如发现有转速波动、调节迟缓、卡涩现象时,应将调速器进行全面解体检查,按说明书核对调整各部件间隙。安装后应在调试台上进行调试,合格后方能再次投用。

3.3.11　汽轮机保安系统检修

3.3.11.1　KJDF、AMC – 05 – S 型汽轮机主汽阀检修

a. 检查轴承内外滚道、滚珠、滚针磨损情况；

b. 丝杆、丝母应无毛刺、变形；配合适宜，灵活自如；丝杆键固定牢固，与键槽配合适宜，无挤压变形；

c. 驱动手轮固定可靠，无轴向窜动，旋转灵活；

d. 弹簧无裂纹、扭曲变形，挂钩刃口平整，接合严密、可靠；

e. 所有传动轴与轴孔连接无松旷现象；

f. 阀头、阀座密封面应无冲刷、沟痕、接触良好；

g. 阀座固定牢固，预启阀在行程内灵活无卡涩，点焊部位无裂纹等缺陷；

h. 校核预启阀的开度；

i. 平衡活塞工作面应平整光滑，无划痕和偏磨现象，测量直径间隙应符合要求；

j. 阀杆和密封套工作面应平整光滑，无偏磨现象、其直径间隙为：AMC – 05 – S 型 0.10 ~ 0.13mm，KJDF 型 0.07 ~ 0.11mm；

k. 阀杆的直线度不大于 0.05mm，阀杆端部丝扣完好，与连接件配合适宜；

l. 滤网和外壳之间的径向、轴向膨胀间隙不小于 1.0 ~ 1.5mm。滤网状态良好无损坏堵塞现象；

m. 油动缸弹簧完好无裂纹、扭曲，活塞环完好无划痕、沟槽和损坏等缺陷，测定活塞环与活塞配合间隙及开口间隙应符合要求，不装弹簧，检查活塞在全行程内应无卡涩现象。

3.3.11.2 K801－A 型和 11030CD36 型汽轮机主汽阀检修

a. 大、小阀头和阀座密封面应无沟槽、锈蚀和斑点等缺陷，并接触良好；

b. 阀杆应无拉毛、变形、裂纹及磨损等缺陷，其直线度不大于 0.05mm；

c. 弹簧应无裂纹、变形、损伤、歪斜，弹性良好；

d. 阀盘、活塞与油缸工作表面应光滑无拉毛、锈蚀；阀盘和活塞在行程内移动灵活不卡涩；

e. K801－A 型主阀行程为 36.5～37.5mm，副阀行程为 4.5～5.5mm；

f. 油室、汽室内应清洁、无杂物，油孔、汽水孔应畅通，接头不泄漏。

3.3.11.3 KJDF、K801－A 型汽轮机危急保安器和危急遮断油门检修

a. 危急保安器弹簧应无裂纹、歪斜，端面平整，螺栓应无咬伤、毛刺、端部磨损等缺陷；飞锤头部应无麻点、损伤。在槽内应能灵活滑动；固定螺钉牢固可靠；

b. 危急遮断油门滑阀头与阀套口应光滑无沟痕，接合面严密不漏，滑阀不弯曲、偏磨，动作灵活不卡涩，弹簧应无裂纹、损伤、歪斜，弹性良好；

c. 测量危急跳闸装置安装间隙应符合图 15、图 16 要求。

3.3.11.4 11030CD36 型汽轮机危急保安器检修

a. 安全油密封浮环内表面应光滑、无毛刺、磨痕等缺陷，浮环直径间隙为 0.03～0.04mm；

b. 危急保安器飞锤泄油口应光滑无沟痕，接合面严密不漏，飞锤动作灵活不卡涩，与飞锤套配合间隙为：中部 0.08～0.09mm，两端 0.05～0.07mm，飞锤弹簧应无裂纹、损伤、歪斜、弹性良好；

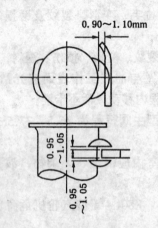

图15　危急保安器间隙

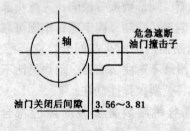

图16　危急保安器间隙

　　c.危急保安器各部位顶丝应无松动，捻冲可靠。

3.4　增速箱的检修与质量标准

3.4.1　箱体检修

a. 箱盖与箱体的结合面应平整光滑，安装箱盖完毕，用 0.05mm 塞尺检查中分面，插入深度不超过箱壁厚度的 1/3；

b. 测量箱体的水平度，其横向水平度不大于 0.10mm/m，纵向水平度不大于 0.05mm/m；

c. 箱盖与箱体不应有裂纹；

d. 齿轮油喷嘴位置应正确、无堵塞。

3.4.2　齿轮的检修

a. 宏观检查转子，齿面不应有毛刺、裂纹、锈蚀、伤痕等缺陷；

b. 检查齿啮合情况，接触面积沿齿宽方向大于 85%，沿齿高方向大于 55%；

c. 测量啮合间隙，顶间隙为 $0.2 \sim 0.3 m$（m 为法向模数），单侧间隙为 $0.36 \sim 0.48$mm；

d. 测量两齿轮的相对窜量应为 $0.51 \sim 0.99$mm，两齿轴中心距偏差不大于 0.05mm；

e. 轴承轴颈不应有毛刺、划痕、碰伤等缺陷，表面粗糙度 R_a 最大允许值为 $0.4\mu m$；

f. 轴承轴颈的圆度和圆柱度不大于 0.02mm；

g. 齿轮和轴颈做着色检查；

h. 必要时，齿轮做动平衡校验。低速动平衡精度为 ISO 1940 G0.4 级。

3.4.3　轴承的检修

a. 椭圆瓦钨金表面不应有裂纹、偏磨夹渣、烧损、碾压和沟槽等缺陷；

b. 上、下瓦背与瓦座的接触面积应为：上瓦大于 40%，下瓦大于 50%，瓦与轴颈的接触角为 60°~70°；

  c. 瓦中分面应平整光滑，将上下瓦合在一起中分面应无间隙；定位销不旷动，瓦壳不错位；

  d. 瓦背紧力应为 0.02~0.05mm；

  e. 径向轴承间隙为：大齿轮 0.36~0.41mm，小齿轮 0.33~0.38mm，大齿轮推力间隙为 0.35~0.60mm。

3.4.4 联轴节检修

  同 3.2.10 各条内容。

3.5 机组轴系对中

3.5.1 对中使用的百分表精度应可靠，指针稳定，无卡涩，表架重量轻，刚性好，表架及百分表固定牢靠。

3.5.2 对中过程中盘车应均匀稳定，盘车方向保持一致。

3.5.3 调整垫片宜采用不锈钢片，垫片应光滑平整，无毛刺，垫片最多不超过 3 层。

3.5.4 找正完毕后所有顶丝处于放松状态。

3.5.5 机组冷态对中要求：冷态对中允许误差为径向 ±0.03mm、轴向 ±0.01mm。

3.5.5.1 美荷型机组对中要求：见图 17。

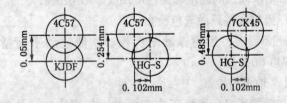

图 17　美荷型机组对中要求

3.5.5.2 日 I 型机组对中要求：见图 18。

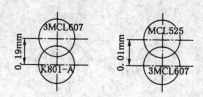

图 18　日Ⅰ型机组对中要求

3.5.5.3　法型机组对中要求见图 19，日Ⅱ型机组对中要求见图 20。

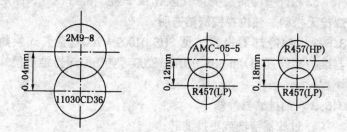

图 19　法型机组对中要求　　　图 20　日Ⅱ型机组对中要求

3.5.5.4　法型机组对中要求：外圆上下冷态时压缩机比汽轮机高 0.10～0.15mm，左右要求为 ±0.01mm，端面要求为 ±0.01mm。

3.5.5.5　三菱广岛型机组对中要求：单表法找正，对中要求值见图 21。

3.6　油系统设备检修

3.6.1　油箱清洗检查

a. 油箱内经清洗后应无油垢、焊渣、胶质等杂质，箱内防腐层无起层、脱落现象。焊接件不变形，固定牢靠；

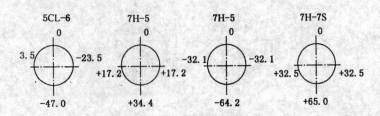

图 21 三菱广岛型机组对中要求

    b. 箱内加热器完好无泄漏；

    c. 箱外壁防腐层完好，人孔盖平整、密封良好，固定螺栓无松动。油位视镜清洁透明。

3.6.2   油冷却器检修，见 SHS 01009—2004《管壳式换热器维护检修规程》和 SHS 01010—2004《空气冷却器维护检修规程》。

3.6.3   油过滤器检修

    a. 过滤器清洗或更换滤芯；

    b. 筒体及各连接密封处、焊缝等部位完好无泄漏；

    c. 各密封垫圈应无老化或损坏；

    d. 防腐层完整，各连接螺栓紧固。

3.6.4   蓄压器检修

    a. 蓄压器胶囊经氮气试压应严密无泄漏；

    b. 筒体、密封处、接管及焊缝应无裂纹、变形、泄漏等缺陷；

    c. 筒体壁防腐，地脚螺栓紧固。

3.6.5   清洗检查润滑油高位槽，密封油高位槽，各连接管及密封处应无泄漏，地脚螺栓紧固。

3.6.6   清洗检查污油收集器(捕集器)，内置浮球完好，无破损、排液阀严密、动作可靠。排油管调节阀无内漏，调节动作正确。

3.6.7 润滑油泵、冷凝水泵、表面冷凝器与抽气器等设备的检修参见 SHS 01001～01036—2004《通用设备维护检修规程》及 SHS 01009—2004《管壳式换热器维护检修规程》和 SHS 01010—2004《空气冷却器维护检修规程》等规程。

3.6.8 安全阀、压力表及温度指示整定校验合格。

4 试车与验收

4.1 试车准备

4.1.1 机组按检修方案检修完毕，检修记录齐全，质量符合本规程要求。检修场地及设备整洁。

4.1.2 所有压力表、温度计、液面计、测速测振探头、温度、压力、液位报警等仪器、仪表及有关联锁调校完毕。

4.1.3 油箱油质合格，油位正常，系统冲洗循环符合要求。

4.1.4 水、电、汽、仪系统具备试车条件，蒸汽冷凝系统真空试验合格。

4.1.5 汽轮机调速系统静态调试合格。

4.1.5.1 5CL-6 型汽轮机调速系统整定按以下程序进行

在 E/H 执行机构和调节阀之间调节：应在脱扣和节流阀完全关闭时进行，润滑油泵工作提供控制油。

a. 信号发生器 31mA 信号输入到执行机构，调节油动缸上方可调松紧螺旋扣"K"到调节阀零升程；

b. 用信号发生器 147.9mA 输入到 E/H 执行机构，确认调节阀"C"最大升程 17.5mm，执行机构"D"最大升程 58.0mm；

c. 用信号发生器 31mA 信号输入到执行机构，确认执行机构"D"最大升程 5mm，调节阀"C"的最大升程 – 2.2mm；

d. 冷态状态下检查下列各项

E/H 执行机构升程 　　　　　　　　调节阀升程

"D" = 5.0mm 　　　　　　　　　　"C" = – 2.2mm

"D" = 58.0mm 　　　　　　　　　　"C" = 17.5mm

4.2　　汽轮机单体试车，严格执行汽轮机单体试车操作规程。

4.2.1　　记录临界转速值及调速器最低工作转速值。KJDF 型为 5500r/min，K301 – A 型为 7225r/min，AMC – 05 – S 型为 8475r/min，11030CD36 型为 7400r/min，5CL – 6 型为 7273r/min。仔细检查调节系统和配汽机构应无卡涩、摩擦和抖动现象，转速应平稳上升和下降。

4.2.2　　保安系统的检查和试验

a. 用超速试验装置将转速升至脱扣转速：KJDF 型为 7604~7739r/min，k801 – A 型为 9800r/min，AMC – 05 – S 型为 12090r/min，11030CD36 型为 11890r/min，5CL – 6 型为 9882r/min。此时主汽阀动作，汽轮机跳车，如不符合上述转速范围(或超过额定转速的 1.5%)应重新整定，再作脱扣试验，直至合格；

b. 超速一般进行 2 次，两次误差值不应超过额定转速的 1.5%，若超差则应重新调整、试验。重作超速脱扣试验时，汽轮机转速降至脱扣转速的 90% 以下时，方可重新挂闸，以免损坏设备。

4.2.3　　打闸停车后，记录转子惰走时间。

4.2.4　　汽轮机停车

正常停机后，油泵应连续循环至少 12h，回油温度降至

40℃以下停泵，停机后应关闭蒸汽切断阀、排汽阀、汽封抽气器。打开蒸汽导淋、疏水阀等，排净积水，以防止或减轻设备腐蚀。

4.3　机组联动试车

4.3.1　试车准备

a. 汽轮机单试合格后，装好汽轮机和压缩机之间的联轴节；

b. 压缩机各段间冷却器引水，排尽空气并投入运行；

c. 压缩机出口单向阀完好，动作灵活；

d. 管道盲板拆除，出口阀关闭，防喘振阀全开。

4.3.2　压缩机置换与充压合格。

4.3.3　压缩机的启动与升速，按操作规程执行。

a. 机组每个升速阶段以及运行中，都要进行全面检查和调整并做好记录；

b. 压缩机升压过程中，各段压力比和升压速度应按制造厂规定进行。

4.3.4　机组停车

a. 压缩机在降压减量过程中，应避免发生喘振；

b. 按机组升速曲线的逆过程，将汽轮机转速降至500r/min，打闸停机。停稳后，立即启动盘车器盘车。

4.4　验收

4.4.1　按检修方案所列内容检修完毕，质量符合本规程要求。

4.4.2　单机、联动试车正常，主要操作指标达到铭牌要求，设备性能满足生产需要。

4.4.3　检修后设备达到完好标准。

4.4.4 满负荷正常运转 72h 后，办理验收手续，正式移交生产。

5 维护与故障处理

5.1.1 机组应按关键设备要求进行"机、电、仪、操、管"五位一体特级维护。

5.1.2 操作人员和机、电、仪维修人员按规定的时间、路线认真做好巡回检查和维护工作，掌握机组运行情况，按时填写运行记录，记录做到准确、齐全、整洁。检查内容应不少于以下各项，对有运行隐患的部位要加强检查。

　　a.汽轮机和压缩机及其附属系统、真空系统的运行参数，各部位的压力、温度、流量、液位、转速等；

　　b.机组油系统各部压力、温度、油流、油位等；

　　c.机组各径向、止推轴承的振动、轴位移、声音、轴承温度；

　　d.机组各设备动、静密封点泄漏情况；

　　e.设备和管道振动、保温情况及正常疏、排点的排放情况；

　　f.机组仪表指示情况；联锁保安系统部件工作情况及动作情况，电气系统及各信号装置的运行情况；

　　g.机组设备的整洁情况；

　　h.机组设备的保温防冻、防腐措施情况。

5.1.3 严格按操作规程开停机组，禁止超温、超压和超负荷运行。

5.1.4 对机组进行状态监测和故障诊断，提倡配备在线状态监测系统，做好分析记录和故障诊断报告存档。

5.1.5 按润滑管理规定，合理使用润滑油，定期分析、过滤和补充，对于达到更换标准的润滑油要及时更换。

5.1.6 机组设备应保持零部件完整齐全，指示仪表灵敏可靠，及时清扫，保持清洁。

5.1.7 机组常见故障与处理见表20。

表20 机组常见故障与处理

序号	故障现象	故障原因	处理方法
1	油温过高	进口油温度高	检查油冷器,加大冷却水量,管束除垢
		轴瓦磨损或间隙偏小	检查轴瓦
		油质不符合要求	换油
2	油压过低	油泵故障	切换油泵
		入口滤网或过滤器堵塞	检查清洗油过滤器过滤网,更换滤芯
3	机组振动	转子不平衡	转子做动平衡
		机组不对中	重新找正
		转子和汽封摩擦;管道有应力	检查汽封;调整管道
		压缩机喘振;机壳积液	避开喘振区;定期排液
		轴瓦损坏,油膜失稳	更换轴瓦;检查供油压力、温度、瓦尺寸
		轴瓦盖或地脚螺栓松动	紧固螺栓
4	冷凝器真空度下降	真空系统泄漏	查漏
		抽气压力过低	提高抽汽压力
		冷却水量不足	增加冷却水量
		液位过高	开冷凝液辅泵、降低液位
		冷液器结垢或污物堵塞	检查冷凝器水侧,除垢

续表

序号	故障现象	故 障 原 因	处 理 方 法
5	压缩机排气温度高	段间冷却器效率低	加大冷水量,清洗冷却器
6	密封油耗量增大,油位降低	浮环磨损或机械密封磨损 油气压差失调 污油收集器故障	更换浮环或机械密封 调整油气压差 拆检污油收集器

附 录 A
汽轮机主要性能及参数
(补充件)

型 号	K801－A	AMC－5－S	KJDF(B厂)	11030CD36	5CL－6
制 造 厂	日本富士机电	日本石川播磨	美国迪拉瓦公司	法国索热厂	三菱广岛机器
型 式	反动蒸汽式	中压冷凝式	中压冷凝式	中压冷凝式	中压冷凝式
级 数	13	5	8	7	6
正常转速/(r/min)	8500	10350	6700	10295	8217
最大连续转速/(r/min)	8925	11200	7035	10810	8984
一阶临界转速/(r/min)	13995	5900	4020	6400	5150
二阶临界转速/(r/min)		15000	8160	17100	16700
脱扣转速/(r/min)	9800	12090	7604～7793	11890	9882
功率/kW	6770	6700	9650	3790	7962
进口蒸汽温度/℃	368	365	321	390	385
进口蒸汽压力/MPa	4.04	3.8	3.83	3.7	4.2
排汽温度/℃	50	50	50	50	53.5
排汽压力/MPa	0.0166(绝)	0.015(绝)	0.015	0.016	0.0126
主汽阀流量/(kg/h)	27700	24640	47000	43170	36980
径向轴承形式	五油楔可倾瓦	五油楔可倾瓦	五油楔可倾瓦	三油楔可倾瓦	五油楔可倾瓦
止推轴承形式	金斯伯雷型	金斯伯雷型	金斯伯雷型	金斯伯雷型	金斯伯雷型
调速器形式	液压调速器	PG－PL	"CM"型	PG－PL	DG－505
联轴器形式	齿式联轴节	隔膜联轴节	齿式联轴节	齿式联轴节	膜片式联轴节

附 录 B
H型厂压缩机主要性能及参数
（补充件）

使 用 厂	H I 型厂		H II 型厂		三菱广岛机器	
压缩机型号	3MCL607	MCL525	R457	R457	7H-7S	7H-5
制造厂	日立制作所	日立制作所	石川岛播磨	石川岛播磨	三菱广岛机器	三菱广岛机器
叶轮级数	7	7	7	7	7	5
压缩介质	氨气	氨气	氨气	氨气	氨气	氨气
转速/(r/min)	8370	8370	10350	10350	8217	8217
第一临界转速/(r/min)	4800	4900	4100	4700	3500	4550
第二临界转速/(r/min)			16300	16300	11500	13800
轴功率/kW	3238	2562	1150	3780	6462	6462
入口流量/(kg/h)	一段 26311 二段 47632	57048	10403	36930	一段 20214 二段 24369	63567
进口分子量	17.032	17.032	17	17	17.03	17.03
入口温度/℃	一段 17.8 二段 21	37.2	38	38	-33.3	27.2
入口压力/MPa	一段 0.20 二段 0.41	0.87	0.08	0.41	0.098	0.244
出口温度/℃	一段 46 二段 105	113	130	190	35.7	130.6
出口压力/MPa	一段 0.41 二段 0.94	1.85	0.41	1.72	0.244	1.726
叶轮外径/mm	600	520	500	500		
止推轴承型式	金斯伯雷型	金斯伯雷型	金斯伯雷型		金斯伯雷型	金斯伯雷型

续表

使 用 厂	日Ⅰ型厂		日Ⅱ型厂		三菱广岛机器	
径向轴承型式	五油楔 可倾瓦	五油楔 可倾瓦	五油楔 可倾瓦	五油楔 可倾瓦	五油楔 可倾瓦	五油楔 可倾瓦
轴封型式	浮环 密封	浮环 密封	浮环 密封	浮环 密封	浮环 密封	浮环 密封
联轴节型式	齿式 联轴节	齿式 联轴节	刚性 联轴节	刚性 联轴节	膜片式 联轴节	膜片式 联轴节

附 录 C
美荷型、法型厂压缩机主要性能及参数
（补充件）

使 用 厂	美荷型厂		法型厂
压缩机型号	4C57	7CK45	2M9 - 8
制造厂	迪拉瓦公司	迪拉瓦公司	DRESSR(法)
叶轮级数	4	7	8
压缩介质	氨气	氨气	氨气
转速/(r/min)	6700	8900	10295
第一临界转速/(r/min)	4075	2075	4400
第二临界转速/(r/min)	8550	8725	13000
轴功率/kW	1763	7668	3790
入口流量/(kg/h)	30056	51440	一段 24221 二段 50793
进口分子量	17	17	17
入口温度/℃	- 32.2	107	一段 - 7 二段 4

续表

使 用 厂	美荷型厂		法型厂
人口压力/MPa	0.10	一段 0.33 二段 0.70	一段 0.21 二段 0.38
出口温度/℃	66.1	133	166.5
出口压力/MPa	0.33	1.90	1.85
叶轮外径/mm	806.6	641.35(1.2级) 其余 635	457.2(1.2级) 其余 508
止推轴承型式	金斯伯雷型	金斯伯雷型	金斯伯雷型
径向轴承型式	筒型五油 楔可倾瓦	筒型五油 楔可倾瓦	五油楔 可倾瓦
轴封型式	机械密封	机械密封	机械密封
联轴节型式	齿式联轴节	齿式联轴节	齿式联轴节

附 录 D
美荷型厂增速箱技术特性及参数
（补充件）

型 号	HG – SPECIAE	
制造厂	迪拉瓦公司	
转速/(r/min)	大齿轮:6700	小齿轮:8900
齿 数	大齿轮:97	小齿轮:73
模数/mm	大齿轮:3.60	小齿轮:3.60
齿面硬度/HB	大齿轮:252~302	小齿轮:341~388
齿轮直径/mm	大齿轮:401.1	小齿轮:301.9

续表

轴径/mm	大齿轮:127	小齿轮:114.3
传递功率/kW	6789	
增速比	1.3286:1	
径向轴承型式	椭圆瓦式	
联轴器型式	双键齿式联轴器	

附加说明：

1 本规程由洞庭氮肥厂负责起草，起草人 蔡钟、陈飞鹏（1992）。

2 本规程由巴陵分公司负责修订，修订人 陈飞鹏、徐翕根（2004）。

18. 汽提法二氧化碳压缩机组
维护检修规程

SHS 05018—2004

目　次

1　总则 ……………………………………………（624）

2　检修周期与内容 …………………………………（625）

3　检修与质量标准 …………………………………（628）

4　试车与验收 ………………………………………（659）

5　维护与故障处理 …………………………………（661）

附录 A　主要技术特性(补充件)……………………（664）

1 总则

1.1 主题内容与适用范围

1.1.1 主题内容

本规程规定了汽提法大型尿素装置二氧化碳压缩机组的检修周期与内容、检修与质量标准、试车与验收、维护与常见故障处理。

健康、安全和环境(HSE)一体化管理系统,为本规程编制指南。

1.1.2 适用范围

本规程适用于汽提法大型尿素装置二氧化碳压缩机组,详见表1所列机型的离心式压缩机及汽轮机。

表1 适用机型

名 称	压缩机	汽轮机	增速箱
机 型	2MCL607	ZUDEK1100	GN – 25
	2MCL527	9095ECD68	
	2MCL456	ENK40/45/60	
	2BCL306	ENK32/36/48	TRL25
	2BCL306A		

1.2 编写修订依据

随机资料

大型化肥厂汽轮机离心式压缩机组运行规程,中石化总公司与化工部化肥司1988年制订

HG 25782—98 二氧化碳压缩机组(K101/DST101)维护检修规程,化工部1998年编制

2 检修周期与内容

2.1 检修周期

各单位可根据机组运行状态择机进行项目检修，原则上在机组连续累计运行 3～5 年安排一次大修。

2.2 检修内容

2.2.1 项目检修

根据机组运行状况和状态监测与故障诊断结论，参照大修部分内容择机进行修理。

2.2.2 压缩机大修

a. 复查并记录各有关数据；（增速箱及汽轮机同样）

b. 解体检查径向轴承和止推轴承，测量并调整轴承间隙及瓦背紧力；

c. 检查止推盘，测量端面圆跳动；

d. 检查调整油封间隙；

e. 检查、清扫轴承箱；

f. 检查、清洗联轴节及其供油管线、喷油嘴，对连接螺栓、螺母及中间接筒做无损检测；

g. 检查、清洗干气密封系统；

h. 检查转子窜量，调整并保证叶轮与隔板流道对中。检查轴颈圆度、圆柱度及粗糙度并做相应修理；

i. 解体压缩机，检查内件；

j. 检查、测量转子各部位的径向圆跳动和端面圆跳动，做无损检测，必要时转子做动平衡校验或更换转子；

k. 检查、调整各迷宫密封间隙；

l. 检查转子静电接地电刷磨损情况，测量接地电阻；

m. 高压螺栓无损检测；

n. 检查、调整滑销系统；

o. 检查、上紧各部紧固件；

p. 调校各振动探头和轴位移探头，检查、调整联锁、报警信号和其他仪表装置；

q. 检修、调校安全阀；

r. 清洗、检查润滑油系统(包括油冷却器)；

s. 解体检修润滑油泵；

t. 清扫、检查气体冷却器、入口过滤器和各止回阀；

u. 检查、调整管道、阀门及弹簧支(吊)架；

v. 壳体外防腐。

w. 复查并调整机组各轴系对中。

2.2.3　增速箱大修

a. 检查齿轮齿面的啮合及磨损情况，测量啮合间隙；

b. 轴颈及齿面无损检测；

c. 检查轴承，测量并调整轴承间隙及瓦背紧力；

d. 检查止推盘磨损情况，测量端面跳动；

e. 检修油封；

f. 检查测量轴承部位轴颈圆度、圆柱度、粗糙度，必要时对轴颈表面进行修整；

g. 清扫增速箱体及油路；

h. 紧固各连接螺栓；

i. 检查联轴节同 2.2.2.f，调整对中。

2.2.4　汽轮机大修

a. 解体检查径向轴承和推力轴承，测量并调整轴承间隙及瓦背紧力；

b. 检查、测量轴承部位轴颈圆度、圆柱度和粗糙度，必要时对轴颈表面进行修整；

c. 检查止推盘，测量端面圆跳动；

d. 检查调整油封间隙；

e. 检查、清扫轴承箱；

f. 检查、清洗联轴节同 2.2.2.f，调整对中；

g. 检查转子窜量，调整并保证叶轮与喷嘴的最佳间隙；

h. 解体检查内件，测量通流部分间隙；检修汽封，测量间隙；

i. 转子轴颈、推力盘、喷嘴、叶片、叶根、拉金、围带、铆钉着色检查，必要时转子做动平衡校验；

j. 检查转子静电接地电刷磨损情况，测量接地电阻；

k. 缸体应力集中部位着色检查，高压螺栓无损检测；

l. 检修、调试调速和保安系统，测量有关间隙及尺寸；

m. 检查、调整滑销系统；

n. 检查、上紧各部紧固件；

o. 调校各振动探头和轴位移探头，检查、调整联锁、报警信号和其他仪表装置；

p. 检修、调校安全阀；

q. 检查、调整主轴至调速器的减速机构；

r. 清扫、检查高、中压调速汽门操作机构；

s. 清扫、检查危急遮断油门，测量轴位移凸台及危急保安器动作间隙；

t. 检查主汽阀、注汽阀、抽汽逆止阀的动作情况；

u. 解体检修冷凝液泵；

　　v. 调速系统静态调校；

　　w. 盘车器解体检查；

　　x. 清扫、检查凝汽器、主、辅抽汽器及抽汽冷却器；

　　y. 检查、调整管道、管件及支、吊架；

　　z. 完善保温。

3　检修与质量标准

3.1　修前准备

3.1.1　据机组运行情况、状态监测及故障诊断结论，进行危害识别、环境识别和风险评估，按照 HSE 管理体系要求编制检修方案。

3.1.2　备齐所需的备件及材料，并附有质量合格证或检验单。

3.1.3　备好所需的工器具及校验合格的量具。

3.1.4　起重机具及绳索按起重机械的有关规定检验，动、静负荷试验合格。

3.1.5　备好零部件的专用放置措施。

3.1.6　备好空白的检修记录表

3.1.7　做好安全与劳动保护各项准备工作。

3.1.8　检修应具备的条件

　　a. 汽轮机缸体温度低于 120℃方可拆除缸体保温；

　　b. 停机后连续油循环至缸体温度低于 80℃，回油温度低于 40℃，停油泵，排空高位油槽；

　　c. 机组与系统隔离，符合安全要求，电源切除，安全措施落实；

　　d. 办好工作票，做好交接工作。

3.2　拆卸与检查

3.2.1　拆卸严格按程序进行，使用专用工具，严禁生拉、硬拖及铲、打、割等野蛮方式施工。

3.2.2　拆卸零件时，做好原始安装位置标记，确保回装质量。

3.2.3　拆开的管道和设备孔口要及时封闭。

3.2.4　压缩机的拆卸程序

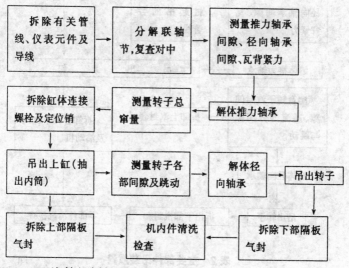

3.2.5　汽轮机拆卸程序(见下页)

3.2.6　吊装

3.2.6.1　根据部件的重量和技术要求设计、准备好起重设备机具和索具，钢丝绳扣必须有塑料或橡胶保护套。主要部件吊装质量见表2。

3.2.6.2　起重设备、机具和索具要检验合格，严禁超载。

629

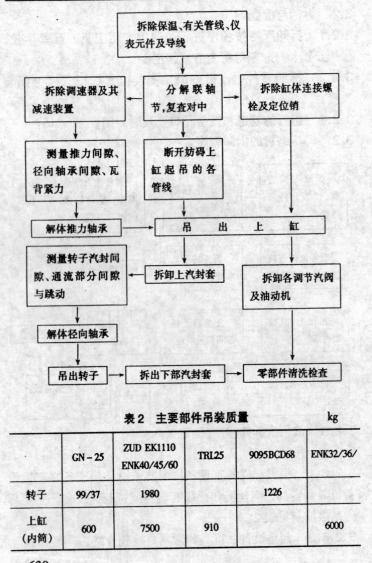

表2　主要部件吊装质量　　　　　　　　kg

	GN－25	ZUD EK1110 ENK40/45/60	TRI25	9095BCD68	ENK32/36/
转子	99/37	1980		1226	
上缸（内筒）	600	7500	910		6000

	2MCL607	2MCL456	2MCL527	2BCL306	2BCL306A
转子	1510	900	900	185	182(九江 140)
上缸 （内筒）	2900	7000	5500	1538	1600 （九江 5000）

3.2.6.3　拴挂绳索时，应保护吊件不受损伤，放置稳固。

3.2.6.4　拆下的零部件用煤油清洗、压缩空气吹扫，精密零件用绸布揩净，涂上干净的工作油。

3.2.6.5　对拆下的零部件加标记，定位摆放，采取适当防护措施，严防变形、损坏、锈蚀、错乱和丢失。

3.2.7　组装

3.2.7.1　组装前零部件经清洗、风干并检查达到要求。

3.2.7.2　组装按上述拆卸相反的程序进行。

3.2.7.3　机器扣盖前，须经技术负责人检查确认签字。缸内检修项目完成、符合质量标准、记录齐全准确、异物全部取出，方可扣盖。扣盖前，压缩机及轴承箱外盖中分面要求用丙酮清洗干净后均匀涂抹 704 硅橡胶密封；汽轮机中分面要求用丙酮清洗干净后，用精炼制配好的干净亚麻仁油、或铁锚 604 密封胶(中压机组用)、MF－Ⅰ型汽缸密封脂均匀涂抹在中分面上。当气缸中分面自然扣合间隙超大时，可在亚麻仁油中添加石墨粉、铁粉等添加剂或采用 MF－Ⅱ、Ⅲ增稠型汽缸密封脂。

3.2.8　油系统清洗

机组检修封闭后，应按照油系统循环清洗方案循环清洗。如入口管道检修过，应在轴承及调节系统前加过滤网。

循环系统要避免死角，油温不低于40℃，回油口以200目过滤网检查肉眼可见污点不多于3个为合格。循环清洗结束后抽拆轴承检查。

3.3 压缩机检修

3.3.1 径向轴承

a. 瓦块和巴氏合金层无脱壳、裂纹、夹渣、气孔、烧损、沟槽、碾压和偏磨等缺陷；

b. 瓦块与瓦壳接触面光滑、无严重磨损，防转销及销孔无磨损、整劲、顶起现象；

c. 可倾瓦轴承，瓦块与轴承体的接触面光滑，瓦块摆动自如，同一组瓦块厚度差不大于0.015mm；轴承体和轴承压盖间的预紧力为0～0.02mm。

d. 椭圆瓦轴承，瓦与轴颈接触均匀，接触角为60°～70°。

e. 轴承及油挡间隙见表3；

表 3　轴承及油挡间隙　　　　　　　　　mm

	2MCL607	2MCL527	2MCL456	2BCL306	2BCL306A
轴承顶间隙	0.14～0.177	0.16～0.207	0.16～0.207	0.12～0.153	0.100～0.135
油档间隙 （直径）	0.20～0.30 （美、法） 0.42～0.65 （日）	0.20～0.25	0.25～0.40	0.2～0.3 0.40～0.50 （南化）	0.30～0.35

f. 剖分面严密、无错口，瓦壳就位后，与座孔贴合严密，与轴承座的均匀接触，接触面积不小于80%，下瓦与瓦座的中分面平齐；

g. 轴承盖定位销不错位，接合面密实无间隙；

h. 轴承体油孔吻合、干净畅通；

632

i. 油档无严重磨损、巴氏合金无脱落。

3.3.2 止推轴承

3.3.2.1 瓦块

a. 巴氏合金无脱落、烧损、裂纹、碾压等缺陷，无严重磨损及划痕；

b. 各瓦块与止推盘应均匀接触且接触面积应占瓦块面积的 70% 以上；

c. 同组瓦块的厚度差不大于 0.01mm；

d. 背部承力面光滑平整。

3.3.2.2 水准块、基环

a. 各接触部位光滑，无凹坑、压痕；

b. 基环中分面应密合，自由状态下间隙不大于 0.03mm；

c. 支承销与相应的水准块销孔无磨损、卡涩现象，瓦块、水准块摆动自如。

3.3.2.3 定位板光滑平整、不偏摆，厚度差不大于 0.01mm，两平面平行度偏差不大于 0.02mm。

3.3.2.4 止推盘

a. 表面光滑无磨痕、沟槽，表面粗糙度 R_a 的最大允许值为 0.4μm；

b. 端面圆跳动不大于 0.015mm。

3.3.2.5 油挡无严重磨损、巴氏合金无脱落，防转销牢固可靠；

3.3.2.6 瓦壳

a. 无变形、扭曲、错口，水平面接合严密无间隙；

b. 外壳内表面无压痕；

　　c. 油孔畅通，位置正确。

3.3.2.7　止推轴承间隙见表 4。

3.3.2.8　轴承盖

　　a. 定位销不松动、蹩劲；

　　b. 水平中分面严密贴合，压盖不错口。

3.3.2.9　轴位移指示器测得的转子窜量须与机械测量的数值相符。

表 4　止推轴承间隙　　　　　　　　mm

机　型 部　位	2MCL607	2MCL456 2MCL527	2BCL306 2BCL306A
轴承间隙	0.25～0.35	0.25～0.35	0.25～0.30(九江 0.35)

3.3.2.10　轴承箱油口干净、畅通。

3.3.3　压缩机干气密封

3.3.3.1　测量拆装前后密封端面至机壳端面的距离，检验密封安装是否到位。

3.3.3.2　检查干气密封组件：将密封夹头放置在平台上，松开固定板和沉头螺钉，检查密封定子的自由旋转情况和轴向移动情况，应保证两者灵活自如，检查完好后装回固定板和沉头螺钉。

3.3.3.3　机壳装密封处的圆柱度不大于 0.10mm。

3.3.3.4　将安装密封的部位清洗干净。

3.3.3.5　检查孔边缘和轴、机壳的台阶应无毛刺。

3.3.3.6　动静环工作面应光滑，无磨痕和轴向沟槽，工作面表面粗糙度 R_a 不大于 0.6μm。

3.3.3.7　检测动环与衬套定位台阶及动环与其座的接触情

况，配合面应呈一实心的接触圈，其接触面积至少应达85%。

3.3.3.8　检查静环，无裂纹、缺口和过热磨损现象，弹簧无扭曲、裂纹、压偏现象，同一密封中各弹簧的自由高度应相同，最大偏差不超过0.2mm；静环组件组装，用手按压静环，卸力后静环应能自由恢复原状。

3.3.3.9　检测迷宫密封与衬套的配合间隙，气封应无污垢、锈蚀、毛刺、裂纹、缺口、弯曲、变形及折断等缺陷，气封齿顶端应锐利。

3.3.3.10　解体后应更换全部O形环，新O形环应无压痕、划痕、毛边、扁圆、损伤、变形老化等现象，弹性良好；检查O形环与相配环槽的配合，应松紧适度，并有足够的压缩量；组装时清扫配合环槽，要求工作表面无毛刺、划伤。O形环应均匀涂抹一薄层工业凡士林。

3.3.3.11　密封组件组装完后，测量静止状态下的最大压缩量合格。

3.3.4　压缩机转子

3.3.4.1　宏观检查

　　a. 转子轴套、主轴、叶轮、平衡盘、推力盘等无损坏、裂纹、冲蚀及严重磨损；

　　b. 与轴配合的固定件无松动；

　　c. 焊缝无脱焊、裂纹；

　　d. 各级叶轮与扩压器流道的对中情况符合表5、图1规定。

3.3.4.2　形位公差、表面粗糙度及总窜量：

　　a. 轴承处轴颈圆度及圆柱度不大于0.02mm；

表5　各级叶轮与扩压器流道的对中情况　　mm

级别	A		B		C	
	LP	HP	LP	HP	LP	HP
1	−3.0	−0.5	−3.0	−0.5	≥4.0	≥3.0
2	−3.0	−1.0	−3.0	−1.0	≥4.0	≥3.0
3	−4.0	−1.0	0	−1.0	≥4.0	≥3.0
4	−1.0	−2.0(−1.0)	−1.0	0(−1.0)	≥4.0	≥3.0
5	−1.0	−0.5	−1.0	−0.5	≥4.0	≥3.0
6	−2.0	−1.0(−0.5)	−1.0(−2.0)	0(−0.5)	≥4.0	≥3.0
7	−2.0		−2.0		≥4.0	≥3.0

注：括号内的数据适合于法型厂。

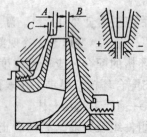

图1　各级叶轮与扩压器流道对中示意图

b. 轴颈径向圆跳动不大于 0.02mm；

c. 止推盘端面圆跳动不大于 0.015mm；

d. 叶轮口环径向圆跳动不大于 0.08mm；

e. 叶轮外缘径向圆跳动不大于 0.10mm；

f. 叶轮隔套径向圆跳动不大于 0.06mm；

g. 轴封及平衡盘处径向圆跳动不大于 0.03mm；

h. 轴承处轴颈表面粗糙度 R_a 的最大允许值为 0.4μm；

i. 转子总窜量为：2MCL607 向一段 2mm，向二段 3.5mm；2MCL527 向一段 2.2mm，向二段 2.7mm；2BCL306、2BCL306A 向三段 1.5mm，向四段 2.5mm；2BCL306A（九江

636

厂)向三段 1.9mm，向四段 1.4mm。

3.3.4.3 对止推盘、轴颈做无损检测。

3.3.4.4 对更换和修复后的转子，以及经长期运转叶轮有不均匀磨损且振动明显增大的转子，应进行动平衡校验，低速动平衡精度为 ISO 1940 G0.4 级，高速动平衡精度应符合 ISO 2372 要求，其支承振动速度不大于 1.12mm/s。

3.3.5 隔板与气封

 a. 隔板无变形、裂纹等缺陷；

 b. 回流器叶片完好无损，流道光滑，无锈层及损坏；

 c. 隔板剖分面光滑平整，无气流冲刷沟痕，剖分面缺陷应补焊研平；高压缸隔板中分面间隙应不超过 0.05mm；

 d. 隔板上的固定螺钉牢固可靠，塞焊点完好；

 e. 隔板在缸体内配合严密、不松动；

 f. 气封齿无卷边、残缺、变形等缺陷，齿顶锐利，且与转子相应的槽道对准，当轴被推至一端时不致相碰；

 g. 气封装配后应松紧适宜，气封块与隔板的水平剖分面平齐；

 h. 气封间隙可参考表6。

表6　气封直径间隙　　　　　　　　　　　　mm

级别	轴　端	轮　　盖		轮　　盘	
	高低压缸	低压缸	高压缸	低压缸	高压缸
1		1.10~1.35		0.5~0.7	
2		1.0~1.2		0.5~0.7	
3		0.8~1.0	0.35~0.45	0.6~0.85	0.2~0.3 (九江 0.5~0.6)
4	0.4~0.6	0.8~1.0 (九江 0.7~0.9)		0.5~0.7	
5					
6					
7				0.6~0.85	

3.3.6 气缸与机座

　　a. 缸体中分面配合严密，无裂纹、冲刷、沟痕及变形等缺陷；

　　b. 更新 O 形环及密封条，检查背环无损伤；

　　c. 高压螺栓无损检测，必要时做金相分析和机械性能试验；

　　d. 接管与缸体焊缝无裂纹、冲刷及腐蚀；

　　e. 横销、立销无变形、损伤、卡涩，滑销两侧总间隙为 0.04～0.08mm；

　　f. 猫爪螺栓、固定螺栓无裂纹、咬丝，安装间隙符合图 2 要求。

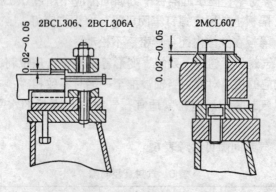

图 2　压缩机猫爪螺栓紧固间隙示意图

3.3.7 齿式联轴节

3.3.7.1　联轴节中间隔套的轴向窜量为 3～5mm，卸下中间隔套后，记录外齿套与轴头端面距离。

3.3.7.2　齿面啮合接触面积沿齿高不小于 50%，沿齿宽不小于 70%，齿面无严重点蚀、剥落、拉毛、裂纹和磨损，内外齿圈齿间油垢清洗干净，相互间应能自由滑动，不得卡涩或过紧。

3.3.7.3 内外齿面无损检测。

3.3.7.4 喷油管干净畅通，位置正确。

3.3.7.5 联轴节连接螺栓及中间隔套无损检测检查应完好无损；螺母应有防松自锁性能；螺栓螺母应成对更换，各连接螺栓组件不等质量不应超过 0.5g。

3.3.7.6 拆卸更换键联接联轴节

　　a. 外齿套轮毂孔直径及键槽的尺寸符合要求；

　　b. 联轴节轮毂和轴的配合面接触面积大于 80%；

　　c. 压装联轴节时，其推入量 ΔS 必须满足规定；

　　d. 外齿套装配后检查其径向圆跳动不大于 0.01mm；

　　e. 联轴节应成套更换，新联轴节组件经动平衡校验合格方可使用。

3.3.7.7 检修液压联接联轴节

　　a. 联轴节轮毂(外齿轮)的内孔锥面与轴头应接触均匀，接触面积不小于 80%，如有个别外伤造成的伤痕应用精磨油石局部修理。

　　b. 联轴节轮毂(外齿轮)内孔及轴头槽内的 O 形圈、背环应更新，新配件的材质、尺寸须认真检查，确认密封槽表面应光滑无毛刺。

　　c. 应注意扩张压力最高值不可超过设计值，否则应卸下轮毂(外齿轮)待查明原因后重新组装，以避免材料的塑性变形。

3.3.8 膜片式联轴节

　　a. 在未卸下联轴节中间接筒之前，记录中间接筒和两个半联轴节套筒装配标记。中间接筒拆下后，应测量半联轴节顶端面与轴头端面距离；

　　b. 检查联轴节膜片情况，要求无裂纹及缺损、扭曲等损坏现象；

　　c. 联轴节连接螺栓及中间接筒无损检测应完好无损；螺母应有防松自锁性能；螺栓螺母应成对更换，各连接螺栓组件不等质量不应超过 0.2g；

　　d. 用专用液压工具将半联轴节轮毂拆下。液压联接的检修见 3.3.7.7；

　　e. 联轴器中间套筒回装前，应复核轴头端面间距离符合要求。

3.4　增速箱检修

3.4.1　轴承

　　a. 各部件无裂纹和损伤，巴氏合金光滑无脱壳、偏磨、裂纹、槽道等缺陷；

　　b. 轴承间隙、油挡间隙和瓦背紧力见表7。

表7　增速箱轴承间隙、油挡间隙和瓦背紧力　　mm

	GN－25	TRI25
轴承顶间隙	0.19～0.22(高速轴) 0.15～0.19(低速轴)	0.16～0.20
油挡间隙	0.05～0.10	0.405～0.785(高速轴)； 0.20～0.25(低速轴)
瓦背紧力	0.02～0.03	0.02～0.04

　　c. 上下两半轴承体阶梯剖分面配合严密无错位，轴承体在轴承座内接触均匀，且接触面积大于80%；

d. 轴瓦与轴接触均匀，接触角为 60° ~ 70°；

e. 油挡无严重磨损。

3.4.2　止推轴承

a. 瓦块与基盘无毛刺、裂纹及损伤，瓦块背部承力面光滑平整无凹坑、压痕；

b. 瓦块定位螺钉与相应瓦块定位处无磨损及卡涩，瓦块摆动自如；

c. 瓦块和基盘之间径向间隙为 0.2 ~ 0.8mm；

d. 在定位螺钉处测量各瓦块相邻两边周向距离，大齿轮轴止推轴承应为 8.5 ~ 11mm，小齿轮轴止推轴承应为 6.8 ~ 8.8mm；

e. 巴氏合金无严重磨损、脱壳及裂纹，各瓦块与止推盘的接触面积在 70% 以上，且分布均匀；

f. 两半轴承体阶梯剖分面配合严密无错位，定位键及防转销牢固可靠；

g. 同一组瓦块厚度差不大于 0.01mm；

h. 止推轴承及油挡间隙见表 8。

表 8　增速箱止推轴承及油挡间隙　　　　mm

轴承间隙	0.25 ~ 0.30(美、法) 0.30 ~ 0.35(日)	0.30 ~ 0.40(TRI25)
油挡间隙	0.10 ~ 0.15	

i. 油挡无严重磨损；

j. 各油嘴位置正确、干净畅通。

3.4.3　齿轮和轴检修

a. 齿面不得有严重点蚀、毛刺、裂纹等缺陷；

b. 齿轮应啮合良好，接触均匀；

c. 齿轮啮合面接触面积沿齿高方向大于 50%，沿齿宽方向大于 70%；

d. 齿轮啮合侧隙为 0.42mm（TRL25 型为 0.19 ~ 0.51mm）；

e. 测量齿圈径向圆跳动，大齿轮为 0.03mm，小齿轮为 0.02mm；

f. 两齿轮中心距极限偏差不大于 0.05mm；

g. 两齿轮的相对窜量为 0.5 ~ 1.0mm；

h. 轴承部位轴颈表面粗糙度 R_a 的最大允许值为 0.4μm；

i. 轴颈圆度、圆柱度不大于 0.02mm；

j. 推力盘应无损伤，端面圆跳动不大于 0.015mm；

k. 转子更换与修复后，或经长期运转磨损严重而振动过大时，应进行转子动平衡校验，低速动平衡精度为 ISO 1940 G0.4 级。

3.4.4　机体检修

a. 机盖与箱体剖分面平整光滑、装配严密，0.05mm 塞尺插入深度不得大于剖分面的 1/3；

b. 箱体无缺陷、不渗漏，油路畅通。

3.5　汽轮机检修

3.5.1　径向轴承

a. 轴承、瓦块及油挡的巴氏合金层无脱壳、裂纹、烧损、碾压、沟槽及偏磨；

b. 轴颈与轴瓦接触均匀，不得有高点及片接触，接触面积大于 80%；

c. 瓦块与瓦壳接触面光滑无磨损，防转销与销孔无磨损、整劲、顶起现象，瓦块摆动自如；

d. 可倾瓦轴承同组瓦块的厚度差不大于 0.01mm；

e. 径向轴承、油挡间隙及瓦背紧力见表 9；

表 9　汽轮机径向轴承、油挡间隙及瓦背紧力　　mm

	ZUD EKll10	ENK32/36/48		9095ECD68	ENK40/45/60	
轴承间隙	0.17~0.21	0.188~0.307 （止推侧）	0.24~0.363 （压机侧）	0.10~0.19	0.24~0.29 （压机侧）	0.188~0.238 （止推侧）
油挡间隙	0~0.15 （半径）	0.085~0.285		0~0.15	0.05~0.15 （压机侧）	0.04~0.12 （止推侧）
瓦背紧力	0.02~0.04				0~0.02	

f. 瓦壳剖分面严密、无错口，在座孔内贴合严密，下瓦壳与瓦座的中分面平齐，定位销不松动，防转销牢固可靠；

g. 整体更换新轴承时，轴承壳体与其座孔的接触表面应无划痕及毛刺，接触均匀，且接触面积不小于 80%，自由间隙小于 0.03mm；

h. 轴承盖定位销不错位，接合面严密无间隙；

i. 瓦座与轴承体油孔吻合、干净畅通；

j. 油挡完好、不卡涩，防转销牢固可靠；

k. 支撑环上的下垫块和侧垫块在轴承箱内接触均匀良好、无磨损。

3.5.2　止推轴承

3.5.2.1　瓦块

同 3.3.2.1。

3.5.2.2　水准块、基环

同 3.3.2.2。

3.5.2.3　定位板光滑平整不偏摆，厚度差不大于 0.02mm。

3.5.2.4　止推盘

同 3.3.2.4。

3.5.2.5　油挡无严重磨损，防转销牢固可靠。

3.5.2.6　瓦壳

同 3.3.2.6。

3.5.2.7　止推轴承及油挡间隙见表 10。

表 10　汽轮机止推轴承及油挡间隙　　　　　　　　mm

	ZUD EKIII0	9095ECD68	ENK40/45/60	ENK32/36/48
轴承间隙/mm	0.20~0.30	0.35~0.40	0.21~0.31 (0.33~0.46 九江)	0.30~0.43
油挡间隙/mm （半径）	0~0.14	0.34~0.47	0.06~0.13	

3.5.2.8　轴承盖

同 3.3.3.8。

3.5.2.9　轴位移指示器测得的转子止推窜量须与机械测量的数值相符。

3.5.2.10　轴承箱油口干净、畅通。

3.6　汽轮机转子

3.6.1　转子宏观检查

　　a. 轴颈光滑无麻点、伤痕及沟槽等缺陷；

b. 叶片、围带、拉金、铆钉等无裂纹、结垢、严重冲蚀、击伤、卷边及松动；

c. 叉形叶根固定锥销完好无损，固定牢靠，其余各级叶根两肩与轮槽接触严密，末级叶片的各锁紧螺栓牢固可靠；

d. 平衡配重块无松动。

3.6.2　通流部分间隙符合表11、图3要求。

表11　汽轮机通流部分间隙　　　mm

级别	ENK32/36/48 ENK40/45/60		日　型			
	C	D	$A \geqslant$	$B \geqslant$	C	D
1	0.60~0.87	0.30~0.56	5.9		0.2~0.5	0.2~0.4
2	0.30~0.56	0.30~0.56	2.0	3.0	0.2~0.4	0.2~0.4
3	0.30~0.56	0.30~0.56	2.1	3.1	0.2~0.4	0.2~0.4
4	0.30~0.56	0.30~0.56	2.1		0.2~0.4	0.2~0.4
5	0.30~0.56	0.30~0.56		3.9	0.2~0.4	0.2~0.4
6	0.30~0.56	0.30~0.56	2.7	4.0	0.2~0.4	0.2~0.4
7	0.30~0.56	0.30~0.56	2.7	4.1	0.2~0.4	0.2~0.4
8	0.30~0.56	0.30~0.56	2.8	4.2	0.2~0.4	0.2~0.4
9	0.30~0.56	0.30~0.56	2.9	4.4	0.2~0.4	0.2~0.4
10	0.30~0.56	0.30~0.56	3.0	4.5	0.2~0.4	0.2~0.4
11	0.30~0.56	0.30~0.56	3.0	4.6	0.2~0.4	0.2~0.4
12	0.30~0.56	0.30~0.56	3.1		0.2~0.4	0.2~0.4
13	0.30~0.56	0.40~0.67	3.5	5.2	0.2~0.4	0.2~0.5
14			3.6	5.5	0.2~0.5	0.2~0.5
15			3.8		0.3~0.6	0.2~0.5
16				21.5	2.7~3.2	0.3~0.5
17					3.8~4.5	0.3~0.6

级别	美型(半径)				法　型		
	$A \geqslant$	$B \geqslant$	C	D	$A \geqslant$	C	D
1	3		0.5	1.0			
2	3	3	0.6		1.0	0.60~0.75	0.40~0.60
2	3		0.6	0.6	1.0	0.60~0.80	0.40~0.45
4	5.2		0.7	0.7	1.0	0.60~0.80	0.40~0.55
5	5.2		0.7	0.7	1.0	0.60~0.80	0.40~0.55
c	5.2		0.7	0.7	1.45	0.60~1.00	0.40~0.55
7	6		2	0.9	2.70	3.3	0.40~0.55
8	7		2	0.9	2.60	3.3	0.40~0.55

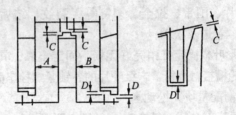

图 3   通流部分间隙示意图

3.6.3   转子形位公差及表面粗糙度

a. 轴承处轴颈的圆度、圆柱度不大于 0.02mm；

b. 轴承处轴颈径向圆跳动不大于 0.01mm；

c. 各轴封处径向圆跳动不大于 0.05mm；

d. 止推盘端面圆跳动不大于 0.015mm；

e. 转速测速齿轮端面圆跳动不大于 0.02mm；

f. 围带外缘处径向圆跳动不大于 0.05mm；

g. 相邻叶根须贴合紧密，0.03mm 塞尺不得塞入；

h. 同一级叶片组轴向倾斜不超过 0.5mm；

i. 轴承部位轴颈表面粗糙度 R_a 的最大允许值为 0.4μm；

j. 转子与汽缸洼窝找中心，偏差不大于 0.03mm。

3.6.4   转子整体无损检测，下列部位着重检查：

a. 叶片、拉金、围带、铆钉头、叶根表面；

b. 轴承与联轴节部位轴颈、止推盘。

3.6.5   转子更换和修复，或经长期运转叶轮有不均匀磨损而振动过大时，应做动平衡校验。低速动平衡精度为 ISO 1940 G0.4 级。高速动平衡应符合 ISO 2372 规定，其支承振动速度不大于 1.12mm/s。

3.6.6   转子若有结垢现象，应详细记录结垢部位，垢层厚度，并对垢物进行定性与定量分析。垢物可采用冷水冲洗或化学清洗法除去，清洗时不得损伤叶片。化学清洗时不得腐蚀转子，要避免叶根等部位受间隙腐蚀影响。

3.7 隔板与汽封

a. 汽封无变形、残缺及脱落等缺陷；

b. 汽封水平中分面无冲刷、沟痕，自由间隙不大于0.4mm；

c. 汽封环和汽缸相应槽道均匀接触、无松动；

d. 各级汽封的径向间隙与轴向间隙，应符合表12、图4要求。

表12 各级汽封的径向间隙与轴向间隙表 mm

	外	内
A	0～0.10	
B	0.27～0.35	0.47～0.55
C_1	1.75	1.75
C_2	4	4

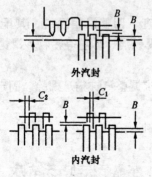

外汽封

内汽封

图4 内外气封间隙示意图

e. 汽封片必须镶紧，不得有松动现象；

f. 嵌装汽封片后，其接缝处间隙应小于 0.25～0.50mm 相邻汽封片接头错开 180°，镶条接缝处与汽封片接缝处错开位置不小于 30°。

3.8 汽缸及机座

a. 汽缸接合面无漏汽痕迹、冲刷沟槽、腐蚀等缺陷，排汽端如出现冲刷腐蚀的沟槽可用高温金属修补剂修补；

b. 测量汽缸接合面间隙，当螺栓总数的 1/3 已紧固后，前汽缸处 0.03mm 塞尺一般不得塞入，个别塞入部分不得超过汽缸接合面宽度的 1/3，排汽缸侧 0.05mm 塞尺不得塞通；

c. 缸体及焊缝无裂纹、气孔及夹渣；

d. 高温段螺栓无损检测，必要时做金相分析和机械性能试验；

e. 螺栓紧固后，其端部与螺母顶部之间的间隙应大于 5mm；

f. 喷嘴无裂纹、卷边、损伤、冲蚀、结垢，必要时着色检查；

g. 清扫、检查、调整滑销系统，其配合间隙符合图 5 要求；间隙内应无铁屑、砂粒等污物，滑销在销槽内应滑动灵活无卡涩；

h. 按图 6 要求调整汽缸猫爪螺栓、固定螺栓间隙。

3.9 导叶持环

a. 持环无锈蚀、麻点、裂纹、冲刷、损伤，必要时进行修理；

b. 导叶片安装牢靠不松动，无结垢、冲刷、锈蚀、裂纹、损伤；

648

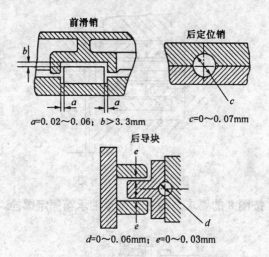

$a=0.02\sim0.06$；$b>3.3mm$

$c=0\sim0.07mm$

$d=0\sim0.06mm$；$e=0\sim0.03mm$

图5　汽轮机滑销间隙示意图

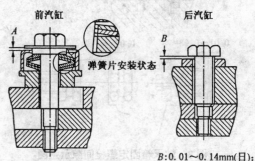

$A:0.11\sim0.17mm$(日)；0.20(美、法)　$B:0.01\sim0.14mm$(日)
0.08$\sim$0.20mm(美、法)

图6　汽轮机猫爪螺栓、紧固螺栓间隙示意图

c.导叶持环内孔中心线低于外缸内孔中心线 0.11 ～
0.17mm，见图7。

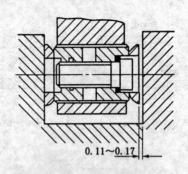

图7　导叶持环示意图

3.10　按图8的要求，检查、调整轴承箱固定螺栓。

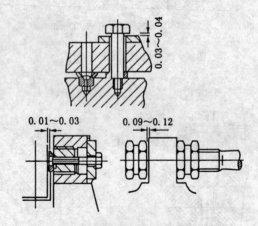

图8　轴承箱固定螺栓间隙示意图

3.11　盘车装置

3.11.1　日Ⅱ型(宇部型)盘车装置

a. 棘轮、拉杆、活塞、油缸、液控间无磨损及损伤，各滑动部分工作表面无卡涩及腐蚀，工作灵活稳定；

　　b.盘车油泵的轴承、叶片、泵壳、油过滤器无损坏，确保盘车油泵的工作油压达到 4.0～6.0MPa；

　　c.各油路、油口干净畅通。

3.11.2　法国型、美荷型盘车装置

　　a.各齿轮不得有毛刺、裂纹、断裂等缺陷；

　　b.圆柱齿轮啮合正确，接触面积沿齿高不小于 45%，沿齿宽不小于 60%，蜗轮蜗杆的啮合接触斑点应占蜗轮齿工作面的 35%～50%；

　　c.圆柱齿轮啮合侧隙

　　中心距大于 80～120mm，侧隙为 0.13mm；

　　中心距大于 120～200mm，侧隙为 0.17mm；

　　中心距大于 200～320mm，侧隙为 0.21mm；

　　蜗轮蜗杆啮合侧隙为 0.13mm；

　　顶隙为 $0.2～0.3m$（m 为模数）；

　　d.轴及轴颈无毛刺、划痕及碰伤，轴承处轴颈的表面粗糙度 R_a 的最大允许值为 $0.4\mu m$；

　　e.各滚动轴承内外圈滚道、滚动体、保持架无麻点、锈蚀及裂纹；

　　f.轴承内圈端面必须紧贴轴肩或定位环，用 0.05mm 塞尺检查不得通过；

　　g.密封圈无老化变形及损坏。

3.12　调速器传动装置

　　a.各齿轮、蜗轮、蜗杆的工作面无裂纹、毛刺、偏磨及严重划痕；

　　b.齿轮、蜗轮、蜗杆与轴固定牢靠；

　　c.齿轮啮合接触面积沿齿高不小于 45%，沿齿宽不小

于 60%，蜗轮蜗杆的啮合接触斑点应占蜗轮齿工作面的
35% ~ 50%；

　　d. 圆柱齿轮啮合侧隙为 0.13mm，顶隙为 0.50 ~
0.75mm，蜗轮蜗杆啮合侧隙为 0.13mm，顶隙为 0.25 ~
0.53mm；

　　e. 两圆柱齿轮中心距极限偏差不超过 ± 0.09mm，蜗轮
蜗杆中心距极限偏差不超过 ± 0.4mm；

　　f. 轴及轴颈、止推盘无毛刺、划痕、碰伤等缺陷，轴颈
的圆度和圆柱度不大于 0.02 mm；

　　g. 蜗杆轴与轴瓦接触均匀，接触角为 60° ~ 70°，间隙为
0.07 ~ 0.12mm；

　　h. 轴承巴氏合金，不得有脱壳、裂纹、砂眼、气孔等
缺陷；

　　i. 喷油管及各油路干净畅通，位置正确。

3.13　　抽汽、注汽气动执行器及油压放大器

　　a. 活塞、杠杆、油室、气室等处无油垢、灰尘、杂物，
各活动关节灵活、无卡涩；

　　b. 各弹簧应无变形、倾斜，弹性良好，刚度和自由长
度等符合要求；

　　c. 各螺栓、销钉无脱落及松动；密封件无老化、损坏；

　　d. 各油路干净畅通。

3.14　　高、中、低压错油门和油动机

　　a. 错油门滑阀及阀套工作表面光滑无裂纹、拉毛、锈
蚀等缺陷，滑阀凸缘和阀套刃角完整；

　　b. 弹簧无变形、裂纹及损伤，弹性良好；

　　c. 滚动轴承的滚道、滚珠、保持架应无麻点、锈蚀、

裂纹等缺陷，滚珠不松动，转动无异音；

d. 油动机、活塞及缸体工作表面光滑无拉毛；

e. 油动机活塞杆和活塞装配良好不松动，球接头接合面转动灵活，反馈斜板表面光滑无损伤；

f. 错油门、油动机各有关间隙和装配尺寸、错油门重叠度及油动机工作行程符合要求；

g. 各固定连接处牢靠紧固；

h. 各油路油口干净畅通。

3.15 高、中压调节阀

a. 拉杆光滑无变形、损伤、结垢、卡涩及腐蚀痕迹，无损检测无缺陷；

b. 阀头、阀座密封面无沟槽、腐蚀，严密好用，阀座固定牢靠不松动；

c. 弹簧无裂纹、变形、损伤及歪斜，弹性良好；

d. 配合间隙和安装尺寸符合要求；

e. 固定连接点牢靠紧固；

f. 汽室接合面无槽道、沟痕，组装正确，严密不漏。

3.16 主汽速关阀

a. 同 3.15a ~ d；

b. 阀盘和活塞在油缸内移动灵活稳定不卡涩；

c. 油、汽、水管接头处不泄漏、不堵塞。

3.17 注汽速关阀

a. 同 3.15a ~ d；

b. 滚动轴承的滚道、滚珠、保持架无麻点、锈蚀及裂纹等缺陷，滚珠不松动，转动无异音；

c. 活塞在油缸内移动灵活稳定不卡涩；

d. 油、汽、水管接头处不泄漏、不堵塞。

3.18 抽汽速关阀

a. 下部止逆阀与阀座密封面光滑无沟槽、腐蚀，严密好用；

b. 手动杆、阀板轴光滑无弯曲、变形、沟槽，丝杆部分不咬丝、不滑扣定位销固定牢靠；

c. 活塞、活塞环、油缸工作面光滑无拉毛、偏磨及损伤；

d. 弹簧无裂纹、变形、损伤、歪斜，弹性良好；

e. 止推轴承滚道、滚珠、保持架无麻点、锈蚀及裂纹等缺陷，滚珠不松动，转动无异音；

f. 各密封件无老化及损伤。

3.19 危急遮断油门

a. 危急遮断油门各接合面严密不漏，光滑、无卡涩；

b. 滑阀不弯曲、不偏磨，动作灵活；

c. 弹簧无裂纹、变形、损伤、歪斜，弹性良好；

d. 挂钩与危急保安器和轴位移凸台工作面应无麻点和腐蚀，动作间隙符合图9要求。

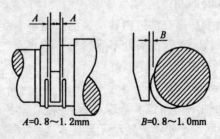

$A=0.8\sim1.2\text{mm}$ $B=0.8\sim1.0\text{mm}$

图9 危急保安器飞锤头、挂钩、凸台动作间隙示意图

3.20 危急保安器

    a. 拆检危急保安器时，注意测量有关尺寸；

    b. 弹簧无裂纹、变形、损伤，无卡涩与磨损，端面平整；

    c. 偏心飞锤表面无麻点或腐蚀，在槽内滑动灵活，最大行程达到 3mm。

3.21 调节系统静态整定

3.21.1 日Ⅱ型(宇部型)机组整定

调整油压放大器杠杆调节螺栓，使主汽二次油压(主 P2)与抽汽二次油压(抽 P2)符合表 13 要求。

表 13 主汽二次油压与抽汽二次油压关系   MPa

	最小抽汽(即零抽汽)			最 大 抽 汽		
抽汽信号风压	0.02			0.10		
主汽二次油压	0.15	0.154	0.236	0.15	0.354	0.436
抽汽二次油压	0	0.15	0.45	0	0.15	0.45

调整油动机反馈板的斜率、错油门调整螺钉的位置，二次油压对应关系及相应调节阀开度符合表 14 要求；

表 14 二次油压对应关系及相应调节阀开度

抽 汽 工 况	二次油压/MPa		调节阀升程/mm	
	主汽 P2	抽汽 P2	主 汽	抽 汽
MAX 抽汽				
风压 0.1MPa	0.15	0	0	0
风压 0.1MPa	0.165	0	2.0	0
风压 0.1MPa	0.354	0.15	23.75	0
风压 0.1MPa	0.363	0.184	25.18	1.5
风压 0.1MPa	0.436	0.45	38.35	20.0
风压 0.1MPa	0.45	0.45	45.0	20.0

续表

抽汽工况	二次油压/MPa		调节阀升程/mm	
	主汽 P2	抽汽 P2	主 汽	抽 汽
0 抽汽				
风压 0.02 MPa	0.15	0	0	0
风压 0.02MPa	0.154	0.15	0.6	0
风压 0.02MPa	0.163	0.181	1.7	1.4
风压 0.02MPa	0.165	0.198	2.07	1.72
风压 0.02MPa	0.236	0.45	10.05	20.0
补汽工况	主汽 P2	补汽 P2		补调阀
风压 0.02 MPa	0.30	0.45		0
风压 ↑0.1MPa	0.30	0.45		30
风压 ↓0.02MPa	0.45	0.3		

3.21.2 美荷型机组静态整定

利用启动装置，调整高、中压随动活塞的悬挂螺钉，垂直传动杠杆的工作长度，油动机反馈板的斜率、错油门调整螺钉的位置，使高、中压二次油压在最大、最小抽汽位置时的对应关系符合表 15 要求。

表 15 高、中压二次油压在最大、最小抽汽位置时的对应关系

调节器行程/mm		0	0.22	7.9	8.12	12.7	1.07	1.3	2.6	2.82	9.2
控制器引出位置(抽汽调节位置)		最 大 抽 汽(E)					最 小 抽 汽(E)				
二次油压力/	A.P	1.50	1.53	2.62	2.65	3.30	1.50	1.53	1.71	1.74	2.65
(MPa×10⁻¹)	B.P			1.50	1.53	2.78			1.50	1.53	3.30
油动机	A.P	0	2.87	96.1	100	155	0	2.87	18.1	21.2	103
行程/mm	B.P			0	3.19	107			0	3.19	150
汽门行程控制	A.P	0	1	33.5	34.8	54	0	1	6.3	74	35.8
阀位置/mm	B.P			0	1	33.5			0	1	47
蒸汽	A.P		0	62.8	64.0	112	0	53	6.3	63.2	
流量/(t/h)	B.P			0	37			0	0	61	
抽汽量/(t/h)				62.8	64	75			5.3	6.3	22

3.21.3 法型机组静态整定参考 SOGET《9095ECD68 型汽轮机维护与检修规程》。

3.21.4 采用电液调节系统机组的静态整定

　　a. 改变调速器的各执行器输出信号至 4mA，对应二次油压为 0.15 MPa，调节阀开度为 0;

　　b. 改变调速器的各执行器输出信号至 20mA，对应二次油压为 0.45 MPa，调节阀开度为全开;

　　c. 必要时，按说明书对电液转换器进行整定。

3.22 机组轴系对中

　　a. 百分表灵敏可靠;

　　b. 表架重量轻、刚性好，表头、表架固定牢靠;

　　c. 单向均匀盘车;

　　d. 按机组对中要求，用单表、双表法进行对中;

　　e. 对中数据参考图 10，并根据室温和制造厂提供的温度曲线校正。对中允差为：径向 ± 0.03mm(南化为 ± 0.01)，

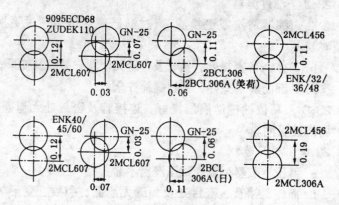

图 10　机组对中找正图

657

轴向 ±0.01mm。各螺栓孔应能自由插入螺栓，把紧螺栓时，不得有过大的管道附加力作用于机组缸体上；

　　f. 检查与各缸连接的管道法兰接合面的平行度，其值应小于 0.20mm；

　　g. 不锈钢调整垫片光滑平整、无毛刺、整面接触，垫片不超过 3 层；

　　h. 对中结束，顶丝应处于放松状态。

3.23　附属设备

3.23.1　油箱

　　a. 防腐层无剥落及锈蚀，密封良好，焊接部位无泄漏及变形；

　　b. 基础无下沉、倾斜、裂缝，基础螺栓和螺母无松动、裂纹及腐蚀；人孔盖平整，密封良好，油位视镜清洁透明；

　　c. 清扫后内壁无油垢、焊渣、锈皮、胶质物等异物；

　　d. 蒸汽加热器完好。

3.23.2　油过滤器

　　a. 过滤器清洗或更换滤芯(过滤器前后压差超过更换值时)；

　　b. 筒体、各密封处、接管及焊缝无泄漏、裂纹及变形；

　　c. 外部防腐层完好，紧固螺栓齐全。

3.23.3　高位油槽防腐层良好，连接管及密封处无泄漏，地脚螺栓紧固。

3.23.4　蓄压器

　　a. 蓄压器胶囊用氮气试压严密不漏；

　　b. 筒体、接管、密封处及焊缝无泄漏、裂纹、变形等缺陷；

　　c. 外部防腐层完好，紧固螺栓齐全；

　　d. 密封圈无老化或损伤。

3.23.5　油压调节器解体检查。

3.23.6　润滑油泵、冷凝液泵、主冷器、气体换热器及分离器、抽汽器等设备的检修见《炼油及通用设备维护检修规程》。

3.23.7　安全阀、防喘振阀、仪表探头及各表检修、校验合格。

4　试车与验收

4.1　试车准备

　　a. 机组按检修方案检修完毕，检修记录齐全，符合质量标准；

　　b. 执行油系统清洗方案。油温不低于40℃，回油总管加装200目金属滤网，以每平方厘米滤网上非硬质污点数不多于3点为合格；

　　c. 单机盘车无异响，汽轮机保温完毕(中分面及拆检过的法兰可暂时不保)，检修现场清理整洁；

　　d. 各表、测试探头及仪表联锁系统安装、调校完成，灵敏可靠，电气设备检测完毕符合标准，达到可送电条件；

　　e. 蓄压器试验合格；

　　f. 调速器油位、油质合格；

　　g. 油箱油位、油质合格，油运、静态整定合格；

　　h. 水、电、仪、气〔汽〕具备试车条件，蒸汽冷凝系统真空试验合格。

4.2　试车与验收

4.2.1　汽轮机单机试车

4.2.1.1　严格执行汽轮机单体试车操作规程。

4.2.1.2 记录临界转速值及调速器最低工作转速值。

4.2.1.3 调速器投入工作后，仔细检查是否平稳上升和下降，调节系统和配汽机构不应有卡涩、摩擦、抖动现象。

4.2.1.4 调速器上、下限工作转速及脱扣转速见表 A2。

4.2.1.5 超速试验进行 2 次，两次误差不应超过额定转速的 1.5%，若超差则应重新调整、试验；直至调整合格。

4.2.1.6 重做超速跳闸试验时，只有当汽轮机转速下降到跳闸转速的 90% 以下时，方可重新挂闸，以免损坏设备。

4.2.1.7 汽轮机停稳后记录好惰走时间，确认有无异常现象，立即启动盘车器，油系统继续循环至少待轴承温度降至 40℃以下，汽缸体温度小于 80℃以下方可停油泵。

4.2.1.8 按操作规程进行停机后处理。

4.2.2 机组联动试车

4.2.2.1 试车前准备

    a. 同 4.2.1；

    b. 汽轮机单试合格后，方可连接联轴节；

    c. 压缩机各冷却器投运；

    d. 工艺气进、出口阀灵活好用。

4.2.2.2 压缩机的启动与升速，按操作规程执行。

    a. 严格按升速—升压曲线运行，严防压缩机喘振；

    b. 经周密检查充分准备后，平稳、不停顿地通过临界转速区。

4.2.2.3 按操作规程停机，做好停机后处理。

4.2.2.4 试车过程中，认真准确记录有关数据。

4.3 验收

4.3.1 按检修方案所列内容检修完毕，质量符合本规程要求。

4.3.2 检修及试运转记录齐全、准确、整洁。

4.3.3 单机、联动试车正常，主要操作指标达到铭牌要求，设备性能满足生产需要。

4.3.4 检修后设备达到完好标准。

4.3.5 机组满负荷正常运转 72h 后，办理验收手续，正式移交生产。

5 维护与故障处理

5.1 日常维护

5.1.1 机组应按关键设备要求进行"机、电、仪、操、管"五位一体特级维护。

5.1.2 操作人员和机、电、仪维修人员按规定的时间、路线认真做好巡回检查和维护工作，掌握机组运行情况，按时填写运行记录，记录做到准确、齐全、整洁。检查内容应不少于以下各项，对有运行隐患的部位要加强检查。

    a. 汽轮机和压缩机及其附属系统、真空系统的运行参数，各部位的压力、温度、流量、液位、转速等；

    b. 机组油系统各部压力、温度、油位等参数和回油视镜的回油情况；

    c. 机组和各径向、止推轴承的振动，轴位移、声音、轴承温度；

    d. 机组各设备动、静密封点泄漏情况；

    e. 设备和管道振动、保温情况及正常疏、排点的排放情况；

　　f. 机组仪表指示情况；联锁保安系统部件工作情况及动作情况，电气系统及各信号装置的运行情况；

　　g. 机组设备的整洁情况；

　　h. 机组设备的保温防冻、防腐措施情况。

5.1.3　严格按操作规程开停机组，禁止超温、超压和超负荷运行。

5.1.4　对机组进行状态监测和故障诊断，提倡配备在线状态监测系统，做好分析记录和故障诊断报告存档。

5.1.5　按润滑管理规定，合理使用润滑油，定期分析、过滤和补充，对于达到更换标准的润滑油要及时更换。

5.1.6　机组设备应保持零部件完整齐全，指示仪表灵敏可靠，及时清扫，保持清洁。

5.2　常见故障与处理（见表16）

表16　常见故障与处理

序号	故障现象	故障原因	处理方法
1	振动或异音	暖机不足 机组对中不好 轴承损坏 转子不平衡	在 700r/min 左右进行低速暖机 复查机组对中，检查基础是否变形，热膨胀是否引起管道对机组的附加应力 检修轴承 检查转子叶轮、气封、键及联轴节有无损伤、结垢等缺陷，消除不平衡因素
2	振动或异声	气（汽）封摩擦 轴承压盖或地脚螺栓松动 压缩机喘振	修换气（汽）封片 检查消除松动因素 通过打开防喘振阀、放空阀等方法，加大入口流量、降低出口压力，使压缩机迅速退出喘振状态

序号	故障现象	故障原因	处理方法
3	轴承温度高	温度表失灵 供油不足 油品牌号不对，油质不良 轴承损坏	校验、更换 检查油管应畅通，过滤网不堵塞，给油压力正常，轴承间隙调整正常，系统不漏油 检查油品牌号，分析油质，必要时更换 检修轴承
4	供油温度高	冷却水量不足 冷却器结垢	调整水量 清扫除垢
5	供油压力低	油泵故障 油管路破裂或严重泄漏 过滤器堵塞 油箱油位过低	切换检查 检查处理 切换清洗滤芯 加油至正常油位
6	凝汽器真空度降低	真空系统泄漏 抽气压力过低，喷射器堵塞 循环水量不足 冷凝液泵故障 凝汽器水侧未排气	消漏 提高汽压，检修喷射器 加大水量 检修冷凝液泵 凝汽器水侧排气
7	压缩机排气温度高	气体冷却器效率低	加大冷却水量，管束疏通除垢

附 录 A
主要技术特性
(补充件)

表A1 压缩机主要技术特性

项　目	参　　　数			
	低　压　缸		高　压　缸	
	一　段	二　段	三　段	四　段
使用厂型	日Ⅱ型、法型、美荷型、南化、九江			
制造厂	中国 沈阳鼓风机厂	法国 大西洋工厂	意大利 新比隆公司	意大利 新比隆公司
型　号	2MCL607/2MCL456		2BCL306A/2BCL306	
叶轮数	3/3/3/3	4/4/4/3/4	4/4/4/3/4	2/2/2/3/2
额定功率/kW	8493./7600./7210/6425/7319		13594/13400/13900/11042/12244	
额定转速/(r/min)	6724/6900/7200/11042/8461		7600/8000/8000/6425/7600	
一阶临界转速/(r/min)	2630/4200/4100/4300/3600			

续表

项　目	参　数			
使用厂型	日Ⅱ型、法型、美荷型、南化、九江			
	低　压　缸		高　压　缸	
	一　段	二　段	三　段	四　段
二阶临界转速/(r/min)			17050/17600/17520/—	
入口流量/(Nm³/h)	8600/9000/9200/—	32400/28800/27656/27985/28090		
入口压力/MPa(绝)	0.156/0.118/ 0.118/0.235/0.04	0.598/—/0.4~ 0.45/0.962/0.469	2.37/2.396/2~ 2.4/3.136/2.245	8.34/—/7.4~ 8.0/7.717/8.437
入口温度/℃	40/45/40/13/35	44/—/42/43/42	44/45/42/43/42	55/—/40~55/50/50
出口压力/MPa(绝)	0.63/—/0.4~ 0.45/0.988/0.498	2.5/2.34/2~ 2.4/3.214/2.323	8.54/—/7.4~ 8.7.815/8.57	15.15/14.32/14.4~ 15/15.7/15.6
出口温度/℃	189/—/220/250	201/—/220/250	203/—/200/250	151/—/120/250

注：表中各栏数据按日Ⅱ型、法型、美荷型、南化、九江顺序排列。

表 A2　汽轮机主要技术特性

项　目	参　数				
使用厂型	日Ⅱ型	法　型	美荷型	南　化	九　江
制造厂	中国杭州汽轮机厂	法国索热厂	意大利新比隆公司	中国杭州汽轮机厂	中国杭州汽轮机厂
型　号	ENK40/45/60	9050ECD68	ZUD EK1110	ENK 32/36	ENK40/45-3
功率/kW	7945	7600	7210	6946	7768
额定转速/(r/min)	6724	6900	7200	11042	8461
脱扣转速/(r/min)	7766	8373	8315	12753	9892
调速器下限/上限/(r/min)	6052/7060	5070/7612	5760/7560	8696/12174	6769/8885
一阶临界转速/(r/min)	2612	3800	4500	5500	3700
二阶临界转速/(r/min)	8325	11800	9500	14000	10400
进汽量/(t/h)	92.8	81	92.8	67.61	77.65
进汽压力/MPa(G)	3.8	3.63	3.8	3.9	3.8
进汽温度/℃	365	365	365	400	385
抽汽量/t/h	67.5	63	67.5	50	53.8
抽汽压力/MPa(G)	2.45	2.18	2.55	2.45	2.4
抽汽温度/℃	315	241	315	359	342
注汽量/(t/h)	17	30	17	10.8	17
注汽压力/MPa(G)	0.4	0.245	0.38	0.44	0.44
注汽温度/℃	143	140	143	147	143
排汽量/(t/h)	42.3	48	42.3	28.41	40.85
排汽压力/MPa(A)	0.014	0.0126	0.013	0.02	0.012
排汽温度/℃	51	49	51		49.5

表 A3 增速箱主要技术特性

项 目	参 数			
使用厂型	日Ⅱ型	法型	美荷型	九 江
制造厂	瑞 MAAG 齿轮有限公司			GRAFFENSTADEN
型 号	GN－25			TRL25
功率/kW	3500	3220	3500	4446
中心距/mm				250
转速/(r/min)	7050/13693	7250/14080	7050/13693	8574/12405
总重/kg	600	600	600	910

———————

附加说明：

1 本规程由宁夏化工厂负责起草，起草人 屠若男(1992)。

2 本规程由镇海炼化股份公司负责修订，修订人 陈益斌(2004)。

19. 刮料机维护检修规程

SHS 05019—2004

目　　次

1　总则 ………………………………………………（670）

2　检修周期与内容 …………………………………（670）

3　检修与质量标准 …………………………………（671）

4　试车与验收 ………………………………………（680）

5　维护与故障处理 …………………………………（682）

附录 A　主要特性参数(补充件) ……………………（685）

1 总则

1.1 主题内容与适用范围

1.1.1 主题内容

本规程规定了日Ⅱ型、法型、美荷型及九江大化肥厂尿素生产专用设备刮料机的检修周期与内容、检修质量与标准，试车与验收、维护与故障处理。

健康、安全和环境(HSE)一体化管理系统，为本规程编制指南。

1.1.2 适用范围

本规程适用于上述类型厂的刮料机及附属设备。

1.2 编写修订依据

小机泵检修规程，化学工业部化肥司与中国石化总公司联合编制

化基规 308 – 62 大型化工设备起重吊装技术规程

SHS 01028—2004 变速机维护检修规程

2 检修周期与内容

2.1 检修周期

各单位可根据机组运行状况择机进行项目检修，原则上在机组连续累计运转 24 个月安排一次大修。

2.2 检修内容

2.2.1 项目检修内容

根据机组运行状况和状态监测情况，参照大修部分内容择机进行修理。

2.2.2 大修内容

2.2.2.1 清除刮臂及地面的尿素结块。

2.2.2.2 解体检查主机各零部件。

2.2.2.3 解体检查液力联轴节、减速箱蛇簧联轴节。

2.2.2.4 检查、清扫空气密封室及相应管道。

2.2.2.5 检查、清扫注油装置及油管道。

2.2.2.6 检查、测量刮臂底板、驱动装置的基础沉降及腐蚀。

2.2.2.7 调整速度检测器的间隙及刮板与塔底的间隙。

2.2.2.8 解体检查减速箱、齿轮各部件。

2.2.2.9 清洗、检查或更换轴承及密封圈。

2.2.2.10 清洗、检查或更换橡胶缓冲垫。

2.2.2.11 清洗、检查次级轴部件。

2.2.2.12 检查、调整机组对中。

2.2.2.13 机组表面进行防腐处理。

3 检修与质量标准

3.1 修前的准备

3.1.1 据机组检修前的运行状况、状态监测及故障诊断结论，进行危害识别，环境识别和风险评估，按照 HSE 管理体系要求，编制检修方案及施工网络。

3.1.2 对检修人员进行任务和技术交底。

3.1.3 备齐检修所需的备品配件、材料、工器具、经检验合格的精密量具和检验仪器等。

3.1.4 起重机具按化基规 308 - 62《大型化工设备起重吊装技术规程》的要求执行。

3.1.5 进入造粒塔内进行检修作业前应将附着在塔顶、塔壁、刮臂及塔底尿素结块彻底消除干净，并装设好安全网。

3.1.6 做好安全，劳动保护各项准备工作。

3.2 检修注意事项

3.2.1 必须按拆装程序拆卸机组。

3.2.2 严禁采用生拉、硬拖、铲、打、割等野蛮方式施工。

3.2.3 做好部件原始安装位置记录。

3.2.4 拆卸下来的零部件要求清洗干净、包装严密、摆放整齐。

3.2.5 对拆卸后暴露出来的油气管口要及时妥善封闭。

3.2.6 做好检修记录，技术数据要求准确、完整。

3.3 主机

3.3.1 主机拆装程序

3.3.1.1 断电、气源，并拆除与机组相连的全部油、气管线。

3.3.1.2 排净各部位残存的润滑油、动力油。

3.3.1.3 取下液力联轴节与减速箱输出轴处蛇形弹簧的挠性联轴节。

3.3.1.4 卸下圆锥罩。

3.3.1.5 拆去转速检测器。

3.3.1.6 吊起刮臂，必要时把刮臂拆开成三段，分段吊出。

3.3.1.7 组装按上述相反过程进行。

3.3.2 质量标准

3.3.2.1 刮臂水平度要求 ± 1/500mm/mm，刮臂与塔底面间距为 300mm。

3.3.2.2　刮板与塔底间隙为 20mm，刮板固定螺栓应无腐蚀、螺纹无损坏，刮板应易于调节并能紧固可靠。

3.3.2.3　检查刮臂焊缝，对接焊缝按 JB 4730 – 94《压力容器无损检测》标准进行检测，其质量不低于Ⅱ级质量要求。

3.3.2.4　臂与内齿圈的连接螺栓的拧紧力矩为 520N·m。

3.3.2.5　调整速度检测器，速度脉冲器与转盘的间距为 (8 ± 0.10)mm。

3.4　液力联轴节

3.4.1　液力联轴节拆装程序

3.4.1.1　将液力联轴节内的工作油排净。

3.4.1.2　拆下液力联轴节和电机。

3.4.1.3　解体液力联轴节。

3.4.1.4　拆下联轴节。

3.4.1.5　组装程序与上述相反。

3.4.2　质量标准

3.4.2.1　泵叶轮与从动轮

　　a. 泵叶轮与从动轮应无裂纹、腐蚀以及明显冲刷痕迹；

　　b. 从动轮与从动轴的铆接应可靠，铆钉无松动，铆头无缺损；

　　c. 从动轮与壳体应无任何形式的摩擦和碰撞；

　　d. 从动轴内孔径为 $\Phi 55_0^{+0.031}$mm，内孔表面粗糙度 R_a 允许值为 1.6μm，如有拉伤、沟槽等缺陷必须仔细修复；

　　e. 从动轴外圆面 $\Phi 105$mm 段与 $\Phi 130$mm 段应光滑、无沟槽以及其他形式的损伤，表面粗糙度 R_a 允许值为 1.6μm；

　　f. 从动轴上 G1¼″螺孔的螺纹应完好、无任何形式的螺纹损坏。

3.4.2.2 轴承与油封

a. 各轴承内、外圈以及滚动体、保持架应无裂纹、麻点、腐蚀等缺陷；

b. 各轴承孔内的波形弹簧环应无裂纹、变形、磨损等缺陷；

c. 各油封采用双唇橡胶骨架油封，各油封唇口应无老化、裂纹、磨损等缺陷，油封弹簧应无锈蚀、断裂、松紧不当等缺陷。

3.4.2.3 壳体

a. 壳体密封面应保持光滑、平整，不得有缺损、裂纹等缺陷，如有缺陷应仔细修复；

b. 液力联轴节出厂时已整体校过平衡，当需要解体时，壳体联接螺栓应作出位置记号，便于回装；

c. 用锁紧装置把液力联轴节装在减速箱轴上，推力盘不得对壳体施加压力；

d. 液力联轴节采用140℃时可熔化的可熔丝堵，不得随意提高或降低可熔丝堵的整定值；

e. 油不得从可熔塞孔注入；

f. 液力联轴节两台加油量各为14.4L，每次补加油后两台油量均应严格相等；

g. 液力联轴节装复后应进行耐压试验，试验油压0.5MPa，保持5min不泄漏。

3.5 减速箱

3.5.1 减速箱拆装程序

3.5.1.1 将减速箱内的油排放干净。

3.5.1.2 拆除减速箱输入、输出端联轴节。

3.5.1.3 解体减速箱。

3.5.1.4 组装程序与上述相反。

3.5.2 质量标准

3.5.2.1 机盖与机体的剖分面应平整、光滑，保证装配严密，用塞尺检查接触面密合性，0.05mm 的塞尺插入深度不得大于剖分面的 1/3。

3.5.2.2 上盖及机体不得有裂纹，用煤油检查不得有渗漏。

3.5.2.3 齿轮轴及轴颈不得有毛刺、裂纹、划痕等缺陷。

3.5.2.4 齿轮啮合处的工作面(即齿高与齿宽)上的剥蚀面积不大于 20%。

3.5.2.5 减速机向心推力轴承轴向间隙见图 1 和表 1。

表 1 减速机向心推力轴承轴向间隙　　mm

Ⅰ轴	0.05~0.10	Ⅲ轴	0.12~0.20
Ⅱ轴	0.08~0.15	Ⅳ轴	0.20~0.30

3.5.2.6 减速机齿轮啮合尺寸见图 1 与表 2。

表 2 减速机齿轮啮合检修标准

项目	齿轮接触面积(齿高/齿宽)/%					
代号	齿轮Ⅰ	齿轮Ⅱ	齿轮Ⅲ	齿轮Ⅳ	齿轮Ⅴ	齿轮Ⅵ
标准	50/50	50/50	40/50	40/50	40/50	40/50
项目	齿轮啮合侧间隙/mm					
代号	齿轮Ⅰ与Ⅲ	齿轮Ⅱ与Ⅳ	齿轮Ⅴ与Ⅵ	齿轮Ⅰ与Ⅲ	齿轮Ⅱ与Ⅳ	齿轮Ⅴ与Ⅵ
标准	0.17	0.21	0.26	1.34~2	0.9~1.36	1.6~2.4

3.5.2.7 减速机各部分装配尺寸见图1与表3。

表3 减速机各部分装配检修标准 mm

项目	齿轮中心距极限偏差		两齿轮中心线在齿宽上的平行度		齿轮轮缘径向圆跳动	
代号	齿轮Ⅱ与Ⅳ	齿轮Ⅴ与Ⅵ	齿轮Ⅱ与Ⅳ	齿轮Ⅴ与Ⅵ	齿轮Ⅰ	齿轮Ⅱ
标准	±0.12	±0.16	0.024	0.026	0.05	0.08

项目	齿轮轮缘径向圆跳动				齿轮节圆处齿厚最大允许磨损值					
代号	齿轮Ⅲ	齿轮Ⅳ	齿轮Ⅴ	齿轮Ⅵ	齿轮Ⅰ	齿轮Ⅱ	齿轮Ⅲ	齿轮Ⅳ	齿轮Ⅴ	齿轮Ⅵ
标准	0.08	0.12	0.095	0.15	0.16	0.16	0.24	0.24	0.24	0.24

项目	两锥齿轮中心线位移度	两锥齿轮中心线尖角	节圆锥顶位移度	
代号		极限偏差	齿轮Ⅰ	齿轮Ⅱ
标准	0.024	±0.08	0.08	0.08

3.5.2.8 减速机齿轮轴与轴颈尺寸见图1与表4。

表4 减速机齿轮轴与轴颈检修标准 mm

项目	轴颈圆柱度								轴颈圆度		
代号	A1	A2	A3	A4	A5	A6	A7	A8	B1	B2	B3
标准	0.02	0.02	0.02	0.02	0.02	0.02	0.02	0.02	0.02	0.02	0.02

项目	轴颈圆度					轴颈处直线度			
代号	B4	B5	B6	B7	B8	C1	C2	C3	C4
标准	0.02	0.02	0.02	0.02	0.02	0.015	0.015	0.015	0.015

项目	轴颈处直线度				轴直线度/(mm/m)			
代号	C5	C6	C7	C8	轴Ⅰ	轴Ⅱ	轴Ⅲ	轴Ⅳ
标准	0.015	0.015	0.015	0.015	0.04			

676

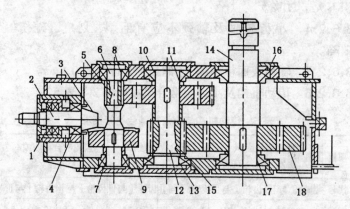

图 1 减速机

1—A1B1C1；2—轴 I；3—齿轮 I；4—A2B2C2；5—齿轮 II；
6—轴 II；7—A4B4C4；8—A3B3C3；9—齿轮 III；10—A5B5C5；
11—齿轮 IV；12— 轴 III；13—A6B6C6；14—轴 IV；15—齿轮 V；
16—A7B7C7；17—A8B8C8；18—齿轮 VI

3.6 刮臂传动机构

3.6.1 刮臂传动机构和小齿轮拆装程序

3.6.1.1 拆卸刮臂。

3.6.1.2 取出轴承座外圈与内齿圈滚道间钢球。

3.6.1.3 拆下轴承座外圈、内齿圈。

3.6.1.4 拆下、分解小齿轮轴组件。

3.6.1.5 组装程序与上述相反。

3.6.2 质量标准

3.6.2.1 轴承座圈与基架连接螺栓的拧紧力矩为 520 N·m。

3.6.2.2 齿轮不得有毛刺、严重点蚀、裂纹、断裂等缺陷。

3.6.2.3 齿轮啮合处的工作面(即齿高与齿宽)上的剥蚀面

677

积不大于 20%。

3.6.2.4　小齿轮轴及轴颈不应有毛刺、划痕、碰伤等缺陷。

3.6.2.5　轴颈表面粗糙度 R_a 的最大允许值为 0.8μm。

3.6.2.6　传动机构及小齿轮啮合尺寸见图 2 与表 5。

表 5　传动机构与小齿轮啮合检修标准

项目	齿轮接触面积 （齿高/齿宽)/%		齿轮啮合侧隙/ mm		齿轮啮合顶间隙/ mm	
代号	齿轮Ⅰ与Ⅱ	齿轮Ⅰ与Ⅲ	齿轮Ⅰ与Ⅱ	齿轮Ⅰ与Ⅲ	齿轮Ⅰ与Ⅱ	齿轮Ⅰ与Ⅲ
标准	40/50	40/50	0.34	0.34	3.6~4.8	3.6~4.8

3.6.2.7　传动机构及小齿轮各部分装配尺寸见图 2 与表 6。

表 6　传动机构及小齿轮的装配检修标准　　　　mm

项目	齿轮轮缘 径向圆跳动			齿轮节圆处 齿厚磨损值		
代号	齿轮Ⅰ	齿轮Ⅱ	齿轮Ⅲ	齿轮Ⅰ	齿轮Ⅱ	齿轮Ⅲ
标准	0.2	0.12	0.12	0.24	0.24	0.24
项目	两齿轮中心线 在齿宽的平行度		两齿轮 中心距极限		齿轮Ⅰ 端面跳动	齿轮Ⅰ 径向跳动
代号	齿轮Ⅰ与Ⅱ	齿轮Ⅰ与Ⅲ	齿轮Ⅰ与Ⅱ	齿轮Ⅰ与Ⅲ	A	B
标准	0.03	0.03	±0.18	±0.18	0.12	

3.6.2.8　传动机构及小齿轮轴和轴颈尺寸见图 2 与表 7。

表7　传动机构和小齿轮轴与轴颈检修标准　　　mm

项目	轴颈圆柱度				轴颈圆度			
代号	C1	C2	C3	C4	D1	D2	D3	D4
标准	0.02	0.02	0.02	0.02	0.02	0.02	0.02	0.02
项目	轴颈直线度/(mm/m)				轴直线度/(mm/m)			
代号	E1	E2	E3	E4	轴Ⅰ		轴Ⅱ	
标准	0.015	0.015	0.015	0.015	0.04		0.04	

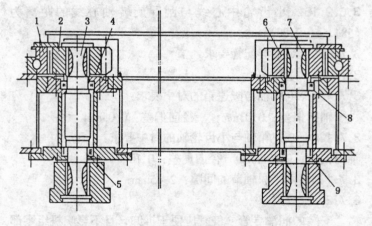

图2　传动机构

1—齿轮Ⅰ；2—齿轮Ⅱ；3—轴Ⅰ；4—C1D1E1；5—C2D2E2；
6—齿轮Ⅲ；7—轴Ⅱ；8—C3D3E3；9—C4D4E4

3.6.2.9　钢球、隔套、接触面不得有点蚀、胶合及剥落现象，各钢球的尺寸公差为 $\Phi(34.925 \pm 0.015)$mm。

3.6.2.10　装钢球的滚道表面不得有裂纹及表面剥蚀和严重的磨损现象。

3.6.2.11　装钢球的滚道端面圆跳动、径向圆跳动允许误差为 0.2mm。

3.6.2.12　轴承座内圈(即内齿圈)径向游隙为 0.4~0.8mm。

3.6.2.13　轴承滚动体和滚道表面应无腐蚀、坑疤与斑点，接触面平滑。

3.6.2.14　轴承装入轴颈后，其内圈端面必须紧贴轴肩或定位环，0.05mm 塞尺不得塞入。

3.6.2.15　调整速度检测器，速度脉冲器与转盘的间距为 (8 ± 0.10)mm。

3.6.2.16　小齿轮中心线与刮臂旋转轴心线的距离为 (584.54 ± 0.08)mm。

3.7　机组对中与配管要求

3.7.1　机组对中

3.7.1.1　电机轴与减速箱的对中要求：

　　轴向偏差：0.03mm；　　径向偏差：0.05mm

3.7.1.2　减速箱轴与小齿轮轴的对中要求：

轴向偏差：0.10mm；　　径向偏差：0.10mm

3.7.1.3　两半联轴节的间隙：2~5mm

3.7.2　配管要求

　　安装的润滑导管、气管应便于拆卸，且不影响机组零部件的解体。

4　试车与验收

4.1　试车前的准备

4.1.1　机组检修完毕，质量符合要求，检修现场做到"工完、料尽、场地清"。

4.1.2　所有检查、修复、组装及找正对中的记录资料必须齐全、准确。

4.1.3　润滑油、润滑脂、动力油必须确认合格，并已加至正常油位。机组用油见表8。

表8　机组用油一览表

加油(脂)部位	油(脂)牌号、名称		每台次加油(脂)量	
	H－101(九江)	2601－V(美荷)、Z2502(法)、800L(日Ⅱ)	九江	美荷、日Ⅱ、法
液力联轴节	N150S－P中负荷工业齿轮油	8#液力传动油或N32防锈透平油	5.2L	14.4L
减速箱		N150极压齿轮油或L－CKC150		60L
蛇簧联轴节	2#极压防锈锂基脂	2#极压防锈锂基脂	适量	适量
其　他	2#极压防锈锂基脂	2#极压防锈锂基脂	适量	适量

4.1.4　所有空气管、油管均已连接完毕，气源、电源已接通。

4.1.5　盘车应无卡涩、摩擦及异常声响。

4.1.6　试车方案清楚明白。

4.2　试车与验收

4.2.1　试车

4.2.1.1　速度监控器调试，检查磁力传感器信号数是否匹配，并将时间继电器的动作时间调整为 2～5s，启动电机，经2～5s 后，如自动停车，则逐步调整动作时间为 10s,15s，直至 20s，如仍自动停车，应对各转动部件进行仔细检查，有无受阻情况，如经检查确属正常，可将时间继电器动作时间放宽至 25～30s，此时不应再有自动停车现象。

4.2.1.2　空负荷试车 4h。

4.2.1.3 设备运转平稳,不应有振动和冲击声音及其他异常声响。

4.2.1.4 各密封处、结合处不应有渗油漏脂漏气现象。

4.2.1.5 各连接件、紧固件应连接紧固可靠,无松动现象。

4.2.1.6 液力联轴节油温不得超过 60℃,连续运转最高温度不得超过 85℃。减速箱油温最高不得超过 60℃,滚动轴承最大温度不得超过 70℃。

4.2.1.7 齿轮啮合良好,无异常杂音,各部振动不应大于 0.08mm。

4.2.1.8 负荷试车 24h,按空负荷试车要求的项目检查,确认机组是否运行正常、达到设计能力。

4.2.2 验收

4.2.2.1 机组试车正常,各主要操作指标达到设计要求,设备性能满足需要。

4.2.2.2 检修质量符合本规程标准,检修和试车记录齐全准确。

4.2.2.3 试车合格后办理验收手续,交付生产。

5 维护与故障处理

5.1 日常维护

5.1.1 定期清扫机体,保持设备各部位清洁。减速器、电机及其他附属设备上应无油污、粉尘和异物。

5.1.2 按时填写运行记录,做到准确、齐全、整洁。

5.1.3 定时巡回检查。

5.1.3.1 按规定时间、路线认真做好巡回检查,检查内容应不少于以下各项：

    a. 刮臂转速、振动情况，刮板刮料及下料槽下料情况；

    b. 减速器、液力联轴节振动、轴承温度及声音是否正常；

    c. 机组各动、静密封点泄漏情况；

    d. 润滑干油泵运行情况，油仓内装油脂量是否合适，油脂能否注入各个润滑点；

    e. 密封用压缩空气管道是否畅通，并保证有 0.05 ~ 0.08MPa 压力；

    f. 机组设备的整洁情况；

    g. 造粒塔塔顶、塔壁、刮臂及塔底尿素结块情况。

5.1.3.2　操作人员巡检时间应按各厂所制订的有关制度执行。

5.1.3.3　机、电维修人员每天至少应巡回检查一次，并各自做好巡回检查记录。

5.1.3.4　巡回检查中发现的问题应按工艺、机、电各自的职责和有关维护、检修规定进行适当处理，对存在运行隐患的部位要加强检查，不能及时处理的问题应及时向有关部门汇报。

5.1.4　定期检查

5.1.4.1　每 3 ~ 4 月清除堆积在刮臂上的尿素结块。

5.1.4.2　安装运转 4 ~ 6 星期后，检查刮臂和齿圈连接螺栓紧固情况。

5.1.4.3　定期检查刮板固定情况。

5.1.4.4　定期检查润滑油的油质，至少每半年进行一次取样检验。

5.2 常见故障与处理(见表9)

表9 常见故障与处理

序号	故障现象	故障原因	处理方法
1	机组不能启动	电气故障	消除电气故障
		转速监控器探头与齿形盘间距过大	调整探头与齿形盘间距至合适(5~8mm范围)
		皮带系统未启动	启动皮带系统
2	机组运转中自动停车	刮臂回转受阻	清除塔底结块
		液力联轴节漏油	更换密封环并充油至规定油位
		电气故障	消除电气故障
		皮带运输机故障	消除皮带运输机故障
3	机组运行声音异常	刮板松脱、刮板与塔底摩擦	将刮板与塔底间隙调整至20mm,并把紧固定螺栓
		塔底尿素结块	除去尿素结块
		传动系统故障	消除故障,更换损坏零部件
4	启动电机不久,即自动停车	时间继电器调节时间过小	检查时间继电器动作时间并调整
		磁力传感器额定信号数太大	检查调整
		刮臂回转受阻	检查塔底有无积料结块阻挡或其他原因,并消除之
		液力联轴节充油量过少	给液力联轴节充油至规定油位
		齿形盘偏心	将齿形盘找正,使其转动时的径向跳动量小于5mm
		皮带运输机故障	消除皮带运输机故障
5	电机过载电流过大	刮臂回转受阻	检查塔底有无结块并消除
		液力联轴节充油量过多	调整
6	两电机电流差过大	两液力联轴节的充油量不匹配	调整油量

附　录　A
主要特性参数
（补充件）

表 A1　刮料机主要特性参数

项　　目	参　　数	
名　　称	造粒塔刮料机	
制造厂	意大利 NOVASPA 公司	P.H.B 常州化机厂
位　号	H－101（九江）	2601－V（美荷）、Z2502（法）、800L（日Ⅱ）
刮臂回转直径/mm	21800	19700
刮板最外缘到造粒塔内壁距离/mm	100	50
刮臂中间节长/mm	550	7400
刮臂高度/mm	2850	1553
刮臂转速/(r/min)	1.6	1.47
刮臂转向	逆时针（从上面看）	逆时针（从上面看）
生产能力（设计/最大）/(t/h)	73/85	68/80
刮臂横梁端最大挠度/mm		6
刮板机与造粒塔底的间隙/mm	35	最小 20
内啮合齿轮模数	14	18
小齿轮齿数/个	20	18
小齿轮轴转速/(r/min)	1470	6.697
额定输出转矩/(N·m)	100000	161600
动载系数		1.2
刮臂角度	15	0

表 A2　刮料机辅机主要特性参数

项　目		参　　数		
电机	制造厂	ASEA 公司 （九江厂）	常州第二电机厂 （日Ⅱ）	UNELEC（法）
	型　号	MTB180L JM303/V3 （九江厂）	ILAA220B₃（美荷） JO₃－225S－8（日Ⅱ）	FA225M8（法）
	功率/kW	18.5	18.5	22
	转速/(r/min)	1470	750	730
减速箱	制造厂	BREVINI 公司	P.H.B	
	型　号	RPR3400	K₂SV355	ZZS355L
	速　比	1/125	112	109.28
	功率/kW	30	18.5	22
	转速/(r/min)	1470	750/6.697	730/6.7
液力联轴节	型　号	13KRG	Tva487	OAY480
	有效输出功率/ kW	28.5	15.5	21
	转速/(r/min)	1470	750	730
	油量/L	5.2	14.4	14.4
	油品名称	N150S－P 型中负荷 工业齿轮油	8#液力传动油	N32 透平油

附加说明：

1　本规程由宁夏化工厂负责起草，起草人宁冬、陈栋明（1992）。

2　本规程由安庆分公司负责修订，修订人任德正（2004）。

20. 门式耙料机维护检修规程

SHS 05020—2004

目　次

1　总则 ……………………………………………………（689）

2　检修周期与内容 …………………………………………（689）

3　检修与质量标准 …………………………………………（692）

4　试车与验收 ………………………………………………（704）

5　维护与故障处理 …………………………………………（706）

附录 A　门式耙料机润滑一览表(补充件) ………………（710）

1 总则

1.1 主题内容与适用范围

1.1.1 主题内容

本规程规定了大型化肥装置门式耙料机的检修周期与内容、检修与质量标准、试车与验收、维护与故障处理。

健康、安全和环境(HSE)一体化管理系统，为本规程编制指南。

1.1.2 适用范围

本规程适用于尿素散库内颗粒尿素机械化传送的美荷型厂(VP2—240/48 型)、法型厂及日Ⅱ型厂(宇部 LP240/48)门式耙料机的维护与检修。

1.2 编写修订依据

HGJ 1042—79 化工厂齿轮减速机维护检修规程

HGJ 1068—79 化工厂桥(门)式起重机维护检修规程

HGJ 1070—79 化工厂电动(防爆)葫芦维护检修规程

HGJ 1071—79 化工厂皮带运输机维护检修规程

2 检修周期与内容

2.1 检修周期

各单位可根据机组运行状态择机进行项目检修，原则上在机组连续累计运行 3～5 年安排一次大修。

2.2 检修内容

2.2.1 项目检修内容

根据机组运行状况和状态监测与故障诊断结论，参照大修部分内容择机进行修理。

2.2.2 大修内容

2.2.2.1 清除机件上的尿素粉尘及杂物。

2.2.2.2 检查、紧固各部紧固件。

2.2.2.3 检查液力联轴器及各减速机的密封情况。

2.2.2.4 检查调整主、副耙链松紧度。

2.2.2.5 检查、紧固或更换耙板。

2.2.2.6 检查调整链臂驱动链。

2.2.2.7 检查或更换主、副耙卷扬机钢丝绳。

2.2.2.8 检查主、副耙最高、最低位置。

2.2.2.9 检查、调整松绳装置。

2.2.2.10 检查纠偏装置摆动情况。

2.2.2.11 检查主、副耙传动轴轴承、连臂驱动轴轴承及吊架轴轴承的磨损情况，视情更换轴承。

2.2.2.12 检查各车轮、卷盘轴承磨损情况。

2.2.2.13 检查外齿轮的啮合情况。

2.2.2.14 检查或更换耙链链轮、链片、销轴及衬套。

2.2.2.15 检查轨道清扫器，更换清扫块。

2.2.2.16 解体检查、清洗各减速机，检查、测量和调整各部间隙，必要时更换零部件。

2.2.2.17 拆卸、清洗、检查耙链、齿形板、导板，必要时应予更换。

2.2.2.18 解体清洗主、副耙卷扬机，检查齿轮及轴承的磨损情况，修理或更换制动盘，测量各部间隙，更换轴承。

2.2.2.19 拆洗、检查各传动轴、行走轮、滑轮，更换导向轮轴承。

2.2.2.20 拆卸、清洗行走机构齿轮，检查、测量其啮合间隙。

2.2.2.21 拆检、清洗连臂装置链轮、套筒滚子链，必要时应予更换。

2.2.2.22 解体检查、清洗连臂张紧装置叉架、导向板，更换损坏件。

2.2.2.23 解体清洗、检查或更换耙链张紧装置轴承。

2.2.2.24 检查、修理或更换各传动轴。

2.2.2.25 更换所有橡胶密封件。

2.2.2.26 拆卸、清洗、检查或更换弹性夹紧元件。

2.2.2.27 解体检查、清洗各联轴节，更换易损件。

2.2.2.28 检查、矫正主、副耙臂的弯曲度。

2.2.2.29 检查吊架对于耙臂轴的准线，检查吊架与臂中心线的垂直度。

2.2.2.30 检查、校正两侧道轨的水平度和平行度。

2.2.2.31 电磁制动器解体检查、清洗、调整。

2.2.2.32 电磁离合减速机解体检查、清洗，更换易损件，测量各部间隙。

2.2.2.33 拆卸、检查、清洗卷盘系统链条、链轮、轴承，更换磨损件。

2.2.2.34 对门架主要部位焊缝及耙臂支座焊缝进行无损检测，必要时处理。

2.2.2.35 检查、疏通各润滑点油路并加润滑油或脂，链条、钢丝绳润滑。

2.2.2.36 门架、端梁、耙臂及各部件外壳和外露部分重新进行防腐。

2.2.2.37 检查、测试、调校所有电气系统和控制系统。

3 检修与质量标准

3.1 检修前的准备

3.1.1 根据机组运行情况、状态监测及故障诊断结论，进行危害识别，环境识别和风险评估，按照 HSE 管理体系要求，编写检修方案。

3.1.2 备齐检修工具(或专用工具)及检验合格的量具；备好所需的合格配件及材料。

3.1.3 对检修用的起重设备、机具、索具按起重机械有关规定进行动、静负荷试验，吊装时严禁超载。

3.1.4 操作人员按检修要求，交付设备。

3.1.5 检修作业均按安全规程办理。

3.2 解体与检查

3.2.1 主要解体步骤如下：

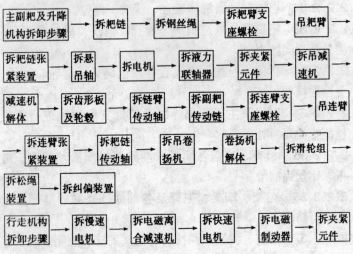

3.2.2　回装步骤与解体步骤相反。

3.3　检修与质量标准

3.3.1　主、副耙机构的检修与质量标准

3.3.1.1　液力联轴器

a. 回装轴承时，要求波形弹簧与基座紧配合，不得有轴向窜动；

b. 对中复查，液力联轴器的安装要求如下：

径向位移不超过 0.1mm；

端面偏差不超过 0.1mm；

两联轴节轴向间距为 3～5mm。

3.3.1.2　主、副耙及行走机构减速机

a. 机盖与机体的剖分面应平整光滑，保证装配严密，用 0.05mm 的塞尺插入深度不得大于剖分面的 1/3；

b. 上盖与机体不得有裂纹、装入煤油检查，不得有渗漏；

c. 各油封用密封胶胶牢在轴承盖上；

d. 减速机复装时，机盖与机体结合面上应涂上密封胶；

e. 齿轮不得有毛刺、裂纹、断裂等缺陷；

f. 减速机各部装配要求见图 1 及表 1～9。

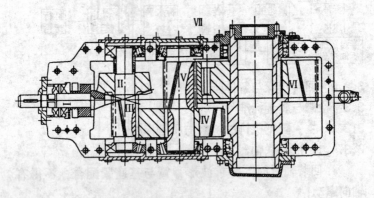

图 1　主副耙及行走、减速机机构示意图

表 1　齿轮啮合侧隙　　　　　　　　　　mm

	齿轮 I 与 II	齿轮 III 与 IV	齿轮 V 与 VI
主　耙	0.17	0.21	0.26
副　耙	0.13	0.17	0.21
行　走	0.13	0.17	0.21

表 2　齿轮啮合顶隙　　　　　　　　　　mm

	齿轮 I 与 II	齿轮 III 与 IV	齿轮 V 与 VI
主　耙	1.27 ~ 1.90	0.90 ~ 1.35	1.20 ~ 1.80
副　耙	0.90 ~ 1.37	0.60 ~ 0.90	0.90 ~ 1.35
行　走	0.90 ~ 1.37	0.65 ~ 0.98	1.00 ~ 1.50

表 3　两齿轮中心距极限偏差　　　　　　mm

	齿轮 III 与 IV	齿轮 V 与 VI
主　耙	± 0.120	± 0.160
副　耙	± 0.105	± 0.120
行　走	± 0.105	± 0.120

注：齿轮 I 与 II 中心线位移度均为 0.19mm。

表4　两齿轮中心线在齿宽上的平行度　　　mm

	齿轮Ⅲ与Ⅳ	齿轮Ⅴ与Ⅵ	齿轮Ⅰ与Ⅱ轴线夹角极限偏差
主 耙	0.210	0.024	± 0.080
副 耙	0.019	0.019	± 0.070
行 走	0.019	0.019	± 0.070

表5　齿圈径向圆跳动　　　mm

	齿轮Ⅰ	齿轮Ⅱ	齿轮Ⅲ	齿轮Ⅳ	齿轮Ⅴ	齿轮Ⅵ
主 耙	0.065	0.110	0.08	0.12	0.095	0.15
副 耙	0.065	0.095	0.065	0.11	0.08	0.12
行 走	0.065	0.095	0.065	0.11	0.08	0.12

表6　齿轮节圆处齿厚的最大磨损量　　　mm

	齿轮Ⅰ	齿轮Ⅱ	齿轮Ⅲ	齿轮Ⅳ	齿轮Ⅴ	齿轮Ⅵ
主 耙	0.16	0.16	0.24	0.24	0.24	0.24
副 耙	0.16	0.16	0.24	0.24	0.24	0.24
行 走	0.16	0.16	0.24	0.24	0.24	0.24

表7　轴颈圆柱度、圆度　　　mm

	轴Ⅰ	轴Ⅱ	轴Ⅲ	轴Ⅳ
主 耙	0.02	0.02	0.02	0.02
副 耙	0.02	0.02	0.02	0.02
行 走	0.02	0.02	0.02	0.02

表8　轴向游隙　　　mm

	轴Ⅰ	轴Ⅱ	轴Ⅲ	轴Ⅳ(径向游隙)
主 耙	0.030 ~ 0.050	0.080 ~ 0.150	0.128 ~ 0.200	0.140 ~ 0.220
副 耙	0.020 ~ 0.040	0.050 ~ 0.100	0.080 ~ 0.150	0.023 ~ 0.055
行 走	0.020 ~ 0.040	0.050 ~ 0.100	0.080 ~ 0.150	0.023 ~ 0.055

表9　齿轮接触面积

	沿齿高不少于/%	沿齿宽不少于/%
齿轮Ⅰ与Ⅱ	60	60
齿轮Ⅲ和Ⅳ	45	60
齿轮Ⅴ与Ⅵ	45	60

3.3.1.3　主、副耙张紧装置

a. 两张紧轮间距的允差为 ±1mm；

b. 轴的直线度不超过 0.1mm/m；

c. 轴颈圆柱度为 0.03～0.05mm；

d. 安装衬套及轴承处的轴颈表面粗糙度 R_a 的最大允许值为 0.8μm；

e. 回装轴承时，注意将衬套油沟与轴承的油孔对正，确保润滑油路的畅通；

f. 张紧装置整体回装后，调整耙链的张紧度，以耙链运动时在导板上无突起的链节为适宜。

3.3.1.4　主、副耙及连臂驱动轴

a. 轴表面应无缺陷，轴颈处的直线度应不大于 0.02mm，其他部位直线度应不大于 0.10mm/m；

b. 安装轴承、夹紧元件及轮毂、链轮处的轴颈表面粗糙度 R_a 的最大允许值为 0.8μm，圆柱度为 0.02～0.05mm；

c. 轴上键槽磨损后，在结构及强度允许情况下可在原键槽 120°位置上另铣键槽，键槽中心线与轴中心线对称度为 0.03mm；

d. 轴的表面密封件配合处有严重磨损或有裂纹时应更换；

e. 弹性夹紧元件回装时应先逐个拧紧镀锌螺钉，然后依次拧紧与镀锌螺钉相邻的螺钉。各次拧紧力矩见表10；

表10 螺钉拧紧力矩表 N·m

序 号 \ 类 别	小型夹紧元件	大型夹紧元件
第一次	30	30
第二次	50	60
第三次	70	90
第四次		130

f. 法型厂及美荷型厂的主耙减速机端的轴承拆装应采用液压法。

3.3.1.5 连臂传动链及张紧装置

a. 链轮的两轴心线必须平行；

b. 两链轮应在同一平面内，其轴向偏移量为 0.10 ~ 0.20mm；

c. 链轮径向和端面圆跳动量应符合表11要求；

d. 装配后链的下垂度不得大于 0.02A（A 为两链轮中心距）；

e. 张紧装置回装后，叉架在导向板内应能自由滑动。

表11 链轮径向和端面圆跳动量表 mm

链轮直径	链轮径向、端面圆跳动量	
	径 向	端 面
< 100	0.25	0.30
100 ~ 200	0.50	0.50
200 ~ 300	0.75	0.80
300 ~ 400	1.00	1.00
> 400	1.20	1.50

3.3.1.6　耙链、链轮

a. 链轮应垂直于链轮轴。驱动链轮与从动链轮应在同一平面内，其轴向偏移量不大于 2.0mm；

b. 主动轴上两链轮间距允差为 ±1.0mm；

c. 链轮径向、端面圆跳动均不大于 0.5mm；

d. 链轮与耙链啮合应平稳，齿形板磨损严重时，应予以更换；耙链销轴磨损超过 0.5mm、衬套磨损超过 0.3mm、链片磨损超过 2mm 时，应予以更换；

e. 耙板上紧固螺栓应无松动脱落现象，耙板变形严重时，应予以整形或更换；耙齿过分磨损或折断的应予以更换。

3.3.2　升降机构的检修与质量标准

3.3.2.1　主、副耙卷扬机

a. 滚筒绳槽表面粗糙度 R_a 的最大允许值为 6.3μm；

b. 长度大于 1m 的卷筒，其同轴度为 0.2mm；

c. 卷筒绳槽有明显磨损时应予更换；

d. 各制动盘工作表面的粗糙度 R_a 的最大允许值为 1.6μm，接触面积不少于制动带面积的 75%；

e. 制动器的制动力矩应大于额定负荷的 1.25 倍，耙臂静态时不得下滑。

f. 滚筒上的上、下限位开关应调试合格，保证灵敏好用。

3.3.2.2　滑轮组

a. 滑轮表面粗糙度 R_a 的最大允许值为 6.3μm。用样板检查槽形，径向磨损小于钢丝绳的 30%，槽壁磨损不大于原壁厚 30%；

b. 滑轮绳槽面上砂眼面积不大于 2mm^2；深度不超过壁厚的 25%，数量不超过 2 个时，可用气焊修补，并加工到所规定的尺寸；

c. 滑轮轴孔支承面上有砂眼，面积不超过全部支承面的 10%，深度不超过轮毂的 25% 时，可补焊修理、否则予以更换；

d. 滑轮轴不得有裂纹，修后轴颈减少量不大于原直径的 3%，圆柱度不大于 0.05mm；

e. 滑轮槽径向圆跳动不大于 0.02mm，绳槽中心对轮廓端面的偏差不大于 1mm；

f. 滑轮装配检修后，侧向摆动小于 $D/1000$（D 为滑轮直径）。

3.3.2.3 钢丝绳

a. 用挤压法检查钢丝绳，钢丝绳的捻距内有 10% 的断丝时必须更换；

b. 钢丝绳变形或受腐蚀时必须更换；

c. 钢丝绳在拉伸后直径变细，超过原直径的 10% 或打硬摺，一股断裂应更换；

d. 耙臂在最低位置时，至少应保证钢丝绳在滚筒上缠有 5 圈；

e. 更换新绳必须符合原设计规定，如需代用时，应保证与原设计有相等的总破断拉力，直径上下差值：直径小于 20mm，为 1mm；直径大于 20mm，为 1.5mm。

3.3.2.4 主、副耙悬吊轴，连臂悬吊轴

a. 轴径和轴套不得有严重划伤、毛刺等缺陷，表面粗糙度 R_a 的最大允许值为 0.8μm；

b. 轴颈的圆柱度不大于 0.05mm, 直线度不大于 0.02 mm, 其他部位直线度不大于 0.10 mm;

c. 衬套间隙应符合表 12 规定;

d. 轴与衬套接触角度在底部 60°～90°范围内, 接触面积每平方厘米应不少于 2 块印点;

e. 衬套上的润滑脂沟应与轴上的润滑脂孔对正。

表 12　衬套间隙表　　　　　　　　　　mm

轴颈直径	顶　间　隙
80～110	0.16～0.22
110～140	0.22～0.28
140～180	0.28～0.36

3.3.3　行走机构的检修与质量标准

3.3.3.1　驱动部分

a. 减速机的检修与质量标准参照 3.3.1.2;

b. 电磁离合减速机各部装配要求见表 13;

表 13　电磁离合减速机装配要求表

	齿轮 I 与 II		齿轮 III 与 IV	
	齿高	齿宽	齿高	齿宽
齿轮接触面积/%	≥40%	≥50%	≥40%	≥50%
	侧隙	顶隙	侧隙	顶隙
齿轮啮合间隙/mm	0.170	0.500～0.750	0.140	0.360
齿轮中心距极限偏差/mm	±0.105			

c. 各齿轮节圆处齿厚的最大磨损量见表 14;

表14　齿轮节圆处齿厚的最大磨损量表　　　mm

	齿轮Ⅰ	齿轮Ⅱ	齿轮Ⅲ	齿轮Ⅳ 内齿/端齿
电磁减速机	0.160	0.160	0.240	0.240

d. 弹性夹紧元件的安装按3.3.1.4e进行；

e. 驱动部分安装复位后，各联轴节应达到以下标准：

弹性联轴节对中要求：径向偏差不超过0.15mm；端面偏差不超过0.10mm。

齿轮联轴节对中要求：径向偏差不超过0.15mm；端面偏差不超过0.10mm。

f. 电磁制动器各部分动作应灵活，制动要可靠，制动距离不超过20 mm。

3.3.3.2　行走部分

a. 外露传动齿轮面不得有毛刺、裂纹、断裂等缺陷；

b. 齿面接触面积齿宽方向不小于40%，齿高方向不小于30%；

c. 齿顶间隙应在0.2～0.3倍模数范围内。

3.3.3.3　车轮组

a. 车轮有裂纹或轮缘磨损超过原厚度的50%时应更换；

b. 二主动轮相对磨损超过0.005D(D为车轮直径)时，应拆下加工修理。若磨损已比原来直径小10mm时，应更换；

c. 车轮滚动面磨损超过原厚度的15%～20%时应更换。磨损量达厚度3%，剥落损伤深度达3 mm时，应进行表层修复并重新热处理，硬度为HB300～350；

d. 两个互相匹配的主、从动车轮的直径偏差分别不应超过其直径的0.1%、0.2%；

　　e. 车轮轴颈圆度和圆柱度不大于 0.03mm，表面粗糙度 R_a 最大允许值为 0.8μm，不得有裂纹，划伤深度不大于 0.3mm；

　　f. 轴直线度误差值在轴长的 1/1000 范围内，允许冷矫处理；

　　g. 车轮组装后应达到如下要求：

　　垂直偏斜不大于 1/400；

　　水平偏斜不大于 1/1000；

　　同一端梁下车轮同位偏差不大于 2mm；

　　h. 水平导轮与轨道之间的间隙为 1.5～2.5mm。若更换水平导轮，则需要校准后再配钻定位销孔。

3.3.3.4　轨道的检修与质量标准

　　a. 轨道跨距差不大于 5mm；

　　b. 二轨道高低差(同一断面)不大于 5mm。接头高低差及侧向位移不大于 1mm；

　　c. 轨道在全行程上最高点与最低点之间不大于 10mm，每间隔 10m 测量一点；

　　d. 轨道轨顶磨损量小于 3mm；

　　e. 轨道固定螺栓要牢固可靠。

3.3.4　卷盘系统的检修与质量标准

3.3.4.1　链条、链轮质量标准参照 3.3.1.5。

3.3.4.2　回装后，调节传动链的松紧度，保证卷盘工作时转动自如，无卡涩现象。

3.3.4.3　卷盘最大直径处的端面圆跳动不大于 5mm。

3.3.5　门架、端梁、耙臂的检修与质量标准。

3.3.5.1　端梁垂直度小于 $H/200$(H 为端梁高度)。

3.3.5.2 腹板波浪：受压区波峰值不应大于 0.7δ，受拉区波峰值不大于 1.2δ（δ 为腹板厚度）。

3.3.5.3 箱形梁、金属结构不得有裂纹、脱焊、扭曲、变形等现象。

3.3.5.4 主、副耙臂不得有明显弯曲，在水平方向上直线度为 $0.5L/1000$（L 为测量长）。

3.3.5.5 耙链轨道在铅垂面内的直线度偏差不大于 1mm/m，耙链轨道在同一横断面内相对标高偏差为 2 mm。

3.3.5.6 耙链与轨道的磨擦面应均匀平滑，焊接缝处不得有突变，如轨道磨损严重或有起皮现象，应进行更换。

3.3.5.7 门架、耙臂重要对接焊缝应符合 GB 150—98《钢制压力容器》中的 I 级质量要求。

3.3.5.8 金属构件应除锈、防腐，金属板腐蚀不超过原厚度的 10%。

3.3.6 滚动轴承的检修与质量标准

3.3.6.1 轴承滚动体和滚道表面应无腐蚀、坑疤与斑点，接触平滑无杂音。

3.3.6.2 滚动轴承的游隙超过表 15 中规定的最大游隙值，应予更换。

表 15　滚动轴承的最大游隙值表　　　　　　　mm

轴承内径	最大游隙	
	单列向心球轴承	单列向心球圆柱轴承
30 ~ 50	0.06	0.07
50 ~ 80	0.07	0.08
80 ~ 100	0.09	0.12
100 ~ 120	0.10	0.14
120 ~ 140	0.12	0.16

3.3.6.3 安装轴承时，加热温度不应超过100℃。

3.3.6.4 轴承与轴承座之间不允许放置垫片。如间隙超过规定，可镶套或更换。

3.3.7 纠偏装置的检修与质量标准

3.3.7.1 扇形框架应平整，无扭曲变形。

3.3.7.2 关节轴承无锈蚀、磨损。

3.3.7.3 纠偏装置回装后应转动灵活，无卡涩。

4 试车与验收

4.1 试车步骤和方法

4.1.1 试车前的准备

4.1.1.1 检查各润滑点是否已加润滑油或润滑油脂。

4.1.1.2 检查各机件是否齐全完好。

4.1.1.3 检查各紧固件有否松动。

4.1.1.4 检查液力联轴器、减速机的油位是否在规定高度。

4.1.1.5 传动机构是否灵活。

4.1.1.6 检查制动器是否可靠。

4.1.1.7 检查钢丝绳在滑轮和卷筒上缠绕是否良好。

4.1.1.8 检查各操纵线路，控制开关及各联锁报警装置是否完好、可靠。

4.1.2 单机试车

各驱动装置单独运转1h以上。

4.1.3 空载试车

4.1.3.1 手控操作

a. 耙臂升降：副耙升到最高位置后，快速升降主耙3

次，然后主耙快速下降到最低位置；将主耙升到最高位置后，快速升降副耙臂3次，然后副耙慢速到最低位置；

　　b. 大车行走：将主、副耙升到最高位时，启动快速行走电机，在全程上往返2次；启动慢速行走电机过挡料墙；

　　c. 耙链运转：置主、副耙于适当位置，启动主、副耙连续运转2h以上；

　　d. 综合运行及联锁控制检查：在主、副耙链均能正常运行情况下，启动大车慢速运行，在一个料区内往返2次，检查电气控制、限位开关，联锁装置的工作情况。

4.1.3.2　自控操作

　　a. 在手控操作正常后，才能投入自控．但操作人员仍需在操纵室内监视运行情况；

　　b. 启动地皮带(散装库侧皮带)；

　　c. 将主耙倾角降到21°以下；

　　d. 投入自动运行，在一个料区内往返1次。

4.1.4　负荷试车

4.1.4.1　下降主耙至料堆上方1m处停止，启动主耙链，再次下降主耙臂至尿素料面的一个适当深度后，停止下降，使大车左行或右行至限位开关。

4.1.4.2　下降主耙臂，再次切入尿素料面一个深度后停止，使大车向相反方向行走。

4.1.4.3　负荷试车时间不得少于2h，同时应重复上述4.1.3.2条的操作。

4.2　试车要求

4.2.1　手控、自控试运行时间不少于8h。

4.2.2 减速机、卷扬机、液力联轴器不得有渗油现象，减速机运转应平稳、正常，不得有冲击和振动现象。

4.2.3 所有传动机构及行走机构运转应平稳无杂音，行走机构改变方向时，联轴器不得有冲击响声。

4.2.4 耙臂升降程序准确可靠，耙链运行平稳，无异声，无卡涩或跳动现象。

4.2.5 各油池、轴承及电机温升符合规定。

4.2.6 行走轮与轨道面应全程接触良好。

4.2.7 各部件制动器应动作灵活可靠，行走机构二侧制动器动作协调一致。

4.2.8 电气、仪表、自检等动作灵敏有效。

4.3 验收

4.3.1 按检修方案所列内容检修，检修质量符合本规程要求。

4.3.2 机组试车后，各项主要指标达到设计要求或满足生产需要，且符合验收标准。

4.3.3 检修单位的检修和试车记录齐全、准确，并及时交付给设备主管工程师和使用单位，以便归档。

4.3.4 满负荷正常工作 72h 后，按规定办理验收合格手续。

5 维护与故障处理

5.1 日常维护

5.1.1 维护内容

5.1.1.1 机械设备的维护保养

a. 严格执行《化工厂设备润滑管理制度》，并按附录的要求对各润滑点进行润滑；

    b. 检查各主要部位的连接螺栓是否紧固；

    c. 检查设备的运行与各传动部位是否良好；

    d. 检查滑轮绳槽磨损情况，轮缘有无崩裂及卡住；

    e. 注意检查钢丝绳有无打摺、出槽、磨损；

    f. 检查主、副耙链运行中有无跳动及阻滞现象；

    g. 检查纠偏装置转动是否灵活；

    h. 检查行走机构及提升机构制动器的工作情况；

    i. 检查轨道清扫器的磨损情况；

    j. 保持设备的清洁。

5.1.1.2 框架的维护和保养

    a. 人字框架的焊缝应定期进行无损检测；

    b. 检查端梁与人字框架所有联接螺栓有无松动；

    c. 必须避免急剧的启动和制动。

5.1.1.3 电气设备的维护保养

    a. 保持电气设备的清洁；

    b. 检查各电气设备在运行中的响声是否正常。

5.2 常见故障与处理(见表 16)

表 16 常见故障与处理

序号	故障现象		故障原因	处理方法
1	滑轮组	槽不均匀磨损	轴偏心或磨损严重	处理、更换
		滑轮转动不灵活	轴承卡涩或碎裂	更换
2	链条链轮	链条打滑	链条太松,链条、链轮磨损	调整、处理或更换链条
		链条跳动严重	链条生锈或链轮磨损	清洗或更换
		链条脱落	二链轮位置偏移	调整

序号	故障现象		故障原因	处理方法
3	制动器	主、副耙提升后不能停止，耙臂自行下滑	制动器间隙没调好或润滑油滴入制动轮的制动面上	调整或清洗
		行走机械刹车后滑行距离过大	制动带过分磨损或盘式制动器弹簧力不足	更换或调整更换
		打不开	制动器弹簧力太小或制动带胶粘在油污的制动轮上；间隙过小；电磁线圈坏	调整或清洗；调整；更换
4	减速机	过度发热	轴承安装不正确或间隙不当；轴承已磨损；齿轮啮合不良；密封圈与轴的配合过紧；润滑油油质不良	重新安装或调整；更换；检查、修理；调整；清洗、更换
		噪音	齿轮磨损严重；齿轮啮合不正确；轴承损坏或间隙不当；轴承润滑不良	更换；调整；更换或调整；加注润滑油
		漏油	箱体剖分面垫片损坏或密封胶老化；密封圈老化、变形、磨损；轴表面在密封圈处磨损、变形；由润滑油温度过高引起油封损坏	更换垫片或重新涂胶；更换；处理或更换；检查发热原因更换油封
5	联轴节	起动时有撞击声	橡胶弹性块磨损；键槽磨损；轮齿崩裂或磨损	更换；修复或重新开键槽；更换
6	车轮	运行不平稳及发生歪斜	车轮缘过度磨损；由于不均匀的磨损，车轮圆柱度太大；钢轨不平直	更换；修理或更换；更换
7	耙链	耙链突然停止运行	耙链传动电机坏；耙链传动轴弹性夹紧元件失效；耙臂闯入料堆中撞绳开关动作；液力联轴器过载失效	更换；修复或更换；撞绳开关复位；加注液压油更换易熔塞

序号	故障现象		故障原因	处理方法
7	耙链	耙链跳动严重噪音增大	耙链磨损过大；齿形板严重磨损；耙链太松	更换；更换；调整
8	松绳装置	绳未松但松绳开关指示灯亮	绳轮局部磨损过大	修复或更换
		钢绳已松,但松绳开关仍未动作	开关坏；弹簧处尿素粉尘板结	更换；清理
9	行走系统	大车慢速行走时走时停	二侧制动器动作不一致	查明原因后修复
		跑偏严重且无法自动调整	单侧行走电机碳刷磨损	更换
		不能行走	电气或其他机械故障	查明原因排除故障
10	提升系统	主副耙不能提升或下降；耙臂静态时下滑；主、副耙未到最高最低位,最高最低位指示灯亮	卷扬机或电机故障；卷扬机制动器距离未调好或磨损严重；刹车片有油污；凸轮控制器动作	检查、修理或更换；调整或更换；清洗；调整
11	卷盘系统	卷盘速度与耙料机不同步	力矩电机故障；电机热元件动作；传动系统机械故障	修复；复位或更换；查明原因修复
12	纠偏装置	纠偏装置转动不灵	关节轴承锈死	清洗或更换
		严重跑偏但纠偏装置不动作	行程开关坏	更换

附 录 A
门式耙料机润滑一览表
（补充件）

润滑部件	润滑部位	注油点数	润滑周期/h	润滑油脂
A端主动轮	走轮轴轴承	1	720	3#极压锂基脂
	齿轮副齿面		168	3#极压锂基脂
	小齿轮轴轴承	2	720	3#极压锂基脂
C走轮	走轮轴轴承	1	720	3#极压锂基脂
D走轮	走轮轴轴承	1	720	3#极压锂基脂
B端主动轮	走轮轴轴承	1	720	3#极压锂基脂
	齿轮副齿面		168	3#极压锂基脂
	小齿轮轴轴承	2	720	3#极压锂基脂
纠偏装置	曲线滚筒	2	168	3#极压锂基脂
主耙驱动装置	ZZS355减速机齿轮箱		8600	L-CKC220中负荷工业齿轮油
	减速机进、出轴密封卷	3	168	3#极压锂基脂
单绳卷扬机	齿轮减速装置		8600	L-CKD320重负荷工业齿轮油
	卷筒内齿圈、轴承	1	8600	3#极压锂基脂
主耙悬吊轴	悬吊轴	2	720	3#极压锂基脂
主耙上部滑轮组	压轮轴	1	720	3#极压锂基脂
主、副耙链	耙链		168	L-AN68全损耗系统用油(亦可用干净废油)

续表

润滑部件	润滑部位	注油点数	润滑周期/h	润滑油脂
副耙上部滑轮组	压轮轴	1	720	3#极压锂基脂
耙悬吊轴	悬吊轴	2	720	3#极压锂基脂
连臂上部滑轮组	压轮轴	1	720	3#极压锂基脂
连臂悬吊装置	悬吊轴	2	720	3#极压锂基脂
连 臂	三排套筒滚子链		720	L–AN68 全损耗系统用油
副耙驱动装置	ZZS224 减速机齿轴箱		8600	L–CKC220 中负荷工业齿轮油
	减速机进、出轴密封卷	3	720	3#极压锂基脂
行走轴驱动装置	ZZS224、S125 减速齿轮箱		8600	L–CKC220 中负荷工业齿轮油
	ZZS224 减速机进、出轴密封卷	3	168	3#极压锂基脂
	S125 减速机进、出轴密封卷	2	168	3#极压锂基脂
连臂驱动轴	驱动轴轴承	4	168	3#极压锂基脂
副耙驱动轴	驱动轴轴承	4	168	3#极压锂基脂
双绳电动卷扬机	齿轮减速装置		8600	L–CKD320 重负荷工业齿轮油
	卷筒内齿圈、轴承	1	8600	3#极压锂基脂
副耙张紧轮	张紧轮	2	168	3#极压锂基脂
主耙张紧轮	张紧轮		168	3#极压锂基脂
主耙驱动轴	驱动轴承	4	168	3#极压锂基脂
控制电缆、主电缆	传动链减速机	4	720	L–AN68 全损耗系统用油

711

续表

润滑部件	润滑部位	注油点数	润滑周期/h	润滑油脂
空气管道卷盘	卷盘轴承	各 1	4300	3# 极压锂基脂
	传动链		168	L－AN68 全损耗系统用油

附加说明：

1 本规程由镇海石化总厂化肥厂负责起草，起草人黄伟(1992)。

2 本规程由镇海炼化股份公司负责修订，修订人黄福兴(2004)。

21. 斗轮式耙料机
维护检修规程

SHS 05021—2004

目　次

1　总则 ……………………………………………… （715）

2　检修周期与内容 ………………………………… （715）

3　检修与质量标准 ………………………………… （719）

4　试车与验收 ……………………………………… （731）

5　维护与故障处理 ………………………………… （732）

附录 A　技术特性参数表(补充件) ……………… （735）

附录 B　备机明细表(补充件) …………………… （735）

附录 C　主要备件明细表(补充件) ……………… （736）

附录 D　耙料机润滑表(补充件) ………………… （738）

1 总则

1.1 主题内容及适用范围

1.1.1 主题内容

本规程规定了斗轮式耙料机的检修周期与内容、检修与质量标准、试车与验收及维护与故障处理。

健康、安全和环境(HSE)一体化管理系统，为本规程编制指南。

1.1.2 适应范围

本规程适用于日本Ⅰ型年产 48 万吨尿素装置的耙料机维护检修。

1.2 编写修订依据

HGJ 1071—79 化工厂皮带运输机维护检修规程

HGJ 203—83 化工机器安装工程施工及验收规程

2 检修周期与内容

2.1 检修周期

各单位可根据机组运行状况择机进行项目检修，原则上在机组连续累计运行 2~3 年安排一次大修。

2.2 检修内容

2.2.1 项目检修内容

根据机组运行状况、状态监测与故障诊断结论，参照大修部分内容择机进行修理。

2.2.2 大修内容

2.2.2.1 行走机构

a.检查、调整链传动机构，更换链盒密封；

  b. 解体检查齿轮联轴器，更换易损件；

  c. 检查、调整或更换抱闸；

  d. 检查、更换清轨器易损件，或更换所有传动链轮；

  e. 拆检或更换摆线针轮减速机(主要备机见附录 A 中表 A2)；

  f. 解体行走轮部分，检查或更换传动齿轮和行走轮；

  g. 检查、测量行走轨道，必要时调整或更换。

2.2.2.2　旋转机构

  a. 解体、检查扭矩限制器，更换花垫及摩擦片，清洗检查盘簧，必要时更换；

  b. 清洗检查或更换链形联轴器链轮及链条；

  c. 解体无级调速器，清洗检查或更换锥盘及各轴承；

  d. 解体检查摆线针轮减速器机，更换全部易损件；

  e. 解体手压油泵，检查或修理活塞、气缸及分配阀，更换密封件；

  f. 拆检或更换旋转轮组件；

  g. 解体中心柱部分，检修或更换齿轮、轴及轴承；

  h. 检查处理大齿圈；

  i. 更换新鲜风软管。

2.2.2.3　耙料机构

  a. 检查、调整、润滑测速链条；

  b. 解体液力联轴器，检查或更换易损件；

  c. 清洗检查、调整或更换易损件；

  d. 清洗、检查或更换耙斗轮两端轴承，更换轴承座密封；

  e. 清洗、拆检减速机，更换全部易损件；

 f. 检查或更换耙斗轮链条及链轮；

 g. 检查或更换支撑链轮、轮轴及轴承；

 h. 调整或更换耙料轮的橡胶密封条；

 i. 拆检、清洗减速机及其润滑油路，更换偏心轴承，检测摆线盘、针齿销、套；

 j. 检查耙斗轮与固定架的密封情况 ；

 k. 更换联轴器柱销及套。

2.2.2.4 皮带运输机构

 a. 清洗、检查或更换链条并找正，更换链盒密封；

 b. 调整或更换皮带机尿素流量挡板；

 c. 拆检摆线针轮减速机，更换全部易损零部件；

 d. 检查或更换主动、从动、改向、配重、压紧滚筒及其轴承密封，视情况更换轴承；

 e. 修复或更换输送皮带，检查、更换皮带托辊；

 f. 检查、修复或更换制动机构；

 g. 校正、修复尾部分料筛；

 h. 检查、调整或更换裙板及清扫器皮带条；

 i. 检查、调整抱闸。

2.2.2.5 斗式提升机构

 a. 检查、清洗各润滑路、油位指示器；

 b. 检查、调整抱轮组件；

 c. 检查斗链与滚轮组件；

 d. 检查、调整下料挡板和下料槽裙板；

 e. 检查、调整、润滑斗式提升机链条丝杠；

 f. 检测部分斗链、销轴和滚轮的磨损情况；

 g. 检查、调整抱闸或更换闸衬片；

h. 检查料斗，对开焊、裂纹及变形处进行修复；

i. 拆检或更换摆线针轮减速机；

j. 解体检修齿轮减速机，更换易损零部件；

k. 清洗检测或更换斗链传动轴轴承；

l. 解体检查或更换斗链销和滚轮；

m. 更换下料槽裙板。

2.2.2.6 悬臂升降机构

a. 拆检摆线针轮减速机，更换全部易损零部件；

b. 检查或更换钢丝绳；

c. 解体检查或更换齿轮联轴器，复查对中；

d. 清洗、检查或更换各滑轮、销轴与轴承；

e. 检查、调整抱轮组件；

f. 检查、清洗各润滑油、油位指示器；

g. 清洗、检查或更换卷扬机卷筒轴承及油封。

2.2.2.7 电缆卷动机构

a. 检查、清洗各润滑油、油位指示器；

b. 检查或更换减速机油封；

c. 齿轮减速机按润滑规定换油；

d. 清洗、拆检齿轮减速机，更换易损零部件；

e. 拆检电缆导轮；

f. 调校电缆卷盘。

2.2.2.8 共用机构

a. 检查、整修或更换送风机、送风管道、大车行走限制器、空气调节器等安全保险机构；

b. 检查或修整全部机架、爬梯、踏板、平台和集料槽等。

3 检修与质量标准

3.1 准备工作

3.1.1 根据机组运行情况、状态监测及故障诊断结论，进行危害识别，环境识别和风险评估，按照 HSE 管理体系要求，编写检修方案。

3.1.2 备齐所需用的备品备件及材料。

3.1.3 备好所需的各种工器具及经检验合格的测量器具。

3.1.4 备好专用的零部件放置设施。

3.1.5 备好检修记录表格。

3.1.6 严格办理设备检修交接手续。

3.1.7 做好安全与劳动保护各项准备工作。

3.2 拆卸

3.2.1 拆卸应按规定程序进行。

3.2.2 拆卸应使用专用工具，严禁采用强拉硬拖及铲、割等方式，做到文明检修。

3.2.3 做好拆卸零部件原始安装位置的记录或标记。

3.2.4 拆开的管道及孔管道及孔口及时封好。

3.3 吊装

3.3.1 吊装作业严格按 SYB 4112—80《起重工操作规程》中的有关规定进行。

3.4 零部件清理与保管

3.4.1 对拆下的零部件应进行清洗、尺寸复查和毛刺处理。

3.4.2 拆下的零部件应整齐地摆放在专用设施上。

3.4.3 对清洗过的零部件做到下铺上盖。

3.5 组装

3.5.1 零部件经清理、检查或试装合格后方可回装。

3.6 检修记录

3.6.1 按要求做好记录，及时归档。

3.2 主要拆装程序

3.2.1 将耙料机悬臂停留在与轨道中心重合处，用专用工具顶起配重箱及悬臂头部，在钢丝绳完全无负荷的情况下，应按下列程序进行拆卸。

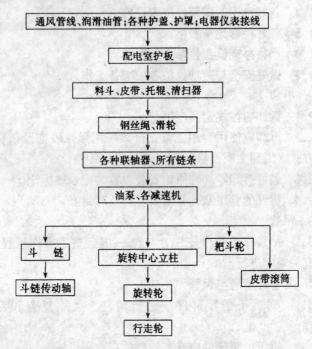

3.2.2 组装宜按拆卸程序的逆顺序进行。

3.3　公用机件

3.3.1　联轴器

3.3.1.1　齿轮联轴器

　　a. 齿轮啮合的接触面积：齿高方向应不小于 40%，齿宽方向应不小于 50%；

　　b. 内、外齿轮啮合间隙应小于原齿厚的 10%；

　　c. 内、外齿轮应无裂纹、锈蚀及严重的刮痕；

　　d. 内外齿轮装配后盘动检查，转动应平稳、灵活、无异常声响；

　　e. 行走机构的齿轮联轴器，其端面对中偏差应不大于 0.5mm；升降机构的齿轮联轴器，其端面对中偏差应不大于 0.2mm；端面间隙为 2.5～3mm；

　　f. 联轴器法兰螺栓及连接螺栓应无严重锈蚀、磨损、变形及弯曲等缺陷。

3.3.1.2　链式联轴器

　　a. 链轮应无变形、锈蚀及轮齿变尖等现象；

　　b. 当滚子外径磨损至原直径的 95% 时，应予更换；

　　c. 链轮端面与外圆对中偏差应小于 0.10mm。

3.3.1.3　弹性套柱销联轴器

　　a. 联轴器两对轮法兰应无裂纹、刮痕及锈蚀等缺陷；

　　b. 联轴器径向对中偏差应小于 0.05mm；轴向倾斜应小于 0.2 mm；端面间隙为 2～2.5 mm；

　　c. 轴套及螺栓无明显磨损，橡胶无老化。

3.3.1.4　液力联轴器

　　a. 液力联轴器密封应无泄漏；

　　b. 液力联轴器两配对法兰端面对中偏差应小于

0.10mm，圆周对中偏差小于0.20mm。

3.3.2 轴承

3.3.2.1 滚动轴承

　　a. 轴承滚动体和滚道表面应无腐蚀、坑疤与斑点，接触平滑无杂音；

　　b. 装配前必须测量轴承与配合尺寸，根据过盈量选择不同的装配工艺；

　　c. 滚动轴承的游隙超过表1中规定的最大游隙时，应予以更换。

3.3.2.2 滑动轴承及配合轴

　　a. 轴承内外表面清洁光滑、无严重刮痕；

　　b. 瓦背与轴承座接触面积不应小于70%；

　　c. 轴瓦与轴颈的接触角应为60°～90°，在接触范围内要求接触均匀，每平方厘米应有2～4个点；

　　c. 配合表面应无严重刮痕、锈蚀及裂纹；

　　d. 轴承与配合件之间的径向间隙接近或达到表2中的最大配合间隙时，应更换。

表1　滚动轴承游隙　　　　　　　　　　mm

轴承内径	最大游隙值	
	单列向心球轴承	单列向心短圆柱轴承
30～50	0.06	0.07
50～80	0.07	0.08
80～100	0.09	0.12
100～120	0.10	0.14
120～140	0.12	0.16

表2 滑动轴承最大径向间隙表   mm

配合类别	轴径范围	最大配合间隙
固定销与轴承	所有轴径	轴径的3%
传动轴、小齿轮轴与轴承	25 ~ 40 40 ~ 63 63 ~ 100 100 ~ 160	0.6 0.8 1.0 1.2
其他轴与轴承	25 ~ 40 40 ~ 63 63 ~ 100 100 ~ 160	1.2 1.6 2.0 2.5

3.3.3 密封

a. 橡胶油封应无老化、裂纹等缺陷；封外密封面应光滑平整；

b. 外观整齐，无永久性的变形，弹性良好；

c. 具有附加弹簧圈的密封圈，检查弹簧应完好；

d. 单向密封圈安装时，其唇边应对着被密封介质的压力方向；

e. 各种密封在设备静止和运转过程中均不得有漏液、漏料现象。

3.3.4 链条动机构

3.3.4.1 链条

a. 链条磨损后伸长率达到原长的3%时应更换；

b. 链条垂度应尽量调整为中心距的2% ~ 3%；

c. 运转过程中，链条不得有爬牙、咬齿和过大跳动现象。

3.3.4.2 链轮

a. 链轮的轮齿应无变形、锈蚀、裂纹等缺陷；

    b. 轮齿极限磨损量为滚子外径的 10%；

    c. 调整两链轮的相对位置，使链轮中心平面间的距离小于 0.05mm 且两平面的平行度小于 0.05mm/m。

3.3.5　抱闸

3.3.5.1　抱闸传动机构应灵活，制动必须可靠。

3.3.5.2　闸轮的圆周面上有超过 3mm 深的磨损条纹时，应更换。

3.3.5.3　闸轮的极限磨损量为原厚度的 20%。闸衬片的极限磨损量为原厚度的 25%。

3.3.5.4　闸轮与闸衬片之间的径向间隙应均匀一致，其值 1~2mm。

3.3.6　钢丝绳

3.3.6.1　当钢丝绳直径减小到公称直径的 7% 时必须更换。

3.3.6.2　钢丝绳的捻距内有 10% 的断丝时必须更换。

3.3.6.3　钢丝绳变形或受腐蚀时必须更换。

3.3.6.4　已经扭结的新钢丝绳不能使用。

3.3.7　传动齿轮与齿轮减速机

3.3.7.1　齿轮面应无严重磨损、刮痕，第一级齿轮极限磨损量为原齿厚的 5%，其他齿轮则为齿厚的 10%。

3.3.7.2　两啮合齿轮的啮合间隙不应大于中心距的 0.5‰。

3.3.7.3　传动齿轮的接触面积：齿高方向应不小于 40%，齿宽方向应不小于 50%。

3.3.7.4　齿轮箱应无漏油、裂纹等缺陷。

3.3.8　摆线针轮减速机

3.3.8.1　润滑系统

    a. 润滑油路应清洁、流畅，且无泄漏现象；

b. 油位指示器刻度清晰，油窗玻璃清洁透明；

c. 油池无锈、垢，无泄漏。

3.3.8.2　机座

a. 机座与针齿壳配合面应平整光滑；

b. 机座应无裂纹和砂眼。

3.3.8.3　针齿壳

检测针齿壳销孔磨损情况。针齿销孔的磨损量接近或达到表 3 中所规定的允许最大磨损量时，应更换。

表 3　针齿销孔磨损量要求表　　　　　mm

针齿销孔直径范围	销孔允许偏差	允许最大磨损量
≤10	0.016~0.019	0.030
>10~20	0.019~0.023	0.037

3.3.8.4　摆线轮

a. 摆线轮齿面粗糙度 R_a 的最大允许值为 $0.8\mu m$。应无毛刺、伤痕及裂纹等缺陷；

b. 摆线轮内孔与偏心轴承的配合间隙见表 4；

表 4　摆线轮内孔与偏心轴承的配合间隙表　　　mm

摆线轮内孔直径	正常配合间隙	允许最大配合间隙
≤60	<0.05	0.10
>60~121.5	0.05~0.08	0.13

c. 摆线轮齿面最大磨损量见表 5；

表 5　摆线轮齿面最大磨损量见表　　　　mm

摆线轮直径范围	允许最大磨损量
≤250	0.05
>250	0.08

d. 摆线轮轴向间隙为 0.2~0.35mm。

3.3.8.5 输出轴

a. 轴表面应无裂纹、毛刺、划痕等缺陷;

b. 与轴承配合表面的粗糙度 R_a 的最大允许值为 0.8μm, 其圆柱度不得大于 0.020mm, 轴中心线直线度不得大于 0.015mm。

3.3.8.6 针齿销及套

a. 针齿销及套配合表面的粗糙度 R_a 的最大允许值为 0.4μm, 不应有裂纹、毛刺、划痕等缺陷;

b. 针齿销与套的正常使用间隙见表6。

表 6　针齿销与套的使用间隙表　　　　mm

针齿销孔直径	针齿套内径	正常使用间隙	针齿销与套极限间隙
≤ 10	≤ 14	0.083	0.13
> 10~24	> 14~35	0.100	0.15
> 24	> 35	0.119	0.17

3.3.8.7 销与销套

a. 销和销套外表面粗糙度 R_a 的最大允许值为 0.4μm, 销套内表面粗糙度 R_a 的最大允许值为 0.8μm, 表面不应有裂纹、毛刺及划痕等缺陷;

b. 销与套的使用要求见表7。

表 7　销与套的使用要求表　　　　mm

直　　径	销与销套圆柱度	销、销套极限间隙
≤ 10	0.005~0.009	≤ 0.014
> 10~18	0.006~0.012	≤ 0.018
> 18~30	0.007~0.014	≤ 0.021
> 30~50	0.009~0.017	≤ 0.026
> 50~65	0.010~0.020	≤ 0.030

3.3.8.8　偏心轴承

a. 其滚柱及内圆表面应无裂纹、刮痕、锈蚀及分层现象;

b. 轴承保持架应完好无损;

c. 轴承磨损后游隙超过表 1 中所规定的最大游隙时应予以更换。

注:以下各机构中的公用机件,请参照公用机件检修及质量标准。

3.4　行走机构

3.4.1　润滑管路应清洁、流畅,且无泄漏现象,润滑油嘴清洁畅通完好。

3.4.2　行走轮的主动轮和从动轮的磨损或变形符合表 8 的要求。

表 8　行走轮的主、从动轮使用要求表　　　mm

检查项目	允用极限
轮子直径的磨损量	原尺寸的 2%
轮子法兰①的磨损量	原尺寸的 40%
轮子法兰的变形	偏离垂直位置 20°
主动轮的直径差	原尺寸的 1%
从动轮的直径差	原尺寸的 2%
轮子圆度	1

① 轮子法兰系指为防止轮子脱轨而在轮子两端设置的挡圈。

3.4.3　钢轨在全长范围内的磨损、轨距、坡度、高度差及接头误差应符合表 9 的要求。

mm

表9 钢轨使用要求表

检查项目	使用极限
轨顶磨损	原尺寸的10%
轨　距	±3
轨道坡度	1%
两轨道的高度差	轨距的1%
接头误差	0.5

3.5 旋转机构

3.5.1 润滑管路清洁、流畅、无泄漏；橡胶软管无老化及永久性变形；排列整齐，无交缠扭转现象，不得和其他无能无力部件产生摩擦；手压油泵操纵灵活，供油分配器工作正常，各处供油均匀。

3.5.2 旋转轮按表10中所列的检查项目检查时，不应超过表中所规定的许用极限。

表10 旋转轮使用要求表

mm

检查项目	允许极限
轮直径的磨损量	原直径的2%
轮子圆度	1

3.5.3 中心柱两轴承座外表面调整螺母与旋转架之间的间隙为1mm。

3.5.4 三角皮带应无老化裂纹及分层等缺陷；两皮带轮轮宽中心平面相对轴向位移量不大于1mm；两轴平行度（指沿轴长方向）的允许偏差为0.5mm/m（即两轴夹角 $\mathrm{tg}\theta \leqslant 0.5/1000$）。三角带的张紧力，在切边中点施加6N

的条件下，每 100mm 切边上产生 1.6mm 的挠度时为恰当值。

3.5.5 扭矩限制器的摩擦片不得沾染润滑油，不得有灰尘和锈斑，表面粗糙度 R_a 的最大允许值为 0.8μm；扭矩调整在 40 ~ 150N·m。

3.5.6 大齿圈上的针齿最大磨损量可达到原直径的 20%。

3.6 耙料机构

3.6.1 润滑管路应清洁、流畅，且无泄漏现象，润滑油嘴清洁畅通完好。

3.6.2 耙料轮端面与固定架的间隙应均匀，且在 5 ~ 10mm 之间。

3.6.3 当耙斗轮轴承座内的润滑脂受到尿素粉尘污染时，必须同时更换润滑脂和轴承座密封圈。

3.7 皮带运输机构

3.7.1 润滑管路应清洁、流畅，且无泄漏现象，润滑油嘴清洁畅通完好。

3.7.2 皮带应完整无缺损、无老化、无过度磨损，运行无跑偏现象；当皮带橡胶层磨穿或脱胶、分层时应更换；更换皮带时，粘接采用硫化阶梯搭接，严格按"BANDO"帘布传送带现场粘接指导进行；皮带接头质量不良时，必须打开重新粘接。

3.7.3 皮带滚筒定位牢固、无窜轴；托辊与调整辊转动灵活、无卡涩；主动胶制外皮滚筒，其橡胶厚度磨损量大于原厚度的 50% 时应更换。滚筒轴头应在负荷端定位，其轴线与皮带机纵向中心线垂直度为 2mm。

3.7.4 配重滚筒与托辊的壁厚磨损量不得超过其原厚度

的10%，表面应无严重锈蚀、异物和尿素结垢，其轴线应与皮带机纵向中心线垂直且转动灵活；滚筒横向中心线对皮带机纵向中心线的和重合度不应超过2mm；滚筒轴心线对皮带机的纵向中心线的垂直度不应超过2mm；滚筒水平应控制在0.5‰以内；当滚筒轴头磨损或有严重划痕时，应更换。

3.7.5 清扫器金属夹与皮带距离不小于90mm；刮板式清扫器的橡胶板磨损至外露宽度小于15mm时，应更换；边缘护板宽度为输送带宽度的2/3或3/4，长度为2至4倍输送带宽，前高后低。其橡胶板应与皮带接触紧密，无撒料现象。

3.7.6 机架和分料筛应无开裂和变形；连接部件无松动。

3.8 斗式提升机

3.8.1 滚链轨道应无裂纹、变形及严重磨损。

3.8.2 斗链的极限延伸长量为其总长度的2%。

3.8.3 斗链滚轮应符合表11的要求。

3.8.4 下料挡板的调整，必须保证料的下料位置接料输送皮带的中心线上。

表11 斗链滚轮使用要求表　　　　　　　　mm

检查项目	允许极限
轮子直径的磨损量	原直径的3%
轮子圆度	1

3.9 悬臂升降机构

3.9.1 钢丝绳两端卡头应牢固。

3.9.2　悬臂降到最低位置时，应保证钢丝绳在滚筒上缠有5圈。

3.9.3　所有滑轮润滑良好、转动灵活。

3.9.4　卷扬机卷筒的焊接部分应无任何裂纹。

3.9.5　滑轮槽极限磨损量为钢丝绳直径的25%。

3.9.6　钢丝绳卷绕时不得发生堆积现象；卷扬机卷筒的绳槽有明显磨损应更换。

3.10　电缆卷动机构

3.10.1　润滑管路应清洁、流畅，且无泄漏现象，润滑油嘴清洁畅通完好。

3.10.2　电缆导轮润滑良好，转动灵活。

3.10.3　电缆卷盘无变形、无开裂、无偏斜、工作可靠。

4　试车与验收

4.1　试车准备

4.1.1　施工现场，要做到工完、料净、场地清。

4.1.2　所有速度、压力、时间、流量等电气、仪表报警连锁装置均按要求调试，并达到正常工作条件。

4.1.3　检修质量符合要求。

4.1.4　润滑油油质合格，油位正常，无泄漏。

4.1.5　各部连接螺栓坚固可靠。

4.1.6　盘车数转，运转灵活自如，无异常。

4.1.7　安全设施完备。

4.2　试车程序

4.2.1　耙料悬臂升降起重机慢慢加负荷，同时检查钢丝绳卡头紧固及滑轮组运行情况，反复升降三次，确认无异常现象后，将悬臂升至 + 15°(即最高位置)，移去悬臂头部及配重箱的支撑专用工具。

4.2.2 各机构单机试车 4 小时，并且检查电机及减速机的温度及振动情况。电机减速机的温升应小于设备铭牌所规定的数值。

4.2.3 调整旋转机构的扭矩限制器；调试升降机构和旋转机构的各级限位开关。

4.2.4 联动试车。连续运行 4 小时后，检查各限位开关灵活、准确，各部润滑良好。

4.2.5 负荷试车 4 小时，调整皮带跑偏，并按 4.2.2 和 4.2.4内容检查。

4.2.6 复查检修及试车记录并存档。

4.3 验收

4.3.1 按检修方案所列的内容检修，质量符合本规程要求。

4.3.2 检修、试车记录齐全、准确、整洁。

4.3.3 单机、联动试车正常，主要技术性能和操作指标达到要求(主要技术特性参数参见附录 A 中表 A1)。

4.3.4 检修后设备达到完好标准。

4.3.5 满负荷正常运转 72h 后，办理验收手续，正式移交生产。

5 维护与故障处理

5.1 日常维护

日常维护的检查部位，检查要点和处理方法参见表 12。

表12 日常维护检查部位和处理

检查部位	检查要点	处理方法
齿轮	润滑情况	特别是开式齿轮应经常注润滑脂
	啮合情况	用调整固定件来改变啮合状况
	磨损情况	依照磨损情况进行修补更换
轴承、滑轮、各轮销轴等	润滑情况	供适量润滑脂
	磨损情况	根据磨损情况进行修补更换
螺栓、螺母、键和联轴器等	松紧度	拧紧固定
	裂纹	更换缺陷部件
靠背轮	损坏和磨损情况	根据磨损限度进行修补更换
齿轮箱	润滑油	油量不足时补充 按规定换油
钢丝绳	润滑情况	及时加油
	破坏情况	根据技术标准和磨损限度进行更换
	钢丝绳始端和终端紧固情况	拧紧螺栓
钢结构	腐蚀	腐蚀部分除锈涂漆
钢结构的焊接、铆接和螺栓连接	松紧度	更换或紧固铆接件或拧紧螺栓
	裂纹和破损	修补或更换
电缆	绝缘	更换修补电缆
	水是否进入导管	查明原因并进行修补处理
闸轮及衬片	滑动表面磨损	进行调整和修理或更换闸衬片
皮带及托辊调整辊	跑偏	调整
	磨损	进行修补或更新
	托辊运转	更换或修理
链轮、链条	松紧度	调整压紧轮使链条松紧度合适
	磨损	根据使用限度进行更换修理

5.2　常见故障与处理(见表13)

表13　常见故障与处理

序号	故障现象	故障原因	处理方法
1	大车行走失灵	滚轮转动失灵 导轨有尿素	检查维修加油润滑 清扫导轨
2	旋转失灵	摩擦片损坏 旋转轮缺油 耙料量太大 旋转轨道有障碍物	更换摩擦片 加油润滑 减少 清除障碍物
3	耙料轮失灵	耙料过多 耙料过硬 液体联轴器油量不足	减少耙料量 处理硬块尿素 补足油量
4	钢丝绳断裂	质量不良 机械损伤、过度磨损 润滑不良 滑轮转动不良	更换优质钢丝绳 查明原因及时更换 按规定润滑 检查维修加强润滑
5	提升机停车	过载	减少负荷

附 录 A

技术特性参数表

（补充件）

名　称	特性参数	名　称	特性参数
挖掘能力/(t/h)	240	旋转机构功率/kW	5.50
旋转角度/°	276	耙料机构转速/(r/min)	7
升降角度/°	−16~15	耙料机构功率/kW	30
旋转半径/m	17.20	皮带运输机构运行速度/(m/s)	1.667
导轨跨度/m	4	皮带运输机构功率/kW	11
运行距离/m	126.30	斗式提升机构运行速度/(m/s)	0.50
地面轨运行轮负荷/t	26.50	斗式提升机构功率/kW	22
沿墙轨运行轮负荷/t	15	悬臂升降机构运行速度/(m/s)	0.143
行走机构运行速度/(m/s)	0.117	悬臂升降机构功率/kW	5
行走机构功率/kW	1.50×2	电缆卷动机构运行速度/(m/s)	0.117
旋转机构转速/(r/min)	0.05~0.20	电缆卷动机构转矩/(N·m)	39.20

附 录 B

备机明细表

（补充件）

备件名称	规格型号	单机配量	备　注
摆线针轮减速机	HM 2—563 1/121 1.5kW	2	行走机构
摆线针轮减速机	HM 306—61 1/29 22kW	1	斗式提升机构
摆线针轮减速机	HM 20—628 1/281 15kW	1	悬臂升降机构

备件名称	规格型号	单机配量	备　注
摆线针轮减速机	HM 15—57 1/17 11kW	1	皮带运输机构
摆线针轮减速机	HM 8—628 1/289 5.5kW	1	旋转机构
无级变速器	8AV 0.2—0.8 5.5kW	1	旋转机构
摆线针齿减速机	H 40—62 1/59 30kW	1	耙料机构
液体联轴器	FA 1.0C	1	耙料机构

附　录　C
主要备件明细表
（补充件）

名　称	规格型号	数　量	备　注
行走主动链轮	31.75×19	2	
行走从动链轮	31.75×39	2	
行走张紧链轮	31.75×17	2	
链条	31.75×19.05	2	
轴承	23126B	16	φ500轮用
轴承	22220B	2	主动轴用
轴承	6308ZZ	4	
齿轮联轴器		4	

续表

名　称	规格型号	数　量	备　注
偏心轴承	UZ309BGP6	2	
钢性机械密封		1	
闸衬片		2	
轴　承	23032B	2	
轴　承	23028B	2	
轴　承	22322	4	
偏心轴承	UZ228BGP6	1	
偏心轴承	UZ328BGP6	2	
链　条	RS50—2	2	
摩擦片	$482 \times 42 \times 5$	4	
主动链轮	38.1×19	2	
从动链轮	38.1×26	2	
张紧链轮	38.1×17	1	
钢质机械密封		1	
链　轮	635×19	1	
从动链轮	635×44	1	
链　条	RS200—1	1	
链　条	RS35—1	1	
轴　承	UZ328BGP6	1	

附　录　D
耙料机润滑表
（补充件）

	润滑部位	油品牌号	加入量 L	补充量	更换周期
1	行走摆线针轮减速机	80#液压油	1.5×2	规定油位/月	
2	悬臂升降摆线针轮减速机	80#液压油	29	规定油位/月	
3	耙料摆线针轮减速机	80#液压油	2	规定油位/月	
4	皮带输送摆线针轮减速机	80#液压油	1.7	规定油位/月	
5	斗式提升摆线针轮减速机	80#液压油	6.2	规定油位/月	检修后初次运转500h换油，此后12个月
6	旋转摆线针轮减速机	80#液压油	15	规定油位/月	
7	旋转无级变速器	90#液压油	4.5	规定油位/月	
8	斗式提升齿轮减速机	90#液压油	14	规定油位/月	
9	电缆卷动齿轮减速机	90#液压油	20	规定油位/月	
10	液压联轴器	8#液力传动油	18	保持油位	
11	齿轮挠性联轴器(行走)	150#齿轮油	0.29×4	保持油位	
12	链式联轴器	1#防锈极压锂基脂	7	适量/月	6个月/次
13	各传动链条	3#开式齿轮油	5	保持润滑	6个月/次
14	行走齿轮	4#开式齿轮油	3×2	保持润滑	6个月/次
15	旋转齿轮齿条、小齿轮	4#开式齿轮油	10	保持润滑	6个月/次

738

续表

	润滑部位	油品牌号	加入量 L	补充量	更换周期
16	钢丝绳	3#开式齿轮油	13	保持润滑	6个月/次
17	斗式提升框架连接销	1#防锈极压锂基脂	0.1×2	保持润滑	必要时补充
18	斗式提升机构主/从动轴轴承	1#防锈极压锂基脂	9	保持润滑	必要时补充
19	转向加联接销	1#防锈极压锂基脂	0.1×2	保持润滑	必要时补充
20	旋转轮齿轮 旋转轮支架轴承 旋转机构主轴轴承	1#防锈极压锂基脂	40	保持油位	运转起动前各一次手泵集中润滑
21	卷扬机滚筒轴承	1#防锈极压锂基脂	6	保持润滑	每周一次
22	皮带机滚筒轴承	1#防锈极压锂基脂	10	保持润滑	半年一次
23	钢丝绳滑轮轴承	1#防锈极压锂基脂	10	保持润滑	每周一次
24	耙斗轮轴轴承	1#防锈极压锂基脂	15	保持润滑	每周一次
25	行走轮轴轴承	1#防锈极压锂基脂	15	保持润滑	每周一次

附加说明:

1 本规程由齐鲁石化公司第二化肥厂负责起草,起草人宋铁锤、刘鸿江、陈士章(1992)。

2 本规程由齐鲁分公司负责修订,修订人赵江杰(2004)。

22. 高压氨泵及甲铵泵
维护检修规程

SHS 05022—2004

目　次

1　总则 ………………………………………… (742)

2　检修周期与内容 ………………………… (742)

3　检修与质量标准 ………………………… (744)

4　试车与验收 ……………………………… (763)

5　维护与故障处理 ………………………… (764)

附录 A　主要螺栓拧紧力矩表(补充件)………… (767)

附录 B　高压氨泵与甲铵泵技术特性和

　　　　参数表(补充件) ……………………… (768)

附录 C　润滑油使用表(补充件) ……………… (770)

1 总则

1.1 主题内容与适用范围

1.1.1 本规程规定了法型、美荷型、日Ⅱ型化肥厂尿素装置中高压氨泵和甲铵泵的检修周期与内容、检修与质量标准、试车与验收、维护与故障处理。

1.1.2 本规程适用于上述类型厂的高压氨泵和甲铵泵。

1.1.3 健康、安全和环境(HSE)一体化管理系统,为本规程编制指南。

1.2 编写修订依据

HGJ 1027—79 化工厂柱塞泵维护检修规程,化工部1979年编制

SHS 01025—92 小型工业汽轮机维护检修规程

SHS 01028—2004 变速机维护检修规程

特种设备安全监察条例,国务院373号令,劳动部发[1996]276号

2 检修周期与内容

2.1 检修周期,各单位可根据机组运行状况择机进行项目检修,原则上在机组连续累计运转24个月安排一次大修。

2.2 检修内容

2.2.1 项目检修内容,根据机组运行状况和状态监测情况,参照大修部分内容择机进行修理。

2.2.2 大修内容

2.2.2.1 全机解体、清洗、检查、测量或更换缸体、柱塞、填料函填料,导向环(导轴承)、曲轴、主轴承、十字

头、连杆、大小头瓦、十字头销、滑道等零部件，并调整它们的配合间隙。

2.2.2.2 揭盖清扫齿轮减速箱做全面检查，更换易损件。

2.2.2.3 清扫各油路系统，根据油品分析结果，视情况更换润滑油。

2.2.2.4 对液力变矩器做全面检查或整体更换。

2.2.2.5 清洗、检查各联轴节，更换润滑脂或联轴节。

2.2.2.6 检查、修理和校验进出口安全阀、压力表以及曲轴过载保护器(法型厂)。

2.2.2.7 检查、清洗、修理或调整各辅助设备，油冷器清洗、试压、试漏。

2.2.2.8 检查清洗泵进出口和油路系统过滤器。

2.2.2.9 检查或更换润滑油。

2.2.2.10 检查、修理或更换进排液阀零部件。

2.2.2.11 检查、紧固各连接部位螺栓及支吊架联接螺栓。

2.2.2.12 机组对中复查。

2.2.2.13 消除运行中发现的跑冒滴漏现象。

2.2.2.11 测量基础沉降。

2.3 检修前的准备

2.3.1 根据机组运行情况、状态监测及故障诊断结论，进行危害识别，环境识别和风险评估，按照 HSE 管理体系要求，编写检修方案。

2.3.2 备齐检修有关的图纸和资料，大修要制定检修方案和工期网络。

2.3.3 备齐检修所需的备品配件、材料、工器具、经检验合格的精密量具和检验仪器等。

2.3.4 备好专用零部件放置设施。

2.3.5 严格办理设备检修交接手续，做好安全、劳动保护各项准备工作

2.4 检修注意事项

2.4.1 按规定程序拆装，并记录好原始安装位置。

2.4.2 应采用专用工具，禁止采用生拉硬拖、铲、打、割等野蛮方法施工。

2.4.3 拆卸下零部件要求摆放整齐，清洁干净，重要部位严加保护，油管接口、曲轴和连杆等油孔，要及时妥善封闭，严防异物进入。

2.4.4 吊装作业按《特种设备安全监察条例》（国务院 373 号令）（劳部发［1996］276 号）中的有关规定执行。

2.4.5 零件组装复位和设备扣盖前，必须经技术负责人验收认可后方可复位。

2.4.6 检修记录必须真实、准确、完整，并履行签字手续。

3 检修与质量标准

3.1 法型厂高压氨泵和甲铵泵

3.1.1 主要拆卸程序

3.1.1.1 盘动曲轴，使柱塞伸到后死点，拆除填料函和缸体、柱塞和十字头延伸块的连接螺栓，并拆除与填料函相连的密封液管线。

3.1.1.2 吊出整个填料函后，从函中抽出柱塞。

3.1.1.3 分别旋下主副填料函的压紧螺母，抽出副填料函，并分别取出主副填料函中填料、水封环、隔环、导轴衬

(导向环)等。并以上述同样方法逐个拆卸其余两个填料函。

3.1.1.4　拆除高压氨泵吸入阀和排出阀的护盖，取出并解体吸入阀和排出阀。

3.1.1.5　拆除缸体安全阀。

3.1.1.6　松开缸体连接螺栓，吊走缸体。

3.1.1.7　拆除曲轴过载保护装置、润滑油进口管、曲轴箱两端轴承压盖和曲轴箱盖。

3.1.1.8　卸下连杆螺栓，松开大头瓦，吊出曲轴。

3.1.1.9　拆除曲轴半联轴节、两端主轴承座，并用液压法拆除曲轴两端的主轴承。

3.1.1.10　吊出连杆、十字头和十字延伸块。

3.1.1.11　拆除十字头固定销，压出十字头销以及小头瓦，拆开连杆和十字头以及十字头延伸块的连接。

3.1.1.12　松开固定螺钉，压出十字头滑道衬套。

3.1.2　组装程序按拆卸相反程序进行。其中，柱塞与十字头延伸块的连接在柱塞前死点位置进行。

3.1.3　检修与质量标准

3.1.3.1　泵体和基础

　　a. 在使用 3 年后，应检测基础沉降，基础不应有裂纹、腐蚀、油浸等现象；

　　b. 泵地脚螺栓应无严重锈蚀和无松动现象；

　　c. 泵体不应有砂眼、裂纹等缺陷；

　　d. 泵体的纵向和横向水平度为 0.05mm/m；

　　e. 曲轴箱和其箱盖的结合面应平整、光滑，以保证装配严密，对有毛刺、碰伤变形部位，应作修刮处理；

　　f. 曲轴箱盖螺栓拧紧力矩详见附录 A 表 A1。

3.1.3.2 缸体

a. 缸体内表面粗糙度 R_a 的最大允许值为 $0.4\mu m$；

b. 缸体应作无损检测。磁探后必须作消磁处理。缸体内表面圆弧过渡处出现的细微裂纹，应打磨去除和抛光处理；伤痕、裂纹严重时，应进行镗缸处理，修后内孔直径不得超过原尺寸的 2%，必要时更换，不宜用补焊方法修复；

c. 与泵体箱体的连接螺栓，应作无损检测，不得有裂纹等缺陷。

3.1.3.3 曲轴

a. 氨泵的主轴颈为 $\phi 240^{+0.035}_{+0.004}mm$，曲拐颈为 $\phi 290^{-0.192}_{-0.242}mm$，曲拐距为 $230^{+0.300}_{0}mm$，曲拐距允差为 $0.06mm$；甲铵泵的主轴颈为 $\phi 200^{+0.035}_{+0.004}mm$，曲拐颈为 $\phi 230^{-0.172}_{-0.216}mm$，曲拐距为 $180^{+0.160}_{0}mm$，曲拐距允差为 $0.06mm$；

b. 曲轴主轴颈和曲拐颈的表面粗糙度 R_a 的最大允许值为 $0.4\mu m$，轴颈的圆柱度和圆度为 $0.02mm$，最大磨损极限为 $0.08mm$；

c. 主轴颈和曲拐颈表面的擦伤、拉痕、凹坑等缺陷都必须进行处理；

d. 曲轴应作无损检测，曲拐过渡圆角处和曲拐颈油孔处的轻微细小表面裂纹，应打磨消除，并经抛光处理；

e. 键槽宽度磨损不超过 5% 时，可以扩大键槽尺寸，最大不得超过原宽度的 15%，否则先补焊后加工至原尺寸；

f. 主轴颈的径向圆跳动为 $0.05mm$，主轴颈和曲拐颈的中心线的平行度为 $0.02mm/m$；

g. 曲轴安装水平度为 $0.1mm/m$，曲轴中心线和缸体中心线的垂直度为 $0.15mm/m$；

h. 曲轴油路应畅通。

3.1.3.4 连杆与连杆螺栓

a. 氨泵连杆大小头瓦孔分别为 $\phi 330_0^{+0.050}$mm 和 $\phi 155_0^{+0.040}$mm，连杆螺栓孔为 $\phi 50_0^{+0.039}$mm；甲铵泵连杆大、小头瓦孔分别为 $\phi 260_0^{+0.045}$mm 和 $\phi 130_0^{+0.040}$mm，连杆螺栓孔为 $\phi 40_0^{+0.027}$mm，它们表面粗糙度 R_a 的最大允许值为 1.6μm；

b. 连杆大、小头瓦孔中心线的平行度在 100mm 的长度上为 0.03mm，其共面上误差在 100mm 的长度上为 0.05mm；

c. 大头瓦孔分界面磨损较小时，可进行研刮修整，修整后分界面应保持平整，红丹涂色检查，接触均匀，面积不小于 70%，否则应予更换；

d. 连杆油路应畅通；

e. 连杆和连杆螺栓应作无损检测，不得有裂纹等缺陷；

f. 连杆螺栓螺纹无变形，严重碰伤，拉痕等缺陷。其残余变形量不应超过其被压紧连杆长度的 1‰，超过 2‰时应予更换；

g. 连杆螺栓头部支承面和连杆螺栓孔端面接触均匀，面积应不小于 70%；

h. 连杆螺栓拧紧力矩详见附录 A 表 A1；

i. 大头瓦面巴氏合金应与瓦壳结合良好，不应有裂纹、气孔和脱壳等现象。瓦面如有少量轻微划痕，应予修理消除；

j. 曲拐颈和大头瓦、十字头销轴和小头瓦的接触面在受力方向上为 60°~70°，用涂色法检查每平方厘米不少于 2~3 块色印；

k. 轴瓦瓦背应与轴承座、连杆瓦座均匀贴合，用涂色检查不少于总面积的 70%；

l. 轴瓦和轴的配合尺寸应符合表 1。小头瓦和连杆孔压配过盈量为 0.08 ~ 0.12mm；

表 1　轴瓦和轴的配合尺寸表　　　　　　　　mm

泵	大头瓦(轴/孔)	小头瓦(轴/孔)
氨泵	$\phi 290^{-0.192}_{-0.242}/\phi 290^{+0.050}_{0}$	$\phi 125^{0}_{-0.027}/\phi 125^{+0.105}_{+0.050}$
甲铵泵	$\phi 230^{-0.172}_{-0.216}/\phi 230^{+0.046}_{0}$	$\phi 100^{0}_{-0.023}/\phi 100^{+0.090}_{+0.040}$

m. 每一大头瓦和曲拐间的轴向总间隙为 0.2 ~ 0.3mm。若小于 0.1mm，要求调整至要求间隙。

3.1.3.5　十字头和十字头滑道

a. 氨泵和甲铵泵十字头销外径分别为 $\phi 125^{0}_{-0.027}$ mm 和 $\phi 100^{0}_{-0.023}$ mm，其圆柱度和圆度不应超过 0.01mm，表面粗糙度 R_a 的最大允许值为 $0.8\mu m$，表面硬度为 RC57 ~ 62，直径磨损不大于 0.05mm；

b. 十字头体的十字头销孔中心线对十字头中心线的垂直度、十字头体和十字头延伸块连接端面对十字头中心线的垂直度在 100mm 的长度上为 0.02mm；

c. 十字头和十字头滑道衬套的顶隙为 0.2 ~ 0.3mm，最大允许磨损间隙为 0.5mm；侧隙为 0.10 ~ 0.15mm，接触均匀，涂色检查，每平方厘米不少于 2 块色印；

d. 十字头油封环和刮油环自由开口量为 24 ~ 30mm，工作状态为 0.6 ~ 1.0mm，沉入深度为 0.05 ~ 0.20mm。刮油环侧面斜口应向前，开口应相互错开；

e. 十字头油封环和刮油环装入十字头环槽后，其侧隙应符合表 2；

表 2　侧　隙　表　　　　mm

泵	油封环	刮油环
氨　泵	$0.080 \sim 0.125$	$0.080 \sim 0.132$
甲铵泵	$0.015 \sim 0.085$	$0.080 \sim 0.127$

f. 十字头延伸块连接柱塞和十字头的两端面与其中心线的垂直度在 100mm 的长度上为 0.02mm。

3.1.3.6　柱塞

a. 氨泵柱塞外径为 $\phi 145^{0}_{-0.083}$ mm，甲铵泵柱塞外径为 $\phi 130^{0}_{-0.043}$ mm，柱塞表面粗糙度 R_a 的最大允许值为 $0.4\mu m$，不应有裂纹、凹痕、斑点，毛刺、镀层脱壳和剥落等缺陷，有脱壳、龟裂等现象发生时，应予更换或重新镀层；

b. 柱塞在全长的圆柱度超过 0.1mm 时，应予更换；

c. 柱塞和十字头延伸块连接的配合端面对其中心线的垂直度在 100mm 长度上为 0.02mm，接触面积应不小于总面积的 50%。

3.1.3.7　吸排阀组

a. 吸排阀的阀座与阀芯密封面不允许有擦伤、划痕、腐蚀、麻点等缺陷；

b. 阀座和阀盖应经配研研磨，并保持原密封面的宽度，用煤油作渗漏试验，在 5min 内不允许有渗漏现象；

c. 吸排阀的阀杆和阀盖(氨泵)或阀盖套(甲铵泵)的配合应滑动自如无卡涩，氨泵的配合间隙为 $0.075 \sim 0.114$mm，甲铵泵的配合间隙为 $0.034 \sim 0.045$mm，配合面磨损超过规定公差的 1/3 时，应更换；

d. 弹簧应弹力均匀，表面无损伤、拉痕、磨损、裂纹、腐蚀等缺陷；

　　e. O形密封圈表面应光洁平整，无气泡、夹层、咬缺、飞边过厚等缺陷；

　　f. O形密封圈环座应无扭曲变形，安装后，切口不应脱开；

　　g. 吸排阀装入缸体后，必须稳固紧密，无松动。

3.1.3.8　填料密封

　　a. 填料切制长度比紧绕柱塞一周的长度长 2～3mm，切口角为 30°，填料切口最好用四氟胶膜粘贴，以防松散；

　　b. 填料装入填料函内之前，以 110% 泵的出口压力预压成型后立即装入填料函内压实。高压部分填料切口每层错开角为 90°，低压部分填料切口每层错开角为 120°，填料不得堵住填料函的密封液进口；

　　c. 泵柱塞导轴衬(导向环)合金层应无裂纹、拉痕、气孔、分层、脱壳等缺陷；甲铵泵导轴衬(导向环)应无夹层、疏松、气孔等缺陷，严禁用铜粉作充填剂的四氟导轴衬(导向环)；

　　d. 导轴衬(导向环)与柱塞的配合间隙为 0.12～0.15mm；

　　e. 副填料函插入主填料函的深度不应小于 20mm，填料压紧螺母和柱塞的周向间隙应均匀；

　　f. 填料函与缸体连接的螺栓拧紧力矩详见附录 A 的表 A1。

3.1.3.9　主轴承

　　a. 滚动轴承的滚动体与滚道表面应无腐蚀、坑疤和斑点，接触平滑无杂音；

b. 甲铵泵主轴承座与箱体配合 $\phi 430_{-0.031}^{+0.031}$ mm/$\phi 430_{0}^{+0.060}$ mm；氨泵主轴承座与箱体配合为 $\phi 534_{-0.031}^{+0.031}$ mm/$\phi 534_{0}^{+0.060}$ mm 。其接触面积不应小于总面积的 80%；

c. 轴承组装到曲轴时，如用热装应均匀加热，温度不得超过 120℃，严禁用直接火焰或蒸汽加热。

3.1.3.10 联轴节

a. 泵和二级减速箱的联轴节，其找正的基准外圆对其中心轴线的同轴度为 0.05mm；其找正的基准端面对其中心轴线的垂直度为 0.12mm；

b. 透平与一级减速箱、一级减速箱与二级减速箱的联轴节组装时都要注以足量的 2# 防锈极压锂基脂。

3.1.3.11 机组对中如图 1 所示。要求应符合表 3。

3.1.4 汽轮机的检修与质量标准，按 SHS 01025—2004《小型工业汽轮机维护检修规程》执行。

3.1.5 减速箱的检修与质量标准，按 SHS 01028—2004《变速机维护检修规程》执行。

3.1.6 泵进出口缓冲罐的检修与质量标准，按 GB 150—98《钢制压力容器》执行。

a. 垂直方向

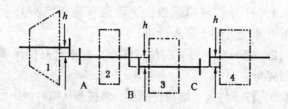

b. 水平方向

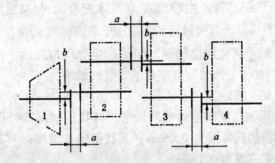

图 1   机组对中示意图

1—汽轮机；2——级减速箱；3—二级减速箱；4—泵

表 3   机组对中数据表   mm

项 目	氨 泵			甲 铵 泵		
	A	B	C	A	B	C
轴向间距 a	17.5	15	8	7	15	7
垂直高差 h	0.05 ~ 0.10	0.05 ~ 0.10	0.45 ~ 0.50	0.05 ~ 0.10	0.05 ~ 0.10	0.40 ~ 0.45
水平偏移 b	0	0	0	0	0	0

3.2   美荷型厂高压氨泵和甲铵泵

3.2.1   泵的主要拆卸程序

3.2.1.1   打开曲轴箱侧盖，手动盘车将十字头处于下死点，拆下非受力侧十字头滑道。

3.2.1.2   拧下十字头下端拉杆螺母，并松开高低压填料函的压紧螺母。

3.2.1.3   拧下柱塞上端拉杆螺母，将柱塞从填料函中吊出。

3.2.1.4   拧开上十字头和柱塞之间的连接螺栓，拆下柱塞、上十字头和柱塞头套环。

3.2.1.5　甲铵泵拆开冲洗水接管，氨泵拆开密封油接管，拆除填料函和缸体连接螺栓，吊走填料函，并从中取出填料和导向环。

3.2.1.6　卸开缸体和曲轴箱连接螺栓，吊走缸体。

3.2.1.7　拆开连杆大头瓦连接螺栓（连杆螺栓），使之从曲拐颈松开，抽出拉杆，从曲轴箱内吊出十字头和连杆。

3.2.1.8　退下十字头销轴上的开口环和定位销，将十字头销轴从十字头内压出，分开连杆和十字头，并压出小头瓦。

3.2.1.9　取下受力侧和非受力侧滑道上的十字头导板。

3.2.1.10　松开主轴瓦上螺栓，拆去瓦上盖和曲轴箱两端的端盖。

3.2.1.11　将曲轴从曲轴箱内抽出，并取下主轴瓦座上的主轴瓦下半瓦。

3.2.2　组装程序按拆卸相反程序进行。

3.2.3　检修与质量标准

3.2.3.1　十字头滑道孔为 $\phi 432_0^{+0.063}$mm，与上端面垂直角度为 $90° \pm 0.5'$。

3.2.3.2　缸体

　　a.缸体应作无损检查，缸体不应有拉毛、裂纹等缺陷；

　　b.缸体上下平面的平行度在 200 mm 长度上为 0.03mm。

3.2.3.3　曲轴

　　a.曲轴颈为 $\phi 315_{-0.108}^{-0.056}$mm；曲拐颈为 $\phi 152_{-0.083}^{-0.043}$mm，宽为 $128_0^{+0.100}$mm；表面粗糙度 R_a 的最大允许值为 0.8μm，止推瓦轴颈宽为 $107_0^{+0.035}$mm；

　　b.曲轴应作无损检查；

c. 曲轴总窜量由第一曲轴瓦加以限制，规定总窜量为 0.20～0.285mm。

3.2.3.4 连杆、连杆螺栓、大小头瓦

a. 连杆大头瓦孔为 $\phi170_0^{+0.040}$mm；小头瓦孔为 $\phi105_0^{+0.035}$mm；两孔轴线的平行度在 300mm 长度为 0.050mm；连杆螺栓孔为 $\phi38_0^{+0.025}$mm；

b. 连杆螺栓应做无损检查，螺纹无变形、严重碰伤、裂纹、拉痕等缺陷；

c. 连杆大头瓦内径 $\phi152.04_0^{+0.04}$mm；未装前为 $\phi152.08_0^{+0.04}$mm，直径为 $\phi170_{-0.043}^{-0.068}$mm，瓦宽 $127_{-0.500}^{0}$mm，内外圆的同轴度为 0.03mm；

d. 连杆小头瓦内径为 $\phi88.21_0^{+0.022}$mm，外径为 $\phi105_{+0.054}^{+0.076}$mm，内外圆的同轴度为 0.03mm：

e. 曲拐颈与大头瓦的间隙为 0.12～0.20mm，，当超过最大允许间隙的 20% 时，应予更换；

f. 十字头销与小头瓦的间隙为 0.10～0.16mm。

3.2.3.5 主轴瓦和止推瓦

a. 主轴瓦内径为 $\phi315.13_0^{+0.057}$ mm，未装前为 $\phi315.13_0^{+0.057}$mm 外径为 $\phi340_{0.062}^{+0.098}$mm，宽为 $105_{-0.05}^{0}$mm，当超过最大允许间隙 20% 时，应予更换，并保证每个瓦的同轴度为 0.02mm；

b. 止推轴瓦内径为 $\phi315.13_0^{+0.057}$mm，瓦宽为 $106.8_{-0.05}^{0}$mm，止口宽为 $85_{-0.091}^{-0.036}$mm，止推面与内圆轴线的垂直度在 300mm 长度上小于 0.03mm，其内径与曲轴颈的径向间隙为 0.18～0.40mm，轴向间隙为 0.20～0.29mm。

3.2.3.6 十字头与十字头导板架

a. 十字头直径为 $\phi 379^{0}_{-0.957}$ mm，销孔直径为 $\phi 88^{+0.035}_{0}$mm，销孔与端面的垂直度在 200mm 长度上为 0.045mm，销孔的端面距 $219^{0}_{-0.5}$mm，两拉杆孔的中心距 $\phi(292 \pm 0.1)$mm，拉杆孔径 $\phi 38^{+0.025}_{0}$mm，与端面的每 300mm 长度上为 0.045mm；

b. 导板弧段的内圆为 $\phi 380^{+0.057}_{0}$mm，外圆为 $\phi 432^{0}_{-0.04}$mm；

c. 十字头销外径为 $\phi 88^{+0.025}_{0.003}$mm，硬度为 $R_c(60 \pm 2)$，当发现有明显磨损痕迹时应更换；

d. 拉杆与十字头、上十字头孔配合段直径为 $\phi 37.95^{0}_{-0.100}$mm，该段表面粗糙度 R_a 的允许值为 0.8 ~ 0.2μm，中间 $\phi 45$mm 直径段的长度为 $1120^{0}_{-0.030}$mm；

e. 十字头与导板的间隙值为 0.35 ~ 0.60mm，当磨损超过指标时，可调整或更换导板，其间隙在四个方位上应均匀；

f. 拉杆安装的平行度为 0.10mm，两止口轴肩段的长度误差为 0.10mm；

g. 拉杆必须经无损检查，不得有裂纹等缺陷。

3.2.3.7 柱塞

a. 柱塞不得有裂纹、凹痕、斑点、毛刺、镀层脱壳和剥落等缺陷，表面粗糙度 R_a 的最大允许值为 0.4μm；

b. 甲铵泵柱塞外径为 $\phi 101.6^{-0.036}_{-0.071}$mm，柱塞轴线与上端面的垂直度为 0.01mm，氨泵柱塞外径为 $\phi 95.25^{-0.036}_{-0.071}$mm，柱塞轴线与上端面的垂直度为 0.01mm。

3.2.3.8 吸排阀组

a. 甲铵泵吸入阀座外径 $\phi 149.8^{0}_{-0.100}$ mm，内径

$\phi 63_0^{+0.03}$mm，氨泵吸入阀座外径为 $\phi 149.8_{-0.100}^{0}$mm，内径为 $\phi 80_0^{+0.035}$mm，密封面粗糙度 R_a 允许值为 $1.6 \sim 0.8 \mu$m；

b. 甲铵泵吸入阀芯导向部分外径为 $\phi 62.9_{-0.090}^{-0.050}$mm；氨泵吸入阀芯导向部分外径为 $\phi 79.9_{-0.07}^{-0.03}$mm，密封面粗糙度 R_a 允许值为 $1.6 \sim 0.8 \mu$m；

c. 甲铵泵排出阀座外径为 $\phi 109.8_{-0.100}^{0}$mm，内径为 $\phi 50_0^{+0.03}$mm；氨泵排出阀座外径为 $\phi 121.8_{-0.100}^{0}$mm，内径为 $\phi 63_0^{+0.03}$mm，密封面粗糙度 R_a 允许值为 $1.6 \sim 0.8 \mu$m；

d. 甲铵泵排出阀芯导向部分外径为 $\phi 49.9_{-0.07}^{-0.03}$mm，氨泵排出阀芯导向部分外径为 $\phi 62.9_{-0.08}^{-0.03}$mm，密封面粗糙度 R_a 允许值为 $1.6 \sim 0.8 \mu$m；

e. 甲铵泵吸入阀弹簧中径为 $\phi(29.5 \pm 0.7)$mm，有效圈数为 7 圈，自由长度为 40mm；排出阀弹簧中径为 $\phi(24 \pm 0.6)$mm，有效圈数为 8 圈，自由长度为 38mm；氨泵吸入阀弹簧中径为 $\phi(20 \pm 0.5)$mm，有效圈数为 12.5 圈，自由长度为 78.5mm；排出阀弹簧中径为 $\phi 21$mm，有效圈数为 10.5 圈，自由长度为 7.5mm；

f. 阀芯和阀座的密封面和导向部分的表面粗糙度 R_a 的允许值为 $0.8 \sim 0.2 \mu$m，甲铵泵和氨泵吸入阀阀芯与阀座间隙为 $0.18 \sim 0.22$mm；排出阀阀芯与阀座间隙为 $0.15 \sim 0.20$mm。

3.2.3.9 密封填料

a. 填料切制长度比紧绕柱塞一周长度长 $2 \sim 3$mm，切口角为 $30°$，填料切口最好用四氟胶膜粘贴，以防松散；

b. 填料装入填料函内之前，以 110% 泵的出口压力预压

756

成型后立即装入填料函内压实。高压部分填料切口每层错开角为 90°，低压部分填料切口每层错开角为 120°，填料不得堵住填料函的密封液进口；

c. 甲铵泵高低压填料段内径为 $\phi121.65_0^{+0.100}$mm；氨泵高低压填料段的内径为 $\phi115.25_0^{+0.100}$mm；

d. 甲铵泵导向环外径 $\phi121.6_{-0.050}^0$ mm，内径 $\phi101.75_0^{+0.05}$mm，内外圆的同轴度为 0.50mm，两端面的平行度为 0.050mm；氨泵导向环外径 $\phi115.25_{-0.050}^0$mm，内径 $\phi95.35_0^{+0.05}$mm，内外圆的同轴度为 0.050mm，两端面的平行度为 0.050mm；

e. 导向环和柱塞的间隙为 0.15～0.20mm，当间隙超过 1 倍时，应予更换；

f. 水封环和柱塞的间隙为 0.10～0.15mm，当间隙值超过 1 倍时，应予更换。

3.2.3.10　联轴节

a. 甲铵泵和氨泵机组均采用弹性联轴节（蛇形弹簧联轴节），润滑脂为 2＃防锈极压锂基脂；

b. 两半联轴节之间的轴向间距应符合表 4。

表 4　联轴节之间的轴向间距　　　　　　　mm

类　别	甲　铵　泵			氨　泵		
部　位	泵与减速箱	减速箱与变矩器	变矩器与电机	泵与减速箱	减速箱与变矩器	变矩器与电机
型　号	150T20	110T20	100T20	160T20	120T20	120T20
间　距	6.4	4.8	4.8	6.4	6.4	6.4

注：间距为参考值。

3.2.3.11 泵的主要螺栓拧紧力矩详见附录 A 表 A2。

3.2.4 液力变矩器主要拆卸程序

3.2.4.1 将油排出，拆开油管路和断开联轴节，拧下地脚螺栓，吊出变矩器，放在专用支架上，并拆除联轴节。

3.2.4.2 卸掉输入和输出端轴承压盖。

3.2.4.3 拆卸泄压阀。

3.2.4.4 拆开壳体，吊出输入和输出端外壳部件。

3.2.4.5 从输入轴上卸去深槽轴承和支撑环。

3.2.4.6 除去壳体堵头、连接螺钉、拆离涡轮转子和法兰，卸下外壳和输出轴上涡轮转子法兰、轴承支撑环、迷宫环、轴承等零部件。

3.2.4.7 拆下伺服活塞缸。

3.2.4.8 拆下油管及管件、吸入套、齿轮油泵盖，调节圆盘、泵体、导叶环盖、导向轮以及其他各件。

3.2.4.9 从输入轴上退下离心泵轮的轮缘和轮毂。

3.2.4.10 拆除伺服活塞缸的上下缸盖，抽出伺服活塞，从伺服活塞中抽出控制活塞。

3.2.5 组装程序和拆卸程序相反。

3.2.6 液力变矩器的检修与质量标准

3.2.6.1 伺服活塞缸、伺服活塞以及控制活塞，表面必须光滑无毛刺、无损伤，表面粗糙度 R_a 的最大允许值为 $0.8\mu m$。

3.2.6.2 各滚动轴承的滚动体与滚道表面应无腐蚀、坑疤与斑点，接触平滑无杂音。

3.2.6.3 轴和轴颈不得有碰伤、裂纹等缺陷，轴的直线度为 $0.04mm$，轴颈处表面粗糙度 R_a 的最大允许值为 $0.8\mu m$，轴颈的圆柱度和圆度为 0.020mm，轴颈处直线度为 0.015mm。

3.2.6.4 壳体连接部位的石棉巴金垫或钢纸垫的厚度为 0.3mm。

3.2.6.5 各传动部分中的大小连接螺栓要有规定的垫圈，螺栓紧力要均匀。

3.2.6.6 变矩器装配后，盘车要轻松自如，内件无磨擦感、无卡涩现象、无异响，并且油路畅通。

3.2.6.7 泄压阀的整定压力为 0.42MPa(表)，过流阀的整定压力为 1.26MPa(表)。

3.2.7 减速箱的检修和质量标准按 SHS 01028—2004《变速机维护检修规程》执行。

3.2.8 机组对中

3.2.8.1 机组对中是以泵为基准，逐次向电机端对中，对中值均为 0-0。

3.2.8.2 轴向和径向偏差为 ≤0.050mm。

3.3 日Ⅱ型厂高压氨泵和甲铵泵

3.3.1 泵的主要拆卸程序

3.3.1.1 打开曲轴箱侧盖，手动盘车将十字头处于下死点，拆下非受力侧滑道。

3.3.1.2 拧下十字头下端侧杆螺母，并松开高低压填料函压紧螺母。

3.3.1.3 将十字头连同柱塞和侧杆一起抽出填料函和十字头侧杆孔。

3.3.1.4 拧开上十字头和柱塞之间的连接螺栓，拆下柱塞、上十字头和柱塞头环。

3.3.1.5 甲铵泵拆开冲洗水接管，氨泵拆开密封油接管，拆除填料函和缸体连接螺栓，吊走填料函，并从填料函中取出填料和导向环。

3.3.1.6 卸开缸体和曲轴箱连接螺栓，吊走缸体。

3.3.1.7 拆开连杆大头瓦连接螺栓（连杆螺栓），使之从曲拐颈松开，从曲轴箱内吊出十字头和连杆。

3.3.1.8 退下十字头销轴上的开口环（扣环）和定位销，将十字头销轴从十字头内压出，分开连杆和十字头，并压出小头瓦。

3.3.1.9 取下受力侧和非受力侧滑道上的十字头导板。

3.3.1.10 松开主轴瓦上螺栓，拆掉瓦上盖，拆开曲轴箱两端的端盖。

3.3.1.11 将曲轴从曲轴箱内抽出，并取下主轴瓦座上的主轴瓦下半瓦。

3.3.2 组装按拆卸相反程序进行。

3.3.3 检修与质量标准

3.3.3.1 缸体

　　a. 缸体应作无损检测，不应有拉毛、裂纹等缺陷；

　　b. 缸体上下平面的平行度在 200mm 长度为 0.03mm。

3.3.3.2 曲轴

　　a. 曲轴应作无损检测；

　　b. 曲轴瓦允许最大间隙为 0.40mm，各瓦相互间的间隙差不得大于 0.04mm。间隙超过最大允许间隙的 20% 时，则应调整或更换；

　　c. 曲轴的轴窜量为 0.20 ~ 0.36mm，当其超过允许最大间隙 20% 时，应调整或更换。

4.3.3.3　连杆、连杆螺栓、大小头瓦

a. 连杆应作无损检测，不得有裂纹等缺陷；

b. 连杆大小头瓦二孔轴线的平行度在 300mm 长度为 0.05mm；

c. 连杆螺栓应作无损检测，螺纹无变形、严重碰伤、裂纹、拉痕等缺陷；

d. 连杆大头瓦与曲拐颈的配合间隙最大允许值为 0.20mm，当超过最大允许间隙的 20% 时，则应调整或更换；

e. 连杆小头瓦与十字头销的配合间隙最大允许值为 0.30mm，当超过最大允许间隙的 20% 时，则应调整或更换。

3.3.3.4　十字头和十字头滑道之间的允许间隙为 0.35 ~ 0.60mm，当超过最大允许间隙的 20% 时，则应调整或更换。

3.3.3.5　柱塞

a. 柱塞不得有裂纹凹痕、斑点，毛刺、镀层脱壳和剥落等缺陷，表面粗糙度 R_a 的最大允许值为 0.8μm；

b. 柱塞的直线度为 0.06mm/m。

3.3.3.6　吸排阀组

a. 吸、排阀的阀座与阀芯的密封面不允许有擦伤、划痕、腐蚀、麻点等缺陷；

b. 阀座与阀芯应成对配研，研磨后应保持原来密封面的宽度；

c. 阀座与阀芯研磨后用煤油试验，在 5min 内不允许有渗漏现象；

d. 检查弹簧，若有折断或弹力降低时，应予更换。

3.3.3.7　填料密封

a. 填料切制长度比紧绕柱塞一周长度长 2 ~ 3mm，切口角为 30°，填料切口最好用四氟胶膜粘贴，以防松散；

　　b. 填料装入填料函内之前，以 110％泵的出口压力预压成型后立即装入填料函内压实，高压部分填料切口每层错开角为 90°，低压部分填料切口每层错开角为 120°，填料不得堵住填料函的密封液进口；

　　c. 导向环内外圆的同轴度为 $\phi0.025$mm，导向环和柱塞的配合间隙为 0.15～0.20mm，当间隙超过规定值 1 倍时，应更换。

3.3.3.8　泵的主要螺栓拧紧力矩详见附录 A 表 A3。

3.3.4　液力变矩器主要拆装程序同 3.2.4 和 3.2.5。

3.3.5　液力变矩器的检修与质量标准

3.3.5.1　伺服活塞缸、伺服活塞和控制活塞，表面必须光滑无毛刺、无损伤，表面粗糙度 R_a 的最大允许值为 0.8μm。

3.3.5.2　各滚动轴承的滚动体与滚道表面应无腐蚀、坑疤与斑点，接触平滑无杂音。

3.3.5.3　轴和轴颈不得有碰伤、裂纹等缺陷，轴的直线度为 0.04mm，轴颈表面粗糙度 R_a 的最大允许值为 0.8μm，轴颈的圆柱度和圆度为 0.020mm，轴颈处的直线度为 0.015mm。

3.3.5.4　可调导叶片和调节杆要编号，组装时，叶片必须与相应的叶片调节杆座的编号相符。

3.3.5.5　变矩器装配后，盘车要轻松自如，内无摩擦感、无卡涩现象、无异响，并且油路畅通。

3.3.6　减速箱的检修和质量标准按 SHS 01028—2004《变速机维护检修规程》执行。

3.3.7　机组对中同 3.2.8.1、3.2.8.2。

762

4　试车与验收

4.1　试车前的准备

4.1.1　检查检修内容是否全部完成、记录齐全、质量符合本规程要求，场地和设备整洁卫生。

4.1.2　检查各部位紧固螺栓的松紧程度。

4.1.3　检查油箱内的润滑油的油位和油质是否正常合格。

4.1.4　机组试运行前4小时启动油泵进行油路系统循环，油温不低于40℃，检查油路系统和冷却水系统应正常，并按规定进行油压联锁试验。

4.1.5　主电机在联轴节联接之前，应检查其转向是否正确。

4.1.6　蒸汽伴热管应畅通。

4.1.7　盘车3~4周，转动应灵活。

4.1.8　试车前，主副填料的压紧螺母均要松退1/3圈，以防启动负荷过大或产生过量摩擦热，甲铵泵填料要接通密封冲洗液，氨泵填料要接通密封油，并达到规定压力。

4.2　试车

4.2.1　对电动泵

4.2.1.1　先进行无负荷点试，确认泵是否转动自如、停机平稳。

4.2.1.2　启动泵2~3min后停车，检查机组所有部位运动件的温度，填料是否活动过热。

4.2.1.3　再次启动泵10min检查泵的转速并对泵各部位进行检查。泵不得在低于35r/min的情况下运转2min以上。

4.2.1.4　如前检查无异常可以进行2.5~4h的带负荷持续试运，运转中，每15min升压2MPa，2h后，达到最高压力和最大转速。

4.2.2 对汽轮机驱动泵

4.2.2.1 在驱动机单试合格后，才能进行泵的试运。

4.2.2.2 机组在调速器下限转速以下的某一转速运转 2～3min 后，动手打闸停驱动机，检查机组所有各部位运动部件的温度，填料是否活动、过热、泄漏过大。

4.2.2.3 上述试验无异常，可以进行 2～4h 带负荷持续试运，在运转中，以每 15min 升压 2MPa，2h 后达到最高压力和最大转速，每次升压后都要进行全面检查。

4.2.3 缸内应无冲击、碰撞等不正常响声，压力、流量、计量、温度应达到要求。

4.2.4 润滑系统、冷却系统、保温系统应处于良好状态。

4.2.5 检查密封填料泄漏情况，其泄漏量每分钟不多于 10 滴，各连接处的密封不应有渗漏现象。

4.2.6 试车运行中，泵的振动幅值不应大于各类型厂规定的数值。

4.3 验收

4.3.1 检修达到质量标准，检修记录齐全准确。

4.3.2 连续运转 24h 后，各项技术指标均达到设计值或满足生产需要。(有关技术特性和参数详见附录 B)。

4.3.5 设备状况达到完好标准。详见 SHS 01001—2004《石油化工设备完好标准》。

4.3.4 按规定办理验收手续，移交生产。

5 维护与故障处理

5.1 日常维护

5.1.1 严格执行中石化集团公司的《设备润滑管理制度》，

定时检查润滑油液面高度，油压和油温是否符合要求。润滑油使用要求详见附录 C。

5.1.2 定期检查密封部位和连接处有无泄漏，并进行调整和消缺。

5.1.3 定时检查各部位轴承温度：滑动轴承不得超过 60℃，滚动轴承不得超过 70℃。

5.1.4 运行中发现异常声响，应立即停泵检查。

5.1.5 定期校验压力表、安全阀、计量调节机构和曲轴过载保护装置。

5.1.6 对备用设备应执行定期盘车制度，作好盘车标记和盘车记录。

5.1.7 操作人员巡检时间按各厂所制订的有关制度执行。

5.2 常见故障与处理

常见故障与处理见表 5。

表 5 常见故障与处理

序号	故障现象	故障原因	处理方法
1	填料泄漏	填料未压紧 填料和密封圈损坏 卧式泵柱塞导向套磨损损坏 密封油或冲洗液断液 柱塞磨损或产生沟痕 超过额定压力	适当压紧 更换 更换 修理、调整 修理或更换 调节
2	流量不足	填料泄漏严重 吸排液阀不严密,弹簧损坏 泵内有气体 往复次数不够 吸排液阀开启不够或阻塞 过滤器阻塞 液面高度不够	修理更换 修理更换 排除气体 调整转速 适当开启,检查修理 清扫 增加液面高度

序号	故障现象	故 障 原 因	处 理 方 法
3	油温过高	油质不符合规定 冷却不良 油位过高或过低	更换 改善冷却 调整油位
4	产生异响 或振动	各部轴瓦间隙磨损过大 传动机构损坏或螺栓松动 吸排液阀零件损坏或缸内有异物 吸入压力偏低 泵内有气体 进出口过滤器堵塞抽空 缓冲罐工作不正常	调整更换 修理、更换或紧固 更换阀件,排除异物 提高吸入压力 排除气体 清扫进口过滤器 恢复正常
5	轴承温度 过高	润滑油质不符合要求 润滑系统产生故障,油量不足 或过多 贴合不均匀或间隙过小,烧瓦 或烧轴承 轴承装配不良或轴弯曲	换油 排除系统故障 修复或更换 更换轴承校直轴
6	油压过低	进口过滤网堵塞或压力表失灵 油泵磨损严重,各部位间隙过大 油位过低 限压阀失灵失调 油系统有泄漏	清扫过滤网修复更换压 力表 调整间隙或更换油泵 加油 修复或更换 消漏
7	压力表 指示波动	安全阀、单向阀工作不正常 进出口管堵塞或漏气 管路安装不合理有振动 压力表失灵	检查调整或更换 修理、清扫 调整管路 修理、更换

附　录　A
主要螺栓拧紧力矩表
（补充件）

表 A1　法型泵主要螺栓拧紧力矩表　　N·m

部　　　位	氨　泵	甲铵泵
曲轴箱螺栓	5050	4500
连杆大头连接螺栓	2260	882
填料函与缸头连接螺栓	1325	1180

表 A2　美荷型泵主要螺栓拧紧力矩表　　N·m

部　　　位	氨　泵	甲铵泵
十字头上侧柱螺栓	980	980
主轴承连接螺栓	343	343
连杆大头连接螺栓	1127	1127
侧柱上部螺栓	980	980
填料函固定螺栓	196	343
吸排阀端盖螺栓	1176	1176

表 A3　日Ⅱ型泵主要螺栓拧紧力矩表　　N·m

部　　　位	氨　泵	甲铵泵
十字头上侧柱螺栓	980	980
主轴承连接螺栓	343	343
连杆大头连接螺栓	1127	1127
侧柱上部螺栓	980	980
填料函固定螺栓	196	343
吸排阀端盖螺栓	1176	1176

附 录 B

高压氨泵与甲铵泵技术特性和参数表

（补充件）

项　　目	高压氨泵			甲　铵　泵		
	法　型	美荷型	日Ⅱ型	法　型	美荷型	日Ⅱ型
制造厂	西德 URACA	西德 WORT－HINGTON	西德 WORT－HINGTON	西德 URACA	西德 WORT－HINGTON	西德 WORT－HINGTON
型　号	KD817	VSE—H95×152	VES—H102×152	KD815	VQE—H102×152	VQE—105×152
型　式	卧式三柱塞往复泵	立式七柱塞往复泵	立式七柱塞往复泵	卧式三柱塞往复泵	立式五柱塞往复泵	立式五柱塞往复泵
柱塞直径/mm	ϕ145	ϕ95	ϕ102	ϕ130	ϕ102	ϕ105
柱塞行程/mm	270	152	152	220	152	152
转速范围/(r/min)	59.4～104	35～173	～160	24.3～85	35～107	～116
额定转速/(r/min)	99	151	146	81	72	87
工作介质	液氨	液氨	液氨	甲铵液	甲铵液	甲铵液
入口温度/℃	17	40	40	74.4	71	75
入口温度下的比重/(kg/m³)	614.6	578	578	1150	1150	1150
入口温度下粘度(Pa·s)	0.613×10^{-3}	0.15×10^{-3}		2×10^{-3}	1.5×10^{-3}	

续表

项 目	高 压 氨 泵			甲 铵 泵		
	法 型	美荷型	日Ⅱ型	法 型	美荷型	日Ⅱ型
设计吸入压力/MPa(绝)	1.2	2.5	2.49	0.33	0.5	0.26
设计排出压力/MPa(绝)	18.22	20.0	160	15.33	16.5	13.8
出口安全阀整定压力/MPa	19.9	16.4		16.4	16.4	
流量变化范围/(m³/h)	45.6~79.8	43~75	77.3	12.3~43	11.4~38	~43.5
额定流量/(m³/h)	76	66.6	70.3	41	25.5	32.5
额定功率/kW	405	410	290	189	150	150
最大轴功率/kW	425.3	480	480	198.5	240	219
驱动机额定功率/kW	460	550	500	215	270	320
驱动机额定转速/(r/min)	3500	1487	1489	300	1480	1487
液力变矩器型号与变速范围/%		RL110 100~30	RL110 100~30		RL18 100~30	RL19 100~30
齿轮减速箱速比	7.96:4.44:1	8.5:1	8.5:1	8:4.63:1	13.7:1	13.7:1

附 录 C
润滑油使用表
（补充件）

表 C1　法型厂泵润滑油使用表

润滑点	牌　　号		单台一次用量/L	换油周期/h	
	国　外	国　内		第一次	以后相隔
透平及一级减速箱	SHELL TURBOT3	N68 抗磨液压油	260	500	5000
二级减速箱	SHELL OMAIA69	N220（N320）工业齿轮油或 L－CKB220	320	500	5000
调速器	SHELL TURBOST S3T25	QE40# 汽轮机油或 L－TSA68	2		5000
填料密封油	SHELL TELLUS OIL 11B	N68 抗磨液压油	250	按需加入	
曲轴箱	SHELL TELLUS OIL 11B	N68 抗磨液压油	400	500/1000	5000
联轴节		2# 防锈锂基脂		100	3000
轴承	T25		4	100	3000

表 C2　日本Ⅱ型润滑油使用表

润滑点	牌　　号	一次用量/kg	换油周期/h		油质分析/h
			首　次	正　常	
曲轴箱	150 硫磷型极压齿轮油	220	500	4000	2000
齿轮箱	220 硫磷型极压齿轮油	220	500	4000	2000
变矩器	8# 液力传动油	110			
填　料	90# 机械油或 L－AN150	20			
联轴节	2# 防锈锂基脂		6000	10000	

表 C3　美荷型泵润滑油使用表

润滑部位	润滑油型号	油质 分析/月	单台一次 用量/kg	换油 周期/月
曲轴箱	N150 工业齿轮油或 L－CKB150	3	220	6
齿轮箱	N220 极压齿轮油或 L－CKC220	3	220	6
变矩器	8#液力传动油	3	110	12
联轴节	2#防锈锂基脂		0.6	视情况
注油器	N150 工业齿轮油或 L－CKB150			

附加说明：

1　本规程由安庆石油化工总厂化肥厂负责起草，起草人徐煜达(1992)。

2　本规程由安庆分公司负责修订，修订人徐绍生(2004)。

23. 全循环法二氧化碳压缩机组维护检修规程

SHS 05023—2004

目　次

1　总则 ……………………………………………………（774）

第一篇　二氧化碳离心式压缩机

2　检修周期与内容 ………………………………………（774）

3　检修与质量标准 ………………………………………（777）

4　试车与验收 ……………………………………………（798）

5　维护与故障处理 ………………………………………（800）

第二篇　二氧化碳往复式压缩机

2　检修周期与内容 ………………………………………（801）

3　检修与质量标准 ………………………………………（803）

4　试车与验收 ……………………………………………（815）

5　维护与故障处理 ………………………………………（816）

附录 A　特性参数(补充件) ……………………………（818）

附录 B　主要部件质量(补充件) ………………………（819）

附录 C　二氧化碳往复式压缩机主要螺栓螺母上紧力
　　　　矩值(补充件) ……………………………………（820）

1 总则

1.1 主题内容与适用范围

1.1.1 主题内容

本规程规定了日Ⅰ型厂年产48万吨尿素装置二氧化碳离心式压缩机组及往复式压缩机检修周期与内容、检修与质量标准、试车与验收、维护与故障处理。

健康、安全和环境(HSE)一体化管理系统,为本规程编制指南。

1.1.2 适用范围

本规程适用于日Ⅰ型厂二氧化碳离心式压缩机组及往复式压缩机的维护与检修。

1.2 编写修订依据

二氧化碳离心式压缩机组与往复式压缩机说明书

大型化肥厂汽轮机离心式压缩机组运行规程,中国石化总公司与化工部化肥司1988年编制

HGJ 1018—79 化工厂活塞式压缩机维护检修规程,化工部1979年编制

第一篇 二氧化碳离心式压缩机

2 检修周期与内容

2.1 检修周期

各单位可根据机组状态监测及运行状态择机进行项目检修,原则上在机组连续累计运行3~5年安排一次大修。

2.2 检修内容

2.2.1 项目检修内容

根据机组运行状况和状态监测与故障诊断结论，参照大修部分内容择机进行修理。

2.2.2 压缩机大修内容

a. 复查并记录检修前各有关数据；

b. 清洗检查径向轴承、止推轴承，必要时予以调整或更换；

c. 检查轴颈及止推盘情况，并测量其径向、端面圆跳动值；

d. 检查调整油封；

e. 测定转子窜量，必要时予以调整；

f. 联轴器清洗检查，内外齿套、中间接筒及联接螺栓、螺母渗透检查；

g. 检查调整机组轴系对中；

h. 检查各机座滑销间隙；

i. 检查调校所有报警联锁及其他仪表和安全阀等保护装置；

j. 检查紧固地脚螺栓及其他联接螺栓；

k. 解体检修润滑油泵；

l. 检查清洗润滑油箱、高位油槽、油过滤器、油冷器、蓄压器胶囊及油管线；

m. 转子各部测量、检查，整体做无损检测，必要时做动平衡校验或更换转子；

n. 压缩机隔板组件、各级气封及平衡盘气封等检查、清洗、测量与调整或更换；

o. 检查气缸中分面水平；

p. 气缸中分面联接螺栓无损检测。

2.2.3 汽轮机大修内容

a. 解体清洗检查径向、止推轴承及轴承箱，测量瓦量及瓦背紧力；

b. 检查轴颈及止推盘，测量其径向、端面圆跳动；

c. 检查调整轴封间隙或更换轴封；

d. 测定转子止推间隙，必要时予以调整；

e. 检查调校所有报警及有关仪表和安全阀保护装置；

f. 检查轴位移探头、轴振动探头及温度指示；

g. 检查调整调速油泵各部间隙及齿轮与轴承磨损情况；

h. 检查主汽阀、调节阀及抽汽调节阀杆磨损及密封情况；

i. 检查调节阀、抽汽调节阀与油动机联接轴销磨损情况；

j. 检查紧固地脚螺栓及其他联接螺栓；

k. 检查机座各部滑销间隙；

l. 汽轮机解体；汽缸清洗检查，隔板组件除垢、找正，通流部分间隙调整，隔板静叶片着色检查以及各级汽封清洗检查、测量或更换；

m. 转子清洗除垢，各部测量检查，整体做无损检测，必要时转子动平衡校验；

n. 缸体应力集中部位及中分面螺栓做着色检查(抽查)。汽缸疏水孔清扫检查；

o. 主汽阀、调节阀与抽汽调节阀解体检修，阀杆应做无损检测；

p. 调速器、油动机、危急保安器解体检修；

q. 调速系统静态整定；

r. 盘车器解体检修；保温层修复。

3 检修与质量标准

3.1 准备工作

3.1.1 根据机组运行状况及状态监测与故障诊断结果，进行危害识别、环境识别和风险评估，按照 HSE 管理体系要求编写检修方案。

3.1.2 备齐检修中所需配件及材料，且附有相应的质量合格证件。

3.1.3 备好检修所需工器具及经检验合格的量具。

3.1.4 起重机具及绳索，按规定检验或静、动负荷试验合格。

3.1.5 备好零部件的专用放置设施，如放置转子支架等。

3.1.6 备好检修记录。

3.1.7 认真办好设备交接手续。

3.1.8 做好安全与劳动保护各项准备工作。

3.2 拆卸

3.2.1 拆卸时使用专用工具，严格按程序进行。禁止采用强拉硬拖、铲、割等野蛮方式检修。

3.2.2 拆卸零部件时，记好原始安装位置或标志，确保回装质量。

3.2.3 拆开的管道及设备孔口必须及时封好，严防异物落入。

3.3 吊装

3.3.1 必须熟知被吊物件重量，严禁超载使用。拴挂绳索应保护吊物不受损伤且放置稳妥。

3.4 吹扫和清洗

3.4.1 对拆下或新更换的零部件，应予吹扫或清扫，零部件表面保持清洁无锈垢，无杂物粘附。

3.4.2 清洗零部件时，应用防锈清洗剂清洗并揩净，涂以合格的工作油防护。

3.5 零部件保管

3.5.1 拆卸的零部件，应记好标志并整齐合理摆放以防变形、损坏和锈蚀，管理责任落实到人。

3.6 组装

3.6.1 零部件在组装前必须清洗风干，检查应符合要求。

3.6.2 转子回装和扣盖前必须仔细检查缸体及各管口内件是否组装牢固，是否存有异物，经检修技术负责人认可方可扣盖。

3.7 油系统清洗

每次系统停机检修后，必须按油系统清洗方案认真彻底地清洗，避免死角，油温不低于40℃，回油口加装200目金属滤网，目测污点每平方厘米不多于3点为合格，清洗结束抽检轴承。如入口管道检修过，应在轴承及调节系统前加过滤网。

3.8 压缩机检修

3.8.1 主要拆装程序

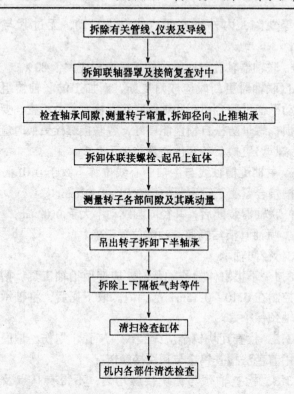

```
拆除有关管线、仪表及导线
        ↓
拆卸联轴器罩及接筒复查对中
        ↓
检查轴承间隙，测量转子窜量，拆卸径向、止推轴承
        ↓
拆卸体联接螺栓、起吊上缸体
        ↓
测量转子各部间隙及其跳动量
        ↓
吊出转子拆卸下半轴承
        ↓
拆除上下隔板气封等件
        ↓
清扫检查缸体
        ↓
机内各部件清洗检查
```

组装程序与之相反。

回装时压缩机及轴承箱外盖中分面要求用丙酮清洗干净后均匀涂抹 704 硅橡胶密封。

3.8.2 联轴器

a. 联轴器齿套与中间节筒轴向窜量为 3～4mm；

b. 拆装中间节筒时，应注意该节筒齿与外齿的配合位置或标志。联轴器齿面啮合接触面积按高度不小于 50%，按长度不小于 70%，齿面不得有严重点蚀、剥落、拉毛和

779

裂纹等缺陷，内外齿套间应能自由滑动，无过紧与卡涩现象；

  c. 联轴器轴孔与主轴颈的接触面积应大于80%；

  d. 联轴器更新时应成对更新，新加工的联轴器组件应进行动平衡试验合格，联轴器联接螺栓应着色检查，要求完好无损；螺母防松自锁性能良好，各联接螺栓更换时应成套(包括螺母)更换，各套件质量差小于0.2g；

  e. 主轴键槽轴线与主轴中心线位移不大于0.01mm，键与键槽接合紧密，键宽紧力为0.01~0.02mm；

  f. 联轴器装配后，其径向圆跳动不大于0.02mm；

  g. 喷油管清洁畅通，油嘴位置正确。

3.8.3 径向轴承

3.8.3.1 不揭缸体检修轴承时，应使用抬轴工具，抬轴高度应控制在0.10~0.15mm范围内。取下瓦后，将轴承座油孔及轴颈保护好。

3.8.3.2 检查瓦块钨金应无裂纹、气孔、划伤、偏磨等缺陷。用着色法检查钨金与瓦块接触情况。

3.8.3.3 检查轴颈与瓦块接触均匀，不得有高点及片接触，接触面积大于80%。

3.8.3.4 瓦块与瓦壳接触面应光滑无磨损，固定螺钉与瓦块的钉孔无磨损、整劲、顶起现象，螺钉在钉孔中的径向间隙不小于2mm，瓦块能自由摆动。瓦块相互厚度差不大于0.015mm。

3.8.3.5 径向轴承间隙

  a. 轴承间隙测量可采用"压铅法"(铅丝直径为轴承顶间隙的1.5倍)或"抬轴法"进行；

b. 轴承间隙如表 1 所示。

表 1　径向轴承间隙表　　　mm

	V$_8$ 707 低压缸	V106 高压缸
轴承顶间隙	0.23 ~ 0.36	0.13 ~ 0.23

3.8.3.6　检查瓦壳，上下剖分面应密合，定位销不晃动，瓦壳无错口现象。瓦壳在座孔内贴合严密，两侧间隙不大于 0.05mm。瓦壳防转销钉牢靠，不高出瓦座平面。瓦壳就位后，下瓦中分面两侧与瓦座中分面平齐。

3.8.3.7　轴承壳体与轴承座孔接触面应无划痕和毛刺，均匀接触，其接触面积应小于 80%。瓦背紧力应为 0 ~ 0.02mm。

3.8.3.8　轴承盖定位销孔不错位，结合面严密无间隙。

3.8.3.9　轴承瓦座与轴承体油孔应吻合并畅通。

3.8.4　止推轴承(金斯伯雷型)检修

3.8.4.1　止推瓦块要求

　　a. 钨金无脱落、裂纹、气孔、划痕等缺陷；

　　b. 单件止推瓦块与止推盘应接触均匀，其接触面积大于 70%；

　　c. 同组瓦块厚度差不大于 0.01mm；

　　d. 背部承力面光滑平整。

3.8.4.2　水准块与基环要求

　　a. 各接触处光滑、无凹痕、压痕；

　　b. 定位销钉长度适宜，固定牢靠；

　　c. 支承销与相应的水准块销孔无磨损卡涩现象，装配

后止推瓦块与水准块应能活动自如;

d. 基环中分面应严密,自由状态下间隙不大于 0.03mm。

3.8.4.3 止推轴承调整垫要求

a. 光滑、平整,两半厚度差不大于 0.01mm;

b. 两半对接后外径至少小于瓦壳内径 1mm,垫片厚度按实际要求确定,但一般不小于 2.5mm。

3.8.4.4 止推盘要求

a. 工作表面光滑无磨痕、沟槽;

b. 端面圆跳动值不大于 0.01mm;

c. 与轴颈固定牢固。

3.8.4.5 瓦壳要求见 3.8.3.6。

3.8.4.6 油封

油封环应无磨损、脱落。在外壳槽中可自由转动无卡涩现象,防转销固定牢靠。

3.8.4.7 止推轴承与油封间隙如表 2。

表 2 止推轴承与油封直径间隙表　　　　　mm

	V₀707 低压缸	V106 高压缸
轴承间隙	0.20 ~ 0.36	0.20 ~ 0.30
油封间隙	0.23 ~ 0.43	0.30 ~ 0.47

3.8.4.8 轴承盖检查

a. 定位销不松动、整劲;

b. 水平结合面贴合严密,轴承压盖不错口;

c. 测油温孔应与瓦盖孔对准。

3.8.5 压缩机转子检修

3.8.5.1 转子宏观检查

　　a. 叶轮无结垢、冲蚀、磨损或擦伤等缺陷；

　　b. 叶轮轮盖口环无磨损或擦伤；

　　c. 与轴配合固定件不松动；

　　d. 焊缝无裂纹等缺陷；

　　e. 转子清洗干净。

3.8.5.2 转子形位状态检查

　　a. 转轴直线度不大于 0.02mm；

　　b. 轴承处轴颈圆度及圆柱度不大于 0.02mm；

　　c. 轴封及平衡鼓外圆的径向圆跳动值不大于 0.05mm；

　　d. 轴承处轴颈及止推盘表面粗糙度 R_a 的最大允许值为 0.4μm；

　　e. 各级轴封处轴颈、叶轮口环径向圆跳动值不大于 0.05mm；

　　f. 叶轮轮缘端面圆跳动值不大于 0.10mm；

　　g. 叶轮外圆径向圆跳动值不大于 0.07mm。

3.8.5.3 转子整体无损检测合格。

3.8.5.4 转子有明显的磨损、损坏或修复后以及出现质量偏心等导致振动超标现象，应做动平衡试验，其低速动平衡应达到 ISO 1940 G0.4 级，高速动平衡应符合 ISO 2372 规定，其支承处振动速度不大于 1.12mm/s。

3.8.5.5 气封检修

　　a. 气封齿应无卷边、折断、缺口与变形等缺陷；

　　b. 气封块在隔板槽中配合适度，气封块水平中分面与隔板水平中分面平齐；

c. 各部气封间隙如表 3 所示。

表 3　压缩机各部气封直径间隙表 mm

	V.707 低压缸	V106 高压缸
级间气封间隙	0.76 ~ 1.12	0.40 ~ 0.65
轮盖气封间隙	1.27 ~ 1.78	0.60 ~ 0.94
平衡鼓气封间隙	1.02 ~ 1.46	0.40 ~ 0.65
内迷宫密封间隙	0.71 ~ 1.06	0.20 ~ 1.39

3.8.6　隔板检修

a. 隔板无变形、裂纹等缺陷，所有流道光滑无锈层及损坏；

b. 隔板轴向固定止口无冲刷沟槽；

c. 隔板固定螺钉牢固；

d. 隔板中分面光滑平整无冲刷沟槽，如发现缺陷应补焊研平，上下隔板组合后，中分面应密合；

e. 隔板装入气缸隔板槽应配合适宜不松动。

3.8.7　气缸与机座检修

a. 缸体中分面应光滑无变形、冲刷、锈蚀缺陷并结合严密，上下缸体在自由状态(未紧固螺栓)下，其水平中分面间隙不大于 0.05mm；

b. 缸体中分面联接螺栓无损检测，地脚螺栓紧固；

c. 检查缸体各滑销应无变形、损伤和卡涩，滑销两侧间隙为 0.05 ~ 0.08mm；

d. 上下缸体应彻底清扫，所有油孔和排放孔吹通，但要严防异物落入各联接管内。

3.8.8 压缩机的组装与调整

　　a. 经清洗干净并用压缩空气吹干的零部件或组件按顺序回装复位；

　　b. 转子中心位置应以叶轮出口中心与扩压器出口中心相对为依据，即为其总窜量的一半。

3.9 汽轮机检修

3.9.1 主要拆装程序

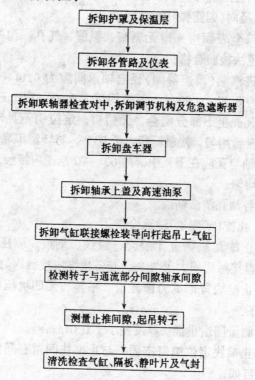

```
┌─────────────────────────┐
│      拆卸护罩及保温层       │
└─────────────────────────┘
            ↓
┌─────────────────────────┐
│      拆卸各管路及仪表       │
└─────────────────────────┘
            ↓
┌──────────────────────────────────┐
│ 拆卸联轴器检查对中,拆卸调节机构及危急遮断器 │
└──────────────────────────────────┘
            ↓
┌─────────────────────────┐
│         拆卸盘车器          │
└─────────────────────────┘
            ↓
┌─────────────────────────┐
│   拆卸轴承上盖及高速油泵     │
└─────────────────────────┘
            ↓
┌──────────────────────────────┐
│ 拆卸气缸联接螺栓装导向杆起吊上气缸 │
└──────────────────────────────┘
            ↓
┌──────────────────────────────┐
│   检测转子与通流部分间隙轴承间隙   │
└──────────────────────────────┘
            ↓
┌─────────────────────────┐
│    测量止推间隙,起吊转子      │
└─────────────────────────┘
            ↓
┌──────────────────────────────┐
│ 清洗检查气缸、隔板、静叶片及气封   │
└──────────────────────────────┘
```

组装与拆卸顺序相反。

回装时汽轮机中分面要求用丙酮清洗干净后，用精炼制配好的干净亚麻仁油、或铁锚 604 密封胶(中压机组用)、MF－Ⅰ型汽缸密封脂均匀涂抹在中分面上。当气缸中分面自然扣合间隙超大时，可在亚麻仁油中添加石墨粉、铁粉等添加剂或采用 MF－Ⅱ、Ⅲ增稠型汽缸密封脂。

3.9.2 联轴器检修

联轴器的检修同 3.8.2。

3.9.3 径向(四圆弧)轴承检修

a. 钨金表面应光滑无剥离、裂缝、气孔、沟槽、偏磨并经着色法检验合格;

b. 进汽端(调速器侧)径向轴承间隙为 0.14 ~ 0.19mm, 排气端为 0.17 ~ 0.22mm, 瓦背间隙为 0.02 ~ 0.05mm;

c. 瓦壳上下部分密合, 无错口, 定位销不晃动, 瓦壳与座孔接触均匀, 接触面积大于 80%, 防转销牢靠;

d. 轴与瓦应在下瓦中部约 60° ~ 70°范围内接触, 且沿轴向分布均匀;

e. 各油孔清洁畅通。

3.9.4 止推(米契尔)轴承检修

a. 止推瓦块钨金无脱壳、裂纹、划痕、碾压等缺陷, 与止推盘接触面积大于 70%, 与各止推块接触均匀;

b. 止推块背部承力面光滑、平整、无凹坑压痕, 基盘无瓢曲;

c. 测量同组止推块厚度差小于 0.01mm;

d. 止推块定位销钉牢固, 与止推块间留有间隙且止推块摆动自如;

e. 基盘剖分面配合严密无错口现象, 自由间隙小于

0.03mm;

　　f. 轴承与轴承座接触均匀，接触面积大于 80%；

　　g. 止推轴承间隙为 0.25~0.35mm；

　　h. 油封无油垢、锈蚀、缺口、卷边与裂纹等缺陷，油封间隙为 0.10~0.25mm；

　　i. 轴承盖密封面贴合严密，防转销钉牢固，油孔对准，畅通。

3.9.5　轴位移指示器检查与调整。

　　检查传动机构边杆与轴动作灵活无卡涩现象。轴滑动面及齿轮端面光滑无毛刺，探头无明显磨损。转子紧靠止推瓦工作面时，调整探头指示为零位。

3.9.6　汽轮机转子检修

3.9.6.1　转子宏观检查

　　a. 转子轴颈、止推盘无锈蚀、磨伤、划痕等缺陷；

　　b. 主轴精加工部位、叶轮、叶根槽表面应彻底洗净，检查无裂纹、腐蚀、磨损等缺陷；

　　c. 叶片内外表面、围带、铆钉、调频拉筋等应无结垢、挠曲、损坏、碰伤或松动缺陷；

　　d. 平衡块应固定牢固；

　　e. 固定危急保安器小轴的顶丝应牢固，压紧环的轴向间隙沿圆周均匀，小轴丝堵应紧固；

　　f. 转子的密封片无碰伤或损坏。

3.9.6.2　转子形位状态检查

　　a. 轴承处轴颈的圆度及圆柱不大于 0.02mm；

　　b. 止推盘端面圆跳动不大于 0.015mm；

　　c. 各段轴封处径向圆跳动不大于 0.05mm；

  d. 叶轮轮缘外端面圆跳动不大于 0.10mm;

  e. 危急保安器小轴径向圆跳动不大于 0.02mm;

  f. 联轴器处轴颈径向圆跳动不大于 0.02mm;

  g. 叶根间的间隙用 0.03mm 塞尺检查不得塞入;

  h. 同一级叶片组轴向倾斜不超过 0.5mm;

  i. 轴颈及止推盘的表面粗糙度 R_a 最大允许值为 0.4μm。

3.9.6.3 转子应整体做无损检测,以下部位尤其应当重点检查

  a. 叶片、围带、铆钉头、拉筋、叶根表面;

  b. 主轴各段;

  c. 止推盘、轴承及联轴器处轴颈如经磁粉检测,需经退磁。

3.9.6.4 转子有明显磨损、损坏已经修复或出现质量偏心等导致振动超标现象,应做动平衡校验,其低速动平衡应达到 ISO 1940 G0.4 级,高速动平衡应符合 ISO 2372 规定,其支承处振动速度不大于 1.12mm/s。

3.9.6.5 转子就位后,其扬度与气缸水平扬度相一致。

3.9.7 汽封(包括轴封)检修

  a. 汽封应无裂纹、折断、变形、锈蚀等缺陷,汽封体水平中分面无冲刷沟痕,间隙不大于 0.04mm,汽封体与汽缸相配槽道接触严密不松动;

  b. 更换固定式汽封时,应将汽封片连同填隙丝一并嵌入汽封槽内并铆牢,确保汽封片接口间隙不超过 0.25 ~ 0.50mm,汽封片相邻接口应错开 180°,填隙丝接口与汽封片接口相错不小于 30°;

  c. 喷嘴通流部分间隙示意如图 1,要求值如表 4;

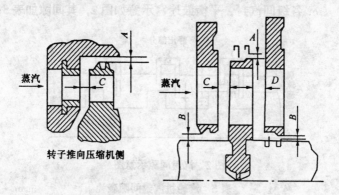

转子推向压缩机侧

图 1　动静叶片间隙示意图

表 4　动静叶片间隙要求表　　　　　　　　　　mm

| | 径　　向 | | 轴　　向 | |
	A	B	C	D
速度级	1.00		3.50	
反动 1 级	0.40	0.5	2.60	3.40
反动 2 级	0.40	0.40	2.60	3.40
反动 3 级	0.40	0.40	2.60	3.40
反动 4 级	0.40	0.40	2.60	3.40
反动 5 级	0.40	0.40	2.60	
反动 6 级	0.50	0.50	3.60	4.60
反动 7 级	0.50	0.50	3.60	
反动 8 级	0.50	0.50	3.60	4.60
反动 9 级	0.50	0.50	3.60	4.60
反动 10 级	0.50	0.50	3.60	4.60
反动 11 级	0.50	0.50	3.60	4.60
反动 12 级	0.50	0.50	3.50	4.50
反动 13 级	0.50	0.50	3.50	5.00
反动 14 级	0.60	0.50	5.00	6.00
反动 15 级	2.00	0.60	6.00	

注:间隙允许偏差为 0.10～0.30mm。

c. 各级间汽封, 平衡鼓迷宫示意如图2, 其间隙如表5;

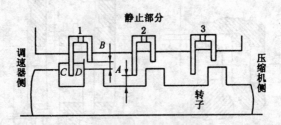

图2 汽封间隙示意图

表5 汽轮机汽封间隙表 mm

序号	级间汽封间隙				平衡鼓迷宫间隙			
---	径 向		轴 向		径 向		轴 向	
	A	B	C	D	A	B	C	D
1	0.40	0.40	1.25	1.25	0.75	0.75	2.50	1.25
2	0.40	0.40	1.25	1.25	0.75	0.75	2.50	1.25
3	0.40	0.40	1.25	1.25	0.75	0.75	2.50	1.25
4	0.40	0.40	1.25	1.25	0.75	0.75	2.50	1.25
5	0.40	0.40	1.25	1.25	0.75	0.75	2.50	1.25
6	0.40	0.40	1.25	1.25	0.75	0.75	2.50	1.25
7	0.40	0.40	1.25	1.25	0.75	0.75	2.50	1.25
8	0.40	0.40	1.25	1.25	0.75	0.75	2.50	1.25
9	0.40	0.40	1.25	1.25	0.75	0.75	2.50	1.25
10	0.40	0.40	1.25	1.25	0.75	0.75	2.50	1.25
11	0.40	0.40	1.25	1.25	0.75	0.75	2.50	1.25
12	0.40	0.40	1.25	1.25	0.75	0.75	2.50	1.25
13	0.40	0.40	1.25	1.25	0.75	0.75	2.50	1.25
14	0.40	0.40	1.25	1.25	0.75	0.75	2.50	1.25
15	0.40	0.40	1.25	1.25	0.75	0.75	2.50	1.25
16	0.40	0.40	1.25	1.25				
17	0.40	0.40	1.25	1.25				

注: 间隙允许偏差为 0.10 ~ 0.30mm。

　　d. 前后轴封(转子推向压缩机侧)间隙示意如图 3，要求值如表 6 所示。

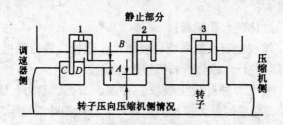

图 3　轴封间隙示意图

表 6　汽轮机前后轴封间隙表　　　　　　mm

| 序号 | 前轴封间隙 | | | | 后轴封间隙 | | | |
| | 径　向 | | 轴　向 | | 径　向 | | 轴　向 | |
	A	B	C	D	A	B	C	D
1	0.30	0.30	1.25	1.25	0.30	0.30	2.50	1.25
2	0.30	0.30	1.25	1.25	0.30	0.30	2.50	1.25
3	0.30	0.30	1.25	1.25	0.30	0.30	2.50	1.25
4	0.30	0.40	1.25	1.25	0.30	0.30	2.50	1.25
5	0.30	0.40	1.25	1.25	0.30	0.30	2.50	1.25
6	0.30	0.40	1.25	1.25	0.30	0.30	2.50	1.25
7	0.30	0.40	1.25	1.25	0.30	0.30	2.50	1.25
8	0.30	0.40	1.25	1.25	0.30	0.30	2.50	1.25
9	0.30	0.40	1.25	1.25	0.30	0.30	2.50	1.25
10	0.30	0.40	1.25	1.25	0.30	0.30	2.50	1.25
11	0.30	0.40	1.25	1.25	0.30	0.30	2.50	1.25

　　注：间隙允许偏差为 0.10～0.30mm。

3.9.8　汽缸及机座检修

　　a. 缸体、隔板应无裂纹、气孔、腐蚀等缺陷；

b. 汽缸水平结合无漏汽冲刷沟槽、腐蚀、斑痕及碰伤等缺陷，缸体结合面在无紧力状态下，用 0.05mm 塞尺检查不得塞入；

c. 缸体疏水孔畅通；

d. 清洗检查汽缸联结螺栓螺母，螺栓应进行无损检测，必要时可进行金相分析和机械性能检验；

e. 喷嘴和静叶应无裂纹、冲蚀、击伤、卷边、锈蚀结垢现象，必要时做无损检测，导叶、静叶的叶根与隔离块安装牢固；

f. 检查调整下缸体前后支承螺栓膨胀间隙，间隙为 0.10 ~ 0.12mm，前轴承座台板滑向键侧间隙为 0.06 ~ 0.08mm，支承螺栓膨胀间隙为 0.04 ~ 0.06mm，缸体导向键侧间隙为 0.05 ~ 0.10mm。

3.9.9 盘车机构检修

3.9.9.1 齿轮检查

a. 齿轮不得有毛刺、裂纹、严重点蚀等缺陷；

b. 齿轮啮合正常，齿与齿接触面积按高度不少于 45%，按长度不少于 60%。

3.9.9.2 轴及轴颈不应有毛刺、划痕、碰伤等缺陷，轴承处轴颈表面粗糙度 R_a 的最大允许值为 $0.4\mu m$。

3.9.9.3 滚动轴承检修

a. 轴承滚珠与滚道应无斑点、坑疤，接触平滑；

b. 轴承游隙为 0.05 ~ 0.10mm。

3.9.9.4 油封无老化、变形与损坏等缺陷。

3.9.10 汽轮机调节及保护系统检修

3.9.10.1 调速油泵与传动机构检修

a. 泵及壳体应彻底清洗，确保清洁，油孔主节流孔板畅通；

b. 泵轴不应有毛刺、碰伤与划痕等缺陷。轴承处轴颈表面粗糙度 R_a 的最大允许值为 $0.4\mu m$，圆度及圆柱度不大于 $0.02mm$；

c. 径向轴承钨金与轴颈接触面积大于 80% 且接触均匀；

d. 泵径向轴承（大齿轮端）间隙为 $0.05 \sim 0.09mm$，测速齿轮端径向轴承间隙为 $0.03 \sim 0.08mm$，止推间隙为 $0.15 \sim 0.25mm$；

e. 泵口环与壳体口环应无擦伤或偏差现象，间隙为 $0.10 \sim 0.18mm$；

f. 齿轮清洗检查，齿面不得有点蚀、剥落、拉毛与裂纹等缺陷，齿面啮合接触面积按齿高不少于 50%，按长度不少于 70%，齿侧隙为 $0.14 \sim 0.31mm$。

3.9.10.2 主汽阀检修

a. 阀头与阀座密封面应无沟槽、锈蚀和斑点。用着色法检查接触面的接触痕迹应连续无间断，阀架无裂纹及碰伤，阀头动作自如；

b. 阀杆应无拉毛、变形、裂纹及严重磨损，其直线度不应超过 $0.02mm$；

c. 弹簧应无变形、损伤、歪斜，弹性良好；

d. 阀盘、活塞与油缸工作面应光滑无伤、锈蚀，阀盘与活塞在油缸内移动灵活无卡涩；

e. 调整主阀的行程为 $36.5 \sim 37.5mm$，副阀行程为 $4.5 \sim 5.5mm$；

f. 油室、汽室内清洁，油孔、汽水孔畅通，且接头无泄漏；

　　g. 清洗检查蒸汽过滤器无变形和损坏；

　　h. 阀杆无损检测合格。

3.9.10.3 调节阀的错油门与油动机检修。

　　a. 错油门滑阀及阀套工作表面应光滑无裂纹、划伤、锈蚀等缺陷，滑阀在阀套中转动灵活无卡涩，滑阀凹缘和阀套窗口刃角应完整；

　　b. 弹簧检查同 3.9.10.2c；

　　c. 滚动轴承检查同 3.9.9.3；

　　d. 油动机活塞与油缸工作表面应光滑无划伤，活塞与缸体接触良好无卡涩；

　　e. 油动机活塞杆与活塞装配良好不松动，球接头接合面转动灵活无咬毛痕迹，反馈圆锥光滑无损伤；

　　f. 检查各滑动部件工作表面应无卡涩痕迹，工作灵活稳定，各固定联接处牢固；

　　g. 各油路、油口畅通。

3.9.10.4 调节阀(包括抽汽调节阀)检修

　　a. 更换提升杆密封套填料；

　　b. 提升杆应光滑无变形、损伤、结垢、冲刷等缺陷，提升杆直线度不大于 0.05mm，提升杆应做无损检测；

　　c. 阀头与阀座封面应无沟槽、斑点，密封可靠；

　　d. 弹簧检查同 3.9.10.2c 要求；

　　e. 各滑动件工作表面应无卡涩痕迹，工作灵活稳定，固定联接点牢固；

　　f. 阀室的阀位要求如图 4，数值见表 7 所示；

　　g. 汽室结合面应清理干净，不得有沟痕，并确保其

794

严密；

h. 提板与汽室缸盖平行度不大于 0.05mm。

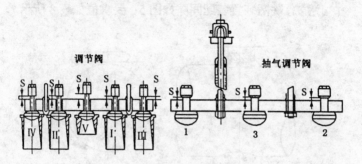

图 4　调节阀与抽气调节阀调整

表 7　调节阀阀位要求表　　　　mm

阀位	调节阀 S					抽气调节阀 S		
	Ⅰ	Ⅱ	Ⅲ	Ⅳ	Ⅴ	1	2	3
要求值	0.90 ~1.10	10.30 ~10.70	17.20 ~17.80	23.00 ~24.00	28.50 ~29.50	0.90 ~1.10	0.90 ~1.10	8.00 ~9.20

3.9.10.5　危急保安器检修

a. 弹簧检查同 3.9.10.2c；

b. 螺栓无击伤、毛刺、端部磨损缺陷；

c. 飞锤头部应无麻点、损伤，在槽内应灵活滑动；

d. 紧固螺钉牢靠。

3.9.10.6　危急跳闸装置检修

a. 危急遮断油门滑阀头与滑阀套座口应光滑无刻痕，密封面严密不漏，滑阀不弯曲、偏磨，行程符合要求，动作灵活无卡涩；

b. 弹簧检查同 3.9.10.2c；

c. 各部件的滑动工作表面光洁，动作灵活稳定无卡涩；

d. 危急跳闸装置装配间隙如图 5，要求值如表 8 所示。

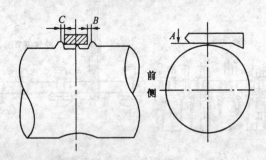

图 5　危急跳闸装置装配间隙

表 8　危急跳闸装置装配间隙表　　　　mm

部　位	A	B	C
间　隙	0.90 ~ 1.10	0.95 ~ 1.05	

3.10　机组轴系对中

3.10.1　对中用的百分表应精度高、指针稳。表架应重量轻、刚性好。表与表架应固定牢靠。

3.10.2　对中过程，盘车要均匀稳定，方向保持不变。

3.10.3　调整垫片宜用不锈钢片，且光滑平整无毛刺，整面积接触，垫层不超过 3 层。

3.10.4　对中结束，所有调整顶丝均处于自由状态。

3.10.5　本机组冷态对中要求如图 6 所示。

误差允许值为：径向不大于 0.03mm，轴向不大于 0.01mm。

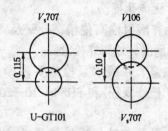

图 6　机组对中示意图

3.11　油系统设备及辅助设备的检修

3.11.1　油箱清洗检查

a. 油箱内经清洗后应无油垢、焊渣、胶质物等杂质，防腐层无起层、脱落现象，焊接件无变形，固定牢靠；

b. 加热器完好无泄漏；

c. 箱外壁防腐层好，人孔盖平整，密封良好，固定螺栓无松动。油位视镜清洁透明。

3.11.2　油冷却器检修要求参见 SHS 01009—2004《管壳式换热器维护检修规程》。

3.11.3　油过滤器检修

a. 过滤器清洗或更换滤芯；

b. 筒体及各联接密封处、焊缝等部位完好无泄漏；

c. 各密封圈垫无老化或损伤；

d. 防腐层完整，各联接螺栓紧固。

3.11.4　蓄压器检修

a. 蓄压器胶囊氮气试压严密无泄漏；

b. 筒体、密封处、接管及焊缝无裂纹变形、泄漏等缺陷；

c. 筒外壁防腐，地脚螺栓紧固；

　　d. 密封垫片无老化损伤。

3.11.5　清洗检查润滑油高位槽，外壁及支座防腐，各连接管及密封处无泄漏，地脚螺栓紧固。

3.11.6　润滑油泵、冷凝水泵检修要求参见 SHS 01013—2004《离心泵维护检修规程》和 SHS 01016—2004《螺杆泵维护检修规程》。

3.11.7　表面冷凝器与抽气器检修要求参见 SHS 01009—2004《管壳式换热器维护检修规程》。

3.11.8　安全阀、压力表及温度计检修整定，校验合格。

4　试车与验收

4.1　试车

4.1.1　试车准备

4.1.1.1　机组按检修方案检修完毕，检修记录齐全，质量符合本规程要求。检修场地及设备整洁。

4.1.1.2　所有压力、温度、液位、测振、测速、轴位移等仪表及联锁装置按要求调试合格，电器设备检测完毕符合规定达到正常工作条件，全部安全阀调试合格。

4.1.1.3　油箱油质合格，油位正常系统冲洗循环调试符合要求。

4.1.1.4　调速系统静态整定合格。

4.1.1.5　水、电、仪、汽具备试车条件，蒸汽冷凝液系统真空系统试验合格。

4.2　汽轮机单体试车

4.2.1　严格执行汽轮机单体试车操作规程。

4.2.2　记录临界转速值及调速器最低工作转速值。

4.2.3　调速器投入工作后，仔细检查是否平稳上升和下降，调节系统和配汽机构不应有卡涩、摩擦、抖动现象。

4.2.4　调速器最低工作转速为 5900r/min。

4.2.5　超速试验一般进行 2 次，两次误差不应超过额定转速 1.5%，若误差超标，应重新调整试验，直至合格。

4.2.6　重做超速跳闸试验时，只有当汽轮机转速下降到跳闸转速的 90% 以下时，方可重新挂闸，以免损坏设备。

4.2.7　汽轮机停稳后记录惰走时间。

4.2.8　汽轮机停车

正常停车按升速曲线逆过程，将转速降至 500r/min 转动半小时后停机。油泵应继续运转维持油循环，待回油温度降至 40℃ 以下停泵。停机后应关闭蒸汽切断阀、汽封抽气器、蒸汽导淋、疏水阀等，排净积水，以防止设备腐蚀。

4.3　机组联动试车

4.3.1　试车前准备工作除按 4.1.1 准备外，尚需完成下列工作。

a. 汽轮机停机按 4.2.8 完成后即可联接联轴器。油系统正常运行；

b. 压缩机各段间冷却器引水并排净空气投入运行；

c. 检查压缩机出口单向阀动作灵活。

4.3.2　压缩机的启动与升速

a. 压缩机导入合格的二氧化碳气后，其入口阀与防喘振阀处于全开位置，确认机组一切正常后，按汽轮机启动程序和机组升速曲线启动；

b. 压缩机通过临界转速的要点：周密检查，充分准备，小心操作，快速通过；

c. 调速器工作后，要适时地调整压缩机回流阀、放空阀及汽轮机转速，使压缩机出口压力与流量符合要求；

  d. 机组各升速阶段以及运行中，都要进行全面检查和调整并做好记录。

5.3.3 压缩机升压

  压缩机升压过程中，各段压力比和升压速度应按制造厂规定执行。

4.3.4 机组停车

  a. 压缩机降压减量过程中，应避免压缩机发生喘振；

  b. 按机组升速曲线的逆过程，将汽轮机转速降至 500 r/min，打闸停机，停稳后，立即启动盘车器盘车。

4.4 验收

4.4.1 按检修方案所列内容检修完毕，质量符合本规程要求。

4.4.2 检修试运行记录齐全、准确、整洁。

4.4.3 单机、联动试车正常，主要操作指标达到铭牌要求，设备性能满足生产需要。

4.4.4 检修后设备达到完好标准。

4.4.5 满负荷 72h 运转正常，办理验收手续，正式移交生产。

5 维护与故障处理

5.1 严格按操作规程开停机组。

5.2 定期巡检和状态监测，掌握机组参数变化及运行情况，做好记录和分析报告存档。

5.3 按润滑油管理规定，正确使用润滑油做到定期分析，过滤、补充和更换。

5.4 机组设备要经常清扫，保持清洁。

5.5 常见故障与处理见表 9。

表9 机组常见故障与处理

序号	故障现象	故障原因	处理方法
1	油温过高	调解阀开度不足;油中混水或变质;油进口温度高;轴瓦磨损	调整补油排水,检查调节油冷器;加大水量;检修或更换轴瓦
2	油压过低	油泵故障;过滤网堵塞;油管泄漏	油泵切换检查;过滤网清洗检查更换;查漏堵漏
3	机组振动	机组不同心;转子不平衡;汽封摩擦;机壳积液;轴承盖或地脚螺栓松动;轴承钨金损坏	重新对中;动平衡;修换汽封;加强排放;紧固螺栓;更换轴瓦
4	冷凝器真空度降低	真空系统泄漏;抽气压力过低;循环水量不足;冷凝液泵故障	检查消除;真空喷射嘴检查处理;加大水量;切换备用泵,排除故障
5	压缩机排气温度高	气体冷却器效率低	加大冷却水量或除垢物

第二篇 二氧化碳往复式压缩机

2 检修周期与内容

2.1 检修周期

各单位可根据机组状态监测及运行状态择机进行项目检修,原则上在机组连续累计运行 12~18 个月安排一次大修。

2.2 检修内容

2.2.1 项目检修内容

根据机组运行状况和状态监测与故障诊断结论,参照大修部分内容择机进行修理。

2.2.2 大修内容

2.2.2.1 检查、更换一、二段气缸吸排气阀。

2.2.2.2 解体检查主轴、曲轴、止推轴承及十字头销轴承并测其间隙。

2.2.2.3 检查测量主轴、曲轴及十字头销轴颈的圆度及圆柱度。

2.2.2.4 检查测量机身、主轴、曲轴、十字头滑道及气缸水平并检查曲臂差。

2.2.2.5 检查连杆、螺栓孔、轴承座变形与磨损。

2.2.2.6 检查活塞及托瓦(二段),检查更换活塞及张力环并测活塞杆圆度及圆柱度。

2.2.2.7 检查调整气缸余隙,测量活塞杆摆动值和活塞与气缸间隙,检查十字头滑板与滑道的间隙及滑道接触情况。

2.2.2.8 检查各气缸套有无划伤、裂纹与磨损并测量其圆度及圆柱度。

2.2.2.9 检查或更换各级活塞杆填料及刮油环。

2.2.2.10 注油器解体清洗、试压,单向阀修理或更换,注油管清洗后整齐复位。

2.2.2.11 齿轮油泵解体检查清洗,更换易损件。

2.2.2.12 油过滤器及一段入口过滤器清洗检查。

2.2.2.13 检查盘车器联轴器、蜗轮与蜗杆啮合及轴承与油封的磨损与老化情况。

2.2.2.14 清洗高位油槽及循环油路,根据鉴定更换水与油管。

2.2.2.15 主轴、曲轴及十字头销轴颈、十字头脖及销轴孔处、连杆及其螺栓与活塞杆应进行无损检测。

2.2.2.16 检查并紧固机身、各缸体及中体等联接螺栓及地脚螺栓。

2.2.2.17 联轴器检查。

3 检修与质量标准

同第一篇 3.1 ~ 3.7。

3.8 主要拆装程序

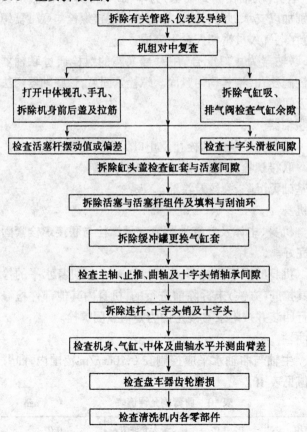

回装按其相反程序进行。

3.9 机组对中复查与调整

3.9.1 电机侧联轴器与曲轴侧联轴器两法兰外圆配合标记无移位。

3.9.2 电机(联轴器侧无轴承)为单轴承,帮其对中时,对该侧需特别加以支承,此间,应注意勿损伤联接螺栓与联轴器螺孔,且应在电气人员密切配合下完成。

3.9.3 联轴器为止口配合,用对号入座的螺栓通过联轴器法兰的铰制栓孔,将其均匀紧固。螺栓紧固后,该联轴器两法兰面应无间隙。

3.10 联轴器

3.10.1 检查其铰制的螺栓孔及止口无磨损现象。

3.10.2 联接螺栓无裂纹、缺损及锈蚀等缺陷。

3.11 基础无沉陷、裂纹及渗油。

3.12 机身

3.12.1 机身、中体及气缸地脚或支承螺栓与联接螺栓紧固且丝扣完好。

3.12.2 机身的水平偏差不大于 0.10mm/m。机身水平的检查是在其拉筋(方铁)未拆除前进行的,机身内其他部件检修完后再行回装并按附录 C 规定的力矩值紧固螺栓。

3.13 曲轴

3.13.1 主轴与曲轴水平应控制在 0.10mm/m 范围内,曲臂差允许值见表 10。

表 10 曲臂差允许值表 mm

新使用	0~0.02	最大允许值	0.07

3.13.2 主轴与曲轴颈的圆度及圆柱度均不应超过 0.08mm。其表面粗糙度 R_a 的最大允许值为 $0.4\mu m$。

3.13.3 检查轴颈表面是否有划伤及刻痕等缺陷，一般毛刺应用细砂布磨光。轴颈及曲臂应做无损检测。

3.13.4 轴上油孔应清洁畅通。

3.14 主轴、止推及曲轴轴承

3.14.1 轴承钨金（包括止推轴承的止推面钨金）应结合牢固，无裂纹。轴承剖分面定位销应无毛刺松动现象，定位正确。

3.14.2 用抬轴或压铅法检查轴承径向间隙，用塞尺检查曲轴及止推轴承间隙或审量详见图 7，其要求值如表 11 所示。

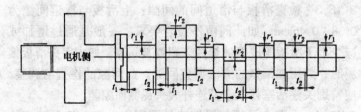

图 7　轴承间隙示意图

表 11　轴承间隙表　　　　　　　　　　mm

	轴承间隙值	
	径向(r_1, r_2)	轴向(t_1, t_2)
主轴承	0.14 ~ 0.29	
最大允许	0.38	
止推轴承	0.14 ~ 0.29	0.25 ~ 0.43
最大允许	0.38	0.80
曲轴承	0.10 ~ 0.25	
最大允许		0.25 ~ 0.43

轴承剖分面侧配有厚度相等的垫片，在轴承钨金厚度允许的条件下，可以通过增减其厚度来调整轴承间隙。轴承钨金厚为 14.20mm，最大允许磨损量为 0.10mm。

3.14.3　各轴颈与轴承钨金的接触情况，其接触面积应大于总接触面积的 80%。

3.14.4　瓦背紧力为 0.03~0.05mm。轴承固定螺栓的紧力，按附录 C 力矩值规定。

3.15　十字头及中体

3.15.1　检查十字头滑道(中体)水平，其最大偏差不超过 0.10mm/m。

3.15.2　检查十字头体与滑板，滑板与钨金的结合应牢固，钨金应无裂纹。

3.15.3　检查滑板与滑道间的间隙：上滑板与滑道间隙为 0.38~0.46mm，如此间隙不符合要求，一般是通过增加或减少上下滑板等厚度的垫片来调整其间隙，如十字头滑板偏斜时，禁用加偏垫的方法调整间隙。此间隙的检查与调整，应特别关注活塞杆水平及连杆大头瓦侧面隙。

3.15.4　十字头滑板与滑道接触面积应大于总接触面积的 75%，且接触均匀。

3.15.5　十字头与活塞杆及销轴应做无损检测。

3.15.6　十字头销轴圆度及圆柱度，不大于 0.05mm。销轴与其轴承间隙如表 12 所示。

表 12　十字头销轴与轴承间隙表　　　　　mm

设 计 值	最大允许值
0.25~0.36	0.41

3.15.7 销轴与夹紧螺栓配合良好。销轴与轴承接触均匀，接触面积应大于其总接触面积的 80%。

3.15.8 连杆小头与销轴为过盈配合，在拆装销轴时，必须先松开夹紧螺栓螺母，使螺栓下落约 28.6mm，解除螺栓对销轴的控制(如图 8 所示)后，再用顶丝使连杆小头轴孔内径尺寸增大，方可保证销轴顺利拆装。

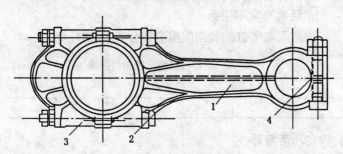

图 8 连杆

1—连杆；2—防松螺钉；3—连杆螺栓；4—夹紧螺栓与销轴控制部分

3.15.9 安装销轴时，除使销轴的油孔清洁畅通外且必须与连杆孔对准。

3.16 连杆

3.16.1 连杆及其螺栓应无锈蚀、刻痕与磨损等缺陷。

3.16.2 连杆及螺栓应做无损检测合格。

3.16.3 十字头销与轴承座的接触面积不得小于总接触面积的 80%。

3.16.4 连杆油孔应清洁畅通。

3.16.5 连杆螺栓紧固前应先固定防松螺钉然后均匀紧固，其紧固力矩值见附录 C。

3.16.6 连杆回装后，应盘车检查其大头在曲轴两侧的间隙且其间隙总和不超出表 12 的规定；其小头与十字头连接后，下滑板在滑道任一位置均不应有间隙，否则应予以调整。

3.17 活塞与活塞环

3.17.1 活塞

a. 活塞及活塞托瓦应无拉伤或严重磨损；

b. 活塞槽宽不超标；

c. 活塞与气缸的径向间隙应符合表 13 的规定。

表 13 活塞与气缸的径向间隙表   mm

一 段	0.60~0.88	最大：1.75
二 段	0.48~0.65	最大：1.40

3.17.2 活塞环

a. 活塞环装入活塞前应先装入气缸内检查其圆度及开口间隙。活塞环圆度的检查，是将活塞环紧贴气缸壁检查其圆周的缝隙，该缝隙总长不得大于 1/4 缸套周长。开口间隙要求值如表 14 所示。

表 14 活塞环开口间隙表   mm

一 段	0.66~1.62	最大 8.30
二 段	0.33~0.94	最大 4.70

如开口间隙小于规定值，可手工加工至规定要求。但应使环开口两端平面保持平行，环与环的开口应相互错开。且应在前一环的弓形瓣中心；

b. 活塞环及涨力环在活塞槽内应活动自如。环与活塞槽的侧间隙值如表 15；

表15 活塞环与活塞槽的侧间隙表 mm

一 段 二 段	0.03~0.19	最大 0.35

c.活塞环外缘的棱角应倒圆，该圆半径为 0.4~0.5mm。

3.18 活塞杆

3.18.1 活塞杆无擦伤、刻痕、磨损或台肩现象，如出现此类现象应重新加工或进行修理。经加工后的活塞杆直径比原径允许缩小 0.15mm，经多次检修活塞杆直径最大允许缩小为 0.76mm，但与填料接触部位上的活塞杆直径应均匀一致。

3.18.2 活塞杆的圆度不大于 0.10mm，圆柱度不大于 0.15mm。表面粗糙度 R_a 的最大允许值为 0.4μm。

3.18.3 活塞与活塞杆应作为一个整体组件由气缸内部拆除或装入气缸。活塞杆与十字头脱离或联接都必须将活塞杆丝扣用护罩加以防护且吊装平稳，以免拉伤填料组件或碰伤缸套。

3.18.4 为缩短活塞杆安装和调整时间，应记下从十字头颈部内丝孔卸下或装入活塞杆时需要转的圈数或活塞杆进入其颈部后的外露杆丝扣数。

3.18.5 活塞杆与活塞组装后，活塞杆背帽紧固力矩值见附录 C。

3.18.6 活塞杆与十字头联接后应紧固其螺母，该螺母紧固的适度应检查紧固螺母凸台与十字头颈平面接触后，其四周应有 0.51~1.02mm 的间隙，详见活塞杆与十字头联接示意图 9。并按图固定径向及轴向(各二支)联锁螺钉，以防紧固螺母松驰。

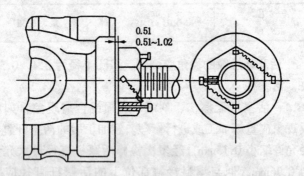

图9 十字头联接示意图

3.18.7 活塞杆与十字头联接后，应检查十字头下滑板在滑道任一处均不应存在间隙，并按表16检查活塞杆摆动值。

表16 活塞杆摆动值表   mm

部 位	一 段	二 段
水 平	≤0.13	
垂 直	≤0.18	≤0.15

3.18.8 活塞杆做无损检测合格。

3.19 气缸

3.19.1 借助于气缸前支腿及与中体联接螺栓将气缸水平控制在0.10mm/m，且与中体倾斜方向一致，缸体水平合格后，紧固并锁紧螺栓及固定支腿螺母。

3.19.2 气缸套及缸体密封环无严重磨损与刻痕，缸套表面粗糙度、圆度及圆柱度值如表17。

表17 气缸套尺寸要求表 mm

	圆 度	圆柱度	内表面粗糙度 $R_a/\mu m$
一段缸	0.40	≤0.70	0.2
二段缸	0.34	≤0.50	

3.19.3 缸套与缸体的配合为过盈配合；一段过盈值0.11～0.22mm，二段为0.13～0.21mm。缸套的拆除只能将缸套壁镗薄(严禁镗到缸体)达到其破坏应力而使缸套碎裂(禁用挤压缸套)的方法拆除缸套。缸套的拆除或安装均不得拆卸缸体加强螺栓。

3.19.4 材质及尺寸合格的缸套安装于缸体宜采用热装；立放于炉中的缸体，应在21℃升温，其速率每小时不超过55℃，加热至218℃恒温4h。

3.19.5 新缸套装入热缸体前，应注意要与原缸套角度和方向一致，注油孔与缸体上油孔对准。

3.19.6 气缸余隙的检查

活塞、活塞杆组装入气缸并与十字头联接后应检查气缸余隙，一段气缸余隙为6.4～12.7mm，二段气缸余隙为4.8～7.9mm。每段前缸盖余隙应为各自总余隙的2/3。

3.20 气缸阀

3.20.1 阀体、阀罩、升程限制器、阀片弹簧等部件应无变形或严重磨损，大修时更换阀片及弹簧。

3.20.2 升程限制器与阀片的侧间隙，在任何一点均不应超过0.23mm。

3.20.3 阀体组合后，一段阀片升程为1.80mm，二段阀片升程为1.5mm。

3.20.4 阀组合后应进行水或煤油渗漏试验，不漏为合格。

3.20.5 缸内安装气阀时，应检查阀室底部密封垫片接触面；该接触面必须清洗干净，不得有毛刺和刻伤，重新安装气阀时，应使用新密封垫。

3.20.6 气缸水夹套清洗积垢并除锈防腐。

3.20.7 二段气缸头水夹套堵处装有镁块，检修时应检查更换。

3.21 活塞杆填料

3.21.1 填料环由压力缓冲环(靠气缸侧)，密封环与抗挤压环(靠曲轴侧在密封环之后)组成：密封环材质为填充氟塑料，斜者为铅青铜，为保证密封环使用寿命或密封性能，密封环与抗挤压环必须配合使用。其间隙值如表18所示。

表18　密封环与抗挤压环配合间隙表　　mm

部　　位	径　　向	轴　　向
压力缓冲环	0.25 ~ 0.38	0.18 ~ 0.24
抗挤压环	0.25 ~ 0.38	0.37 ~ 0.49
密封环		0.37 ~ 0.49

3.21.2 认真清除填料及填料盒的油垢或积炭。

3.21.3 填料应无伤痕和严重磨损，平面平整光洁，密封环与活塞杆接触面积应大于总接触面积的80%。

如此间隙不符合要求(或填料尺寸不当)应加工或更换填料，严禁用加减垫片的方法来调整其间隙。

3.21.4 填料环中的抗挤压环与密封环应配对组装，应注意密封环的方向性，平面带加工槽的一侧应面向压力侧。

3.21.5 组装填料时应加少许润滑油，并注意填料盒中的 O

形环准确置于槽中。

3.21.6 密封冷却水与润滑油的密封环，在新环装入填料盒密封槽内应高于其平面约 0.70mm，同一平面上的密封环高度应一致。

3.21.7 气缸端密封面和堵头密封面应平整，无伤痕，堵头定位销准确到位。

3.21.8 填料组装且应均匀紧固压盖螺栓，并检查其孔与活塞杆的间隙不小于 0.50mm。

3.22 活塞杆刮油环

3.22.1 刮油环无严重磨损，夹紧盘簧无松动。

3.22.2 将压力密封环及刮油环分别装于室内并保证其如表 19 所示的轴向间隙。

表 19 压力密封环及刮油环轴向间隙表 mm

部 位	压 力 环	刮 油 环
允许轴向间隙值	0.18～0.24	0.12～0.21

3.22.3 刮油环安装时，应均匀紧固隔板与中体、刮油盒与隔板的固定螺栓，且刮油盒的排油孔置于底部以便及时排油。

3.23 注油器

3.23.1 清洗检查柱塞及吊环缸应无严重磨损。

3.23.2 单向阀严密。

3.23.3 检查清洗滤阀。

3.23.4 注油器每个单体试压，试验压力为工作压力 1.5 倍，测定压油量，装配后调油量。

3.23.5 两级减速器的蜗轮、蜗杆、轴承无严重磨损且齿轮啮合良好。蜗轮、蜗杆轴承的间隙如表 20 所示。

表 20 减速器蜗轮、蜗杆轴承间隙表   mm

间 隙		一级减速	二级减速
蜗轮组轴承	最 大	0.13～0.18	
	允 许	0.10～0.15	

3.23.6 链轮、惰轮与轴承应无严重磨损。

3.23.7 两级蜗轮组机构油封无老化。

3.23.8 联轴器对中偏差不大于 0.10mm。

3.24 主油泵

泵轴油封无老化、损伤。齿轮接触面积，沿齿高度不小于 45%，沿齿长度不小于 60%。轴承间隙为 0.03～0.06mm。

3.25 油冷却器检修

按 SHS 01009—2004《管壳式换热器维护检修规程》规定检修。

3.26 盘车器

3.26.1 爪型联轴器无严重磨损。对中要求同 3.23.8 。

3.26.2 蜗轮与蜗杆侧间隙为 0.41～0.53mm，蜗杆轴承间隙为 0.10～0.20mm。

3.26.3 轴封无老化。

3.27 油系统清洗

3.27.1 油箱及曲轴箱经清洗后，其内部应无油垢、锈斑等脏物。

3.27.2 各油管路内表面清洗后呈金属光泽，法兰密封垫用耐油橡胶板。

3.27.3 油冷器清洗试压合格(用水试压，应做到水排净)，水压试验压力为 0.55MPa。

3.27.4 油过滤清洗合格，各部件运转切换正常。

4 试车与验收

4.1 试车准备

a. 施工现场及设备整洁；

b. 所有压力、温度、液位等仪表报警联锁装置均按要求调试并达到正常工作条件；

c. 机组按检修方案检修完毕，质量符合本规程要求；

d. 电器设备调整正确，各项设定符合规定；

e. 油箱及管路清洁，满足投油要求；

f. 润滑油质合格，油箱及注油器油位正常，润滑注油点来油适度，且管路无泄漏；

g. 油冲洗时，应按时检查油过滤器压差(堵塞)情况并及时切换清洗；

h. 进排水管畅通，水量充足并无泄漏；

i. 各部联接螺栓紧固；

j. 盘车数转，运转灵活自如，无异音及卡涩现象；

k. 安全设施完备；

l. 各级气缸前后入口阀暂不装并加盖金属网以备试车。

4.2 试车程序

4.2.1 无负荷试车，时间为 8h，检查下列项目且符合要求。

a. 电机运转方向正确，电流值在规定范围；

b. 各轴承、机身、中体及气缸温升正常；

c. 各轴承、机身、十字头及气缸无撞击声，其各点的振动双振幅值不大于 20μm；

　　d. 检查有关管路连接点无泄漏。

4.2.2　负荷试车，时间为 24h。检查下列项目并符合要求。

　　a. 各轴承点温升不超过 70℃；

　　b. 各气缸、阀门工作正常，吸排气温度及压力符合工艺指标；

　　c. 各轴承、十字头滑道及气缸无撞击声、异音，其各点振动幅值如表 21；

表21　各部分振动幅值表　　　　μm

检查(双振幅)	轴　　承	十字头滑道	气缸体	机　身
一般规定	25	30	100	30
最大允许	30	50	120	40

　　d. 本机负荷试车时，应按升压曲线逐步增加气体压力；

　　e. 活塞杆填料不漏气，填料温度不大于 70℃；

　　f. 各接合部位管件连接处无泄漏。

4.3　验收

　　a. 经负荷试车后各项工艺指标均达到规定要求；

　　b. 检修人员及时交出齐全而准确的检修记录及资料并经有关人员审查合格；

　　c. 满负荷运转 72h 后，办理正式的设备交接手续，交付生产。

5　维护与故障处理

5.1　日常维护同第一篇 5.1。

5.2　常见故障与处理方法见表 22。

表22 常见故障与处理

序号	故障现象	故障原因	处理方法
1	吸气温度高	气源温度高 前部冷却器冷却效果不良	低气源温度 检修冷却器
2	排汽温度高	吸入温度高 吸气阀损坏 排气阀损坏 压缩比增高 冷却水系统不良	降低吸入温度 检修吸气阀 检修排气阀 消除增设原因 排除冷却水系统故障
3	一段吸压力低	气体过滤器不清洁 前部压缩机部分排除压力低	清洗过滤器 消除降低原因
4	油压降低	油管接头泄漏或油管破裂 油泵故障 轴瓦间隙过大 油过滤器阻塞 油冷器阻塞 油安全阀泄放压力降低 油润滑粘度低	紧固或更换 修理或更换 修理或更换 清洗过滤器 清洗油冷器 修理或更换 提高其粘度或换油
5	油耗过大	注油器油量大	调节其油量或更换其阀
6	轴承过热	轴瓦间隙过小 润滑油供油不足或油质低劣	增大轴瓦间隙 检查修理油系统或换油
7	活塞杆及填料过热	填料间隙过小 填料偏斜 填料与活塞杆拉毛 活塞杆摆动大 填料箱冷却水中断或不足	调整间隙 调整填料 修理或更换 使摆动满足要求 调整或检修水系统
8	气缸过热	冷却水不足或水温度高 活塞环装配不当或断裂 注油量减少或中断 气体脏或气体进入异物 气缸拉毛	调整水量并降低水温 检修或更换 检修注油系统 清洁气体排除异物 检修气缸
9	撞击声	十字头销松驰或十字头销轴瓦间隙过大 十字头与活塞杆松驰 活塞杆与活塞连接松驰 连杆螺栓松驰	紧固或调整间隙 紧固 紧固 紧固
10	气缸中突然撞击	气缸进液体 气缸中掉入硬物	排除液体及采取相应措施 取出硬物

附 录 A

特 性 参 数

（补充件）

表 A1　二氧化碳离心式压缩机特性参数

	低 压 缸	高 压 缸
形　式	V₈ 707	V106
段	2	1
体积流量/(Nm³/h)	2764400	276400
进汽压力/MPa(绝)	0.1073	0.664
进汽温度/℃	40	43
排汽压力/MPa(绝)	0.468	3.11
排汽温度/℃	190	100
缸轴功率/kW	4180	820
总轴功率/kW	5000	
转速/(r/min)	7050	
第一临界转速(r/min)	24800	4970
第二临界转速(r/min)	9190	17180

表 A2　汽轮机特性参数

名　　称	特性参数
型　式	抽汽冷凝式
级　数	冲动级 1 级
	反动级 15 级
进汽压力/MPa	3.97
排汽压力/MPa	0.0166
进汽温度/℃	366
抽汽压力/MPa	1.2
抽汽温度/℃	247
转速/(r/min)	7403
第一临界转数/(r/min)	10868
转动方向	面对汽机顺时针

表 A3 二氧化碳往复式压缩机特性参数

	一 段 缸	二 段 缸
型 式	JM—3 对称平衡型、卧式、双作用	
缸 数	2	1
体积流量/(Nm³/h)	26140 ± 3%	
进气压力/MPa(表压)	2.95	9.15
排气压力/MPa(表压)	9.25	26
进气温度/℃	43	50
排气温度/℃	134	115
电机功率/kW	2200	
联接方式	直联	
转动方向	由电机侧看顺时针	
气缸直径/mm	254.0	149.2
行程/mm	355.6	355.6
转速(r/min)	333	

附 录 B
主要部件质量
（补充件）

kg

部件名称	质 量
离心式压缩机组	
V₈707 上缸体	约 7000
V₈707 转子	1440
V106 上缸体	约 1000
V106 转子	131
汽轮机上缸体	约 2000
汽轮机转子	1200

续表

部 件 名 称	质　　量
往复式压缩机	
一段气缸	约 4800
二段气缸	约 4200
中　体	约 2600
十字头组件	100
活塞杆组件	127
连　杆	273

附　录　C

二氧化碳往复式压缩机主要螺栓螺母上紧力矩值

（补充件）

部 件 名 称	力矩/(N·m)
连杆螺栓螺母	1265 ~ 1402
连杆螺栓锁母	334 ~ 922
连杆小头夹紧螺栓螺母	1971 ~ 2171
连杆小头夹紧螺栓锁母	1324 ~ 1461
主轴承盖螺栓螺母	2648
主轴承盖螺栓锁紧母	1324
机身拉紧杆螺栓螺母	2991 ~ 3265
1 段活塞杆与活塞上紧螺母	9486
1 段活塞杆与活塞上紧螺母锁母	637
2 段活塞杆与活塞上紧螺母	5890
2 段活塞杆与活塞上紧螺母锁母	3920
十字头与活塞杆紧固螺栓	10290
1 段吸排气阀法兰紧固螺栓	951
1 段气缸盖紧固螺栓	1118

续表

部 件 名 称	力矩/(N·m)
2段气缸盖紧固螺栓	1460
1段阀盖紧固螺栓	503
2段阀盖紧固螺栓	705
1段填料盒紧固螺栓	353
2段填料盒紧固螺栓	467

附加说明：

1 本规程由齐鲁石化公司第二化肥厂负责起草，起草人刘群(1992)。

2 本规程由齐鲁分公司负责修订，修订人邓剑(2004)。

24. 煤气发生炉维护检修规程

SHS 05024—2004

目　次

1　总则 ……………………………………………………（824）

2　检修周期与内容 ………………………………………（824）

3　检修与质量标准 ………………………………………（829）

4　试车与验收 ……………………………………………（842）

5　维护与故障处理 ………………………………………（844）

1 总则

1.1 主题内容及适用范围

本规程适用于 ¢ 2740—3000 UGI 型和 ¢ 2740— ¢ 3000 J28 型煤气发生炉系统的设备维护与检修。

安全、环境和健康(HSE)一体化管理系统为本规程编制的指南。

1.2 编写修订依据

GB 150—1998　　钢制压力容器

GB 151—1999　　管壳式换热器

GB 50235—97　　工业金属管道工程施工及验收规定

劳部发[1996]276 号《蒸汽锅炉安全技术监察规程》

质技监局锅发[1999]154 号《压力容器安全技术监察规程》

劳锅字[1990]3 号《在用压力容器检验规程》

设备随机资料

2 检修周期与内容

2.1 检修周期

检修周期 2~3 年。

2.2 检修内容

2.2.1 炉体检修内容

2.2.1.1 检查、修理或更换自动加焦机钩头,提升丝杆、车轮、销轴。

2.2.1.2 检查、修理量碳层各部件。

2.2.1.3 检查并校对加焦机与炉口钩合情况,进行处理。

2.2.1.4　调整、校直加焦机轨道。

2.2.1.5　检查或更换炉口平面密封填料。

2.2.1.6　更换炉口保护圈。

2.2.1.7　检查、修理炉体上部壳体。

2.2.1.8　检查、修理或更换夹层锅炉内墙板、外墙板、R板、下锥体、拉筋板、夹套内汽水分离器、大法兰、底板、两边灰斗底板的保护板、破碎板。

2.2.1.9　校验夹套锅炉安全阀，检查或更换放空阀、放水阀、加水阀。

2.2.1.10　检查、修理液位计，清洗玻璃管，更换填料。

2.2.1.11　检查、修理、调整夹层锅炉水位自调器。

2.2.1.12　检查、测量炉条中心与炉膛中心的偏移量。

2.2.1.13　检查或更换炉条、灰犁、刮灰板、推灰器。

2.2.1.14　更换或修复灰盘、大蜗轮、齿轮、炉底盘。

2.2.1.15　检查、疏通炉底平面轴承的润滑油孔、油管。

2.2.1.16　检查、修理或更换二楼灰斗圆门各部件。

2.2.1.17　检查或更换灰斗面板、灰斗法兰垫。

2.2.1.18　检查、修补或更换灰斗。

2.2.1.19　检查、修理或更换灰斗圆门及下灰油压缸各部件。

2.2.1.20　检查、修理炉底水封桶、清理各排渣管。

2.2.1.21　检查、修理炉前、水封、炉底等各加水阀、冲水阀、排水管、蒸汽吹净管。

2.2.1.22　检查或更换各吹净阀。

2.2.1.23　检查、处理炉体支柱。

2.2.1.24　修理或更换各测温、测压、流量等控制点。

2.2.2 炉条机检修内容

2.2.2.1 UGI 型炉条机检修内容

a. 检查、修理行星减速器，更换润滑油；

b. 校正过桥联轴器，检查或更换安全销；

c. 检查、修理变速传动齿轮（链轮）、轴、轴承座、轴瓦、润滑油管；

d. 修理或更换二次变速下部活动轴填料盒；

e. 检查或更换止推轴承；

f. 检查或更换蜗杆轴、轴承座、轴套、蜗杆，清洗或修理更换输油管、挡灰罩；

g. 检查或更换蜗杆箱方门垫子、填料；

h. 检查铜蜗杆与铸造蜗轮实际磨损情况；

i. 检查、修理或更换电动机、电气。

2.2.2.2 J28 型炉条机检修内容

a. 检查、修理变速箱，并更换润滑油；

b. 检查或更换立轴、蜗杆；

c. 更换立轴密封件；

d. 检查或更换小齿轮、蜗轮、链轮；

e. 检查、更换各处轴承；

f. 检查、疏通各加油点及管路；

g. 检查小齿轮与大齿轮实际磨损情况；

h. 检查、修理或更换电机。

2.2.3 油压控制换向站检修内容

a. 电磁电液换向站底座清理检查及漏点消除；

b. 电磁换向站进出口总阀以及所有管路接头、管卡紧固件及底座支架清理检查、加固或更新；

    c. 各电磁电液换向阀清理拆检；

    d. 手动下灰换向阀底座清理检查及漏点消除；

    e. 各手动换向阀清理拆检，修理或更新；

    f. 手动下灰换向阀座支架修整加固或更新；

    g. 更换损坏换向阀与阀座接口之间的 O 形环。

2.2.4　油压缸及油压管道检修内容

2.2.4.1　修理或更换各油压阀门。

2.2.4.2　检查、加固或局部更换各油压管道。

2.2.4.3　检查、修理或更换各油压缸的活塞、活塞杆、活塞环、缸套、缸头、进排油阀。

2.2.4.4　检查各油压缸气相或液相填料。

2.2.4.5　检查处理 $\phi600$ 空气蝶阀。

2.2.4.6　检查、修理或更换 $\phi300$ 上下吹氮空气、蒸汽调节阀。

2.2.4.7　检查、修理或更换安全挡板联锁的弹簧阀。

2.2.4.8　检查、修理或更换各油压控制器。

2.2.5　燃烧室检修内容

2.2.5.1　检查、修理或更换顶部小圆门、圆门座、丝杆、门扣、顶盖大法兰及闷头；检查更换排灰附件。

2.2.5.2　检查、修补或更换壳体。

2.2.6　废热锅炉检修内容

2.2.6.1　清洗或更换液位计阀门、玻璃板、放水阀。

2.2.6.2　检查或更换加水阀、放水阀、出气阀或放空阀。

2.2.6.3　检查、校验或更换安全阀。

2.2.6.4　试压查漏、修理或更换火管。

2.2.6.5　修理上管板保护套管、修补耐火泥。

2.2.6.6　检查、修理或更换循环水管。

2.2.6.7　检查、修理上下火箱。

2.2.6.8　废锅、汽包等压力容器按《在用压力容器检验规程》规定定期进行检验。

2.2.7　洗气箱修理内容

2.2.7.1　检查或更换加水阀、放水阀。

2.2.7.2　检查、修理或更换喷水管、喷水头、横梁、溢流水管、分布器。

2.2.7.3　检查、修理或更换外部溢流水管、溢流管。

2.2.7.4　检查、修理或更换平衡阀、平衡管、平衡小室圆门。

2.2.7.5　检查或更换外部上水管、放水管。

2.2.7.6　管道检查、修理内壁并防腐。

2.2.8　管道修理内容

2.2.8.1　修理或更换进气室、直通管、三通管、90°弯管、下吹直管、膨胀节、三通阀下弯头、修换丝杆、填料。

2.2.8.2　修理或更换上气道、三通管、膨胀节、异形管及燃烧室至废锅管道。

2.2.8.3　检查、修理废锅出口管、三通管、烟囱弯头、烟囱座。

2.2.8.4　检查、修理烟囱基础、烟囱、除尘器和缆风绳。

2.2.8.5　修理或更换上吹管道、洗气箱弯头。

2.2.8.6　修理或更换上下吹蒸汽管道、异型夹套三通等。

2.2.8.7　检查、修理或更换一次吹风管、氮空气管。

2.2.9　耐火衬里及保温的检修内容

2.2.9.1　检查、修补煤气炉耐火衬里。

2.2.9.2　检查、修补废热锅炉耐火衬里。

2.2.9.3 检查、修补燃烧室耐火衬里。

2.2.9.4 检查、修补上气道耐火衬里。

2.2.9.5 检查、修补煤气炉、废锅蒸汽保温层。

2.2.9.6 检查、修补或更换各种水管防冻保温层。

2.2.10 加焦机检修内容

2.2.10.1 检查、修理或更换加焦溜管。

2.2.10.2 修补或更换加焦斗。

2.2.10.3 检查、修理或更换焦斗闸板、大小分布器、容焦桶、锥体及阀座等。

2.2.10.4 检查、修理拉紧器和车轮组。

2.2.10.5 炭仓厚度检测，小于 5 mm 应挖补修理或更新。

2.2.10.6 炭仓槽口检查，加固或更新。

2.2.10.7 喂料机减速箱、联轴器、地脚螺栓清理检查、修理或更新。

2.2.10.8 喂料机连杆、轴瓦、偏心轮清理检查、修理或更新。

2.2.10.9 喂料机拖板、轮子、轴、轴承、仓口调节装置清理检查、修理或更新。

2.2.11 其他部件检修内容

2.2.11.1 炉体、燃烧室、洗气箱等防腐。

2.2.11.2 修理或更换楼板、平台、栏杆。

2.2.11.3 楼板、平台、栏杆、支架等刷漆防腐。

3 检修与质量标准

3.1 检修前的准备

3.1.1 结合历次煤气炉检修情况及设备使用状态，按照

HSE 开展危害识别、环境识别和风险评估的要求编制煤气炉检修施工方案。

3.1.2　准备机具、量具、材料、备件及保护用品。

3.1.3　按化工生产设备检修安全规定，办理设备交出手续，设备与生产系统用盲板隔离。

3.2　煤气发生炉本体检修及质量标准

3.2.1　夹层锅炉内壁厚度小于 12mm 应更换。

3.2.2　两只夹锅安全阀检查、修理并调校合格。

3.2.3　炉条与灰盘同轴度公差小于 5mm，与炉膛同轴度公差为 15mm，各层贴合，凹凸面吻合，螺栓紧固后点焊，热电偶与 B 层顶平，并位于炉条中部。

3.2.4　灰犁与灰盘间隙 10~20mm，与炉条最外缘间隙 20~40mm。

3.2.5　刮灰板与底盘灰道间隙 10~20mm，如间隙大于 25mm、厚度小于 5mm 应更换。

3.2.6　外灰盘外圆与底盘法兰内圆的间隙 15~20mm，轴承配合侧间隙 1.5~2mm。

3.2.7　底盘径向裂纹大于 300mm 不漏气可以修补，漏气应更换。

3.2.8　内外壁板圆度公差 30mm，焊缝错边量不得大于 10% 的壁厚。

3.2.9　挡灰圈与外灰盘间隙 6~8mm，上下面满焊。

3.2.10　锅炉水压试验压力 0.125MPa。

3.3　UGI 型炉条机检修及质量标准

3.3.1　行星减速机

3.3.1.1　齿轮侧间隙 0.80mm，顶间隙 0.75~1.25 mm。

3.3.1.2 轴的刻痕深度小于 0.10 mm。

3.3.1.3 轴径圆度 0.05 mm；轴的轴向窜动量 1～1.5 mm。

3.3.1.4 与电机轴同轴度公差 0.10 mm，与传动轴同轴度公差 0.05mm。

3.3.1.5 齿厚磨损大于 1/3 齿厚或断齿进行更换。装配时齿的啮合面积在长度方向为齿长的 65%～75%，宽度方向为齿宽 65%。齿轮顶间隙 1～1.5mm。

3.3.1.6 油环灵活、圆滑、无异声、各润滑油位准确、油路畅通。

3.3.2 二次变速传动

3.3.2.1 安全销联轴节铜套间隙 0.05～0.10mm。

3.3.2.2 各轴径的圆度、圆柱度为 0.05mm。

3.3.2.3 下部传动轴磨损大于 2 mm 应更换。

3.3.2.4 轴套配合间隙：ϕ100 为 0.10～0.15mm；ϕ127 与 ϕ120 为 0.15～0.25mm；ϕ152 为 0.18～0.28mm。

3.3.2.5 轴直线度 0.10 mm。

3.3.2.6 大小链轮齿厚小于 2/3 原齿厚应更换。

3.3.2.7 大小链轮平面、齿厚偏差 ±1mm。

3.3.2.8 蜗轮与蜗杆中心标高偏差 ±3 mm，顶间隙 6 mm，超标时应更换；滑道蜗轮齿的厚度小于 1/2 原齿厚应更换。

3.3.2.9 注油器试验压力 7.85MPa，油路应畅通无泄漏。

3.4 J28 型炉条机检修及质量标准

3.4.1 蜗杆中心与蜗轮中心标高允许偏差小于或等于 1mm。

3.4.2 蜗轮齿厚磨损大于 1/3 原厚度应更换。

3.4.3 铜套外径与机架内孔配合过盈量 0.03～0.05mm，蜗杆轴与铜套间隙 0.15~0.2mm。

3.4.4 立轴和铜套间隙 0.15~0.25mm。

3.4.5 小齿轮与立轴装配过盈 0.02~0.04mm。

3.4.6 大、小链轮装配时的平面公差 1mm，齿厚磨损大于 1/3 原厚度应更换。

3.5 电磁阀内活塞、阀体检修与质量要求

3.5.1 电磁阀芯与壳体之间的配合间隙为 0.01~0.03mm。

3.5.2 阀芯与阀壳中孔的圆度、圆柱度为 0.003~0.005mm，粗糙度 R_a 为 0.2~0.4μm。

3.5.3 阀芯、阀壳体均不得有锥度。

3.5.4 为消除径向不平衡力，在阀芯上开了"切压槽"，槽宽 0.2~0.5mm，深 0.5~0.8mm，间距 1~5mm。组装电磁阀，在保证密封无泄漏的情况下，将阀体倾斜 40°，阀芯应能自动滑出。

3.6 油压缸检修及质量要求

3.6.1 油压缸安装应牢固不晃动。

3.6.2 油压缸在安装应垂直，与阀杆同轴度 0.20μm。

3.6.3 密封元件应无飞边、毛刺等缺陷。

3.6.4 油压缸、活塞杆、密封元件表面粗糙度符合设计图技术要求，无碰伤、划痕等缺陷。

3.6.5 注意密封元件安装方向，切勿装反。

3.6.6 注意装拆顺序，严禁野蛮拆装。

3.6.7 严防灰尘、杂物进入油缸，应在防锈无尘下作业。

3.6.8 安装修理必须使用专用工具。

3.6.9 修理或更换要做记录，对损坏部件分析损坏原因，消除故障源。

3.6.10 油压系统应无泄漏部位；活塞杆外泄漏量在每秒动作 100mm 行程时，应 < 0.05mL/min；油缸内漏量应小于 0.2mL/min。

3.6.11 活塞顶间隙大于 20mm。

3.6.12 阀杆与阀芯装配的轴向窜动量：$DN300$ 油压阀 1～2mm，$DN600$、$DN750$、$DN900$ 油压阀 2～3mm。

3.6.13 阀芯与阀杆连接压盖的螺栓、螺母应采取防松措施。

3.6.14 阀板、阀口接触密封面水压试验无泄漏。

3.7 废热锅炉检修及质量标准

3.7.1 废热锅炉及汽包按《在用压力容器检修规程》要求进行检验。

3.7.2 安全阀检修、调校合格。

3.7.3 按规定压力做水压试验，各处焊隙无渗漏、壳体无变形。

3.7.4 列管堵塞不超过总管数的 10%，否则应疏通或予以更换。

3.7.5 上下火箱壁厚小于 1/2 原壁厚时，应局部挖补修理或更换。

3.8 洗气箱检修及质量标准

3.8.1 壁厚小于 1/2 原壁厚时，应局部挖补修理或更换。

3.8.2 内壁防腐层完整，每隔 4～6 年进行喷沙、防腐。

3.8.3 溢流水封的溢流口高度高于分布器底平面 125～155mm。

3.9 燃烧室

简体、上下锥体壁厚小于 5mm 的应局部贴补或更换。

3.10 烟囱除尘器检修及质量标准

3.10.1 烟囱上部壁厚应大于 6mm，小于 6mm 应更换；烟囱下部壁厚应大于 8mm，小于 8mm 应更换。

3.10.2 除尘器筒体壁厚应大于 6mm，小于 6mm 应更换。

3.10.3 筒体纵焊缝的错边量应不大于 2.5mm。

3.10.4 筒体的倾斜度为 1/1000，中心直线度 20mm，断面圆度 30mm。

3.11 耐火衬里的检修与质量标准

3.11.1 耐火材料

3.11.1.1 耐火材料应有产品出厂合格证。没有合格证或可能变质的材料必需检验，确认符合有关标准后方可使用。

3.11.1.2 耐火材料在保管及使用前应严防受潮或被雨雪淋湿。

3.11.2 耐火衬里

3.11.2.1 对煤气炉、三通管、斜烟道、燃烧室、上气道及废热锅炉上下火箱的耐火衬里进行检查。

3.11.2.2 耐火衬里可视损坏情况，由技术人员确定检修方案。当工作层局部脱落，可进行局部修复；当工作层普遍减薄，其减薄厚度超过总厚度 1/3 时，应更换耐火衬里，重新砌筑。

3.11.3 耐火衬里施工要求与质量标准

3.11.3.1 筑炉的一般规则

　　a. 筑炉必须严格按图纸尺寸进行，如须变动，应经厂主管设备的技术负责人批准；

　　b. 煤气发生炉系统的耐火衬里按Ⅲ类砌体要求砌筑，砖缝厚度应不大于 3mm。局部调整应不大于 4mm；

　　c. 炉衬内外层砖应错台砌筑，错台高差不得超过三环；

　　d. 拱顶、燃烧室切线入口以及管道三通等部位的异型砌体，应在炉外平台上预组装，编号备用；

e. 炉砖应错缝砌筑，无法避免的通缝不得超过两环。内外层砖也应错缝砌筑，错缝高度宜不小于原砖的 1/3 砖高，如无法保证，可通过加工内层砖来调整；

f. 加工后砖尺寸应不小于原砖的 1/2；不得加工砖的向火面；严禁在砌体上加工砖；

g. 砌筑所用泥浆材质应与耐火砖一致。应优先选用成品泥浆。如在施工现场配制，应按材料供应厂的说明书进行；配料称量准确，容器及机具应洁净，配制应使用饮用水，机械搅拌均匀；配好的泥浆不得随意加水或胶结料；

h. 砌筑时应使用木锤或橡胶锤找正，严禁使用铁锤等硬器敲打；泥浆初凝后，不得用敲打方法来修正砌筑的缺陷；

j. 砌砖应采用挤浆法；砌体的砖缝泥浆应均匀饱满，饱满度 100%；

k. 砌体的砖缝厚度应在砌筑过程中随时进行检查。检查方法如下：用宽度为 5mm，厚度等于被检查砖缝规定厚度的塞尺，当塞尺插入砖缝深度不超过 20mm 时，则认为该砖缝合格；

l. 耐火砌体在施工过程中及投料前严禁受潮；

m. 耐火浇注料出厂时应有合格证，不合格及过期的耐火浇注料，不得使用；耐火浇注料必须按使用说明书配制；搅拌器具应洁净；

n. 耐火浇注料应采用机械搅拌、机械震捣，拌合应使用饮用水，水温在 10～25℃；加水前应干拌；不应在拌好的浇注料中随意加水或胶结料；

o. 搅拌后的耐火浇注料应在 30min 内用完，已初凝的浇注料不得使用；施工中断时，表面应毛糙；施工结束时表面应加工平整；

p. 耐火浇注料初凝后，有条件的情况下应潮湿养护。

3.11.3.2　煤气炉砖的砌筑

a. 煤气发生炉耐火衬里砌筑时，各部分砌体尺寸的允许偏差，不应超过表 1 的规定；

表 1　煤气发生炉各部分砌体尺寸的允许偏差　　mm

项次	部　位	偏差名称及检测方法	偏差值
1	球形炉顶	拱脚标高偏差 半径偏差 球面平整偏差,用半径为 R、弦长为 1m 的靠尺检查其间隙为	±3 ±10 3
2	圆形炉墙	墙面垂直偏差,从 M1 到 M4 层不大于 砖环水平偏差不大于 半径偏差,从 M1 到 M4 层不超过 炉口及出气口半径偏差不超过 炉墙平整偏差,用弦长为 1m、半径为 R 的弧形靠尺检查其间隙不大于	5 3 ±10 ±5 3

b. 砌筑第一层 M1 砖时，应使 M1 砖与炉壳贴紧，砌前应预砌筑，如与炉壳不吻合，应加工炉砖(参见图 1)；

c. M3、M4 拱脚砖的标高，应以炉口法兰为基准，严格按图纸尺寸控制，如果达不到标准，可通过加工下层 M2 砖来保证；

d. 砌完去燃烧室出口管道的第一层砖后，便可与拱顶砖同时砌筑管口；胎模的安装尺寸与斜度应符合图纸要求；

e. 拱顶砌筑时，应用专用的半径杆控制其半径尺寸，其放射形砖缝应与半径方向吻合；拱脚砖 M3 应以炉口法兰面为基准严格控制其标高；

f. 拱顶砌筑时，应从管道口向两侧施工，合拢砖应在圆周上均匀分布；

　　g. 拱顶第 1～4 环砖砌筑时，M5 砖每隔一块应倒放一块（参见图 1）；

　　h. 第 20 环以上的拱顶砖应支胎模砌筑，胎模应精心制作，尺寸准确，支撑牢固；M7 砖的位置及尺寸应符合设计要求。

3.11.3.3　燃烧室耐火衬里砖的砌筑

　　a. 燃烧室耐火衬里砖砌筑应严格按图纸尺寸进行，其各部位尺寸偏差不应超过表 2 的规定；其内衬结构见图 2；

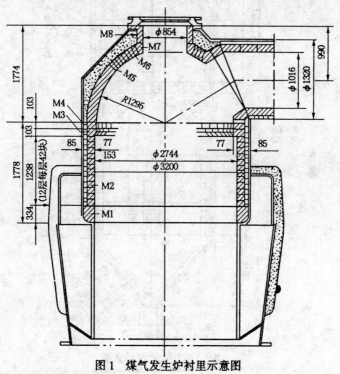

图 1　煤气发生炉衬里示意图

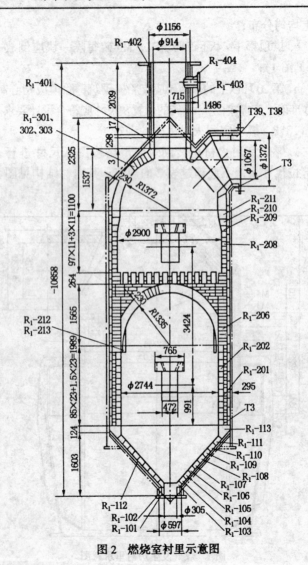

图 2　燃烧室衬里示意图

表2 燃烧室各部位砌体尺寸的允许偏差 mm

项次	部 位	偏差名称及检测方法	偏差值
1	球形炉拱顶	拱脚砖环标高偏差 半径偏差 球面平整偏差,用半径为 R、弦长为 1m 的靠尺检查,其间隙不大于	±3 ±10 3
2	圆筒形炉墙	墙面垂直偏差,从锥底顶面到球顶拱脚,不大于 砖环圆周水平偏差 半径偏差 墙面平整偏差,用半径为 R、弦长为 1m 的靠尺检查,其间隙不大于	10 3 ±3 3
3	下锥体	顶面砖环圆周水平偏差 锥体表面平整度,纵向用 1m 直尺检查,其间隙不大于 出灰口中心线偏差不大于	3 3 ±5
4	大拱	两条大拱间水平距离偏差不大于 拱脚标高偏差	±5 ±3

b. 燃烧室耐火衬里砖的砌筑,应满足筑炉的一般规定;

c. 燃烧室金属壳体如有较大变形时,耐火衬里砌筑前应进行修正;修正后如仍然达不到规定要求,可通过加工硅藻土砖来调整,以保证砌筑尺寸;

d. 燃烧室耐火衬里两层或三层砖之间的间隙用泥浆砌实;

e. 拱顶胎模必须制作精确、支撑牢固,经检查合格后方可砌筑;

f. 拱顶必须同时从两侧拱脚开始,向中心对称砌筑,砌筑时,拱的放射性灰缝应与拱半径相吻合;

j. 拱顶采用一块锁砖锁紧，砖锁灰缝不得大于 3mm；如无法保证，可加工两块楔形砖来锁紧，加工后的砖厚不得小于原砖的 1/2；拱顶胎模必须在锁砖锁紧后方可拆除；

k. 格子砖在铺砌时应采取措施，防止杂物堵塞格孔；

l. 切线入口门框砖($R_1 - 405 \sim R_1 - 430$)必须预砌筑，其向火面应与炉墙平齐，不得凹凸不平；其顶面($R_1 - 411$ 及 $R_1 - 421$ 上表面)标高偏差为 ±3mm，见图3；

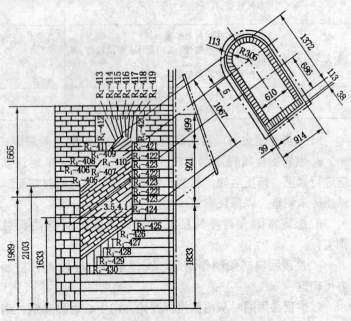

图 3　燃烧室切线入口砖砌筑示意图

　　m. 切线入口门头砖（$R_1 - 412 — R_1 - 420$）应在胎模上预砌筑，砌筑时应从两侧向中间对称进行；

　　n. 切线入口砖砌筑时，应保证入口烟道宽度 610mm 的尺寸，其偏差为 ± 3mm。

3.11.3.4　管道耐火衬里砖的砌筑

　　a. 管道耐火衬里砖的砌筑主要包括上气道的三通管、集尘器、切线入口变径管、连接燃烧室与废热锅炉的 45°弯管等；

　　b. 上气道的三通管由于砖型复杂，应预砌筑，模板尺寸应合适，砖与耐火纤维毡应砌筑严实，以防串气；

　　c. 管道衬砖纵向缝应与管道轴心线平行，不得扭曲；

　　d. 管道衬砖可以环砌，其放射性砖缝应与半径方向吻合；内外层砖应错缝；锁砖应为楔形砖，并从侧面打入。隔热层硅藻土如尺寸不符，必须机械加工，不得砍凿成型。

3.11.3.5　废热锅炉耐火衬里的砌筑

　　a. 列管式废热锅炉仅上下气室有耐火衬里，其结构简单，砌筑时满足施工一般规定即可；

　　b. 上管板耐火浇注料浇注前，应用木塞（或橡胶塞）将管口塞严，待完工后拔出，并将孔边缘修整平滑；

　　c. 热管式废热锅炉耐火衬里必须严格按设计图纸施工，以炉壳中心线为基准，半径偏差不大于 ± 3mm，垂直偏差不大于 ± 5mm；墙面平整度，用弦长为 1m，半径为 R 的弧形靠尺检查，靠尺与砌体间间隙不大于 3mm。

3.11.4　冬季施工要求

　　冬季施工除符合上述有关规定外，还应符合下列条款的规定：

3.11.4.1 耐火材料临时堆放场所温度不应低于 5℃；炉内温度应不低于 15℃；否则应采取采暖保温及其他相应措施；

3.11.4.2 施工场地必须采取防雨、防雪、防滑、防风措施；

3.11.4.3 施工现场应每隔 4h 做一次测温及记录，内容包括：外部环境温度、炉内温度、耐火材料临时堆放场所温度以及浇注料、泥浆的温度。

4 试车与验收

4.1 试车前的准备

a. 主机与辅机的检修、检测内容全部完成，并有完整齐全的检修和检测记录；检修质量符合本规程要求；

b. 筑炉、保温(需试压的设备必须在保温前试好)、防腐等工作完成；

c. 与试车有关的水、气、汽、电器、仪表等系统满足试车要求；联锁、报警系统已调试合格；

d. 被拆除的楼板、栏杆全部恢复、现场清理干净。

4.2 试车内容

4.2.1 空负荷试车

4.2.1.1 炉条机

炉条机系统经单机试运，在试运期间电流正常、各部件运转稳定、无异常振动、咬合无异声、润滑良好无泄漏时，单机试车合格。要求单机试运时间：

a. 用各种速度空试电机 2h；

　　b. 行星减速器单试 4h；

　　c. 注油器、二次变速试车 2h；

　　d. 灰盘试运转至少 2 转，测量灰犁与炉条最外缘间隙并做记录。

4.2.1.2 夹层锅炉

　　a. 拆除警报器、安全阀、出口阀等接管法兰处盲板，加满水；

　　b. 打开放空阀和排污阀，调试水位警报器合格；

　　c. 试验液位计及阀门合格。

4.2.1.3 液压换向站

　　a. 液压换向站运行 2h 合格；

　　b. 送高压油至换向站，油压缸动作后检查油压系统各接口应无泄漏；

　　c. 电磁阀和停车联锁调试合格；

　　d. 用手动操作试各自动电磁阀、油压管道合格；

　　e. 换向站带动油压阀联动试车 8h 合格。

4.2.1.4 气体试漏

　　a. 设备、阀门、管道分别试验和内部检查合格后，封闭所有人孔和盖；

　　b. 电磁阀关闭；

　　c. 洗气箱炉底水封加满水，并保持溢流；

　　d. 充空气 0.02MPa 试压查漏合格。

4.2.1.5 升温烘炉

　　a. 新炉衬完工后至少自然干燥 3 天，方可烘炉；

　　b. 烘炉应按烘炉曲线进行，并做好记录；如烘炉温度偏离曲线，应随时进行调整。

4.2.2　负荷试车

　　a. 各部件空负荷试车合格；

　　b. 烘炉合格；

　　c. 按工艺要求点火升温，试生产 24h 合格。

4.3　验收

4.3.1　检修后设备达到完好标准。

4.3.2　检修完毕后，施工单位应及时提交下列交工资料：

4.3.2.1　检修任务书、检修施工方案、竣工验收单、竣工图。

4.3.2.2　设计变更及材料代用通知单，材料零部件合格证。

4.3.2.3　检修报告和理化检验报告(特别是焊接记录和探伤检验报告)。

4.3.2.4　隐蔽工程记录、封闭记录、检修记录、中间检验记录、试验记录和衬里烘炉记录。其中检修记录包括检修测量数据、重大缺陷处理、容器检测、试压报告、结构变更、备品备件更换记录。

4.3.3　由机动部门、施工、生产单位三方验收合格。

4.3.4　设备检修后，经一周开工运行，各主要操作指标达到设计要求，设备性能满足生产需要，即可办理验收手续，正式移交生产。

5　维护与故障处理

5.1　日常维护

5.1.1　严格执行操作规程，按规定线路，定时定点进行巡回检查。

5.1.2 煤气炉长时间热态备用时，必须按操作规程进行工艺处理。

5.1.3 停炉熄火时不允许往炉膛中充冷水降温。热态的设备、管道上不允许冲冷水。

5.1.4 炉条机电流超标或安全销折断，必须及时查明原因，并进行处理。

5.1.5 炉底水封保持畅通，定期进行清理。

5.1.6 炉底轨道注油管必须保持畅通，发现油管堵塞及时疏通，每班定期给轨道及炉条机注油润滑。

5.1.7 仪表装置每天擦拭检查，保持清洁，定期校对联锁及仪表测量元件。

5.1.8 自动油压阀、手动阀的阀杆、丝杆定期刷油。

5.1.9 注油器、减速机保持正常的油位，油质定期检查分析，视情况换油。

5.1.10 及时消除跑、冒、滴、漏，不能立即消除的且不影响安全生产的泄漏点要挂牌并做记录。

5.1.11 每次停车检修，烟囱底座和烟囱阀必须清理。

5.1.12 燃烧室顶部圆门每次停车检修时必须打开，并进行清理。更换填料、加铅粉油；同时在旋杆等处加润滑油。

5.1.13 下灰管道各圆门必须每天清理1次。

5.1.14 下吹圆门每次关闭前必须冲洗干净。

5.1.15 及时处理供油故障，并准确的调整供油量。

5.2 常见故障与处理

5.2.1 自动油压阀常见故障与处理见表3。

表3 自动油压阀常见故障与处理

序号	故障现象	故障原因	处理方法
1	阀门不关或不开	活塞环磨损漏油 活塞脱落 油压缸的油阀阀芯脱落或被误关 活塞杆或阀杆弯曲 填料压盖过紧 换向站故障 电磁阀故障 微机故障 阀杆接套脱落	更换活塞环 处理活塞 检查处理油压阀 更换或调直活塞杆或阀杆 调整压盖 处理换向站 修换电磁阀 处理微机 修换接套或销钉
2	阀门动作缓慢	活塞环漏油 油压缸的油阀开度小 活塞杆或阀杆弯曲 填料压盖松紧不当 换向站故障	更换活塞环 检查油阀门并开大 更换或调直活塞杆或阀杆 调整压盖松紧 处理换向站
3	漏气	阀杆与阀芯脱开 阀体内密封不良 阀杆行程不足 油压不够	检查处理阀芯 检查处理密封面 调整行程 提高油压

5.2.2 安全挡板阀常见故障及处理见表4。

表4 安全挡板阀常见故障及处理

序号	故障现象	故障原因	处理方法
1	不开	油压联锁失灵	检查联锁
2	不关或开不到位	拐臂或拉杆断裂	更换拐臂或拉杆
3	不开	拐臂或拉杆的固定装置失灵	处理固定装置
	不关	挡板轴销脱落或断开	处理轴销
4	漏气	挡板间隙过大	调整间隙

5.2.3 换向站电磁阀常见故障及处理见表5。

846

表5 换向站电磁阀常见故障及处理

序号	故障现象	故障原因	处理方法
1	送电后电磁阀不动作	电磁阀内有杂物	彻底清除杂物
2	送电后电磁阀动作但阀门不动作	电磁阀或阀门油缸内漏大以及油压过低	检查更换电磁阀、油缸、调整泵站压力
3	失电后阀门不动作	电磁阀内有杂物，弹簧复位力不足	清除杂物或检查更换电磁阀
4	新电磁阀换上后阀门仍不动作	电磁阀有质量问题，如内漏大、活塞过紧、弹簧力不足或油缸内漏较大	使用前对电磁阀进行检测，重新更换

5.2.4 炉条传动机构常见故障及处理见表6。

表6 炉条传动机构常见故障及处理

序号	故障现象	故障原因	处理方法
1	行星减速机振动大、噪音大或机壳发烫	联轴器校正偏差太大 啮合齿轮的顶间隙太大或太小 轴瓦间隙太大或太小 齿轮与齿盘之间的间隙太小或无间隙 润滑油油质差或缺油	重新校正联轴器 调整顶间隙 调整轴瓦的间隙 调整齿轮与齿盘间隙 更换或补充润滑油
2	安全销经常断	传动齿轮或链轮的轴瓦间隙太小或缺油 联轴器校正偏差过大 蜗轮蜗杆齿间积灰卡住 灰盘内铁块或大块结渣卡住	调整间隙并加润滑油 重新校正联轴器 清除结灰 排除铁块或大块结渣
3	链条经常断	同安全销经常断的原因 轴瓦间隙过大 上下链轮平面度超差	处理方法与安全销常断相同 调整间隙 上下链轮找正

续表

序号	故障现象	故 障 原 因	处 理 方 法
4	炉条机转灰盘不转	断齿 齿轮磨损过大 啮合不良	更换齿轮
5	灰盘转炉条机不转	炉条连接螺丝剪断	更换螺丝

附加说明：

本规程由南京化工公司负责起草，起草人唐益龙（2004）。

25. 氨合成塔维护检修规程

SHS 05025—2004

目　次

1　总则 ……………………………………………………… （851）

2　检修周期与内容 ………………………………………… （851）

3　检修与质量标准 ………………………………………… （852）

4　试验与验收 ……………………………………………… （855）

5　维护与故障处理 ………………………………………… （856）

附录 A　氨合成塔技术特性(补充件) …………………… （857）

1　总则

1.1　主题内容与适用范围

1.1.1　主题内容

本规程规定了中型化肥厂氨合成塔的检修周期与内容、检修与质量标准、试验与验收、维护与故障处理。安全、环境和健康(HSE)一体化管理系统，为本规程编制指南。

1.1.2　适用范围

本规程适用于壳体为多层包扎式、内件为并流三套管触媒筐和列管式换热器的氨合成塔。

1.2　编写修订依据

国务院第 373 号令《特种设备安全监察条例》

质技监局锅发〔1999〕154 号《压力容器安全技术监察规程》

劳锅字〔1990〕3 号《在用压力容器检验规程》

GB 150—1998　钢制压力容器

GB 151—1999　管壳式换热器

随机资料

2　检修周期与内容

2.1　检修周期

检修周期 8～12 年。

2.2　检修内容

2.2.1　项修

2.2.1.1　检查支座有无下沉或倾斜及地脚螺栓的完好情况。

2.2.1.2　检查防腐层、保温层是否完好。

2.2.1.3 检查塔体及相邻管道或构件的震动情况。

2.2.1.4 检查各连接密封和螺栓的腐蚀情况。

2.2.1.5 检查温度计、压力表等附件的完好状况。

2.2.1.6 消除触媒筐盖、下部三通等处的泄漏。

2.2.1.7 修理或更换电加热器。

2.2.1.8 承压壳体进行外部检查。

2.2.2 大修

2.2.2.1 包括项修全部内容。

2.2.2.2 对触媒筐筒体、冷管、分气盒、中心管、多孔板及换热器等部件外观检查，对焊缝进行宏观检查。

2.2.2.3 检查塔内壁、内筒、触媒筐、换热器等处的氢腐蚀现象。

2.2.2.4 检测触媒筐筒体的圆度和变形。

2.2.2.5 测定触媒筐、中心管及温度计套管的壁厚。

2.2.2.6 壳体内壁作金相、硬度测定，必要时取样作化学分析。

2.2.2.7 检查塔体主密封面，各接管密封面及塔底承压面。

2.2.2.8 壳体防腐及保温检查修理。

2.2.2.9 高压螺栓及螺母作无损检测。

2.2.2.10 更换触媒。

2.2.2.11 按《在用压力容器检验规程》进行压力容器内外部检验。

3 检修与质量标准

3.1 检修前的准备

3.1.1 检修前根据设备运行的情况，熟悉图纸、技术档案，按 HSE 危害识别、环境识别、风险评估的要求，编制检修方案。

3.1.2　备品备件及施工机具准备就绪，安全劳动保护措施到位。

3.2　拆卸

3.2.1　拆塔顶防雨罩、电加热器和温度计。

3.2.2　拆主螺栓、吊大盖。

3.2.3　割开角型密封圈及温度计套管焊缝，拆除触媒筐盖，固定吊装工具。

3.2.4　拆除塔下部一次付线入口管和三通。

3.2.5　吊出内件，拆除换热器与触媒筐外筒连接处的保温，在支架上装好专用卡具，然后落下内件，固定在支架上。

3.2.6　拆除保温，卸触媒。

3.2.7　割开触媒筐外筒与换热器连接的焊缝，吊出外筒。

3.2.8　拆卸连接螺栓，分别吊出触媒筐和换热器。

3.3　检修

3.3.1　各密封面检查、清洗、研磨壳体密封面及密封件。

3.3.2　内件检修

3.3.2.1　根据检查情况及压力容器定检结果，对已损坏或有严重缺陷的内件进行更换。

3.3.2.2　对已产生变形的零部件，如触媒筐中心管、冷管、换热器尾管、温度计套管、换热器保温防护板等，可按技术要求进行调直调平修理。

3.3.2.3　换热器试压发生泄漏，可采用焊缝返修或堵管的方法消除(堵管数量不大于换热管总数的 10%)。

3.4 组装

3.4.1 将换热器吊装于塔旁支架上，找好水平，加以固定。

3.4.2 吊上触媒筐，紧固连接螺栓并保证法兰间隙均匀。

3.4.3 吊装触媒筐筒体与换热器壳体找正合格，点焊固定后满焊。

3.4.4 恢复触媒筐保温。

3.4.5 内件吊入合成塔壳体内，注意其方位，确保温度计套管对中。

3.4.6 安装固定架，稳定中心管与温度计套管，调匀触媒筐筒体与塔内壁的间隙。

3.4.7 装填触媒。

3.4.8 拆除固定架，装好触媒筐盖，焊上角型密封圈，固定压紧法兰。

3.4.9 吊装大盖，电加热器与温度计。

3.4.10 装配下部三通，连接各接管。

3.5 检修质量标准

3.5.1 触媒筐筒体保温后最大直径小于976mm。

3.5.2 内件长度公差±5mm。

3.5.3 内件与内壁间隙应均匀，其偏差值不大于1mm。

3.5.4 内件直线度偏差全长不超过4mm。

3.5.5 触媒筐筒体与中心管的同轴度偏差小于2mm。

3.5.6 中心管直线度偏差全长不超过4mm。

3.5.7 中心管口距触媒筐盖底部大于87mm。

3.5.8 温度计套管壁厚减薄量不得大于1.62mm。

3.5.9 内件检查发现下列情况予以报废：

3.5.9.1 触媒筐外筒严重腐蚀、裂纹、变形不能修复。

3.5.9.2 冷管或中心管有多处超标裂纹不能修复。

3.5.9.3 换热器上下管板出现严重变形或裂纹。

3.5.9.4 换热器列管堵塞数量超过 10%。

3.5.10 电加热器绝缘大于 0.5MΩ。

4 试验与验收

4.1 试验

4.1.1 壳体、温度计套管水压试验压力为 39MPa，触媒筐、换热器水压试验压力为 2.4MPa。

4.1.2 气密试验压力为 31MPa，各密封部位无泄漏。

4.2 验收

4.2.1 设备经检修检验后，检修质量达到本规程规定的质量要求。

4.2.2 检修完毕后，检修单位应及时提交下列技术资料

4.2.2.1 设备检修检测技术方案和记录（包括检修技术方案、设备检测方案、检修记录、中间检验记录、实验记录等）。

4.2.2.2 设计变更及材料代用通知单，材料及零部件合格证（质量证明书）。

4.2.2.3 检验、检测和实验报告（包括压力容器定期检验报告、水压试验报告、气密性试验报告、无损检测报告、理化试验报告）。

4.2.3 由设备主管部门、施工、生产等单位共同验收合格。

4.2.4 设备运行一周，满足生产要求，达到各项技术指标，设备达到完好标准。

5 维护与故障处理

5.1 维护

5.1.1 严格控制各项工艺指标,防止超温、超压、超负荷运行。

5.1.2 定期检查设备各连接处及阀门、管道等,有无泄漏和振动。

5.2 常见故障与处理(见表1)

表1 常见故障与处理

序号	故障现象	故障原因	处理方法
1	触媒层入口温度降低压差下降,塔出口温度增高	触媒筐顶盖与筒体连接处泄漏 温度计套管与触媒管顶盖连接处漏	停车补焊
2	触媒层温度急剧上升,锅炉进出口温度降低,塔压差减低	副线尾管断裂	停车修复
3	塔出口温度高,触媒层温度上升,副线开大,锅炉出入口温差缩小,产蒸汽量减小	锅炉进出口冷热气之间尾管断裂	停车处理
4	塔出口气体温度高触媒层温度下降,副线关小,塔压差下降	出锅炉与出塔气体之间尾管断裂	停车处理

附 录 A
氨合成塔技术特性
（补充件）

外　壳	
工作压力/MPa（表）	31
水压试验/MPa（表）	39
工作温度/℃	≤200
工作介质	H_2，N_2，NH_3，CH_4，Ar
容积/m^3	11

触　媒　筐	
设计压力/MPa（表）	1.76
水压试验/MPa（表）	2.4
工作温度/℃	≤530
冷管数量（根）	62
冷管规格/mm	$\phi 44 \times 2.5$，$\phi 29 \times 2$，$\phi 22 \times 1$
冷却面积/m^2	62.2
触媒体积/m^3	4.75

换　热　器	上　段	下　段
设计压力/MPa（表）	1.76	1.76
水压试验/MPa（表）	2.35	2.4
工作温度/℃	460	230
列管数量（根）	3366	3144
列管规格/mm	$\phi 10 \times 1.5$	$\phi 10 \times 1.5$
换热面积/m^2	35.5	181

续表

电加热器	
功率/kW	550
电压/V	500
电热丝规格/mm	$\phi10,\ L=106395$
相 数	三相
比功率/(kW/m³)	113

附加说明:

1 本规程由齐鲁石化公司第一化肥厂负责起草,起草人孙伯龙(1992)。

2 本规程由齐鲁分公司负责修订,修订人戴洪波(2004)。

26. 水溶液全循环法尿素合成塔
维护检修规程

SHS 05026—2004

目　次

1 总则 …………………………………………………… （861）

2 检修周期与内容 ……………………………………… （861）

3 检修与质量标准 ……………………………………… （862）

4 试验与验收 …………………………………………… （864）

5 维护与故障处理 ……………………………………… （865）

附录 A　技术特性表(补充件)………………………… （866）

1　总则

1.1　主题内容与适用范围

1.1.1　主题内容

本规程规定了水溶液全循环法年产 11 万吨尿素合成塔的检修周期与内容、检修与质量标准、试验与验收、维护与故障处理。安全、环境和健康(HSE)一体化管理系统，为本规程编制指南。

1.1.2　适用范围

本规程适用于水溶液全循环法年产 11 万吨尿素合成塔的检修与维护。

1.2　编写修订依据

国务院第 373 号令《特种设备安全监察条例》

质技监局锅发[1999]154 号《压力容安全技术监察规程》

劳锅字[1990]3 号《在用压力容器检验规程》

GB 150—1998　钢制压力容器

GB 151—1999　管壳式换热器

HG 25784、25786、25787、25788、25789—98 尿素高压设备维护检修规程

随机资料

2　检修周期与内容

2.1　检修周期

检修周期 2~3 年。

2.2　检修内容

2.2.1　基础、防腐保温等外部设施的检修。

2.2.2 密封结构的检查与修理。

2.2.3 合成塔衬里的检查及修理。

2.2.4 合成塔内件的检查与修理。

2.2.5 按《在用压力容器检验规程》进行压力容器内外部检验。

3 检修与质量标准

3.1 检修前的准备

3.1.1 检修前根据设备运行的情况，熟悉图纸、技术档案，按 HSE 危害识别、环境识别、风险评估的要求，编制检修方案。

3.1.2 备品配件及施工机具准备就绪，安全劳动保护措施到位。

3.2 拆装与组装

3.2.1 拆卸出入口切断阀、止回阀。

3.2.2 拆卸设备主螺栓，吊下大盖。

3.2.3 拆卸塔板、混合器等内件。

3.2.4 组装顺序与拆卸相反。

3.2.5 大盖螺栓紧固按下列规定进行。

3.2.5.1 采用液压拉伸器预紧。

3.2.5.2 按十字交叉法三挡加压：即 45.5MPa、58.5MPa、65MPa。

3.2.5.3 最后一挡加压要重复一遍。

3.2.5.4 最终紧固压力偏差应小于 2MPa。

3.3 基础及保温

3.3.1 基础应无裂纹、缺损，地脚螺栓紧固。

3.3.2 防腐保温完好。

3.4　密封结构

3.4.1　检查塔体主密封面、接管密封面的腐蚀损伤情况，影响密封的应进行光刀或研磨处理，其表面粗糙度 R_a 的最大允许值为 1.6μm。

3.4.2　塔体主密封面应进行无损探伤。

3.4.3　合成塔主螺栓、接管法兰螺栓应进行磁粉或着色检查。

3.5　衬里

3.5.1　宏观检查衬里表面腐蚀情况。

3.5.2　衬里定点测厚，做好记录。

3.5.3　衬里出现泄漏时，应氨试漏确定漏点并修复。氨渗压力为 0.05MPa。

3.5.4　衬里、焊缝堆焊层及衬里焊缝应无损探伤。

3.5.5　衬里、焊缝、堆焊层局部腐蚀部位应磨光处理。

3.5.6　衬里应无裂纹、气孔、夹渣等缺陷。对腐蚀减薄小于 2mm 缺陷应打磨消除，并经渗透检测确认。当减薄量大于 2mm 时，应予补焊。并注意以下各点：

　　a.按照衬里材料选择适当的焊接材料并制定具体的焊补工艺。

　　b.补焊后须再经渗透检测，确认缺陷已消除为合格。

　　c.补焊磨光后用双氧水钝化。

3.5.7　衬里出现穿透性缺陷，修复后氨渗检漏。

3.5.8　衬里发生内鼓时，可用机械或塔内充压的方法修复。修复后应无损探伤与氨渗检漏。

3.6　内件

3.6.1　检查塔板、混合器及其紧固螺栓应无断裂、变形、腐蚀等缺陷。

3.6.2 塔板、混合器安装平整，螺栓紧固。

3.6.3 温度计保护管应无严重腐蚀、损坏，其管壁减薄量不大于 1.5mm。

4 试验与验收

4.1 水压试验

4.1.1 水压试验压力为 24.5MPa。

4.1.2 水压试验用水温度大于 15℃。

4.1.3 水压试验用水必须是脱盐水，水中氯离子含量不大于 10mg/L。

4.2 气密试验

合成塔检修后进行气密性试验，其试验压力为 19.6MPa。

4.3 验收

4.3.1 设备经检修检验后，检修质量达到本规程规定的质量要求。

4.3.2 检修完毕后，检修单位应及时提交下列技术资料。

4.3.2.1 设备检修检测技术方案和记录(包括检修技术方案、设备检测方案、检修记录、中间检验记录、实验记录等)。

4.3.2.2 设计变更及材料代用通知单，材料及零部件合格证(质量证明书)。

4.3.2.3 检验、检测和实验报告(包括压力容器定期检验报告、水压试验报告、气密性试验报告、无损检测报告、理化试验报告)。

4.3.3 由设备主管部门、施工、生产等单位共同验收合格。

4.3.4 设备运行一周，满足生产要求，达到各项技术指标，设备达到完好标准。

5 维护与故障处理

5.1 日常维护

5.1.1 严格按操作规程操作，严禁超温、超压、超负荷运行。

5.1.2 按时巡检、取样分析检漏。

5.2 常见故障与处理(见表 1)

表 1 常见故障与处理

序号	故障现象	故障原因	处理方法
1	检漏孔含氨	衬里腐蚀泄漏	停车补焊
2	密封口泄漏	密封失效	检查螺栓松紧度或带压堵漏

附 录 A
技 术 特 性 表
（补充件）

设计压力/MPa(表压)	21.56	壳体厚度/mm	108
操作压力/MPa(表压)	19.6	衬里厚度/mm	8
操作温度/℃	186＋2	封头厚度/mm	125
工作介质	尿素、氨基甲酸铵溶液	壳体材质	15MnVRc
公称容积/m³	41	衬里材质	X2CrMoN$_{1812}$ (00Cr17Ni14Mo2)
总 高/mm	28923		
总 质/t	130		
壳体(包括衬里)内径/mm	1384		

附加说明：

1 本规程由齐鲁石化公司第一化肥厂负责起草，起草人张允铭(1992)。

2 本规程由齐鲁分公司负责修订，修订人魏海旺(2004)。

27. 硝酸吸收塔维护检修规程

SHS 05027—2004

目　次

1　总则 ……………………………………………… （869）

2　检修周期与内容 ………………………………… （869）

3　检修与质量标准 ………………………………… （870）

4　试验与验收 ……………………………………… （872）

5　维护与故障处理 ………………………………… （873）

附录 A　吸收塔主要技术特性表(补充件)…………… （874）

1 总则

1.1 主题内容与适用范围

1.1.1 主题内容

本规程规定了常压法生产硝酸的硝酸吸收塔(简称吸收塔)的检修周期及内容、检修与质量标准、试验与验收、维护与故障处理。

安全、环境和健康(HSE)一体化管理系统,为本规程编制程序指南。

1.1.2 适用范围

本规程适用于用常压法生产 48000 kg/h, 40% ~ 44% 稀硝酸系统的硝酸吸收塔的维护和检修。

1.2 编写修订依据

GB 150—1998 钢制压力容器

JB/T 4735—1997 钢制焊接常压容器

设备随机资料

2 检修周期与内容

2.1 检修周期

检修周期 6 年。

2.2 检修内容

2.2.1 设备所属管道、阀门检查、修理。

2.2.2 液面计、液位调节阀检查、修理。

2.2.3 喷头、栅板等塔内件检查、清理。

2.2.4 塔体检查、修理。

2.2.5 塔内填料检查、清理。

2.2.6 塔基础检查、修理。

2.2.7 设备所属管道、附梯、平台、围栏检查、防腐。

3 检修与质量标准

3.1 拆卸前准备

3.1.1 检修前根据设备运行的情况，熟悉图纸、技术档案，按 HSE 危害识别、环境识别、风险评估的要求，编制检修方案。

3.1.2 备品备件及施工机具准备就绪，安全劳动保护措施到位；

3.2 拆卸与检查

3.2.1 拆卸

3.2.1.1 拆除吸收塔气相、液相工艺接管。

3.2.1.2 拆除吸收塔上部人孔。

3.2.1.3 吸收塔下部拆开卸料孔，卸填料。

3.2.2 检修与质量标准

3.2.2.1 塔内件检修与质量标准

　　a. 塔内喷头加水试喷洒，检查螺钉有无松动，测量导液盘底面与轴线的垂直度；

　　b. 导液盘外表面打磨光滑；

　　c. 喷淋器安装时平面允许偏差 3mm，标高允许偏差 3mm，其中心线与塔体中心线同轴度允许偏差 3mm；

　　d. 检查并调整栅板水平度，栅板分布应均匀，严重腐蚀和变形应更换；

　　e. 检查栅板支撑圈及所有焊缝，必要时补焊；

　　f. 栅板支撑立柱应与底板垂直，并焊接牢固；

g.检查立柱拉杆，所有拉杆应焊接牢固，严重腐蚀应进行更换；

h.塔内、外所有焊缝检查、补焊；焊缝修复后，应清除污垢并进行酸洗钝化处理。

3.2.2.2 塔体检修与质量标准

a.检查塔底、筒体段及上封头等处的腐蚀情况，并进行测厚检查；

b.塔壁腐蚀减薄量小于1/3设计板厚时，应进行修补处理；减薄量大于设计板厚1/3时进行更换处理，在进行修补或更换前应制定专门的修复技术方案，经主管设备的技术负责人批准后实施；

c.塔体上的焊缝应进行射线检测；检测长度为焊缝总长度的20%，并符合GB 3323—87《钢熔化对接接头射线照相和质量分级》要求Ⅱ级合格；

d.塔体直线度允许偏差18mm，塔体垂直度允许偏差30mm。

3.2.2.3 装填料

a.下部卸料孔恢复；

b.下部规定摆放的填料分层安装；

c.吸收塔注水；

d.塔顶装填料；

e.检查确认填料安装高度，并按图固定填料压板。

3.2.2.4 密封结构检修与质量标准

a.所有法兰密封面检查，法兰密封面应无影响密封的缺陷存在，法兰密封面腐蚀轻微时，可用机加工的方法修复；腐蚀严重应予更换；

b. 更换各法兰、人孔、液面计密封垫片。

3.2.2.5 管线及阀门检修与质量标准

a. 检查酸管及氧化氮管；对弯头和易腐蚀处进行测厚检查，腐蚀减薄量达 1/3 设计板厚时应更换；

b. 所有阀门抽芯、研磨、试压合格，腐蚀严重者应更换。

3.2.2.6 塔体所属的平台、楼梯、走道、栏杆检查、防腐，腐蚀严重部位应更换。

4 试验与验收

4.1 试验

4.1.1 设备检修完毕，质量合格，检修记录齐全。

4.1.2 塔体气密试验 0.09MPa 查漏，保压 30min 以上不泄漏为合格，并由用户代表监检确认。

4.1.3 各温度、压力、流量等测量仪表一次元件经测试合格。

4.2 验收

4.2.1 设备经检修检验后，质量须达到本规程规定的要求。

4.2.2 检修完工后，施工单位应及时提交下列交工资料：

a. 设备检修施工方案和施工记录(包括设备封闭记录、中间验收记录、外观及几何尺寸检查记录、施焊记录)。

b. 材料代用通知单，更换的材料零部件合格证(质量证明书)。

c. 气密性试验报告。

d. 交工验收由设备主管部门组织，施工单位、生产单位等共同参与，验收合格后设备方可投用。

　　e.设备检修后，经一周开工运行，各主要操作指标达到设计要求，设备性能满足生产需要，即可办理验收手续，正式移交生产。

5 维护与故障处理

5.1 日常维护

5.1.1 严格控制各项工艺指标，严禁超温、超压运行。

5.1.2 定期检查设备，相联阀门、管道有无泄漏，安全附件是否失效，及时处理。

5.1.3 严格控制硝酸吸收塔液位，以防止气相管线堵塞。

5.2 常见故障与处理(见表1)

表1 常见故障与处理

序号	故障现象	故障原因	处理方法
1	吸收塔浓度不符合要求	加酸循环量过大 吸收塔压力低	调整循环量 调整系统压力
2	吸收塔系统振动	液位过高堵气道 循环泵工作不正常	降低液位 重新调整循环量
3	泄漏	阀门、法兰泄漏 法兰连接螺栓松动 设备在工作时振动较大，引起螺栓松动 法兰密封面不平，变形 密封垫失效	更换盘根、垫片 拧紧螺栓 加弹簧垫片，拧紧螺栓 加工法兰密封面 更换密封垫

附 录 A
吸收塔主要技术特性表
（补充件）

塔工作温度/℃	50～65
塔工作压力/MPa	0.09
物料名称	稀硝酸、氧化氮气体
全容积/m³	307
循环量/(m³/h)	250
系统产酸浓度/%	40～44
系统生产能力/(kg/h)	48000
塔体直径/mm	4800×6
塔体总高/mm	17680
塔体单质量/kg	21908
塔总质量/kg	135770
填料质量/kg	113862
塔体、栅格及主体材料	0Gr18Ni9

附加说明：

本规程由南京化工公司负责起草，起草人邱成汉（2004）。

28. 往复式合成气压缩机组维护检修规程

SHS 05028—2004

目　　次

1　总则 ……………………………………………… （877）

2　检修周期与内容 ………………………………… （877）

3　检修与质量标准 ………………………………… （879）

4　试车与验收 ……………………………………… （889）

5　维护与故障处理 ………………………………… （890）

1 总则

1.1 主题内容与适用范围

本规程规定了中型化肥厂往复式合成气压缩机检修周期与内容、检修与质量标准、试车与验收和维护与常见故障处理。

本规程适用于 8BDC – OF – 16H3 型往复式压缩机，15 – 8HHE – VL6 型往复式压缩机。

健康、安全和环境(HSE)一体化管理系统，为本规程编制指南。

1.2 编写依据

随机资料

FJ 2001—79，FJ—2037—79　重点化肥企业设备检修规程

Q/NH01—97　设备维护检修规程，南京化学工业(集团)公司氮肥厂 1997 年企业标准

2 检修周期与内容

2.1 检修周期

可根据机组状态监测及运行状态，择机进行项目检修。原则上在机组累计运行 3 年安排一次大修。根据机组运行及状态监测情况，可适当调整检修周期。

2.2 检修内容

2.2.1 项目检修内容

根据机组缺陷状况，参照大修部分内容择机进行修理。

2.2.2 大修内容

2.2.2.1 清理油冷器、油过滤器、检查修理四通换向阀，

更换油过滤器滤芯。

2.2.2.2 清理、修理或更换注油器及单向阀。

2.2.2.3 修理或更换压缩机组内部管道、阀门。

2.2.2.4 清理一级进口分离器滤网。

2.2.2.5 检查主轴瓦、曲轴销瓦、十字头销瓦并调整间隙。

2.2.2.6 检查修换活塞杆、活塞环及导向环。

2.2.2.7 检查测量气缸磨损情况并进行修复。

2.2.2.8 清理气缸水夹套，检查机身与气缸连接螺栓紧固情况。

2.2.2.9 检查、修理或更换气缸进、排气阀、余隙阀；清理、研磨阀口。

2.2.2.10 检查曲柄销、十字头销的圆度、圆柱度和粗糙度，修复表面缺陷。

2.2.2.11 检查十字头有无松动，刮研十字头滑板，调整十字头与滑道间隙，调整活塞杆对中。

2.2.2.12 修理或更换主轴油泵、辅助油泵、链轮、链条及小飞轮。

2.2.2.13 检查盘车器。

2.2.2.14 检查主轴与机身中心线的垂直度、两机身中心线的平行度、滑道的水平度、圆柱度。

2.2.2.15 清理曲轴油箱、更换循环油。

2.2.2.16 对曲轴、连杆、中体、连杆螺栓、十字头销活塞杆、主轴颈、曲柄销进行无损检测。

2.2.2.17 检查基础及地脚螺栓情况。

2.2.2.18 测量曲轴拐臂差。

2.2.2.19　测量曲轴、气缸、滑道、主轴颈水平度。

2.2.2.20　乙二醇气缸冷却水系统检查、清理。

2.2.2.21　清理、检查一、二、三、四、五、六级水冷器。

2.2.2.22　检查、修理并调校各级安全阀。

2.2.2.23　检查、校验测量仪表、安全联锁装置。

2.2.2.24　检验、修理电机等电气元件。

2.2.2.25　主轴与电机联轴器检查，连接螺栓做无损检测，机组轴系对中。

2.2.2.26　管道及压力容器按《压力容器维护检修规程》进行检测。

2.2.2.27　设备、管道进行全面防腐。

3　检修与质量标准

3.1　拆卸前准备

3.1.1　根据设备运行状况，确定检修重点，按照检修质量标准制定检修方案和检修计划网络图，备齐必要的图纸和资料，向检修人员进行技术交底。

3.1.2　检修前根据生产交出情况，确定断电、断水、断油和生产系统隔绝及置换情况、安全措施周密可靠，做好现场检修标记，向全体检修人员进行安全交底。并做好安全与劳动保护各项准备工作。

3.1.3　备齐检修工器具和量具，做好检查和检验，确保安全检修。

3.1.4　落实各种备品、备件和检修用料。

3.1.5　拆除机组相关电气、仪表元件。

3.1.6　确定检修现场物品的定置定位，绘出定置定位图。

3.2 拆卸与检查

3.2.1 拆卸应按科学的程序进行，使用专用工具为主，严禁碰伤和损坏机件。

3.2.2 拆卸的零、部件应放置在指定位置，保证"三不见天，三不落地"的文明检修。

3.2.3 拆开的管道、设备孔口应及时封好。

3.2.4 吊装作业严格执行起重操作有关规定。

3.2.5 拆下或更换的零部件应认真清洗，除去油垢、锈蚀。

3.2.6 消除油孔、丝孔、销孔、轴孔、键槽内异物。

3.2.7 组装的零部件必须检查合格后方可组装。

3.2.8 组装前必须清洗吹扫干净。

3.2.9 组装中严格执行各相应的技术标准，保证组装质量。

3.2.10 各连接件、紧固件，要保证预紧力和防松措施可靠。

3.3 各部分检修与质量标准

3.3.1 基础

基础出现裂纹及油浸蚀影响机身固定或运行时，必须凿掉缺陷部位环氧树脂及混凝土，仔细清理油脂污秽及松散碎料，通过喷砂或人工打磨等方式对准备灌浆的底板进行加工并见金属底板本色后，涂环氧底漆重新使用调好的混凝土及环氧重新加固灌筑。

3.3.2 机身与气缸的对中

3.3.2.1 活塞杆径向最大跳动量为：

8BDC 型：水平 0.08mm；垂直 0.13mm。

8HHE 型：水平 0.057mm；垂直 0.12mm。

3.3.2.2 中体上装一千分尺，指针对着活塞杆，曲轴转动一周跳动量，其值可用十字头滑道增减垫片来调整。

3.3.2.3 记录活塞杆下沉指示器读数，并做托瓦磨损曲线图。更换托瓦后活塞杆下沉指示器读数应为 0.50mm。

3.3.2.4 机身纵、横向水平度不大于 0.05mm/m。

3.3.2.5 气缸水平度偏差不大于 0.05mm/m。

3.3.2.6 机身与气缸连接螺栓紧固。

3.3.3 曲轴、主轴

3.3.3.1 曲轴拐臂差 8BDC 0.04mm（最大），8HHE 0.025mm。

3.3.3.2 主轴的水平度不大于 0.05mm/m。

3.3.3.3 主轴颈与曲轴颈平行度允差 ≤0.02mm。

3.3.4 主轴瓦

3.3.4.1 主轴瓦及推力瓦间隙

主轴瓦：8BDC 型 0.23～0.33mm；8HHE 型 0.28～0.43mm。

推力瓦：轴向间隙 0.23～0.43mm。

3.3.4.2 曲轴瓦间隙

径向间隙：8BDC 型 0.23～0.33mm；8HHE 型 0.28～0.43mm。

轴向间隙 ≤0.60mm。

3.3.4.3 独立瓦（电机轴瓦）平均间隙：8BDC 型 0.40mm；8HHE 型 0.23mm。

3.3.5 十字头瓦及十字头销

十字头瓦径向间隙：8BDC 型 0.15～0.24mm；8HHE 型

0.28～0.38mm；轴向间隙≤0.06mm。

3.3.6 十字头体

3.3.6.1 十字头销与十字头体两端衬套径向间隙 0.15～0.24mm；轴向间隙 0.76～3.71mm。

3.3.6.2 十字头小轴销圆度 0.05mm；圆柱度 0.05mm。

3.3.6.3 十字头连杆总间隙 0.66～1.02mm。

3.3.6.4 销弹簧卡子无裂纹。

3.3.6.5 十字头滑板与滑道间隙：8BDC 型 0.41～0.48mm；8HHE 型 0.51～0.64mm。

3.3.6.6 下滑板与滑道接触面积不少于 60%，装配后复查。

3.3.6.7 十字头体着色检查，巴氏合金应无松动和脱落。

3.3.6.8 活塞杆组装后，十字头与活塞杆螺母平面接触均匀，不变形。

3.3.6.9 上下滑道进油孔畅通，无堵塞现象。

3.3.7 中体

3.3.7.1 中体与十字头滑道连接面平整，无划痕。

3.3.7.2 两端面连接螺栓紧固无松动。

3.3.8 连杆

3.3.8.1 连杆拐轴瓦，十字头瓦中心平行度不大于 0.01mm/m。

3.3.8.2 连杆与曲轴瓦、十字头瓦接触面均匀。

3.3.8.3 连杆中心油孔畅通。

3.3.9 活塞杆

3.3.9.1 对活塞杆进行着色检查，活塞杆应无伤痕，无沟槽。

3.3.9.2　活塞杆丝扣无裂纹，不变形，有效部位丝扣损坏不大于 1/4 圈。

3.3.9.3　活塞杆修正量超过 1.5% 时，应修改填料尺寸。

3.3.9.4　经修复后的活塞杆，与填料接触部位表面，硬度不小于 HRC50。

3.3.9.5　活塞杆配合平面与活塞杆螺母平面接触均匀。

3.3.9.6　活塞杆圆度、圆柱度要求见表 1。

表 1　活塞杆圆度、圆柱度要求　　　　mm

名　　称	圆　　度	圆柱度
第一～四级活塞杆	0.08	0.18～0.20
第五～六级活塞杆	0.08	0.14～0.16

3.3.10　活塞与活塞环

3.3.10.1　活塞环在气缸内开口间隙：

一级气缸活塞环　　8BDC 型：22.6mm（最小）；

　　　　　　　　　8HHE 型：12.40～14.40mm。

二级气缸活塞环　　8BDC 型：22.6mm（最小）；

　　　　　　　　　8HHE 型：12.40～14.40mm。

三级气缸活塞环　　8BDC 型：18BDC：4.4mm（最小）；

　　　　　　　　　8HHE 型：7.85～9.25mm。

四级气缸活塞环　　8BDC 型：10.4mm（最小）；

　　　　　　　　　8HHE 型：3.13～6.05mm。

五级气缸活塞环　　8BDC 型：4.85～5.27mm；

　　　　　　　　　8HHE 型：3.25～3.84mm。

六级气缸活塞环　　8BDC 型：0.50～1.27mm；

　　　　　　　　　8HHE 型：2.57～3.02mm。

3.3.10.2 活塞环与活塞槽侧间隙：

一级、二级气缸活塞环　8BDC 型：0.36mm；

8HHE 型：0.46～0.51mm。

三级气缸活塞环　8BDC 型：0.36～0.46mm；

8HHE 型：0.33～0.38mm。

四级气缸活塞环　8BDC 型：0.23～0.33mm；

8HHE 型：0.23～0.28mm。

五级气缸活塞环　8BDC 型：0.13～0.18mm；

8HHE 型：0.23～0.28mm。

六级气缸活塞环　8BDC 型：0.08～0.13mm；

8HHE 型：0.23～0.28mm。

3.3.10.3 活塞环沉入活塞槽内，其厚度应不小于活塞槽深度，间隙值应符合表 2 要求。

表 2　活塞环与活塞间隙　　　　　　　　mm

部　位	活塞环在槽内高度间隙		活塞环在缸内开口间隙
	8BDC	8HHE	
一　级	0.36～0.66	0.71～1.09	22.6
二　级	0.36～0.66	0.71～1.09	22.6
三　级	0.10～0.20	0.71～1.04	14.4
四　级	2.90～3.20	0.71～1.04	10.4
五　级	0.58～0.97	0.71～1.04	4.85～5.72
六　级	0.56～0.81	0.71～1.04	0.50～1.27

3.3.10.4 当活塞环磨损到原来一半时，活塞环必须更换。

3.3.11　活塞与气缸

3.3.11.1 活塞与气缸端面轴向间隙按表 3 要求。

表3 活塞与气缸端面轴向间隙　　　mm

气缸级数	型　号	轴端轴向间隙	缸端轴向间隙
一、二级气缸	8BDC	1.32 ~ 2.34	5.38 ~ 9.96
	8HHE	$3.937^{+0.762}_{-0.254}$	$24.13^{+1.397}_{-1.905}$
三级气缸	8BDC	1.32 ~ 2.34	21.28 ~ 25.86
	8HHE	$3.175^{+0.762}_{-0.254}$	$20.32^{+1.397}_{-1.905}$
四级气缸	8BDC	1.32 ~ 2.34	11.73 ~ 16.31
	8HHE	$3.175^{+0.762}_{-0.254}$	$12.70^{+1.397}_{-1.905}$
五级气缸	8BDC	1.32 ~ 2.34	29.80 ~ 33.15
	8HHE	$3.175^{+0.762}_{-0.254}$	$15.24^{+1.397}_{-1.905}$
六级气缸	8BDC	1.32 ~ 2.34	6.58 ~ 9.99
	8HHE	$3.175^{+0.762}_{-0.254}$	$15.24^{+1.397}_{-1.905}$

3.3.11.2 气缸的圆度与圆柱度

一、二、三、四级气缸圆度≤0.61mm；五级气缸圆度≤0.43mm；六级气缸圆度≤0.31mm；各及气缸圆柱度≤0.19mm。

3.3.12 填料与填料盒

3.3.12.1 填料盒平面刮研且与外圆垂直，两平面平行差小于0.02mm。

3.3.12.2 五、六级填料的气封、油封、水封三种O形环若更换，必须同时更换。

3.3.12.3 填料与活塞杆接触面须均匀，接触面积在90%以上。

3.3.12.4 填料盒弹簧的预紧力大小适中，搭头要封死。

3.3.12.5 填料函间隙为：

轴向间隙 0.46～0.56mm；径向间隙 1.5mm；

径向开口量 12.7mm；切向开口量 3.18mm。

3.3.12.6 用作支撑聚四氟乙烯填料环的金属支撑环径向间隙为 0.23～0.30mm。

3.3.12.7 填料函安装以后，必须经过磨合，使其达到与活塞杆配合密封良好，方能正式投入带负荷操作。在磨合初期应对活塞杆磨合处采取手工浇油，制造充分润滑冷却条件，达到良好的磨合条件。

填料函磨合时间按表 4 要求进行。

表 4　填料函磨合时间

气缸压力/MPa	最小磨合时间/h	备　　注
<1.5	4	无负荷
1.5～20	8	无负荷
>20	24	8h 后逐步加压

3.3.13 导向环

3.3.13.1 检查导向环应无裂纹、缺损及过度磨损等缺陷。

3.3.13.2 导向环处于气缸底部时，活塞与气缸间隙为：

一级气缸 1.5～1.66mm；二级气缸 1.5～1.68mm；三级气缸 1.35～1.45mm；四级气缸 1.22～1.37mm；五级气缸 1.52～1.68mm；六级气缸 0.71～0.86mm。

3.3.13.3 导向环最大磨损状况时，活塞与气缸最小间隙为：

一、二级气缸 0.30mm；三、四级气缸 0.33mm；五、六级气缸 0.28mm。

3.3.13.4　导向环在气缸内的开口间隙为：

五级导向环 5.72～5.8mm；六级导向环 4.19～4.83mm。

3.3.13.5　导向环与气缸间隙为：

一、二级导向环　8BDC 型：2.03mm(最小)；

8HHE 型：3.20mm。

三级导向环　8BDC 型：1.45mm(最小)；

8HHE 型：1.45mm。

四级导向环　8BDC 型：0.80mm(最小)；

8HHE 型：0.99mm。

五级导向环　8BDC 型：0.58mm(最小)；

8HHE 型：0.66mm。

六级导向环　8BDC 型：0.43～0.69mm(最小)；

8HHE 型：0.56mm。

3.3.13.6　更换导向环

拆卸磨损严重的导向环，再装配新导向环：

a. 要仔细地从活塞上切削旧的导向环，注意不可损坏活塞；

b. 清洗活塞中的导向环槽路，磨平裂痕和毛刺；

c. 导向环的撑胀锥，随动环以及推力环都属随机专用工具如不全，先制作完毕，用以装配新环；

d. 把撑胀锥置于平面上，并装上三块隔片。(如垫片或螺母)使锥底厚度为 6.4mm，使导向环缓慢地悬吊在锥体上，把导向环投入到活塞上；

e. 用炉子或电加热器具，将导向环加热 30min 以上，温度控制在 117～240℃，注意温度不能太高，或不均匀加热，否则会产生局部热点；

f. 戴上石棉手套，并采取有关防护措施，以防烫伤，把加热的导向环置于锥体小头，并使导向环按锥度对着锥体，在正常情况下，可通过推压，挤压，使导向环撑胀到锥体上，并与对开的随动环与钢制的推力环相结合，务必使胶木(或相当的材料)随动环置于导向环和推力环之间，必要时，利用橡胶锤或木锤在钢制的动力环上敲击。(严禁用手锤或其他手动工具，直接敲击导向环)，继续把导向环推压到锥体上，直到推力环伸出锥底大约 3mm 为止；

g. 尽快使锥体组件对着活塞就位，并利用导向环露出部分作为活塞的位置，以便装配锥体组件；

h. 把环压在锥体上，并压入活塞槽内；

i. 检查确定导向环在槽路是否紧密，再重新组装气缸内的活塞。

3.3.14 气阀

3.3.14.1 阀片开启高度为

一级、二级、三级 36mm ；四级 1.8mm ；五级 2.3mm ；六级 1.8mm 。

3.3.14.2 阀片表面应平滑，无痕迹，毛刺。

3.3.14.3 阀座、升程限制器与气缸体接合面无伤痕、接触良好。

3.3.14.4 气阀组装后，盛水不漏。

3.3.14.5 同一气阀弹簧自由高度相等，弹簧帽放在弹簧上活动自如，不能卡死。

3.3.15 链轮

3.3.15.1 检查主动链轮的径向，端面圆跳动量，其值不大于 0.02mm。

3.3.15.2 检查链轮两轴线平行度≤0.02mm/m。

3.3.15.3 检查链轮之间轴向偏移是否在要求范围内(以机身平面为基准);

3.3.15.4 链条装至链转动装置上,利用张紧轮装置调链条的下垂度在规定范围内。下垂度等于两链轮中心距的2%。

3.3.15.5 将紧轮装置上紧固螺钉紧固。

3.3.15.6 链传动装置加油,盘车检查链传动装置是否正常。

3.3.16 柱塞油泵

　　柱塞与油缸配合间隙为0.01mm。

3.3.17 齿轮油泵

3.3.17.1 齿轮与泵壳径向间隙为0.04~0.08mm。

3.3.17.2 齿轮与端盖轴向间隙为0.05~0.10mm。

3.3.17.3 齿轮啮合间隙为0.06~0.10mm。

4 试车与验收

4.1 试车前准备

4.1.1 按检修方案,完成全部检修项目,由试车小组审查检修记录,质量符合本规程要求,现场整洁。

4.1.2 盘车3~6圈,确认盘车无异常,转动到规定的启动位置。

4.1.3 所有压力表、温度表、液面计各种联锁调试完毕,压力、温度、液位报警、停车等动作灵敏、可靠,符合要求。全部安全阀调试合格。

4.1.4 拆除盲板。

4.1.5 油箱油位在规定范围内,油质合格。开循环油泵,注油泵，供油正常。

4.1.6 水系统试漏合格，水压达到规定要求，冷却剂溶液配制合格。

4.1.7 各级水冷器，油分离器排放干净，达到备用状态。

4.1.8 仪表、电气具备试车条件。

4.2 试车

4.2.1 电机点动试验，确认电机旋转方向正确，无异常。

4.2.2 启动电机空负荷试车，试车时间：4～8h。

4.2.3 负荷试车时间：6～24h。

4.2.4 试车程序严格执行本机操作规程。

4.3 验收

4.3.1 按检修方案所列内容检修完毕，检修质量符合本规程质量要求。

4.3.2 负荷试车达到设计指标或满足各项工艺指标要求，无跑、冒、滴、漏、无缺损件现象，检修后设备达到完好标准。

4.3.3 辅助设备试运一切正常。

4.3.4 压缩机试车合格后，办理竣工验收签字手续。

4.3.5 验收必须交付的技术资料

　　a. 检修记录；

　　b. 试车记录；

　　c. 无损检测报告；

　　d. 技术改进及代用报告。

5 维护与故障处理

5.1 日常维护

5.1.1 按操作规程控制各项技术指标，不得超指标运行。

5.1.2 定期、定时、定点巡检，并做好记录。

5.1.3 各种进口缓冲器，气液分离器应每小时放油水1次。

5.1.4 严格执行设备润滑管理制度，具体规定如下：

　　a. 曲轴箱机身循环油采用 L－TSA46 润滑油；

　　b. 压缩机气缸、填料采用 L－DAB150 润滑油；

　　c. 压缩机油应每二个月分析一次油样，确定润滑油的物化性质，若超过规定指标应更换润滑油；

　　d. 压缩机润滑油，机身循环油应位于液位计高度 1/3；

　　e. 压缩机气缸传动部分及填料润滑点、润滑油量指标见表5。

表5　压缩机气缸、传动部分及填料润滑点，润滑油量指标

润滑油部位	润滑油点数目	滴/分	润滑部位	润滑油数目	滴/分
主轴承	8	连续	一级填料	1	32
十字头滑道	8	连续	二级填料	1	32
一级气缸	4	15	三级填料	1	35
二级气缸	4	15	四级填料	1	46
三级气缸	3	13	五级填料	2	55(高压侧)
四级气缸	3	18	五级填料	2	27(低压侧)
五级气缸	2	24	六级填料	6	40
六级气缸	2	24			

5.1.5 保持设备清洁，冬季设备停运后，应及时排净设备的冷却水。

5.1.6 压缩机带液，严重超负荷，或出现异常响声及撞击声，必须停机检查，查出原因并处理完毕后，方可继续

使用。

5.1.7　压缩机停运或备用时，电机采取防潮措施，主机定期盘车，每班盘 1 圈。

5.2　常见故障与处理(见表 6)

表 6　常见故障与处理

序号	故障现象	故 障 原 因	处 理 方 法
1	气缸内有响声	活塞转动，活塞螺母松动 活塞碰撞缸盖 液击 活塞环及托瓦严重磨损、断裂 气阀安装不正确或阀座阀片损坏 气缸上余隙阀活塞振动 润滑油量不足 填料油量不足 填料箱松动	拆卸检查并拧紧锁母 调整余隙 检查清理气缸，排液 检查活塞杆并清理气缸 更换阀片并重新安装 更换磨损或断裂的卸荷弹簧 检查注油系统，保证气缸供油 调整填料环轴向间隙 把紧填料箱
2	排气不足	低压级气阀泄漏 活塞环，填料函密封失效	检查或更换气阀 更换活塞环、填料
3	各段入口温度高	冷却器工作不好 入口气阀窜气 进气温度高 活塞环工作不好窜气	处理冷却器 修复或更换 降低进气温度 更换活塞环
4	排气温度高	由于吸气阀或上一级活塞环泄漏造成气缸压缩比大 气缸或冷却器效率低 吸气温度高 排气阀泄漏 润滑油或润滑油量不适合 余隙阀泄漏	修理气阀或活塞环 清理气缸或清理水冷器 降低吸气温度 检查更换气阀 采用正确的润滑油及润滑油量 检查修理余隙阀

续表

序号	故障现象	故 障 原 因	处 理 方 法
5	十字头振动	十字头锁紧螺母松动 十字头销瓦间隙超标 十字头销轴向间隙超标 十字头滑道间隙超标 活塞杆连接螺母松动	拧紧螺母 重新调整间隙 增加垫片重新调整轴向间隙 调整十字头与滑道间隙 拧紧活塞螺母
6	主轴振动	主轴瓦间隙超标 主轴瓦螺母松动 巴氏合金破裂 缺油	重新调整间隙 拧紧螺母 更换薄壁瓦 提高油压，疏通油路
7	连杆瓦响	瓦量大 曲轴端压盖松动 曲轴圆柱度严重超标	调整瓦量 重新把好曲轴端压盖 修复曲轴颈
8	瓦温过高	缺油或油质不好 瓦间隙小 油温度高或油冷却系统工作不好 瓦损坏	提高油压，更换合格油 调整瓦量 查油冷却系统并处理 修复瓦
9	填料函泄漏严重	填料环磨损 填料函组装不正确 环的侧向间隙或端面间隙不当 压力增加过快 活塞杆被刻划 活塞杆径向跳动量过大 润滑油不适，润滑油量不足	更换填料环 按规程重新组装 调整间隙 按规定速率提高压力 活塞杆重新研磨或更换 十字头重新加垫片校正跳动量 采用适合润滑油及油量

续表

序号	故障现象	故障原因	处理方法
10	注油器油嘴不下油	注油器止回阀倒气 注油器内有空气或止回阀堵塞 吸入筛网堵塞	更换止回阀 排气或清理注油器 清理筛网
11	油压偏低	齿轮油泵啮合不好，或侧间隙过大 泵入口或出口过滤器堵塞 压力表失灵 油管或油冷器漏油 润滑油部位间隙过大 油箱油位低、供油不足	更换齿轮调整间隙 清洗过滤网 更换压力表 更换法兰垫片检查油冷器，堵塞泄漏管 调整间隙 加油

附加说明：

本规程由南京化工公司负责起草，起草人任合意（2004）。

29. 甲醇装置合成反应器
维护检修规程

SHS 05029—2004

目　　次

1　总则 ………………………………………………（897）

2　检修周期与内容 ………………………………………（897）

第一篇　列管式反应器（LURGI 型）

3　检修与质量标准 ………………………………………（898）

4　试验与验收 ……………………………………………（900）

5　维护与故障处理 ………………………………………（901）

第二篇　多段径向流反应器（MRF 型）

3　检修与质量标准 ………………………………………（902）

4　试验与验收 ……………………………………………（905）

5　维护与故障处理 ………………………………………（905）

1 总则

1.1 主题内容与适用范围

1.1.1 主题内容

本规程规定了年产 10 万吨和 14 万吨低压法甲醇装置合成反应器的检修周期与内容、检修与质量标准、试验与验收、维护与故障处理。安全、环境和健康（HSE）一体化管理系统，为本规程编制指南。

1.1.2 适用范围

本规程适用于低压法甲醇装置合成反应器。

1.2 编写修订依据

设备随机资料

国务院第 373 号令《特种设备安全监察条例》

质技监局锅发[1999]154 号《压力容安全技术监察规程》

劳锅字[1990]3 号《在用压力容器检验规程》

GB 150—1998 钢制压力容器

GB 151—1999 管壳式换热器

2 检修周期与内容

2.1 检修周期

检修周期为 1～6 年，根据设备状况及状态监测情况而定。

2.2 检修内容

检查以下各部位，根据损坏程度确定修复或更换。

2.2.1 设备保温及设备铭牌。

2.2.2 壳体及焊缝有无裂纹，局部是否变形及过热等。

2.2.3 设备基础的沉降、裂纹、倾斜等情况。

2.2.4 中心管、气体分布器、换热管等内件。

第一篇 列管式反应器(LURGI 型)

3 检修与质量标准

3.1 检修前准备工作

3.1.1 备齐图纸、技术资料,按照 HSE 危害识别、环境识别和风险评估的要求,编制检修方案。

3.1.2 备齐检修材料、备件。

3.1.3 备齐机具、量具、劳动保护用品。

3.1.4 工艺管线加盲板隔离,容器内部用空气置换合格,符合进入容器的有关安全规定,按规定办理相关作业票。

3.2 检查内容

检查以宏观检查、壁厚测定为主,必要时进行无损检测及耐压试验。

3.2.1 设备防腐层、保温层是否完好,未保温表面的锈蚀情况。

3.2.2 壳体的焊缝、内外壁的检验,按《在用压力容器检验规程》规定进行。

3.2.3 检查管板、反应管及连接焊缝。

3.2.3.1 检查管板表面有无机械损伤、腐蚀及表面裂纹,管板堆焊层有无龟裂、剥离或脱落,必要时进行电磁检测。

3.2.3.2 检查反应管与管板的连接角焊缝,着色检查焊缝有无裂纹。

3.2.3.3　拆除壳体下部人孔封头，检查反应管并测厚。

3.2.4　检查气体分布器的固定螺栓、吊杆螺栓及各零部件是否完好。

3.2.5　检查底部锥形体有无变形破损，固定螺栓有无脱落。

3.2.6　密封结构

3.2.6.1　法兰密封面有无损伤、腐蚀、径向划痕及沟槽。

3.2.6.2　紧固螺栓有无裂纹、腐蚀及损伤，必要时应进行表面检测和长度测量。

3.2.6.3　金属环表面有无机械损伤，局部有无凹坑、划痕和沟槽。

3.2.7　检验热电偶是否准确可靠，接地线是否完好。

3.3　检修质量标准

3.3.1　设备保温层、防腐层修复，按《石油化工设备与管道绝热规程》、《石油化工设备与管道油漆规程》执行。

3.3.2　壳体

3.3.2.1　壳体焊缝及其热影响区表面检测抽查，重点是 T 形焊缝、机械损伤、腐蚀及局部变形等部位。

3.3.2.2　壳体其他检修质量按《在用压力容器检验规程》和 GB 150—98《钢制压力容器》规定执行。

3.3.2.3　壳体壁厚和进出口管壁应根据强度校核最小壁厚，进行判断是否补焊或更换。

3.3.3　管板、反应管及其焊缝

3.3.3.1　打磨管板堆焊层的龟裂、剥离或脱落处，消除缺陷，用相同材料补焊，表面检测无裂纹、气孔等为合格。

3.3.3.2　检查反应管与管板焊缝，如有裂纹，应打磨消

除，补焊后表面着色检查合格。

3.3.3.3　反应管有损坏、泄漏的，用与管子相同材质的堵头堵塞，并密封焊，堵管数不应超过反应器列管总数的3%。

3.3.4　分布器

3.3.4.1　固定螺栓、吊杆螺栓不得松动或脱落。

3.3.4.2　零部件应无损伤，无严重冲蚀等缺陷。

3.3.5　锥形体

3.3.5.1　多孔板应无变形开裂。

3.3.5.2　人孔应完好可靠并保证触媒不漏出。

3.3.6　密封结构

3.3.6.1　密封面保证完好、无划痕和沟槽。

3.3.6.2　金属环垫表面有凹坑、划痕和沟槽的应进行更换。

3.3.7　热电偶、静电接地线

3.3.7.1　热电偶应灵敏可靠，不低于原设计标准，否则更换。

3.3.7.2　静电接地线应完整、固定可靠，接地电阻应不大于4Ω。

3.3.8　基础与地脚螺栓

3.3.8.1　基础出现沉降、倾斜、裂纹、破损，应按设计规定进行修复或加固。

3.3.8.2　每年全面检查基础螺栓有无松动、腐蚀、损伤。

4　试验与验收

4.1　试验

4.1.1　水压试验压力为工作压力的1.25倍，保压时间30min。

4.1.2　水压试验用水应为脱盐水，且氯离子含量小于900

10mg/L，水温不低于 15℃，环境温度不低于 5℃。

4.1.3 壳程试压时与列管一起做水压试验。

4.1.4 水压试验无渗漏、无异常变形、无异常声响为合格。

4.1.5 水压试验后，立即将水排净，用清洁干燥压缩空气吹扫干净并保持干燥。

4.2 验收

4.2.1 运行一周，满足生产要求，达到各项技术要求指标。

4.2.2 检修单位提交如下资料：

4.2.2.1 检修单位提供材料及零部件合格证，若材料代用，应有材料代用通知单。

4.2.2.2 封闭记录。

4.2.2.3 检修记录。

4.2.2.4 无损检验报告。

4.2.2.5 热处理报告。

4.2.2.6 耐压试验报告。

5 维护与故障处理

5.1 日常维护

5.1.1 严格控制各项工艺指标，严禁超温、超压运行。

5.1.2 升、降温及升、降压速率应严格按操作规程或有关规定执行。

5.1.3 定期检查设备、相连阀门、管道有无泄漏，安全附件是否失效，有问题及时处理。

5.1.4 定期检查保温层，出现破损及时修复。

5.2 常见故障与处理(见表1)

表1 常见故障与处理

序号	故障现象	故障原因	处理方法
1	两种介质互串（内漏）	反应管腐蚀引起内漏 反应管与管板焊缝处有裂纹	堵管 打磨消除裂纹后补焊
2	法兰密封面处泄漏	密封垫损坏 螺栓松动 密封面有径向划痕或沟槽等损伤	更换密封垫 紧固螺栓 修复密封面
3	传热效果差	反应管结垢 水质差	清洗除垢 净化水质

第二篇 多段径向流反应器（MRF型）

3 检修与质量标准

3.1 检修前准备工作

3.1.1 备齐图纸、技术资料，按照 HSE 危害识别、环境识别和风险评估的要求，编制检修方案。

3.1.2 备齐检修材料、备件。

3.1.3 备齐检修机具、量具、劳动保护用品。

3.1.4 工艺管线加盲板，内部置换合格，符合进容器的有关安全规定，按规定办理相关作业票。

3.2 检查内容

检查以宏观检查、壁厚测定为主，必要时进行无损检验及耐压试验。

3.2.1 壳体的焊缝，内外壁有无损伤及过热变形，按《在用压力容器检验规程》进行。

3.2.2 上、下封头内部喇叭口和人孔通道盖板有无变形、破损，焊缝有无裂纹。

3.2.3 中心管

3.2.3.1 检查中心管有无变形，管上通孔是否堵塞，测量壁厚有无减薄，焊缝有无裂纹及其他缺陷。

3.2.3.2 中心管支撑架有无变形、断裂，固定螺栓有无松动。

3.2.4 夹套换热管

3.2.4.1 外观检查夹套管有无缺陷变形，拆下部人孔检查热水管有无缺陷，用测厚仪测量壁厚，必要时着色检查焊缝。

3.2.4.2 检查管束支撑架有无断裂、变形，固定螺栓有无松动。

3.2.5 检查下管板有无机械损伤、腐蚀，焊缝有无表面裂纹。

3.2.6 检查热电偶是否准确可靠。

3.2.7 紧固密封面有无损伤及其他缺陷。

3.2.8 设备保温层是否完好，防腐层有无脱落。

3.2.9 地脚螺栓有无松动、腐蚀、损伤。

3.2.10 基础有无沉降、倾斜、裂纹、损伤。

3.2.11 进出口物料管弯头有无腐蚀、磨损，壁厚有无减薄。

3.3 检修质量标准

3.3.1 壳体按 GB 150—98《钢制压力容器》和《在用压力容器检验规程》的有关规定执行。

3.3.2 上部喇叭口应无变形、开裂，人孔通道盖板应无变形，焊缝无裂纹等缺陷。

3.3.3 中心管

3.3.3.1 中心管应无变形、鼓包，管孔应无堵塞，测量壁厚应满足强度核算要求，焊缝检查应无裂纹。

3.3.3.2 中心管支撑架应无变形、裂纹，固定牢靠，无松动。

3.3.4 夹套换热管

3.3.4.1 夹套管应无变形，焊缝应无裂纹，测厚仪检测壁厚必须满足强度核算要求，必要时着色检查，焊缝应无缺陷。

3.3.4.2 管束支撑架应无断裂、变形，固定螺栓无松动。

3.3.5 管板剥离和脱落处应打磨消除缺陷后补焊，表面探伤无裂纹、气孔为合格。

3.3.6 热电偶允许误差为 ±4℃，保护套管经气密试验合格，热电偶之间绝缘合格，否则更换。

3.3.7 紧固密封

3.3.7.1 紧固密封面不允许有机械损伤、径向划痕、腐蚀凹坑等缺陷。

3.3.7.2 紧固螺栓、螺母应逐个检查，必要时进行表面探伤，出现裂纹应进行更换。

3.3.8 设备保温层和防腐层应按《石油化工设备与管道的绝热规程》和《石油化工设备与管道的油漆规程》执行。

3.3.9 地脚螺栓应牢固，无松动、腐蚀。

3.3.10 基础出现裂纹、倾斜、破损或下沉，按设计规定进行修复或加固。

3.3.11 进出口物料管弯头壁厚应按强度校核来判定是否更换。

4 试验与验收

4.1 试验

4.1.1 水压试验压力为工作压力的 1.25 倍，保压时间 30min。

4.1.2 水压试验用水应为脱盐水，氯离子含量小于 10mg/L，水温不低于 15℃，环境温度不低于 5℃。

4.1.3 中心管必须吊出，不参与试压。

4.1.4 因管程和壳程的试验压差过大，为了保护设备，采用差压试验法对管壳程同时试压。

4.1.5 试压合格后应立即将水排净，用清洁干燥压缩空气吹扫干净并保持干燥。

4.2 验收

4.2.1 运行一周，满足生产要求，达到各项技术要求指标。

4.2.2 设备达到完好标准。

4.2.3 检修单位提交如下资料

4.2.3.1 检修单位提供材料及零部件合格证，若材料代用，应有材料代用通知单。

4.2.3.2 封闭记录。

4.2.3.3 检修记录。

4.2.3.4 无损检验报告。

4.2.3.5 热处理报告。

4.2.3.6 耐压试验报告。

5 维护与故障处理

5.1 日常维护

5.1.1 严格控制各项工艺指标，严禁超温、超压运行。

5.1.2 升、降温及升、降压速率应严格按操作规程或有关规定执行。

5.1.3 定期检查设备、相连阀门、管道有无泄漏，安全附件是否失效，有问题及时处理。

5.1.4 定期检查保温层，出现破损及时修复。

5.2 常见故障与处理(见表2)

表2 常见故障与处理

序号	故障现象	故障原因	处理方法
1	两种介质互串(内漏)	反应管腐蚀引起内漏 反应管与管板焊缝处有裂纹	堵管 打磨消除裂纹后补焊
2	法兰密封面处泄漏	密封垫损坏 螺栓松动 密封面有径向划痕或沟槽等损伤	更换密封垫 紧固螺栓 修复密封面
3	传热效果差	反应管结垢 水质差	清洗除垢 净化水质

附加说明：

1　本规程由四川维尼纶厂、齐鲁石化公司负责起草，起草人孙国超、孙名泉(1992)。

2　本规程由四川维尼纶厂负责修订，修订人刘勇、古海明、管林贤(2004)。

30. 甲醇装置重油气化炉
维护检修规程

SHS 05030—2004

目　次

1　总则 ……………………………………………… （909）

2　检修周期与内容 ………………………………… （909）

3　检修方法与质量标准 …………………………… （910）

4　试车与验收 ……………………………………… （922）

5　维护与故障处理 ………………………………… （924）

1 总则

1.1 主题内容与适用范围

1.1.1 本规程规定了加压重油气化炉检修周期与内容，检修质量标准，试车与验收，维护与故障处理。安全、环境和健康(HSE)一体化管理系统，为本规程编制指南。

1.1.2 适用范围

本规程适用于工作压力小于 3.2MPa、工作温度 1400℃重油气化炉的检修与维护。

1.2 编写修订依据

设备随机资料

国务院令第 373 号《特种设备安全监察条例》

质技监局锅发[1999]154 号《压力容安全技术监察规程》

劳锅字[1990]3 号《在用压力容器检验规程》

GB 150—1998　钢制压力容器

GB 151—1999　管壳式换热器

HG 25784、25786、25787、25788、25789—98　尿素高压设备维护检修规程

SH 3534—2001 石油化工筑炉施工及验收规范

2 检修周期与内容

2.1 检修周期

检修周期一般为 1～4 年，可根据实际运行情况再定，通常当炉衬刚玉砖烧损至 1/3 原厚度时，即要进行大修。

2.2 检修内容

2.2.1 项修

2.2.1.1 更换喷嘴。

2.2.1.2 检查、更换热电偶及其他仪表、自动调节装置。

2.2.1.3 清理、疏通分离器及其相连管线。

2.2.1.4 检查烟道并清理炉底堆积物。

2.2.1.5 检查修补炉衬及炉头耐火混凝土，炉头内外筒检查。

2.2.1.6 检查并测量炉内衬烧损情况。

2.2.2 大修

2.2.2.1 包括项修内容。

2.2.2.2 更换炉衬。

2.2.2.3 炉头重新制作。

2.2.2.4 炉体、废锅、汽包、软水罐分离器等按《在用压力容器检验规程》进行检验。

3 检修方法与质量标准

3.1 检修前的准备工作

3.1.1 备齐图纸、技术资料，按照 HSE 危害识别、环境识别和风险评估的要求，编制检修方案。

3.1.2 耐火、隔热衬里等备品、备件和所需材料准备齐全，并查验其合格证。

3.1.3 切砖机、磨砖机、搅拌机等检修机具、量具和劳动保护用品准备就绪。

3.1.4 在炉顶应搭设施工棚，严防雨水从炉顶溅入气化炉内。筑炉前应采取措施使炉顶平台内的温度不低于 5℃，炉内温度不低于 15℃。

3.1.5 各种耐火材料，在砌筑前应存放于不低于 5℃的环境中。

3.1.6 耐火砖在运输和搬运时，应轻拿轻放，多层间要用木板等软质材料隔开，防止砖与砖互相碰坏。

3.1.7 施工场地和耐火材料的临时堆放场所必须搭设施工棚，采取防雨、防雪、防滑和防风措施。

3.1.8 进炉作业，要求炉内温度必须降至40℃以下，内部置换分析合格，并与系统可靠隔绝。办理设备交出卡和进容器许可证。

3.2 喷嘴的检修方法和质量标准

3.2.1 拆下喷嘴与炉体连接法兰，拆下氧、蒸汽、重油等连接管线，整体吊出喷嘴，并置放于检修支架上进行分体检修。

3.2.2 拆下入气室与喷嘴连接法兰与各部连接螺栓，检查喷嘴及冷却水套旋转器、雾化器的使用情况。

3.2.2.1 内、外喷嘴的同轴度公差0.1mm。

3.2.2.2 内外喷嘴与内外冷却水旋转器同轴度公差0.2mm。

3.2.2.3 更换部件必须采用电焊焊接且焊接坡口必须符合图样要求，表面清洁或加工出新的光泽。

3.2.2.4 氧、蒸汽分布盘进行校正，其圆度公差0.15mm，外喷嘴接管圆度公差为0.15mm。

3.2.2.5 主要部件及密封部位组装前应做脱脂处理，各部位螺纹应用保护套封裹，并将敞开的部位封闭保护。

3.2.2.6 铜垫必须回火处理，O形环材质、规格、质量必须符合图纸要求，嵌入时必须加入润滑剂，所有与之配合的表面应保持原有的尺寸和光洁度，禁止随意挫削。

3.2.2.7 整体组装后进行水压试验。

3.2.2.8 有条件的情况下，喷嘴组装后应做冷态和热态雾化燃烧实验。

3.2.2.9 喷嘴吊装时应保证其垂直，所有与炉体连接的螺栓、螺柱必须符合装配要求。

3.2.2.10 喷嘴见火面应做渗透检查。

3.3 炉体检修方法及质量标准

3.3.1 检查炉体表面是否出现变形、过热、变色等现象。

3.3.2 测定炉顶法兰与炉体同轴度。

3.3.3 测量炉体上、下法兰与炉体的同轴度，以炉体上封头为基准，在法兰口找中心点，挂中心线，将炉体分上、中、下三段，分别在每段及下法兰口测东、西、南、北各点的实际尺寸，作为筑炉调整的依据。

3.3.3.1 法兰与筒体(炉体)的轴线偏差不大于2mm。

3.3.3.2 法兰面与筒体的轴线交角不大于1°。

3.3.3.3 炉体垂直偏差小于6mm。

3.3.4 检查炉内托板水平度，托板变形时必须拿到炉外校正，托板有裂纹或脱落严重时必须更换。

3.3.5 对炉体按《在用压力容器检验规程》检验。

3.3.6 炉体整体做防腐处理。

3.4 耐火衬里更换的方法及质量标准

3.4.1 筑炉准备工作

3.4.1.1 筑炉用各类耐火砖理化指标及性能见表1。

3.4.1.2 在筑炉前按设计要求对炉砖进行检查和挑选，其尺寸偏差不得大于表2、表3、表4之规定范围。

表1 各类耐火砖理化指标及性能

理化项目	刚玉砖	粘土耐火砖	轻质粘土耐火砖	硅藻土砖
牌号	GY-97	N-2a	(QN)-0.8	采用A级品
Al_2O_3 含量/%	≥97	40		
耐火度/%	>1790	>1730	>1710	>1200
0.2MPa 负重软化点/℃	>1700	>1350		
常温耐压强度/MPa	>64	>24	>4.5	>0.5
容重/(g/cm³)	3.1~3.4	2.07	1.0	0.5
适用温度/℃	1700	1350~1400	≤1300	≤900
	8.1		200℃, 5.5	0.9
线膨胀系数			400℃, 6.25	
$\alpha/10^{-6}$			600℃, 5.83	
			1000℃, 4.7	
重烧线收变化	1600℃烧	1400℃时		
	3h<0.3%	<0.2%		
显气孔率/%	18~21	≤26		
热震稳定性	>6次			
	(1100℃水冷)			

表2 GY-97 刚玉砖尺寸允许偏差及外形

项目		指标/mm
尺寸允许偏差	尺寸≤100	±1.0
	尺寸101~150	±1.5
	尺寸151~200	±2.0
	尺寸201~300	±2.5
	尺寸≥300	±3.0
扭曲	长度≤250	≤1.5
	长度>250	≤2.0
熔洞直径	工作面	≤3.0
	非工作面	≤6.0

续表

项	目	指标/mm
缺棱缺角深度	工作面	≤5.0
	非工作面	≤7.0
裂纹长度	宽度≤0.25	不限，但不成网状
	宽度 0.26～0.5	≤40
	宽度＞0.5	不允许有
断面层裂	宽度≤0.25	不限制
	宽度 0.26～0.5	≤15
	宽度＞0.5	不允许有

表3 粘土耐火砖的尺寸允许偏差及外形

项 目			指标/mm
尺寸允许偏差	尺寸≤100		±2.0
	尺寸 101～150		±2.5
	尺寸 151～300		±3.0
	尺寸 301～400		±6.0
扭 曲	长度≤230	不大于	2
	长度 231～300		2.5
	长度 301～400		3
缺棱缺角深度			7
熔洞直径			7
裂纹长度	宽度≤0.25		不限制
	宽度 0.26～0.5		60
	宽度＞0.5		不允许有

表4 粘土质耐火砖的尺寸允许偏差及外形

项 目		指标/mm
尺寸允许偏差	尺寸≤100	±2.0
	尺寸 101～250	±3.0
	尺寸 251～400	±4.0

续表

项　目			指标/mm
扭　曲	长度 < 250	不 大 于	2
	长度 251~400		3
缺棱缺角深度			7
熔洞直径			5
裂纹长度	宽度 < 0.25		不限制
	宽度 0.5~1.0		≤ 30
	宽度 > 1.0		不允许有

注：1. 宽度 0.51~1mm 的裂纹不允许跨过两个或两个以上的棱。

2. 砖的断面层裂：

(1) 层裂宽度 ≤ 0.5mm 时，不限制。

(2) 层裂宽度 0.51~2.0mm 时，长度不得大于 30mm。

(3) 不准有黑心。

3.4.1.3 耐火材料及耐火制品必须有合格证，浇注料及火泥必须提供配方及使用说明书。

3.4.1.4 施工前按图认真核对砌筑物料的材质、牌号、级别和砖号是否符合要求。

3.4.1.5 正式砌筑前应进行预砌验缝，必要时对炉砖进行加工，但迎火面不得加工。

3.4.2 泥浆的配制

3.4.2.1 砌筑耐火制品所用泥浆应选用成品泥浆，其耐火度、化学成分应同所用的耐火材料制品的耐火度、化学成分相适应。

3.4.2.2 配制泥浆必须称量准确，搅拌均匀，不能在调制好的泥浆槽中加入水或其他胶结剂料，并由专人负责配制。

3.4.2.3 刚玉砖用砌筑耐火泥浆

a. 刚玉耐火泥浆理化指标见表5；

b. 刚玉砖使用的耐火砖泥浆的配水见表6；

c. 配方二为常用的一种，它的配制方法是将氢氧化铝和水按比例配成溶液，并用玻璃棒搅拌均匀，再把磷酸加热至60℃左右，将按比例的氢氧化铝水溶液逐渐加入到加热的磷酸中，保持60℃左右直至氢氧化铝全部溶解后冷却过滤备用，然后将过筛后的刚玉粉细料按比例配好，加入磷酸铝溶液中，调和均匀，并根据使用要求可适当调整稀稠度；

d. 配制泥浆可采用机械或人工搅拌，机械搅拌应不少于5min，人工搅拌应从加料开始不断搅拌，直至拌均匀，无泥团为止；

e. 拌好的泥浆必须在槽内困料，困料的时间：当温度在20~30℃时不小于24h；温度在40~60℃时不少于16h；当温度低于20℃时应延长困料时间；

f. 配制磷酸铝溶液和泥浆，应采用塑料或陶瓷容器，避免使物料和铁质容器接触。

表5 刚玉耐火泥浆理化指标

项　　目	指　标	项　　目	指　标
Al_2O_3/%	≥95	常温耐压强度/MPa	≥50
SiO_2/%	≤0.5	常温抗折强度/MPa	≥5
Fe_2O_3/%	≤0.55	1410℃重燃烧收缩/%	≤3
粒度≥0.088mm/%	≥80	粘接时间/s	60~90
0.2MPa荷重软化温度/℃	≥1450		

表 6 刚玉砖使用耐火泥浆配比

<table>
<tr><td rowspan="5">配方一</td><td colspan="2">刚 玉 粉</td><td colspan="2">85%工业磷酸</td><td colspan="2">水</td><td>备注</td></tr>
<tr><td>粗</td><td>细</td><td colspan="2" rowspan="3"></td><td colspan="2" rowspan="3"></td><td rowspan="4">质量比</td></tr>
<tr><td>粒度<0.1mm</td><td>粒度<0.088mm</td></tr>
<tr><td>70</td><td>30</td></tr>
<tr><td colspan="2">100</td><td colspan="2">16～18</td><td colspan="2">20～24</td></tr>
<tr><td rowspan="5">配方二</td><td colspan="2">刚 玉 粉</td><td colspan="4">磷酸铝溶液</td><td>备注</td></tr>
<tr><td>粗 料</td><td>细 料</td><td rowspan="2">85%工业磷酸</td><td colspan="3">Al(OH)$_3$ 溶液</td><td rowspan="4">质量比</td></tr>
<tr><td>粒度<0.15mm</td><td>粒度<0.088mm</td><td colspan="2">75% Al(OH)$_3$ 溶液</td><td>水</td></tr>
<tr><td>7</td><td>3</td><td rowspan="2">76</td><td colspan="2">10.2</td><td>13.8</td></tr>
<tr><td colspan="2">3</td><td colspan="3">1</td></tr>
</table>

3.4.2.4 粘土耐火砖砌筑用泥浆：粘土耐火泥按 YB 396—63 标准(NF)－40 细粒火泥的技术指标要求。

3.4.2.5 轻质粘土耐火砖砌筑用泥浆：按粘土质隔热耐火泥浆 GN－1 牌号技术指标要求。

3.4.2.6 硅藻土砖砌筑用泥浆：水泥与硅藻土粉料混合物，其比例 1:5，加水调制而成(质量比)。

3.4.2.7 重油气化炉炉底用耐火浇注料牌号为 CL_1，炉顶用耐火浇注料牌号为 CLQ，其理化指标及配合比分别见表 7、表 8。

表 7 CL_1 及 CLQ 耐火浇注料理化指标

项 目	指 标	
	CL_1	CLQ
耐火度/℃	>1790	>1790
使用温度/℃	≥1700	≥1700

项　目	指　标	
	CL₄	CLQ
烘干质量/(kg/cm³)	> 2700	> 1700
三天耐压强度/MPa	> 20	> 10
三天抗折强度/MPa	> 8	> 2.5
Al_2O_3/%	> 93	> 93
SiO_2/%	< 0.5	< 0.5
Fe_2O_3/%	< 0.5	< 0.5
FeO/%	< 0.5	< 0.5
CaO/%	< 1	< 1

表 8　CL₁ 及 CLQ 耐火浇注料施工参考配合比

物　料	耐火浇注料牌号		备　注
	CL₁	CLQ	
纯铝酸钙水泥	15 ~ 20	15 ~ 20	质量分数
刚玉粉	10 ~ 15	20 ~ 25	质量分数
刚玉砂	70		质量分数
氧化铝空心球		60	质量分数
水	9 ~ 11	12 ~ 13	外加

3.4.3　筑炉技术要求

3.4.3.1　炉衬拆卸

原有炉衬的拆除，必须在炉内搭设脚手架，详细测量耐火衬里的内径，以计算耐火衬里的烧蚀量。拆除时从炉顶开始，逐块拆除，不得用钢钎大面积拆除；炉衬拆除完毕后拆除炉内脚手架，将炉底炉渣和原有的浇注料用钢钎凿除、清理干净，以便进行炉底浇注料的施工。拆除后的废料及时运至指定废料堆放处。拆除时注意不得损坏壳体和支撑环等。

3.4.3.2 更换全部衬里或新筑炉时，壳体内应首先喷砂除锈并刷耐热漆两道。

3.4.3.3 根据炉体测量的垂直度、圆度的实际情况定好筑炉方案，方可施工。

3.4.3.4 施工时应确保炉内良好通风并有专人监护。冬季施工时，环境温度不得低于5℃，必要时采取保暖措施。

3.4.3.5 填打料必须按施工规范、图纸要求，准确配比，及时浇灌、捣打结实，并经48h的养护，强度验收合格后才能砌筑耐火砖。

3.4.3.6 严格控制各层砖的标高，从而保证膨胀缝的标高。

3.4.3.7 在筑炉过程中，每层每圈必须在炉内干排检缝，做好标记，"关门砖"不允许二次加工。

3.4.3.8 砌体的找正，找正时应使用木锤或塑料锤，禁止用铁锤敲打。

3.4.3.9 不得在砌体上进行砖的加工，砖的加工必须在炉外进行，加工后的砖必须预砌检缝。

3.4.3.10 内、外层砌体应错缝1/2砖长(高)，砌缝均匀，灰浆饱满。炉膛衬砖应及时勾缝，清扫干净，绝不允许有通缝，砌体应横平竖直，衬里表面光滑平整。

3.4.3.11 砌筑时必须由壳体层向炉膛中心阶梯形砌筑，禁止先砌炉膛后砌外层保温砖的逆砌法。

3.4.3.12 砌筑中断或返工拆砖时必须留成阶梯形斜茬，

且斜茬最多不超过三层。

3.4.3.13 砌体内各种孔、洞、膨胀缝，不同砖层应在施工中分段检查验收，并做好记录。

3.4.3.14 砌体砌筑应分段进行，不能连续不断地砌筑，必须有一定的施工间隙(以泥浆凝固承受力为准)。

3.4.3.15 在炉底、炉墙、上拱进出口砌筑时必须以中心线为基准，经常校正中心，测量砌体偏差，用放样弧板检测炉衬弧度，用水平尺检查每层砖的水平，用靠尺检验砌体轴向垂直度。

3.4.3.16 拱模必须按图设计，准确制作，模板表面弧度必须平滑过渡。

3.4.3.17 砌筑时每班都必须有详细的交接记录。

3.4.3.18 预留孔的标高和尺寸必须严格控制，孔径可比图纸大 1～2mm。

3.4.4 筑炉验收技术标准

3.4.4.1 砌体缝必须灰浆饱满，轴向和径向砖缝要求如下：

刚玉砖	小于 2mm
粘土砖	小于 3mm
轻质粘土砖	小于 4mm
硅藻土砖	小于 5mm

3.4.4.2 用塞尺检查砖缝，塞尺宽度为 15mm，厚度等于被检查的砖缝，插入深度不大于 20mm 为合格，整炉砌体的检查，应在 5m² 面积内用塞尺用塞尺检查 10 处，比规定砖缝厚度大于 5% 以内的砖缝，不应超过 4 处。

3.4.4.3 砌体尺寸允许偏差见表9。

表9 炉衬砌体尺寸允许偏差 mm

部位	名 称	偏差	部位	名 称	偏差
炉体部分	直段炉墙总高度	±10	炉顶部位	炉顶高度偏差(总高)	±10
	墙面垂直偏差每米高度	±2		层砖同心圆水平偏差每米弧长	±3
	墙面垂直偏差总高度	±5		层砖同心圆水平偏差直径方向对应点	±5
	砖层水平偏差每米弧长	±3		砌体圆度(直径偏差)上、下口	±3
	砖层水平偏差直径方向对应点	±5		砌体圆度(直径偏差)球体部分	±5
	砌体圆度	±8			
	炉膛半径弦长为1m用靠尺检	<3			
	炉膛砌体内圈中心偏差	<5			

3.4.4.4 膨胀缝应按设计图纸规定留设,偏差不大于2mm,且膨胀缝应均匀平直,内部保持清洁,并按规定填充材料。

3.4.4.5 砌体内、外层膨胀缝必须互不贯通,相互错开。

3.4.5 自然干燥、烘炉、降温和升温

3.4.5.1 无论是大修、小修,待更换砌体部分砌完后,均应有一段自然干燥的时间,干燥时间见表10。

表10 自然干燥时间表

项 目	大 修	小 修
检修内容	衬里全部更换	炉体表面1~2层砖;顶部砖和出口处更换
自然干燥时间	不少于10天	不少于5天

3.4.5.2 炉子检修前的降温应按降温曲线进行，更换全部衬里时的降温速度可稍快些。降温速度见图1。

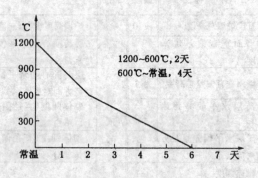

图1 降温速度图

3.4.5.3 自然干燥后即可烘炉，烘炉严格按照气化炉烘炉曲线进行，小修烘炉可适当缩短。升降温曲线见图2。

3.4.5.4 大修烘炉结束应按烘炉后停炉降温曲线降温后进行全面检查，小修一般在烘炉后不再进行降温检查，可直接升温投油。

4 试车与验收

4.1 检修记录必须齐全、准确，施工质量符合本规程要求，并经气密性试验合格。

4.2 烘炉

按升温曲线图进行烘炉，见图2。

4.3 验收

4.3.1 运行1周，满足生产要求，达到各项经济技术指标。

4.3.2 设备达到完好标准。

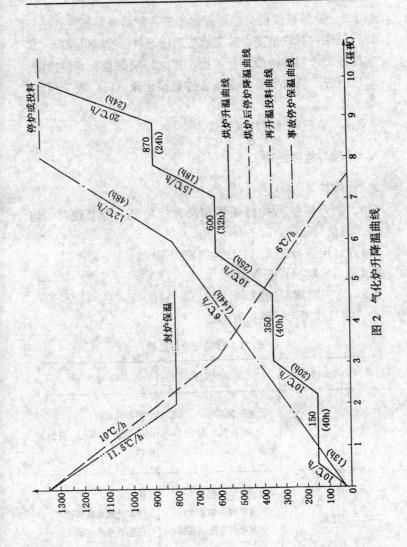

图 2 气化炉升降温曲线

停炉或投料

20℃/h
(24h)

870
(24h)

15℃/h
(18h)

烘炉升温曲线

600
(32h)

烘炉后停炉降温曲线

12℃/h
(48h)

10℃/h
(25h)

再升温投料曲线

封炉保温

350
(40h)

6℃/h
(14h)

事故停炉保温曲线

6℃/h

10℃/h
(20h)

150
(40h)

10℃/h

11.5℃/h

10℃/h

(13h)

10℃/h

4.3.3 检修单位提交修理过程中的各种材料零部件合格证以及使用代材联络笺，提交隐蔽工程记录、检修记录等，其中检修记录包括检修测量数据、重大缺陷处理、容器检测、试压报告、结构变更、备品备件更换记录，开、竣工报告，竣工图等。

4.3.4 整理好运行测试记录。

5 维护与故障处理

5.1 维护

5.1.1 严格执行操作规程和岗位巡检制，严禁超温、超压、超负荷运行。

5.1.2 定期检查阀门、法兰等密封部位。

5.1.3 定期检查安全附件。

5.2 常见故障与处理

常见故障与处理见表 11。

表 11 常见故障与处理

序号	故障现象	故障原因	处理方法
1	热电偶指示失灵	热电偶烧坏 炉砖下沉，造成指示不准	更换热电偶 处理热电偶孔，更换热电偶
2	气化炉过氧	重油入炉中断 氧调节阀失氧量大 炉膛电偶坏造成误操作	停车处理 停车处理氧调节阀 停车更换热电偶

续表

序号	故障现象	故障原因	处理方法
3	炉压突然升高	炉衬掉砖堵塞喉管 后工序煤气阀突然关闭 文氏管和分离器堵塞 重油带水 喷嘴漏水	停车更换清理 保压放空 停车处理 油槽排水 稳压放空，停车换喷嘴
4	炉温升高	氧油比大 氧阀失调 重油带水 回油三通阀漏	调整氧油比 停车修理 停车，油槽排水 停车修理

附加说明：

1 本规程由齐鲁石化公司第二化肥厂负责起草，起草人潘荣根(1992)。

2 本规程由南京化工公司负责修订，修订人员卢士芹(2004)。

31. 甲醇装置废热锅炉
维护检修规程

SHS 05031—2004

目　次

1　总则 …………………………………………… (928)

2　检修周期与内容 ……………………………… (928)

3　检修与质量标准 ……………………………… (929)

4　试验与验收 …………………………………… (932)

5　维护与故障处理 ……………………………… (933)

附录 A　转化气挠性薄管板废热锅炉技术

　　　　特性表(补充件) ………………………… (935)

1 总则

1.1 主题内容与适用范围

1.1.1 主题内容

本规程规定了年产 10 万吨甲醇装置卧式转化气挠性管板废热锅炉的检修周期及内容、检修与质量标准、试验与验收、维护与故障处理。安全、环境和健康(HSE)一体化管理系统，为本规程编制指南。

1.1.2 适用范围

本规程适用于 10 万吨甲醇卧式转化气挠性管板废热锅炉。

1.2 编写修订依据

设备随机资料

国务院令第 373 号《特种设备安全监察条例》

质技监局锅发[1999]154 号《压力容安全技术监察规程》

劳锅字[1990]3 号《在用压力容器检验规程》

GB 150—1998 钢制压力容器

GB 151—1999 管壳式换热器

HG 25784、25786、25787、25788、25789—98 尿素高压设备维护检修规程

SH 3534—2001 石油化工筑炉施工及验收规范

2 检修周期与内容

2.1 检修周期

检修周期为 2～5 年，根据各厂的设备状况及状态监测情况而定。

2.2 检修内容

2.2.1 耐热、保温材料及防腐层、高温银粉漆、基础

2.2.2 换热管和内件

2.2.3 中心管出口调节阀

2.2.4 壳体焊缝检查和理化检测

2.2.5 密封结构

2.2.6 安全附件

3 检修与质量标准

3.1 检修前的准备工作

3.1.1 备齐图纸、技术资料，按照 HSE 危害识别、环境识别和风险评估的要求，编制检修方案，履行审批手续，并进行检修技术交底。

3.1.2 备齐检修材料、备件、机具和劳动保护用品。

3.1.3 工艺管线加盲板隔离，内部置换合格，符合进容器的有关安全规定，办理相关作业票。

3.2 检查内容

以宏观检查为主，必要时进行测厚和无损检测等。

3.2.1 保温层、防腐层是否完好。

3.2.2 螺栓、垫片等密封元件是否严密、齐全。

3.2.3 设备内外壁、接管法兰有无机械损伤、腐蚀及局部变形。

3.2.4 气体入口侧、热防护装置是否有开裂、脱落现象。

3.2.5 检查耐热衬里是否完好。

3.2.6 对传热列管进行全面检查。

3.3 检修质量标准

质量检查执行《压力容器安全技术监察规程》和《在用压

力容器检验规程》，耐火层衬里执行 HGJ 227—84《化工用炉砌筑工程施工及验收规程》。

3.3.1 管箱及承压壳体

3.3.1.1 壳体和焊缝不允许有裂纹、变形或其他影响强度的缺陷。

3.3.1.2 表面裂纹的打磨深度不超过原设计壁厚的 7%且不超过 3mm 时，可不补焊，但缺陷消除后的表面不得有沟槽或棱角，并圆滑过渡，侧面斜度小于 1:4，同时应进行表面探伤，确认缺陷消除为合格。

3.3.1.3 消除缺陷后的打磨深度超过上述规定时，如剩余厚度仍大于原设计所需要厚度(包括腐蚀余量)，则可不补焊，同时应进行表面探伤确认。若需要进行补焊，应表面探伤确认裂纹消除后再进行，且补焊长度不小于 100mm，补焊完成后还应做表面探伤复查。

3.3.2 密封结构

3.3.2.1 法兰密封面不允许有机械损伤、径向划痕、腐蚀凹坑等缺陷。

3.3.2.2 所用密封垫应符合设计图纸要求。

3.3.2.3 法兰紧固螺栓应逐个进行外观检查，必要时进行表面探伤和测量长度，并涂高温润滑脂保护螺纹。

3.3.3 中心管出口调节阀进行调校。

3.3.4 管板及换热管

3.3.4.1 堵管

换热管出现泄漏或损伤后不能补焊(胀)时，其数量少于总管数量的 10%，可采取堵管的方法处理。

确定所堵换热管的最小内径，管堵材料硬度应低于或等于管材硬度，管堵锥度在 3° ~ 5°之间。

3.3.4.2 换管

　　a. 若因破裂而泄漏的换热管数量大于规定的可堵管数，则必须采用换管的方式进行处理；

　　b. 按设备图纸要求、《压力容器安全技术监察规程》和 GB 151《管壳式换热器》标准进行换管和检验。

3.3.4.3 胀(焊)管：换热管胀(焊)后应对管板与换热管连接部位作 100% 的表面探伤检查。

3.3.4.4 管板和换热管连接焊缝的检验、处理按《在用压力容器检验规程》执行，发现裂纹应作表面探伤及打磨消除，并按预定的焊接返修方案处理。出口管板若出现裂纹，裂纹处理参照本条执行。

3.3.5 耐热衬里的检修

3.3.5.1 耐热衬里若有局部脱落、空洞或裂纹宽度大于 3mm 而引起壳体局部超温，应进行修复。

3.3.5.2 若衬里出现大面积裂纹、大片脱落或衬里厚度减薄到原厚度的 1/3，引起壳体严重超温，则更换全部衬里。

3.3.5.3 衬里材料的要求，衬里的施工、验收、烘干等按照 HGJ 227—84《化工用炉砌筑工程施工及验收规范》要求进行。

3.3.5.4 耐热材料配比(质量比)见表 1。

表 1　耐热材料配比

名　　称	骨料/kg	电熔水泥/kg	添加剂/kg
隔热衬里 VSL - 50	2.5	1.2	0.0012
耐热衬里 GC - 94	5.667	1	0.0105
耐热衬里 C28C	3.938	1	0.002

3.3.6 耐热保护套管

对 Incoloy 800H 耐热保护套管进行检查，当有损坏时，应进行更换或修复。

3.3.7 系统安全附件

3.3.7.1 安全阀应定期校验，检验合格的安全阀应加铅封。

3.3.7.2 压力表精度不低于 1.5 级，量程为最高工作压力的 2 倍左右，定期校验合格，有铅封，刻度盘上应有指示最高工作压力的红线。

3.3.7.3 现场水位计应清晰、可靠，水位调节系统定期校验。

3.3.8 化学清洗

根据壳体内部结垢情况和工艺要求，对壳程进行化学清洗。

4 试验与验收

4.1 试验

4.1.1 水压试验压力为工作压力的 1.25 倍，稳压时间为 30min。

4.1.2 水压试验用水应洁净，氢离子含量应小于 10mg/L，水温不低于 15℃，环境温度不低于 5℃。

4.1.3 水压试验无渗漏、无异常变形、无异常声响为合格。

4.2 验收

4.2.1 确认检验、检修项目全部完成，现场清理干净。

4.2.2 严格按工艺操作规程进行升温升压，运转一周，满足生产要求，达到各项技术指标。

4.2.3 检修单位应提供齐全、准确的检验、检修报告及技术资料。

4.2.3.1 检验、检修记录及报告。

4.2.3.2 检修方案(焊接方案)、实际检修情况记录、总结。

4.2.3.3 技术改造方案、图样、材料材质证明书、施工质量检验报告等有关资料。

4.2.4 经检验、检修后,设备达到完好标准,办理正式移交手续,交付生产部门使用。

5 维护与故障处理

5.1 维护

5.1.1 操作人员必须严格执行工艺操作法,严禁超温、超压、超负荷运行。

5.1.2 严格执行岗位巡检制度,进行巡回检查。

5.1.2.1 排污系统是否畅通,有无泄漏现象。

5.1.2.2 人孔密封面有无泄漏。

5.1.2.3 前后管箱外壁有无超温现象。

5.1.2.4 对锅炉水按规定进行取样分析,确保各项控制指标正常。

5.1.2.5 容器管道有无异常振动和声响,设备热位移是否正常。

5.2 常见故障与处理

常见故障与处理见表2。

表2　常见故障与处理

序号	故障现象	故障原因	处理方法
1	工艺气出口温度超高或偏低	工艺气生产负荷增加或降低 工艺气入口温度升高或降低 气侧堵塞，积灰、传热效率下降 水侧结垢、传热效率下降	调整负荷 调整温度 清扫 清洗
2	前后管箱、人孔密封面、壳程检查孔发生泄漏	密封垫安装不到位，或有缺陷 人孔或检查孔密封面有缺陷	换垫 修复密封面
3	排污阀填料泄漏	填料未压紧	压紧或更换填料
4	蒸汽带水	蒸汽负荷波动较大 汽包的汽水分离器失效	调整工艺负荷 检修

附 录 A
转化气挠性薄管板废热锅炉技术特性表
(补充件)

项　目	壳　程	管　程
设计压力/MPa	4.56	2.42
工作压力/MPa	4.15	2.20
设计温度/℃	270	300
工作温度/℃	250.4	865/300
物料名称	饱和水、饱和蒸汽	转化气
热负荷/(GJ/h)	66.45	
产气量/(t/h)	34.5	
传热面积/m²	263	
焊缝系数	1.00	
容器类别	三类压力容器	

附加说明：

1 本规程由齐鲁石化公司、四川维尼纶厂负责起草，起草人潘荣根、孙国超(1992)。

2 本规程由四川维尼纶厂负责修订，修订人宝德杰、管林贤(2004)。

32．甲醇装置合成气压缩机组
维护检修规程

SHS 05032—2004

目　　次

1　总则 ……………………………………………… （938）

2　检修周期与内容 ………………………………… （938）

3　检修与质量标准 ………………………………… （941）

4　试车与验收 ……………………………………… （955）

5　维护与故障处理 ………………………………… （958）

附录 A　机组主要技术特性表（补充件）…………… （962）

1 总则

1.1 主题内容与适用范围

1.1.1 主题内容

本规程规定了 14 万吨/年低压法甲醇生产装置合成气压缩机组的检修周期及内容、检修方法与质量标准、试车与验收、维护与故障处理。安全、环境和健康(HSE)一体化管理系统,为本规程编制指南。

1.1.2 适用范围

本规程适用于型号为 4V - 7 / 4V - 8C 的筒型离心式压缩机和型号为 5BL - 3 的背压式汽轮机的维护与检修。其他类似机组可参照执行。

1.2 编写修订依据

日本三菱重工 4V - 7、4V - 8C、5BL - 3 型压缩机组随机资料

HGJ 205—92 离心式压缩机安装工程施工及验收规范,化工部 1992 年编制

2 检修周期与内容

2.1 检修周期

各单位可根据机组状态监测及运行状态择机进行项目检修,原则上在机组连续累计运行 3~5 年安排一次大修。

2.2 检修内容

2.2.1 项目检修内容

根据机组运行状况、状态监测与故障诊断结论,参照大修部分内容择机进行修理。

2.2.2 压缩机大修内容

2.2.2.1 复查并记录检修前各有关数据。

2.2.2.2 检查、清洗各径向轴承和推力轴承，测量轴承间隙，检查轴颈和推力盘磨损状况及跳动值，必要时进行调整、处理或更换。

2.2.2.3 检查、清洗浮环密封组件，更换老化、磨损、超标的密封件。

2.2.2.4 拆卸压缩机，清洗、检查叶轮、隔板、迷宫密封及其他缸内零件。

2.2.2.5 测量转子有关部位径向圆跳动和端面圆跳动。

2.2.2.6 检查调整叶轮轴向位置和密封间隙，更换老化、磨损或损伤的密封件。

2.2.2.7 必要时对转子作动平衡、无损检测或更换。

2.2.2.8 根据情况拆卸清洗部分或全部油管路。

2.2.2.9 检查联轴器，调整机组轴系对中。

2.2.2.10 检查调校各仪表传感器、调节阀、联锁及报警系统。

2.2.2.11 检修主、辅油泵及其驱动机。

2.2.2.12 检查、清洗油箱、油过滤器、油分离器、储能器和脱气槽，清洗油冷却器并试压。

2.2.2.13 检查清洗压缩机各段入口滤网及管内垢物。

2.2.2.14 检查调整与机组相连的工艺管道、膨胀节及支吊架，紧固各部连接螺栓。

2.2.3 汽轮机大修内容

2.2.3.1 拆装化妆板和保温层，解体汽缸。

2.2.3.2 检查清洗径向轴承和止推轴承，测量调整轴承间隙和紧力，必要时更换零件。

2.2.3.3 检查汽缸喷嘴、隔板、静叶有无裂纹、冲刷、损坏等缺陷，必要时进行处理。

2.2.3.4 检查转子轴、叶轮、叶片、推力盘、联轴节、测速齿轮、危急保安器等所有部件有无磨损、松动、裂纹、及损伤等缺陷，根据情况做必要处理。

2.2.3.5 测量转子轴、轴颈、推力盘、联轴节等部位的径向圆跳动和端面圆跳动，检查转子有无弯曲。必要时对转子做动平衡、无损检测或更换。

2.2.3.6 测量调整喷嘴间隙和通流部分间隙，检查中分面间隙，测量汽缸水平和轴颈扬度。

2.2.3.7 检查清理汽封，测量调整汽封间隙，必要时更换部分汽封。

2.2.3.8 检查调整滑销系统，检查主要管道支吊架做必要调整。

2.2.3.9 清理检查汽缸螺栓、螺母，进行无损检测。

2.2.3.10 拆卸检查主汽门、调速汽门、错油门、油动机及危急保安装置，阀杆应进行无损检测。

2.2.3.11 检查调速系统，必要时予以调整和处理，并进行静态特性试验和调整。

2.2.3.12 调校测速、轴振动、轴位移、轴承温度等传感器及其控制回路，调校 DG505 电子调速器。

2.2.3.13 检查抽气系统。

2.2.3.14 调校蒸汽安全阀。

2.2.3.15 消除管线、阀门泄漏，修补保温。

3 检修与质量标准

3.1 检修前准备工作

3.1.1 检修前准备

a. 按照 HSE 危害识别、环境识别和风险评估的要求，根据机组运行情况及状态监测结论编制检修方案；

b. 检修人员应熟悉设备图纸和资料，接受相关安全教育；

c. 备齐检修所需的各类合格备件及材料；

d. 备好检修所用工器具及经检验合格的量具；

e. 按规定对起重机具和绳索进行静、动负荷试验并合格；

f. 备好设备专用放置设施；

g. 备好检修记录图表；

h. 做好安全与劳动保护各项准备工作。

3.1.2 检修应具备的条件

a. 停机后应继续油循环，直至缸体温度低于 80℃，回油温度低于 40℃为止；

b. 机组与系统隔离，压缩机系统置换合格，安全技术措施落实；

c. 办好作业票，做好机组检修与运行的交接工作。

3.1.3 拆卸

a. 拆卸应严格按程序进行，严禁生拉硬拖和铲、打、割等野蛮方式施工；

b. 拆卸部件时，做好原始安装位置标志并记录；

c. 拆开的管道、孔口必须及时封好，防止尘沙杂物掉人。

3.1.4 吊装

a. 吊装作业应按 SYB 4112—80《起重操作规程》进行；

b. 拴挂绳索要保护被吊物不受损伤，放置必须稳固。

3.1.5 吹扫和清洗

a. 零件用压缩空气或氮气吹扫后，应及时涂上干净的工作油；

b. 用煤油清洗零件，精密零件洗后须用绸布拭净，并涂干净的工作油。

3.1.6 零部件的保管

拆下的零部件应采取适当的防护措施，做好标记，按指定位置排放整齐，管理责任落实到人。

3.1.7 组装

a. 组装的零部件必须清洗、风干并检查达到要求；

b. 各连接部位防松螺栓必须确认防松可靠；

c. 机组扣盖前必须确认缸内无异物，各孔口畅通，临时堵塞物已完全取出，缸内所有部件已全部组装完毕，固定可靠，经主修技术负责人认可后方能扣盖。

3.1.8 油系统清洗

机组检修封闭后，应按照油系统循环清洗方案进行分阶段循环清洗。如人口管道检修过，应在轴承及调节系统前加过滤网。循环系统要避免死角，油温不低于 40℃，回油口以 200 目过滤网检查肉眼可见污点不多于 3 个为合格。循环清洗结束后抽拆轴承检查。

3.2 压缩机检修

3.2.1 主要拆卸程序(复装程序与此相反)

3.2.1.1　拆除与压缩机检修相关的管线和仪表，并封好管口。

3.2.1.2　拆除联轴节护罩和中间接筒组件，复查对中。

3.2.1.3　拆卸缸体与座架的连接螺栓，吊离缸体到检修台架上并固定好。

3.2.1.4　拆卸内筒剪切环后拔出内筒。

3.2.1.5　拆卸内筒 O 形环、上半部螺栓和轴端封盖，吊出上半部隔板。

3.2.1.6　拆卸推力轴承和径向轴承。

3.2.1.7　拆卸浮环密封组件。

3.2.1.8　拆卸内筒两端壳体，吊出转子置于检修台架上。

3.2.1.9　拆解上、下半隔板。

3.2.2　转子

3.2.2.1　叶轮内外壁清洗干净，检查无冲蚀损坏、焊缝开裂、口环磨损及擦伤。

3.2.2.2　检查转子叶轮、平衡盘、推力盘、联轴器等套装件，应无松动、偏装、磨损及损伤等缺陷。

3.2.2.3　测量转子有关部位的径向圆跳动和端面圆跳动与前次比较应一致，并符合表 1 规定。

3.2.2.4　轴颈应无裂纹、磨损及损伤，圆度和圆柱度偏差 $\leqslant 0.01\text{mm}$，表面粗糙度 $R_a \leqslant 0.4\mu\text{m}$。

3.2.2.5　检查转子轴封部位应无严重磨损。

3.2.2.6　转子做无损检测及动平衡，其低速动平衡精度为 ISO 1940 0.4 级，高速动平衡应符合 ISO 2372 规定，其支承处振动速度小于 1.12mm/s。必要时更换转子。

表1　压缩机转子跳动允许偏差表　　　　mm

项　目	径向圆跳动								端面圆跳动			
测量位置	主轴承颈	测振探头	浮环密封	轴端疏齿	级间轴封	叶轮气封	平衡盘	联轴节	推力盘	联轴节	叶轮入口	叶轮背侧
标准	≤0.01	≤0.006	≤0.01	≤0.10	≤0.10	≤0.10	≤0.05	≤0.02	≤0.02	≤0.02	≤0.20	≤0.25

3.2.3　隔板组件

3.2.3.1　清洗检查隔板、扩压器、导流体，应无结垢、冲蚀、裂纹、变形等缺陷。

3.2.3.2　隔板中分面平整，螺栓紧固牢靠。

3.2.3.3　上下隔板组合后，中分面处间隙应不大于0.05mm。

3.2.3.4　更换所有O形环，防止老化变形失效。

3.2.4　径向轴承

3.2.4.1　瓦块钨金应无裂纹、气孔、夹渣、脱壳、烧灼、沟痕、过量磨损和偏磨等缺陷。

3.2.4.2　瓦块背部与轴承体呈线性接触，两者磨损量不应大于0.02mm。

3.2.4.3　测量瓦块厚度应在 $19_{-0.03}^{-0.01}$ mm，同组瓦块厚度差不应大于0.015mm。

3.2.4.4　瓦块限位销和销孔应无磨损，销子长度适宜，限位可靠，装配后瓦块能摆动自由，无受瞥或顶起现象。

3.2.4.5　用尺寸链法测量轴承径向间隙，并用抬轴法或压铅法复核。轴承间隙见表2。

表2 压缩机轴承间隙表 mm

	4V-7			4V-8C		
	进气侧轴承	排气侧轴承	推力轴承间隙	进气侧轴承	排气侧轴承	推力轴承间隙
标准间隙	0.12~0.18	0.12~0.18	0.46~0.56	0.12~0.18	0.12~0.18	0.46~0.56
出厂间隙	0.147	0.143	0.56	0.145	0.145	0.46

3.2.4.6 轴承各部零件清洗洁净，油孔畅通，轴承测温探头固定可靠。

3.2.5 止推轴承

3.2.5.1 止推瓦块钨金应无裂纹、夹渣、气孔、脱壳、烧灼、沟痕、磨损等缺陷。

3.2.5.2 止推瓦块、支承环承力面应平整光滑，无凹坑、压痕，止推瓦块厚度差≤0.01mm。

3.2.5.3 止推瓦块装配后应能摆动自由，各瓦块与推力盘接触均匀，接触面≥70%。

3.2.5.4 止推轴承清洗洁净，油孔畅通；O形环完好无损不老化；测温探头固定可靠。

3.2.5.5 推力盘表面光滑平整，无磨损沟痕，粗糙度值 R_a≤0.4μm。

3.2.5.6 推力盘采用液压胀孔法装配，轴孔配合接触面应≥85%，装配后推力盘端面和径向跳动≤0.015mm。

3.2.5.7 推力轴承间隙0.46~0.56mm，平衡盘径向圆跳动≤0.05mm，平衡盘密封直径间隙0.5~0.7mm。

3.2.6 浮环密封

3.2.6.1 浮环钨金应无沟槽、划痕、嵌入物、裂纹、磨损和脱胎等缺陷。

3.2.6.2 端面应与密封体贴合严密,表面粗糙度值 $R_a \leq 0.4\mu m$。

3.2.6.3 仔细检查防转销应无磨损、变形和拐劲,固定可靠。

3.2.6.4 内环上的 O 形环应完好无损,弹性良好,无老化。

3.2.6.5 推动弹簧弹性良好不变形,各弹簧弹力一致。

3.2.6.6 浮环密封各部间隙见表3(高、低压缸吸、排气端浮环密封间隙基本相同)。

表3 压缩机浮环密封和轴端迷宫密封间隙(直径间隙)

mm

	靠缸内	靠缸外
LP 吸气侧迷宫密封	0.35 ~ 0.41	0.35 ~ 0.41
LP 排气侧及 HP 吸、排气侧迷宫密封	0.25 ~ 0.31	0.25 ~ 0.31
内浮环密封	0.04 ~ 0.06	0.08 ~ 0.10
中间浮环密封	0.10 ~ 0.12	0.10 ~ 0.12
浮环密封	LP 0.21 ~ 0.23	
	HP 0.14 ~ 0.16	

3.2.7 梳齿密封

3.2.7.1 梳齿密封的梳齿片,应无扭曲变形、严重磨损和损坏,齿尖厚度 0.2mm。

3.2.7.2 梳齿密封清理干净,轴端密封的回油孔应畅通。

3.2.7.3 各部梳齿密封的间隙(直径间隙)为:叶轮入口 0.5 ~ 0.7mm,级间轴封 0.5 ~ 0.7mm,平衡盘密封 0.5 ~

0.7mm(出厂时密封间隙基本在偏下限范围内)。

3.2.8 联轴节

3.2.8.1 检查联轴节内孔配合面应光滑无毛刺,与轴颈接触面积应大于85%,O形环无变形损伤和老化。

3.2.8.2 联轴节采用液压胀孔法套装,轮毂轴向推进深度:T-LP为4.75~4.99mm,LP-HP为3.96~4.20mm。

3.2.8.3 联轴节装配后与轴的垂直度偏差≤0.02mm,外圆径向圆跳动应≤0.02mm。

3.2.9 机座

3.2.9.1 检查机座水平度应在0.10mm/m内。

3.2.9.2 检查地脚螺栓应紧固不松动。

3.2.10 管道

3.2.10.1 安装工艺管道不能强制对口,压缩机主管配对法兰平行度偏差≤0.1mm,径向位移≤0.2mm,一般法兰以螺栓能自由穿过为准。管道与机组最终连接时,应打表检查,其对联轴节位移影响≤0.02mm。

3.2.10.2 管道支吊架完好,固定支架承力定位落实;弹簧支架弹性良好不变形,预压合格;滑动支架滑动自如,导向正确。

3.2.10.3 管内垢物清除干净,管道进口过滤器应清洁无破损,安全阀校验合格并打铅封。

3.2.11 润滑油和密封油系统

3.2.11.1 油管道及附属设备内部清洗洁净、无锈垢、杂质及水分。

3.2.11.2 油过滤器清洗洁净,过滤器精度为10μm,油箱滤网精度120目。

3.2.11.3 油换向阀(三通旋塞阀)应灵活好用。

3.2.11.4 分析化验油质合格,必要时换油,油品牌号 ISO - VG32 透平油。

3.2.11.5 油冷却器检修参见 SHS 01009—2004《管壳式换热器维护检修规程》。

3.2.11.6 油泵检修参见 SHS 01013—2004《离心泵维护检修规程》和 SHS 01016—2004《螺杆泵维护检修规程》。

3.2.11.7 储能器(GS70 - 30 - 20 型)检修

　　a.进气阀、放气塞应完好,内部气囊无老化,否则更换;

　　b.弹簧弹性良好,密封 O 形环完好无损、无老化,否则更换;

　　c.初始充氮压力 0.392MPa。

3.2.12 机组轴系对中

3.2.12.1 根据随机资料,本机组采用单表单轴旋转法找中,测量联轴节圆跳动,绘图确定对中调整量。

3.2.12.2 对中标准按制造厂 MHI 提供的冷态对中图进行。与标准比较,圆周允许偏差 0.05mm,两联轴节之间的轴向距离(457 ± 1.6)mm。

3.2.12.3 对中注意表架杆臂应有足够刚度,防止变形影响测量值。

3.3 汽轮机检修

3.3.1 主要拆卸程序(复装程序与此相反)

3.3.1.1 拆除保温,拆卸与检修相关的管线和仪表,并封好管口。

3.3.1.2 拆卸联轴节扭力筒,复查机组轴系对中。

3.3.1.3 拆卸调速系统传动机构,拆卸自动主汽门。

3.3.1.4 在后轴承座上放置衬垫支承下汽缸,然后拆卸和吊出汽缸大盖置于检修台架上。

3.3.1.5 拆卸轴承,复查轴承间隙与紧力,复查汽封间隙、转子跳动、喷嘴和通流部分间隙。

3.3.1.6 吊出转子置于专用台架上。

3.3.1.7 拆卸隔板和汽封。

3.3.2 转子部分

3.3.2.1 清洗、检查转子叶轮、叶片、围带、推力盘、联轴接、测速齿轮等,无裂纹损伤、冲蚀磨损、松动变形等缺陷。

3.3.2.2 测量转子有关部位径向和端面跳动,应在表4范围。

表4 汽轮机转子有关部位跳动值 mm

项 目	径向圆跳动						端面圆跳动	
测量位置	主轴颈	测振探头	端部轴封	级间汽封	联轴节	联轴节	止推盘	叶轮外缘
跳动值	0.006	0.006	0.006	0.006	0.02	0.02	0.013	0.03

3.3.2.3 测量调整转子喷嘴间隙和通流部分间隙,应符合表5规定。

3.3.2.4 转子直线度偏差应≤0.02mm,轴颈圆度和圆柱度偏差应≤0.01mm,轴颈表面粗糙度 R_a 应≤0.4μm。

3.3.2.5 检查轴颈扬度应与汽缸纵向水平一致。设计纵向压缩机扬起0.02mm/m。

表5 转子在汽缸内的通流部分间隙 mm

	叶片与喷嘴	轮盘与隔板	围带与阻汽片
第一级	0.9 ~ 1.2	0.9 ~ 1.2	
第二级	0.9 ~ 1.2	0.9 ~ 1.2	0.55 ~ 1.05
第三级	0.9 ~ 1.2	0.9 ~ 1.2	0.55 ~ 1.05

注：轮盘与隔板间的间隙，制造厂说明书与出厂检验标准不一致，说明书中为 1.8 ~ 2.5mm。

3.3.2.6 必要时对转子做无损检测和动平衡试验，其低速动平衡精度为 ISO 1940 0.4 级，高速动平衡应符合 ISO 2372 规定，其支承处振动速度有效值小于 1.12mm/s。

3.3.2.7 按 3.3.11 检查确认飞锤动作可靠，调整螺母锁固可靠。

3.3.3 汽缸部分

3.3.3.1 拆卸汽缸螺栓前，必须在后汽缸的支座上设置衬垫以支托下汽缸。

3.3.3.2 检查汽缸应无裂纹和冲蚀；中分面结合严密，均匀紧 1/3 螺栓后，0.05mm 塞尺应塞不进，个别地方塞入深度不超过法兰密封面宽度的 1/3。

3.3.3.3 检查缸体水平并与前次比较应无明显变化。后汽缸纵向水平应对压缩机扬起 0.02mm/m，允许偏差 ±0.02mm，横向水平允许偏差 ≤0.10mm/m。

3.3.3.4 检查隔板、静叶和喷嘴，应无裂纹、损伤、变形、脱焊及松动等缺陷。

3.3.3.5 检查隔板在缸内定位和热胀正常，上、下隔板结合严密不错位，隔板结合面应微低于汽缸结合面 0.03 ~ 0.06mm。

3.3.3.6 必要时检查转子对汽缸汽封洼窝的同轴度，允许偏差 0.03mm。

3.3.3.7 检查汽缸螺栓应无裂纹、乱丝和弯曲，螺纹配合不松旷和卡涩，装配时涂二硫化钼。螺母拧紧力矩和顺序见制造厂图 760 – 27958。

3.3.3.8 检查汽缸滑销系统，挠性板无裂纹、变形和松动；后汽缸猫爪螺栓紧固后上部应留 0.1mm 膨胀间隙，横向间隙以不妨碍汽缸膨胀为准。膨胀指针指示正确。

3.3.4 汽封部分

3.3.4.1 斜片式迷宫汽封梳齿片应无裂纹、缺口、变形和严重磨损，齿尖厚度 0.2mm。如有缺陷应予修理或更换。

3.3.4.2 汽缸两端和级间汽封，半径间隙为 (0.25 ± 0.1)mm。

3.3.5 轴承部分

3.3.5.1 径向轴承

a. 轴承钨金应无裂纹、脱壳、气孔、夹渣及无烧灼、沟痕、过量磨损和偏磨等缺陷。钨金表面光洁，粗糙度 $R_a \leqslant 1.6\mu m$；

b. 瓦块背部与轴承体应呈线性接触，两者磨损量 $\leqslant$ 0.02mm；

c. 瓦块厚度均匀，同组瓦块厚度差不大于 0.015mm；

d. 调整轴承接触与紧力，接触均匀，接触面积应在 75%以上；轴承球面不应加垫片，垫铁部位应有 0.01 ~ 0.03mm 紧力；

e. 瓦块限位销与销孔应无磨损、受整和顶起现象，瓦块能摆动自由。装配后限位销必须挤捻防松；

f. 检查调整油封间隙合格，油封或挡油环无缺口、损伤和过度磨损，齿顶锐口厚度 0.2mm；

g. 轴承清洗洁净，油孔畅通，轴承温度探头和引线固定可靠；

h. 轴承间隙和油封间隙见表 6。

表 6　汽轮机径向轴承间隙和油封间隙　　　　　mm

位　置	进汽侧轴承	排汽侧轴承	轴承座外油封
间隙	0.08 ~ 0.15	0.12 ~ 0.19	上 0.15 ~ 0.25，下 0.05 ~ 0.15，左右 0.15

3.3.5.2　推力轴承

a. 推力瓦块表观检查同径向轴承；

b. 推力瓦块限位销无磨损，长度适宜，拧紧锁固可靠；

c. 推力瓦喷油腔固定可靠，喷油孔畅通；

d. 推力盘平整光洁，无磨损和沟痕，表面粗糙度 $R_a \leqslant$ 0.4μm，端面圆跳动 ≤0.013mm；

e. 推力瓦装配后瓦块能自由摆动，各瓦块与推力盘接触均匀，接触面积≥75%；

f. 推力间隙为 0.46 ~ 0.56mm，封油环间隙：上 0.33 ~ 0.40mm，下 0.23 ~ 0.30mm，左右 0.31mm；

g. 推力轴承各部清洗洁净，测温探头和引线固定可靠。

3.3.6　抽汽系统

3.3.6.1　抽汽器清理干净，滤网无破损和堵塞，喷嘴无冲蚀、结垢和损伤。

3.3.6.2　抽汽冷凝器清洗洁净无垢物，试压合格不泄漏。

3.3.7　调速系统连杆机构

3.3.7.1　拆卸调速系统传动连杆机构，注意测量可调连杆长度和反馈滚轮位置，并做好记录和标记，以便恢复和与图纸复核。

3.3.7.2　检查确认各连接销和球轴承应无磨损和损伤，连杆动作灵活，无松旷卡涩，各紧定螺母和回转销防松可靠。

3.3.7.3　开车前，由工艺、仪表和机械技术人员共同配合，确认电子调速信号与各部动作行程对应关系符合表7规定。

表7　调速信号与各调节机构行程对应关系表

E/H电流/mA	E/H行程/mm	油动机行程/mm	调速阀行程/mm
29.8	2	0	冷态0；热态－2
128.3	22.2	141	冷态36.7；热态34.7

3.3.8　错油门和油动机

3.3.8.1　错油门滑阀和套筒的滑动面光滑，无毛刺、拉伤和磨损，控制油口和凸肩无缺口损伤。

3.3.8.2　错油门弹簧无裂纹、损伤和变形。测量弹簧预紧相关尺寸以便恢复。

3.3.8.3　油动机活塞与油缸的滑动面光滑，无毛刺、拉伤和磨损。活塞环胀力适中，与油缸接触良好无卡涩。

3.3.8.4　确认油动机活塞行程应为141mm。

3.3.9　调速汽门

3.3.9.1　拆卸调速汽门时，准确测量提升杆调整尺寸、弹簧杆调整尺寸及调节阀升程尺寸，以便恢复和与图纸复核。

3.3.9.2　检查调节阀座嵌合严密无松动，阀头与阀座密封面完好，无冲蚀、沟槽和磨损，划线法检查阀线整圈接触严密。

3.3.9.3 阀杆、提升杆光滑，无裂纹、整擦损伤和弯曲，直线度偏差不大于 0.05mm；提升杆密封间隙 0.15 ~ 0.18mm，疏水孔畅通。阀杆、提升杆应进行无损检测。

3.3.9.4 三角架弹簧应无裂纹、腐蚀和歪扭变形，弹性良好，预紧符合要求。

3.3.9.5 调速汽门各连杆轴承灵活，无松旷卡涩，锁紧螺母和销子防松可靠。

3.3.9.6 确认提升杆升程指示"0"位与调节阀刚刚关闭时的位置对应。

3.3.10 自动主汽门

3.3.10.1 主汽阀滤网完整，无破损、堵塞和变形，嵌放固定可靠。

3.3.10.2 汽阀座无松动，密封面无裂纹、损伤和冲蚀，密封线整圈接触、严密不漏汽，必要时研磨。

3.3.10.3 汽阀弹簧无裂纹、损伤和变形，挂钩刀口平整，挂扣与脱扣可靠，汽阀关闭迅速。

3.3.10.4 主汽阀行程64mm，预启阀行程14mm，阀杆密封间隙 0.18 ~ 0.21mm。

3.3.10.5 小油缸参照调速油动机检修完好，动作灵活可靠。

3.3.10.6 阀杆应进行无损检测。

3.3.11 危急保安装置

3.3.11.1 拆卸危急保安器，测量记录调节螺母与轴表面距离以便恢复和调整。

3.3.11.2 清洗检查飞锤、弹簧、销和螺母完好，弹簧无歪扭变形和自由高度变化，垂直度偏差＜1%，飞锤滑动面间隙 0.01～0.06mm。飞锤组装后用手按动检查，飞锤动作灵活不卡涩，调节螺母止动可靠。

3.3.11.3 调整飞锤动作转速在 14241～14372r/min 范围。调节螺母每格变速约 120r/min。

3.3.11.4 危急遮断油门滑阀与弹簧完好，间隙正常，油路畅通；挂钩刀口平整，搭接深度不大于 2.5mm，钩爪与转子距离 2mm。装配后手动试验，确认挂扣与脱扣动作可靠。

3.3.12 联轴节

3.3.12.1 汽轮机联轴节一般不拆卸，但应检查无裂纹、松动和损伤，端面圆跳动≤0.02mm，径向圆跳动≤0.02mm。

3.3.12.2 必要时拆卸联轴节，按 3.2.8 压缩机联轴节检修要求进行。

4　试车与验收

4.1　试车前的准备

4.1.1 机组检修完毕，现场清理干净，各项检修质量符合本规程规定，检修记录完整、准确、可靠。

4.1.2 电仪各仪表、报警和联锁系统、调节阀和安全阀等均已调校合格，确认具备试车条件。

4.1.3 确认 33℃循环水、2.5MPa 氮气、0.5MPa 氮气、仪表空气、蒸汽等公用工程具备开车条件。

4.1.4 油系统循环合格，油泵运行正常，系统油质、油位、油压、油流、油温及过滤器压差等符合规定。

4.1.5 辅助油泵自起动、油压低联锁跳车、手打危急遮断器跳车等试验完毕，确认动作准确可靠。

4.1.6 DG505电子调速器准备就绪，调速汽门行程控制试验、手动按键跳车试验合格。

4.1.7 冷却器等附属设备具备开车条件。

4.1.8 现场试车记录表、相关流程图、运行监测器和工器具、安全防护用品等准备齐全。

4.2 汽轮机单机试车

4.2.1 机组试车应严格按操作规程进行。单机试车应拆除透平与压缩机间的连接。

4.2.2 记录临界转速值及调速器最低工作转速。调速器动作转速在8710r/min左右，全面检查机组运行情况。

4.2.3 一切正常后提升转速到最大连续转速13065r/min并再做检查，然后做电子和机械的超速保护试验分别2次，实际动作转速与设计值之差不超过1.5%，如不符合上述转速范围应重新整定，再做脱扣试验，直至合格。设计跳闸转速：电子14241r/min，机械14372r/min。

4.2.4 重做超速脱扣试验时，汽轮机转速降至脱扣转速的90%以下时，方可重新挂闸，以免损坏设备。

4.2.5 冲转升速过程中，随时检查机组运行情况，发现异常要即时查明原因消除后再开车；若出现紧急情况，必须立即停车。

4.2.6 打闸停车后，记录转子惰走时间。

4.3 联动试车

4.3.1 联动试车须在压缩机系统气密性试验和氮气置换合格后进行，先利用防喘回路对压缩机进行氮气循环试车，而后转为工艺气开车并向合成供气。

4.3.2　汽轮机单机试车合格后，复装汽轮机与压缩机间的联轴器。

4.3.3　气密性试验，在高低压缸及加氢系统充氮 0.7～0.8MPa(隔离关闭 HS710、HC711)，循环段及合成系统充氮 1.0MPa，保持压力 24 小时不泄漏、压力降不超过 0.05MPa 为合格。

4.3.4　氮气置换，按取样分析系统含氧量须＜0.5% 为合格。

4.3.5　氮气循环试车前，再次检查确认机组进出口阀 HS710、HC711 关闭，防喘阀 FIC712、FIC713 开启，密封油系统、冷却器、分离器等投入，高低压缸及循环段畅通，高低压缸及加氢系统氮压 0.5～0.6MPa，循环段氮压 0.5～0.6MPa 后方可试车。

4.3.6　按单机试车程序启动机组到 8710r/min，检查机组稳定运行正常。

4.3.7　按工艺指令开启 HS710 引入乙炔尾气，开启 HC711 向合成供气，逐渐关闭防喘阀，增加转速提升压缩机压力和负荷。

4.3.8　机组停车

　　a. 压缩机在降压减量过程中，应避免发生喘振；

　　b. 按机组升速曲线的逆过程，将汽轮机转速降至 500r/min，打闸停机。

4.4　验收

4.4.1　检修质量符合本规程标准要求，检修、试车记录齐全准确。

4.4.2　试车正常，各主要指标达到铭牌要求，并已连续正常运行 72h 以上，确认机组达到设备完好标准方可办理移交生产签字手续。

5 维护与故障处理

5.1 维护

5.1.1 实行机、电、仪、操、管五位一体特护管理，加强机组特护。

5.1.2 保持机组清洁，努力消除跑、冒、滴、漏，设备附件齐全完整，仪表指示准确可靠。

5.1.3 按规定定时巡回检查，发现问题及时处理。

5.1.4 按时填写运行记录，做到齐全、准确、规范。

5.1.5 定期化验油质，定期清洁油过滤器，保证油压稳定。

5.2 常见故障与处理

常见故障与处理见表8。

表8 常见故障与处理

序号	故障现象	故障原因	处理方法
1	振动高	汽轮机暖机不足	延长暖机时间
		对中不良	重新找正
		动平衡不良	重新做动平衡
		压缩机叶轮结垢不均	清除叶轮结垢
		转子发生摩擦	停机检查，调整间隙
		叶片断裂，转子零件松动	停机检查处理
		汽轮机转子弯曲	充分低速暖机消除热弯曲；更换转子
		机组膨胀受阻	检查滑销，消除卡涩，修正导向

序号	故障现象	故障原因	处理方法
1	振动高	压缩机喘振	开大防喘阀,加大吸入量
		轴承磨损,间隙过大	更换瓦块
		轴承钨金损坏	更换瓦块
		轴承紧力不当	调整轴承紧力
		轴承油温偏差大	调正油温
		轴承地脚螺栓松动	检查、紧固
		工艺管道应力过大	调整管道,消除应力
		机组过载使转矩增大	消除过载因素
		工艺气带液	排除液体
		蒸汽水冲击	立即打闸停机
		仪表误显示	调校仪表
2	声音异常	转子与气封摩擦	低速盘车,消除转子热弯曲,必要时停机检修
		透平叶片与喷嘴相擦	停机检查推力间隙、轴向通汽间隙
		调速汽门内件损坏	拆卸检查调速汽门
		压缩机喘振	增大吸入气量,开大防喘阀反喘振
		压缩机进气流被过度节流	工艺调整消除
3	轴承温度高	仪表不准确	检查热电阻,调校仪表
		径向轴承磨损	更换轴承瓦块
		止推轴承损坏	更换止推轴承
		润滑油量不足	调节润滑油量
		油冷器出口温度过高	调节冷却水量切换到备用油冷器运行
		轴承装配紧力过大	调整轴承装配紧力
		润滑油质劣变	分析油样并作相应处理

序号	故障现象	故障原因	处理方法
4	油压不足	油压调节阀整定不合适	重新调整
		油泵故障	检修故障油泵
		油过滤器、油冷却器压降过大	切换清洗油过滤器、油冷却器
5	油压过高	仪表不准	校正仪表
		油压调节阀整定不合适	重新整定
		油温过低	调正油温
6	润滑油中含水	汽轮机轴封漏汽过大，轴承座油封失效	调整修复汽封和油封
		油冷却器泄漏	检修试压，消除泄漏
7	浮环密封漏气(密封室油压低于气室气压)	浮环磨损或浮环端面缺陷跑油	修复或更换磨损件，调正密封间隙
		供油管阻塞，密封油供应不足	疏通供油管
		供油管温度过低，密封油粘度增大，供油不足	提高密封油温度
		密封室O形环损坏漏油	更换O形环
8	机组动力不足	蒸汽压力和温度低	调节蒸汽压力和温度
		汽轮机背压高	调节背压
		调速传动连杆装配失误，传动比改变	重新调整修正
		主汽阀、调速阀升程不足	检查修正升程
		电子调速器内部故障	检查消除故障
		调速传动杆连接卡涩，动作不灵	检查消除卡涩
		测速传感器线路故障	检查信号电路

序号	故障现象	故障原因	处理方法
9	仪表不准	气源阀开度不足导致仪表气压不足	检查供气阀的开度，保证气源压力
		气源管堵塞导致仪表气压不足	检查消除堵塞
		电路压降过大导致仪表电压低	检查提高电压
		外部感应电流引起电压偏差	消除或隔离外电感应
		外部电磁场引起电压偏差	消除或隔离外电磁场
		接线失误	检查纠正接线

附 录 A
机组主要技术特性表
（补充件）

表 A1 压缩机主要技术特性表

项 目	单 位	额 定 值		
制造厂		日本三菱　1996 年		
型 号		4V−7	4V−8C	循环段
叶轮级数	级	7	7	1
额定转速	r/min	12443		
最大连续转速	r/min	13065		
联锁转速	r/min	14241（电子）		14372（机械）
第一临界转速	r/min	6400		5800
第二临界转速	r/min	17400		19200
工艺介质		甲醇合成气		
吸入压力	MPa	0.9	2.236	5.90
排出压力	MPa	2.506	6.30	6.30
吸入温度	℃	25	40	40
排出温度	℃	154.1	185.4	46.8
吸入容量	m³/h	5589	2497	4882
质量流量	kg/h	24264	24404	143175
平均分子量		11.98	11.46	13.03
压缩因子 z	（吸入）	1.002	1.006	1.006
	（排出）	1.008	1.024	1.009

续表

项　　目	单　位	额　定　值		
绝热指数 K	（吸入）	1.397	1.400	1.402
	（排出）	1.381	1.390	1.401
多变能量头	m	26092	29480	1364
多变效率	%	78.8	70.0	80.6
轴功率	kW	2254	2831	693
驱动机功率	kW	5778（正常） 6356（额定）		
压机组件质量(不含底座)	kg	~ 9300	~ 12800	
其中转子质量	kg	350	350	
轴颈公称直径	mm	80	80	
轴颈跨距	mm	1451	1389	
转子总长	mm	1768	1727	
最大叶轮直径	mm	450	455	

表 A2　汽轮机主要技术特性表

项　　目	单　位	数　据
制造厂		日本三菱　1996 年
型　号		5BL – 3 背压式
级　数	级	3
正常转速	r/min	12443
额定转速	r/min	12443
正常功率	kW	5778
额定功率	kW	6356
正常耗汽量	t/h	69.2

963

续表

项　　目	单　位	数　据
额定耗汽量	t/h	74.4
调速范围	r/min	8710～13065
进汽压力	MPaG	$3.6^{+0.03}_{-0.07}$
进汽温度	℃	390^{+20}_{-10}
排汽压力	MPaG	$0.65^{+0.017}_{-0.05}$
第一临界转速	r/min	5500
最大连续运转速	r/min	13065
调速器型号		Woodward DG 505
汽轮机质量(不含底座)	kg	8820
上缸和主汽门	kg	4480
转子质量	kg	390
轴颈直径	mm	$64.92^{0}_{-0.01}/79.9^{0}_{-0.01}$
轴颈跨距	mm	1470

附加说明：

1　本规程由四川维尼纶厂负责起草，起草人隋承会(1992)。

2　本规程由四川维尼纶厂负责修订，修订人古海明、汪祖煜(2004)。

33. 炼厂干气压缩机组
维护检修规程

SHS 05033—2004

目　　次

1　总则………………………………………………（967）

2　检修周期与内容…………………………………（968）

3　检修与质量标准…………………………………（670）

4　试车与验收………………………………………（1001）

5　维护与故障处理…………………………………（1003）

附录 A　压缩机主要特性及参数表(补充件)………（1005）

附录 B　主要零部件质量表(补充件)………………（1006）

附录 C　汽轮机主要特性及参数表(补充件)………（1007）

1 总则

1.1 主题内容与适用范围

1.1.1 主题内容

本规程规定了大化肥厂的干气压缩机组的检修周期与内容、检修与质量标准、试车与验收、维护与故障处理。

健康、安全和环境（HSE）一体化管理系统，为本规程编制指南。

1.1.2 适用范围

本规程适用表1所列机型的离心式干气压缩机组。

表1　各厂机组型号一览表

单　位	压　缩　机		汽　轮　机
	低压缸	高压缸	
金陵厂	MCL457	BCL408	NK25/28/25
安庆厂	MCL457	BCL408	C4R6

1.2 编写制订依据

随机图纸及资料

大型化肥厂汽轮机离心式压缩机组运行规程，中国石化总公司与化肥司1988年编制

SY 21007—73　炼油厂500kW汽轮机维护检修规程，石油部1973年编制

HGJ 1019—79　化工厂工业汽轮机维护检修规程，化工部1979年编制

SHS0 1025—92　小型工业汽轮机维护检修规程

索热（SOGET）凝汽式透平检修规程

2 检修周期与内容

2.1 检修周期

各单位可根据机组状态监测及运行状况择机进行项目检修，原则上在机组连续累计运行 3～5 年安排一次大修。

2.2 检修内容

2.2.1 项目检修内容

根据机组运行状况和状态监测与故障诊断结论，参照大修部分内容择机进行修理。

2.2.2 压缩机大修内容

2.2.2.1 复查并记录各有关数据。

2.2.2.2 解体检查径向轴承和止推轴承，调整轴承间隙，测量瓦背紧力，清理轴承箱。

2.2.2.3 对转子做宏观检查，检查其轴颈圆度、圆柱度、粗糙度，必要时对轴颈表面进行修整，对可疑点进行无损检测或其他方法检查，必要时对转子做动平衡或更换转子。

2.2.2.4 检查止推盘，测量端面圆跳动。

2.2.2.5 检查、调整油封间隙或更换油封。

2.2.2.6 测量并调整转子轴向窜量，确保叶轮与隔板流道对中。

2.2.2.7 清洗联轴器，检查联轴器的叠片或齿面及连接螺栓、螺母，对连接螺栓、螺母及中间接筒、内外齿套做无损检测。

2.2.2.8 检查进口过滤器、出口止逆阀。

2.2.2.9 检查、调校所有联锁、报警仪表及防喘振阀、安全阀等保护装置，各振动及轴位移探头。

2.2.2.10　检查、紧固各连接螺栓。

2.2.2.11　检查、调整滑销间隙。

2.2.2.12　油系统全面清理、检查，油站油泵检修，油过滤器、油冷器、视镜清理。

2.2.2.13　拆除气缸大盖，清理、检查气缸，对缸体应力集中部位及高压螺栓做无损检测。

2.2.2.14　解体检查、清洗、测量、调整隔板组件。

2.2.2.15　检查各迷宫密封间隙，必要时更换气封。

2.2.2.16　各气体冷却器清理、检查、试压。

2.2.2.17　清理、检查分离器。

2.2.2.18　检查、调整机组各管道支架、膨胀节及弹簧吊架。

2.2.2.19　检查基础是否有裂纹、下沉、脱皮等缺陷。

2.2.2.20　对干气密封系统进行解体检查、清理。

2.2.2.21　消除水、气、油系统的跑冒滴漏缺陷。

2.2.2.22　复查并调整机组各轴系对中。

2.2.3　汽轮机大修内容

2.2.3.1　复查并记录各有关数据。

2.2.3.2　检查测量径向和推力轴承。

2.2.3.3　检查调速、保安系统，消除缺陷(包括启动装置、放大器、油动机、调速器、调速器传动系统、危急遮断器、危急保安装置、电磁阀、仪表测速、测振及轴位移探头等)。

2.2.3.4　检查主汽阀、调节阀，消除缺陷。

2.2.3.5　检查、清洗滑销系统部件，测量间隙。

2.2.3.6　检查、清洗凝汽器、抽气器及抽气器冷却器。

2.2.3.7　检查、清理手动盘车器。

2.2.3.8 检查、完善汽轮机外保温。

2.2.3.9 检查、校验润滑油及安全油联锁系统。

2.2.3.10 做汽轮机调速系统静态调试。

2.2.3.11 检查调整转子与汽缸的同轴度。

2.2.3.12 检查清理汽缸部分。

2.2.3.13 检查、清理喷嘴、蒸汽室、导叶持环、隔板、导叶。

2.2.3.14 检查、清理、测量轴封、隔板汽封、动叶汽封间隙及通流间隙。

2.2.3.15 检查、清理、测量转子，轴颈、叶根、叶片、围带、铆钉、拉筋做无损检测，必要时转子做动平衡校验及叶片测频。

2.2.3.16 解体检查调速、保安系统所有部件。

2.2.3.17 缸体中分面螺栓、自动主汽阀及调速汽阀连接螺栓检查，必要时做无损检测。

2.2.3.18 解体检修主蒸汽截止阀、自动主汽阀、调速汽阀、大气释放阀，缸体报警阀等，并对其阀杆做无损检测。

2.2.3.19 检查测验真空系统。

3 检修与质量标准

3.1 安全与质量保证注意事项

3.1.1 检修前准备工作

3.1.1.1 根据机组运行情况、状态监测报告及故障诊断结论进行危害识别、环境识别和风险评估，按照 HSE 管理体系要求，编制检修方案。

3.1.1.2 备齐备足所需的合格备件及材料，并有质量合格证或检验单。

3.1.1.3 备好所需的工具及检验合格的量具。

3.1.1.4 起重机具、绳索按规定检验，动、静负荷试验合格。

3.1.1.5 备好零部件的专用放置设施。

3.1.1.6 备好空白的检修记录表及有关资料。

3.1.1.7 严格执行设备检修交接工作。

3.1.1.8 做好安全、劳动保护各项准备工作。

3.1.2 检修应具备的条件

3.1.2.1 汽轮机汽缸温度低于120℃方可拆除缸体保温。

3.1.2.2 停机后继续油循环至缸体温度低于80℃，回油温度低于40℃。

3.1.2.3 润滑油停止循环后，关闭干气密封的阻隔气气源。

3.1.2.4 严格执行盲板制度，使机组与系统隔离；电源切除，安全技术措施落实。

3.1.2.5 办好工作票，做好交接工作。

3.1.3 拆卸

3.1.3.1 拆卸严格按程序进行，使用专用工具，严禁生拉、硬拽及铲、打、割等方式野蛮施工。

3.1.3.2 拆卸零部件时，做好原始安装位置标记，确保回装质量。

3.1.3.3 拆开的管道与设备孔口要及时封好。

3.1.4 吊装

3.1.4.1 吊装前必须掌握被吊物的质量，严禁超载(主要部件质量见附录B)。

3.1.4.2 拴挂绳索应保护被吊物不受损伤，放置安稳。

3.1.5 吹扫和清洗

3.1.5.1 采用压缩空气或蒸汽吹扫后的零部件，应及时清除水分，并涂上干净的工作油。

3.1.5.2 精密零部件应用煤油清洗，不得用蒸汽吹扫，且装复前必须擦干净并涂上干净的工作油。

3.1.5.3 干气密封组件解体后，动、静环等所有零部件应用无水乙醇或丙酮清洗，并用绸布揩净。

3.1.6 零部件保管

拆下的零部件应采取适当的保护措施，记好标记，定位摆放整齐，管理责任落实到人，严防变形、损坏、锈蚀、错乱和丢失。

3.1.7 组装

3.1.7.1 组装的零部件必须清洗，风干并符合要求。

3.1.7.2 机组缸体扣盖前，必须确认缸内无异物，各管口的堵物已完全取出，内件已组装完全，固定牢靠，缸体中分面平滑干净，各项技术指标符合规程要求，一切检查无误，并由技术负责人签字后方可扣大盖。

3.1.8 油系统清洗

机组检修封闭后，应按照油系统循环清洗方案循环清洗。如入口管道检修过，应在轴承及调节系统前加过滤网。循环系统要避免死角，油温不低于40℃，回油口以200目过滤网检查肉眼可见污点不多于3个为合格。循环清洗结束后抽拆轴承检查。

3.2 压缩机检修

3.2.1 主要拆卸检查程序

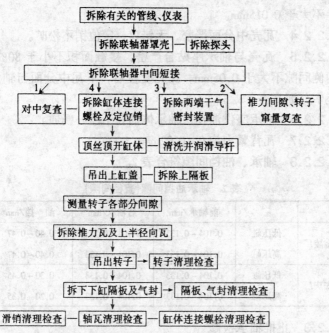

复位按上述相反程序进行。

回装时压缩机中分面、轴承箱外盖要求用丙酮清洗干净后均匀涂抹 704 硅橡胶密封。

3.2.2 径向轴承检修

3.2.2.1 瓦块及油挡的巴氏合金无脱壳、裂纹、夹渣、气孔、烧损、碾压、偏磨等缺陷。

3.2.2.2 用带适当预载荷系数的假轴检查瓦面，不得有高点及偏磨，接触面积大于 80%。

3.2.2.3 瓦块与瓦壳的接触面应光滑、无磨损。瓦块摆动自如，与防转销钉间无整劲、顶起等状况，同一组瓦块厚度差不大于 0.015mm。

3.2.2.4 瓦壳中分面严密、无错口，定位销不松旷。

3.2.2.5 瓦壳与轴承座贴合严密，接触面积不小于 80%，两侧间隙不大于 0.05mm。瓦壳复位后，下瓦中分面与轴承座中分面平齐。

3.2.2.6 轴承座供油孔、轴承体油孔干净、畅通。

3.2.2.7 瓦背紧力为 0 ~ 0.02mm。

3.2.2.8 轴承、油挡间隙符合表 2。

表 2　轴承油挡间隙(直径间隙)

		前轴承/mm	后轴承/mm	油　挡/mm
金陵厂	低压缸	0.104 ~ 0.133	0.104 ~ 0.133	0.40 ~ 0.47
	高压缸	0.104 ~ 0.133	0.104 ~ 0.133	0.40 ~ 0.47
安庆厂	低压缸	0.104 ~ 0.133	0.104 ~ 0.133	0.30 ~ 0.45
	高压缸	0.104 ~ 0.133	0.104 ~ 0.133	0.20 ~ 0.35

3.2.3 止推轴承检修

3.2.3.1 金斯伯雷轴承

a. 瓦块及巴氏合金无脱壳、划痕、裂纹、碾压、烧伤等缺陷，瓦背承力面无过大磨损；

b. 每个止推块与止推盘的接触面积应大于 70%，且分布均匀；

c. 同一组止推块厚度差不大于 0.01mm；

d. 检查上、下摇块，接触部位应光滑，无凹坑、压痕。定位销钉长度合适，固定牢靠。支承销与相应的摇块销孔间无磨损、卡涩，装配后的止推块应摆动自如；

e. 止推盘表面光滑，表面粗糙度 R_a 不大于 0.4μm，端

面跳动不大于 0.015mm;

　　f. 基环中分面应严密，自由状态下间隙不大于 0.03mm;

　　g. 调整垫应光滑平整、不瓢曲，厚度差不大于 0.01mm;

　　h. 检查瓦壳应无变形、翘曲、错口，中分面接合严密、无间隙，定位销不松旷;

　　i. 瓦壳与轴承座接合严密，轴向间隙不大于 0.05mm;

　　j. 油封环完好，防转销固定牢靠;

　　k. 轴承油孔干净、畅通;

　　l. 止推间隙为 0.25～0.35mm，油封间隙 0.20～0.35mm（直径间隙）;

　　m. 轴承压盖中分面平整，贴合严密，定位销不松动，压盖不错口，测温孔与瓦壳孔对准;

　　n. 轴位移仪表显示值与机械测量值有差异时，要查找原因并予以消除。

3.2.3.2　米契尔轴承

　　a. 瓦块及巴氏合金无脱壳、划痕、裂纹、碾压、烧伤等缺陷，瓦背承力面无过大磨损;

　　b. 每个止推块与止推盘的接触面积应大于 70%，且分布均匀;

　　c. 止推盘表面光滑，表面粗糙度 R_a 不大于 $0.4\mu m$，端面跳动不大于 0.015mm;

　　d. 基环中分面应严密，自由状态下间隙不大于 0.03mm;

　　e. 调整垫应光滑平整、不瓢曲，厚度差不大于 0.01mm;

　　f. 检查瓦壳应无变形、翘曲、错口，中分面接合严密、无间隙，定位销不松旷;

　　g. 瓦壳与轴承座接合严密，轴向间隙不大于 0.05mm；

　　h. 油封环完好，防转销固定牢靠；

　　i. 轴承油孔干净、畅通；

　　j. 止推间隙为 0.25～0.35mm，油封间隙 0.20～0.35mm（直径间隙）；

　　k. 轴承压盖中分面平整，贴合严密，定位销不松动，压盖不错口，测温孔与瓦壳孔对准；

　　l. 轴位移仪表显示值与机械测量值有差异时，要查找原因并予以消除；

　　m. 同一组止推块厚度差不大于 0.01mm；

　　n. 瓦块定位销与基环连接牢固，不影响瓦块自由摆动。

3.2.4　转子检修

3.2.4.1　清洗转子，宏观检查转子各部，应无损坏、严重磨损、腐蚀、焊缝脱焊、裂纹等缺陷，与轴配合固定件无松动。

3.2.4.2　对转子整体做无损检测，要求无裂纹及其他缺陷。

3.2.4.3　轴承处轴颈、止推盘工作面应光洁平整，表面粗糙度不大于 $0.4\mu m$，轴颈圆度、圆柱度应不大于 0.02mm。

3.2.4.4　转子有关部位的最大允许跳动量见表 3。

表 3　转子有关部位最大允许跳动量

	轴承处轴颈	推力盘	平衡盘	联轴器安装盘	叶轮外缘	叶轮口环	轴封部位
径向跳动/mm	0.01		0.06	0.05	0.15	0.06	0.06
端面跳动/mm		0.01		0.06	0.40	0.10	

3.2.4.5 低压缸的总窜量为：向进口端 2mm，向出口端 2mm；高压缸的总窜量为：向进口端 1.5mm，向出口端 1.5mm。

3.2.4.6 转子修复和更换后，或经长周期运转转子工频振动成分增大时，应进行动平衡校验，低速动平衡精度为 ISO 1940 G0.4 级，高速动平衡精度应符合 ISO 2372 要求，其支承振动速度有效值不大于 1.12mm/s。

3.2.5 隔板与气封修理

3.2.5.1 拆下隔板检查清洗，隔板应无变形、腐蚀、裂纹等缺陷，流道光滑，导流器、回流器叶片完好。

3.2.5.2 隔板中分面光滑平整，有缺陷应补焊研平，上、下隔板组合后最大间隙不超过 0.10mm。

3.2.5.3 隔板的固定螺钉固定牢固，塞焊点完好。

3.2.5.4 隔板与气缸配合面无冲刷沟槽，配合严密，不松旷。

3.2.5.5 气封齿无卷边、折断、残缺、变形等缺陷，齿顶锋利，且与转子相应的槽道对准，当轴推至一端时不会相碰。

3.2.5.6 气封块在隔板凹槽中松紧适宜，水平剖分面与隔板剖分面平齐、气封固定螺钉固定牢靠。

3.2.5.7 各密封间隙及流道对中要求见表4(直径间隙)。

3.2.6 气缸修理

3.2.6.1 清扫气缸，所有油孔及排放孔、平衡管应畅通。

3.2.6.2 气缸应无变形、裂纹、腐蚀、冲蚀等缺陷，中分面应平整光滑，接合严密，自由状态下间隙不大于 0.05mm。

3.2.6.3 中分面连接螺栓检查清洗，如发现异常应做无损检测。

表 4 密封间隙及流道对中值表

		轴封/mm	轮盖密封/mm	级间密封/mm	平衡盘密封/mm	流道对中/mm
金陵	低压缸	0.35~0.55	0.55~0.75	0.45~0.70	0.50~0.70	±1
	高压缸	0.25~0.45	0.45~0.70	0.30~0.50	0.35~0.55	±1
安庆	低压缸	0.25~0.40	0.65~0.75	0.30~0.50	0.40~0.60	±1
	高压缸	0.25~0.40	0.35~0.55	0.30~0.50	0.35~0.55	±1

3.2.6.4 安装隔板的榫槽内应光滑平整，隔板复位前榫槽内应涂刷黑铅粉。

3.2.6.5 清理滑销及连接螺栓，滑销无变形、损伤、卡涩等缺陷，滑销两侧总间隙为 0.04~0.08mm；连接螺栓顶间隙为 0.08~0.15mm。

3.2.7 联轴节修理

3.2.7.1 齿式联轴器检修

a. 联轴器齿面应光滑，无严重磨损、点蚀、裂纹等缺陷。啮合松紧适度，不卡涩，能自由滑动，啮合接触面积沿齿高不小于 50%，沿齿长不小于 70%；

b. 联轴器齿套及中间短接应有 2~3mm 的轴向窜量；

c. 联轴器内孔与轴颈外表面清洗，去毛刺，配合应紧密，接触面积应大于 80%，装配后，其径向跳动不大于 0.02mm；

d. 双键联轴器两键槽与键应均衡接触，无挤压变形；

e. 联轴器应成套更换，新加工的联轴器组件应进行动平衡校验；

f. 联轴器连接螺栓应着色检查,要求完好无损。螺母防松性能良好，螺母与螺栓单配不互换，其质量差不大于 0.2g；

g. 联轴器喷油管清洁通畅，油嘴位置正确。

3.2.7.2 叠片联轴器检修

a. 拆除中间隔环前，将转子推至工作位置，检查中间隔环的轴向窜量；拆除中间隔环后，再将转子推至工作位置，检查左、右间隔环法兰间的距离；

b. 拆除左、右间隔环，保证转子在工作位置，检查两安装盘法兰间的距离，并记录下安装盘法兰面与轴头端面间的距离；

c. 检查金属叠片，应无碰伤、变形、裂纹等缺陷；

d. 安装盘内孔及轴头外表面清洗，去毛刺，两者间配合应紧密，接触面积应大于 80%；

e. 双键联轴器两键槽与键应均衡接触，无挤压变形；

f. 联轴器应成套更换，新加工的联轴器组件应进行动平衡校验；

g. 联轴器联接螺栓应着色检查，要求完好无损。螺母防松性能良好，螺母与螺栓单配不互换，其质量差不大于 0.2g；

h. 做动平衡时，禁止在安装盘上去重。

3.2.8 干气密封修理

3.2.8.1 安装固定板、固定套，用丝杆将干气密封整体从机壳内拉出，解体检查并用无水乙醇或丙酮清洗，绸布揩净。

3.2.8.2 转子轴颈、机壳内孔表面清洗，去毛刺。

3.2.8.3 更换所有的 O 形环，安装前只可在 O 形环表面涂少量的硅润滑脂。

3.2.8.4 干气密封复位前，密封的旋转、轴向移动应自如。

3.2.8.5 干气密封复位前，转子处于工作位置；密封气进口及泄漏排放管路应导通、吹净。

3.2.8.6 干气密封复位时,螺旋槽方向与转子运转方向一致。

3.2.8.7 干气密封复位后,禁止反工作转向盘车。

3.3 汽轮机修理

3.3.1 主要拆卸程序

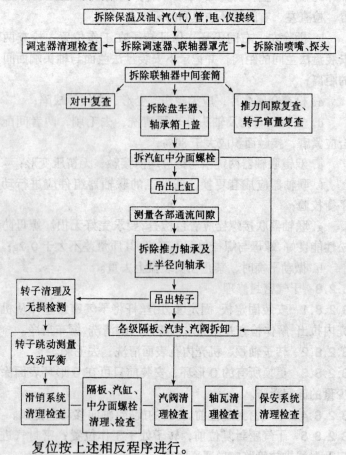

复位按上述相反程序进行。

　　回装时汽轮机中分面要求用丙酮清洗干净后，用精炼制配好的干净亚麻仁油、铁锚604密封胶或MF－Ⅰ型汽缸密封脂均匀涂抹在中分面上。当气缸中分面自然扣合间隙超大时，可在亚麻仁油中添加石墨粉、铁粉等添加剂或采用MF－Ⅱ、Ⅲ增稠型汽缸密封脂。

3.3.1.1　辅属部件

　　a.拆除保温层及金属外护罩(此项必须在汽缸壁温＜80℃时才能进行)、联锁及仪表等；

　　b.机组与系统隔离，电源切除，安全技术措施落实；

　　c.拆除辅属管线(各种油管、汽(气)、水管及法兰螺栓等，并立即封闭所有管口)；

　　d.办好工作票，做好交接工作。

3.3.1.2　盘车器

　　a.拆卸盘车器；

　　b.检查盘车棘轮及挂钩、圆柱销，消除盘车器密封盖板漏油。

3.3.1.3　调速系统

　　a.拆卸检查清洗调速器；

　　b.拆卸调速系统伺服马达与调节阀、危急保安装置与放大器、油动机等部位的联结管线、连杆等，与调速系统有关的各种油管；

　　c.拆卸检查各铰接点的销轴与孔的磨损程度并测量配合间隙；

　　d.拆卸调速系统与主轴的传动机构；

　　e.拆卸检查启动装置、放大器、油动机等启动、放大、执行机构。

3.3.1.4　轴承部分

　　a.检查各轴承钨金有无严重磨损、裂纹、表面脱落等缺陷；

　　b. 测量轴承各部位间隙及轴承压盖的紧力；

　　c. 检查轴承各定位销、防转销、瓦块支撑构件等；

　　d. 检查测量轴承的油挡及油封环的间隙。

3.3.1.5　汽缸、导叶持环、隔板与转子部分

　　a. 拆卸猫爪螺栓；

　　b. 将下汽缸支撑。拧动支撑螺栓时，架表使每只猫爪上升 0.01 ~ 0.02mm；

　　c. 拆卸汽缸结合面螺栓；

　　d. 揭汽缸大盖。安装汽缸起吊导杆(涂以透平油)，用顶丝顶起上汽缸 20 ~ 30mm 后方能起吊。顶起和起吊汽缸时，汽缸四角升起高度误差不得超过 2 mm，同时应在前后轴径架表监视，若转子同时升起，应立即停止起吊，查明原因，设法处理。上汽缸隔板、汽封块松动脱落时，应立即停止起吊，设法固定。揭开大盖后应立即封闭各种管口，以防杂物落入。汽缸结合面应放置保护垫，同时禁止穿有钉子的鞋子上缸工作，以免划伤汽缸结合面。不得用粗锉刀、粗砂布、铁器等清洗转子轴径、汽缸结合面、隔板结合面等部位；

　　e. 检查喷嘴间隙、轴汽封、级间汽封、动叶汽封等部位的间隙以及止推间隙、转子轴向窜量等；

　　f. 检查汽缸、导叶持环、隔板、导叶片、汽封块等有无裂纹、漏汽、结合面的冲蚀等缺陷，测量结合面的水平度及间隙；

　　g. 检查转子与各级隔板、轴封体、轴承支架等部位的同轴度；

　　h. 清理检查转子，除净调节级、各转鼓级动叶片等部位的结垢，检查各部位有无损伤及裂纹等缺陷，必要时做全

面的无损检测、高速或低速动平衡试验、叶片测频工作；

　　i. 检查转子各部位的径向跳动及端面圆跳动等指标；

　　j. 测量轴颈扬度、转轴直线度、轴向偏摆、轴颈圆度等；

　　k. 拆卸检查蒸汽室(带调节级喷嘴和内汽封)、导叶持环和导叶片；

　　l. 检查清理调整滑销系统。

3.3.1.6　主汽阀与调节汽阀

　　a. 测量调节汽阀弹簧工作高度和自由高度；

　　b. 检查主汽阀、调节汽阀的开关是否灵活，行程是否符合技术要求；

　　c. 拆卸检查主汽阀法兰螺栓、调节汽阀所在蒸汽室螺栓，调节汽阀拉杆与螺栓、阀头根部及提板等部位，拉杆应做无损检测；

　　d. 检查主汽阀、调节汽阀的阀杆和阀碟的冲蚀、磨损情况，粗糙度等，阀杆应做无损检测；

　　e. 检查主汽阀(大、小阀碟)、调节汽阀主密封面及导向圈或套筒密封情况；

　　f. 检查主汽阀、调节汽阀阀杆直线度，两阀阀杆应做无损检测；

　　g. 检查主汽阀试验活塞、二位三通阀等试验装置是否灵活；

　　h. 检查测量调节阀阀梁上各调节阀之间的重叠度；

　　i. 检查清理主汽阀内蒸汽滤网；

　　j. 检查主汽阀阀碟背部与阀盖衬套之间形成的结合面密封情况。

3.3.1.7　危急保安及联锁系统

　　a. 解体调速及保安系统时不得用棉纱等清理部件，不得带手套工作，保证部件清洁；

b. 检查主汽阀油动机各零部件是否完好、测量活塞及活塞盘与缸体配合间隙，油路是否通畅，活动是否自如，行程开关是否有效；

c. 检查危急遮断器是否灵活可靠；

d. 检查危急保安装置及电磁阀工作是否可靠；

e. 检查机组中控和现场控制面板上紧急手动停车按钮是否可靠；

f. 检查机组中控和现场压力、温度、液位、真空度等指示器，振动、轴位移等探头、联锁机构是否准确、有效。

3.3.1.8 油系统

a. 拆卸检查主、辅油泵及事故油泵；

b. 检查清理油箱、油管路、调节油和润滑油总管调节阀(即溢流阀)、各润滑点调节阀、单向阀、安全阀、阻尼器、节流孔板、缓冲器(罐)等；

c. 检查拆卸油冷却器和油过滤器。

3.3.1.9 真空系统

a. 检查拆卸抽气器；

b. 检查拆卸凝汽器，除净结垢并更换损坏的管束；

c. 检查更换凝汽器防爆片；

d. 检查调整凝汽器的液位计及液位调节器；

e. 检查拆卸凝水泵。

3.3.2 径向轴承检修

3.3.2.1 径向轴承为四油楔固定瓦轴承，直径间隙为 0.15 ~ 0.187mm。

3.3.2.2 瓦背紧力为 0.02 ~ 0.075mm。

3.3.2.3 轴承合金与轴承衬应结合牢固，不得有裂纹、砂眼、孔洞、剥离、夹渣等缺陷，工作表面应光滑，无划痕及硬点。

3.3.2.4 下轴承衬背与轴承座结合面应光滑、接触均匀，接触面应在 80% 以上，防转销牢固可靠，各油孔干净、通畅。

3.3.2.5 四油楔轴承油楔角度为 45°，轴颈与轴承接触点应不少于 2 点/cm²。

3.3.2.6 检查测量轴承座结合面水平度。

3.3.2.7 检查轴承座内波纹管有无破损，前轴承座拉杆与前轴承座孔端面间隙见表 5(如图 1 所示)。

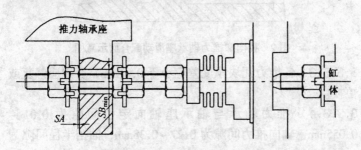

图 1 前轴承座拉杆与前轴承座示意图

表 5 前轴承座拉杆与前轴承座孔端面间隙表

	SA	SB
最大/mm	0.14	
最小/mm	0.05 ~ 0.07	> 0.3

3.3.2.8 径向和推力轴承座滑动配合面两侧总间隙 $S = 0.16 \sim 0.2\text{mm}$(如图 2 所示)。

3.3.3 推力轴承检修

3.3.3.1 推力轴承为米契尔式，主、副瓦各 8 块。

3.3.3.2 推力轴承工作表面应光滑，接触印痕均匀，平面度为 0.015mm。

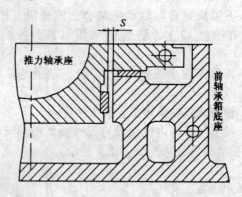

图 2 径向和推力轴承座滑动配合面示意图

3.3.3.3 各推力瓦块厚度差应小于 0.01mm，否则应修复或更换。

3.3.3.4 推力轴承与轴承座轴向定位间隙为 0.01 ~ 0.055mm，轴向推力间隙为 0.27 ~ 0.38mm，油挡半径间隙为 0.05 ~ 0.075mm。

3.3.3.5 推力轴承表面的轴承合金厚度应小于 1.5mm。

3.3.4 联轴器检修

3.3.4.1 齿式联轴器检修

a. 联轴器齿面应光滑，无严重磨损、点蚀、裂纹等缺陷。啮合松紧适度，不卡涩，能自由滑动，啮合接触面积沿齿高不小于 50%，沿齿长不小于 70%；

b. 联轴器齿套及中间短接应有 2 ~ 3mm 的轴向窜量；

c. 联轴器内孔与轴颈外表面清洗，去毛刺，配合应紧密，接触面积应大于 80%，装配后，其径向跳动不大于 0.02mm；

d. 双键联轴器两键槽与键应均衡接触，无挤压变形；

e. 联轴器应成套更换，新加工的联轴器组件应进行动平衡校验；

f. 联轴器连接螺栓、齿套及中间短节应着色检查，要求完好无损。螺母防松性能良好，螺母与螺栓单配不互换，其质量差不大于 0.2g；

g. 联轴器喷油管清洁通畅，油嘴位置正确。

3.3.5 盘车装置检修

3.3.5.1 手动盘车机构应动作灵活，棘爪与棘轮离合可靠。

3.3.5.2 手动盘车装置上盖应无漏油现象。

3.3.5.3 应保证棘爪手柄处于非盘车极限位置时棘爪不应与棘轮相碰。

3.3.6 转子检修

3.3.6.1 用机械或化学方法清洗转子部件上的污垢、盐垢等。

3.3.6.2 转子径向跳动公差值见表 6。

表 6 转子径向跳动公差值　　　　　　　　　mm

转子类别	联轴器	主轴颈	轴　封	级间汽封	叶轮外缘
整锻转子	0.02	0.01	0.02	0.02	0.02

3.3.6.3 端面跳动公差值见表 7。

表 7 端面跳动公差值　　　　　　　　　mm

转子类别	联轴器	止推盘	叶轮外缘
整锻转子	0.03	0.01	0.03

3.3.6.4 主轴颈圆柱度不大于 0.02mm。

3.3.6.5 转子直线度不大于 0.02mm。

3.3.6.6 轮毂、叶片、围带、拉筋、铆钉、汽封片等应无松动、腐蚀及裂纹等现象。

3.3.6.7 修理径向轴承所在轴颈、推力盘工作面等部位时可用金相砂纸或最细的研磨膏进行抛光，不得使用粗砂纸或锉刀等工具。

3.3.6.8 转子吊起前测量前后轴颈扬度，并结合底瓦厚度（或瓦的磨损量）和轴承座水平判断基础的不均匀下沉情况。

3.3.6.9 轴颈及止推盘根部、各轴段过渡区、轴肩、叶轮外缘、叶根槽外表面清洗、用不低于 10 倍放大镜进行外观检查应无裂纹、腐蚀、磨损等缺陷，对怀疑部位进行无损检测（着色、磁粉或超声），检查末 3 级动叶片的拉筋是否完好，记录末 3 级叶片的冲蚀情况。

3.3.6.10 平衡螺钉应牢固、捻冲可靠，必要时可在平衡螺钉内加钢球。

3.3.6.11 如转子圆跳动过大、更换转子部件、运行时振动过大，经诊断为转子不平衡所致，应做高或低速动平衡。

3.3.6.12 转子低速动平衡精度等级为 ISO 1940 G0.4 级；高速动平衡应符合 ISO 2372 要求，其支承处振动速度 ≤1.12mm/s。

3.3.7 汽封检修

3.3.7.1 轴封、级间汽封、叶顶汽封等径向、轴向间隙见表8、表9、表10（如图3、4、5所示）。

表8 轴封间隙值表

	A	B	C	D	E	e_1	e_2	SR	SRb
最大/mm	0.55	0.45	2.3	2.3	2.3	2.3	2.3	0.44	0.44
最小/mm	0.40	0.30	1.7	1.7	1.7	1.7	1.7	0.30	0.30

注：以上径向间隙均为半径间隙。

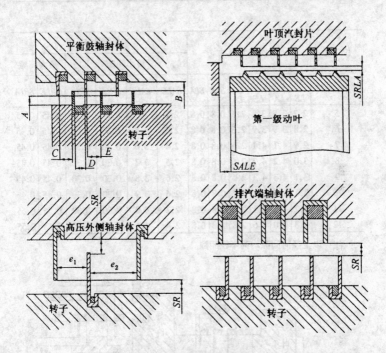

图3 各部轴封示意图

表9 级间汽封隙值表 mm

位 号	结构控制尺寸						验收控制尺寸					
							最小间隙				最大间隙	
导叶/动叶	SALE	SALA	SDLE	SDLA	SLE	SLA	SALE	SALA	SRLE	SRLA	SRLE	SRLA
1	4.0						3.5			0.5		0.76
2	2.5	3.5	3.5	2.5	0.8	0.8	2.0	3.0	0.30	0.30	0.45	0.45
3	2.6	3.6	3.6	2.5	0.8	0.8	2.1	3.1	0.30	0.30	0.45	0.45
4	2.7	3.7	3.7	2.5	0.8	0.8	2.2	3.2	0.30	0.30	0.45	0.45

位　号	结构控制尺寸						验收控制尺寸					
							最小间隙				最大间隙	
导叶/动叶	$SALE$	$SALA$	$SDLE$	$SDLA$	SLE	SLA	$SALE$	$SALA$	$SRLE$	$SRLA$	$SRLE$	$SRLA$
5	2.7	3.8	3.8	2.5	0.8	0.8	2.2	3.3	0.30	0.30	0.45	0.45
6	2.8	3.9	3.9	2.5	0.8	0.8	2.3	3.4	0.30	0.30	0.45	0.45
7	2.9	4.1	4.1	2.5	0.8	0.8	2.4	3.6	0.30	0.30	0.45	0.45
8	3.0	4.2	4.2	2.6	0.8	0.8	2.5	3.7	0.30	0.30	0.45	0.45
9	3.1	4.3	4.3	2.6	0.8	0.8	2.6	3.8	0.30	0.30	0.45	0.45
10	3.1	4.4	4.4	2.7	0.8	0.8	2.6	3.9	0.30	0.30	0.45	0.45
11	3.2	4.5	4.5	2.8	0.8	0.8	2.7	4.0	0.30	0.30	0.55	0.55
12	3.3	0.0	4.6	2.8	1.0	0.8	2.8	4.1	0.30	0.30	0.55	0.55

注：以上径向间隙均为半径间隙。

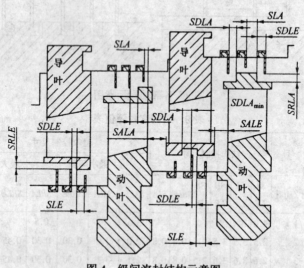

图 4　级间汽封结构示意图

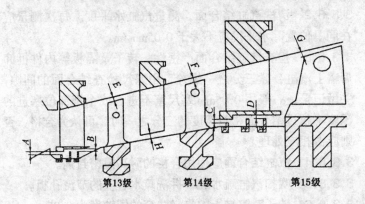

第13级　　　　　第14级　　　　　第15级

图 5　叶顶汽封结构示意图

表 10　叶顶汽封间隙表　　　　　　mm

级　　数	A	B	C	D
13 /14 /15	$0.4^{\ 0}_{-0.2}$	$0.4^{\ 0}_{-0.2}$	$0.4^{\ 0}_{-0.2}$	$0.4^{\ 0}_{-0.2}$
级　　数	E	F	G	H
13 /14 /15	$1.4^{+0.21}_{-0.07}$	$1.6^{+0.26}_{-0.10}$	$2.5^{+0.33}_{-0.15}$	$0.5^{+0.13}_{0}$

注：以上径向间隙均为半径间隙。

3.3.7.2　各镶嵌汽封片应完好，如有破损视损坏情况进行修复。

3.3.7.3　测量汽封间隙可采用胶布贴在汽封齿或转子上、塞尺测量、假轴测量等方法，视具体情况选择不同测量方法。

3.3.8　汽缸、机座、导叶持环及导叶检修

3.3.8.1　检查汽缸有无裂纹、中分面有无冲蚀痕迹等缺陷，如有可采取补焊和金属密封胶修补等方法修复。

3.3.8.2 清洗汽缸结合面，测量汽缸水平度。每次测量应在同一位置。水平度应不大于 0.05mm/m。

3.3.8.3 检查汽缸结合面严密性。转子及隔板等内件拆卸后盖上汽缸，紧三分之一螺栓，用塞尺检查结合面的间隙，并做记录。一般用 0.05mm 塞尺塞不进，或个别部位塞进的深度不超过结合面密封宽度的三分之一时，可认为合格，否则应做相应处理。

3.3.8.4 汽缸结合面应使用合格的耐高温密封剂。

3.3.8.5 吹扫汽缸疏水孔，拆洗疏水管上的节流孔板。

3.3.8.6 转子对汽缸上的汽封洼窝的同轴度为 0.05mm。

3.3.8.7 检查汽缸结合面、主汽门、调节汽门、进汽法兰螺栓：清洗螺栓、螺帽，做硬度、金相组织、着色、超声波等无损检测，测量螺栓长度和中径，必要时还应做机械性能试验等工作；螺栓伸长 > 1% 时，更换备件；检测发现裂纹时，应更换备件；硬度值 > HB300，< HB200，a_k 值 ≤ 3 ~ 5kgf·m/cm^2 和发现网状组织时，应更换备件或作恢复性热处理；更换的螺栓、螺帽要打上钢印编号。拧紧螺栓紧力为 80kgf·m。

3.3.8.8 完善汽缸、蒸汽管线、法兰保温，保温壳外表应整齐无缺。

3.3.8.9 猫爪紧固螺栓轴向、径向间隙见表 11（如图 6 所示）。

表 11 猫爪紧固螺栓间隙表   mm

	A	B	C	D	E	F
最大	0.20	0.12	11.0	6.5	6.5	11.0
最小	0.10 ~ 0.14	0.08	7.0	1.5	1.5	7.0

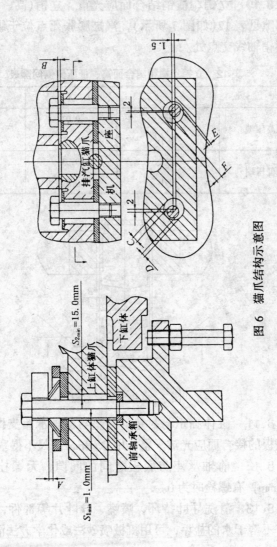

图 6　猫爪结构示意图

993

3.3.8.10 立销、横销结合面应光滑，立销（高、低压侧）侧间隙见表12（如图7所示），汽缸膨胀死点位于纵销轴线与横销轴线交点处。

表12 立销、横销结合面高、低压侧侧间隙表 mm

		A	B
高压端	最大	0.03	0.03
	最小	0.01	0.01
低压端	最大	0.03	0.03
	最小	0.01	0.01

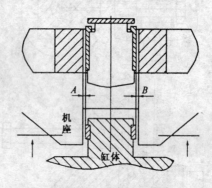

图7 立销结构示意图

3.3.8.11 缸体猫爪与衬垫、衬垫与前轴承箱支撑面、基础底板的接合面应光洁平整，用0.03mm塞尺不得塞入。

3.3.8.12 前轴承座与底板之间的间隙，无螺栓时小于0.05mm，有螺栓时为0。

3.3.8.13 清洗导叶持环、喷嘴、导叶片等部件，导叶片若有不溶于水的盐垢，可用机械喷砂法或化学方法清除。

3.3.8.14 隔板装配时应在结合面处涂抹干黑铅粉或耐高温铝脂。

3.3.8.15 导叶持环内孔中心线较缸体中心线下沉 S 和水平轴向安装位置总间隙 SA（见图 8）应符合要求：$S = 0.10 \sim 0.14\text{mm}$，$SA = 0.015 \sim 0.035\text{mm}$。

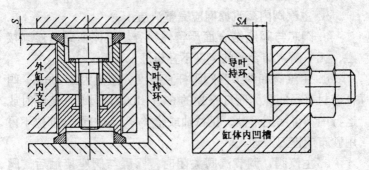

图 8 导叶持环与缸体安装位置示意图

3.3.9 汽轮机调节及保安系统检修

3.3.9.1 调速系统

　　a. 解体所有部件（启动装置、放大器、油动机等），检查部件有无磨损、裂纹、锈蚀、弯曲等缺陷，测量各部件配合间隙、重叠度、行程等，测量弹簧刚度，验收标准详见技术特性卡片和有关图纸。有严重缺陷，指标超差的部件更换备件或调整；

　　b. 所有部件油孔吹扫畅通。滑阀、活塞外周毛刺等用油石处理，不得用锉刀，粗砂布等；

　　c. 检查所有连杆销子、销孔、接头的磨损情况，应转动灵活，根据所处环境温度定期加润滑油或脂；

　　d. WOODWARD 调速器应送至调速器专用试验台进行性

能测试和调校。并请调试单位出具调试报告。

3.3.9.2 主汽阀、调节汽阀

　　a. 解体检查所有部件有无裂纹、变形、磨损等缺陷。测量调节汽阀的总开度，阀杆衬套密封间隙，弹簧刚度。有缺陷的部件应更换备件；

　　b. 主汽阀内蒸汽滤网应完整清洁；

　　c. 阀芯与阀座结合面严密性检查。应保证周向连续接触，无中断，结合面的宽度不宜超过 1.5mm；

　　d. 主汽阀和调节汽阀阀杆直线度公差值为 0.03mm，阀杆密封直径间隙为阀杆直径的 6‰~10‰。阀部件装配时或运行中不得涂透平油，机械油或脂类等。阀杆配合部位不得用砂布或锉刀清理；

　　e. 主汽阀、调节汽阀关闭时，阀碟与阀座接触后，阀杆还应有一定的富裕行程；

　　f. 调速汽阀解体时应首先记录弹簧组装长度，然后放松弹簧后，方可拆卸阀室紧固螺栓；

　　g. 测量调速汽阀的重叠度应符合表 13 要求(如图 9 所示)；检查阀梁与拉杆紧定螺母是否松动、损坏等，必要时可进行着色检查；

　　h. 测量主汽阀关闭时间。

表 13　调速汽阀重叠度 mm

	I	II	III	IV	V
A	2.0	6.0	9.5	12.5	16.5

3.3.9.3 危急保安装置和危急保安器

　　a. 危急保安器及危急保安装置弹簧弹性应完好，无裂

纹、锈斑，性能符合技术要求；

　　b.危急保安器的飞锤、调整销、弹簧等件组装后应灵活，飞锤的行程为 2mm；

　　c.飞锤与下导向片、导向环配合间隙见表 14(如图 10 所示)；

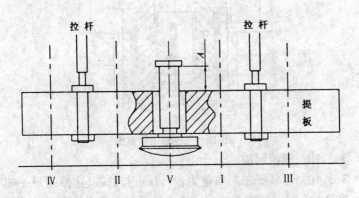

图 9　调速汽阀阀杆与阀梁结构示意图

表 14　飞锤与下导向片、导向环配合间隙表　　　mm

	飞锤与导向环直径间隙 A	飞锤与导向片直径间隙 B
最大	0.343	0.143
最小	0.20	0.02

　　d.飞锤和调整销的成品必须准确地检验和称重；

　　e.通过补充加工调整销的上端来达到准确的击出转速；

　　f.在最终调整完毕后，再装配螺钉并铆冲固定；

　　g.飞锤与危急保安装置的拉钩之间垂直距离为 0.9 ~ 1.2mm；

　　h.电磁阀应无误动作现象，工作情况良好。

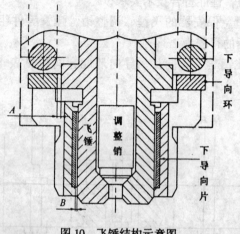

图 10 飞锤结构示意图

3.3.10 通流间隙

3.3.10.1 转子轴向窜量为：1.7mm 排汽端（止推端）←→非排汽端（非止推端）2.3mm。推力轴承轴向定位依据应以转子动叶与喷嘴轴向间隙符合图纸要求时的轴向间隙为准。

3.3.10.2 测量各级动叶与喷嘴、导叶轴向间隙。不符合指标应作处理。注意测量轴向间隙时应将转子向低压端推足，隔板和汽封块向蒸汽流动方向推足。

3.3.11 真空系统

3.3.11.1 抽气器蒸汽滤网应清洁完好，抽气器喷嘴应清理干净，喷嘴应无腐蚀，结垢及裂纹，当喷嘴出口直径加大0.5mm 以上时应更换，喷嘴与扩散管的距离应符合技术要求。

3.3.11.2 凝汽器的排大气安全阀应起落灵活，密封严密；大修后应更换防爆板。防爆板安装时尤其应注意刀口方向或裂口方向。

3.3.11.3 凝汽器的检修标准参见 SHS 01009—2004《管壳式换热器维护检修规程》。

3.3.11.4 凝结水泵的检修标准参见同类泵的检修规程。

3.3.11.5 消除真空系统运行时出现的各类其他缺陷。

3.4 机组对中

3.4.1 采用三表找正法，表架应质量轻、刚性好，表、表架固定牢靠，百分表灵敏可靠。

3.4.2 机组找正前，透平凝汽器内进水至正常水位。

3.4.3 盘车均匀平稳，方向保持一致。

3.4.4 调整垫片光滑平整，无毛刺，并不超过三层。垫片材料应为不锈钢。

3.4.5 读取数据时，缸体顶丝应松开，联系螺栓应紧固，滑销应不受力。

3.4.6 机组冷态对中要求

3.4.6.1 径向误差≤0.03mm，轴向误差≤0.01mm。

3.4.6.2 LP 转子中心线比 KT 转子中心线低 0.18mm，两者之间下张口 0.035mm。

3.4.6.3 HP 转子中心线比 LP 转子中心线低 0.26mm，两者之间上张口 0.025mm。

3.5 辅助设备检修

3.5.1 油系统设备检修

3.5.1.1 油箱清理检查

　　a. 油箱内应无油垢、焊渣、胶质物等杂物，防腐层无起皮、脱落现象。焊接件无变形，固定牢靠；

　　b. 加热器完好；

c. 箱外壁防腐层完好，人孔盖平整，密封良好，固定螺栓无松动。油位视镜清洁透明。

3.5.1.2　油冷器检修

a. 油冷器水侧清洗水垢，管子与管板应无损坏和泄漏。筒体、封头及接管焊缝、防腐层完好；

b. 油冷器应按设计规定进行水压试验；

c. 更换密封垫片。

3.5.1.3　油过滤器检修

a. 过滤器清洗或更换滤芯；

b. 筒体及各连接密封处、焊缝等部位完好无泄漏；

c. 各密封垫圈应无老化或损伤；

d. 防腐层完整，各连接螺栓紧固。

3.5.1.4　蓄压器检修

a. 蓄压器胶囊氮气试压严密无泄漏；

b. 筒体、密封处、接管及焊缝应无裂纹、变形、泄漏等缺陷；

c. 筒外壁防腐，地脚螺栓紧固；

d. 密封垫片无老化、损伤。

3.5.2　密封氮气加压系统检修

a. 加压机解体检查，并更换活塞环；

b. 换向阀检查清理，并更换 O 形圈；

c. 清理蓄压罐，并检查其安全、密封性能；

d. 清理、调校控制回路。

3.5.3　校验安全阀、防喘振阀、压力表、温度表，并检查仪表探头是否完好。

4 试车与验收

4.1 试车准备

4.1.1 由试车小组审查检修纪录，审定试运方案及检查试运现场。

4.1.2 机组按检修方案检修完毕，质量符合本规程要求，现场整洁，盘车无异常现象。

4.1.3 所有压力表、温度表、液面计、测速测振探头、温度、压力、液位报警、停车联锁调校完毕，动作灵敏可靠，符合要求。全部安全阀调试合格。汽轮机调速系统调试合格。

4.1.4 机组油系统盲板拆除，油箱油位在规定范围内，油质合格。油系统的主辅油泵及其他附属设备均达到备用状态。

4.1.5 冷却器通水、排水、排污达到备用状态。

4.1.6 仪表、电气具备试车条件。

4.1.7 蒸汽系统具备试车条件。

4.1.8 蒸汽冷凝系统经真空试验合格。

4.1.9 油系统清洗合格，油循环正常。

4.1.10 与总控及有关单位做好联系工作。

4.1.11 测试工具准备齐全。

4.2 汽轮机单体试车

4.2.1 严格执行汽轮机单体试车操作规程。

4.2.2 记录临界转速值及调速器最低工作转速值，并检查调速器工作状况。

　　调速器投入工作后，仔细检查是否平稳上升和下降，调节系统和配汽机构不应有卡涩、摩擦、抖动现象。

4.2.3 保安系统检查

4.2.3.1 连续做 2 次超速试验，两次误差不应超过额定转速的 1.5%，如超差，应调整重做。

4.2.3.2 重做超速试验时，应待转速下降到正常转速的 90% 以下时，才能合上脱扣机构做下次超速试验。

4.2.4 记录停车后惰走时间。

4.2.5 汽轮机停机

正常停机后，辅助油泵必须继续运行，每隔 10min 手动盘车 180°，直至汽缸温度降到 60℃、轴承油温降到 40℃ 以下时可停止供油。

4.3 机组联动试车

4.3.1 汽轮机带负荷试车按照操作规程进行。

4.3.2 负荷试车的技术要求

4.3.2.1 整个系统管线及各附属设备不得有渗漏。

4.3.2.2 调速油、润滑油压力应符合规定值。

4.3.2.3 各润滑轴承温度不超过 65℃。

4.3.2.4 各轴承振动值不得超过 20μm。

4.3.2.5 转子轴向位移在规定值之内。

4.3.2.6 凝汽器真空度不低于 0.08MPa。

4.3.2.7 调速器迟缓率小于 0.1%。

4.3.2.8 增加负荷时的速度为每分钟增加额定负荷的 4%～5%。

4.4 验收

4.4.1 检修单位向设备主管工程师、使用单位交付检修资料：检修内容、检修及试车记录、设备重大消缺及技改记录、下次检修计划的建议等。

4.4.2 机组满负荷正常运转 72h，达到设备完好标准，即可办理验收合格手续，正式交付生产车间使用。

5 维护与故障处理

5.1 严格按操作规程进行操作。

5.2 纳入"机、电、仪、管、操"五位一体的大机组特护管理，每日定时巡检，认真观察机组参数变化情况，做好记录并存档。

5.3 有效利用在线状态监测数据，结合机组运行情况，定期给出分析报告并存档。

5.4 按润滑油管理规定，使用合适的润滑油，做到定期分析、过滤、补充和更换。

5.5 保持机组设备清洁。

5.6 常见故障及处理(见表15)。

表15 常见故障与处理

序号	故障现象	故障原因	处理方法
1	机组振动	转子不平衡	校验动平衡
		与从动机对中不良	机组重新对中
		基础或紧固件松动	检查紧固
		联轴器损坏	修复或更换
		轴承损坏	修复或更换
		叶片冲蚀或脱落	更换叶片
		油温低或含水	调整润滑油质量
		滑销系统卡涩	清垢、调整
		转子弯曲	校直

序号	故障现象	故障原因	处理方法
2	轴承温度过高	转子振动过大 轴承间隙不当 负荷过大 润滑油质量差 轴颈精度低 润滑油不足 润滑油温度高	消除振动 调整轴承间隙 降低负荷 更换润滑油 修复轴颈 加大油量 降低油温
3	轴向位移过大	级间漏损过大 汽轮机负荷急剧变化 水冲击、反动度增加 叶片结垢、反动度增加 超额定负荷	更换汽封 稳定负荷 疏水提温 除净结垢、提高蒸汽质量 降低负荷
4	润滑油压低	油泵各部间隙过大 泵入口管或滤网堵塞 入口单向阀开度小 各轴承、油动机、错油门等部件间隙过大 油压调节阀损坏	检修油泵 清理入口管或滤网 检修入口单向阀 更换轴承或减小各部间隙 检修
5	真空度过低	循环水不足 水位调整器失灵 凝汽器管束结垢 抽气器堵喷嘴或滤网 备用泵止回阀坏 排大气阀坏或水封断水	加大循环水量 修复水位调整器 检修凝汽器 检查清理 修复止回阀 检修排大气阀及水封
6	压缩机排气温度高	气体冷却器效率低	加大冷却水量，冷却器除垢
7	压缩机干气密封泄漏量过大	主密封面损坏 O形环老化	修复或更换 更换

附 录 A
压缩机主要特性及参数表
（补充件）

表 A1 金陵厂压缩机主要特性及参数表

	低 压 缸	高 压 缸
制造厂	沈阳鼓风机厂	沈阳鼓风机厂
型 号	MCIA57	BCIA08
叶轮数	7	8
介 质	干气	干气
进口介质密度/(kg/m^3)	3.24	10.54
进口流量/(m^3/h)	2182	721
转速/(r/min)	10812	10812
最大连续转速/(r/min)	12201	12201
转子一阶临界转速/(r/min)	4514	4788
转子二阶临界转速/(r/min)	16318	18240
轴功率/kW	1366	
径向轴承型式	可倾瓦	可倾瓦
止推轴承型式	米契尔式	金斯伯雷式
缸体型式	水平剖分	水平剖分
段 别	一段	二段
进口温度/℃	30	50
出口温度/℃	148.4	158.8
进口压力/MPa(绝)	0.5	1.66
出口压力/MPa(绝)	1.74	4.3

表 A2　安庆厂压缩机主要特性及参数表

	低压缸	高压缸
制造厂	沈阳鼓风机厂	沈阳鼓风机厂
型　号	MCL457	BCL408
叶轮数	7	8
介　质	干气	干气
进口介质密度/(kg/m³)		
进口流量/(Nm³/h)	14705	14705
转速/(r/min)	11524	11524
最大连续转速/(r/min)	12800	12800
转子一阶临界转速/(r/min)	4448	4736
转子二阶临界转速/(r/min)	15680	17690
轴功率/kW	2144	
径向轴承型式	可倾瓦	可倾瓦
止推轴承型式	金斯伯雷式	金斯伯雷式
缸体型式	水平剖分	垂直剖分
段　别	一段	二段
进口温度/℃	35	42
出口温度/℃	167	160
进口压力/MPa(绝)	0.5	1.65
出口压力/MPa(绝)	1.69	4.2

附　录　B
主要零部件质量表
（补充件）

kg

单　　位		金陵厂	安庆厂
汽轮机	缸体	5800	5100
	转子	420	280
	上缸盖	2000	2000

续表

单　　位		金陵厂	安庆厂
压缩机 低压缸	缸体	8141	8712
	转子	434.5	434
	上缸盖	3680	4000
压缩机 高压缸	缸体	10703	11156
	转子	344	344
	内筒	3127	3200

附　录　C
汽轮机主要特性及参数表
（补充件）

单　　位		金陵厂	安庆厂
汽轮机	制造厂	杭汽	新日本造机
	型　号	NK25/28/25	C4R6
	额定功率/kW	2278	2856
	正常功率/kW	1794	1918
	额定转速/(r/min)	11960	11524
	最大连续转速/(r/min)	12558	12800
	跳闸转速/(r/min)	13814	13400
	一阶临界/(r/min)	8065	7730
	二阶临界/(r/min)	22223.6	17860
	转速范围/(r/min)	8970～12558	9142～12800
	进汽压力(正常/最大)/MPa(a)	3.8/4.0	3.8

续表

单 位			金陵厂	安庆厂
汽轮机	制造厂		杭汽	新日本造机
	进汽温度（正常最大）/℃		390/410	390
	排汽压力（正常）/MPa(a)		0.01	0.014
	汽轮机总质量/kg		6250	5100
	转子质量/kg		420	280
	维修最大质量/kg		1600	2000
	整机外型尺寸/(mm×mm×mm)		2500×2450×2400	2649×2040×1876
汽水系统辅机	凝汽器	型　号	N-455-1	
		冷却面积/m²	455	
		无水净重/t	17	
	主抽气器	型　号	C-3806-1	
		汽耗量/(kg/h)	105	
		蒸汽压力/MPa(a)	3.8	
		抽干空气量/(kg/h)	6.12	
	起动抽气器	型　号	CD-3806-1	
		汽耗量/(kg/h)	115	
		蒸汽压力/MPa(a)	3.8	
		抽干空气量/(kg/h)	51	

附加说明：

本规程由金陵分公司负责起草，起草人何伟纪、史宇融
（2004）。

34. 氨汽提法尿素高压设备
维护检修规程

SHS 05034—2004

目　　次

1　总则 ································· （1013）

第一篇　尿素合成塔维护检修规程

2　检修周期与内容 ················· （1013）
3　检修与质量标准 ················· （1016）
4　试验与验收 ····················· （1026）
5　维护与故障处理 ················· （1027）
附录 A　尿素高压设备氨渗漏试验方法（补充件）··· （1031）
附录 B　尿素合成塔主要工艺特性（补充件）········ （1033）
附录 C　尿素合成塔主要设备特性（补充件）········ （1033）
附录 D　尿素合成塔主要零部件材料（补充件）····· （1035）
附录 E　尿素合成塔耐蚀层材料的理化性能
　　　　（补充件）··················· （1037）
附录 F　尿素合成塔制造厂焊接规范（补充件）······ （1038）

第二篇　汽提塔维护检修规程

2　检修周期与内容 ················· （1040）
3　检修与质量标准 ················· （1042）
4　试验与验收 ····················· （1055）
5　维护与故障处理 ················· （1057）
附录 A　尿素高压设备氨渗漏试验方法（补充件）··· （1059）
附录 B　氨汽提塔耐蚀焊接材料理化性能

（补充件） ……………………………………………（1062）

附录 C 氨汽提塔设备制造厂焊接规范（补充件） …（1062）

附录 D 氨汽提塔焊接基本要求和注意事项
（补充件） …………………………………（1065）

附录 E 氨汽提塔液体分配器空气阻力试验
（补充件） …………………………………（1066）

附录 F 铁污染检查方法（补充件） ………………（1068）

附录 G 氨汽提塔主要工艺特性（补充件） ………（1070）

附录 H 氨汽提塔设备主要技术特性（补充件） ……（1071）

第三篇　高压甲铵冷凝器维护检修规程

2 检修周期与内容 ……………………………………（1074）

3 检修与质量标准 ……………………………………（1076）

4 试验与验收 …………………………………………（1081）

5 维护与故障处理 ……………………………………（1082）

附录 A 甲铵冷凝器主要工艺特性（补充件） ……（1086）

附录 B 甲铵冷凝器主要设备技术特性（补充件） …（1086）

附录 C 甲铵冷凝器设备制造焊接资料一览表
（补充件） …………………………………（1089）

第四篇　高压甲铵预热器维护检修规程

2 检修周期与内容 ……………………………………（1093）

3 检修与质量标准 ……………………………………（1093）

4 试验与验收 …………………………………………（1096）

5 维护与故障处理 ……………………………………（1098）

附录 A 甲铵预热器主要工艺特性（补充件） ………（1100）

附录 B 甲铵预热器主要设备技术特性(补充件) … (1101)

第五篇 高压甲铵分离器维护检修规程

2 检修周期与内容…………………………………… (1103)

3 检修与质量标准…………………………………… (1103)

4 试验与验收………………………………………… (1107)

5 维护与故障处理…………………………………… (1108)

附录 A 甲铵分离器工艺特性(补充件) ………………… (1111)

附录 B 甲铵分离器主要设备特性(补充件) ……… (1111)

附录 C 甲铵分离器制造厂焊接资料(补充件) …… (1113)

1　总则

1.1　主题内容与适用范围

1.1.1　主题内容

本规程规定了大型尿素装置五台高压设备的检修周期与内容、检修方法与质量标准、试验与验收、维护与常见故障处理。

健康、安全和环境(HSE)一体化管理系统为本规程编制指南。

1.1.2　适用范围

本规程适用于氨汽提法大型尿素装置的合成塔、气提塔、高压甲铵冷凝器、高压甲铵预热器、高压甲铵分离器五台高压设备的维护和检修。

1.2　编写制订依据

设备随机资料

国务院令第 373 号《特种设备安全监察条例》

质技监局锅发[1999]154 号《压力容安全技术监察规程》

劳锅字[1990]3 号《在用压力容器检验规程》

GB 150—1998　钢制压力容器

GB 151—1999　管壳式换热器

HG 25784、25786、25787、25788、25789—98　尿素高压设备维护检修规程

第一篇　尿素合成塔维护检修规程

2　检修周期与内容

2.1　检修周期

1～2 年。

可根据设备腐蚀监测情况及使用状态，适当调整检修周期。

2.2　检修内容

2.2.1　压力容器检验与设备腐蚀检验。

进行外部检查、内外部检验和压力试验时必须遵守本规程和《在用压力容器检验规程》(以下简称《检规》)的规定。

2.2.1.1　外部检漏系统的检验。所有检漏孔必须畅通。

2.2.1.2　保温层检验。厚度应足够，保温铝皮无破损。

2.2.1.3　碳钢壳体检验。宏观检查壳体及焊缝，重点部位是封头与筒体连接主环缝、人孔接管焊缝、筒体纵环焊缝等，必要时进行表面检测或超声波检测。对发生过衬里泄漏的壳体部位应作详细检查。

2.2.1.4　设备支承的检验。基础有无下沉、开裂、倾斜，地脚螺栓、紧固螺栓是否完好。

2.2.1.5　设备内表面的宏观腐蚀检查。用肉眼和 5～10 倍放大镜对所有与腐蚀介质接触的衬里内表面进行检查：

　　a. 人孔密封面有无缺陷；

　　b. 所有盖板焊缝、衬里纵焊缝、接管焊缝以及封头带极堆焊层有无发黑、选择性腐蚀、晶间腐蚀和裂纹，有无铁锈色；重点注意收弧点、熔合线和热影响区部位；如焊缝颜色变深、发黑，应检查铁素体含量，并用磁探仪测定耐蚀层厚度；

　　c. 所有筛板支架与壳体连接角焊缝是否满焊，有无气孔、空隙、蚀坑；

d. 所有表面颜色、粗糙度，有无蚀坑或异常现象，如局部过快减薄、蚀沟、裂纹、鼓包等；

e. 筛板有无变形、开裂、明显腐蚀；筛孔端面腐蚀状况；螺栓有无松动、断裂、螺纹缝隙腐蚀状况；

f. 溢流管的腐蚀状况，重点检查溢流管支架与壳体角焊缝的腐蚀状况。

2.2.1.6 对出现裂纹或局部腐蚀严重的衬里、焊缝进行金相检查和裂纹深度测量。

2.2.1.7 对衬里进行定点超声波测厚。

2.2.1.8 氨渗漏检查。若因焊缝盖板或盖板焊缝发生穿透性缺陷而造成泄漏，对盖板或盖板焊缝进行过修理，则修理后应进行氨渗漏检查，以保证修理后焊接质量。

2.2.1.9 耐压试验

a. 耐压试验必须在容器无损检验合格后进行；

b. 合成塔耐压试验可与高压系统设备一起进行；

c. 试验压力为 1.25 倍设计压力；

d. 容器壁温 5～40℃。当检测衬里与承压壳体剥离间隙较大时，耐压试验在系统升温后进行；

e. 试压用水应为脱盐水，氯离子含量应小于 10mg/L；

f. 试压前，容器主螺栓的预紧压力应符合设备制造厂或图纸规定的水压试验值；

g. 试压时升压、降压应缓慢，分级进行；管程每级最大压差不得超过 4.9MPa，每级必须保压一定时间，当设备、管道无异常现象时，方可继续升压；升压至试验压力后，保压 30min，然后降至设计压力进行检查；

h. 试压时，如发现容器的焊缝、法兰、封头、阀门及其他管道附件有泄漏、异常响声、加压装置故障、容器出现可见变形，应立即停止试验；

i. 耐压试验同时符合下述条件为合格：

无渗漏；无可见的残余变形和影响强度的缺陷；试压过程中无异常响声。

2.2.2 密封结构检查修理。

2.2.3 衬里检查修理。

2.2.4 内件检查修理。

2.2.5 承压壳体检查修理。

3 检修与质量标准

3.1 检修前的准备

3.1.1 检修前根据设备运行情况，熟悉图纸、技术档案，按 HSE 进行危害识别、环境识别与风险评估的要求，编制检修、检验及吊装施工方案。

3.1.2 备品配件、检修材料及施工机具准备就绪。

3.1.3 作业人员已经技术交底，熟悉设备结构和施工方案内容；焊工资质审查合格。

3.1.4 严格执行施工作业票证制度，安全措施落实到位，具备施工条件。

3.1.5 检验、检修人员劳保着装穿戴应规范，进入容器工作的人员必须穿着专用衣服、手套、工作鞋，并确保干净。工作鞋不得有铁钉。

3.1.6 容器内不许使用碳钢工器具、碳钢梯子。

3.1.7 容器内检修时不应使用有绒毛的擦布或棉纱，严禁将脏物、杂物(如钢笔、粉笔、记号笔、衣物、工器具等)掉落在容器内。出容器时应清点带入的工器具，不允许遗忘在容器内。

3.1.8 检验、检修时，必须从以下几个方面严格控制 Cl⁻ 含量：

检查中使用的粉笔、记号笔；保护容器内部使用的胶皮；清洗管头、耐蚀层焊缝使用的溶剂；耐蚀层焊缝、衬里使用的渗透检测溶剂，无损检测(如测厚)用的耦合剂；清洗使用的清洗剂；水压试验用水。

3.1.9 参加检修人员施工前应对使用机具、备品备件，以及材料型号、规格、数量、质量等进行检查、核实，使其符合技术要求。

3.1.10 按有关规定进行焊接工艺评定，合格后制定相应的焊接工艺规程，并在检修中实施。

3.2 拆卸

3.2.1 拆除保温层。

3.2.2 用液压紧固螺栓装置卸开人孔螺母，其顺序与上紧时相反(参见 3.3.6.5 及图 2)，应分次逐步松开所有螺母，初压可稍高于上紧时的终压。

3.2.3 卸下的成套螺栓螺母应放入专用木箱中待清洗检查。

3.2.4 吊出人孔盖放在专门的木板上，密封面处不得有尖锐硬物；塔口密封面可用胶皮板制作一个保护垫套在螺栓上，并固定进行保护。

3.2.5 当壁温降至 50℃以下，塔内安全分析合格，办理入塔证后，检修人员方可放入软梯或铝梯进塔。

3.2.6 拆卸筛板，人孔通道板，每层所拆的位置交错；如拆除掉同一方位上的筛板，则必须采取相应的安全措施。

3.3 检修与质量标准

3.3.1 密封结构检修

3.3.1.1 高压螺栓检修

a. 清洗螺栓和螺母，用肉眼和放大镜检查有无裂纹等影响强度的缺陷，并对螺栓进行磁粉检测；

b. 螺栓、螺母如存在轻微咬伤、拉毛等缺陷可采用加入少量研磨砂对研的方法修复；

c. 如螺栓、螺母存在裂纹和影响强度的缺陷，应予以更换。严禁将不同材质的螺栓混用。

3.3.1.2 密封面的检修

a. 密封面应光滑平整，水线清晰，如有轻度沿周向的划伤，可不予处理；如有轻度径向划伤、腐蚀沟槽及表面粗糙等缺陷，可采用细砂纸或油石修复；

b. 密封面如出现较大深度的机械损伤和腐蚀沟槽等缺陷，可采用机械光刀方法修复，法兰上下密封面光刀深度之和应小于4mm，同时保证耐蚀层厚度大于4mm，否则应用焊接修补等方法修复；

c. 密封面严重损伤或腐蚀，不能用光刀法修复时，可采用焊接修补法修复，方法如下：

将施焊部位用丙酮清洗干净；

用电焊或氩弧焊补焊，补焊采用00Cr25Ni22Mo2型焊接材料；

测量补焊区铁素体含量，其值应小于0.6%；

打磨或光刀加工水线；表面粗糙度最大允许值 6.3μm；

表面渗透检测合格；

光刀后密封面的平面度不应大于 0.1mm。

3.3.1.3 密封垫检修

密封垫片只限使用一次，不得重复使用。新加工的密封垫应符合原设计要求。回装前应仔细检查垫片表面，应光洁、平整，表面粗糙度应小于 3.2~6.3μm。注意回装的四氟垫片应朝向介质侧，垫片表面严禁用异物捆扎固定回装，以防产生间隙腐蚀引起密封面泄漏。

3.3.2 衬里母材的检修

3.3.2.1 衬里表面如有较小的蚀坑、蚀沟及表面裂纹，可打磨除去，打磨的边缘要圆滑过渡。若打磨深度小于或等于 2mm，经检查确认缺陷已消除，而剩余壁厚大于 4mm，可不补焊，否则应补焊处理。

3.3.2.2 衬里局部如有较大面积的严重腐蚀，如剩余壁厚大于 4mm，可通过打磨、抛光、酸洗钝化的方法处理，以减缓腐蚀。

3.3.2.3 衬里较大面积的严重腐蚀，如剩余壁厚小于 4mm，可采用贴补法或挖补法修理。

贴补法：

a. 贴补修理前，采用超声波测厚法，确定要贴补的范围；

b. 贴补采用与原衬里材质、厚度相同的板材，板材拐角应圆滑过渡；

c. 将贴补焊缝两侧各 50mm 范围内原衬里表面细心打磨，清除晶界已被侵蚀的表层，露出完好基体；

　　d. 从高压壳体内侧或外侧加工检漏孔，检漏孔的位置大约在贴补区的中心；检漏管的结构按图 1 布置；

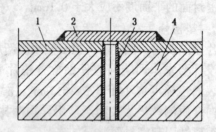

图 1　衬里贴补示意图

1—衬里；2—贴板；3—检漏管；4—承压壳体

　　e. 把新检漏管焊在原衬里上，采用 00Cr25Ni22Mo2 型焊材，焊后渗透检测合格；

　　f. 将贴补焊缝两侧 50mm 范围内用丙酮清洗；

　　g. 用机具将贴补板撑贴牢固，保证贴合良好；

　　h. 采用无约束焊的顺序施焊；第一道用 00Cr25Ni22Mo2 焊丝氩弧焊；焊完进行渗透检测，随后的焊接可用药皮焊条电焊；焊完后渗透检测、铁素体和氨渗漏检查，铁素体小于 0.6% 为合格；

　　i. 贴补区周围打磨过的原衬里表面，应进行酸洗钝化处理。

3.3.2.4　大面积衬里贴补或更换，应制定专门技术方案，经主管设备的技术负责人批准后实施。

3.3.3　衬里焊缝的检修

　　本条适用于塔内衬里纵缝、盖板焊缝、筛板及溢流管支架角焊缝、接管焊缝及堆焊层的检修，包括焊肉、熔合线和热影响区。

3.3.3.1　对于焊缝上已出现的气孔、未熔合孔隙、腐蚀孔洞：

　　a. 如肉眼可见底，深度很浅，可不予处理；

　　b. 如较深，可用笔形磨头小心打磨，边缘应圆滑过渡；打磨后的深度如小于或等于2mm，不必补焊；

　　c. 如打磨深度大于2mm但未穿透耐蚀层，可用00Cr25Ni22Mo2焊丝氩弧焊补焊；

　　d. 如打磨深度大于4mm，但未穿透耐蚀层，用00Cr25Ni22Mo2焊丝补焊后，应进行铁素体含量测定，保证铁素体含量小于或等于0.6%；

　　e. 如焊缝上的腐蚀孔洞很深，打磨后已达碳钢基层，应小心打磨，清理腐蚀孔洞，然后用309MoL焊条在碳钢上堆焊过渡层，再用00Cr25Ni22Mo2型焊堆焊至所需高度；补焊层外表不必打磨；补焊后必须进行铁素体测定，含量小于或等于0.6%为合格；若不合格，应打磨至少深4mm，重新补焊；

　　f. 以上补焊部位应渗透检测，如发现气孔等表面缺陷，应打磨掉重新补焊。

3.3.3.2　对于焊肉上较大范围的选择性腐蚀(蜂窝状腐蚀或羽毛状腐蚀)，应打磨彻底。如果打磨深度小于4mm，需测定铁素体含量，配合测定剩余耐蚀层厚度，再确定进一步的修理方案。

　　a. 对于接管焊缝，如果铁素体含量超过0.6%或剩余耐蚀层厚度小于4mm，应采用00Cr25Ni22Mo2型焊丝氩弧堆焊；焊一层后进行渗透检测，再进行铁素体测定，如仍大于

0.6%，表明堆焊工艺或材料有问题，需磨去不合格的焊层，重新堆焊；合格后再继续第二层堆焊；最终需进行铁素体含量测定，以含量小于或等于 0.6% 且耐蚀层厚度大于 4mm 合格；

b. 对于其余类型焊缝，如果铁素体含量大于 0.6%，应继续打磨至超过 4mm 深，然后使用 00Cr25Ni22Mo2 型焊丝堆焊至所需高度，最终测定铁素体含量，以小于或等于 0.6% 为合格。

3.3.3.3 对于焊肉较大范围的选择性腐蚀(蜂窝状或羽毛状腐蚀)，如果打磨深度超过 4mm，但未穿透到碳钢层，可用 00Cr25Ni22Mo2 型焊丝氩弧焊堆焊至所需高度。最后做渗透和铁素体含量检查，铁素体含量小于或等于 0.6% 为合格。

3.3.3.4 对于焊缝裂纹，应尽可能测定裂纹深度，并用渗透法显示裂纹范围。然后根据具体情况处理。

a. 深度较浅的裂纹，可细心打磨，渗透检测表明裂纹已彻底清除后，如打磨深度小于或等于 2mm，可不补焊；如打磨深度大于 2mm，可用 00Cr25Ni22Mo2 型焊丝氩弧焊补焊，焊后渗透检测检查；

b. 深度较深的裂纹，如出现在碳钢层堆焊层上，应彻底打磨；若磨到碳钢基体，应按碳钢补焊要求处理，然后堆焊耐蚀层；若未伤及碳钢基体，可直接用 00Cr25Ni22Mo2 型焊材补焊，焊后渗透检测检查；

c. 深度较深的裂纹，如出现在焊缝上(包括纵缝、盖板焊缝)，要细心打磨，渗透检查确认缺陷已消除为止；然后用00Cr25Ni22Mo2型焊材补焊，焊后作渗透和铁素体检查，铁素体含量小于或等于0.6%为合格；

　　d. 不允许对裂纹未经打磨或打磨不彻底便直接补焊；

　　e. 不允许用贴补法处理裂纹缺陷。

3.3.3.5　对缺陷打磨的范围和深度应尽量小，焊接次数也尽量少，并尽量采用小电流焊接。

3.3.3.6　对于熔合线和热影响区较严重的晶间腐蚀、刀口腐蚀，可用贴补法修理。

　　a. 贴补采用316LMOD尿素级板材或00Cr25Ni22Mo2钢板，厚度和原衬里相同，宽度和长度视覆盖范围而定；

　　b. 其余要求见3.3.2.3。

3.3.4　内件检修

3.3.4.1　筛板的检修

　　a. 筛板拆装应细心；组装时，相互间连接要牢固；若筛板发生变形，应予矫正；

　　b. 筛板的端面腐蚀一般不处理；若筛孔腐蚀扩大较严重，可更换筛板。

3.3.4.2　筛板支承与连接螺栓若螺纹已腐蚀失效，应予以更换。

3.3.4.3　溢流管的焊缝发生腐蚀，可参照3.3.3要求打磨补焊。

3.3.5　承压碳钢壳体检修

3.3.5.1　承压封头、筒体的修理，必须符合《压力容器安全技术监察规程》的有关规定。

3.3.5.2 当内表面有缺陷时，在不影响强度的情况下可采用下列方法修理：

a. 用砂轮切除修理区的不锈钢衬里，用热脱盐水清洗残留的泄漏物料，并用机械法清除铁锈等腐蚀产物，露出碳钢基体；

b. 用放大镜和渗透法检查碳钢板面有无裂纹存在；需要时可用砂轮轻度打磨，如有裂纹，应打磨消除；

c. 不影响强度的表面较浅蚀坑，若范围较小，可不予处理；若范围较大，对衬里贴合度有影响时，须用混钢补等粘结剂填平；

d. 较深较大的蚀坑，如不影响强度，也可用钢质粘结剂填平。

3.3.5.3 当承压壳体经内外部检验，发现有裂纹等严重影响强度的缺陷时，则应制定专题检修技术方案，经厂主管设备的技术负责人批准后按方案进行修理。

3.3.6 回装

3.3.6.1 各项检验、检修结束，并经专职技术人员同意后，方可进行回装。

3.3.6.2 清除塔内所有杂物、工具、剩余焊条和多余零件，不能在塔内留下任何杂物。

3.3.6.3 用面粉团从塔底由下而上逐层粘除筛板上的铁屑及各种杂屑，同时拆除吊篮、梯子，将筛板复位。

3.3.6.4 再次检查塔上部第一层筛板部位，确认所有外部杂物、工器具已清理干净，即可撤出人员，吊出铝梯。并换上合格的新人孔垫，吊装人孔盖。

3.3.6.5 紧固主螺栓

a. 先用手或简单工具拧紧螺母，直至螺母底面与法兰面接触；

　　b. 用液压紧固装置，按设备制造厂规定的螺栓预紧力，分四步逐级上紧人孔螺栓，每步上紧油压分别为终压的50%、75%、100%、终压值100%；对于每步油压值，螺栓的紧固必须按图2规定的顺序成组进行；紧固过程中每紧固螺栓一圈，均应测量法兰面之间的间隙，其差值控制在0.3mm之内；第三步上紧后，再用第三步上紧的油压值对整圈螺栓均匀紧固一次；

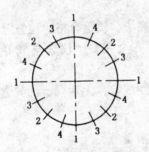

图2　螺栓的紧固顺序

　　c. 系统升温钝化后，应对螺栓热紧一次，热紧油压为最终油压值。

3.3.6.6　恢复保温层，为避免产生冷凝腐蚀人孔大盖必须保温。保温以不将检漏孔完全包入为最大厚度。

3.3.7　质量要求

3.3.7.1　修复后的焊缝表面，应无气孔、裂纹、夹渣、咬边等缺陷。

3.3.7.2　与工艺介质接触的母材及焊缝的铁素体含量小于0.6%。

3.3.7.3　堆焊层、衬里层及焊缝耐蚀层的厚度应大于 4mm。

3.3.7.4 修补所用材料的化学成分、力学性能应符合有关标准的规定，修补耐蚀层所用焊接材料必须采用00Cr25Ni22Mo2 型。

3.3.7.5 无损检测要求按 JB 4730《压力容器无损检测》标准执行，射线 II 级合格，超声波、渗透、磁粉检测 I 级合格。

4 试验与验收

4.1 试验

4.1.1 设备检修完毕，质量合格，检修记录齐全。

4.1.2 安全附件齐全完整，仪表电气等复原，具备试验条件。

4.1.3 进行气密性试验，无泄漏、无异常响声、无可见变形为合格。

4.2 验收

4.2.1 检修后设备达到完好标准。

4.2.2 按检修方案内容检修完毕，质量符合本规程标准要求。

4.2.3 检修完毕后，施工单位应及时提交下列交工资料：

4.2.3.1 设计施工图、设计变更单及检修任务书。

4.2.3.2 设备检修检测方案和施工记录(包括检修施工方案、吊装方案、焊接、热处理工艺、设备封闭记录、中间交工记录、外观及几何尺寸检查记录、施焊记录、热处理记录等)。

4.2.3.3 主要材料及零配件质量证明书及合格证、材料代用通知单。

4.2.3.4 检验检测和试验报告(包括在用压力容器检验报告、压力试验报告、超声波测厚报告，无损检测报告、理化检验报告、氨检漏报告、腐蚀检验报告等)。

4.2.3.5 安全附件检验修理、更换记录。

4.2.4 交工验收由设备主管部门组织，施工单位、生产单位等共同参与，验收合格后设备方可投用。

4.2.5 设备检修后，经一周开工运行，各主要操作指标达到设计要求，设备性能满足生产需要，即可办理验收手续，正式移交生产。

5 维护与故障处理

5.1 日常维护

5.1.1 操作人员应严格按照工艺操作规程操作设备，使设备在正常工艺参数下运行，防止设备腐蚀损坏。

5.1.2 操作与设备维护人员应每班对下列内容进行巡回检查：

  a. 检查检漏孔是否畅通，有无泄漏现象；

  b. 检查人孔及各接管法兰有无泄漏；

  c. 检查容器有无异常振动，容器与相邻构件之间有无摩擦或碰撞；

  d. 检查设备及管道保温是否完整、良好；

  e. 搞好设备环境卫生，保持设备及环境整齐、清洁。

5.1.3 每天对尿素产品镍含量进行分析，特殊情况如原始开车、封塔后开车、超温或断氧时应及时采样分析。若发现镍含量超标，应根据情况增加分析频率，当产品尿素镍含量连续两天超过 0.3mg/L，如确认系高压系统腐蚀，应停车对系统重新进行钝化处理。

5.2　定期检查

5.2.1　下列各项内容每天至少检查一次：

5.2.1.1　紧固件、阀门手轮等是否齐全，有无松动；阀门应开关灵活、阀杆润滑良好。

5.2.1.2　设备本体、各连接部位及附件有无泄漏及异常情况。

5.2.2　下列各项内容每周至少检查一次：

5.2.2.1　设备管道保温应完好。

5.2.2.2　炉体平台、栏杆、梯子等劳动保护设施的牢固程度和腐蚀情况。

5.2.2.3　设备基础有无下沉、倾斜、开裂，基础螺栓有无松动、锈蚀。

5.2.3　按《压力容器安全技术监察规程》的要求每年至少进行一次外部检查。

5.3　紧急停车

5.3.1　发生下列情况之一时，操作人员应按规定程序紧急停车，并及时向有关部门报告。

　　a. 工艺系统物料(如 CO_2、NH_3)突然中断；

　　b. 外供电系统电源中断；

　　c. 检漏孔发现明显泄漏或壳体、接管漏；

　　d. 人孔盖密封面大量泄漏；

　　e. 其他危及人身及设备安全的紧急情况。

5.3.2　发生下列情况之一时，操作人员应采取措施，按正常方式停车，并进行系统排料，检查设备，处理后重新升温钝化。

a. 产品尿素镍含量连续两天超过 0.3mg/L；

b. 出现红棕色尿素；

c. 封塔超过规定时间要求。

5.3.3 如因各种原因需临时停车但又不必立即进行系统排料时，可采用封塔操作。封塔应符合下列规定：

a. 每次封塔时间计划停车不超过 48h，紧急停车不超过 24h；

b. 两次封塔之间的间隔时间不少于 3h；

c. 24h 内第二次封塔不超过 4h；

d. 封塔期间压力不能下降过快，最低封塔压力控制在 8.6MPa 以上。

5.3.4 停车排放保护措施

a. 停车程序必须按操作规程要求进行；

b. 停车时设备降温速度不能太快；当温度在 100℃以上时，禁止用冷的脱盐水通入设备加速降温；

c. 合成塔衬里或盖板泄漏时，停车排放不能太快。

5.4 常见故障与处理

尿素合成塔的设备常见故障及处理方法见表 1。

表 1 尿素合成塔常见故障与处理

序号	故障现象	故障原因	处理方法
1	人孔盖泄漏	密封面腐蚀，损伤 密封垫片失效 螺栓紧固不均匀 螺栓预紧力不够	打磨、补焊、研磨或光刀 更换垫片 按规定紧固螺栓 按规定预紧力紧固螺栓
2	检漏管漏氨	盖板焊缝腐蚀泄漏 盖板腐蚀泄漏 人孔盖、人孔颈焊缝泄漏	紧急停车，按本规程相关技术要求进行修复

续表

序号	故障现象	故障原因	处理方法
3	壳体漏氨	壳体衬里纵焊缝腐蚀，导致壳体腐蚀穿孔	紧急停车，按有关技术要求进行修复
		衬里母材腐蚀穿孔，导致壳体腐蚀穿孔	
		封头堆焊层腐蚀损坏，导致壳体腐蚀穿孔	
		制造质量差，材料选用不当，操作不良等造成接管焊缝等腐蚀损坏、泄漏，导致壳体腐蚀穿孔	
		盖板或盖板焊缝泄漏后腐蚀产物和物料结晶造成堵塞	
4	衬里、焊缝及内件严重腐蚀	材料不合格	严密监测，补焊直到更换
		焊接制造或安装缺陷	停车修理
		工艺操作不当，开停车失误，钝化不良断氧偏离正常操作指标，封塔超出规定时间	严格执行工艺操作规程
		保温不良或厚度不够	有针对性地加强保温
		检查不周，检修不当，焊接质量差	严格执行本规程

附 录 A
尿素高压设备氨渗漏试验方法
(补充件)

A1 当设备衬里焊缝盖或盖板焊缝存在缺陷引起泄漏，用一般检查方法查不出泄漏点时，应采用氨渗漏方法进行检漏。

A2 采用真空法试验，步骤如下：

　　a. 按图 A1 连接检漏装置；

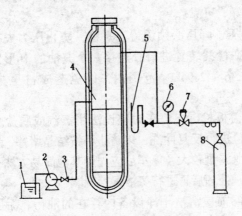

图 A1　衬里氨渗漏
1—水槽；2—真空泵；3—截止阀；4—衬里
检漏区域；5—U 形管；6—压力表；
7—压力控制阀；8—氨瓶

　　b. 用真空泵将检漏空间抽真空至压力低于 6.65kPa

(绝压);

  c．用氮气置换盖板与衬里间的空气，氮气压力不大于2.94kPa(表压)；

  d．通入气氨，使压力逐渐升高到2.9kPa(表压)，保压1h左右；

  e．将酚酞试纸贴到焊缝部位，用含酚酞的显示剂喷洒试纸上或采用酚酞膏喷涂到焊缝的方法，检查泄漏点；

  f．检查结束后，用氮气置换检漏空间的氨。

A3　注意事项

A3.1　检漏装置用的压力表必须校验合格，阀门等部件必须质量良好、可靠。

A3.2　升压、降压必须缓慢、平稳，防止压力失控。对盖板检漏时在检漏装置进口管连接一个充油的 U 形管，控制压力在 1.96～2.94kPa 范围内，以免造成衬里失稳损坏事故。

A3.3　对盖板检漏，停车时应设法用蒸汽或脱盐水对泄漏的夹层部位进行反复冲洗，以防止甲铵结晶堵塞，影响检漏效果。若泄漏量较大，停车后应先用其他简易方法查出较大泄漏缺陷，处理后再进行氨渗漏检漏。

A3.4　检漏前应清洗干净设备内存在的油污、垢层及修理补焊部位，避免残留的碱性或酸性物与显示剂反应，引起误检。

A3.5　检漏系统不应有含有 Cl^- 的介质进入。

A3.6　进入容器检漏时，应遵守进入容器施工的安全规定并采取必要的安全措施，防止发生安全事故。

附 录 B

尿素合成塔主要工艺特性

（补充件）

项 目	介 质	操 作 温 度				设计温度/℃	操作压力/MPa	设计压力/MPa	试验压力/MPa	容积/m³
		液氨进口/℃	二氧化碳进口/℃	合成液出口/℃	塔壁下部温度/℃					
参数	九江石化 CO_2，NH_3，NH_2COONH_4 NH_2CONH_2	135	120	188	175～180	210	15.2	16.7	21.71	151
	南化 CO_2，NH_3，NH_2COONH_4 NH_2CONH_2	136	120	188	173～180	210	15.5	16.7	21.08	157

附 录 C

尿素合成塔主要设备特性

（补充件）

分类	项 目			参 数	
	名 称	内 容		九江石化	南 化
结构参数	球形封头	总体尺寸	内径×总高/mm	$\phi2162 \times 99 \times 44545$	$\phi2200 \times 110 \times 47550$
		加工方法		单层热压	单层热压
		厚度/mm		61＋6	90＋8
		材料		A737/C＋ASTM A240 TP 316L MOD	19Mn6＋ BM310Mo-1
		衬里	方式	贴衬	堆焊
			厚度/mm	6	8
			材料	ASTM A240 TP 316L MOD	BM310Mo-1

分类	项	目		参 数	
结 构 参 数	筒体		加工方法	单层卷制	层板包扎
		筒节	长度/mm	3000	2500
			数量	14	16
			材料	A737/C + ASTM A240 TP316L MOD	A724Gr. A + A240 – 316LMOD
		衬里	方式	贴衬	贴衬
			厚度/mm	7	8
			材料	ASTM A240 TP 316L MOD	A240 – 316LMOD
			焊接材料	E316L MOD	BM310Mo – 1
	筛板		层数	12	15
			材料	ASTM A240 TP 316L MOD	A240 – 316LMOD
			厚度/筛板孔径/mm	4/ϕ8	5/ϕ8
			每层筛板孔数	500	746/1495/2238
设 计 参 数	设备制造检测要求		封头与筒体，筒体之间焊缝	100%RT + 渗透检测	100%PT + 渗透检测
			衬里与衬里焊缝	100%RT + 测铁素体含量	100%RT + 测铁素体含量
			盖板与衬里焊缝	100%RT + 测铁素体含量	100%RT + 测铁素体含量
			封头衬里	100%RT + 渗透检测 + 测铁素体含量	100%RT + 测铁素体含量
	设计质量		总质量/kg	276480	284082

附 录 D

尿素合成塔主要零部件材料

（补充件）

名　　　称	数量	材　　　料	
		九江石化	南　化
筒体(节)	14	A737/C + ASTMA240 TP 316L MOD	19Mn6 + A240 – 316LMOD
球形封头	2	A737/C + ASTM A240 TP 316L MOD	19Mn6 + BM310Mo – 1
人孔法兰	1	A737/C + ASTM A240 TP 316L MOD	19Mn6 + A240 – 316LMOD
人孔盖	1	A508/3 + ASTM A240 TP 316L MOD	19Mn6 + A240 – 316LMOD
主螺栓 M64×552	16	ASTM A193Gr.B7 (35CrMoA)	ASTM A193Gr.B7 (35CrMoA)
主螺母 M64	16	A1942H （40Mn)	A1942H （40Mn)
人 孔 密 封 垫 $\phi540 \times \phi500$	1	四氟＋铝	四氟＋铝
检漏孔接管 1/4″, SCH80S	66	ASTM A312 TP 316L MOD	ASTM A312 TP 316L MOD
塔盘吊耳	100	ASTM A240 TP 316L MOD	ASTM A240 TP 316L MOD
衬里 $\delta = 7$	1	ASTM A240 TP 316L MOD	ASTM A240 TP 316L MOD

续表

名　　称	数量	材　　料	
		九江石化	南　化
二氧化碳进口接管 6″, SCH160	1	A508/3	A508/3
液氨进口接管 8″, SCH160	1	A508/3	A508/3
溢流管 $\phi196 \times 4$	1	A240 TP 316L MOD	A240 TP 316L MOD
筛板	12	A240 TP 316L MOD	A240 TP 316L MOD
筛板支架	12	A240 TP 316L MOD	A240 TP 316L MOD
尿液出口接管 $\phi168.3 \times 21.95$	1	ASTM A240 TP 316L MOD	ASTM A240 TP 316L MOD
筛板支架螺栓 M12×30	850	25 – 22 – 2Cr – Ni – Mo	25 – 22 – 2Cr – Ni – Mo
环焊缝盖板 $\delta = 7$, 宽 = 10		A240 TP 316L MOD	A240 TP 316L MOD
筛板用螺母/螺栓/垫片		25 – 22 – 2Cr – Ni – Mo	25 – 22 – 2Cr – Ni – Mo
接管垫片(透镜垫)		A182/F316L MOD	A182/F316L MOD
裙　座		A516/70 (16MnR)	A516/70 (16MnR)

附 录 E

尿素合成塔耐蚀层材料的理化性能

(补充件)

材料牌号	化学成分/%								力学性能			
	C≤	Cr	Ni	Mo	Mn	Si≤	P≤	S≤	N	σ_b/MPa	σ_s/MPa	δ_s/%	HV
00Cr25Ni22Mo2N	0.02	24.5 ~ 25.5	21.5 ~ 22.5	1.9 ~ 2.3	1.5 ~ 2.0	0.4	0.02	0.015	0.10 ~ 0.14	627 ~ 725	284 ~ 509[1]	35.3 ~ 55	
316LMOD	0.03	17.0 ~ 18.0	13.0 ~ 14.0	2.0 ~ 3.0	2.00	1.00	0.04	0.030	0.1	≥485	≥170	≥40	149

[1] 此值为 $\sigma_{0.2}$ 值。

附　录　F

尿素合成塔制造厂焊接规范

（补充件）

部位	母材	焊接材料	焊接参数	热处理	无损检验
盖板及衬里焊缝 九江石化	A240TP316L MOD	E316LMOD 尿素级	SMAW+GTAW 焊丝(条):φ3.2,φ4 焊接电流(A):90~100,120~140	层间温度 ≤150℃	RT,PT,铁素体含量测定
南化	A240TP316L MOD	BM310Mo-1	SMAW 焊丝(条):φ3.2,φ4 焊接电流(A):90~120,130~140	层间温度 ≤150℃	RT,PT,铁素体含量测定
封头与筒体焊缝 九江石化	A737Grc	ER80SD2 E9018-G EF3-F3	GTAW+SMAW+SAW 焊丝/(条):φ3,φ3.25,φ4 焊接电流(A):110~130,150~190,210~240,510~520,550~560,560~570	预热≥200℃ 层间≤300℃	RT,PT,MT
主环缝 南化	19Mn6	ER80S-G E9016-G F9A6/ EA3-A3	GTAW+SMAW+SAW 焊丝(条):φ2.4,φ4/φ5,φ4.8,φ4 焊接电流(A):90~120,160~180,500~650,130~140	预热≥200℃, 层间≤350℃	RT,PT,MT

续表

部位		母材	焊接材料	焊接参数	热处理	无损检验
封头堆焊耐蚀层	九江石化	A737GrC	ER309L	SAW + SMAW 焊带 60×0.5 焊接电流(A):740~760	预热≥60℃, 层间≤150℃, 堆焊第一层后 (560±10)℃保温 5h	UT, PT, 铁素体含量测定
	南化	19Mn6	00Cr25Ni22Mo2LMn/ 13BLFT	SAW + SMAW 焊带 60×0.5 焊接电流(A):740~760	预热≥100℃, 层间≤150℃, 堆焊第一层后 (560±10)℃保温 4.5h	UT, PT, 铁素体含量测定

第二篇　汽提塔维护检修规程

2　检修周期与内容

2.1　检修周期

1～2 年。

可根据设备腐蚀监测情况及使用状态,适当调整检修周期。

2.2　检修内容

2.2.1　压力容器检验与设备腐蚀检验

容器外部检查、内外部检验和耐压试验须遵守本规程、《压力容器安全技术监察规程》及《在用压力容器检验规程》(以下简称《检规》)的有关规定。

2.2.1.1　外部检查

a. 检查紧固件是否齐全、完好,有无松动、损坏,与设备相连的密封面、附件有无泄漏;

b. 检查容器的可见表面有无锈蚀,可见防腐层、保温层及铭牌是否完好;

c. 检查容器外表面有无鼓包、变形等异常现象;

d. 检查容器的支座是否良好,支座螺栓是否有锈蚀,紧固是否良好;

e. 按《检规》有关要求检查安全附件。

2.2.1.2　封头及管箱衬里的检验

a. 用肉眼和 5～10 倍放大镜检查衬里表面腐蚀状况:粗糙程度、颜色、局部腐蚀、腐蚀产物、裂纹等,以及有无变形;

b. 检查入口管透镜垫带衬里短接的腐蚀情况;

c. 衬里定点测厚；

d. 用肉眼和 5～10 倍放大镜检查衬里焊缝及堆焊层有无坑蚀、针孔、裂纹等缺陷；

e. 视情况检查母材和焊缝的铁污染情况；

f. 根据检查情况，对怀疑可能存在裂纹的母材或焊缝做渗透检测；

g. 必要时检查壳体的腐蚀情况。

2.2.1.3 汽提管与管板的检验

a. 检查汽提管、管板有无腐蚀、结垢；

b. 用肉眼及 5～10 倍放大镜检查所有汽提管－管板角焊缝有无蚀坑、针孔、裂纹等缺陷，特别注意检查收弧点处的腐蚀情况；

c. 检查汽提管有无端面腐蚀、减薄、沟槽、机械损伤等缺陷；

d. 用超声波检查管板耐蚀层厚度；

e. 必要时用内窥镜检查汽提管内部腐蚀情况，有无蚀坑、针孔、裂纹等缺陷；

f. 用涡流检测法定期对汽提管进行测厚和缺陷检测。

2.2.1.4 汽提管、汽提管－管板角焊缝试漏

必要时对汽提管、汽提管－管板角焊缝进行氨渗漏检查，亦可用气体试漏和水压试漏。推荐采用氨渗漏。

a. 氨渗漏按附录 A 进行；

b. 气体试漏：壳程通入压力 0.49MPa 的氮气进行气密性试漏，上、下管板涂肥皂水检漏；

c. 水压试漏：壳程按工作压力进行水压试漏，水中的 Cl^- 含量必须小于 10mg/L。

2.2.1.5 液体分配系统的检验

　　a. 检查液体分配器有无油污、结垢，分配头小孔是否堵塞；

　　b. 用肉眼和放大镜检查分配器密封环处有无腐蚀、损伤、变形、裂纹等缺陷；

　　c. 检查分配器三个小孔直径，最大允许偏差 0.15mm；

　　d. 检查分配器压紧碟簧有无腐蚀，弹性是否正常；

　　e. 检查液体分配器定位栅板的平面度及腐蚀情况；

　　f. 必要时按附录 E 液体分配器空气阻力试验进行检查试验。

2.2.1.6　其他内件的检验

　　a. 检查鲍尔环(九江厂)有无腐蚀、垢物等缺陷；

　　b. 检查鲍尔环压板(九江厂)有无变形、腐蚀；

　　c. 检查进液分布管及连接螺栓有无腐蚀、垢物等缺陷。

2.2.1.7　耐压试验

　　同第一篇 2.2.1.9 内容。

2.2.2　密封结构检查修理。

2.2.3　衬里检查修理。

2.2.4　列管检查修理。

2.2.5　管板检查修理。

2.2.6　内件检查修理。

2.2.7 承压碳钢壳体检查修理。

2.2.8　安全附件检查修理。

3　检修与质量标准

3.1　检修前的准备

3.1.1　检修前根据设备运行情况，熟悉图纸、技术档案，按 HSE 进行危害识别、环境识别与风险评估的要求，编制检修、检验及吊装施工方案。

3.1.2 备品配件、检修材料及施工机具准备就绪。

3.1.3 作业人员已经技术交底，熟悉设备结构和施工方案内容；焊工资质审查合格。

3.1.4 严格执行施工作业票证制度，安全措施落实到位，具备施工条件。

3.1.5 放射源拆装要由专门人员进行，并存放到安全可靠的地方。

3.1.6 检验、检修人员劳保着装穿戴应规范，进入容器工作的人员必须穿着专用衣服、手套、工作鞋，并确保干净。工作鞋不得有铁钉。

3.1.7 容器内不许使用碳钢工器具、碳钢梯子。

3.1.8 容器内检修时不得使用有绒毛的擦布或棉纱，不许将脏物、杂物(如钢笔、粉笔、记号笔、衣物、工器具等)掉落在容器内。出容器时应清点带入的工器具，不允许遗忘在容器内。

3.1.9 检验、检修时，必须从以下几个方面严格控制 Cl^- 含量：

检查中使用的粉笔、记号笔；保护容器内部使用的胶皮；清洗管头、耐蚀层焊缝使用的溶剂；耐蚀层焊缝、衬里使用的渗透检测溶剂，无损检测(如测厚)用的耦合剂；清洗使用的清洗剂；水压试验用水。

3.1.10 参加检修人员施工前应对使用机具、备品备件，以及材料型号、规格、数量、质量等进行检查、核实，使其符合技术要求；

3.1.11　按有关规定进行焊接工艺评定，合格后制定相应的焊接工艺规程，并在检修中实施。

3.2　拆卸与检查

　　a. 吊装机具就位，挂好吊具，拆除有关保温层；

　　b. 拆卸有关的接管法兰螺栓，保护好密封面；

　　c. 拆卸上、下人孔盖螺母，拆卸方法按 3.3.12.7 进行，顺序与上紧时相反。拆卸时初始油压可稍高于上紧时的最终油压，拆下的螺栓、螺母妥善保护，防止损坏与丢失；

　　d. 吊开上、下人孔盖，并移置到安全的地方，保护好密封面；

　　e. 拆下进液管液体分布管（及分布盘、升气管），按顺序放到安全处；

　　f. 拆下筛板，（取出鲍尔环），放置到安全处；

　　g. 拆下液体分配器定位栅板；（取下压紧碟簧）；逐个卸出液体分配器及支撑定位螺栓，取出四氟密封圈，放到安全的地方；注意不得碰伤分配头。

3.3　检修质量标准

3.3.1　高压螺栓检修

　　同第一篇 3.3.1.1。

3.3.2　密封面及垫片检修

3.3.2.1　检查容器全部接管法兰的密封面是否完好，有无腐蚀、裂纹、沟槽、碰伤等影响密封效果的缺陷。密封面如有轻度划伤、碰伤、腐蚀沟槽及表面粗糙等缺陷，可用细砂纸或油石研磨修复。

3.3.2.2　密封面如出现较深的机械损伤或腐蚀沟槽等缺陷，可采用光刀后研磨的方法修复，注意避免铁污染。

3.3.2.3 密封面严重损伤或腐蚀时，采用补焊法修复。步骤如下：

　　a. 将待焊区用丙酮清洗干净；

　　b. 用氩弧焊补焊，采用 AWS A5.16ERTi－1 型焊材（九江厂）或 00Cr25Ni22Mo2 型焊材（南化厂）；

　　c. 焊后检查焊缝颜色；

　　d. 打磨或光刀，然后研磨，最大允许表面粗糙度 3.2μm；

　　e. 补焊区渗透检测合格。

3.3.2.4 密封垫片检修

　　a. 拆出透镜垫密封垫片后，如无影响密封效果的缺陷，可二次使用；

　　b. 密封垫如存在影响密封效果的缺陷，应予换新，新密封垫的材料规格应符合设备制造厂要求，垫片应光洁，其表面粗糙度应为 1.6～3.2μm。

3.3.2.5 透镜垫等金属垫片安装前应与其对应密封面进行研磨检查合格。

3.3.3 衬里检修

　　衬里层及衬里焊缝的盖板焊缝如存在腐蚀坑、腐蚀沟槽、表面裂纹、腐蚀针孔、局部泄漏等缺陷，可视缺陷大小和损坏程度分别采用打磨补焊、贴补及更换的方法修理。

3.3.3.1 衬里缺陷的打磨补焊

　　a. 衬里母材及焊缝如存在腐蚀坑、沟槽、微小裂纹、针孔等缺陷，采用打磨方法修理；

　　b. 打磨时应控制表层温度不超过 300℃，边缘应圆滑过渡；

c. 如打磨深度小于等于 2mm，且缺陷已消除，衬里剩余厚度大于 3mm 时，可不补焊，否则应选用 AWS A5.16ERTi‐1 型焊材补焊（南化：00Cr25Ni22Mo2 型焊材）。

3.3.3.2 贴补

a. 衬里层局部存在严重缺陷，其剩余厚度小于 3mm 时，可将缺陷打磨后直接贴补；

b. 贴补修理前，采用超声波测厚法，确定要贴补的范围；

c. 贴补用与原衬里材质、厚度相同的板材，板材拐角应圆滑过渡；

d. 将贴补焊缝两侧各 50mm 范围内原衬里适当打磨；

e. 从高压壳体外侧或内侧加工检漏孔，检漏孔的位置大约在贴补区的中心，检漏管的结构及材质按照设备图纸；

f. 检漏管与原衬里加工坡口用丙酮清洗干净；

g. 把新检漏管焊上，焊材用 AWS A5.16ERTi‐1（九江厂）或 00Cr25Ni22Mo2 型焊材（南化厂），焊后把焊缝磨平，渗透检测合格；

h. 将贴补焊缝两侧 50mm 范围内用丙酮清洗；

i. 用 AWS A5.16ERTi‐1 型焊材（九江厂）或 00Cr25Ni22Mo2 型焊材（南化厂）焊接贴补板，必须用气体保护焊焊接；焊后渗透检测，焊缝颜色检查。

3.3.3.3 较大面积的贴补

a. 衬里有较大面积腐蚀或有密集裂纹以及存在泄漏缺陷时，可用较大面积贴补法修理；

b. 打磨缺陷处；用超声波测厚法确定贴补范围；

c. 贴补用与原衬里材质、厚度相同的板材，板材拐角应圆滑过渡；

  d. 在原衬里贴补范围边缘内约 20mm 处加工检漏沟槽；

  e. 从高压壳体外侧或内侧加工检漏孔，检漏孔的位置在检漏沟槽上；检漏管的结构和材质参照设备图纸，检漏管上端要加工检漏槽，安装时应和衬里检漏沟槽方向一致；

  f. 以下方法按 3.3.3.2f～i 进行。

3.3.3.4 衬里更换

  衬里更换应参照 3.3.3.3，并制定专门的技术方案，经厂主管设备的技术负责人批准后实施。

3.3.4 盖板更换

  如盖板焊缝存在较长的缺陷，或盖板本身泄漏，应参照 3.3.3.3 更换，并制定专门技术方案，经厂主管设备的技术负责人批准后实施。

3.3.5 列管检修

  列管与列管角焊缝存在的缺陷，视损坏情况分别采用打磨补焊、堵管、换管等方案修理。角焊缝焊接时应保护好相邻列管的管口，防止焊接飞溅物污染相邻管口。

3.3.5.1 打磨补焊

  a. 如列管与管板角焊缝存在表面气孔、收弧孔腐蚀、针孔等缺陷，但是未产生泄漏，可采用打磨补焊方法修理；

  b. 列管角焊缝中存在深孔缺陷时，可用微型砂轮打磨或用钻削方法，然后采用不锈钢中心冲，冲铆成封闭状态，并进行补焊(见图1)。焊后应渗透检测合格。

3.3.5.2 堵管

  a. 列管腐蚀减薄不能保证使用至下一检修周期，或存在大于50%管壁厚度的裂纹及腐蚀缺陷，或已穿孔泄漏时，采用堵管法修理；

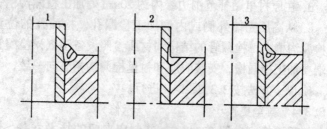

图 1 列管角焊缝缺陷修理
1—缺陷；2—打磨；3—补焊

b. 堵管修理程序：

加工堵头→将被堵管子和堵头清理干净(采用刷子和丙酮)→装人堵头→采用手工氩弧焊将堵头焊到换热管上→焊后作着色检查→采用气压试验来检测被堵的管子；

c. 用于堵管的堵头采用钛 Gr.1(九江厂)或 00Cr25Ni22Mo2 型棒材(南化厂)加工；堵管前应实测待堵管管孔或列管内径。

3.3.5.3 换管修理

a. 管头冲刷腐蚀减薄剩余壁厚在 1.3mm 以下，采用更换管头的方法修复，应制定施工技术方案，并经厂机动部门的技术负责人批准后实施。

b. 如需要整根换管方法进行修复，应制定施工技术方案，并经厂机动部门的技术负责人批准后实施。

3.3.6 管板耐蚀层修理

管板耐蚀层存在气孔、针孔、沟槽、蚀坑等缺陷时，采用打磨方法修理。打磨深度小于 2mm 可不补焊；否则应用 AWS A5.16ERTi－1(九江厂)型焊材或 00Cr25Ni22Mo2 型焊材

(南化厂)补焊,焊后作渗透检测检查。

3.3.7 管板碳钢层缺陷修理

3.3.7.1 应根据缺陷具体情况制定专项修理方案,并经厂主管设备的技术负责人批准后实施。

3.3.7.2 当管板碳钢层存在不影响强度的小面积腐蚀空洞时,可采用混钢补类粘结剂填补修理,步骤见3.3.9.1a~e。填补修理后,管板耐蚀层按图2所示修复,耐蚀层采用大于20mm厚的ASTM B265Gr.1型板材。

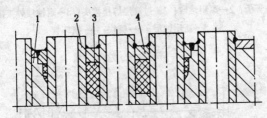

图2 管板碳钢层填补法修理

1—管板;2—接的新管;3—钢制粘接剂;4—新耐蚀层

3.3.7.3 如管板碳钢层损坏面积较大,影响管板的刚度或强度,可视情况分别采用镶块法或层板填补法修复(见图3~4)。

3.3.7.4 管板腐蚀孔洞修理步骤如下:

  a. 用腐蚀检测仪测定管板腐蚀部位、深度,确定修复范围;

  b. 铣掉损坏管段和腐蚀的碳钢层,残留的管子应低于堵头或镶块下平面5mm,见图4;确认缺陷已消除;

  c. 将待镶块或用层板填补的结合部位加工成规则形状,用丙酮清洗需焊接的区域;

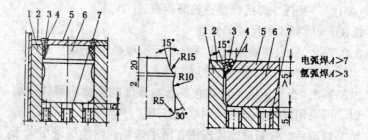

图 3 管板碳钢层镶块法修理

1—管板；2—原耐蚀层；3—过渡层焊接接头；4—耐蚀层焊接接头；

5—新耐蚀层；6—镶块；7—损坏管

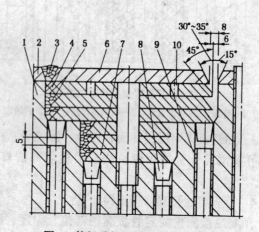

图 4 管板碳钢层层板填补法修理

1—管板；2—原耐蚀层；3—耐蚀层焊接接头；

4—过渡层焊接接头；5—碳钢层焊接接头；

6—新耐蚀层；7—碳钢层板；8—碳钢堵头；

9—损坏管；10—排气孔

1050

d. 用加工好的碳钢块填塞腐蚀空洞、焊接过渡层；填塞耐蚀层板材并焊接耐蚀层焊缝；

e. 当腐蚀空洞较大时，先用碳钢堵头堵塞需覆盖层板区域的管孔，用碳钢层板填塞并逐层焊接碳钢层焊缝；焊接时每层层板应固定牢固；最上面一层碳钢板应钻上排气孔，并焊接过渡层；表层用两层 5mm 厚的 ASTM B265Gr.1 的板材焊接耐蚀层焊缝；

f. 焊接时，碳钢层焊缝采用 A5.5E9018/G 焊条，焊前应预热至 250℃；过渡层焊缝采用 A5.18ER70S3 型焊材（九江厂）或 BM310Mo－1 型焊材（南化厂）；耐蚀层采用 AWS A5.16ERTi.1 型焊材或 00Cr25Ni22Mo2LMn 型焊材（南化厂）；

g. 耐蚀第一层焊后焊缝渗透检测硬度检查，表层焊后渗透检测，焊缝颜色检查。

3.3.8 内件检修

3.3.8.1 液体分配系统的检修

a. 清洗分配器上的油污及垢物，清除分配头小孔中的堵塞物；

b. 若分配头密封面严重腐蚀应予更换；

c. 若分配头小孔因冲蚀成椭圆形、阻力试验不合格，可将小孔焊死重新钻孔；新钻孔的位置、孔径应符合图纸要求；

d. 若升气管盖板腐蚀穿孔泄漏，应进行密封焊接修复；

e. 若出气孔堵塞应进行清理；

f. 若更换新的液体分配器，应检查分配头与升气管轴线偏差，全长内轴线偏差应小于 0.5mm；

g. 支撑螺栓的螺纹部位发生腐蚀、机械损伤或支撑螺栓弯曲，应予更换；

h. 液体分配器定位栅板如严重变形、腐蚀，应进行校平、补焊修理，必要时更换；

i. 检查压紧定位碟簧(九江厂)有无弹性、腐蚀，必要时更换；

j. 管头处的聚四氟乙烯密封圈规格、材质应符合制造厂的技术要求。

3.3.8.2　其他内件的检修

a. 鲍尔环(九江厂)如严重腐蚀，予以更换；

b. 筛板若严重腐蚀、变形，应进行补焊、校平，必要时更换；

c. 清理进液分布管分布孔的堵塞物；

d. 若进液管及进液分布管严重腐蚀，应进行补焊修理，必要时更换。

3.3.9　承压碳钢壳体检修

3.3.9.1　承压壳体的检查

a. 根据检修与检验的需要，拆除部分或全部保温层；

b. 检查封头、管箱、低压壳体外表面有无腐蚀、鼓包、裂纹、渗漏等缺陷；

c. 检查壳体膨胀节有无变形、裂纹、渗漏等缺陷，必要时进行渗透检测；

d. 从容器外侧对焊缝作超声或射线检测；

e. 封头、管箱、低压壳体定点测厚并做详细记录；如实测壁厚小于最小计算壁厚，应对容器进行强度校核。

3.3.9.2　内表面缺陷修理

因衬里或衬里焊缝泄漏而造成的碳钢壳体内侧母材腐蚀损坏，在不影响壳体强度的前提下，可采用混钢补类的粘结剂进行填充的方法修复。

    a. 用砂轮磨去耐蚀层的损坏部位；

    b. 用热脱盐水冲洗衬里与碳钢本体之间的腐蚀物，直至露出碳钢本体；

    c. 打磨碳钢本体腐蚀部位，用放大镜和渗透检测法检查确认缺陷已彻底消除；

    d. 用钢质粘结剂填补腐蚀孔洞；

    e. 待粘结剂达到固化养护的时间后，方可进行表面耐蚀层修理；

    f. 表面耐蚀层的修复方法参照 3.3.3 进行。

3.3.9.3　外表面缺陷修理

    a. 碳钢壳体外表面如存在裂纹，可进行打磨修理。打磨后表面应圆滑过渡，不得有沟槽和棱角，过渡区斜度不大于 1:4。打磨后宏观检查并渗透检测，确认缺陷已消除。必要时测厚，剩余壁厚大于强度允许值时，可不进行补焊；

    b. 承压壳体和封头存在其他缺陷，处理按《压力容器安全技术监察规程》有关要求执行。

3.3.10　重大缺陷处理

    设备碳钢壳体如出现较大裂纹、腐蚀穿孔并影响壳体安全运行的重大缺陷，首先应查明原因，再根据损坏情况制定专题检修技术方案，经厂主管设备的技术负责人批准后进行处理。检修技术方案应包括修前准备、修理方法、质量及检验标准、安全措施等方面的内容。

3.3.11　安全附件检修

3.3.11.1　安全阀修理及调校：

    a. 解体检查安全阀，视情况修理、调整；

b. 按规定调校安全阀并打铅封。

3.3.11.2　铯源液位计

a. 检查铯源液位计套管焊缝，如发生腐蚀孔洞应进行打磨处理，用 ERTi.1 焊丝(九江厂)或 00Cr25Ni22Mo2 型焊材(南化厂)氩弧焊补焊，焊后进行渗透检测；

b. 液位计套管腐蚀减薄严重时，应进行更换。

3.3.12　质量要求

3.3.12.1　修补焊缝表面，不允许有气孔、裂纹等缺陷。

3.3.12.2　与尿素介质接触的母材及焊缝着色检验应合格。

3.3.12.3　堆焊层、衬里层或焊缝耐蚀层的厚度应大于 3mm。

3.3.12.4　修补所用材料的化学成分、机械性能应符合有关标准的规定。修补耐蚀层所用材料必须采用 AWS A5.16ERTi.1 型焊材(九江厂)或 00Cr25Ni22Mo2LMn 型焊材(南化厂)。

3.3.12.5　列管系统检修后均应进行氨渗漏检验合格。

3.3.12.6　无损检测要求按 JB 4730《压力容器无损检测》标准执行，射线 II 级合格，超声波、渗透、磁粉检测 I 级合格。

3.3.13　回装

3.3.13.1　设备本体及零部件经检修、检验合格后方可回装。

3.3.13.2　回装内件前，应将设备内部彻底清理干净，用面粉团或吸尘器除掉管板上的杂物。

3.3.13.3　液体分配器回装程序

a. 液体分配器已经过阻力测定合格；

b. 回装时更换全部聚四氟乙烯密封圈；

c. 固定一个定位栅板的定位螺栓；

d. 液体分配器依次插入汽提管的上管端，装满一个定位栅板的范围后，逐个在升气管上端装上定位碟簧，安装定位栅板，拧紧支撑螺栓螺母；

　　e. 按步骤 c、d 安装好全部液体分配器；

　　f. 充冷凝液或脱盐水试漏，合格为止。

3.3.13.4　装填鲍尔环，安装筛板(九江厂)。

3.3.13.5　安装进液分布管和进液管。

3.3.13.6　拆除各法兰口保护物，清理各密封面；人孔垫就位；人孔盖吊装就位；人孔螺栓及各接管法兰连接螺栓的螺纹部位涂二硫化钼。

3.3.13.7　人孔螺栓用液压紧固装置紧固，按设备制造厂规定的螺栓预紧力，分四步逐级上紧人孔主螺栓，每步上紧油压分别为终压的 50%、75%、100%、100%。每步油压值紧固必须按第一篇图 2 的顺序成组进行。紧固过程中每紧固螺栓一圈，均应测量法兰面之间的间隙，其差值控制在 0.3mm 之内。第三步上紧后，再用第三步上紧的油压对整圈螺栓均匀紧固一次。

3.3.13.8　回装放射源液位计。

3.3.13.9　系统升温钝化后，应对螺栓热紧一次，热紧油压按最终油压值。

3.3.13.10　回装完毕、拆除起重机具等。

3.3.13.11　恢复保温，注意上下人孔端盖及封头盲管段要保温。检漏孔管要伸出保温皮外 20mm。清理现场。

4　试验与验收

4.1　试验前的准备

4.1.1　确认检验、检修项目全部完成，检修质量须达到本规程规定的要求。

4.1.2 有关的管线法兰、仪表、安全附件均已复位。

4.1.3 检查有关的控制阀门，应灵活、密封可靠，并处于正常的开(或关)位置。

4.1.4 仪表全部投运正常。

4.2 试验

4.2.1 设备检修完毕，质量合格，检修记录齐全。

4.2.2 安全附件齐全完整，仪表电气等复原，具备试验条件。

4.2.3 进行气密性试验，无泄漏、无异常响声、无可见变形为合格。

4.2.4 将蒸汽引入系统。

4.2.5 严格按操作规程进行升温钝化。

4.2.6 系统投料，按操作规程开车。

4.3 验收

4.3.1 检修后设备达到完好标准。

4.3.2 按检修方案内容检修完毕，质量符合本规程标准要求。

4.3.3 检修完毕后，施工单位应及时提交下列交工资料：

4.3.3.1 技术改造方案、施工图、设计变更单及检修任务书。

4.3.3.2 设备检修、检验方案和施工记录，包括检修施工方案、吊装方案、焊接、热处理工艺、设备封闭记录、中间交工记录、外观及几何尺寸检查记录、施焊记录、热处理记录等。

4.3.3.3 主要材料及零配件质量证书及合格证、材料代用通知单。

4.3.3.4 各项检修、检验、检测记录及报告，包括在用压力容器检验报告、压力试验报告、超声波测厚报告、无损检测报告、理化检验报告、氨检漏报告、腐蚀检验报告等。

4.3.3.5 安全附件校验、修理、更换记录。

4.3.4 交工验收由设备主管部门组织，施工单位、生产单位等共同参与，验收合格后设备方可投用。

4.3.5 设备检修后，经一周开工运行，各主要操作指标达到设计要求，设备性能满足生产需要，即可办理验收手续，正式移交生产。

5 维护与故障处理

5.1 日常维护

5.1.1 操作人员必须严格执行工艺操作规程，严格控制工艺运行参数，使设备正常运行。

5.1.2 操作人员与设备维修人员应每班对下列内容进行巡回检查：

    a. 衬里检漏孔是否畅通，有无泄漏；

    b. 人孔及各接管法兰有无泄漏；

    c. 每天分析一次尿素产品镍含量；开车、超温或断氧、分析值超标时，应增加分析频率，当成品尿素中镍含量连续两天超过 0.3mg/L，确认为高压系统腐蚀所致，经调整空气加入量无效时，应停车对系统重新进行钝化处理；

    d. 设备无异常振动，设备与相邻构件之间有无摩擦；

    e. 定期对壳侧冷凝液排污；

    f. 检查壳侧冷凝液的电导值，应不超过 $30\mu s/cm$；超标时应立即分析氨含量，并查明原因，予以排除；

　　g. 定期对壳侧冷凝液氯离子含量进行分析，氯离子含量应小于 0.2mg/L；

　　h. 检查设备和进出口管道上的附件、安全装置是否齐全、完好。

5.2　定期检查

　　同第一篇 5.2 内容。

5.3　紧急停车

　　同第一篇 5.3 节内容。

5.4　常见故障与处理

　　常见故障与处理见表 1。

表 1　气提塔常见故障与处理

序号	故障现象	故障原因	处理方法
1	高压人孔盖密封面泄漏	系统超温超压 密封面损伤 垫片腐蚀或损坏 螺栓紧力不足或不均匀	按规程操作 停车修理密封面 更换垫片 按规定预紧
2	检漏管逸出氨	衬里泄漏	停车查漏、修理
3	壳侧氨含量迅速增加	换热管腐蚀泄漏 换热管－管板角焊缝泄漏	停车补焊或堵管
4	分布器腐蚀严重	氨和二氧化碳分布不均 工艺参数偏离正常值 材料不良或使用时间过长	正常操作 修理，更换 改善安装
5	检漏系统堵塞	锈蚀 衬里或焊缝泄漏腐蚀产物和物料堵塞	用热冷凝液清理、疏通或更换

附　录　A
尿素高压设备氨渗漏试验方法
（补充件）

A1　当设备衬里焊缝盖板、盖板焊缝、列管的母材或焊缝存在缺陷引起泄漏，用一般检查方法查不出泄漏时，应采用氨渗漏方法进行检漏。

A2　氨渗漏方法分两种。

　　a. 真空法：充入 100% 纯氨，检漏空间内空气应抽空到低于 6.65kPa(绝压)，适用于衬里焊缝、盖板焊缝检漏；

　　b. 加压法：充入约 15%（体积）纯氨，其余为氮气，适用于列管、管板及列管角焊缝检漏。

A3　试验方法

A3.1　真空法：

　　a. 按图 A1 连接检漏装置；

　　b. 用氮气置换盖板与衬里间的空气，氮气压力不大于 2.94kPa(表压)；

　　c. 用真空泵将检漏空间抽空至压力低于 6.65kPa(绝压)；

　　d. 通入氨气，使压力逐渐升高至 2.94kPa(表压)；

　　e. 将检测显示剂喷涂到盖板或盖板焊缝可能泄漏的部位，检查泄漏点，或用在检漏部分贴试纸，喷酚酞液方法查漏。

　　f. 检查结束后，用氮气置换检漏空间的氨，分析合格后结束置换。

A3.2　加压法

a. 按图 A2 连接检漏装置；

b. 加盲板，把待检漏的设备与系统切断；

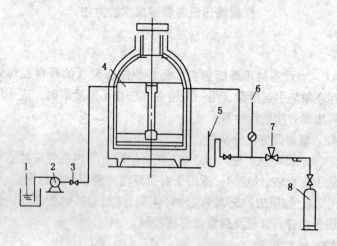

图 A1　盖板及衬板焊缝氨渗漏

1—水槽；2—真空泵；3—截止阀；4—捡漏区域；5—U 型管；
6—压力表；7—压力控制阀；8—氨瓶

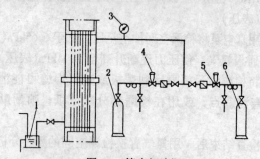

图 A2　管束氨渗漏

1—水槽；2—氨瓶；3—压力表；4、5—压力控制阀；6—氮气瓶

　　c. 用氮气置换低压壳体侧的空气，氮气压力到 0.29MPa (表压)时再泄压，反复置换数次，确保通 NH_3 后混合气体在爆炸范围之外；

　　d. 通入气氨使壳侧压力达到 0.23MPa(表压)；

　　e. 进入设备,对列管焊缝等部位喷涂显示剂,进行检查；

　　f. 检漏完毕，排放氨，用氮气反复置换充氨空间，使氨浓度降低到爆炸范围以外。

A4 注意事项

A4.1 检漏装置用的压力表必须校验合格，阀门等部件必须质量良好、可靠。

A4.2 升压、降压必须缓慢、平稳，防止压力失控。对盖板检漏时在检漏装置氨进口连接一个充油的 U 形管，控制压力在 1.96 ~ 2.94kPa 范围内，以免造成衬里失稳损坏事故。

A4.3 若对盖板检漏，停车时应设法用蒸汽或冷凝液对泄漏的夹层部位进行反复冲洗，以防止甲铵结晶堵塞，影响检漏效果。若泄漏时较大，停车后应先用其他简易方法查出较大泄漏缺陷，处理后再进行氨渗漏检漏。

A4.4 检漏前应先清洗干净设备内存在的油污垢层及修理补焊部位，避免残留的碱性或酸性物与显示剂反应、引起误检。

A4.5 对列管焊缝检漏前，应采取措施排尽，吹干管间及管板上的水分。

A4.6 检漏系统不应有含氯离子的介质进入。

A4.7 进容器检漏时，应遵守进入容器施工的安全规定并采取必要的安全措施，防止发生不安全事故。

附 录 B
氨汽提塔耐蚀焊接材料理化性能
（补充件）

材料牌号	化学成分/%					力学性能			用途
	C	H	Fe	O	N	σ_b/MPa	$\sigma_{0.2}$/MPa	ψ/%	
AWS A5.16 ERTi.1	0.03	0.005	0.1	0.1	0.015	240	170		耐蚀焊接
Gr－Ni－Mo 25－2－2	C 0.01	Mn 2.00	Si 1.00	P 0.04	S 0.02	Cr 24.0~26.0 Ni 21.0~23.0 Mo 2.0~2.5 N 0.08~0.16	540	295	30	内件焊接

附 录 C
氨汽提塔设备制造厂焊接规范
（补充件）

部 位	母 材	焊接材料	焊接参数	热处理	无损检测
半圆封头与管箱	九江厂 A302/B	底层 E9018－G 填充层 EF3－F3	SMAW＋SAW 焊条/丝： ϕ5, ϕ4 焊接电流(A)： 210, 550, 560	预热 200℃，级间 300℃焊后消除应力 610℃	100% RT, UT, MT

续表

部　位	母　材	焊接材料	焊接参数	热处理	无损检测
半圆封头与管箱	南化厂	A516Gr70 + A266C L2	SMAW + SAW 焊条/丝：$\phi3.25 \sim \phi5$, $\phi4$ 焊接电流（A）：120 ~ 200, 480 ~ 520, 575	预热175℃，焊后消除应力600 ~ 620℃	100%RT, UT, MP
管箱与管板	九江厂	A302/B 与 A508/3	底层 ER80 - S - G 填充层 EF3 - F3	GTAW + SAW 焊条/丝：$\phi3.2$, $\phi4$ 焊接电流（A）140, 550, 560	预热200℃，级间300℃焊后消除应力600℃	100% RT, UT
管箱与管板	南化厂	A266CL2	A5.18ER70S - 3 A5.1E7018.1 A5.17EH12K	GTAW + SMAW + SAW 焊条/丝：$\phi2.4$,　$\phi3.25$, $\phi4$ 焊接电流（A）：90 ~ 120, 100 ~ 210, 480 ~ 520, 560 ~ 580	预热175℃，焊后消除应力600 ~ 620℃	100%RT, UT, MT
管子与管板	九江厂	B338/3 与 B265/1	ERTi1	GTAW 焊丝：$\phi0.8$ 焊接电流（A）：140　~　168, 132 ~ 174	预热20℃，里边20 ~ 60℃	100% RT, UT
管子与管板	南化厂	25 - 22 - 2	BM310MoL	SMAW 焊条：$\phi3.25$, $\phi4 - \phi5$ 焊接电流（A）：80 ~ 110, 120 ~ 140	预热20℃，里边100℃	RT, UT

部　位		母　材	焊接材料	焊接参数	热处理	无损检测
膨胀节焊缝	九江厂	A516/70	底层 E7018.1 填充层 EH14	SMAW + SAW 焊条/丝：φ4 电流(A)：130～150，420～550 电压(V)：19～20，27～28	预热10℃，内部<350℃ 焊后消除应力600℃	100% RT, PT
	南化厂	A516GR70	A5.17EH12K	SAW 焊丝：φ4 电流(A)：440～460，500～520	预热175℃，焊后消除应力600～620℃	RT, UT
衬里焊缝盖板及衬里	九江厂	B265.1 与 B265.1 或 B381/3	ERTi1	GTAW 焊条/丝：φ2；φ3 焊接电流(A)：100～120，160～190 电压(V)：12～15，14～15	预热20℃，内层20～50℃	PT
	南化厂	00Cr25Ni-22Mo2	00Cr25Ni22-Mo2LMn BM310MoL	GTAW + SMAW 焊条/丝：φ2.4，φ3.25～φ4 焊接电流(A)：90～120，90～140	预热20℃，里边100℃	PT

附　录　D
氨汽提塔焊接基本要求和注意事项
（补充件）

D1　对受压元件施焊的焊工，必须有相应的焊工合格证。对内部耐蚀层施焊的焊工，必须经过专门的技术培训和考试，具有焊接钛材的基本知识和较好的操作技能。

D2　按有关规定进行焊接工艺评定，合格后制定出焊接工艺规范，然后按规范要求施焊。

D3　修理耐蚀层使用的板材、管材、棒材、焊条、焊丝必须符合 Snam.SPC.CR.UR517 标准及尿素用材的有关标准规定。必须专人看管，严防铁污染。

D4　使用的焊接设备应良好，符合有关标准要求。表、计应校验合格。

D5　焊接注意事项：

D5.1　焊条使用前必须按要求烘烤，存入干燥箱或保温筒内随用随取。

D5.2　修理中必须采用气体保护焊。

D5.3　在保证焊缝熔合良好的前提下尽量减小焊接热输入量，焊速应较快，减少重复加热，避免局部过热。

D5.4　焊前应将母材的水分清除干净，以免产生气孔。

D5.5　焊接时应尽量使用引弧板，尽可能将引弧点、收弧点引到焊缝外。

D5.6　要求每一道钛焊缝都有良好的银白色，焊后做着色检查。

D5.7 焊缝不允许有咬边、气孔、未熔合、未焊透等缺陷。焊缝表面不宜打磨，否则影响焊缝耐蚀性能。

附 录 E
氨汽提塔液体分配器空气阻力试验
（补充件）

E1 绪言

本试验以一定流量(0.85~0.9L/s)的空气流过液体分配器，用充水的 U 形管来测定其压差。如果所有液体分配器实测压差均在同一允许范围内，试验合格。要求每个液体分配器的实测压差不超过平均压差的 ±20%；如多个液体分布器的实测压差超过平均值的 ±20%，则必须找出原因并予以处理。空气阻力试验只在未装配前做。

E2 试验方法

E2.1 试验装置及流程

试验装置见图 E1。

试验流程为：经过滤油净化的压缩空气或氮气，经减压阀 8(阀后压力由压力表 7 指示)和手动控制阀 6、转子流量计 4(量程 0~5Nm³/h)与试验台 9 的进口连接，试验台另一连通口接 U 形管压力计 1(量程 0~1000mmH₂O)。

E2.2 试验装置调试

调试过程中，液体分配器 5 装在试验台 9 上。

调整减压阀 8，使流量计 4 流量约为 3Nm³/h，记下 U 形管压力计 1 上的数值 RP。

E2.3 试验

　　a. 把液体分配器按图 E1 夹在试验台两个橡胶垫之间，用密封夹紧装置 3 使液体分配器上部两个排气孔堵死，进行空气阻力试验，读取 U 形管压力计 1 的读数；试验过程中不要动控制阀 6；

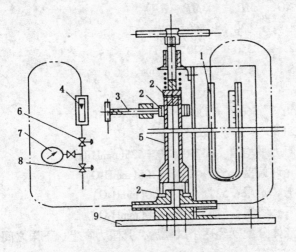

图 E1　试验装置

1—U 形管压力计；2—橡胶垫；3—密封夹紧装置；

4—转子流量计；5—液体分配器；6—手动控制阀；

7—压力表；8—减压阀；9—试验台

　　b. 同样对约 50 个液体分配器进行空气阻力试验，记下每个液体分配器读数(记作：MP，mmH_2O)，减去调试时 U 形管的基准读数(记作 RP，mmH_2O)即阻力 $= MP - RP$，计算出($MP - RP$)的平均值；根据此平均值的 $\pm 20\%$，计算出液体分配器实测($MP - RP$)的允许范围；

c. 在 U 形管压力计 1 上标出上限和下限，然后对所有液体分配器逐个测定阻力（$MP - RP$）。

E2.4 试验记录及允许范围计算举例

RP——基准压差，假定 $RP = 30mmH_2O$；

MP——液体分配器实测压差，mmH_2O；

NO.	MP	$(MP - RP)$
1	530	500
2	550	520
5	555	525
…	…	…
50	560	530

$\Sigma(MP - RP) = 26250$

阻力平均值：$26250 \div 50 = 525(mmH_2O)$

允许偏差：$525 \times 20\% = 105(mmH_2O)$

上　限：$525 + 105 = 630(mmH_2O)$

下　限：$525 - 105 = 420(mmH_2O)$

液体分配器经逐个试验后，凡阻力在上、下限之间者为合格。

附　录　F
铁污染检查方法
（补充件）

F1　范围

本方法规定了测定镍合金、不锈钢和钛材表面上游离铁的方法。

F2　表面处理

表面必须干净，没有油、灰尘以及能使检查结果失真的任何其他异物。最初清理应采用打磨和抛光来完成，所有工具应不含铁的组分，并且清理脱脂干净。

F3　试验溶液

制备试验溶液：将 1000mL 的蒸馏水、20mL 的硝酸（65%）和 30g 的亚铁氰化钾混合在一起。混合的顺序应保持不变。制备好的溶液一定要在 12h 内使用。

F4　试验方法

F4.1　用干净的布、刷子或采用喷的方法将试验溶液涂到表面上，要注意使用的所有工具不可含有铁或铁粉。

F4.2　要避免溶液与皮肤和眼睛接触。

F4.3　在 20~25℃的温度下，将溶液涂在表面上。

F5　评定

F5.1　在涂刷溶液 20s 后，微量的游离铁将在表面上呈蓝色显示出来。

F5.2　所有呈蓝色显示的部位，应用打磨和清洗的方法将其除去。然后再作检查。

F5.3　最终应无游离铁的显示存在。

附　录　G

氨汽提塔主要工艺特性

(补充件)

项目		介质	流量/(kg/h)		操作温度/℃	操作压力/[MPa(A)]	热负荷/(kJ/h)	传热系数/(kJ/m²·h·K)	换热面积/m²	程数
			气体	液体						
壳程	九江厂	蒸汽,冷凝液	进 54000 出 0	进 0 出 54000	219	2.17	97.7×10^6	6013	770	单程
	南化厂	蒸汽,冷凝液	进 49000 出 0	进 0 出 49000	219	2.17	97.7×10^6	6013	780	1
管程	九江厂	尿素、甲铵、CO_2,H_2O,惰气	进 0 出 55352	进 217272 出 161920	进 188 出 207	14.62	97.7×10^6	6013	770	单程
	南化厂	尿素、甲铵、CO_2,H_2O,惰气	进 0 出 51839	进 220681 出 168842	进 188 出 207	14.62	97.7×10^6	6013	780	1

附 录 H

氨汽提塔设备主要技术特性

(补充件)

表 H1 九江厂氨汽提塔设备主要技术特性

名 称		内 容	名 称		内 容
总体尺寸	内径×总高/mm	$\phi1895\times\phi11998$	管箱	外径×壁厚/mm	$\phi2015\times(98+3)$
	外径×壁厚/mm	$\phi27\times3.5$	管板	外径×壁厚/mm	$\phi2217\times(311+10)$
	总长/mm	5676	低压壳侧	外径×壁厚×长度/mm	$\phi1895\times29\times5000$
汽提管	管间距/mm	35	膨胀节	波数/厚度/mm	2/21
	排列方式	正三角形	设备制造	管箱与管板连接焊缝	RT,UT
	根数	2451	检测要求	封头焊缝,封板连接接焊缝	RT,UT,MT
液体分布器	外径×壁厚×长度/mm	$\phi23\times1.5\times397$		膨胀节,低压壳体焊缝	RT,PT
人孔螺栓	规格×长度/mm	$M64\times500$	水压试验	壳体/MPa	3.57
球形封头	内径×壁厚/mm	$\phi2045\times(52+3)$	压力	管程/MPa	21.02

名 称		内 容	名 称		内 容
设计温度/℃	壳程	230	腐蚀裕 度/mm	壳程	3
	管程	230		管程	0
设计压力/ MPa	壳程	2.74			
	管程	16.2			
设计质量/kg	未充介质质量/kg	76000	制造厂		意大利·新比隆
	充水后/kg	94000			

表H2 南化厂氨气提塔设备主要技术特性

名 称		内 容	名 称	内 容
总体尺寸	内径×总高/mm	φ1781×φ12347	管箱 外径×壁厚/mm	φ2072×(121+6)
汽提管	外径×壁厚/mm	φ26.5×(2+0.7)	管板 外径×壁厚/mm	φ2072×(330+10)
	总长/mm	6170	低压壳侧 外径×壁厚×长度/mm	φ1881×23×5420
	管同距/mm	33	膨胀节 波数/厚度/mm	2/18
	排列方式	正三角形	设备制造 管箱与管板连接接焊缝	RT,UT
	根数	2257	检测要求 封头焊缝,封头与管箱焊缝	RT,UT,MT
液体分布器	外径×壁厚×长度/mm	φ26.5×3.25×415	膨胀节,低压壳体焊缝	RT,PT

续表

名 称	内	容	名 称	内	容
人孔螺栓	规格×长度/mm	M64×500	水压试验压力	壳体/MPa	3.5
球形封头	内径×壁厚/mm	φ1850×(65+6)		管程/MPa	21.2
设计温度/℃	壳程	230	腐蚀裕度/mm	壳程	3
	管程	230		管程	0
设计压力/MPa	壳程	2.8	制造厂		意大利·FBM
	管程	16.2			
设计质量	未充介质/kg	74500			
	充水后/kg	94000			

第三篇　高压甲铵冷凝器维护检修规程

2　检修周期与内容

2.1　检修周期

1～2年。

根据设备腐蚀监测情况及使用状态，可适当调整检修周期。

2.2　检修内容

2.2.1　压力容器检验与设备腐蚀检验

容器外部检查、内外部检验和耐压试验时，必须遵守本规程、《压力容器安全技术监察规程》及《在用压力容器检验规程》(以下简称《检规》)的有关规定。

2.2.1.1　外部检查

a. 检查基础支座有无下沉、倾斜、开裂和异常振动；

b. 检查地脚螺栓是否完好和坚固；

c. 检查保温层是否完好；

d. 设备运行中有无泄漏和异常响声；

e. 衬里检漏、壳侧排污孔是否完好、畅通；

f. 必要时检查设备外表面，外表焊缝有无腐蚀、裂纹；

g. 按《检规》有关要求，检查安全附件。

2.2.1.2　人孔密封面检验

a. 宏观检查有无裂纹、划痕、凹陷和腐蚀等缺陷，必要时作渗透检测；

b. 用铁素体仪检查铁素体含量；

c. 必要时用专用工具检查平面度。

2.2.1.3 管箱衬里检验

a. 宏观检查封头、管箱衬里母材及焊缝表面有无鼓包、冷凝腐蚀、选择性腐蚀、孔蚀、裂纹、刀口腐蚀和其他缺陷;

b. 定点测厚并做详细记录,并重点检测焊接热影响区、局部有严重均匀腐蚀的部位;

c. 视情况检查母材及焊缝、堆焊层的铁素体含量;

d. 根据检查情况,对怀疑存在裂纹的母材或焊缝进行渗透检测;

e. 必要时检查碳钢壳体的腐蚀情况。

2.2.1.4 管板与换热管检验

a. 宏观检查管板耐蚀层、换热管管口端面、焊缝及热影响区有无裂纹、孔蚀、刀口腐蚀、晶间腐蚀、选择性腐蚀,检查表面腐蚀程度;

b. 用磁探仪检查碳钢管板有无腐蚀孔洞,测量堆焊层厚度;

c. 对管板堆焊层作渗透检测、铁素体含量测定;

d. 换热管全长涡流检测测厚;

e. 必要时用氨渗漏方法检查换热管及其焊缝有无泄漏。

2.2.1.5 内件检验

a. 用肉眼检查分程隔板有无变形、腐蚀损坏;

b. 检查分程隔板螺栓腐蚀情况;

c. 检查分程隔板密封情况。

2.2.1.6 耐压试验

同第一篇 2.2.1.9 内容。

2.2.2 密封结构检查修理。

2.2.3 衬里检查修理。

2.2.3 换热管检查修理。

2.2.4 管板检查修理。

2.2.5 内件检查修理。

2.2.6 碳钢承压壳体检查修理。

2.2.7 安全附件检查修理。

3 检修与质量标准

3.1 检修前的准备

3.1.1 检修前根据设备运行情况，熟悉图纸、技术档案，按 HSE 进行危害识别、环境识别与风险评估的要求，编制检修检验及吊装施工方案。

3.1.2 备品配件检修材料及施工机具准备就绪。

3.1.3 作业人员已经技术交底，熟悉设备结构和施工方案内容；焊工资质审查合格。

3.1.4 严格执行施工作业票证制度，安全措施落实到位，具备施工条件。

3.1.5 检验、检修人员劳保着装穿戴应规范，进入容器工作的人员必须穿着专用衣服、手套、工作鞋，并确保干净。工作鞋不得有铁钉。

3.1.6 容器内检修时不应使用有绒毛的擦布或棉纱，不许将脏物、杂物(如钢笔、粉笔、记号笔、衣物、工器具等)掉落在容器内。出容器时应清点带入的工器具，不允许遗忘在容器内。

3.1.7 检验、检修时，必须从以下几个方面严格控制 Cl-

含量:

检查中使用的粉笔、记号笔;保护容器内部使用的胶皮;清洗管头、耐蚀层焊缝使用的溶剂;耐蚀层焊缝、衬里使用的渗透检测溶剂,无损检测(如测厚)用的耦合剂;清洗使用的清洗剂;水压试验用水。

3.1.8 参加检修人员施工前应对使用机具、备品备件,以及材料型号、规格、数量、质量等进行检查、核实,使其符合技术要求。

3.1.9 按有关规定进行焊接工艺评定,合格后制定相应的焊接工艺规程,并在检修中实施。

3.2 拆卸

3.2.1 拆除人孔盖及有关管道外部保温层,割断妨碍检修的伴热管,挂好吊具或准备好吊车。

3.2.2 拆卸高压人孔盖主螺栓,拆卸方法按3.3.10.5,顺序与上紧时相反;拆卸时初始油压可稍高于上紧时的最终油压;拆下的螺栓、螺母应放在安全位置并采取保护措施,防止碰伤螺纹。

3.2.3 将人孔盖吊开,放在安全位置,保护好密封面。

3.2.4 拆下管箱内分程隔板的固定与连接螺钉,逐块取出隔板,注意不得损伤人孔密封面。

3.3 检修与质量标准

3.3.1 密封结构检修

3.3.1.1 高压螺栓检修

a. 螺栓、螺母如存在轻微的咬伤、拉毛等缺陷可采取加入少量研磨砂对研的方法修复;

b. 对高压螺栓进行无损检测,如存在裂纹和影响强度的缺陷，应予更换；不同材质的螺栓严禁混用。

3.3.1.2 密封面检修

a. 密封面应光滑平整，水线清晰，如有轻度沿周向的划伤，可不处理；如有轻度径向划伤，腐蚀沟槽及表面粗糙等缺陷，可采取用细砂纸或油石打磨方法修复；金属垫等硬密封垫安装前应与其对应密封面进行研磨检查合格；

b. 密封面如出现较深的机械损伤和腐蚀沟槽缺陷，可采用机械光刀方法修复，上下密封面光刀深度之和小于4mm，同时必须保证光刀后耐蚀层厚度大于4mm，否则采用焊接修补法修复；

c. 密封面严重损伤和腐蚀时，采用补焊法修复；补焊采用00Cr25Ni22Mo2型焊接材料；焊后测量补焊区铁素体含量，其值应小于0.6%；

d. 打磨或光刀后，加工水线，表面粗糙度最大允许值6.3μm；表面渗透检测合格；光刀后密封面的平面度不应大于0.1mm。

3.3.1.3 密封垫检修

a. 密封垫片材质和规格应符合设计要求，严禁重复使用；

b. 回装垫片时四氟垫朝向介质侧，垫片表面严禁用异物捆扎固定，以防产生间隙腐蚀引起密封面泄漏。

3.3.2 衬里母材检修

同第一篇3.3.2内容。

3.3.3 衬里焊缝检修

同第一篇3.3.3内容。

3.3.4 换热管检修

换热管与换热管角焊缝存在的缺陷，视损坏情况分别采用打磨补焊、堵管等方法修理。角焊缝焊接时应保护好相邻管子的管口，防止焊接飞溅物污染相邻管口。

3.3.4.1 打磨补焊

a. 如换热管与管板连接角焊缝存在表面气孔、收弧坑腐蚀、针孔等缺陷，但还未产生泄漏，可采用打磨补焊的方法修理；

b. 管子角焊缝中存在深孔缺陷时，可用微型砂轮打磨或用钻削方法，然后采用不锈钢中心冲，冲铆成封闭状态，并进行补焊。

3.3.4.2 堵管

a. 换热管腐蚀减薄，剩余壁厚 1.1mm 以下，不能保证使用至下一检修周期，或存在大于 50% 管壁厚的裂纹及腐蚀缺陷，或已穿孔泄漏时，采用堵管方法修理。

b. 堵管修理程序：

加工堵头→设法去除水分，用丙酮清洗干净施焊部位；

→焊接第一层焊缝，焊后宏观检查合格；

→用机械法和丙酮清洗，将焊缝清理干净；

→焊接第二层焊缝；两层焊缝的起弧点应相隔 90°；

→渗透检测，铁素体含量检查；

→氨渗漏检查。

3.3.4.3 用于堵管的堵头采用 00Cr25Ni22Mo2 型棒材加工；堵管前应实测堵管管孔或换热管内径。

3.3.4.4 如换热面积限制，不能再用堵管方式修理时，应根据具体情况制定专项修理或更换方案，经厂主管设备的技术负责人批准后实施。

3.3.5 管板检修

碳钢管板因换热管腐蚀穿孔、换热管角焊缝腐蚀泄漏而受腐蚀时，根据具体情况制定专项修理技术方案，经厂主管设备的技术负责人批准后实施。

3.3.5.1 管板耐蚀层修理

管板耐蚀层存在气孔、针孔、沟槽、蚀坑等缺陷时，采用打磨方法修理。打磨深度小于 2mm，可不补焊；否则应用 00Cr25Ni22Mo2 型焊材补焊。焊后渗透检测并测定铁素体含量。

3.3.5.2 管板碳钢层缺陷修理

同第二篇 3.3.7 内容。耐蚀层采用 00Cr25Ni22Mo2 或 316LMOD 型板材。

3.3.6 内件检修

a. 隔板如变形、腐蚀，并已影响到密封效果时，应视情况进行校平、修复或更换；

b. 隔板连接螺栓更新时，推荐使用 00Cr25Ni22Mo2 型材料。

3.3.7 承压碳钢壳体检修

同第二篇 3.3.9 内容。

3.3.8 安全附件检修

解体检查、修理安全阀并进行调校，合格后打铅封固定。

3.3.9 无损检测要求按 JB 4730《压力容器无损检测》标准执行，射线 II 级合格，超声波、渗透、磁粉检测 I 级合格。

3.3.10 回装

3.3.10.1 设备主体及零部件经检修、检验合格后，方可

回装。

3.3.10.2　回装内件前，应将设备内部彻底清理干净，不得留任何杂物。

3.3.10.3　按拆卸的相反程序回装各部件；装完隔板后要检查隔板泄漏量。

3.3.10.4　拆除各法兰处保护物，清理各密封面；更换人孔密封垫，垫片回装应注意方向，严禁用异物粘贴、捆扎垫片；人孔盖吊装就位；人孔螺栓及各法兰连接螺栓的螺纹部位涂二硫化钼。

3.3.10.5　用液压紧固装置紧固人孔螺栓。紧固方法步骤同第二篇3.3.12.7。

3.3.10.6　系统升温钝化后，应对螺栓热紧一次，热紧油压按最终油压值。

3.3.10.7　回装完毕，拆除起重机具等；恢复有关管道，设备外表防腐，恢复保温层；清理现场。

4　试验与验收

4.1　试验前的准备工作

4.1.1　确认检验、检修项目全部完成，质量符合本规程标准要求，现场清理干净。

4.1.2　检查有关的管线法兰、仪表接头及仪表，确认已复位。

4.1.3　检查有关的控制阀门，应灵活、密封可靠，并处于正常的开(或关)位置。

4.1.4　仪表全部投运。

4.1.5　所有原料均能保证供应，供电系统处于正常备用状态。

4.2 投料

4.2.1 按操作规程建立蒸汽、冷凝液及冲洗水系统。

4.2.2 严格按操作规程及尿素设备防腐蚀管理规定进行升温钝化。

4.2.3 系统投料,按操作规程开车。

4.2.4 检查各密封点,应无泄漏。

4.2.5 当系统的各项指标合格、满足生产要求后,进行验收。

4.3 验收

4.3.1 设备投料后,厂机动部门组织承修单位和使用单位进行验收。

4.3.2 负责检修的单位应提供齐全、准确的各种检验、检修报告及技术资料,并符合技术要求。提供的资料应包括:

4.3.2.1 检修、检测记录及报告;腐蚀检验报告。

4.3.2.2 主要材料及零配件质量证明书及合格证、材料代用通知单。

4.3.2.3 检修方案,实际检修情况记录、总结。

4.3.2.4 技术改造方案、图纸材质证明书、施工质量检验报告及有关资料;

4.3.2.5 安全附件校验、修理、更换记录。

4.3.3 经检查,设备检修后质量达到完好标准,办理正式移交手续,交付生产部门使用。

5 维护与故障处理

5.1 日常维护

5.1.1 操作人员必须严格执行工艺操作规程,严格控制工艺运行参数，使设备正常运行。

5.1.2 操作人员与设备维修人员应每班对下列内容进行巡回检查：

5.1.2.1 衬里检漏孔是否畅通，有无泄漏。

5.1.2.2 人孔及各接管法兰有无泄漏。

5.1.2.3 每天分析尿素产品镍含量；开车、超温或断氧、分析值超标时，应增加分析频率。

5.1.2.4 设备无异常振动，设备与相邻构件之间有无摩擦。

5.1.2.5 定期对壳侧冷凝液排污。

5.1.2.6 检查壳侧冷凝液的电导值，应不超过 $30\mu s/cm$；超标时应立即分析氨含量，并查明原因，予以排除。

5.1.2.7 定期对壳侧冷凝液 Cl^- 含量进行分析，Cl^- 含量应小于 $0.2mg/L$。

5.1.2.8 检查设备和进出口管道上的附件、安全装置是否齐全、完好。

5.2 定期检查

5.2.1 按本规程和《在用压力容器检验规程》的要求对设备进行定期检查，检验周期和检验内容按规定执行。

5.3 停车

5.3.1 发生下列情况之一，操作人员应按规定立即采取措施，进行紧急停车：

 a. 工艺系统物料突然中断；

 b. 系统突然断电；

 c. 高压壳体或接管突然泄漏；

 d. 壳侧安全阀起跳不回座；

 e. 其他危及人身及设备安全的紧急情况。

5.3.2 发生下列情况之一，应按正常停车方式停止设备运行：

    a. 产品尿素镍含量连续两天超过 0.3mg/L；

    b. 出现红棕色尿素，经处理无效；

    c. 严重超温超压；

    d. 壳侧冷凝液电导超标，氨含量急剧上升，经处理无效；

    e. 检漏孔泄漏；

    f. 封塔操作超过规定时间；

    g. 法兰密封面严重泄漏，危及安全生产。

5.3.3 停车封塔保护措施

    a. 必须严格按操作规程的要求进行；

    b. 停车封塔期间每班对高压侧用高压冲洗水冲洗一次；

    c. 壳侧蒸汽压力保持在 0.34MPa；

    d. 每次封塔时间计划停车不超过 48h，紧急停车不超过 24h；24h 内第二次封塔不超过 4h，两次封塔间隔时间不少于 3h；

    e. 如需排放，要及时排放工艺液体；降压降温过程不要过快。

5.4　常见故障与处理

常见故障与处理见表 1。

表 1　高压甲铵冷凝器常见故障与处理

序号	故障现象	故障原因	处理方法
1	高压人孔盖密封面泄漏	系统超温超压 密封面损伤 垫片腐蚀或损坏 螺栓紧力不足或不均匀	按规程操作 停车修理密封面 更换垫片 按规定预紧

续表

序号	故障现象	故 障 原 因	处 理 方 法
2	检漏管逸出氨	衬里泄漏	停车查漏、修理
3	壳侧氨含量迅速增加	换热管腐蚀泄漏 换热管－管板角焊缝泄漏	停车补焊或堵管
4	壳侧安全阀起跳	壳侧超压 换热管爆管或换热管－管板焊缝严重泄漏	查明原因,正常操作 停车查漏、修理
5	产蒸汽量减少且甲铵出口温度增高	分程隔板密封严重泄漏	停车检修

附 录 A
甲铵冷凝器主要工艺特性
（补充件）

项　　目		九 江 厂		南 化 厂	
		壳 程	管 程	壳 程	管 程
介　质		水、蒸汽	甲铵、氨、CO_2、水	水、蒸汽	甲铵、氨、CO_2、水
物　态		上部气相、下部液相	气液混合	上部气相、下部液相	气液混合
流量/(kg/h)		60540	114226	55000	109206
操作温度/℃		147	进180 出155	147	进180 出155
操作压力/MPa		0.34	14.6	0.34	14.6
程　数		单程	双程	单程	双程
换热面积/m²		2340		2320	
设计压力/MPa		0.54	16.2	0.6	16.2
设计温度/℃		180	200	180	200

附 录 B
甲铵冷凝器主要设备技术特性
（补充件）

分类	项　　目			参　　数	
	名　称	内　容		九江厂	南化厂
结构参数	总体尺寸	外径×总长/mm		$\phi2932×16736$	$\phi2528×14025$
	换热管(U形)	外径×壁厚/mm		$\phi19×2.1$	$\phi19.05×2.1$
		总长/mm(直管部分)		24722	23880
		根数/排列方式		2091/正三角形	1628/正三角形
		管间距/mm		25.2	25.4

续表

分类	项目		参数	
	名称	内容	九江厂	南化厂
结构参数	管板	结构	碳钢堆焊二层不锈钢	碳钢 A266-CI4 堆焊二层 25/22/2LMn
		(碳钢+过渡层+耐蚀层)厚度/mm	345+3+7	345+4+6
		外径/mm	φ2250	φ2050
	球形封头	结构	碳钢堆焊过渡层,衬不锈钢	碳钢 A516-70 堆焊二层 25/22/2LMn 不锈钢
		外径×(碳钢+堆焊层+衬里)厚度/mm	φ2212×(85+3+8)	φ2042×(95+4+4)
	高压筒体	结构	碳钢堆焊过渡层,衬不锈钢	碳钢堆焊过渡层,衬不锈钢
		外径×(碳钢+堆焊层+衬里)厚度/mm	φ2250×(125+3+8)	φ2050×(127+4+6)
		管箱筒体长/mm	440	650
	人孔短节	结构	碳钢堆焊过渡层,衬不锈钢	碳钢堆焊过渡层,衬不锈钢
		外径×(碳钢+堆焊层+衬里)厚度/mm	φ810×(144+3+8)	φ785×(135+2.5+8)
		长度/mm	516	478
	人孔盖	结构	碳钢锻件、衬不锈钢	碳钢锻件、衬不锈钢
		外径×(碳钢+衬里)厚度/mm	φ810×(215+9)	φ785×(165+8)
	低压壳体	厚度/腐蚀裕度/mm	16/3	14/3
		外径×总长/mm	φ2932×14600	φ2528×14025

分类	项 目		参 数	
	名 称	内 容	九江厂	南化厂
设计参数	设计压力	管程/MPa	16.2	16.2
		壳程/MPa	0.54	0.6
	设计温度	管程/℃	200	200
		壳程/℃	180	180
	水压试验压力	管程/MPa	21.6	24.3
		壳程/MPa	0.81	0.9
	设备制造检测要求	高压管箱与封头环焊缝	RT + UT + MT	RT + UT + MT
		高压管箱与管板环焊缝	RT + UT + MT	RT + UT + MT
		管板与换热管连接焊缝	UT + PT	UT + PT
		衬里焊缝	PT + 测铁素体含量	PT + 测铁素体含量
		低压壳体焊缝	RT	RT
	设计质量	设备净质量/kg	96000	73600
		充水后质量/kg	160000	146600
密封及垫片参数	人孔盖	结构	平面,铝 + 聚四氟乙烯	平面,铝 + 聚四氟乙烯
		垫片外径 × 内径 × 厚度/mm	$\phi540 \times \phi500 \times 8$	$\phi540 \times \phi500 \times 8$
		主螺栓直径 × 长度/mm	M64 × 495	M64 × 460
	进/出料管法兰	透镜垫 316LMOD,25 - 22 - 2	6″	8″/6″
	蒸汽出口法兰	平垫	20″	20″
	冷凝液进/口法兰	平垫	6″/4″	6″/3″

附 录 C

甲铵冷凝器设备制造焊接资料一览表

（补充件）

部位	母 材	焊 接 材 料	焊 接 参 数	热 处 理	无损检测
九江厂 半圆封头与管箱	A516Gr70/ A266cl.2	底层 ER70S3 填充层 E7018 - 1;E7P2/EH14	CTAW + SMAW + SAW 焊条直径:φ2,φ4 焊接电流（A）:90～110,155～ 175,500～550,550～600	预 热 ＞ 50℃,层间 ＜ 210℃,焊后热 处理 600 ～ 620℃,加热与 冷却速度 55℃/h	RT,VT,MT
南化厂	A516Gr70/ A266cl.4	A5.1E7018.1 A5.17EH12K	SMAW + SAW 焊条直径:φ3.25,φ4 焊接电流（A）:120～200,480～ 520	预 热 ＞ 100℃,层间 ＜ 150℃	RT,UT,MT

续表

部位	母材	焊接材料	焊接参数	热处理	无损检测
九江厂 管箱与管板	A516Gr70/ A266cl.2	底层 ER70S3 填充层 E7018 - 1; F7P2/EH14	GTAW + SMAW + SAW 焊条直径:φ2,φ4 焊接电流(A):90～110,155～175,500～550,550～600	预热 > 50℃,层间 < 210℃,焊后热处理 600 ～ 620℃,加热与冷却速度 55℃/h	RT, UT, MT
南华厂	A266cl.4	A5.18ER70S-3 A5.1E7018.1 A5.17EH12K	GTAW + SMAW + SAW 焊条直径:φ2.4,φ3.25,φ4 焊接电流(A):90～120,100～210,480～520,560～580	预热 > 100℃,层间 < 350℃,焊后热处理 600 ～ 620℃.	RT, UT, MT
九江厂 管子与管板	25-22-2	25.22.2LMn	GTAW 焊丝直径:φ0.8 电流(A):60～1000 电压(V):10～12	环境温度 > 10℃ 层间温度 < 100℃	UT, PT, 氦渗漏,铁素体含量测定
南化厂 板与管	25-22-2	25.22.2LMn	GTAW 焊丝直径:φ0.8 电流(A):60～100	环境温度 > 10℃ 层间温度 < 100℃	UT, PT, 氦渗漏,铁素体含量测定

续表

部位		母材	焊接材料	焊接参数	热处理	无损检测
管板堆焊	九江厂	A266cl.2	25.22.2LMn	ESW 焊带尺寸:60×0.5 焊接电流(A):700,1220	预热100℃,层间温度<150℃,焊完过渡层后600~620℃,加热与冷却速度55℃/h	UT,PT,铁素体含量测定
	南化厂	A266cl.4	25.22.2LMn	ESW 焊带尺寸:60×0.5 焊接电流A:700,1220	预热100℃,层间温度<150℃	UT,PT,铁素体含量测定
封头与管箱堆焊	九江厂	A516Gr70/A266cl.2	25.22.2LMn E309Mo TP316L	ESW 焊带尺寸:60×0.5 电流(A):1220 电压(V):23~25	预热100℃,层间<150℃,焊后热处理600~620℃,加热冷却速度48~62℃/h	PT
	南化厂	A516Gr70/A266cl.2	25.22.2LMn	SAW 焊带尺寸:60×0.5 电流(A):1220	预热100℃,层间<150℃	PT

续表

部位		母材	焊接材料	焊接参数	热处理	无损检测
衬里焊缝	九江厂	316LMOD	THERMANIT 25.22.2	SMAW 焊条直径:φ3.25,φ4 焊接电流(A):90~120	环境温度>20℃,层间温度<150℃	PT,铁素体含量测定,氨渗漏
	南化厂	25.22.2	25.22.2LMn	SMAW 焊条直径:φ4 焊接电流(A):120~140	环境温度>20℃,层间温度<150℃	PT,铁素体含量测定,氨渗漏

第四篇 高压甲铵预热器维护检修规程

2 检修周期与内容

2.1 检修周期

1～2 年。

可根据设备腐蚀监测情况及使用状态，适当调整检修周期。

2.2 检修内容

2.2.1 压力容器检验与设备腐蚀检验

同第三篇 2.2.1 内容。

2.2.2 密封结构检查修理。

2.2.3 换热管检查修理。

2.2.4 管板检查修理。

2.2.5 内件检查修理。

2.2.6 碳钢承压壳体检查修理。

2.2.7 安全附件检查修理。

3 检修与质量标准

3.1 检修前准备

同第三篇 3.1 内容。

3.2 拆卸

3.2.1 拆除封头盖及有关管道外部保温层，割断妨碍检修的伴热管，挂好吊具或准备好吊车。

3.2.2 拆卸高压封头盖主螺栓，拆卸方法按 3.3.9.5 条款，

顺序与上紧时相反；拆卸时初始油压可稍高于上紧时的最终油压；拆下的螺栓、螺母应放在安全位置并采取保护措施，防止碰伤螺纹。

3.2.3 将封头盖吊开，放在安全位置，保护好密封面。

3.2.4 拆下管箱内分程隔板的固定与连接螺钉，逐块取出隔板，注意不得损伤人孔密封面。

3.3 检修质量标准

3.3.1 密封面及垫片检修

同第三篇 3.3.1.2 ~ 3.3.1.3 及内容。

3.3.2 主螺栓、螺母检修

同第三篇 3.3.1.1 内容。

3.3.3 换热管检修

换热管及换热管角焊缝存在的缺陷，视损坏情况分别采用打磨补焊、堵管等方法修理。角焊缝焊接时应保护好相邻的管口，防止焊接飞溅物对其造成污染。

3.3.3.1 打磨补焊

a. 如换热管与管板连接角焊缝存在表面气孔、收弧坑腐蚀、针孔等缺陷，但还未产生泄漏，可采用打磨补焊的方法修理；

b. 管子角焊缝中存在深孔缺陷时，可用微型砂轮打磨或用钻削方法，然后采用不锈钢中心冲，冲铆成封闭状态，并进行补焊。焊后应渗透检测合格。

3.3.3.2 堵管

同第三篇 3.3.4.2 内容。

3.3.4 管板检修

3.3.4.1 管板因换热管腐蚀穿孔、换热管角焊缝腐蚀泄漏而受腐蚀时，根据具体情况制定专项修理技术方案，经厂主管设备的技术负责人批准后实施。

3.3.4.2 管板存在气孔、针孔、沟槽、蚀坑等缺陷时，采用打磨方法修理。打磨深度小于2mm，可不补焊；否则应用00Cr25Ni22Mo2型焊材补焊。焊后渗透检测并测定铁素体含量。

3.3.5 内件检修

3.3.5.1 隔板如变形、腐蚀，并已影响到密封效果时，应视情况进行校平、修复或更换；隔板连接螺栓更新时，推荐使用00Cr25Ni22Mo2型材料。

3.3.5.2 承压壳体和封头存在其他缺陷，处理方法按《压力容器安全技术监察规程》执行。

3.3.6 重大缺陷处理

设备壳体如出现较大裂纹、腐蚀穿孔并影响壳体安全运行的重大缺陷，首先应查明原因，再根据损坏情况，制定专题检修技术方案，经厂主管设备的技术负责人批准后进行修理。检修技术方案应包括修前准备、修理方法、质量及检验标准、安全措施等方面内容。

3.3.7 安全附件检修

安全阀修理及调校：

a. 解体检查安全阀，视情况修理、调整；

b. 按规定调校安全阀至合格并打铅封。

3.3.8 质量要求

3.3.8.1 修补焊缝表面，不允许有气孔、裂纹等缺陷。

3.3.8.2 与甲铵介质接触的母材及焊缝的铁素体含量小于0.6%。

3.3.8.3 堆焊层、焊缝耐蚀层的厚度应大于 4mm。

3.3.8.4 修补所用材料的化学成分、力学性能应符合有关标准的规定。修补耐蚀层的焊接材料必须采用 00Cr25Ni22Mo2 型。

3.3.8.5 管束系统检修后应进行氨渗漏试验合格。

3.3.8.6 无损检测要求按 JB4730《压力容器无损检测》标准执行,射线 II 级合格,超声波、渗透、磁粉检测 I 级合格。

3.3.9 回装

3.3.9.1 设备主体及零部件经检修、检验合格后,方可回装。

3.3.9.2 回装内件前,应将设备内部彻底清理干净,不能在设备内遗留任何杂物。

3.3.9.3 按拆卸的相反程序回装各部件;装完隔板后要检查隔板泄漏量。分程隔板内漏量小于 180L/h 为合格。

3.3.9.4 拆除各法兰处保护物,清理各密封面;更换人孔密封垫;人孔盖吊装就位;人孔螺栓及各法兰连接螺栓的螺纹部位涂二硫化钼。

3.3.9.5 人孔螺栓用液压紧固装置紧固,紧固方法步骤同第一篇 3.3.6.5。

3.3.9.6 系统升温钝化后,应对螺栓热紧一次,热紧油压按最终油压值。

3.3.9.7 回装完毕,拆除施工及吊装机具,恢复防腐保温层,清理现场。

4 试验与验收

4.1 试验前的准备

4.1.1 确认检验、检修项目全部完成,质量符合本规程标准要求，现场已清理干净。

4.1.2 检查有关的管线法兰、仪表接头及仪表，确认已复位。

4.1.3 检查有关的控制阀门，应灵活、密封可靠，并处于正常的开(或关)位置。

4.1.4 仪表全部投运。

4.1.5 所有原料均能保证供应，仪表、供电系统处于正常备用状态。

4.2 投料

4.2.1 按操作规程建立蒸汽、冷凝液及冲洗水系统。

4.2.2 严格按操作规程及尿素设备防腐蚀管理规定进行升温钝化。

4.2.3 系统投料，按操作规程开车。

4.2.4 检查各密封点，应无泄漏。

4.2.5 当系统的各项指标合格、满足生产要求后，进行验收。

4.3 验收

4.3.1 设备投料后，厂机动部门组织承修单位和使用单位进行验收。

4.3.2 负责检修的单位应提供齐全、准确的各种检验、检修报告及技术资料，并符合技术要求。提供的资料应包括：

4.3.2.1 检修、检测记录及报告；腐蚀检验报告。

4.3.2.2 主要材料及零配件质量证明书及合格证、材料代用通知单。

4.3.2.3 检修方案，实际检修情况记录、总结。

4.3.2.4 技术改造方案、图纸材质证明书、施工质量检验报告及有关资料。

4.3.2.5 安全附件校验、修理、更换记录。

4.3.3 经检查，设备检修后质量达到完好标准，办理正式移交手续，交付生产部门使用。

5 维护与故障处理

5.1 日常维护

5.1.1 操作人员必须严格执行工艺操作规程，严格控制工艺运行参数，使设备正常运行。

5.1.2 操作人员与设备维修人员应每班对下列内容进行巡回检查。

5.1.2.1 人孔及各接管法兰有无泄漏。

5.1.2.2 每天分析尿素产品镍含量；开车、超温或断氧、分析值超标时，应增加分析频率。

5.1.2.3 设备无异常振动，设备与相邻构件之间有无摩擦。

5.1.2.4 定期对壳侧冷凝液排污。

5.1.2.5 检查壳侧冷凝液的电导值，应不超过 $30\mu s/cm$；超标时应立即分析氨含量，并查明原因，予以排除。

5.1.2.6 定期对壳侧冷凝液 Cl^- 含量进行分析，Cl^- 含量应小于 $0.2mg/L$。

5.1.2.7 检查设备和进出口管道上的附件、安全装置是否齐全、完好。

5.2 定期检查

5.2.1 下列各项内容每天至少检查一次：

5.2.1.1 紧固件、阀门手轮等是否齐全，有无松动；阀门应开关灵活、阀杆润滑良好。

5.2.1.2 灭火蒸汽、氮气系统应正常备用。

5.2.1.3 设备本体、各连接部位及附件有无泄漏和异常情况。

5.2.2 下列各项内容每周至少检查1次

5.2.2.1 设备管道保温应完好。

5.2.2.2 炉体平台、栏杆、梯子等劳动保护设施的牢固程度和腐蚀情况。

5.2.2.3 设备基础有无下沉、倾斜、开裂，基础螺栓有无松动、锈蚀。

5.2.3 按《压力容器安全技术监察规程》的要求每年至少进行一次外部检查。

5.3 停车

同第三篇5.3内容。

5.4 常见故障与处理

同第三篇5.4表1内容。

附 录 A
甲铵预热器主要工艺特性
（补充件）

项 目	九江厂		南化厂	
	壳程	管程	壳程	管程
介 质	水、蒸汽	甲铵、氨、CO_2、水	水、蒸汽	甲铵、氨、CO_2、水
流量/(t/h)	1150	570	2320	574
操作温度/℃	151/111	进75/出107	155/111	进78/出105
操作压力/MPa	0.39	15.6	0.68	16
程 数	单程	双程	1	4
换热面积/m²	234		113.4	
设计压力/MPa	1.0	18.5	1.4	18.9
设计温度/℃	180	200	180	140

附 录 B
甲铵预热器主要设备技术特性
（补充件）

分类	项 目			参 数	
	名 称	内 容		九江厂	南化厂
结构参数	总体尺寸	外径×总长/mm		$\phi 980 \times 7334$	$\phi 612 \times 6614$
	U形换热管	外径×壁厚/mm		$\phi 19.5 \times 2.11$	$\phi 19 \times 2.5$
		总长/mm（直管部分）		6292	5536
		根数/排列方式		175/正三角	168/正三角
		管间距/mm		25.4	25
	管板	厚度/mm		135	180
		外径/mm		$\phi 980$	$\phi 1000$
	高压封头	结构		堆焊	堆焊
		外径×厚度/mm		$\phi 980 \times (180+6)$	$\phi 1045 \times (180 + 10)$
	高压筒体	外径×厚度/mm		$\phi 980 \times 150$	$\phi 956 \times 138$
		管箱筒体长/mm		605	600
	低压壳体	厚度/腐蚀裕度/mm		5/—	5/—
		外径×总长		$\phi 610 \times 6292$	$\phi 612 \times 5501$

续表

分类	项　目		参　数	
	名　称	内　容	九江厂	南化厂
设计参数	设计压力	管程/MPa	18.5	18.9
		壳程/MPa	1.0	1.4
	设计温度	管程/℃	140	140
		壳程/℃	180	180
	水压试验压力	管程/MPa	23.2	23.5
		壳程/MPa	1.5	1.65
	设备制造检测要求	高压管箱与管板环焊缝	RT + UT	无
		管板与换热管连接焊缝	MT + UT	MT + UT
		低压壳体焊缝	PT	PT
	设计质量	设备净质量/kg	7800	6929
		充水后质量/kg	9520	8600
密封及垫片参数	人孔盖	结构	复合垫（AL + 四氟）	复合垫（AL + 四氟）
		垫片外径×内径×厚度/mm	$\phi724 \times \phi680 \times 8$	$\phi724 \times \phi680 \times 8$
		主螺栓直径×长度/mm	M64 × (495 + 20)	M80 × 4 × 515
	进出料管法兰	透镜垫 ASTM A182 F316L	SP THK 18ϕ108/77.2，R = 133	
	壳体进出口法兰	外环缠绕垫	6″300 # RF	6″300 # RF
	管箱与壳体法兰	基本型垫(316L + 填充石棉)	$\phi626 \times \phi600 \times 3$	$\phi626 \times \phi600 \times 3$

第五篇 高压甲铵分离器维护检修规程

2 检修周期与内容

2.1 检修周期

1～2年。

可根据设备腐蚀监测情况及使用状态,适当调整检修周期。

2.2 检修内容

2.2.1 压力容器检验与设备腐蚀检验

同第一篇2.2.1内容。

2.2.2 密封结构检查修理。

2.2.3 衬里检查修理。

2.2.4 内件检查修理。

2.2.5 承压壳体检查修理。

3 检修与质量标准

3.1 检修前的准备

同第一篇3.1内容。

3.2 拆卸

3.2.1 拆除人孔盖、外部保温层,挂好吊具。

3.2.2 卸下主螺栓防护帽。

3.2.3 拆卸人孔盖主螺栓,拆卸方法按本规程第一篇3.3.6.5条款要求,顺序与上紧时相反。拆卸时初始油压可稍高于上紧时的最终油压,并记录拆卸的最大油压,卸下的螺栓、螺母应人在安全的地方并保护好密封面。

3.3 检修质量标准

3.3.1 密封面及垫片检修

同第三篇 3.3.1.2 ~ 3.3.1.3 及内容。

3.3.2 主螺栓、螺母检修

同第三篇 3.3.1.1 内容。

3.3.3 衬里检修

衬里层及衬里焊缝存在腐蚀凹坑、腐蚀沟槽、表面裂纹、腐蚀针孔、局部泄漏等缺陷，可视缺陷大小和损坏程度分别采用打磨补焊、局部挖补、贴补及更换的方法修理。

3.3.3.1 衬里缺陷打磨补焊

a. 衬里表面如存在较小的蚀坑、蚀沟及表面裂纹，可打磨除去，打磨的边缘应圆滑过渡。若打磨深度小于或等于 2mm，经渗透检测确认缺陷已消除，而剩余厚度大于最小允许厚度 4mm，可不补焊；否则应选用 00Cr25Ni22Mo2 型焊材补焊；

b. 衬里层焊缝及热影响区存在严重腐蚀坑、针孔等缺陷，应进行打磨修理，打磨深度大于 2mm 时，应进行补焊；

c. 焊接时，收弧点与起弧点应相互错开，收弧点应打磨掉，焊波之间搭接要求盖住半个焊波；

d. 焊后渗透检测确认缺陷已消除，并测定铁素体含量。

3.3.3.2 衬里及衬里焊缝贴补

a. 衬里层及衬里焊缝局部存在严重缺陷，其剩余厚度小于 4mm 时，可将缺陷打磨后，直接贴补；

b. 贴补修理前，采用超声波测厚法确定贴补范围。

c. 贴补用 4mm 厚的 00Cr25Ni22Mo2 或 316LMOD 板材，板材拐角应圆滑过渡；

d. 将贴补焊缝两侧各 50mm 范围内原衬里适当打磨，并用丙酮清洗干净；

 e. 用 00Cr25Ni22Mo2 型焊材焊接贴补板，可采用电弧焊或氩弧焊打底，焊后渗透检测并测定铁素体含量；

 f. 贴板下的原衬里应钻新检漏孔，以检查贴板及其四周焊缝的泄漏情况。

3.3.3.3　衬里挖补

 a. 衬里有较大面积腐蚀或密集裂纹以及泄漏缺陷时，可采用局部挖补法修理；

 b. 根据损坏情况确定更换范围，用适当方法切除待换衬里；

 c. 检查碳钢壳体，如有损坏，应予修复；

 d. 根据更换范围和人孔大小，用与原衬里等厚的 316LMOD 尿素级或 00Cr25Ni22Mo2 板材下料；

 e. 将原衬里距焊缝坡口 50mm 宽的范围内打磨并用丙酮清洗干净；

 f. 加工新、旧衬里之间的焊接坡口，经渗透检测合格，用丙酮清洗干净；

 g. 如果原检漏孔不在挖补范围内，应在挖补范围的大约中心部位加工新检漏孔，安装新检漏管，检漏管的型式及材料参照设备图纸；如果原检漏孔在挖补范围内，应在修补位置的至少一边下边缘垫上 1.5～2mm 厚、约 40mm 宽的 316L 型材料的垫板；

 h. 底层用氩弧焊，然后渗透检测；填充层用电焊或氩弧焊；焊材均采用 00Cr25NiMo2 型；每道焊完后应仔细检查，磨去收弧坑；

 i. 焊完后渗透检测，检查铁素体含量。

3.3.3.4 衬里更换

衬里大面积挖补或整块更换应制定专门的技术方案，经厂主管设备的技术负责人批准后实施。

3.3.4 承压碳钢壳体检修

同第一篇 3.3.5 内容。

3.3.5 安全附件检修

3.3.5.1 安全附件的检验检修按《压力容器安全技术监察规程》和《检规》的规定执行。

3.3.5.2 放射性液位计套管如发生明显的腐蚀孔洞，不论深浅，均应打磨彻底，并用 00Cr25Ni22Mo2 焊丝氩弧焊补焊，焊后进行渗透检测。

3.3.5.3 放射性液位计(九江厂)套管管壁腐蚀减薄严重时应换管，套管材质为 00Cr25Ni22Mo2。

3.3.5.4 安全阀修理并调校合格。

3.3.6 回装

3.3.6.1 设备主体及零部件经检修、检验合格后，方可回装。

3.3.6.2 清除容器内所有杂物、工具、剩余焊材，不得留下任何杂物。

3.3.6.3 清理密封面，人孔垫就位并确认方向正确无误后，封人孔盖。人孔螺栓及各接管法兰连接螺栓的螺纹部位须涂二硫化钼润滑剂。

3.3.6.4 人孔螺栓用液压紧固装置紧固，紧固方法步骤同第一篇 3.3.6.5。

3.3.6.5 系统升温钝化后，应对螺栓热紧一次，热紧油压为最终油压值。

3.3.6.6 回装放射性液位计。

3.3.6.7 恢复保温层。为避免产生冷凝腐蚀，人孔大盖必须保温，保温以不将检漏孔完全包入为最大厚度。

3.3.7 质量要求

3.3.7.1 修复后的焊缝表面，应无气孔、裂纹、夹渣、咬边等缺陷。

3.3.7.2 与工艺介质接触的母材及焊缝的铁素体含量小于0.6%。

3.3.7.3 堆焊层、衬里层及焊缝耐蚀层的厚度应大于4mm。

3.3.7.4 修补所用材料的化学成分、机械性能应符合有关标准的规定，修补耐蚀层所用焊接材料必须采用00Cr25Ni22Mo2型。

3.3.7.5 无损检测要求按 JB 4730《压力容器无损检测》标准执行，射线Ⅱ级合格，超声波、渗透、磁粉检测Ⅰ级合格。

4 试验与验收

4.1 试验

4.1.1 设备检修完毕，质量合格，检修记录齐全。

4.1.2 安全附件齐全完整，仪表电气等复原，具备试验条件。

4.1.3 进行气密性试验，无泄漏、无异常响声、无可见变形为合格。

4.2 验收

4.2.1 检修后设备达到完好标准。

4.2.2 按检修方案内容检修完毕，质量符合本规程标准要求。

4.2.3 检修完毕后，施工单位应及时提交下列交工资料：

4.2.3.1 设计施工图、设计变更单及检修任务书。

4.2.3.2 设备检修检测方案和施工记录(包括检修施工方案、吊装方案、焊接、热处理工艺、设备封闭记录、中间交工记录、外观及几何尺寸检查记录、施焊记录、热处理记录等)。

4.2.3.3 主要材料及零配件质量证明书及合格证、材料代用通知单。

4.2.3.4 检验检测和试验报告(包括在用压力容器检验报告、压力试验报告、超声波测厚报告、无损检测报告、理化检验报告、氨检漏报告、腐蚀检验报告等)。

4.2.3.5 安全附件检验修理、更换记录。

4.2.4 交工验收由设备主管部门组织，施工单位、生产单位等共同参与，验收合格后设备方可投用。

4.2.5 设备检修后，经一周开工运行，各主要操作指标达到设计要求，设备性能满足生产需要，即可办理验收手续，正式移交生产。

5 维护与故障处理

5.1 日常维护

5.1.1 操作人员必须严格执行工艺操作规程，严格控制工艺运行参数，使设备正常运行。

5.1.2 操作人员和维护检修人员每天应定点定时对下列内容进行巡回检查。

5.1.2.1 衬里检漏孔是否畅通，有无泄漏现象。

5.1.2.2 人孔密封面及各接管法兰有无泄漏。

5.1.2.3 设备有无异常振动,设备与相邻构件之间有无摩擦。

5.1.2.4 每天分析尿素产品镍含量;超温、断氧、分析值超标时,应增加分析频度。

5.2 定期检查

5.2.1 下列各项内容每天至少检查一次:

5.2.1.1 紧固件、阀门手轮等是否齐全,有无松动;阀门应开关灵活、阀杆润滑良好。

5.2.1.2 灭火蒸汽、氮气系统应正常备用。

5.2.2 下列各项内容每周至少检查1次:

5.2.2.1 设备管道保温应完好。

5.2.2.2 炉体平台、栏杆、梯子等劳动保护设施的牢固程度和腐蚀情况。

5.2.2.3 设备基础有无下沉、倾斜、开裂,基础螺栓有无松动、锈蚀。

5.2.3 按《压力容器安全技术监察规程》的要求每年至少进行一次外部检查。

5.3 停车

同第一篇5.3内容。

5.4 维护与故障处理

常见故障与处理见表1。

表1 甲铵分离器常见故障与处理

序号	故障现象	故障原因	处理方法
1	人孔盖泄漏	密封面损伤 密封垫片失效 螺栓紧力不够或不均匀 系统超温、超压	修理密封面 更换垫片 按规定紧固螺栓 按操作规程操作

序号	故障现象	故障原因	处理方法
2	检漏管泄漏	衬里板腐蚀泄漏 衬里焊缝腐蚀泄漏 盖板及焊缝腐蚀泄漏	停车修复
3	壳体泄漏	制造质量差、材料选用不当、操作不良等造成耐蚀层、焊缝等腐蚀损坏、泄漏,导致壳体腐蚀泄漏	停车修复
4	衬里、焊缝严重腐蚀	材料不合格 焊接制造缺陷 工艺操作不当;封塔超出规定 保温不良,厚度不够	严密监测,补焊直到更换 停车修理 严格执行工艺操作规程 有针对性地加强保温

附 录 A
甲铵分离器工艺特性
（补充件）

项 目	九 江 厂	南 京 厂
介 质	甲铵溶液	甲铵溶液
流量/(kg/h)	109236	109236
操作温度/℃	155	155
设计温度/℃	185	185
操作压力/MPa	14.4	14.4
设计压力/MPa	16.2	16.2
试验压力/MPa	21.6	21.6
腐蚀裕度/mm	5	5
容 积/m³	6.1	6.5

附 录 B
甲铵分离器主要设备特性
（补充件）

分类	项 目			九 江 厂	南 京 厂
	名 称	内 容			
结构参数	总体尺寸	内径×总高/mm		$\phi1400 \times 5420$	$\phi1400 \times 5407$
	球形封头	厚度/mm		42	60
		材料		ASTM A 737/C	19Mn6
		衬里	方式	贴衬	堆焊
			（堆焊层＋衬里）厚度/mm	3＋5	6
			（堆焊层＋衬里）材料	AISI 316L MOD	BM310Mo－1

续表

分类	项 目		九江厂	南京厂
	名 称	内 容		
结构参数	筒 体	加工方法	单层卷制	层板包扎
		厚度/mm	60 + 5	70 + 6
		材料	A737/C + ASTM A240 TP 316L MOD	A724Gr. A + A240 – 316LMOD
		筒节 长度/mm	1548	1500
		筒节 数量	2	2
		衬里 方式	贴衬	贴衬
		衬里 厚度/mm	5	6
		衬里 材料	AISI 316L MOD	A240 – 316L MOD
		焊接材料	E316L MOD	BM310Mo – 1
设计参数	设备制造检测要求	封头与筒体焊缝	100% RT + PT	100% RT + PT
		筒节与筒节焊缝	100% RT + 测铁素体含量	100% RT + 测铁素体含量
		衬里焊缝	100% RT + 测铁素体含量	100% RT + 测铁素体含量
	设计质量	设备净质量/kg	34397	16280
		充水后质量/kg		21260
		操作质量/kg		
密封及垫片参数	人孔盖	结构	贴衬	贴衬
		垫片外径×内径×厚度/mm	铝 + 四氟 φ540 × φ500 × 8	铝 + 四氟 φ540 × φ500 × 8
		主螺栓直径×长度/mm	M64 × 410	M64 × 410
	进液管	透镜垫	6″	6″
	出液管	透镜垫	8″	8″
	气体出口	透镜垫	3″	3″

附 录 C
甲铵分离器制造厂焊接资料
(补充件)

部位		母材	焊接材料	焊接参数	热处理	无损检测
衬里焊缝	九江厂	ASTM A240TP31L MOD	E316LMOD 尿素级	SMAW+GTAW 焊丝/条:φ3.2,φ4 焊接电流(A)80~100,120~140	层间温度≤150℃	RT,PT,铁素体含量测定
	南京厂	A240-316L MOD	BM310Mo-1	SMAW+GTAW 焊丝/条:φ2,φ3.25,φ4 焊接电流(A):90~110,90~120,130~140	层间温度≤150℃	RT,PT,铁素体含量测定
筒节与筒节环缝	九江厂	ASTM A737/C	ER80SD2 E9018-G EF3-F3	GTMW+SMAW+SAW 焊丝/条:φ3,φ3.25,φ4 焊接电流(A):110~130,150~190,210~240,510~520,550~560,560~570	预热≥200℃ 层间温度≤300℃	RT,PT,MT
	南京厂	A724-GrA	ER80S-G E9016 E9A6/EA3-A3	GTAW+SMAW+SAW 焊丝/条:φ2,φ4,φ5,φ4,φ4 焊接电流(A):90~120,160~180,200~240,500~650,130~140	预热≥100℃ 层间温度≤350℃	RT,PT,MT

续表

部位	母材	焊接材料	焊接参数	热处理	无损检测
封头过渡堆焊层 九江厂	ASTM A737/C	ER309L	SAW 焊带60×0.5 焊接电流范围:740~760A	预热≥60℃, 层间≤150℃ 堆焊第一层后(560±10)℃保温5h	UT, PT, 铁素体含量测定
南京厂	19Mn6	BM310Mo-1	SMAW 焊条:φ4 焊接电流范围:160~180A	预热≥100℃, 层间≤150℃	UT, PT, 铁素体含量测定
人孔颈与封头焊缝 九江厂	ASTM A508/3 与 ASTM A737/C	E9018-G	SMAW 焊条:φ3.25,φ4,φ5 焊接电流(A):110~130,140~170,210~240	预热≥200℃, 层间温度≤300℃	RT, PT, MT
南京厂	19Mn6	E7016	SMAW 焊条:φ4,φ5 焊接电流(A):170~190,200~240	预热≥200℃, 层间温度≤300℃	RT, PT, MT

附加说明：

1 本规程由中原大化集团有限责任公司起草,起草人常祖山(1998)。

2 本规程由九江分公司负责修订,修订人敖长情、程晓林(2004)。

35. 盘管式废热锅炉
维护检修规程

SHS 05035—2004

目　　次

1　总则···（1118）

2　检修周期与内容·······························（1118）

3　检修与质量标准·······························（1119）

4　试验与验收·······································（1125）

5　维护与故障处理·······························（1126）

附录A　废热锅炉主要技术特性(补充件)···········（1130）

附录B　废热锅炉主要部件材质及接管规格
　　　　(补充件)···································（1131）

附录C　废热锅炉焊接工艺规程(补充件)···········（1133）

附录D　谢尔1000型渣油气化炉配套的废热锅炉
　　　　压力试验规范(补充件)···················（1138）

1 总则

1.1 主题内容与适用范围

1.1.1 主题内容

本规程规定了大化肥合成氨装置盘管式废热锅炉的检修周期与内容、检修与质量标准、试验与验收、维护与常见故障处理。

安全、环境和健康(HSE)一体化管理系统，为本规程编制指南。

1.1.2 适用范围

本规程适用于谢尔 1000 型渣油气化炉配套的盘管式废热锅炉的维护与检修。

1.2 编写制订依据

国务院令第 373 号《特种设备安全监察条例》

质技监局锅发[1999]154 号《压力容安全技术监察规程》

劳锅字[1990]3 号《在用压力容器检验规程》

GB 150—1998 钢制压力容器

设备随机资料

2 检修周期与内容

2.1 检修周期

2 ~ 5 年。

2.2 检修内容

2.2.1 水汽阀门、液位计、压力表、安全阀等附件的检修。

2.2.2 换热管气体入口挠性薄管板、喇叭管及内件的检测

与检修。

2.2.3　炉管堵塞情况检查与处理。

2.2.4　承压壳体、壳体法兰密封面、主螺栓检测修理。

2.2.5　管束水压试验、设备防腐保温。

2.2.6　按《在用压力容器检验规程》进行定期检验。

3　检修与质量标准

3.1　检修前的准备

3.1.1　检修前根据设备运行情况，熟悉图纸、技术档案并按 HSE 进行危害识别与风险评估，编制检修、检验及吊装施工方案。

3.1.2　备品配件、检修材料及施工机具准备就绪。

3.1.3　炉内积水已排净，内部气体分析合格，并与系统隔离。

3.1.4　作业人员已经技术交底，焊工资质审查合格。

3.1.5　严格执行施工作业票证制度，安全措施落实到位，具备施工条件。

3.2　拆卸与检查

3.2.1　拆卸废锅壳体主螺栓保护罩，用液压螺栓紧固装置拆卸主螺栓，其顺序与上紧时相反（参见 3.3.6.7），应分次逐步松开所有螺母，初压可稍高于上紧时的终压；刨开法兰唇型密封面，拆或割除废锅上壳体的接管，吊出上壳体。

3.2.2　废锅壳体及内外部附件检查与检测。重点检查盘管、入出口处弯管弯曲部位的冲刷减薄情况，及入口挠性薄管板、喇叭管的腐蚀与冲刷磨蚀情况。

3.2.3 承压壳体检测按《在用压力容器检验规程》执行。

3.3 检修与质量标准

3.3.1 盘管的检修

3.3.1.1 盘管出现下列情况时应进行更换:

a. 有明显蠕胀、鼓包、变形、裂纹、穿孔等缺陷影响正常使用时;

b. 局部蠕胀变形超过原管直径的 2.5%;

c. 局部蠕胀虽不超标,但有明显金属过热现象时;

d. 管壁厚度小于或接近强度计算壁厚(见表1),按磨损速率推算,不能保证下一周期安全运行时,须进行更换。

表 1 换热管规格及强度计算壁厚   mm

换热管规格	强度计算壁厚	换热管规格	强度计算壁厚
$\phi 114.3 \times 10$	6.0	$\phi 88.9 \times 8$	4.8
$\phi 108 \times 10$	5.0	$\phi 82.5 \times 8$	4.7

3.3.1.2 更换盘管或进出口弯管时,应采用手工锯断等机械切割的方法进行切割,严禁采用热溶法切割。切口位置在设备下法兰面以上约 100mm 处为宜,并与旧焊缝位置错开至少 150mm。

3.3.1.3 局部或整台更换盘管及弯管时,应参照设备原图制订检修方案后实施,并须满足如下要求:

a. 盘管弯曲后圆度误差不大于直径的 3%,入口弯管弯曲后圆度误差不大于管直径的 2%,弯管后壁厚减薄率不大于名义壁厚的 10%;

b. 弯管弯曲后应进行热处理和无损检测,热处理要求参照附录 C 进行,处理后表面硬度值 HB ≤ 220;

c. 盘管与弯管管口组对的同轴度及盘管组装尺寸应符

合废锅组装图要求；

d. 盘管与弯管的对接管口焊接工艺规程、焊后热处理参照附录 C 执行。

3.3.1.4 盘管焊缝质量检查

a. 焊缝外观检查合格后，按 JB 4370—94《压力容器无损检测》进行 100％射线检测，Ⅱ级合格；

b. 盘管水压试验后，还应对焊缝及热影响区进行 100％磁粉或渗透表面检测，不得有裂纹等缺陷。

3.3.1.5 盘管更换后须进行水压试验，试压规范按附录 D。

3.3.2 气体入口挠性薄管板及喇叭管检修

3.3.2.1 当入口挠性薄管板及喇叭管出现减薄、腐蚀坑、冲蚀沟槽、焊缝裂纹等缺陷时，应视缺陷性质及其对设备正常运行的影响情况，可分别采用局部修复或整体更换部件等方法进行处理。

3.3.2.2 局部修复或整体更换挠性薄管板及喇叭管时，须参照原设计图纸资料制定详细的施工方案及焊接、热处理工艺后方可进行。

3.3.2.3 局部补焊修复要求

a. 先将缺陷部位清理打磨干净，并进行渗透检查确认无裂纹等缺陷存在；

b. 补焊前，应对补焊部位及周围进行消氢处理；

c. 补焊及热处理工艺参照附录 C 进行，热处理后硬度值 HB≤220；

d. 对补焊部位及热影响区应进行 100％超声波及渗透检测，按 JB 4730—94《压力容器无损检测》Ⅰ级合格。

3.3.2.4 整体更换挠性薄管板及喇叭管要求

a. 挠性薄管板、喇叭管的材料应符合原设计要求；若用国产材料代用时，应经厂主管设备的技术负责人批准；管板宜采用冲压件；当采用锻件时，其质量等级应不低于 JB 4726—2000《压力容器用碳素钢及低合金钢锻件》的 III 级标准；

b. 切割拆除旧挠性薄管板时，应保留原焊缝并留 5mm 左右打磨余量，切割后应用磨光机将切割余量及原焊缝磨干净（注意保留过渡堆焊层），磨去切割热影响区并打磨出焊接坡口；对坡口及其四周进行 100% 渗透检测，确认无裂纹存在；

c. 拆除旧喇叭管时，应保护好直管出口端的固定环，老焊肉应采用磨光机打磨清除；

d. 焊接后挠性薄管板表面凹凸变形误差应不大于 4mm，管板端面翘曲变形不大于 4mm，各喇叭管间的间距误差应不大于 ±0.5mm；

e. 挠性薄管板、喇叭管及出口固定环的焊接应采用氩弧焊打底或全氩弧施焊，严禁焊缝及异物进入冷却水室，不得堵塞定位环四周的出水孔。焊接及热处理工艺参照附录 C 执行；

f. 焊缝外观检查合格后，须按 JB 4730—94《压力容器无损检测》要求进行 100% 射线检测，II 级合格；热处理后焊缝及热影响区的硬度值 HB≤220。

3.3.3 承压壳体检修

3.3.3.1 承压壳体有裂纹、鼓泡、变形、过热、蠕变等缺陷时，应进行修理。

3.3.3.2 承压壳体缺陷的修理按《压力容器安全技术监察

规程》执行。

3.3.3.3 当承压壳体上裂纹深度小于 3mm 时，必须打磨消除；当裂纹深度大于 3mm，先打磨消除，再用渗透检测，确认裂纹彻底消除后，进行补焊修复。

3.3.3.4 补焊修复要求

　　a. 焊前应进行焊接工艺评定合格并制定相应的焊接工艺规程，承担焊接作业的焊工应有相应的持证合格项目；

　　b. 焊前对坡口及其两侧至少 100mm 范围进行 200℃预热，层间温度应控制在 350℃左右，补焊部位及其热影响区应进行焊后热处理；

　　c. 热处理工艺按附录 C 进行，热处理后焊缝及热影响区的硬度值 HB≤220，否则应重新热处理。

3.3.3.5 当补焊深度超过壁厚的 1/2 时，还应进行耐压试验。

3.3.3.6 壳体修复焊接质量检查

　　a. 外观检查合格后，按 JB 4370—94《压力容器无损检测》进行 100% 射线探伤，Ⅱ级合格；

　　b. 按 JB 4370—94《压力容器无损检测》进行 100% 超声波检测复检，Ⅰ级合格；

　　c. 水压试验后还应对焊缝及热影响区进行 100% 磁粉或渗透表面检测，不得有裂纹缺陷。

3.3.3.7 如无损检测不合格，则应按上述要求对焊缝返修并重新检测与热处理。

3.3.3.8 同一部位焊缝返修不宜超过 3 次。超过 3 次以上的返修，应经厂主管设备的技术负责人批准。

3.3.4 除雾器及内件检修

检查除雾器等内件有无变形、缺损、固定螺栓松动等现象，并根据情况进行紧固或更换处理。

3.3.5 安全附件检修

3.3.5.1 安全阀按 SHS 01030—2003《阀门维护检修规程》进行检修、校验合格。

3.3.5.2 压力表安装前应进行校验合格，检定标记清晰，铅封完整。

3.3.5.3 液面计安装前应经 1.25 倍最高工作压力的水压试验合格，其保温套和防泄漏装置应可靠好用。

3.3.6 壳体法兰密封面、主螺栓的检修

3.3.6.1 壳体法兰密封面有划痕、沟槽、腐蚀、裂纹等影响密封效果的缺陷时，应进行修复。密封面修复可采用研磨、补焊磨平或采用光刀后研磨等方法进行。

3.3.6.2 修复后的法兰密封面应与法兰中心轴线垂直，其表面粗糙度 R_a 应达到 $6.3\mu m$。

3.3.6.3 壳体法兰唇型密封面密封焊接工艺按附录 C 执行，焊后焊缝进行渗透检测应合格。

3.3.6.4 壳体法兰高压螺栓、螺母如存在轻微的咬伤、拉毛、几何变形缺陷，可采用加入少量研磨砂对研的方法修复，如不能修复则予以更换。

3.3.6.5 壳体法兰高压螺栓应磁粉或渗透检测，如存在裂纹和影响强度的缺陷，应及时予以更换，严禁将不同材质螺栓混用。

3.3.6.6 螺栓紧固前，螺栓、螺母要彻底清洗并将螺纹涂上二硫化钼。

3.3.6.7 壳体法兰高压螺栓回装紧固

a. 先用手或简单工具拧紧螺母，直至螺母底面与法兰面接触；

b. 用液压螺栓紧固装置紧固主螺栓，按设备制造厂规定的螺栓预紧力(最终紧固油压值82.5 MPa)，分四步逐级上紧人孔螺栓，每步上紧油压分别为终压的40%、80%、100%、终压值100%；对于每步油压值，螺栓的紧固必须将主螺栓分成三组按顺序成组进行；第三步上紧后，再用第三步上紧的油压值对整圈螺栓均匀紧固一次；

c. 系统升温后，应对螺栓热紧一次，热紧油压为最终油压值。

4 试验与验收

4.1 试验

4.1.1 设备检修完毕，质量合格，检修记录齐全。

4.1.2 安全附件齐全完整，仪表电气等复原，具备试验条件。

4.1.3 壳体检修完进行压力和密封试验，其要求执行《压力容器安全技术监察规程》有关规定。无泄漏、无异常响声、无可见变形为合格。

4.2 验收

4.2.1 检修后设备达到完好标准。

4.2.2 按检修方案内容检修完毕，质量符合本规程标准要求。

4.2.3 检修完毕后，施工单位应及时提交下列交工资料：

4.2.3.1 设计施工图、设计变更单及检修任务书。

4.2.3.2 设备检修、检验方案和施工记录(包括检修施工方案、吊装方案、焊接、热处理工艺、设备封闭记录、中间交工记录、外观及几何尺寸检查记录、施焊记录、热处理记录等)。

4.2.3.3 主要材料及零配件质量证明书及合格证、材料代用通知单。

4.2.3.4 检验、检测和试验报告(包括在用压力容器检验报告、压力试验报告、无损检测报告、理化检验报告等)。

4.2.3.5 安全附件检验修理、更换记录。

4.2.4 交工验收由设备主管部门组织,施工单位、生产单位等共同参与。验收合格后设备方可投用。

4.2.5 设备检修后,经一周开工运行,各主要操作指标达到设计要求,设备性能满足生产需要,即可办理验收手续,正式移交生产。

5 维护与故障处理

5.1 日常维护

5.1.1 严格按操作规程操作,及时调整工艺参数,使设备正常运行。认真、准确、按时填写运行记录和报表。

5.1.2 严格执行巡回检查制度,定期检查现场仪表是否灵敏准确,设备运行及各附件有无异常,各密封点有无泄漏等。如发现问题应及时处理,并做好巡检记录;一时难以处理的问题或缺陷应记录归档并及时上报。

5.1.3 气化废热锅炉的升温、升压、降温、降压必须严格按照规定的工艺指标进行,防止温度、压力暴涨暴落,并严禁超温、超压及超负荷运行。

5.1.4 搞好设备、平台及地面卫生,保持设备及环境整洁。

5.2　定期检查

5.2.1　下列各项内容每天至少检查一次

5.2.1.1　紧固件、阀门手轮等是否齐全，有无松动；阀门应开关灵活、阀杆润滑良好。

5.2.1.2　灭火蒸汽、氮气系统应正常备用。

5.2.2　下列各项内容每周至少检查一次。

5.2.2.1　设备管道保温应完好。

5.2.2.2　炉体平台、栏杆、梯子等劳动保护设施的牢固程度和腐蚀情况。

5.2.2.3　设备基础有无下沉、倾斜、开裂，基础螺栓有无松动、锈蚀。

5.2.3　按《压力容器安全技术监察规程》的要求每年至少进行一次外部检查。

5.3　常见故障与处理(见表2)

表2　常见故障处理

序号	故障现象	故障原因	处理方法
1	工艺气出口温度超高	工艺气流量增大 工艺气温度偏高 炉管工艺气侧积灰、结焦堵塞，传热效率下降 炉管蒸汽侧结垢，传热效率下降 产汽量偏小	立即查明原因，采取措施 温度超高范围不大，可适当降低负荷，观察运行 温度超高范围大，经采取各种措施仍无法消除，则应停车处理
2	盘管压降增大、炉压上升	炉管工艺气侧结焦堵塞严重 炉管腐蚀、磨损穿孔	停车更换盘管、弯管

序号	故障现象	故障原因	处理方法
3	锅炉缺水 水位低于正常水位 出现水位低报警 蒸汽出口温度超高 给水流量小于蒸汽流量（如炉管爆裂则相反）	给水自动调节系统失灵，造成误操作 水位指示不正确，形成虚假水位 给水管线、阀门故障，给水压力低，上水困难 排污量控制不当；排污系统阀门泄漏 工艺气负荷突然增大 蒸汽出口量突然减少，但产蒸汽量却未不变 蒸汽系统压力突然增大	消除给水自动调节系统故障，恢复正常 检查校对水位指示仪表，冲洗水位计 消除给水管线、阀门故障，如继续严重缺水，则立即停车处理 适当提高给水压力 适当调整排污量，消除排污阀门泄漏 调整工艺气负荷 稳定蒸汽系统压力
4	锅炉满水： 水位高于正常水位 水位计充满水，无法看清水位 蒸汽出口温度下降 蒸汽含盐量大 严重时，蒸汽管道发生水冲击	水自动调节系统失灵，造成误操作 水位指示不正确，形成虚假水位 给水管线、阀门故障，给水压力高 工艺气负荷变化时未能及时调整 给水流量大	消除给水自动调节系统故障，恢复正常 检查校对水位指示仪表，冲洗水位计 消除给水管线、阀门故障，调整给水压力，如继续严重满水，则立即停车处理； 及时调整给水流量
5	汽水共腾： 蒸汽带水严重 蒸汽、给水含盐量大 蒸汽出口温度急剧下降 水位急剧波动 严重时，蒸汽管道发生水冲击	除雾器故障，汽水分离失效 锅炉水位高，汽水分离空间小 蒸汽负荷波动大 给水质量不合格，含盐量大 未按规定排污	无法维持运行时，停车处理 稳定蒸汽负荷 改善给水质量 按规定排污

序号	故障现象	故障原因	处理方法
6	蒸汽管道水击	送汽前未能充分暖管和疏水 锅炉满水 汽水共腾 管道支架、吊架松脱	汽前应充分暖管和疏水 按锅炉满水处理 按汽水共腾处理 及时修复、加固管架
7	锅炉受压组件、内件故障： 　炉管堵塞 　炉管工艺气侧积灰、结焦 　炉管水侧结垢 　炉管管口泄漏 　炉管爆裂、泄漏 　壳体焊缝泄漏 　壳体法兰泄漏	工艺气炭黑、灰分含量高 给水质量不合格 热应力过大 炉管冲刷减薄 制造缺陷 壳体法兰密封面有缺陷	及时调整工艺气甲烷含量 及时调整给水质量至合格 及时处理泄漏，若缺陷重大、处理无效时，应立即停车检修
8	法兰泄漏	螺栓紧固不均匀 法兰密封面损坏 密封垫片失效	按规定紧固螺栓 带压堵漏或停车处理

附 录 A
废热锅炉主要技术特性
（补充件）

设计规范		AD – MERKBLATTER
结构型式		特殊螺旋缠绕
介 质	壳程	锅炉给水、蒸汽
	管程	H_2、CO、CH_4、H_2S 等
设计温度/℃	壳程	350
	管程	425
设计压力/MPa	壳程	11.5
	管程	6.6
操作温度/℃	壳程（进/出）	209/314.6
	管程（进/出）	1315/350
操作压力/MPa	壳程（进/出）	10.4
	管程（进/出）	5.9
流 量	壳程/(kg/h)	38000
	管程（干基）/(Nm³/h)	44000
腐蚀余量/mm	壳体	3
	螺旋缠绕管	3
其他参数	总质量/kg	55400
	上筒体质量/kg	27000
	盘管质量/kg	7100
	下筒体质量/kg	21300
	保温厚度/mm	185
	水压试验/MPa 壳体	17.25
	螺旋缠绕管	9.9
	管板最大压差	8.0

附 录 B
废热锅炉主要部件材质及接管规格
（补充件）

表 B1 废热锅炉主要部件材质

序号	部件名称	数量	材质
1	上封头	1	15NiCuMoNb5
2	上筒体1	1	15NiCuMoNb5
3	上筒体2	1	15NiCuMoNb5
4	上筒体3	1	15NiCuMoNb5
5	上、下筒体法兰焊接密封圈	1组	15Mo3
6	上、下筒体法兰	1对	20MnMoNi45
7	主螺栓	36	21CrMoV57
8	主螺母	36	24CrMo5
9	下筒体	1	20MnMoNi45
10	底部封头	1	20MnMoNi45
11	螺旋缠绕管1	2000mm	10CrMo910
12	螺旋缠绕管2	12000mm	13CrMo44
13	螺旋缠绕管3	6000mm	13CrMo44
14	螺旋缠绕管4	21000mm	13CrMo44
15	螺旋缠绕管5	20000mm	13CrMo44

序号	部件名称	数量	材质
16	上人孔	1	20MnMoNi45
17	上人孔盖	1	20MnMoNi45
18	下人孔	1	20MnMoNi45
19	下人孔盖	1	20MnMoNi45
20	与气化炉连通管	1	12CrMo910
21	裙座	1	C.ST.52.3N

表B2 废热锅炉主要接管规格

序号	部件名称	数量	规格
1	蒸汽出口	1	$\phi 219.1 \times 17.5$, WE
2	与气化炉连通管	1	$\phi 1100 \times 35$, WE
3	废锅进口	1	$\phi 114.3 \times 11$, WE
4	手孔	3	$\phi 168.3 \times 14.5$, CAPPED
5	安全阀接管	1	$\phi 114.3 \times 11$, WE
6	原料气出口管	6	$\phi 89 \times 9$, WN－RF
7	底部排放管	1	$\phi 60.3 \times 7.1$, WE
8	取样接口	1	$\phi 60.3 \times 7.1$, WE
9	顶部排放	1	$\phi 33.7 \times 5.6$, WE
10	管板冷却水进口	1	$\phi 60.3 \times 7.1$, WE
11	废锅升温线接口	1	$\phi 60.3 \times 7.1$, WE
12	管板冷却水出口	1	$\phi 60.3 \times 7.1$, WE
13	液位计接口	2	$\phi 60.3 \times 7.1$, WE
14	压力表接口	1	$\phi 26.9 \times 5$, WE

附　录　C
废热锅炉焊接工艺规程
（补充件）

序号	WPS编号	母材	厚度/mm	焊接方法	坡口型式	焊丝	焊条	预热温度/℃	层间温度/℃	焊后热处理温度及时间	热处理升温度升降速率
1	D5824	10CrMoϑ910至10CrMoϑ910	26~52.5	GTAW+SMAW	V	ER80S-GФ2.0	E9018-B3Ф3.2	200	400	690℃+610℃, 6h+6h	50℃/h
2	D5214	10CrMoϑ910至H11	35	SMAW	V		E9018-B3Ф3.2	200	350	690℃+610℃, 6h+6h	50℃/h
3	D5524	10CrMoϑ910至10CrMoϑ910	15~30	GTAW+SMAW	X	ER80S-GФ2.0	E9018-B3Ф3.2	200	400	690℃+610℃, 6h+6h	50℃/h
4	D5513	10CrMoϑ910至10CrMoϑ910	20	GTAW+SMAW	V	ER80S-GФ2.0	E8018-B2Ф3.2	200	350	690℃+610℃, 6h+6h	50℃/h

续表

序号	WPS编号	母材	厚度/mm	焊接方法	坡口型式	焊丝	焊条	预热温度/℃	层间温度/℃	焊后热处理温度及时间	热处理温度升降速率
5	D5243	13CrMo44 至 10CrMo910		SMAW	堆焊		E9018 - B2φ3.2	200	400	600℃ + 610℃, 6h + 6h	50℃/h
6	D5112	15Mo3 至 20MnMoNi45 A234WPB	4.4 ~ 13.2（管径 ≥φ57）	GTAW	V	ER80S - Gφ2.0		200	350	595 ~ 615℃ 1.4h	50℃/h
7	D5322 (1)	15NiCuMoNb5 至 15NiCuMoNb5	37.5 ~ 75	SAW	U		EF1, F3φ4.0	200	350	610 ~ 620℃, 6h	50℃/h
8	D5222	15Mo3 15Mo3 St52.3N 至 15NiCuMoNb5	6	SMAW	V		E7018 - A1φ3.2	100	350	560℃, 2h	50℃/h

续表

序号	WPS 编号	母材	厚度/mm	焊接方法	坡口型式	焊丝	焊条	预热温度/℃	层间温度/℃	焊后热处理温度及时间	热处理升温度升降速率
9	D5231	St52.3N 至 St52.3N	·	SMAW	角焊		E7018-1φ3.2	100 (厚度≥25)	400	无	
10	D5222 (1)	20MnMoNi45 13CrMo44 至 15NiCuMoNb5 10CrMoφ10	26~52.5	SMAW	1/2X		E9018G φ3.2	200	350	600~620℃, 3h	50℃/h
11	D5114	10CrMoφ10 10CrMoφ10 至 13CrMo44	1.6~12	GTAW	V	ER80S-Gφ2.0		200	350	680℃, 1h; 540℃, 5h	升:150℃/h; 降:200℃/h
12	D5242 (1)	13CrMo44 10CrMoφ10 15NiCuMoNb5		SMAW	堆焊		E9018G φ3.2	200	350	610℃, 6h	50℃/h

续表

序号	WPS编号	母材	厚度/mm	焊接方法	坡口型式	焊丝	焊条	预热温度/℃	层间温度/℃	焊后热处理温度及时间	热处理温度升降速率
13	D5113	13CrMo44 至 13CrMo44	8~10 (管径φ114.3)	GTAW	V	ER80S-Gφ2.0		150	350	640~660℃, 1h	升150℃/h; 降200℃/h
14	D5244	10CrMo910 至 10CrMo910		SMAW	堆焊		E9018-B3φ3.2	200	400	610℃, 6h	50℃/h
15	D5249(4)	20MnMoNi45 至 INCONEL600 15Mo3		SMAW	堆焊		ENiCrFe3 φ3.2	200	300	610℃, 6h	50℃/h
16	D5239(4)	15Mo3 至 INCONEL600		SMAW	角焊		ENiCrFe3 φ3.2	100	300	610℃, 6h	50℃/h
17	D5221	St52.3N 至 St52.3N		SMAW	V		E7018-1 φ3.2	100	400	无	50℃/h
18	D5232(1)	15NiCuMoNb5 至 15NiCuMoNb5		SMAW	角焊		E9018G φ3.2	200	350	610℃, 6h	50℃/h

续表

序号	WPS编号	母材	厚度/mm	焊接方法	坡口型式	焊丝	焊条	预热温度/℃	层间温度/℃	焊后热处理温度及时间	热处理温度升降速率
19	D5512	15Mo3 至 15Mo3	4.8~50(管径≥φ25)	GTAW + SMAW	V	ER80S - Gφ2.0	E7018 - A1φ3.2	150	350	680℃, 6h	100℃/h
20	D5111	A106B, S35.8I 至 A106B, S35.8I	4~8.56(管径φ76~φ114.3)	GTAW	V	ER70S - 3 φ2.0			350	595~620℃, 0.56h	50℃/h
21	D5232	15Mo3 至 20MnMoNi45 S35.8I		SMAW	角焊		E7018 - A1φ3.2	100	350	540~570℃, 1h	50℃/h
22	D5224	15Mo3 至 10CrMo910		SMAW	X口		E9018 - B3 φ3.2	200	400	690℃ + 610℃, 6h + 6h	50℃/h
23	D5132	15Mo3 至 15Mo3		GTAW	角焊	ER80S - Gφ2.0		200	350	600~615℃, 1.4h	50℃/h

附　录　D

谢尔 1000 型渣油气化炉配套的废热锅炉压力试验规范
（补充件）

设计规范	AD – MERKBLATTER	
设计要求	水　侧	气　侧
设计压力	11.5 MPa(G)	6.6 MPa(G)
最大允许工作压力	11.5 MPa(G)	6.6 MPa(G)
试验压力	17.25 MPa(G)	9.9 MPa(G)
试验介质：温度不得低于 10℃ 的清洁水		
试验程序：	水　侧	气　侧
1) 压力逐渐提高到	11.5 MPa(G)②	6.6 MPa(G)②
2) 压力逐渐提高到	17.25 MPa(G)①②	9.9 MPa(G)①②
3) 保持试验压力	30min	
4) 压力下降到	11.5 MPa(G)	
5) 所有焊缝和管嘴接头在此压力下作目测检查		
6) 压力逐渐降低到环境压力③		
7) 交付压力试验合格证		
废热锅炉的管板、气体入口件和盘管的设计压力差：(10.4 – 5.9) + 3.5 = 8.0 MPa(G)，水侧与气侧的最大试验压力差：17.25 – 9.9 = 7.35 MPa(G)		

注释说明：

① 在主管部门批准后进行；

② 提高压力首先是气侧，然后是水侧；

③ 降低压力首先是水侧，然后是气侧。

附加说明：

本规程由九江分公司负责起草,起草人唐仉荣(2004)。

1138

36. 离心式高压氨泵及甲铵泵
维护检修规程

SHS 05036—2004

目　次

1　总则 ……………………………………………（1141）

2　检修周期与内容 ………………………………（1141）

3　检修与质量标准 ………………………………（1143）

4　试车与验收 ……………………………………（1158）

5　维护与故障处理 ………………………………（1160）

附录A　高压氨泵及甲铵泵技术特性参数及材料表
　　　（补充件）…………………………………（1163）

1　总则

1.1　主题内容与适用范围

1.1.1　主题内容

本规程规定了氨气提法斯娜姆型年产 52 万吨尿素装置中关键设备，卧式多级离心式高压氨泵和甲铵泵的检修周期与内容、检修与质量标准、试车与验收、维护和故障处理。

健康、安全和环境(HSE)一体化管理系统，为本规程编制指南。

1.1.2　适用范围

本规程适用于意大利新比隆公司、日本荏原公司制造的卧式多级离心式高压氨泵和甲铵泵的检修与维护。

1.2　编写制订依据

HG 25805—98 多级中速离心式高压氨泵(P101A/B)维护检修规程

氨泵及甲铵泵随机资料

2　检修周期与内容

2.1　检修周期

各单位可根据机组运行状态择机进行项目检修，原则上在机组连续累计运行 3～5 年安排 1 次大修。

2.2　检修内容

2.2.1　项目检修

根据机组运行状况、状态监测情况，参照大修部分内容择机进行修理。

2.2.2　大修

2.2.2.1 检查机械密封干气密封，更换损坏的零部件。

2.2.2.2 检查、修理或更换径向轴承和止推轴承，清洗轴承箱。

2.2.2.3 测量径向轴承间隙、瓦背紧力、止推轴承间隙，复查转子轴向定位尺寸。

2.2.2.4 检查各轴承轴颈，必要时对轴颈表面修理。

2.2.2.5 检查止推盘表面粗糙度及其端面跳动。

2.2.2.6 解体清洗检查内缸、转子、口环、轴承等组件。

2.2.2.7 测量转子各部位的径向圆跳动和端面圆跳动，检查轴颈表面粗糙度、圆度、圆柱度。

2.2.2.8 对转子进行无损检测，消除缺陷并进行动平衡修正。

2.2.2.9 测量转子总窜量、叶轮出口和内缸流道对中数据并定位。

2.2.2.10 检查、清洗外缸封头螺栓、内缸中分面螺栓及出口法兰高压螺栓，并作无损检测。

2.2.2.11 检查辅助设备的完好情况和管道、阀门的冲蚀情况，并消除缺陷。

2.2.2.12 检查设备及其附属管线防腐及保温情况，并消除缺陷。

2.2.2.13 检查联轴器膜片及联轴器螺栓，并进行无损探伤。

2.2.2.14 复查调整全机组轴系的对中情况。

2.2.2.15 检查、紧固地脚螺栓。

2.2.2.16 检查、清洗或更换入口过滤器、注氨、脱盐水、氮气及油过滤器。

2.2.2.17 消除油、水、气、液氨系统的管线、阀门、法兰的跑、冒、滴、漏。

2.2.2.18 检查润滑油位、油质，视情况更换或添加润滑油。

3 检修与质量标准

3.1 检修前的准备工作

3.1.1 根据机组运行情况及故障特征，确定检修项目及内容，编制施工技术方案和进度网络图。

3.1.2 对参加检修的人员应组织培训并进行安全技术交底，应使之熟悉检修内容、技术要求和安全措施，劳动保护措施。

3.1.3 做好备品备件和消耗材料的准备，完成工器具、专用机具、精密量具以及起吊机具的准备和检验工作。

3.1.4 所有的检修项目都应填写在检修任务书内，并由检修负责人会同工艺负责人一起在检修现场逐项查对核实，做好必要的标记。

3.1.5 设备停车后通知电气部门切断电源，关闭进出口阀，将剩液排放干净，用氮气和水置换并达到标准要求。由工艺技术负责人亲自对断气、电、水及排氨、置换等安全措施进行检查，经确认无误后，才能在安全作业票上签字交付检修。

3.1.6 做好安全与劳动保护各项准备工作。

3.2 检修注意事项

3.2.1 按规定程序拆装，并记录好原始安装位置，拆卸的零部件应做好标记。

3.2.2 应采用专用工具拆卸零部件，禁止用硬质工具直接在零件的工作表面上敲击。

3.2.3 对锈死的零件和组合件应用渗透剂浸透，再行拆卸。

3.2.4 禁止用汽油清洗零件。

3.2.5 零部件清洗后，如有条件应使用数码相机拍摄关键零部件(如轴、叶轮、轴承、机械密封、内壳体)的磨损情况便于事后进行技术分析。

3.2.6 吊装时，不应将钢丝绳、索具直接绑扎在加工面上，绑扎部位应有衬垫或将绳索用软材料包裹。

3.2.7 内缸和转子起吊时，要保持轴向水平，严禁发生晃动、摩擦和撞击。

3.2.8 吊装作业按照 SH/T 3515—1990《大型设备吊装工程施工工艺标准》执行。

3.2.9 零部件回装和设备扣盖前，应经相关技术人员签字确认方可进行。

3.2.10 按照检修记录的要求，认真填写相关数据，做到数据真实、准确、完整、工整，并履行签字手续。

3.3 高压氨泵检修

3.3.1 拆装程序

3.3.1.1 拆除各有关仪表探头、热电偶，注意保护好仪表接线，接头及套管。

3.3.1.2 拆除妨碍检修的氨、油、气(蒸汽、氮气)及仪表管线，封好所有开口，并做好复位标记。

3.3.1.3 拆卸增速箱和泵、增速箱与电机之间的联轴器外罩。

3.3.1.4 拆卸增速箱和泵、增速箱与电机之间的联轴器中间接筒，检测两联轴器轮毂间距及对中情况，并做好有关记录。

3.3.1.5　用液压工具拆卸泵轴联轴器轮毂，拆卸前记录轮毂在轴上的推进量。

3.3.1.6　把百分表安装在泵驱动端轴承箱上，推、拉转子数次测量转子的轴向窜量，并做好记录。

3.3.1.7　拆卸径向轴承、止推轴承、驱动端轴承箱及非驱动端轴承箱。

3.3.1.8　拆卸驱动端干气密封和非驱动端干气密封。

3.3.1.9　拆卸驱动端填料函和非驱动端填料函。

3.3.1.10　拆卸非驱动端大盖螺栓。

3.3.1.11　均匀、水平地拆下非驱动端大盖。

3.3.1.12　安装抽芯专用工具，做好抽芯准备。

3.3.1.13　均匀、水平地从外缸中抽出内缸组件（连同转子）。

3.3.1.14　拆下并保护好端盖的所有垫片，记录拆下的压缩垫片数量并测量总厚度及每片厚度值。

3.3.1.15　吊下内缸组件，将内缸组件水平放置于专用支架上。

3.3.1.16　测量转子在内缸中的总窜量，并做好记录。

3.3.1.17　拆下入口导流器。

3.3.1.18　拆下内缸中分面连接螺栓，并用内缸上壳体的顶丝轻顶内缸下壳体。

3.3.1.19　均匀、水平地吊起内缸上壳体。

3.3.1.20　拆卸各级壳体耐磨环和段间衬套上半部分。

3.3.1.21　轻抬起转子，取出平衡衬套。

3.3.1.22 吊出转子，将转子水平放置于专用支架上，并在中段增加支撑。

3.3.1.23 取下各级壳体耐磨环和段间衬套的下半部分。

3.3.1.24 回装程序基本上与拆卸程序相反。

新比隆泵回装时要求：

a. 更换填料函内的喉部衬套时，要用液氮冷却安装；

b. 在安装干气密封前，对填料函及轴承箱进行径向定位调整；

c. 填料函的径向定位：在泵筒体两端盖靠填料函处装百分表，调百分表读数在轴顶部为零，同时提升两侧填料函，直到入口侧指示为 +0.02mm，出口侧指示为 +0.10mm时，紧固填料函所有螺栓；

d. 轴承箱的径向定位：填料函上装百分表，装入下径向瓦，调整百分表在轴承处轴的顶部指示为零，提升轴承托架，直到入口侧指示为 +0.80mm，出口侧指示 +0.65mm，紧固所有螺栓；

e. 在安装干气密封前，检查轴相对于填料函的中心孔位置，轴心轴对填料函中心高(0.03 ± 0.01mm)，如不合适，通过升降轴承箱调整，定位后检查喉部衬套与轴套四周间隙应相等，对填料函及轴承箱定位销孔进行铰孔，研配销钉，定位。上述定位完成后，拆除轴承，安装干气密封；

f. 止推盘回装后，将转子放在中心位置，测量止推盘端面与轴承室壳体端面间距离 52.4mm，如不相符，调整止推盘处垫片厚度。轴承室壳体与轴承箱端盖间的间距控制在0.2~0.25mm。可通过加工端盖调整达到此值。

g. 联轴节轮毂装配油压：轴向推力油泵油压~5.0MPa，

径向膨胀油泵油压～20.0MPa。

3.3.2 缸体的检修与质量标准

3.3.2.1 外缸

a. 清扫、检查非驱动端端盖与外缸体接合面，应光滑无裂纹、冲刷、锈蚀等缺陷，要求接合严密；

b. 清扫、检查内缸与外缸体径向、轴向接合面，应光滑、无冲刷沟痕及锈蚀等缺陷。内缸及端盖的密封面应无任何损伤、冲刷、变形缺陷。外缸的内孔每次大修应进行无损检测；

c. 清扫、检查端盖与缸体的连接螺栓，并进行无损检测；

d. 进、出口管以及缸体导淋管与外缸壳体的焊缝不得有裂纹等不良缺陷。

3.3.2.2 内缸

a. 清扫、检查内缸外表面，应光滑无裂纹、无锈蚀、无砂眼等缺陷；

b. 吹扫内缸上、下壳体的平衡管，其内部要干净，不得有粉尘等任何杂质。对平衡管与内缸体的焊缝进行着色检查，应无裂纹；

c. 清扫、检查内缸体的壳体耐磨环支撑面，其表面粗糙度 R_a 不大于 12.5 μm，表面不得有轴向划痕，侧面不得有毛刺；

d. 清扫、检查内缸上、下壳体的中分面，应光滑平整、接合严密，无冲刷、锈蚀等缺陷。上、下壳体自由状况下贴合率（用红丹粉检查）达 80% 以上，最大间隙不大于 0.05mm；

e. 上、下缸体上紧螺栓之后，中分面四周缝隙应小于

0.02mm;

　　f. 各级壳体耐磨环及段间衬套的上、下部分应无错口，水平中分面配合严密，自由状态下上下贴合最大间隙应不超过 0.05mm；

　　g. 安装垫片的表面应光滑平整，无冲刷、锈蚀等缺陷，其表面粗糙度 R_a 不大于 12.5μm；

　　h. 测量各级壳体耐磨环与轮盖密封面的间隙、各轴套与衬套的间隙，各间隙值应符合表 1 要求。

表 1　高压氨泵动静部件间隙要求

部　　　　位	直径间隙设计值/mm
各级壳体耐磨环与轮盖密封面之间	0.35 ~ 0.60
驱动端、非驱动端密封轴套与密封衬套之间	0.45 ~ 0.60
段间轴套与段间衬套之间	0.33 ~ 0.55
平衡盘与平衡衬套之间	0.33 ~ 0.55

3.3.3　转子的检修与质量标准

3.3.3.1　清洗、检查转子轴套、主轴、叶轮、平衡盘、止推盘等，应无裂纹、锈蚀等缺陷，对冲蚀和严重磨损部位做好详细记录，并分析原因，视情况做相应处理。转子每次大修均应进行无损检测，在转子静止状态，测振探头无法零位指示时，应对转子测振接头高位作电磁和机械偏差检查，并进行退磁处理。

3.3.3.2　检测转子弯曲度，在全长上应不大于 0.05mm。轴颈圆度、圆柱度误差均应不大于 0.01mm。止推盘厚度差应不大于 0.01mm。轴承轴颈、止推盘表面必须光滑，无麻点、伤痕、沟槽等缺陷，表面粗糙度 R_a 不大于 1.6μm。

3.3.3.3 清洗叶轮流道内污垢，轮盖入口密封处应打磨光滑，检测叶轮出口宽度、各级叶轮外径、轴套、轴颈、止推盘、轮盖密封面、平衡盘、驱动端及非驱动端密封轴套的径向跳动，其值应符合表2要求。

表2 转子各部位圆跳动允许值

部　位	允许最大值/mm	部　位	允许最大值/mm
与联轴器轮毂配合处径向	0.01	止推盘径向	0.05
与机械密封轴套配合处径向	0.01	叶轮外缘径向	0.05
轴承轴颈径向	0.01	各级轮盖密封处径向	0.05
各轴套径向	0.05	叶轮外缘端面	0.05
平衡盘径向	0.03	止推盘两侧端面	0.01

3.3.3.4 转子进行修复或经长期运转后，叶轮有不均匀磨损或机组振动数据达到报警值时，分析为不平衡造成振动时，应做低速动平衡，其精度为 ISO 1940 G1 级。

3.3.3.5 叶轮拆装加热温度不得超过 180℃。拆卸前记录第6级叶轮与中间轴套间轴向距离，回装时保证该距离偏差在 ±0.5mm 以内。

3.3.3.6 试组装时，原则上要求各级叶轮出口与内缸流道对中，如因制造误差无法同时满足各级对中要求时，应优先保证高压级对中，此时转子相对内缸的轴向位置作为最终组装时转子应安装的轴向位置。根据制造厂规定，转子在内缸中的总窜量应不小于6mm。根据试装时转子轴向两个方向的窜动值，在最终组装时，调整止推轴承的调节垫片厚度，使转子的止推盘工作面与止推轴承压紧后，转子相对内缸的轴向位置符合上述试组装的确定位置，即沿轴向两个方向的窜动值与试组装时一致。

3.3.4　径向轴承的检修

3.3.4.1　用压铅法或测量内外直径减瓦厚的方法测量轴承间隙，轴承间隙值应为 0.06 ~ 0.08mm，瓦壳过盈量为 0 ~ 0.02mm。当实测间隙值超过设计间隙值时，应调整瓦块背后的垫片或更换轴瓦。

3.3.4.2　检查各部件，应无损伤、裂纹缺陷，轴承巴氏合金层无剥落、气孔、裂纹、槽道与偏磨烧伤情况，应在下瓦在中部约 60° ~ 70°范围内沿轴向接触均匀且面积不小于 80%。

3.3.4.3　瓦块相互厚度差不大于 0.01mm，瓦块背部与轴承体为线接触且光滑无磨损，销钉与对应的瓦块销孔无顶压、磨损及卡涩现象，装配后瓦块应能自由摆动。

3.3.4.4　轴承体剖分面应严密不错位，定位销不晃动，在轴承座内接触均匀严密，其接触面积大于 80%，防转销牢固可靠。

3.3.4.5　清扫轴承箱，保证各油孔畅通，不得有裂纹、渗漏现象。

3.3.4.6　轴承箱盖结合面应严密不错位，仪表探头安装正确，罩壳无漏油现象。

3.3.5　止推轴承的检修

3.3.5.1　拆卸前测量止推轴承的窜动间隙，依次取出瓦块，并做好标记，不可混杂。

3.3.5.2　检查瓦块和上、下水准块及基环，应无毛刺、损伤，各相互接触处光滑，无凹达坑、压痕，各支承销与相应的水准块销孔无磨损、卡涩现象，装配后瓦块与水准块应能自由摆动。

3.3.5.3 瓦块巴氏合金层应无磨损、变形、裂纹、划痕、脱层、碾压与偏磨烧伤等缺陷，与止推盘的接触印痕均匀，接触面不小于 70% 且均布于整圆周各瓦块，同组瓦块厚度差不大于 0.01mm，背部承力面平整光滑。

3.3.5.4 基环应无变形和错口，中分面应配合严密，自由状态下间隙应不大于 0.03mm，承压面无压痕。

3.3.5.5 止推盘定位垫片应光滑、平整，厚度差不大于 0.01mm。

3.3.5.6 止推轴承窜动间隙用推轴法在轴承盖装好后用百分表测量，其值应为 0.33mm，这种方法测量的结果必须与用轴位移探头测量的结果一致，否则应找出原因加以消除，调整轴位移探头的指示零位，应位于轴窜量值的中间值处。

3.3.5.7 清扫轴承箱，保证各油孔畅通，不得有裂纹、渗漏现象。

3.3.5.8 轴承箱盖结合面应严密不错位，仪表探头安装正确，罩壳无漏油现象。

3.3.6 干气密封的检修

3.3.6.1 根据制造厂的规定进行干气密封的拆装，干气密封回装到位后，紧定套螺栓最终上紧力矩为 29N·m。干气密封组装完毕后，放入试漏工装内，充水压 1.8MPa 试漏，合格后进行回装工作。

3.3.6.2 回装干气密封时，应先装驱动端干气密封(在此之前，先把止推轴承箱安装到位，以便固定转子的位置，安装要求见 3.3.1.24)，随后用专用支架在驱动端将转子的位置固定，再装非驱动端干气密封。

3.3.6.3 回装干气密封时，在未拆卸防止动静环相对转动的专用工具之前，应测量干气密封螺旋槽轴套外端面至机封外壳体密封面的高度和填料函密封面至密封轴套外端面的高度，前者比后者应小 0.30～0.50mm，否则应调整干气密封螺旋槽轴套的厚度。

3.3.6.4 回装干气密封时，必须分清驱动端干气密封和非驱动端干气密封，绝对不可混淆。

3.4 高压甲铵泵检修

3.4.1 拆装程序

3.4.1.1 拆除各有关仪表探头、热电偶，注意保护好仪表接线，接头及套管。

3.4.1.2 拆除妨碍检修的密封水、油、气(蒸汽、氮气)及仪表管线，封好所有开口，并做好复位标记。

3.4.1.3 拆卸增速箱和泵之间的联轴器外罩。

3.4.1.4 拆卸增速箱和泵之间的联轴器中间接筒，检测两联轴器轮毂间距及对中情况，并做好有关记录。

3.4.1.5 拆卸进出口法兰螺栓及地脚螺栓，整体吊装至检修场地。

3.4.1.6 拆卸泵端联轴器轮毂。

3.4.1.7 推拉转子数次测量记录转子的轴向窜量。

3.4.1.8 拆卸径向轴承、止推轴承、驱动端和非驱动端轴承箱。

3.4.1.9 拆卸驱动端机械密封和非驱动端机械密封。

3.4.1.10 拆卸驱动端和非驱动端填料函。

3.4.1.11 来回推拉动转子，记下转子总窜量。

3.4.1.12 对各级隔板做好标记，拆卸泵体螺栓。

3.4.1.13 拆卸出口法兰端盖。

3.4.1.14 拆卸各级叶轮和导流器，做好标记。

3.4.1.15 将轴从入口法兰端盖中抽出。

3.4.1.16 回装程序与拆卸程序基本相反。回装轴承箱时，调整轴承箱位置；去掉径向瓦，使转子落在最底部点，用抬轴法，测量转子至最高点的距离，回装径向瓦，将轴承箱定位于2/3的高度处，对定位销处重新铰孔，打入定位销。

3.4.2 转子的检修与质量标准

3.4.2.1 甲铵泵转子检测及质量标准同高压氨泵3.3.3.1～3.3.3.4条。

3.4.2.2 待各级叶轮和导流器安装完毕后，应来回推动转子，测量的转子总窜量应和拆检时3.4.1.11条记录的数据相同。

3.4.2.3 测量各级壳体耐磨环与轮盖密封面的间隙、各轴套与衬套的间隙、各间隙值应符合表3要求。当实测间隙值达到2倍设计间隙值时，应更换相应零部件。

表3 高压甲铵泵动静部件间隙要求

部 位		直径间隙设计值/mm
各级壳体耐磨环与轮盖密封面之间	第1级	0.55～0.68
	第2～6级	0.35～0.40
驱动端、非驱动端密封轴套与密封衬套之间		0.60～0.72
段间轴套与段间衬套之间		0.35～0.40
平衡盘与平衡衬套之间		0.35～0.40

3.4.3 径向轴承的检修

3.4.3.1 用压铅法或假轴法测量轴承间隙，轴承间隙值应为0.128～0.145mm，瓦壳过盈量为0～0.02mm。当实测间隙值达到 1.5 倍设计间隙值时，应更换轴瓦。

3.4.3.2 检查各部件，应无损伤、裂纹缺陷，轴承巴氏合金层无剥落、气孔、裂纹、槽道与偏磨烧伤情况，下瓦底部 60°~70°范围内沿轴向接触均匀且面积不小于 80%。

3.4.3.3 轴承体剖分面应严密不错位，定位销不晃动，在轴承座内接触均匀严密，其接触面积大于 80%，防转销牢固可靠。

3.4.3.4 清扫轴承箱，保证各油孔畅通，不得有裂纹、渗漏现象。

3.4.4 止推轴承的检修

3.4.4.1 拆卸前测量止推轴承的窜动间隙，依次取出瓦块，并做好标记，不可混杂。

3.4.4.2 检查瓦块和上、下水准块及基环，应无毛刺、损伤，各相互接触处光滑，无凹坑、压痕，各支承销与相应的水准块销孔无磨损、卡涩现象，装配后瓦块与水准块应能自由摆动。

3.4.4.3 瓦块巴氏合金层应无磨损、变形、裂纹、划痕、脱层、碾压与偏磨烧伤等缺陷，与止推盘的接触印痕均匀，接触面不小于 70%且均布于整圆周各瓦块，同组瓦块厚度差不大于 0.01mm，背部承力面平整光滑。测温热偶安装头部要低于瓦面下 2.8mm。

3.4.4.4 基环应无变形和错口，中分面应配合严密，自由状态下间隙应不大于 0.03mm，承压面无压痕。

3.4.4.5 止推盘定位垫片应光滑、平整，厚度差不大于 0.01mm。

3.4.4.6 止推轴承窜动间隙用推轴法在轴承盖装好后用百

分表测量，其值应为 0.25～0.30mm，这种方法测量的结果应与用轴位移探头测量的结果必须一致，否则应找出原因加以消除，调整轴位移探头的指示零位，应位于轴窜量值的中间值处。

3.4.5 机械密封的检修

3.4.5.1 用干净绸布擦除机械密封所有零部件上的灰尘，保证密封面绝对清洁。

3.4.5.2 检查密封圈和 O 形圈倒角光滑无损伤、裂纹，动静环密封面表面无划痕。

3.4.5.3 回装时，应先将集装式机械密封安装到位后，锁紧定位环套螺栓使轴套定位。

3.4.5.4 轴套定位后，拆除机封压缩量定位板，连接好机械密封冲洗管线。

3.4.5.5 检修时应检查密封环是否磨损严重，如碳环磨损超过 1mm，碳化硅环磨损超过 0.8mm 必须更换。

3.5 联轴器的检修

3.5.1 拆除联轴器护罩及中间接筒，测量两联轴器轮毂之间间距[氨泵为 (410 ± 0.1)mm；甲铵泵与变速箱间为 (205 ± 0.5)mm，变速箱与电机间为 (152.4 ± 0.5)mm，电机与增压泵间为 (140 ± 0.5)mm]及各联轴器轮毂外端面与轴头端面距离。

3.5.2 检查轮毂内孔表面应无拉毛、损伤缺陷，尤其不允许有轴向划痕，其表面粗糙度 R_a 不大于 0.4μm，轮毂内孔任一径向平面上的径向跳动应不大于 0.01mm。

3.5.3 回装联轴器轮毂时，应检查轮毂与轴的接触情况，接触面积应不小于 85%，且无接触硬点或整块不接触区，接触达不到要求可用金相砂纸打磨轮毂内孔，反复修配直至合格。

3.5.4 联轴器中间接筒应无变形，筒体圆度误差不大于0.05mm，两工作表面平整，平行度不大于0.03mm，接筒螺栓孔无变形和磨损，接筒内表面清洁无污物。

3.5.5 联轴器弹性膜片应无损伤、划痕、过度弯曲和变形。

3.5.6 联轴器连接螺栓应进行无损探伤，螺栓在螺栓孔中应配合紧密。若螺栓有缺陷时，应成套更换，如只更换个别螺栓组件时，螺栓、螺母应成对更换，其质量差不应超过0.1g。防松自锁螺栓的使用次数以不超过15次为宜。

3.6 变速箱的检修

3.6.1 箱体

变速箱体外观检查无漏油及损伤现象，与底座连接的螺栓应无松动，定位销无起拔、松动现象。箱体水平剖分面的水平度，横向不大于0.10mm/m，纵向以冷态对中曲线确定。

3.6.2 转子

3.6.2.1 高速、低速转子轴颈应光滑整洁，无擦伤痕迹，齿面无咬伤现象。必要时作无损检测，应无裂纹，轻微的划痕毛刺可用油石打磨处理。

3.6.2.2 转子轴颈圆度、圆柱度偏差不大于0.02mm。

3.6.2.3 高速、低速转子轴颈圆跳动不大于0.02mm，端面圆跳动不大于0.04mm。

3.6.3 径向轴承

高速轴径向轴承顶间隙为0.13~0.25mm，低速轴径向轴承顶间隙为 0.17～0.33mm。侧间隙应为顶间隙的 1/2。

3.6.4　止推轴承

止推轴承间隙高速转子侧要求为 0.28～0.50mm，低速转子侧要求为 0.27～0.50mm。

3.6.5　齿轮啮合

3.6.5.1　齿轮啮合侧间隙要求为 0.13～0.32mm。

3.6.5.2　齿轮啮合接触面积在齿高方向应大于 80%，在齿宽方向应大于 90%。

3.6.5.3　高速、低速转子的中心距偏差、平行度、交叉度应小于 0.02mm/m。

3.6.6　油封

高速轴油封直径间隙为 0.35～0.43mm，低速轴油封直径间隙为 0.37～0.45mm。

3.7　机组轴系对中

3.7.1　对中标准值：高压氨泵与变速箱间：高度方向变速箱低(0.151±0.02)mm，水平方向泵向外侧(0.153±0.02)mm，端面：(0±0.05)mm；高压氨泵与电机间：高度方向变速箱低(0.245±0.02)mm，水平方向电机向外(0.29±0.02)mm，端面：(0±0.05)mm。甲铵泵与变速箱间：高度方向变速箱低(0.03±0.02)mm，水平方向泵向外侧(0.06±0.02)mm；变速箱与电机间：高度方向变速箱低(0.03±0.02)mm，水平方向：电机向外(0.01±0.02)mm；电机与增压泵间：高度方向：电机低(0.16±0.02)mm，水平方向：(0±0.02)mm。

3.7.2　对中调整时，应拆除与设备连接的所有管道，放松顶丝。

3.7.3　按照对中曲线的要求用三表法或激光找正仪进行机

组对中。

3.7.3.1 采用激光找正仪对中应先检查机座底板接触是否密实,否则要加垫片垫实。

3.7.3.2 将激光发射源和接收源分别安装到基准轴(齿轮箱高速轴)上和调整轴(泵轴)上,记录好发射源接收源之间距离、激光器与地脚螺栓距离及地脚螺栓间距。

3.7.3.3 调整接收源激光准心使之与发射源发射激光束对准。

3.7.3.4 同时盘动齿轮箱高速轴和泵轴,记录 0°,90°,180°,270°四个角度的数据,根据找正仪自动计算的数据调整垫片厚度。

3.7.4 对中调整时,不锈钢调整垫片应光滑平整,无毛刺与翻边,且铺满整个支座承力接触面。每个支座的调整垫片数量不得多于 3 片。

3.7.5 检查与设备连接的管道法兰接合面的平行度,其值应不大于 0.20mm,各螺栓孔应能自由插入螺栓,把紧螺栓时,不得有过大的管道附加力作用于设备上。

3.8 附属设备

润滑油泵及增压泵按 SHS 01013—2004《离心式空气压缩机组维护检修规程》执行。

4 试车与验收

4.1 试车前的准备工作

4.1.1 检修工作结束,检修质量得到确认;机组全部仪表、电器设备的检修工作已经完成,保温、防腐工作已经结束,确认符合要求;机体整洁,试车环境良好,无油污、杂物和积水，照明完好。

4.1.2 制定好试车方案，操作控制要点及试车注意事项，准备好试车记录表格，确定试车人员且明确各自职责。

4.1.3 按规定加好润滑油，检查冷却水、氮封、氨封、伴热系统是否处于良好状态。

4.1.4 空转电机，检查旋转方向，无误后装上联轴器。

4.2 试车

4.2.1 按工作转向盘车两周，注意泵内有无异声，转动是否轻便，盘车后随即装好联轴器护罩。

4.2.2 将氨泵内引入氮气和干气密封注氮、注氨，检查干气密封是否泄漏；甲铵泵启动前，充分暖泵及排气，机封注密封水，启动时及时调整密封水量。

4.2.3 引液氨入氨泵内，排出泵和管线内的气相物体。

4.2.4 按泵的操作规程中的试车程序，检查并打开有关阀门，检查无误后，启动泵。当泵以额定转速工作，未发现异常情况时则可连续运行。应达到如下要求：

    a. 运行平稳无杂音，润滑油系统工作正常；

    b. 流量、压力平稳达到设计能力；

    c. 在额定条件下，电机电流不超过额定值；

    d. 各部温度正常；

    e. 轴承部位振动正常；

    f. 各接合部位及附属管线无泄漏，干气密封泄漏量不超过规定值。

4.2.5 遇到下列情况之一，应紧急停车处理，并立即向总控制室及有关部门报告：

    a. 泵突然发生强烈振动；

    b. 泵内发生异常声响；

    c. 电流过大或电流超过额定值持续不降经处理无效；

    d. 出口管线无液氨输出；

    e. 机封大量泄漏。

4.3 验收

4.3.1 检修质量符合规程要求

4.3.2 检修及试运转记录齐全、准确。

4.3.3 试车正常，各主要操作指标达到铭牌要求，设备性能满足生产需要。

4.3.4 检修后设备达到完好标准。

4.3.5 满负荷正常运转 72h 后，按规定办理验收手续，正式移交生产。

5 维护与故障处理

5.1 日常维护

5.1.1 严格按照泵的操作规程启动、运行和停车。

5.1.2 持设备清洁，无油污、灰尘，现场周围地面干净无杂物。

5.1.3 确保设备零部件完整齐全，仪器、仪表、信号联锁、自动调节装置及各种安全装置指示准确，动作灵敏可靠。

5.1.4 备用设备执行定期盘车制度，并做好盘车标记和记录，能满足快速启动的要求。

5.1.5 设备操作工和机、电、仪维修工每天必须按规定的时间认真做好巡回检查和维护工作，巡回检查应配备听针、激光测温仪、便携式测振仪等检测工具，检查内容主要包括：

    a. 设备的各运行参数；

　　b. 设备各过滤器压差；

　　c. 润滑油的温度、压力、油位指示；

　　d. 设备各轴承的温度、振动和声音情况；

　　e. 设备各动、静密封点的泄漏情况；

　　f. 设备各连接管线的振动、防腐、保温、防冻情况及各正常疏、排放点的排放情况；

　　g. 设备各仪表及电气的工作运行情况。

5.1.6　按润滑油管理规定合理使用润滑油，做到定期分析、过滤、补充和更换。

5.1.7　做好机组的定期状态监测和故障诊断、分析记录和故障诊断报告存档工作。

5.2　常见故障与处理(见表4)

表 4　常见故障与处理

序号	故障现象	故障原因	处理方法
1	汽蚀或流量不足	入口过滤网堵塞	清洗入口过滤网
		氨升压泵发生汽化	先切换氨升压泵，并清理发生汽化现象的氨升压泵的入口滤网
		内缸内侧冲刷腐蚀或高压段液氨窜入低压段	更换内缸或补焊冲刷腐蚀部位
		泵体内或吸入管内有气体	打开泵入口管线上的放空阀
		耐磨环严重磨损或损伤	修复或更换耐磨环
		入口阀堵塞	清理入口阀

序号	故障现象	故障原因	处理方法
2	电流过大	入口流量过大 转子部分与壳体耐磨环部分摩擦 密封轴套与密封衬套摩擦或粘合	调整入口流量,关小入口阀门 调整耐磨环之间的间隙 修复或更换损坏零件
3	泵振动大	增速箱高速轴与泵轴对中情况超过规定 泵轴弯曲 转子不平衡 叶轮中有异物 叶轮与壳体耐磨环摩擦 轴承间隙过大 地脚螺栓松动	重新对中找正 校正轴 重新校正转子动平衡 清理叶轮中异物 调整叶轮与壳体耐磨环间隙 调整轴承间隙或更换轴承 紧固地脚螺栓
4	泵内部声音异常	流量太小 入口管线或泵体内有空气或气氨 入口液氨温度过高	增大流量 从高点放空阀(入口管线处)排空空气或气氨 降低入口液氨温度
5	轴承温度高	油量不足或不洁净 轴承间隙太小 轴承瓦背紧力过大 测量热偶安装不正确	扩大限流孔板孔径,重新过滤油箱内油或换油 调整轴承间隙 调整轴承瓦背紧力 重新安装热偶
6	机械密封泄漏超标	弹簧刚度不足或压力分布不均 O形圈或V形圈损坏 静环或动环损坏 密封液压力偏低或被污染	调整弹簧压缩量或调整位置不正的弹簧 更换损坏的密封圈 更换动环或静环,并清理有关过滤器(入口过滤器、氮气过滤器和注氨过滤器)

附 录 A

高压氨泵及甲铵泵技术特性参数及材料表
（补充件）

名　称	高压氨泵		高压甲铵泵
制造厂	意大利新比隆(九江厂)	日本荏原(南化厂)	日本荏原
型　号	4×10DDHF/10ST	3×8 3/4－10stg. HSB	125×100SSP6GM
级　数	10	10	6
介　质	液氨	液氨	甲铵
介质入口温度/℃	40	40	60
介质密度/(kg/m³)	586	586	930
出口流量/(设计/ 正常)/(m³/h)	115/104	106/120	70/60
入口压力 /MPa	2.15~2.65	2.25	2.366~ 2.466	南化 1.8
出口压力/ MPa	22.65	22.35	15.4	15.5
扬程/m	3500	3500	1430	1467
轴功率/ kW	1150	1066	540	540
泵转速/ (r/min)	7500	7732	6230	6304
壳体材料	ASTM　A352LCB		JIS　SUS16A
叶轮材料	17－4PH　硬度(HB)≥350		JIS　SUS16A
主轴材料	17－4PH		JIS　SUS16L
轴套材料	X5CrNiMo　1712		
平衡盘材料	AISI　316		
耐磨环材料	AISI　316		

附加说明：

本规程由九江分公司负责起草,起草人葛衡、周启员(2004)。

1163